# 拓扑磁性材料与器件原理

## Topological Magnetic Materials and Device Principles

王守国 等 著

科学出版社

北 京

# 内 容 简 介

本书围绕拓扑磁性材料与器件原理展开介绍,从拓扑磁学的起源、拓扑磁性材料的分类及其发展历程出发,深入阐释拓扑磁学及器件,重点介绍拓扑磁结构表征以及器件工作原理等内容,期望对读者理解和掌握拓扑磁学和拓扑磁性材料的基础理论、解决关键科学问题,以及从事相关领域的研究有所帮助。

本书主要面向拓扑磁性材料领域的青年学者、材料物理专业的研究生及高年级本科生等。本书可以作为材料物理专业的参考书,亦可作为研究生相关专业的教学用书。

图书在版编目(CIP)数据

拓扑磁性材料与器件原理 / 王守国等著. -- 北京 : 科学出版社, 2025. 3.
ISBN 978-7-03-081422-7

I. TM271

中国国家版本馆 CIP 数据核字第 2025N75U86 号

责任编辑:周 涵 田轶静 / 责任校对:高辰雷
责任印制:张 伟 / 封面设计:无极书装

**科学出版社** 出版
北京东黄城根北街 16 号
邮政编码:100717
http://www.sciencep.com
北京九州迅驰传媒文化有限公司印刷
科学出版社发行 各地新华书店经销
\*
2025 年 3 月第 一 版 开本:720×1000 1/16
2025 年 9 月第二次印刷 印张:29
字数:583 000
**定价:238.00 元**
(如有印装质量问题,我社负责调换)

# 序

20 世纪中叶，科学家们开始充分利用电子的电荷属性，从二极管一直发展到当今的超大规模集成电路，奠定了信息技术发展的基石，并引发了信息时代的到来。20 世纪 80 年代，以巨磁电阻效应的发现为序幕，开启了科学家们调控电子自旋属性的伟大征程，以计算机硬盘读头为代表的自旋电子学由此诞生，随后的三十余年是自旋电子学材料、物理与器件的高速发展期。受到超大规模集成电路耗散严重、超高存储密度器件中超顺磁极限及热稳定性等瓶颈限制，科学家们将继续探索新型磁性功能材料，并开发相关器件。

拓扑原本是一个数学名词，主要研究几何图形或者空间在连续改变形状后还能保持不变的某些特性，后面延展到物理和材料科学领域，拓扑绝缘体是最早被发现的拓扑材料。拓扑磁学与拓扑磁性材料是近年来逐渐兴起的一门新兴学科，是磁学与磁性材料领域最重要的方向之一，以磁性斯格明子为典型代表的拓扑磁性材料在近期取得了快速发展。

我国在拓扑磁学与磁性材料领域的起步与发达国家基本同步，但早期由于受到实验手段缺乏的限制，主要集中在理论计算和微磁学模拟等方面。随着国家在基础科研上的持续投入及科学家们的努力，我国在该领域的研究正蒸蒸日上，已经具备了从理论计算、材料制备、拓扑磁结构表征、物性测量与分析，到原理型器件研制的完整链条，正瞄准国家重大需求，向具有自主知识产权的拓扑磁性器件研发与生产快速推进。

该书围绕拓扑磁性材料与器件原理展开介绍，从拓扑磁学的起源、拓扑磁性材料的分类及其发展历程出发，深入阐释拓扑磁学及器件，重点介绍拓扑磁结构表征以及器件工作原理等内容，期望对读者理解和掌握拓扑磁学和拓扑磁性材料的基础理论、解决关键科学问题，以及从事相关领域的研究有所帮助。

该书的第一作者王守国教授长期从事磁学与磁性材料的研究，近期聚焦于拓扑磁性材料及其应用等方面，该书的出版是他召集国内外该领域的青年学者共同努力的结果。希望该书能够推动拓扑磁学和拓扑磁性材料基础知识的普及，吸引更多青年才俊从事拓扑磁性材料的研究与相关器件的研发。

中国科学院院士

2025 年 2 月

# 前　言

拓扑磁学 (topological magnetism) 与拓扑磁性材料 (topological magnetic materials) 是近年来逐渐兴起的新兴学科，已成为磁学与磁性材料领域最重要的方向。拓扑磁学与拓扑磁性材料的概念最早是由中国科学家于 2011 年提出的，经过十几年的发展，中国科学家在拓扑磁学与拓扑磁性材料领域的研究正蒸蒸日上，已经具备了从理论计算、材料制备、拓扑磁结构表征、物性测量与分析，到原理型器件研制的完整链条，因此亟须一本介绍拓扑磁学基本概念、实验手段、计算方法、物性表征以及应用进展等内容的参考书。本书的构思正是在这样的背景下产生的。

本书共 12 章。第 1 章 "绪论"，介绍拓扑磁学和拓扑磁性材料的起源和发展历程，阐述了拓扑磁性材料的一般性分类，重点介绍斯格明子。

第 2 章和第 3 章分别介绍由 DM 相互作用所产生的体拓扑磁性材料和薄膜材料，重点阐述拓扑磁结构与手性、磁性薄膜、异质结、多层膜等。

第 4 章 "二维拓扑磁性材料"，介绍二维磁性材料中的拓扑磁结构，重点阐述其中的新现象和新物理。

第 5 章 "非 DM 相互作用的拓扑磁结构"，介绍人工拓扑磁结构和阻挫等，重点阐述人工二维斯格明子晶体的理论构建和实验工作。

第 6 章 "拓扑磁结构表征"，介绍多种磁结构表征手段和技术，重点阐述洛伦兹透射电镜、光发射电子显微镜、自旋极化低能电子显微镜和中子散射技术等。

第 7 章 "拓扑磁结构的调控"，介绍拓扑磁结构的多场调控，重点阐述斯格明子、磁浮子和磁束子的产生、运动及湮灭。

第 8 章 "拓扑磁性材料中的输运性质"，介绍与拓扑磁结构相关的输运现象，重点阐述拓扑霍尔效应与拓扑自旋霍尔效应。

第 9 章 "拓扑磁学计算与模拟"，介绍微磁学模拟和第一性原理计算，重点阐述相关理论和多种相互作用对拓扑磁结构的影响。

第 10 章 "器件设计与工作原理"，介绍基于拓扑磁性材料的器件工作原理，重点阐述赛道存储器、逻辑器件、微波器件和非传统计算器件。

第 11 章 "磁性拓扑体系中的拓扑电子与磁结构"，介绍磁性拓扑物态和材料，重点阐述磁性外尔费米子和磁性拓扑半金属。

第 12 章 "总结与展望"，介绍拓扑磁学与拓扑磁性材料未来的发展趋势，重点阐述三维拓扑磁结构的产生、观测与应用。

本书的编写得到了中国科学院物理研究所沈保根院士、中国科学技术大学张裕恒院士的大力支持，沈保根院士为本书撰写了序；也得到了安徽大学材料科学与工程学院、物质科学与信息技术研究院、物理与光电工程学院老师们的大力支持，他们就编写的思路、框架结构、各章节内容等方面提出了宝贵意见，在此对他们表示衷心的感谢。

本书的构思和审核等工作由王守国教授主持，通稿、初审和校订工作由杨蒙蒙、于国强和许家旺等老师完成。本书各章节负责人分别为王守国 (第 1 章和第 12 章)，雷和畅 (第 2 章)，吴义政 (第 3 章)，杨洪新 (第 4 章)，丁海峰 (第 5 章)，于国强 (第 6 章)，杜海峰 (第 7 章)，刘艺舟 (第 8 章)，袁喆、赵国平、杨洪新 (第 9 章)，江万军 (第 10 章)，刘恩克 (第 11 章)。参与本书编写工作的老师还包括：田明亮、张志东、周仕明、唐文新、高春雷、朱涛、张颖、周艳、宋东升、张石磊、吴昊、杨蒙蒙、陈宫、汤进、马天平、张静言、赵云驰、韦文森、崔琪睿、王鹏飞、王伟伟、梁敬华、寇煦丰、申建雷、曾庆祺、叶堉、白鹤、高阳、田尚杰、郭雅琴等。

由于作者水平所限，书中难免存在疏漏和不足之处，敬请读者批评指正。

王守国

2025 年 1 月于合肥

# 目　　录

# 第 1 章 绪 论

拓扑 (topology) 一词起源于希腊语，原意为地貌；拓扑学是由德国科学家莱布尼茨提出的，主要研究几何图形或者空间在连续改变形状后还能保持不变的某些特性。拓扑绝缘体是最早被发现的拓扑材料，它具有内部绝缘、表/界面导电的特性。更确切地说，在拓扑绝缘体内部，电子能带结构和常规的绝缘体类似，即费米能级位于导带与价带之间；而在拓扑绝缘体的表/界面存在一些特殊的量子态，这些量子态恰好位于块体能带结构的带隙之中，使得载流子可以移动，从而表现出导电行为。

拓扑磁学与拓扑磁性材料的概念最早是国内科学家于 2011 年 11 月在江苏常熟举办的国家自然科学基金委员会 "物理 I 学科发展战略研究咨询课题" 研讨会 (磁学部分) 上提出的。当时，具有拓扑保护性质的磁性斯格明子 (skyrmion) 的研究刚刚拉开帷幕，国外科学家已经率先利用中子散射技术以及洛伦兹透射电镜等获得了十分令人鼓舞的原创性研究成果，而国内科学家囿于实验条件，对斯格明子的研究仅限于微磁学模拟和理论计算。在这次会议上，国内磁学与磁性领域的专家们一致呼吁要尽快搭建具有特色的实验装备，相互合作，尽快开展拓扑磁学和拓扑磁性材料的研究以及应用开发。由于本书中讨论内容均为磁性斯格明子，为简单起见，我们不与其他体系区分，简称为斯格明子。

斯格明子的概念是由英国物理学家 Tony Skyrme 于 20 世纪 60 年代初率先提出的，它是非线性西格玛 (sigma) 模型的一个非平庸经典解，用来描述粒子的一个状态，是一种拓扑孤立子。斯格明子与凝聚态物理之间的渊源可以追溯到 20 世纪 80 年代后期，来自以色列魏茨曼科学研究所的 Kugler 教授，首次将当时在核物理中已经十分热门的 "斯格明子" 一词引入凝聚态物理，并从理论上预言了一种斯格明子晶体。在上述工作中，Kugler 教授将凝聚态物理中的晶体及对称性等性质与斯格明子结合，并称 "除了进行数值弛豫计算以外，我们还从凝聚态物理里改进了一种方法"。需要指出的是，美国普林斯顿大学的 Klebanov 教授此前已经将斯格明子整齐地排列到简单立方晶格位置上，发现了斯格明子可以旋转，从而被最近邻的六个斯格明子所吸引。随后，美国加利福尼亚大学洛杉矶分校的 Kivelson 教授在对量子霍尔铁磁体进行理论计算时发现，当塞曼劈裂很小时，体系呈现非平庸的自旋有序，并且是宏观的，这样的结构即为斯格明子。由此，斯格明子的概念在凝聚态物理和材料科学研究领域被正式提出。进一步的研究表明，斯格明子与材料中的杂质会发生相互作用，当其与杂质之间的吸引力与库仑排斥力达到平衡时，斯格明子则表现出有限的尺寸，并且被材料中的杂质所钉扎。德国德累斯顿固体与材料研究所 (IFW) 的 Bogdanov 教授长期从事固体材料中的磁性理论研究；2001 年，他在关于磁性薄膜和多层膜体系中手性对称性破缺研究的论文中，首次将 Dzyaloshinskii-Moriya 相互作用 (DMI) 引入磁性薄膜/多层膜中，并预言了面内和垂直各向异性薄膜/多层膜中会出现可控、二维局域磁性图案 (他称之为 "磁涡旋")；2006 年，他在研究磁性金属中自发斯格明子基态时，从理论上预言了立方 B20 结构非中心对称的 MnSi 磁体中可能存在斯格明子。2009 年，德国慕尼黑大学 Pfleiderer 教授领导的科研团队首次利用中子散射技术在手性磁体 MnSi 中观察到了斯格明子。

如何利用实空间磁成像手段表征斯格明子的磁有序结构是该领域的重要研究方向。斯格明子研究能取得快速发展得益于洛伦兹透射电镜技术的飞速进步。例如，日本东京大学 Tokura 教授的团队成功地将洛伦兹透射电镜技术用于实空间磁成像及其动力学研究。2006 年，该团队应用洛伦兹透射电镜技术研究了另一类 B20 型材料 $Fe_{0.5}Co_{0.5}Si$ 晶体中螺旋磁有序结构，成功地观察到实空间二维斯格明子结构，其实验结果和蒙特卡罗模拟的结果十分吻合。

2022 年 7 月 31 日 ~ 8 月 2 日，国家自然科学基金委员会第 309 期双清论坛 "二维及拓扑自旋物理" 在北京召开，此次论坛采用线下与线上相结合的方式举办。论坛由国家自然科学基金委员会数理科学部、工程与材料科学部、信息科学部、计划与政策局联合主办。论坛执行主席由夏钶教授、吴义政教授和王开友研究员共同担任，王守国教授担任秘书长。据不完全统计，国内从事拓扑磁学与磁性材料的单位 (高校与科研院所) 超过 50 家，样品制备手段齐全 (含超高真空分子束外延薄膜制备系统、磁控溅射薄膜制备系统、单晶炉等)，磁结构表征手段丰富 (含洛伦兹透射电镜、光发射电子显微镜、磁力显微镜、磁光克尔显微镜、中国散裂中子源上的极化中子反射谱仪、上海光源上的磁圆二色谱仪等)，物性测量系统完备 (含低温、强磁场物性测量装置等)；同时，国内从事相关领域理论计算及微磁学模拟的团队也发展壮大起来。拓扑磁性材料在过去不到 20 年的时间里，从首次理论预言到实验验证，迅速发展成为材料科学、凝聚态物理学等学科中最为活跃的研究领域之一。中国科学家在拓扑磁学与磁性材料领域的研究也取得了令人瞩目的成果，已经具备了从理论计算、材料制备、磁结构表征、物性测量与分析，到原理型器件研制的完整链条，正瞄准国家重大需求，向具有自主知识产权的拓扑磁性器件研发与生产大踏步前进。

# 第 2 章　体拓扑磁性材料

　　半个多世纪前，斯格明子的物理概念最初在粒子物理学中被提出。目前，在螺旋磁性材料中发现的磁斯格明子是最活跃且最具实用性的研究内容。磁性材料中的斯格明子经常形成晶格形式，例如六方晶格，但有时也表现为孤立或独立的粒子。这些斯格明子最初是在非中心对称手性磁性材料中被发现的，例如具有非对称自旋交换作用的手性、极性和双层薄膜磁性材料。目前，斯格明子材料探索已涵盖了包括中心对称磁体在内的更广泛的化合物家族。基于斯格明子形成的微观机制，本章将分类描述产生斯格明子的拓扑磁性材料；介绍由斯格明子衍生的物理现象和功能，包括由斯格明子的静态和动力学产生的演生磁场和电场以及固有的磁电效应；同时还会介绍其他重要的二维或三维磁性拓扑缺陷，如双斯格明子、反斯格明子、磁半子和刺猬晶格 (HL)。

## 2.1　简　　介

　　20 世纪 60 年代，Tony Skyrme 提出了斯格明子的概念，用于解释粒子物理学中强子的稳定性。在该模型中，通过量子化拓扑缺陷定义的粒子受到保护，可以用一个拓扑整数来表征，该整数不会随外场的连续变化而改变 [1,2]。该模型随即也被证明与各种凝聚态系统中的物理现象有关，例如液晶 [3]、玻色–爱因斯坦凝聚 [4] 和量子霍尔效应 [5,6]。用于螺旋磁性系统的 Skyrme 模型是目前研究的热点领域 [7-15]，其中斯格明子是具有粒子性质的局域自旋织构。Bogdanov 和 Yablonskii[7] 预测在适当的外磁场下，在非中心对称磁体中均能发现斯格明子，其中由自旋轨道耦合 (SOC) 引起的不对称自旋交换作用，称为 Dzyaloshinskii-Moriya(DM) 相互作用，倾向于产生非共线的自旋排列。2009 年，人们利用中子衍射技术对斯格明子的晶格形式进行了实验验证 [10]，并在 2010 年通过透射电子显微镜 (TEM) 证实了其实空间自旋织构。随后，人们在不同材料中利用不同的研究手段对斯格明子进行了广泛研究，包括寻找不同斯格明子材料体系、观察斯格明子的稳定性和动力学行为，以及探索其自旋电子学功能器件等。纳米级斯格明子的粒子性质及其在电流或电场驱动下的运动行为，暗示其可能在信息载体中发挥重要作用 [14]，这也促使人们在磁性异质结界面方向开展了越来越多的研究。

　　首先介绍一下斯格明子的直观图像。在具有晶格手性或对映体自由度的非中心对称磁体中，通常可以出现如图 2-1(a) 下部所示涡旋形式的斯格明子：在涡旋外围，局域磁矩平行于磁场向上，而在涡旋核心处则向下。这些局域磁矩从外围一点经核心点到另一外围点时呈现出螺旋旋转形状 (称为布洛赫 (Bloch) 型)，形成自旋涡旋织构。基于洛伦兹透射电镜技术，可以观测到斯格明子的这种涡旋织

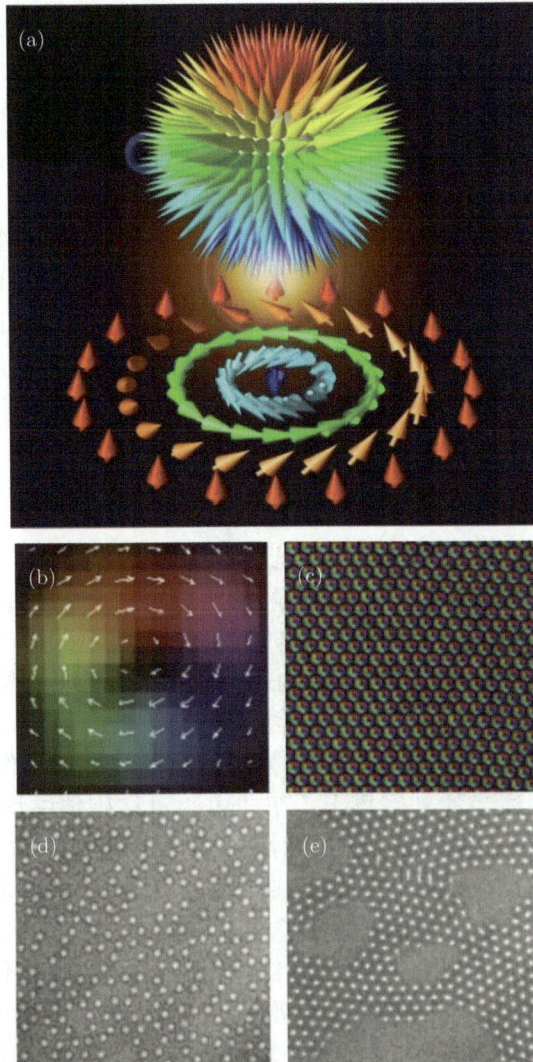

图 2-1  (a) 斯格明子 (底部) 及其拓扑荷表示 (顶部)，将斯格明子的自旋矢量汇集到公共原点时，恰好能完成一次球体包裹[15]；(b) 洛伦兹透射电镜观察到的单个斯格明子面内磁化配置，颜色代表面内磁化的方向；(c) 晶体、(d) 孤立和 (e) 聚合状态的斯格明子凝聚体[16]

构 [12]，如图 2-1(b) 所示，其中面内磁化分量的方向通过颜色编码可视化、面外分量显示为黑色。将该二维 (2D) 平面上的所有磁矩原点置于一点而重新排列时，所有磁矩恰好包裹整个球体，如图 2-1(a) 上部所示。拓扑荷 $Q$，也称为斯格明子数，定义为这些磁矩的绕数 (winding number)，即它们环绕球体的缠绕数。在上述情况中，其整数拓扑荷 $Q = -1$。这种具有整数拓扑荷的自旋磁矩涡旋不能通过连续变形改变为具有其他 $Q$ 值的自旋织构 (如 $Q = 0, +1$)，因此称为受到拓扑保护。斯格明子通常形成三角晶格结构，称为斯格明子晶格 (SkL)，但也可能以孤立或聚集态呈现，如图 2-1(d)，(e) 所示。需要注意的是，斯格明子总是定义在宿主晶体的原子晶格上，而不是真正的连续介质中，从这方面来说所谓拓扑保护并不严格。此外，当热涨落或外加磁场激发的能量超过原始自旋交换相互作用能时，斯格明子基态可能坍缩或转变为能量更优的自旋态。尽管如此，斯格明子仍可表现出显著的亚稳态特性，例如下文将讨论的室温零磁场下的亚稳存在。

尽管关于斯格明子的研究已经取得了令人瞩目的进展，但仍有许多重要问题亟待理解和探索。其中一个问题是斯格明子宿主材料的材料科学，也是本章主要关注的问题。被广泛研究的斯格明子宿主材料有两类：一类是通过内禀机制形成斯格明子的体材料；另一类是通过界面 DM 相互作用的异质结薄膜材料。其中体材料通常具有立方、六方或四方等高对称性，可以进一步分类为具有宏观 DM 相互作用的非中心对称材料和不具有宏观 DM 相互作用的中心对称材料。目前有越来越多的天然和人工合成材料被发现可以产生斯格明子。根据形成斯格明子及其他拓扑自旋织构的微观机制，我们将尝试对材料进行分类和举例说明。另一个重要问题是探索和证明斯格明子的新奇物性。譬如，传导电子会与斯格明子及其相关拓扑自旋织构耦合，感受到演生磁场，即作用于传导电子的虚拟磁场；而斯格明子本身在电流驱动下其拓扑荷会表现出漂移和宏观霍尔运动 [13]。这构成了未来斯格明子电子学技术的重要基础 [14]。当斯格明子在磁绝缘体中形成时，主体化合物可以被自然地视为多铁或磁电性 [17]，其中磁化和感应电极化相互耦合，这将使电场调控斯格明子成为可能，从而提供了极低功耗的调控手段。

## 2.2 斯格明子和相关的拓扑自旋织构

### 2.2.1 斯格明子、反斯格明子、磁半子和刺猬晶格的定义及其拓扑性

人们在 B20 手性晶体 $MnSi$[10] 和 $Fe_{1-x}Co_xSi$[13] 中首次实验观测到斯格明子之后，又广泛探索了多种体材料和异质结薄膜中的不同自旋织构 [13,18-28]。如图 2-2(a) 所示，斯格明子有不同内在自旋排列的变体，三种典型变体分别称为"布洛赫型""奈尔 (Néel) 型"和"反斯格明子"，区别在于沿径向方向的自

旋排布不同。除了这些斯格明子，还发现了其他具有不同拓扑荷的自旋织构，例如，图 2-2(b) 为双斯格明子 $(Q = -2)$[26]，图 2-2(c) 为磁半子和反磁半子 $(Q = \pm 1/2)$[29]。此外，还存在三维 (3D) 拓扑自旋织构，例如，图 2-2(d) 为刺猬晶格 $(Q = +1)$ 和反刺猬晶格 $(Q = -1)$[30]。这些自旋织构可以根据拓扑荷和维数初步分组，然后根据涡量 $\omega$ 和螺旋度 $\gamma$ 进行细分。这里将展示根据拓扑性质对这些自旋织构进行的分类[13,31-33]，需要注意的是，该分类仅对自旋织构有效，这是由于需要将局部磁矩视为连续矢量场 $\boldsymbol{m}(\boldsymbol{r})$ 来定义拓扑，自旋织构的特征长度尺度远大于原子间距。

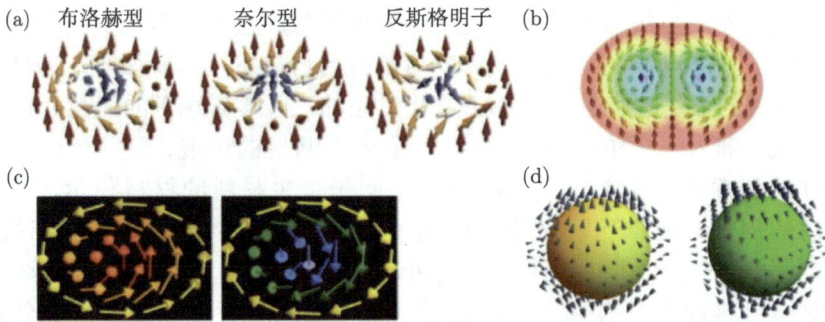

图 2-2　具有不同拓扑荷 $(Q)$ 和不同维度的拓扑自旋织构

(a) 斯格明子的三种典型变体：布洛赫型 $(Q = -1)$、奈尔型 $(Q = -1)$ 和反斯格明子 $(Q = +1)$[25]；(b) 双斯格明子 $(Q = -2)$[26]；(c) 反磁半子 $(Q = +1/2)$ 和磁半子 $(Q = -1/2)$[29]；(d) 三维拓扑自旋结构：刺猬晶格 $(Q = +1)$ 和反刺猬晶格 $(Q = -1)$[30]

扭曲的自旋织构通常按拓扑荷 (用 $Q$ 来表示) 分类，其定义如下：

$$Q = \frac{1}{4\pi} \int_S \boldsymbol{n}(\boldsymbol{r}) \cdot [\partial_i \boldsymbol{n}(\boldsymbol{r}) \times \partial_j \boldsymbol{n}(\boldsymbol{r})] \, \mathrm{d}\boldsymbol{r} \tag{2-1}$$

其中，$\boldsymbol{n}(\boldsymbol{r}) = \boldsymbol{m}(\boldsymbol{r}) / |\boldsymbol{m}(\boldsymbol{r})|$ 是磁矩的方向。对于二维 (三维) 自旋织构，积分范围是包含所关注自旋织构的整个区域 $S$ (对于三维情况，表面 $S$ 包含单个核心)。如果自旋织构是径向对称的，则积分区域和基通常如下选取：二维结构中，$S$ 是一个圆盘且在笛卡儿坐标系中 $(i,j) = (x,y)$ 或在极坐标中 $(i,j) = (r,\phi)$；三维结构中，$S$ 是一个球面且 $(i,j) = (\theta,\phi)$，这里 $\theta$ 和 $\phi$ 是球坐标中的极角和方位角。如上文所述，$Q$ 对应于 $\boldsymbol{n}(\boldsymbol{r})$ 所包围的单位球体上的绕数。

二维自旋织构可以根据其内部自旋排列进一步细分。这里我们考虑半径为 $R$ 的轴对称自旋织构，在球坐标中它们的磁化场为

$$\boldsymbol{m}(\boldsymbol{r}) = m\left(\sin\Theta(\boldsymbol{r})\cos\Phi(\boldsymbol{r}), \sin\Theta(\boldsymbol{r})\sin\Phi(\boldsymbol{r}), \cos\Theta(\boldsymbol{r})\right)$$

其极坐标位置矢量 $\boldsymbol{r} = r\left(\cos\phi, \sin\phi\right)$。将 $\boldsymbol{m}\left(\boldsymbol{r}\right)$ 代入式 (2-1) 中得到

$$Q = -\frac{1}{4\pi}\left[\cos\Theta\left(r\right)\right]_{r=0}^{r=R}\left[\Theta\left(\phi\right)\right]_{\phi=0}^{\phi=2\pi} \tag{2-2}$$

在一般的斯格明子形式中,核心磁矩反平行于 $\boldsymbol{B}$ (即 $\Theta\left(0\right) = \pi$),而外围磁矩平行于 $\boldsymbol{B}$ (即 $\Theta\left(R\right) = 0$),以此获得较大的塞曼 (Zeeman) 能增益 $\left|-\int_{S}\boldsymbol{m}\left(\boldsymbol{r}\right)\cdot\boldsymbol{B}\mathrm{d}\boldsymbol{r}\right|$。因此,式 (2-2) 的前半部分变为 $\left[\cos\Theta\left(r\right)\right]_{r=0}^{r=R} = 2$,同时后半部分定义了涡旋度 $\omega = \left[\Theta\left(\phi\right)\right]_{\phi=0}^{\phi=2\pi}/2\pi$。涡旋度 $\omega$ 对应于 $\boldsymbol{n}\left(\boldsymbol{r}\right)$ 沿着环绕中心的封闭路径的方位角旋转数 (整数)。在边界条件 $\Theta\left(0\right) = \pi$、$\Theta\left(R\right) = 0$ 下得到 $Q = -\omega$。若磁矩的方位角 $\Phi$ 随位置 $\boldsymbol{r}$ 的方位角 $\phi$ 单调变化,则 $\Phi$ 可表示为

$$\Phi = \omega\phi + \gamma \tag{2-3}$$

其中,相位 $\gamma$ 定义为螺旋度。$\omega$ 和 $\gamma$ 取决于磁相互作用,依赖于晶体对称性 (见 2.2.3 节)。例如,图 2-2(a) 分别为 $\left(Q, \omega, \gamma\right) = \left(-1, 1, -\pi/2\right), \left(-1, 1, 0\right)$ 和 $\left(1, -1, -\pi/2\right)$ 的典型情况,对应于布洛赫型、奈尔型和反斯格明子。在布洛赫型斯格明子中,磁矩在垂直于径向的平面内旋转,对应于 $\left(\omega, \gamma\right) = \left(1, \pm\pi/2\right)$;在奈尔型斯格明子中,磁矩在沿径向的平面内旋转,对应于 $\left(\omega, \gamma\right) = \left(1, 0\text{或}\pi\right)$;反斯格明子具有交替的布洛赫型和奈尔型磁矩旋转,其特征在于 $\left(\omega, \gamma\right) = \left(-1, 0, \pm\pi/2\text{或}\pi\right)$。

上述关于特征值的讨论可以扩展到其他拓扑自旋织构,并且在实验上可以通过对霍尔电阻率、多铁性等物理量的测量来提取这些特征量。

### 2.2.2 晶格与粒子图像

斯格明子常以晶格形式存在,通常是如图 2-1(c) 所示的三角晶格。这种类型的斯格明子晶格可以用自旋密度波图像来近似描述,即视为杂化的三重 $\boldsymbol{q}$ 态,其中 $\boldsymbol{n}\left(\boldsymbol{r}\right)$ 可以表示为

$$\boldsymbol{n}\left(\boldsymbol{r}\right) \approx \boldsymbol{n}_{\mathrm{uniform}} + \sum_{i=1}^{3}\boldsymbol{n}_{\boldsymbol{q}_i}\left(\boldsymbol{r} + \Delta\boldsymbol{r}_i\right) \tag{2-4}$$

其中,$\boldsymbol{n}_{\boldsymbol{q}_i} = A\left[\boldsymbol{n}_{i1}\cos\left(\boldsymbol{q}_i\cdot\boldsymbol{r}\right) + \boldsymbol{n}_{i2}\sin\left(\boldsymbol{q}_i\cdot\boldsymbol{r}\right)\right]$ 代表每个螺旋结构 (图 2-3(a)),这里 $\boldsymbol{q}_i\cdot\Delta\boldsymbol{r}_i$ 是每个螺旋的相位,$A$ 是具有 $q$ 波矢 $\boldsymbol{q}_i$ 的单个螺旋的磁化强度;$\boldsymbol{n}_{\mathrm{uniform}}$ 是由塞曼效应引起的均匀磁化强度。对于如图 2-3(b) 所示的斯格明子三角晶格,三个波矢 $\boldsymbol{q}$ 都垂直于外加磁场,在二维平面中彼此夹角 $120°$,并且满足 $\sum_{i=1}^{3}\boldsymbol{q}_i = 0$ 和 $\boldsymbol{q}_i\cdot\Delta\boldsymbol{r}_i = 0$。当从这个六边形斯格明子晶格中挑出单个斯格明子时,它对应于图 2-2(a) 中所示的布洛赫型斯格明子 $\left(Q = -1\right)$。斯格明子的磁螺旋性取决于 DM 相互作用以及螺旋态的符号,将在下文举例讨论。

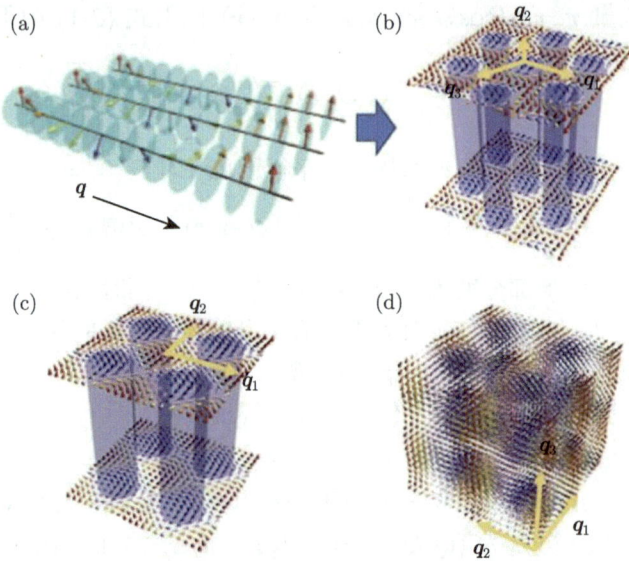

图 2-3　螺旋自旋结构叠加所描述的多重 $q$ 态 [15]

(a) 具有波矢 $q$ 的螺旋结构，自旋沿 $q$ 方向调制并在垂直于 $q$ 的平面内旋转；(b) 三重 $q$ 态的斯格明子三角晶格；(c) 双重 $q$ 态的磁半子和反磁半子的正方晶格，简称为磁半子晶格；(d) 三维三重 $q$ 态的刺猬和反刺猬立方晶格，简称为刺猬晶格

　　在该密度波图像中，其他拓扑或非拓扑自旋织构也都可以根据 $q_i$ 和相位条件的变体来描述。例如，对于一个 $q_i$，当正交分量 $n_{i1}$ 和 $n_{i2}$ 被限制在平行于 $q_i$ 的平面上时，螺旋为摆线或奈尔型；此时三重 $q$ 态表示奈尔型的斯格明子晶格 (参见 2.4.1 节和 2.4.2 节)。而在沿 [100] 和 [010] 具有正交双 $q$ 态的情况下，杂化形式表示磁半子 ($Q = -1/2$)-反磁半子 ($Q = +1/2$) 晶格 (图 2-3(c))，其总的斯格明子数为零；这种类似于斯格明子晶格但不携带净拓扑荷的特殊态可以存在于某些化合物中 (参见 2.5.1 节)。此外，在一些化合物中，人们观察到了四方斯格明子晶格，不过需要注意的是，这种斯格明子晶格不能用双重 $q$ 的 "线性" 杂化来表示。自旋螺旋的杂化形式可以扩展到三维情况，典型的情况是当 $q_i$ ($i = 1 \sim 3$) 沿 [100] 和等效方向取向时，这种三重 $q$ 态代表刺猬-反刺猬晶格 (图 2-3(d))，例如，在 MnGe 中观察到的情况 (参见 2.3.2 节)；这种三重 $q$ 形式加上均匀分量 $n_{\mathrm{uniform}}$ 可以近似表示由连接刺猬晶格点和反刺猬晶格点的细长斯格明子串组成的复杂但有趣的拓扑自旋织构，将在 2.3.2 节的图 2-8 中详述。

　　斯格明子晶格和拓扑自旋织构的规则阵列可以通过中子散射和 X 射线散射来观测。由于与晶格间距相比，斯格明子晶格具有更大的尺度，通常采用小角中子散射 (small-angle neutron scattering, SANS) 技术来观测。例如，在垂直于入

射中子波矢 $k$ 的平面上，斯格明子晶格的倒易空间 SANS 模式是范数为 $|q|$ 的六边形，即二维六边形斯格明子晶格的傅里叶变换。然而，有时难以通过宏观衍射测量来区分多 $q$ 态和单 $q$ 多畴态。此外，传统的散射实验无法给出相位信息 $(q_i \cdot \Delta r_i)$，因此无法区分如斯格明子晶格和磁半子–反磁半子晶态。尽管如此，斯格明子规则阵列和相关拓扑自旋织构的密度波图像有助于分析阐明斯格明子晶格的集体激发 [34,35]，并且还能与拓扑霍尔效应的大小建立直接关联 [11]。

斯格明子图像的本质在于其拓扑粒子性及其拓扑保护稳定性。上述"密度波"图像的局限性在斯格明子不规则聚集的情况下会显现出来。除了大尺寸 (大于 1 μm) 斯格明子磁泡外，人们利用洛伦兹透镜在稳定斯格明子晶格相之外观测并证实了斯格明子的粒子性质 [12]，最直接的例子是斯格明子的无序或孤立形式 (图 2-1(d)) 及其重聚集形式 (图 2-1(e))，类似于胶体粒子的聚集 [16]。此外，在电流驱动过程中以单个或几个斯格明子为目标是其拓扑保护粒子性的一个明显例子。最近一项关于异质结薄膜上的斯格明子聚集的实验表明了斯格明子"化学势"概念在斯格明子集合体中的有效性 [36]。在许多情况下，人们首先在斯格明子晶格状态下对其进行实验验证，然而在研究它们的拓扑性质时，必须始终对斯格明子的粒子性保持关注。

### 2.2.3 磁相互作用

扭转相邻自旋方向的微观机理是产生斯格明子和其他非共线自旋织构的重要条件，其物理起源主要包含两种非共线磁相互作用：自旋轨道耦合所引起的反对称交换相互作用，即 DM 相互作用 [37,38]；以及受巡游电子调制且具有长程相互作用的磁阻挫效应 [39-48]，如图 2-4 简要总结。DM 相互作用在具有非中心对称晶格结构的磁体中普遍存在，它会根据晶体对称性使相邻自旋之间产生倾斜。因此，斯格明子在整个材料中都表现出固定的涡旋排列。图 2-2 所示的布洛赫型、奈尔型和反斯格明子这三个典型例子，可以分别在具有手性、极性和 $D_{2d}/S_4$ 对称性的晶体中观察到。另一方面，长程磁相互作用有时会导致磁阻挫效应，从而形成各种非共线自旋织构，如自旋螺旋结构 [49]。磁阻挫会进一步促进多重 $q$ 态的形成 [41,42]，例如在三角晶格、笼目晶格，或者存在多位点/自旋长程相互作用高阶项的情况中 [40,43-48]。在这种情况下，调制周期与磁相互作用的范围相当，斯格明子的尺寸可以小到几纳米。

需要指出的是，人们早就知道磁偶极相互作用可以稳定微米大小的自旋织构，即由具有共线自旋排列的中心核和可能具有拓扑荷的周围畴壁组成的磁泡 [50]，有时也称为斯格明子泡。这里重点关注的是小于几百纳米的均匀自旋织构，如表 2-1 中所列。

非中心对称磁体

关键磁相互作用：
DM相互作用
来源于中心反演对称性破缺

斯格明子性质：
固定的涡度和螺旋度

$T$ (手性) $\Rightarrow$ 布洛赫型

$C_{\mathrm{nv}}$ (极性) $\Rightarrow$ 奈尔型

$D_{2\mathrm{d}}$ $\Rightarrow$ 反斯格明子

(a)

中心对称磁体

关键磁相互作用：
磁阻挫和/或高阶相互作用
来源于巡游电子的磁介导

斯格明子性质：
超小的尺寸(几纳米)

磁阻挫

三角晶格　　笼目晶格　　短周期斯格明子晶格

RKKY 型长程相互作用

$J$

距离

(b)

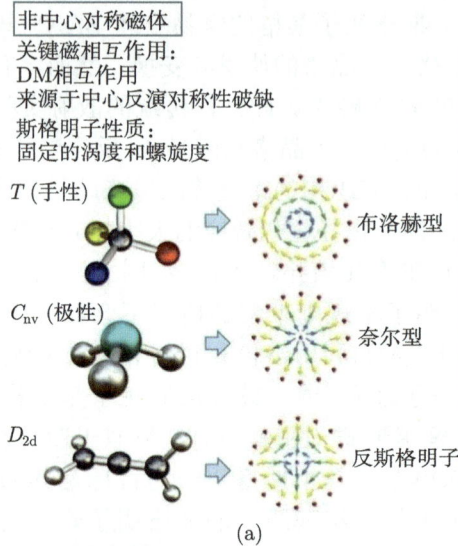

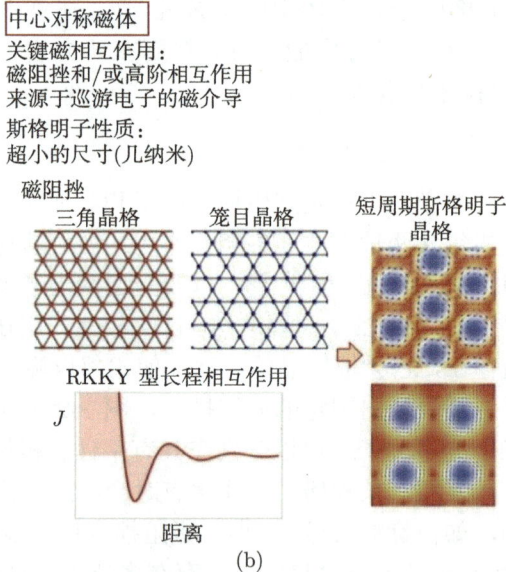

图 2-4　两个具有代表性的斯格明子形成机制的简要总结 [15]

(a) 在非中心对称磁体中，其对称性由分子示意性表示，DM 相互作用在形成具有固定涡度和螺旋度的斯格明子中起着关键作用；(b) 在中心对称磁体中，长程磁相互作用，例如 Ruderman-Kittel-Kasuya-Yosida (RKKY) 相互作用，可以在磁阻挫和/或其高阶项的帮助下稳定超小斯格明子

　　在没有局域或全局空间反演对称性的晶体中，近邻 $i$ 和 $j$ 位置处两个自旋 $\boldsymbol{S}_i$ 和 $\boldsymbol{S}_j$ 的 DM 相互作用，会在自旋哈密顿量中产生 $\boldsymbol{D}_{ij} \cdot (\boldsymbol{S}_i \times \boldsymbol{S}_j)$ 项，其中 $\boldsymbol{D}_{ij}$ 是 DM 矢量 [37,38]，其能量与自旋轨道耦合成比例并且通常小于对称 (海森伯型) 交换

表 2-1　存在斯格明子或其他拓扑自旋织构的体材料和异质结薄膜 [a]

| 材料 | 含量 | 点群 | 空间群 | 转变温度/K | 磁性调制/nm | 自旋织构 | 导电性 | 主导相互作用 |
|---|---|---|---|---|---|---|---|---|
| $MnSi$[10,51] | — | $T$ | $P2_13$ | 30 | 18 | 布洛赫型 Sk[b] | 金属 | DM[c] |
| $Fe_{1-x}Co_xSi$[12,52] | $0.05 \leq x \leq 0.7$ | $T$ | $P2_13$ | 2~50 | 30~230 | 布洛赫型 Sk | 半导体 | DM |
| $MnGe$[53,54] | — | $T$ | $P2_13$ | 170 | 3~6[d] | $3q$-HL[e] | 半导体 | DM |
| $FeGe$[55,56] | — | $T$ | $P2_13$ | 280 | 70 | 布洛赫型 Sk | 金属 | DM |
| $Mn_{1-x}Fe_xGe$[57,58] | $0 \leq x \leq 0.3$ | $T$ | $P2_13$ | 150~170 | 3~4 | HL | 金属 | DM |
| $MnSi_{1-x}Ge_x$[59] | $0 \leq x \leq 0.25$ | $T$ | $P2_13$ | 约30 | 9~18 | 布洛赫型 Sk | 金属 | DM |
|  | $0.3 \leq x \leq 0.6$ | $T$ | $P2_13$ | 30~100 | 2.0~2.5 | $4q$-HL | 金属 | 未知 (高阶交换作用) |
|  | $0.7 \leq x \leq 1$ | $T$ | $P2_13$ | 150~170 | 2.5~3.0 | $4q$-HL | 金属 | 未知 (高阶交换作用) |
| $Co_{10-x/2}Zn_{10-x/2}Mn_x$[60-62] | $0 \leq x < 6$ | $O$ | $P4_132$ | 148~462 | 115~187 | 布洛赫型 Sk[f] | 金属 | DM |
| $Co_8Zn_9Mn_3$[29] | $x = 6$ | $O$ | $P4_132$ | 160 | 73~110 | 布洛赫型 Sk[g] | 金属 | DM 阻挫 |
| $Co_{8-x}Fe_xZn_8Mn_4$[63] | $0 \leq x \leq 4.5$ | $O$ | $P4_132$ | 325 | 90 | 布洛赫型 Sk 磁性半子晶格 | 金属 | DM 各向异性 |
| $FeCo_{0.5}Rh_{0.5}Mo_3N$[64] |  | $O$ | $P4_132$ | 130~300 | 100~370 | 布洛赫型 Sk | 金属 | DM |
| $EuPtSi$[65-67] |  | $T$ | $P2_13$ | 120 | 110 | 布洛赫型 Sk | 金属 | DM(RKKY) |
| $Cu_2OSeO_3$[68-70] |  | $T$ | $P2_13$ | 4 | 1.8 | 布洛赫型 Sk | 绝缘体 | DM |
| $Mn_{1.4}Pt_{0.9}Pd_{0.1}Sn$[71,72] |  | $D_{2d}$ | $I\bar{4}2d$ | 400 | 135 | 反 Sk | 金属 | DM 各向异性 |
| $GaV_4S_8$[73] |  | $C_{3v}$ | $R3m$ | 13 | 17 | 奈尔型 Sk | 绝缘体 | DM |
| $GaV_4Se_8$[74,75] |  | $C_{3v}$ | $R3m$ | 17.5 | 19 | 奈尔型 Sk | 绝缘体 | DM |
| $VOSe_2O_5$[76] |  | $C_{4v}$ | $P4cc$ | 7.5 | 140 | 奈尔型 Sk | 绝缘体 | DM |
| $Fe/Ir(111)$[40] |  | $C_{3v}$ | — | 11 | 1 | 奈尔型 Sk | 金属 | DM (四自旋相互作用) |
| $PdFe/Ir(111)$[77] |  | $C_{3v}$ | — | 4.2 | 3 | 奈尔型 Sk | 金属 | DM |
| $[Ir/Co/Pt]_{10}$[78] |  | $C_{3v}$ | — | 大于300 | 30~90 | 奈尔型 Sk | 金属 | DM |
| $Cr_x(Bi_{1-y}Sb_y)_{2-x}Te_3/(Bi_{1-y}Sb_y)_2Te_3$[79] |  | $C_{3v}$ | — | 18 | — | 奈尔型 Sk | 金属 | DM |
| $SrIrO_3/SrRuO_3$[80] |  | $C_{4v}$ | — | 120 | — | 布洛赫型 Sk | 金属 | DM |
| $BaTiO_3/SrRuO_3$[81] |  | $C_{4v}$ | — | 80 | — | 布洛赫型 Sk | 金属 | DM |
| $Gd_2PdSi_3$[82] |  | $D_{6h}$ | $P6/mmm$ | 20 | 2.5 | 布洛赫型 Sk | 金属 | 阻挫 |
| $Gd_3Ru_4Al_{12}$[83] |  | $D_{6h}$ | $P6/mmm$ | 19 | 2.8 | 布洛赫型 Sk | 金属 | 阻挫 RKKY |
| $SrFeO_3$[84,85] |  | $O_h$ | $Pm\bar{3}m$ | 130 | 1.8 | $4q$-HL | 金属 | 未知 (高阶交换作用) |

a 也列出了材料特征; b Sk 表示斯格明子; c DM 相互作用; d 温度依赖; e HL 表示刺猬晶格; f 三角或正方晶格; g 无序。

作用 $(-J_{ij}\boldsymbol{S}_i \cdot \boldsymbol{S}_j)$。可以用连续介质中磁化场 $\boldsymbol{m}(\boldsymbol{r})$ 表示的唯象理论描述 DM 相互作用对非共线自旋织构形成的影响，其特征长度约为 $aJ/D$ 且大于晶格常数 [86]，其中 $a$ 为原子晶格间距。在此框架中，$\boldsymbol{m}(\boldsymbol{r})$ 的稳定解是通过最小化系统中涉及的所有磁相互作用贡献的总自由能得到的。其中 DM 相互作用以利弗西兹 (Lifshitz) 不变量组合的形式贡献自由能 [87,88]

$$\mathcal{L}_{ij}^{(k)} = m_i \partial_k m_j - m_j \partial_k m_i \tag{2-5}$$

其中，$i$、$j$ 和 $k$ 是笛卡儿坐标 (即 $x$、$y$ 和 $z$ 的任意选择)。该项促使自旋在 $ij$ 平面内沿 $k$ 方向旋转；换句话说，$\mathcal{L}_{ij}^{(k)}$ 有利于具有 $ij$ 螺旋平面且沿 $k$ 方向传播的自旋螺旋态。DM 相互作用能量密度 $w_{\mathrm{DM}}$ 由点群对称性决定 [7,8,87,89]

$$C_{nv}: w_{\mathrm{DM}} = D\left(\mathcal{L}_{xz}^{(x)} + \mathcal{L}_{yz}^{(y)}\right), \quad (\omega, \gamma) = (1, 0) \tag{2-6}$$

$$D_n: w_{\mathrm{DM}} = D\left(\mathcal{L}_{xz}^{(y)} - \mathcal{L}_{yz}^{(x)}\right) + D'\mathcal{L}_{xy}^{(z)}, \quad (\omega, \gamma) = (1, \pm\pi/2) \tag{2-7}$$

$$D_{2d}: w_{\mathrm{DM}} = D\left(\mathcal{L}_{xz}^{(y)} + \mathcal{L}_{yz}^{(x)}\right), \quad (\omega, \gamma) = (-1, \pm\pi/2) \tag{2-8}$$

$$C_n: w_{\mathrm{DM}} = D\left(\mathcal{L}_{xz}^{(x)} + \mathcal{L}_{yz}^{(y)}\right) + D'\left(\mathcal{L}_{xz}^{(y)} - \mathcal{L}_{yz}^{(x)}\right), \quad (\omega, \gamma) = (1, -\arctan(D'/D)) \tag{2-9}$$

$$S_4: w_{\mathrm{DM}} = D\left(\mathcal{L}_{xz}^{(x)} - \mathcal{L}_{yz}^{(y)}\right) + D'\left(\mathcal{L}_{xz}^{(y)} + \mathcal{L}_{yz}^{(x)}\right), \quad (\omega, \gamma) = (1, \arctan(-D'/D)) \tag{2-10}$$

$$T \text{或} O: w_{\mathrm{DM}} = D\left(\mathcal{L}_{yz}^{(z)} + \mathcal{L}_{xz}^{(y)} + \mathcal{L}_{zy}^{(x)}\right) = D\boldsymbol{m} \cdot \nabla \boldsymbol{m}, \quad (\omega, \gamma) = (1, \pm\pi/2) \tag{2-11}$$

如式 (2-11) 所示，位置相关的能量密度 $w_{\mathrm{DM}}$ 决定了斯格明子内部的自旋排列，由涡度 $\omega$ 和螺旋度 $\gamma$ 描述 (参见 2.2.1 节)。因此，非中心对称材料中的斯格明子相对于每个晶体对称性的单一特征是固定的。

由于 DM 相互作用下可以形成多种自旋螺旋态，所以需要额外的效应来稳定斯格明子 [7-9,39,90-92]，主要包括外加磁场引入的塞曼能 $w_{\mathrm{B}}$，随着系统尺寸减小变得相对重要的静磁 (偶极相互作用) 能 $w_{\mathrm{s}}$，以及磁各向异性能 $w_{\mathrm{a}}$。Bogdanov 及其合作者们极具前瞻性地预测了多种具有不同涡度和螺旋度的斯格明子 [7]，并给出了在块体材料和薄膜中稳定离散或聚集的粒子解 [8,93,94]。值得注意的是，几乎就在 Bogdanov 等第一次预测的同时，人们已经通过与手性向列相 (胆甾相) 液晶中蓝相的出现进行类比来讨论类斯格明子磁态的稳定性 [3,9,39,91,92]。在蓝相中，手性分子形成圆柱对称的涡旋构型，即所谓的双扭曲圆柱，它们以立方对称性在三维空间堆叠 [3,95-97]。有理论认为，在加压条件下的 MnSi 中观测到的所谓偏序有可能就是类似于蓝相的自旋织构 [98]。

除了上述磁相互作用外，热涨落对块体手性磁体中斯格明子晶格的形成也起着至关重要的作用 [10]。如 2.3 节所述，斯格明子晶格仅能在刚好低于磁转变温度的狭窄温度范围内稳定。在这种熵成为决定性因素的高温区域，可以根据金兹堡–朗道 (Ginzburg-Landau) 理论将自由能泛函处理为 $m(r)$ 的幂级数

$$F[m] = \int \left[ A(\nabla m)^2 + Dm \cdot (\nabla \times m) - B \cdot m + am^2 + bm^4 \right] dr \tag{2-12}$$

式中，$m^4$ 的傅里叶变换存在一项：

$$\sum_{q_1,q_2,q_3 \neq 0} (m_f \cdot m_{q_1})(m_{q_2} \cdot m_{q_3}) \delta(q_1 + q_2 + q_3) \tag{2-13}$$

其中，$m_f$ 是平行于 $B$ 的铁磁分量，三个螺旋状态传播矢量满足 $q_1 + q_2 + q_3 = 0$ 的关系。即斯格明子晶格作为三重 $q$ 态是通过热涨落实现的。

在密度波图像中，模式耦合机制对于稳定多 $q$ 状态很重要，正如在熵稳定的三角晶格中看到的那样。如果自由能泛函中 $m^4$ 项的系数 $U$ 可以设计为空间各向异性形式，则可以诱导各种类型的模式耦合，从而产生多种拓扑自旋织构的晶格形式 [39]。最近，人们认识到由传导电子调制的长程交换相互作用会导致模式耦合机制 [40-47]。以 RKKY 相互作用为代表，巡游磁体中交换相互作用的长程特性会导致磁阻挫 [99-101]，即多个自旋位点之间的交换相互作用或高阶交换相互作用之间的竞争 [102]，如双位点四自旋 (双二次) [103]、四位点四自旋 [104] 和拓扑手性相互作用 [44]。这种相互作用有助于模式耦合机制并形成拓扑自旋晶格，例如 Fe/Ir 界面 [40] (2.4.3 节)、MnGe[53] (2.3.2 节)、Gd 基的化合物 [82,83,105] (2.5.1 节) 和 SrFeO$_3$[74] (2.5.2 节) 等。所有这些自旋态的共同之处在于其磁调制周期非常短 (几纳米)。DM 相互作用驱动机制受到自旋轨道耦合微扰能标的限制，无法实现如此短的周期。在没有 DM 相互作用的情况下，长程交换相互作用还可以在中心对称材料中形成近纳米尺度的斯格明子。对长程交换相互作用效应的研究催生了对新材料体系的探索，这些材料体系往往有小尺寸斯格明子和具有巨大电磁响应的拓扑自旋粒子。

## 2.3 手性磁体

本节将从 B20 型手性磁体开始，回顾一系列具有非中心对称晶格的金属间化合物和氧化物，回顾它们拓扑自旋织构的共性和非常规性质。虽然这些手性材料的磁转变温度、磁调制周期和电子结构等性质有很大差异，但它们的磁性相图却惊人地相似 [27]。这种相似性来源于包含斯格明子形成的磁相互作用中有着明确的能量层级。另外，在某些特殊情况下，如传导电子的自旋交换相互作用和偶极子相互作用等额外的磁相互作用，可能会显著改变自旋织构，如 MnGe 和 MnSi$_{1-x}$Ge$_x$ 中的自旋刺猬晶格 [35,59]，Mn$_{1.4}$Pt$_{1-x}$Pd$_x$Sn 中可转换的反斯格明子 [71,72]。

### 2.3.1  MnSi 和 $Fe_{1-x}Co_xSi$

B20 化合物由过渡金属和第 14 族元素 (Si、Ge 或 Sn) 按 1:1 的组分比例组成, 形成空间群为 $P2_13$ 的手性立方晶格 (图 2-5(a))。该结构存在两种手性异构体, 即左手和右手性原子排列。从 [111] 晶轴 (图 2-5(b)) 看, 两种结构中过渡金

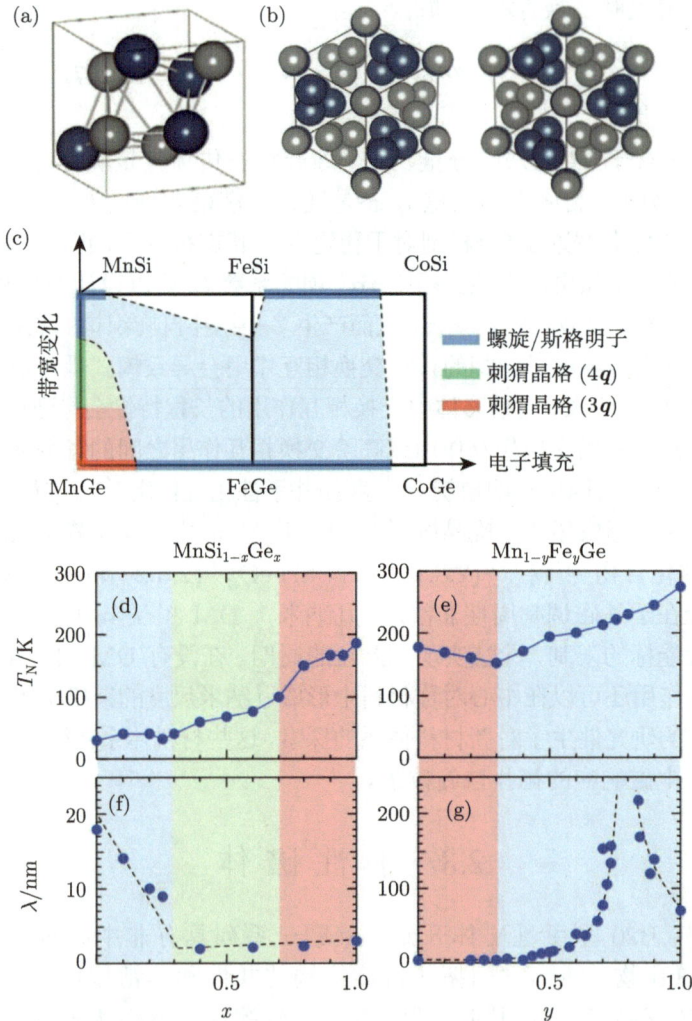

图 2-5  (a) B20 型晶体结构的晶胞, 蓝色和灰色球体分别代表过渡金属和 14 族元素原子; (b) 从 [111] 晶轴观察到的两种对映体的晶体结构; (c) 3d 过渡金属元素 B20 型晶体的磁性相图, 带色粗实线表示实验已证实结果, 带颜色阴影部分表示理论预测, 红色、绿色和蓝色分别表示 $3q$ 刺猬晶格、$4q$ 刺猬晶格和螺旋/斯格明子态, 没有颜色的区域表示非磁性; (d) $\sim$ (g) $MnSi_{1-x}Ge_x$ 和 $Mn_{1-y}Fe_yGe$ 的磁转变温度 $T_N$ 和磁调制周期 $\lambda$[10,53,57-59,111]

属 (蓝色球体) 或第 14 族原子 (灰色球体) 按照相反的方向螺旋堆叠。由于反演对称性破缺，体系出现自旋轨道耦合所引起的 DM 相互作用 [37,38]，从而形成具有长调制周期 (通常为 10 ~ 100 nm) 的自旋螺旋和斯格明子自旋织构。虽然在大多数磁性 B20 材料中都能观察到自旋螺旋和斯格明子的形成 [10,12,25,27,56-58,106,107]，但某些例外情况 (如 MnGe 和 $MnSi_{1-x}Ge_x$) 下还可能形成三维拓扑自旋晶体，即以小于 5 nm 的超短周期为特征的刺猬晶格 [35,53,54,59,108]。这种短周期自旋扭曲需要极大的 DM 相互作用 [109,110]，这暗示可能存在其他的磁相互作用。图 2-5(c) 总结了 3d 过渡金属 B20 材料中自旋织构随组分的变化，其中带色粗实线表示实验已证实，带颜色阴影部分表示理论预测，没有颜色的区域表示非磁性。斯格明子和刺猬晶格在较宽的成分范围内均能存在，这使我们能够通过调整组分来改变磁相互作用，从而控制它们的大小、螺旋度、晶格形式等。可以从磁有序温度 $T_N$ 和调制周期 $\lambda$ 随化学组分的变化提取有关磁相互作用变化的重要信息 (图 2-5(d) ~ (g))，如下所述。

如 2.2 节所述，铁磁交换相互作用、DM 相互作用和磁各向异性这三种磁相互作用对 B20 材料中螺旋和斯格明子的形成起着重要作用 [112,113]，三者强度按数量级递减。尽管它们的大小随化学组分改变有较大差别，但由于后两者是自旋轨道相互作用的二阶或高阶微扰项，它们在能量尺度上通常不会发生交叠。因此，这些材料的磁性及其随温度 ($T$) 和磁场 ($H$) 的演变具有共同的特征 [27]。图 2-6(a) 举例说明了 MnSi 的磁相图 [10]。在零磁场下，铁磁和 DM 相互作用竞争，形成如图 2-6(c) 所示的长周期螺旋结构。换句话说，铁磁相互作用 ($J_{ij}\boldsymbol{S}_i \cdot \boldsymbol{S}_j$) 形成的平行自旋排列被倾向形成正交自旋排列 ($\boldsymbol{D} \cdot (\boldsymbol{S}_i \times \boldsymbol{S}_j)$) 的弱 DM 相互作用适度扭曲。这里 $\boldsymbol{S}_i$ 和 $\boldsymbol{S}_j$ 是 $i$ 和 $j$ 相邻原子位点上的自旋。最弱的磁各向异性决定了螺旋调制方向沿着 $\langle 100 \rangle$ 或 $\langle 111 \rangle$ 等效轴，因此形成沿着 [100]、[010] 或 [001](或沿着 [111]、$[\bar{1}\bar{1}1]$、$[11\bar{1}]$ 或 $[\bar{1}1\bar{1}]$) 的多畴态。当施加外磁场高于临界值 $H_{c1}$ 时，混合的螺旋结构对齐排列，形成如图 2-6(d) 所示的锥形结构单畴态，自旋螺旋面变形为圆锥状，沿外磁场方向传播。随着外磁场的进一步增加，螺旋面的锥角逐渐闭合，并且在临界场 $H_{c2}$ 以上形成饱和铁磁态。

在 $T$-$B$ 相图中，二维斯格明子三角晶格 (图 2-6(b)) 刚好出现在低于磁有序温度 $T_N$ 的有限区域中。这个相区自 20 世纪 70 年代以来就已经通过超声波吸收 [114]、电子自旋共振 [115] 和磁阻 [116] 等测量得到了确认 [117-119]。Mühlbauer 等通过 SANS 首次在 MnSi 中实验揭示了斯格明子晶格的存在 [10]。他们观察了垂直于入射中子束放置的二维探测器上的磁布拉格反射，这对应于倒易空间中的磁传播矢量 $\boldsymbol{q}$(图 2-6 插图为 SANS 结果示意图) [120]。无论外磁场方向如何，始终能在垂直于磁场的平面中观察到六重对称的磁布拉格衍射斑点 (图 2-7(a))。因为一个磁调制 $\boldsymbol{q}$ 会将非极化中子束衍射到倒易空间中的两个位置 ($\boldsymbol{q}$ 和 $-\boldsymbol{q}$)，因此该磁结构具有三个独立波矢量。从结果来看，人们认为该磁性结构是三个螺旋结构的叠加状态，其中三个 $q$ 在垂直于外磁场的平面内互成 120° 夹角，从而形成二维斯格明子晶格 (图 2-6(b))。随后，Yu 等在 2010 年利用洛伦兹透射电镜详细展示了斯格明子的具体自旋织构 [12]。洛伦兹透射电镜技术是以过聚焦或欠聚焦探测入射电子束如何被局域磁矩的洛伦兹力偏转，得到强度对比图像 [121]。通过使用强度传输方程 (TIE) 方法对在不同焦点下拍摄的多张图像进行分析，可以构建出如图 2-7(b) 所示的平面内磁化分布的实空间图像 [122,123]，颜色代表面内磁化方向。值得注意的是，如果将样品减薄使得电子传输距离小于几百纳米，与磁调制周期相当或更小时，则在 $T$-$B$ 相图中斯格明子相区会大大扩展 [56,124,125]。

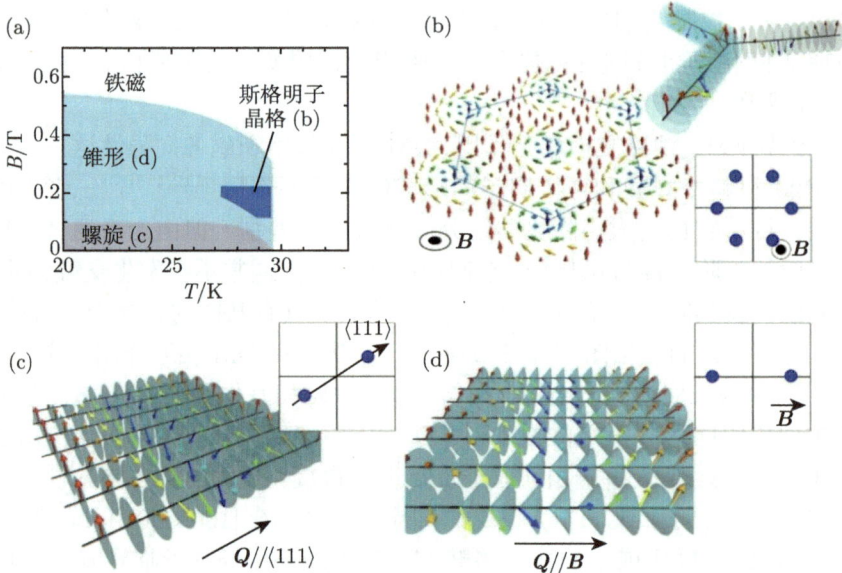

图 2-6   (a) B20 型 MnSi 中的磁相图作为代表性示例；(b) ～ (d) 每个磁相中的磁性结构及其中子衍射模式的示意图 [10]

在 MnSi 和 $Fe_{0.5}Co_{0.5}Si$ 中发现斯格明子之后，人们发现大多数磁性 B20 材料都含有斯格明子 [10,12,25,27,56-58,106,107]。斯格明子态的出现会导致磁化率、比热等物理量的明显反常，从而提供了检测斯格明子形成的手段。图 2-7(c) ～ (f) 为 MnSi 的典型数据 [126,127]，扫描外场 $H$ 穿过斯格明子相区时，磁化强度 ($M$) 和磁化率 ($dM/dH$, $Re\chi_{ac}$, $Im\chi_{ac}$) 出现多次扭曲。随着外场增加，磁化曲线近乎线性增加直到最终饱和，自旋完全沿 $H$ 排列 (图 2-7(c))。而在其 $dM/dH$ 微分曲线中则可以明显看到多个扭曲 (图 2-7(d))，依次标记为 $H_{c1}$、$H_{A1}$、$H_{A2}$ 和 $H_{c2}$，对应不同的磁相变。磁结构会经历多畴螺旋态、单畴锥形态、斯格明子态、锥态和铁磁态。其中磁化率降低表明斯格明子的形成，在微分磁化率曲线中表现为凹坑结构。这些磁转变也可以通过交流磁化率的测量来确定，施加具有固定振幅和频率 ($f$) 的振荡磁场 $H_{ac}(f)$，测量结果由同相 (实部，$Re\chi_{ac}$，图 2-7(d)) 和异相 (虚部，$Im\chi_{ac}$，图 2-7(e)) 分量组成。其中 $Re\chi_{ac}$ 与零频极限 $dM/dH$ 整体上相似，除了在相变处没有 $dM/dH$ 曲线中的峰结构；而 $Im\chi_{ac}$ 则在相变处出现明显的极大值。直流和交流磁化率测量之间的这些差异在很大程度上取决于激励频率，范围为几赫兹到几百赫兹，表明磁畴在振荡场中的缓慢动力学过程[128]。螺旋态和锥态之间的转变涉及螺旋畴的重定向动力学，而在锥态和斯格明子态之间的相变中[129]，畴壁运动导致强耗散一阶相变，在 $Im\chi_{ac}$ 中显示为显著极大值。

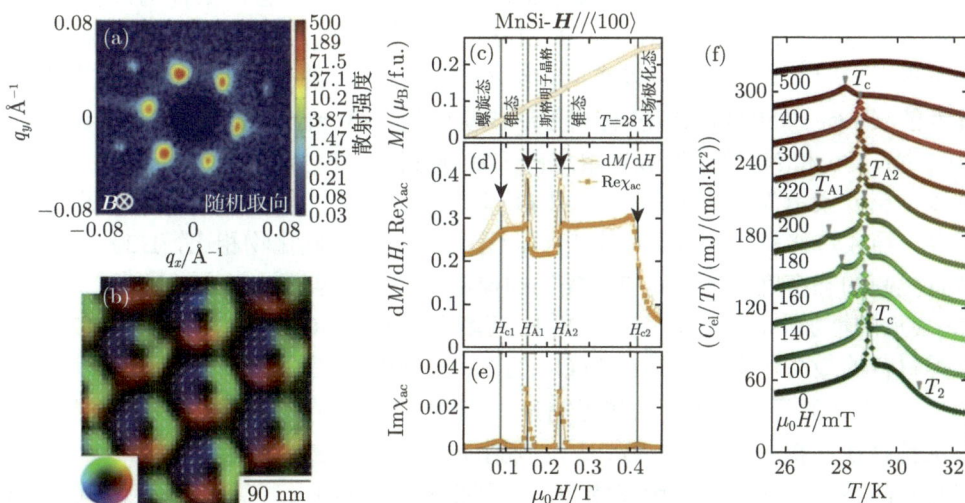

图 2-7 斯格明子形成的代表性检测方法

(a) 小角度中子散射[10]；(b) 洛伦兹透射电镜[12]；(c) ~ (e) 直流磁化率和交流磁化率测量与 (f) 比热测试[27]；f.u. 表示单位分子

比热测量也可以灵敏地检测磁转变[127]。图 2-7(f) 显示了电子比热随温度的变化关系，它在不同磁场下具有略为展宽的一级相变峰。除了对应长程有序的尖峰 (标记为 $T_c$ 或 $T_{A2}$) 外，在中间磁场范围内还存在另一个不太明显的峰，对应于斯格明子晶格相区的温度边界。

通过元素替代的方法进行电子填充，可以调控斯格明子的尺寸和螺旋 (自旋旋转方向)。例如在 $Mn_{1-x}Fe_xGe$ 中[57,58]，随着 Fe 含量的变化，能带填充不同，观察到 $\lambda$ 非单调变化，在 $x \approx 0.8$ 时呈现发散行为，伴随着斯格明子螺旋的反转 (图 2-5(g))。洛伦兹透射电镜实验观测到了斯格明子粒子图像的明暗对比度的反转，直接证实了该螺旋反转。这源于 DM 相互作用随能带填充连续变化，在临界成分 $x \approx 0.8$ 处符号反转。这解释了 $\lambda$ 发散和螺旋反转同时发生

的实验结果 [109,110]。更准确地说，观察到的螺旋反转对应于 $\boldsymbol{\Gamma}_{\mathrm{c}} \times \boldsymbol{\gamma}_{\mathrm{m}}$ 的符号反转，因为斯格明子螺旋 ($\gamma_{\mathrm{m}}$) 不仅与 DM 相互作用的符号有关，还与晶体手性 ($\Gamma_{\mathrm{c}}$) 有关。

此外，人们在对 B20 磁体的研究中发现了多种控制斯格明子的方法，例如，利用各向异性应变效应调控斯格明子的稳定性 [130,131] 或演变 [132]；以及利用外磁场调控斯格明子的聚集形式 [16]。

## 2.3.2　MnGe 和 MnSi$_{1-x}$Ge$_x$

若使用 Ge 原子部分或完全替代上述 B20 硅化物中的 Si 原子，则会显著改变它们的磁性，如磁有序温度 ($T_{\mathrm{N}}$)、磁调制周期 ($\lambda$)，甚至是自旋结构的性质 [59,133]。其中特别令人感兴趣的是 MnGe 和 MnSi$_{1-x}$Ge$_x$ 中 $T_{\mathrm{N}}$ 的极大升高和刺猬晶格态的出现 [35,53,54,108]。前者可以在斯托纳 (Stoner) 准则的框架内大致理解 [134]；在费米能级 ($E_{\mathrm{F}}$) 处的高态密度有利于形成铁磁序。第一性原理计算表明，在由 Cr、Mn、Fe、Co 和 Ni 等过渡金属组成的 B20 材料中，$E_{\mathrm{F}}$ 处的电子能带几乎全部由过渡金属元素 d 轨道组成 [135]。用 Ge 取代 Si 会扩大相邻过渡金属原子之间的距离，导致转移积分和带宽减小 [136]。因此，与 B20 硅化物相比，B20 锗化物通常有更高的态密度，这就是 $T_{\mathrm{N}}$ 提高的原因 [111]。事实上，随着 MnSi$_{1-x}$Ge$_x$ 中 Ge 含量的增加，$T_{\mathrm{N}}$ 从 MnSi 的 30 K 逐渐上升到 MnGe 的 170 K[59] (图 2-5(d))；这类材料的最高转变温度是在 FeGe 的 $T_{\mathrm{N}} = 280$ K(图 2-5(e))[55]。

Ge 掺杂的另一个重要效果是有助于形成三维拓扑自旋晶体，即刺猬晶格。有理论预言在高掺杂或纯 MnGe 中，刺猬晶格能在零磁场下稳定存在 [35,53,54,108]。在刺猬晶格中，其组成自旋在侧面由外部指向内部核心，在顶部和底部从内部核心指向外部，反刺猬晶格则相反 (图 2-8(a)，(b))，它们分别携带拓扑荷 $Q = +1$ 和 $-1$。

到目前为止，人们已经确定了两种具有不同排列的刺猬晶格 [59]：MnSi$_{1-x}$Ge$_x$ ($0.7 \leqslant x \leqslant 1$) 中的三重 $\boldsymbol{q}$ 刺猬晶格 (3$\boldsymbol{q}$-HL) 和 MnSi$_{1-x}$Ge$_x$ ($0.3 \leqslant x \leqslant 0.6$) 中的四重 $\boldsymbol{q}$ 刺猬晶格 (4$\boldsymbol{q}$-HL)，如图 2-8(c)、(d) 所示，两种刺猬晶格状态都可以通过多个螺旋结构的叠加来描述，与 3$\boldsymbol{q}$ 斯格明子晶格的情况不同，这里它们的传播矢量 $\boldsymbol{q}$ 是非共面排列的。3$\boldsymbol{q}$-HL 中三个 $\boldsymbol{q}$ 沿着独立 $\langle 100 \rangle$ 轴正交排列 (图 2-8(c) 的插图)，4$\boldsymbol{q}$-HL 中四个 $\boldsymbol{q}$ 指向正四面体的顶点方向，对应于独立 $\langle 111 \rangle$ 轴方向 (图 2-8(d) 的插图)。尽管关于其自旋结构仍存在争议 [137-145]，但霍尔输运测量 [35,53]、热霍尔 [146]、能斯特效应 [146] 和 SANS 技术 [108] 的观察均支持刺猬晶格的形成。特别是通过洛伦兹透射电镜观察到的 (001) 投影面上的磁化分布，为刺猬晶格的形成提供了有力证据 [54]，如图 2-8(f) 的插图所示，MnGe 中 3$\boldsymbol{q}$-HL 在投影面呈现出自旋涡旋方形格子。

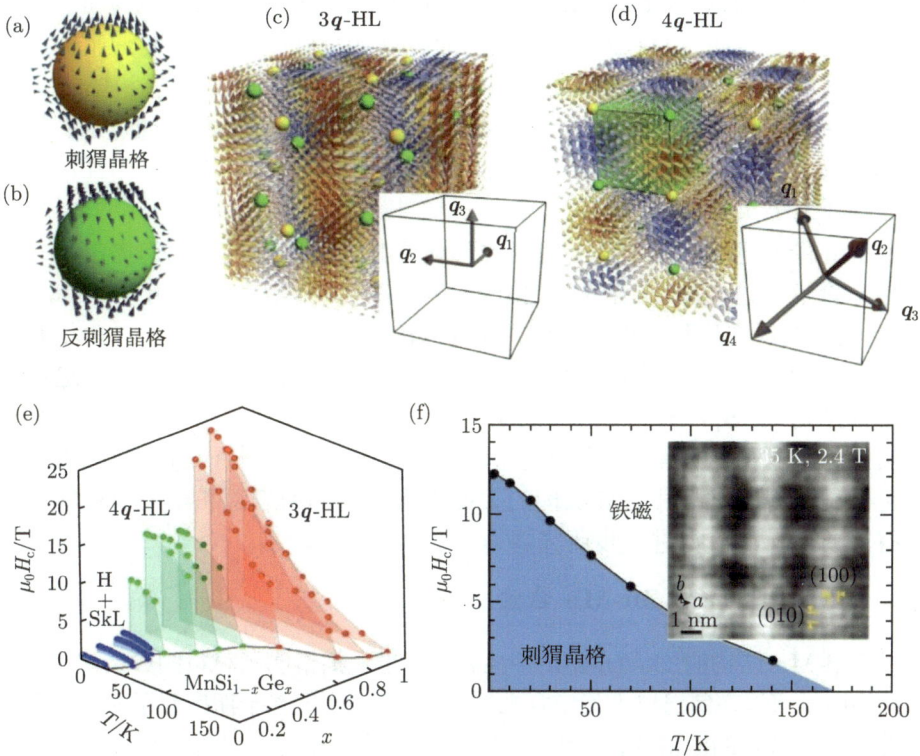

图 2-8 MnSi$_{1-x}$Ge$_x$ 中刺猬晶格的形成

(a)、(b) 刺猬晶格和反刺猬晶格的磁化配置；(c)、(d) 具有 3$q$-HL 和 4$q$-HL 的刺猬晶格 (黄点) 和反刺猬晶格 (绿点) 排列的磁性结构，表征每个刺猬晶格的螺旋结构的传播矢量 $q_i$ 也在侧面呈现；(e) 随着成分的变化，铁磁有序态和螺旋磁有序态之间磁相界的演化 [59]；(f) 从 MnGe 中的 [001] 轴观察到的 3$q$-HL 状态的磁相图和洛伦兹透射电镜图像，一个简单的自旋旋涡立方晶格投影形成方形格子 [52]

　　在它们的磁性相图中能直观看到刺猬晶格的形成 [35,59] (图 2-8(e)、(f))，与含有斯格明子的 B20 化合物有完全不同的相图轮廓 (图 2-6(a))。其中最显著的是 $T$-$H$ 相图中铁磁转变的边界不同。图 2-8(e)、(f) 分别为 MnSi$_{1-x}$Ge$_x$ 磁性相图随 $x$ 的变化以及末端化合物 MnGe 的相图。从最低温度下铁磁转变场 ($H_c$) 的变化可以明显看出，MnSi$_{1-x}$Ge$_x$ 相图随 $x$ 的演变可分为三个区域 [59]。在 $x \approx 0.3$ 和 $x \approx 0.7$ 时 ($\Delta\mu_0 H_c \approx 10$ T)，$H_c$ 有两次剧烈的变化，对应于斯格明子晶格、4$q$-HL 和 3$q$-HL 状态之间的磁结构转变。由于 $H_c$ 表示扭曲自旋螺旋结构需要的能量，因此可以作为扭曲自旋的驱动力强度以及磁调制周期 $\lambda$ 的粗略指标 (顺便一提，在含有斯格明子的 B20 化合物中，DM 相互作用是扭曲自旋的主导相互作用，$H_c$ 和 $\lambda$ 近似描述为 $D^2 S/J$ 和 $aJ/D$，这里 $a$ 是晶格常数)。在 MnSi$_{1-x}$Ge$_x$ ($0 \leqslant x \leqslant 0.25$) 中 DM 相互作用相对较弱，$\mu_0 H_c$ 通常较小 (小于 1 T)；而在有

刺猬晶格态的 $MnSi_{1-x}Ge_x$ $(x \geqslant 0.3)$ 中，$\mu_0 H_c$ 在 $10 \sim 20$ T。与 $MnSi_{1-x}Ge_x$ $(x \geqslant 0.3)$ 的大 $\mu_0 H_c$ 值对应，刺猬晶格的磁周期 $\lambda$(在最低温度时通常为 $2 \sim 3$ nm) 比斯格明子晶格的 $\lambda$ (大约大于 10 nm) 短得多。如此大的 $H_c$ 和短的 $\lambda$ 需要与铁磁相互作用相当的 DM 相互作用才足以实现，但理论计算表明，它们的 DM 相互作用较小，与其他 B20 化合物一样 [109,110]。因此，仅靠 DM 相互作用的模型不能解释上述实验观测结果。

为了解释上述复杂三维自旋织构的形成及其短调制周期，人们提出了几种理论模型，除了考虑 DM 相互作用之外，还考虑了其他潜在的磁相互作用。包括：① 引起阻挫的反铁磁相互作用 [147]；② RKKY 相互作用和相关双二次相互作用 $(\propto (S_i \cdot S_j)^2)$ [148]；③ 新提出的拓扑–手性相互作用，它来源于电子轨道运动对非共面自旋排列 $(\propto S_i \cdot (S_j \times S_k)^2)$ 的响应 [44]。后两个模型基于传导电子的交换相互作用，随磁矩大小的幂次增加而急剧增加。因此，费米表面结构和/或大的磁化强度可能是实现三维拓扑自旋织构的关键因素。它们的来源和相关的材料设计原理具有重要意义，值得进一步研究。

### 2.3.3　β-Mn 型的 Co-Zn-Mn 合金

具有 β-Mn 结构的 Co-Zn-Mn 手性磁体，也是斯格明子材料的成员。该材料体系中斯格明子可以在室温以上稳定存在 [60]，这对于实现基于斯格明子的器件至关重要。此外，其较宽的固溶体范围使人们能对其多个参数进行调控，例如无序、磁各向异性和磁阻挫，从而形成了不同斯格明子态和相关拓扑自旋晶格，包括在室温下持续存在的亚稳态斯格明子 [149]、斯格明子的四方格子 [61]、无序斯格明子 [62] 和磁半子–反磁半子晶格 [29] 等。这里将描述这些材料体系中能够稳定的拓扑自旋态。

Co-Zn-Mn 合金具有 β-Mn 型立方手性晶格，属于空间群 $P4_132/P4_332$，存在两种具有相反手性的原子排列，两者互为镜像对称，如图 2-9(a) 所示。其晶胞包含 20 个原子，组成化学式可表示为 $Co_xZn_yMn_z(x+y+z=20)$ 或 $Co_{10-x/2}Zn_{10-x/2}Mn_x$。这些原子位于两种晶体学位置：Co 原子位于 8c 位点，具有三重对称性；其他原子位于 12d 位点，具有两重对称性。其中 12d 位点形成一个扭曲笼目晶格 (图 2-9(a))，这是反铁磁相互作用几何阻挫的来源。与 B20 化合物一样，立方手性对称性允许 DM 相互作用。Co-Zn-Mn 合金的磁性相图也确实与 B20$(P2_13)$ 化合物具有一些共同的特征 [60-62,149]，例如，热平衡斯格明子相出现在 $T_N$ 略下方的小 $T$-$H$ 相区 (图 2-10)，周围则为螺旋/锥形相。此外，在其相图中还出现了其他相区，这些相区在早期关于 B20 化合物的研究中不够明显而被忽略 (图 2-6(a))。后面会讨论这些相区的磁结构及其形成机制。

$Co_{10-x/2}Zn_{10-x/2}Mn_x$ 的宽固溶体范围允许通过调节 Mn 的含量 $x$ 来连续调控磁相互作用以及斯格明子的形成 [151]。如图 2-9(b)、(d) 所示，通过控制 Mn 含

量 $x$, 可以出现磁转变温度 $T_c \approx 148 \sim 462\,K$ 和磁调制周期 $\lambda \approx 115 \sim 187\,nm$ 的巨大变化 [60,62]。此外, 还可以通过 $Co_{8-x}Fe_xZn_8Mn_4$ 中的 Fe 掺杂改变能带填充来反转斯格明子螺旋 [150], 如图 2-9(c)、(e) 所示, 在临界 Fe 含量 $x \approx 3$ 时, 斯格明子尺寸发散, 同时斯格明子和螺旋磁的螺旋性发生反转。这与在 $Mn_{1-x}Fe_xGe$ 中观察到的螺旋反转类似 [57,58], 这是由于能带填充的变化引起了 DM 相互作用的连续变化并伴随符号反转。

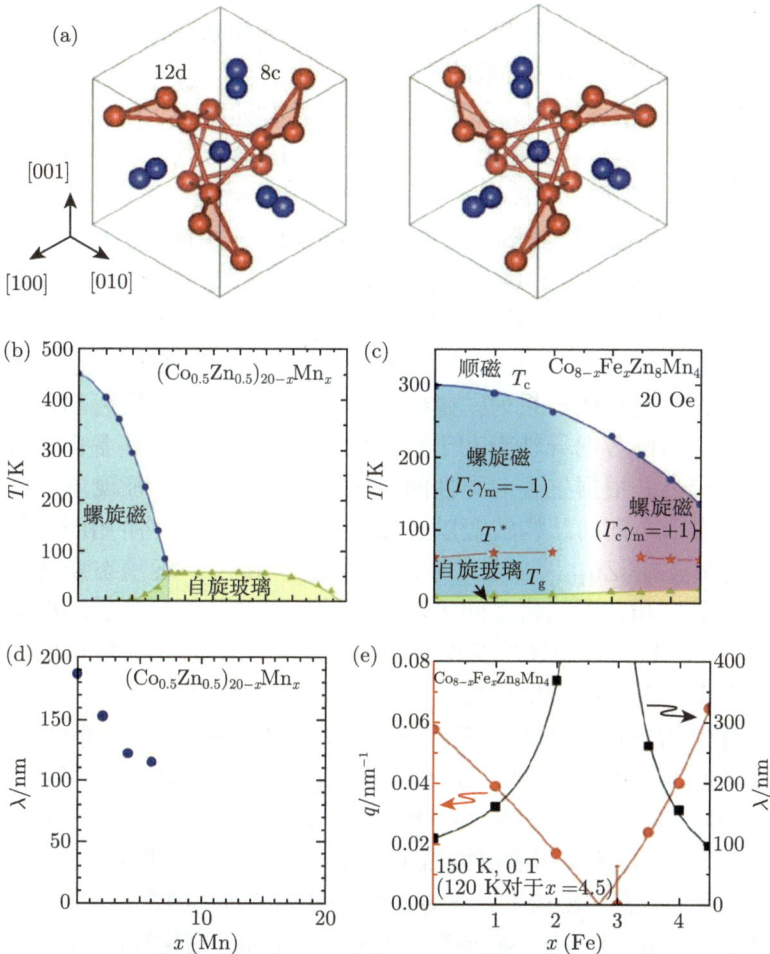

图 2-9 (a) 从 [111] 轴看 Co-Zn-Mn 合金的两种对映体的晶胞; $(Co_{0.5}Zn_{0.5})_{20-x}Mn_x$ 和 $Co_{8-x}Fe_xZn_8Mn_4$ 的相图 (b)、(c) 和磁调制周期 $\lambda$ (d)、(e) 随成分的变化 [60,62,150]

该合金体系中的 Mn 掺杂在改变磁无序度、面内各向异性和阻挫方面起着关键作用, 从而出现了各种拓扑磁结构, 包括具有可逆晶格转变的亚稳态斯格明子 [61]、无序斯格明子[62] 和磁半子–反磁半子晶格[29]。首先，Mn 掺杂促进了 12d 位点的随机占据，这对尺寸远大于原子距离的斯格明子产生了弱的钉扎效应，并增强了它们对热涨落的稳定性。因此，从热平衡斯格明子相区开始场冷，已经形成的斯格明子晶格会在动力学上避免转变为锥态，从而形成斯格明子晶格亚稳态或过冷态[61,149]，图 2-10(a)、(b) 中的红色箭头给出了如此场冷却的过程。除非施加很大的外磁场 $H$，亚稳态斯格明子晶格态能在较大的 $T$-$H$ 相区 (含最低温度) 和较长寿命 (远大于 1 周) 内存在。Oike 等[152] 首先讨论了斯格明子的亚稳态，他们在对 MnSi 中热力学稳定的斯格明子晶格进行快速淬火研究时发现，无掺杂 MnSi 中具有更少的钉扎位点，其斯格明子热稳定相区附近的热涨落效应足够大，足以克服斯格明子晶格和锥态之间拓扑转变的活化能。因此需要非常高的冷却速率 (约为 $-700$ K/s) 才能避免斯格明子晶格转变为锥态。相比之下，Co-Zn-Mn 合金则有较强的钉扎效应和更高的活化能势垒，只需要 $-1$ K/min 的中等冷却速率就足够了。事实上，亚稳态斯格明子普遍存在于其他斯格明子材料中，并且有较大应用前景，从而引起了人们的关注[106,153-161]。值得注意的是，$Co_{10-x/2}Zn_{10-x/2}Mn_x$ ($x = 2$) 中亚稳态斯格明子晶格可以在零磁场和室温下稳定存在[149]，如图 2-10(b) 所示。

其次，也可以通过改变 Mn 含量来控制磁各向异性。在末端化合物 $Co_{10}Zn_{10}$ 中，其螺旋结构看起来像一系列铁磁畴的排列，伴随着自旋快速翻转的畴壁[29]。这是由于强的面内磁各向异性有利于自旋位于易平面内。易面各向异性随着 Mn 含量的增加而减小。根据磁各向异性的变化，出现了两个特征现象：斯格明子晶格在三角形和方形之间的结构转变以及磁半子–反磁半子晶格的出现[29,61]。例如，在 $x = 4$ 的 $Co_{10-x/2}Zn_{10-x/2}Mn_x$ 中通过改变 $T$ 和 $H$，亚稳态斯格明子晶格可以在传统三角晶格和方形晶格之间可逆转变，其中方形斯格明子晶格在低温和低磁场下稳定，此时易面各向异性变得有效 (图 2-10(a))。理论研究也进一步证明了磁各向异性在斯格明子晶格结构转变中的关键作用[90,162,163]。

理论预测在增加磁各向异性的条件下可以实现另一种不同的拓扑自旋晶格，即磁半子和反磁半子四方晶格[90,163]。如 2.2 节所述，磁半子和反磁半子类涡旋结构的特征在于缠绕数 $Q = \mp 1/2$，在拓扑上区别于斯格明子 ($Q = -1$) 和反斯格明子 ($Q = +1$)。磁半子–反磁半子晶格被描述为双 $q$ 态，是垂直于磁场的平面中两个正交螺旋结构的叠加。在零磁场下，双 $q$ 态中心处为零磁化的奇异点，被两个磁半子和两个反磁半子包围。当施加小磁场在奇点处感应出面外磁化时，奇点及其周边区域的自旋变成具有不同自旋涡旋方式的磁半子结构。结果如图 2-10(b) 插图中的示意图所示，磁性晶胞中存在一个磁半子、一个反磁半子和两个感生磁半子。人们通过洛伦兹透射电镜观察到了 $Co_8Zn_9Mn_3$ 中的方形磁半子晶格，其在相图上存在于与斯格明子相区相邻的小 $T$-$H$ 相区中，如图 2-10(c) 所示[29]。虽然三角形斯格明子晶格在场冷过程中可以作为亚稳态存在，如上述 $Co_8Zn_8Mn_4$ 的情况，但四方磁半子晶格却是脆弱的, 会坍塌成热力学稳定的螺旋结构。最近, 人们在极性四方磁体 CeAlGe 中还发现了不同类型的磁半子–反磁半子晶格[164]。其中, 磁结构由两个摆线结构的叠加来描述, 其自旋在调制方向和磁场方向 (沿 $c$ 轴) 构成的平面内进行。

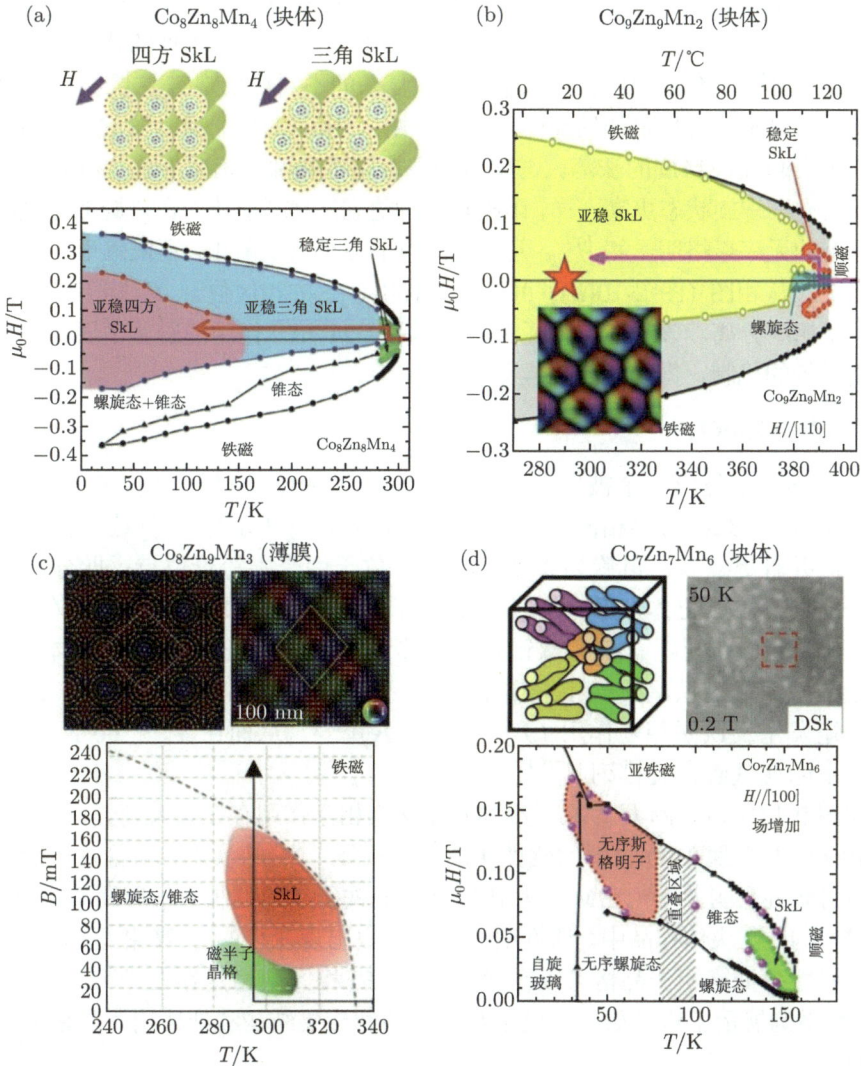

图 2-10　Co-Zn-Mn 合金中的各种拓扑自旋织构和磁相图

(a) $Co_8Zn_8Mn_4$ 块体中的三角和四方斯格明子晶格结构转变[61]; (b) 在 $Co_9Zn_9Mn_2$ 块体中形成室温和零磁场斯格明子[149]; (c) $Co_8Zn_9Mn_3$ 中的磁半子–反磁半子晶格, 顶部面板显示了磁半子–反磁半子晶格的示意图 (左) 和洛伦兹透射电镜图像 (右), 下图显示了磁半子–反磁半子晶格在斯格明子晶格之前出现的 $T$-$B$ 条件[33]; (d) $Co_7Zn_7Mn_6$ 块体中的无序斯格明子, 顶部面板显示了示意图 (左) 和无序斯格明子相 (DSk) 的洛伦兹透射电镜图像, 下图显示了磁相图, 包括无序的斯格明子相和规则的斯格明子晶格相[62]

在 $x = 6$ 的 $Co_{10-x/2}Zn_{10-x/2}Mn_x$ 中，人们利用 SANS 技术和洛伦兹透射电镜观察到了三维无序斯格明子态[62]，图 2-10(d) 给出了其自旋结构示意图。它的形成机制被认为植根于 12d 位点构成的扭曲笼目晶格中 Mn 自旋之间的反铁磁相互作用所导致的几何阻挫效应。其母体化合物 β-Mn (即 $x = 0$ 的 $Co_{10-x/2}Zn_{10-x/2}Mn_x$) 就是因为几何阻挫效应导致长程磁有序缺失[165-167]。该材料中阻挫的特征表现为在较宽 $x$ 组分范围内，会出现自旋玻璃态行为和复杂的不对称反铁磁态[62]，如图 2-9(b) 所示。Mn 自旋之间受阻挫的反铁磁相互作用，还可以通过 Mn 与 Co 之间的铁磁相互作用引起 Co 自旋的涨落。与磁有序温度附近热涨落增强导致二维斯格明子晶格的熵比一维螺旋状态更高一样，阻挫可以促进自旋涨落，从而在自旋冻结温度之上产生了新的无序斯格明子相[62]。无序斯格明子态是热平衡相，不依赖于 $T$ 或 $H$ 的变化历史。从相图 (图 2-10(d)) 可以明显看出，它的相区位于 $T_c$ 略下方并与传统斯格明子相区分离。该观察结果证实，在基于 DM 相互作用的磁体中还有另一种形成斯格明子的机制，即利用磁阻挫效应。

### 2.3.4　$Cu_2OSeO_3$

$Cu_2OSeO_3$ 是第一个被发现的具有斯格明子的绝缘材料[68]。$Cu_2OSeO_3$ 的全局对称性与 B20 材料相同，晶体结构空间群为 $P2_13$[168]，但是其原子排列却完全不同并且更复杂。自旋为 1/2 的 $Cu^{2+}$ 位于两个不等价位点：四分之三位于 Cu(1) 位点，被氧配体方形金字塔包围 (图 2-11(a) 中的绿色球和多面体)；四分之一位于 Cu(2) 位点，被三角双锥包围 (图 2-11(a) 中的蓝色球和多面体)。Cu(1) 位点上的磁矩通过铁磁交换相互作用 ($J_{FM} = -50$ K) 耦合，它们与 Cu(2) 位点上的磁矩发生反铁磁相互作用 ($J_{AFM} = 65$ K)[169]，从而在 $T_c = 60$ K 以下形成三上一下的亚铁磁自旋排列[170,171]。

如图 2-11(b) 所示，尽管原子排列和磁交换相互作用存在很大差异，但绝缘材料 $Cu_2OSeO_3$ 与金属 B20 材料的磁性相图非常相似[68]。事实上，洛伦兹透射电镜和中子衍射研究表明[68-70]，DM 相互作用会将亚铁磁结构调制为长周期 ($\lambda = 63$ nm) 螺旋磁结构。在块体样品中，斯格明子晶格态也出现在小的 $T$-$H$ 相区中[69,70]，而在薄材料中，斯格明子晶格可以在较宽的 $T$-$H$ 相区中稳定存在[68]。图 2-11(c)、(d) 分别举例展示了洛伦兹透射电镜观测到的螺旋磁结构和斯格明子晶格的面内磁化分布。

尽管在绝缘材料中不会出现由传导电子和拓扑自旋织构之间的相互作用而产生的演生磁场特性，但其多铁性特性可能导致其中的斯格明子出现许多其他有趣的演生现象，将在 2.4.3 节和 2.4.4 节阐述。

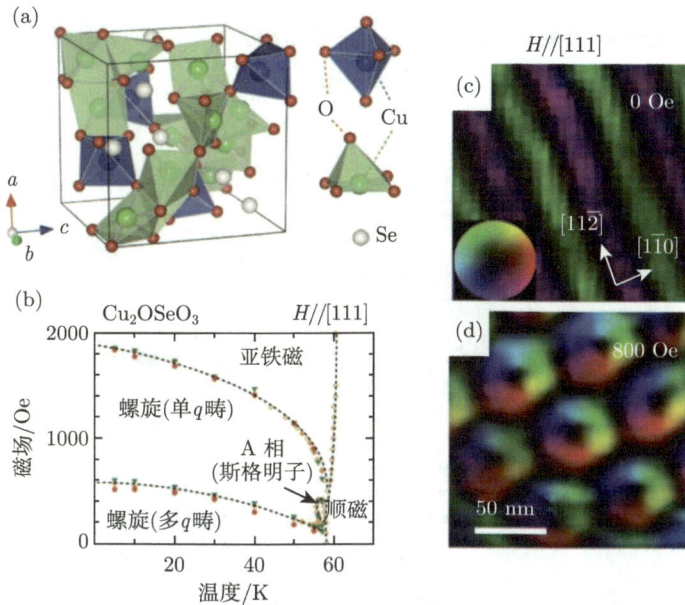

图 2-11 (a) $Cu_2OSeO_3$ 的晶体结构，包含两个自旋为 1/2 的不等价 $Cu^{2+}$；(b) $Cu_2OSeO_3$ 块体在磁场 $H$ 下沿 [111] 轴的磁相图；(c)、(d) 通过洛伦兹透射电镜观测到的薄板 $Cu_2OSeO_3$ 中螺旋磁结构在 $H = 0$ Oe (1 Oe = 79.5775 A/m) 和斯格明子晶格在 $H = 800$ Oe 时的面内磁化分布[68]

### 2.3.5 $D_{2d}$ 晶体：逆哈斯勒合金 Mn-Pt-Sn

在具有高对称性晶格 (如立方体) 的非中心对称磁体中，具有 $D_{2d}$ 点群对称性的化合物在 DM 相互作用方面显示出独特的特征。如图 2-12(a) 中以 Mn-Pt-Sn 哈斯勒 (Heusler) 化合物 ($Mn_{1.4}Pt_{0.9}Pd_{0.1}Sn$) 为例[71]，其结构中 $Mn_{8i}$ 原子构成的四面体表征了系统的 $D_{2d}(\bar{4}2m)$ 对称性。这种对称性的特征是，DM 相互作用沿 $x$ 和 $y$ 方向具有相反的符号[7]，因此横向螺旋在不同传播方向具有相反的螺旋度，即顺时针 (CW) 和逆时针 (CCW)。理论预测，在这样的 $D_{2d}$ 磁体中存在斯格明子数 $Q = +1$ 的反斯格明子 (图 2-2 和图 2-12(b))，随后在实验中得到了证实[7,71]。图 2-12(b) 为反斯格明子的洛伦兹透射电镜实验观测图像和模拟图像。在欠焦洛伦兹透射电镜图像中，沿 $x$ 和 $y$ 方向黑白对比的哑铃形图案成对存在，反映了各向异性 DM 相互作用形成的反斯格明子的相反螺旋性。换句话说，如反斯格明子的示意图所示，其涡旋图案沿 $x$ 和 $y$ 方向为布洛赫型自旋螺旋，而沿 $x \pm y$ 方向为奈尔型自旋螺旋。在 $Mn_{1.4}Pt_{0.9}Pd_{0.1}Sn$ 的薄膜 (约 100 nm) 中，反斯格明子在较宽磁场–温度 (高达 400 K) 范围内形成三角晶格 (图 2-12(c))。反斯格明子的大小或螺旋的周期长度非常大，约为 150 nm，类似于偶极相互作用形成的磁泡。事实上，反斯格明子尺寸随着薄膜厚度的增加而迅速增加，表明了偶极相互作用在其中的重要影响 [50]。然而，磁泡的涡度，即反斯格明子织构，受限于 $D_{2\mathrm{d}}$ 对称性中各向异性的 DM 相互作用。

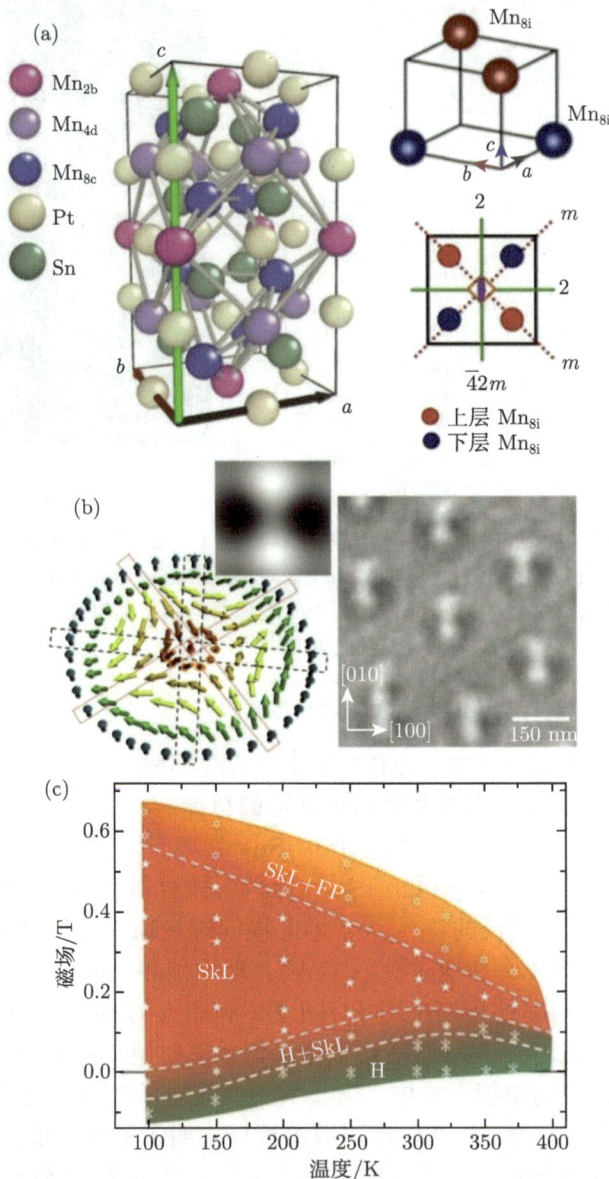

图 2-12　(a) $\mathrm{Mn_{1.4}Pt_{0.9}Pd_{0.1}Sn}$ 的晶体结构，其中不等价位置的原子以不同颜色表示 (左)，具有 $D_{2\mathrm{d}}$ 对称性的四面体组成块的示意图 (右)；(b) 反斯格明子的示意图及其在洛伦兹透射电镜观测中预期的对比图像 (左)，观测到的 $\mathrm{Mn_{1.4}Pt_{0.9}Pd_{0.1}Sn}$ 中的反斯格明子晶格的洛伦兹透射电镜图像 (右)；(c) 薄板 $\mathrm{Mn_{1.4}Pt_{0.9}Pd_{0.1}Sn}$ 的磁相图 [71,72]

值得注意的是，偶极相互作用也可以导致 $Q = -1$ 的斯格明子磁泡[50]。图 2-13 以 $Mn_{1.4}Pt_{0.9}Pd_{0.1}Sn$ 薄膜为例，展示了在面内磁场下反斯格明子到斯格明子的可控转变[72]。图 2-13(a) 为在面外场 350 mT 下反斯格明子 ($Q = +1$) 晶格的洛伦兹透射电镜图像。当沿着 [010]、[100]、[0$\bar{1}$0] 和 [$\bar{1}$00] 方向施加面内场 ($\mu_0 H_{//} = 16 \sim 33$ mT) 时，反斯格明子会变成 $Q = 0$ 的新自旋织构，这里称为非拓扑磁泡 (NT 磁泡)。这个带有两条布洛赫线的子弹形非拓扑磁泡在拓扑上等同于所谓的 II 型磁泡[50]。根据面内场引起的对称性变化，非拓扑磁泡的子弹形方向与面内场方向一一对应，如图 2-13(b) ~ (e) 所示。从非拓扑磁泡的聚集体或晶格中撤掉 $H_{//}$ 后，会出现细长或椭圆形变的斯格明子 ($Q = -1$)(图 2-13(f)、(g))，且其长轴方向继承非拓扑磁泡的子弹方向。这意味着通过场内诱导的非拓扑磁泡 ($Q = 0$) 实现了从反斯格明子 ($Q = +1$) 到斯格明子 ($Q = -1$) 的拓扑转变。值得注意的是，非拓扑磁泡呈现出磁半子 ($Q = -1/2$) 和反

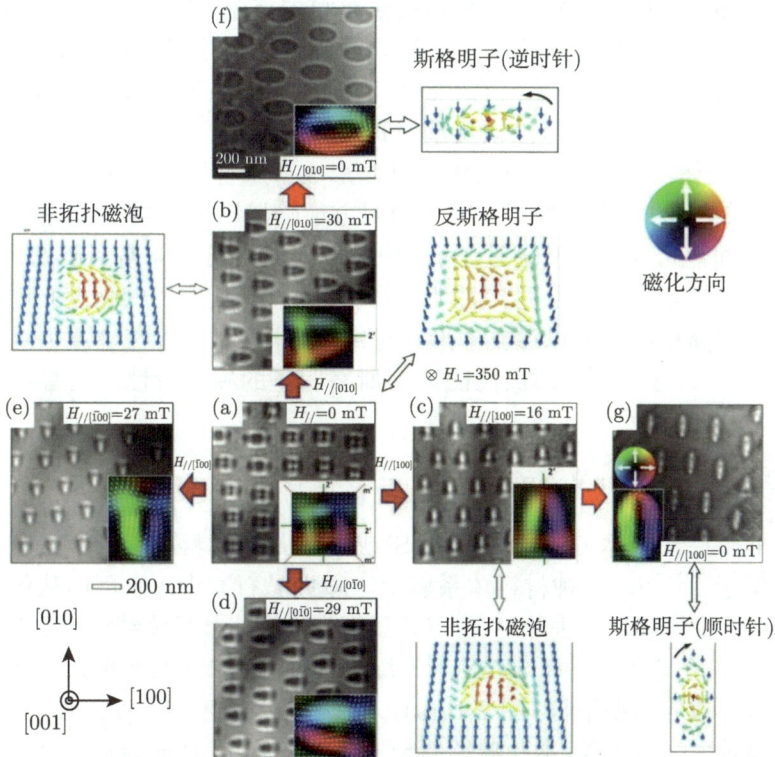

图 2-13　薄板 $Mn_{1.4}Pt_{0.9}Pd_{0.1}Sn$ 中由面内磁场 ($H_{//}$) 引起的磁结构的对称性变化[72]

(a) $H_{//} = 0$ mT 处的反斯格明子晶态；在不同磁场方向下，向具有不同配置的布洛赫线对的非拓扑磁泡的变换：(b) $H_{//[010]} = 30$ mT，(c) $H_{//[100]} = 16$ mT，(d) $H_{//[0\bar{1}0]} = 29$ mT，(e) $H_{//[\bar{1}00]} = 27$ mT；在应用 $H_{//}$ 后在零 $H$ 处转换为具有不同螺旋度的斯格明子：(f) $H_{//[010]} = 0$ mT 和 (g) $H_{//[100]} = 0$ mT；上述自旋纹理与洛伦兹透射电镜实验图像和自旋排列示意图一起呈现

磁半子 $(Q = +1/2)$ 的组合形状。上述细长或椭圆形斯格明子可以通过各向异性 DM 相互作用和磁偶极相互作用之间的竞争来解释。斯格明子的长度尺度 $\eta$ 由交换相互作用 $J$ 和有效相互作用能 $D_{\text{eff}}$ 的比率决定，即 $\eta = (J/D_{\text{eff}})\,a$，这里 $a$ 为晶格常数，$D_{\text{eff}}$ 来源于磁偶极相互作用 $(D_{\text{dip}})$ 或 DM 相互作用 $(D)$。在两种相互作用共存的情况下，$\eta$ 依赖于方向 $x$ 或 $y$，$D_{\text{eff}}$ 分别由 $D_{\text{dip}} + D$ 和 $D_{\text{dip}} - D$ 给出，从而导致椭圆变形 $\eta_{\text{long}}/\eta_{\text{short}} = (D_{\text{dip}} + D)/(D_{\text{dip}} - D)$。根据实验观测到的斯格明子形变，可以预估在该磁性薄膜中 $D_{\text{dip}}$ 是 $D$ 的 4.5 倍。因此斯格明子或反斯格明子磁泡主要是通过偶极相互作用形成的，但各向异性 DM 相互作用对 $D_{\text{2d}}$ 磁体中反斯格明子或椭圆变形的斯格明子的产生起了决定性作用。

## 2.4  极 性 磁 体

本节回顾块状极性晶格磁体和异质结薄膜中奈尔型斯格明子的形成。如 2.3 节所述，实现非共线自旋织构的一个指导原则是利用反对称自旋交换相互作用，即 DM 相互作用 [37,38]，它在没有空间反演对称性的晶体中可以全局存在。极性晶格结构或异质结界面可以破缺反演对称性，导致由极性对称性决定的 DM 相互作用 [94,172-174]。这种 DM 相互作用可以形成奈尔型斯格明子，这与 B20 化合物 (手性晶格) 中的布洛赫型斯格明子和四方逆哈斯勒化合物 $(D_{\text{2d}}$ 晶格) 中的反斯格明子不同。此外，由于缺乏竞争磁相 (例如布洛赫型斯格明子的锥态竞争)，其中的奈尔型斯格明子的热稳定性明显增强 [73-75]。从应用的角度来看，我们需要薄膜样品中斯格明子能以孤立的形式稳定下来，并且可以在室温下对其进行电操控 [78,175-179]。这里将介绍极性磁体中斯格明子的独特特性，这些特性在未来可能得到应用。

### 2.4.1  GaV$_4$S$_8$ 和 GaV$_4$Se$_8$

极性非手性铁磁体 GaV$_4$X$_8$(X = S 或 Se) 是体材料中第一个具有奈尔型斯格明子的例子 [73-75]。这种材料体系属于空隙尖晶石家族，它可以从传统尖晶石结构 AM$_2$X$_4$ 中每隔一个去除 A 位点离子衍生而来，其晶体结构由 $(\text{V}_4\text{X}_4)^{5+}$ (图 2-14(a) 中的红色六面体) 和 $(\text{GaX}_4)^{5-}$ (绿色四面体) 二元结构单元组成。这些块体交替排列形成岩盐型结构 (图 2-14(a))。低于结构转变温度 $(T_{\text{s}})$ 时，V 团簇沿着的 $\langle 111 \rangle$ 晶轴之一发生姜–泰勒畸变伸长 (图 2-14(b))，从而导致从立方晶格到三斜晶格的结构相变 [180]。虽然 $T_{\text{s}}$ 以上的晶格属于非中心对称但既非手性也非极性的立方空间群 $F\bar{4}3m$，但在 $T_{\text{s}}$ 下面转变为空间群 $R3m$ 的极性三斜相 [180]。该结构转变形成了四种具有不同极性方向 (即 [111]、$[1\bar{1}\bar{1}]$、$[\bar{1}1\bar{1}]$ 和 $[\bar{1}\bar{1}1]$) 的晶畴 [95]。$(\text{V}_4\text{X}_4)^{5+}$ 团簇携带 $S = 1/2$ 的有效自旋，在 $T_{\text{c}}$ 以下形成长程磁有序。GaV$_4$S$_8$

和 GaV$_4$Se$_8$ 的结构转变温度 $T_s$ 和磁有序温度 $T_c$ 分别为 $(T_s, T_c) = (44\ \text{K}, 13\ \text{K})$ 和 $(T_s, T_c) = (41\ \text{K}, 18\ \text{K})^{[74,180\text{-}182]}$。

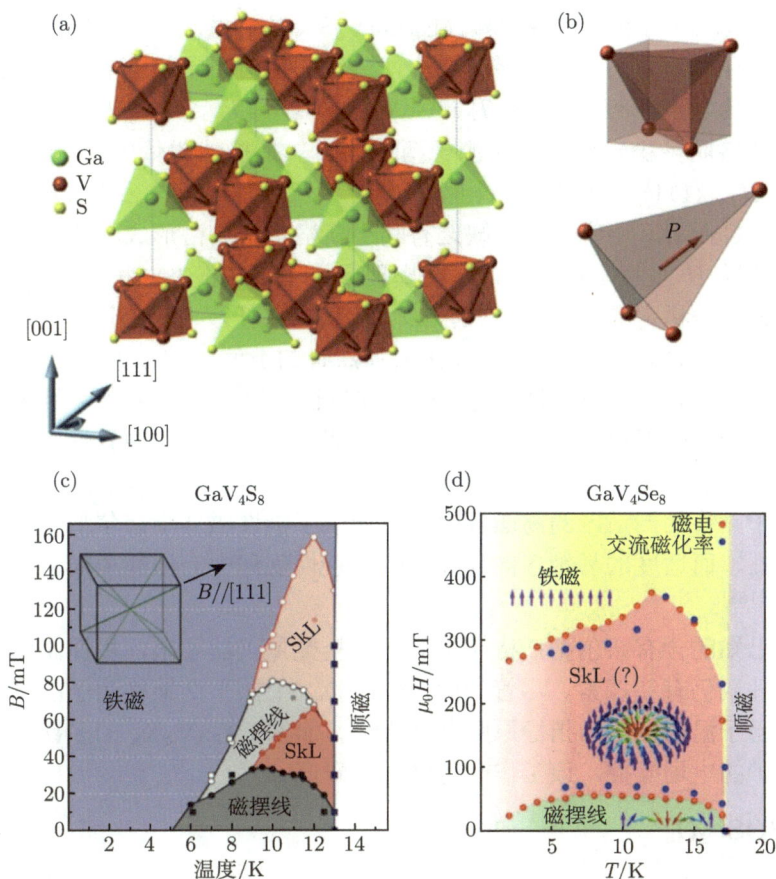

图 2-14　(a) GaV$_4$X$_8$ 的晶体结构，由 $(V_4X_4)^{5+}$(红色六面体) 和 $(GaX_4)^{5-}$(绿色四面体) 组成；(b) 四面体 V 簇沿 $\langle 111 \rangle$ 轴之一的扭曲，导致在 $T_s$ 以下从立方晶格到极性三斜晶格的结构相变 [73,183]；(c) GaV$_4$S$_8$ 和 (d) GaV$_4$Se$_8$ 的磁性相图 [74]

　　与手性磁体一样，铁磁交换相互作用 $(J_{ij}\boldsymbol{S}_i \cdot \boldsymbol{S}_j)$ 和 DM 相互作用 $(\boldsymbol{D}_{ij} \cdot (\boldsymbol{S}_i \times \boldsymbol{S}_j))$ 之间的竞争，导致形成了长周期自旋螺旋和斯格明子结构。然而，与手性磁体相比，特定于极性 $C_{3v}$ 点群的 DM 矢量会产生不同的内部自旋排列 [7,8]。其中，DM 相互作用有利于摆线型自旋结构，其调制方向垂直于极轴，且其自旋螺旋位于其调制方向和极轴所在的平面内。在 GaV$_4$X$_8$ 中，零场下磁传播矢量 $\boldsymbol{q}$ 沿垂直于极轴的三个 $\langle 110 \rangle$ 方向之一固定 [73,75]。在临界场以上，具有径向自旋织构的奈尔型斯格明子以自旋摆线的叠加形式形成三角形晶格。GaV$_4$S$_8$ 和 GaV$_4$Se$_8$

的磁调制周期分别为 $\lambda = 17.7$ nm 和 $\lambda = 19.4$ nm[73,75]。

图 2-14(c)、(d) 分别为 $GaV_4S_8$ 和 $GaV_4Se_8$ 在 $H//\langle 111 \rangle$(极轴) 下的磁性相图 [73,74]。在 $GaV_4S_8$ 中，由于其具有较强的易轴各向异性，自旋在低温下沿极轴完全极化；而在具有易平面各向异性的 $GaV_4Se_8$ 中，摆线和斯格明子晶格在低至 2 K 时仍然存在。与块体手性磁体相比，二者的斯格明子相都向更宽的温度范围扩展 ($GaV_4S_8$ 为 $0.68T_c \leqslant T \leqslant T_c$，$GaV_4Se_8$ 为 $0.1T_c \leqslant T \leqslant T_c$)。

此处斯格明子稳定性增强来源于两方面：一是极性磁体中的 DM 相互作用使沿磁场 $H//\langle 111 \rangle$ 调制的锥态相不稳定。手性磁体中锥态占据大部分相图 (图 2-6(a))，而 $GaV_4X_8$ 中锥态相的缺乏有利于斯格明子晶格形成。在这里需要指出，当施加的外场 $H$ 垂直于极轴时，不会出现斯格明子晶格态。相反，垂直于 $H$ 传播的横向锥态是稳定的 [75,184]，它的自旋螺旋平面变形为一个圆锥面且其轴沿 $H$。简而言之，$GaV_4X_8$ 中的 DM 相互作用强烈有利于使磁传播矢量 $q$ 位于垂直于极轴的平面中。另一方面是易平面的磁各向异性 [75,185,186]。正如手性磁体薄膜中的斯格明子相关的理论工作和实验观察所证明的那样，磁各向异性在稳定斯格明子态中起着关键作用 [90,187,188]。理论工作预测了手性和极性磁体中的 $T = 0$ 基态斯格明子晶格相，适度的易面各向异性增强了极性磁体中奈尔型斯格明子晶格态的稳定性，而适度的易轴各向异性增强了手性磁体中布洛赫型斯格明子晶格态的稳定性 [188]。

由于已知的含有奈尔型斯格明子的体材料数量仍然有限，极性磁体中斯格明子的详细性质仍有待探索。尽管如此，$GaV_4X_8$ 中热平衡斯格明子晶格态给出了扩展斯格明子温度范围的指导原则 [74,189,190]。此外，$GaV_4X_8$ 的多铁性可能有助于斯格明子的电场操控，该工作有待进一步研究。

### 2.4.2  $VOSe_2O_5$

极性磁体具有奈尔型斯格明子晶格的另一个例子是 $VOSe_2O_5$[76,191]。它是由 $VO_5$ 方形金字塔 (图 2-15(a) 中的绿色、蓝色和黄色多面体) 组成的，每个方形金字塔都包含一个自旋 $S = 1/2$ 的 $V^{4+}$。这些团簇排列形成方形格子 (图 2-15(a))[192]。晶体对称性属于四方极性空间群 $P4cc$ 和点群 $C_{4v}$。

如图 2-15(c) 所示，通过交流磁化率测量和在 $H//c$(极轴) 下的 SANS 技术，人们确定了 $VOSe_2O_5$ 的磁性相图。$VOSe_2O_5$ 在 $T_c = 8$ K 时出现三上一下型亚铁磁转变 (在图 2-15(c) 中用 FM 表示)[193,194]。在零磁场下，摆线型自旋结构会在 $T = 5$ K 以上出现，而在更低温度下由于增强的易面各向异性，自旋沿 $ab$ 面内的亚铁磁态则会占据主导地位 [76]。沿 $a$ 轴或 $b$ 轴进行调制的自旋摆线态会形成多畴态。它们的自旋螺旋位于极轴 $c$ 和调制方向所确定的平面内。实验上通过极化 SANS 可以直接观测这种自旋摆线调制 [190]。在高磁场下，会产生自旋沿 $c$

轴的亚铁磁态。在亚铁磁转变场下方，除了自旋摆线多畴态 (在图 2-15(c) 中用 IC-1 表示) 之外 [76]，还出现了两个非公度 (IC) 的自旋态。大量详细 $H$ 扫描的 SANS 测量表明，奈尔型斯格明子三角形晶格 (图 2-15(b)) 出现在磁有序温度 $T_c$ 附近 (在图 2-15(c) 中用 A 表示)；而图 2-15(c) 中的 IC-2 相是一种非拓扑但非共面的自旋结构，称为各向异性双 $q$ 态 [191]。理论上预测，手性磁体中若存在罗盘型各向异性交换相互作用 ($\propto S_i^x S_{i+\hat{x}}^x + S_i^y S_{i+\hat{y}}^y + S_i^z S_{i+\hat{z}}^z$)，则会是自旋倾向于沿着键方向排列，从而形成这种各向异性双 $q$ 态 [90,195]。

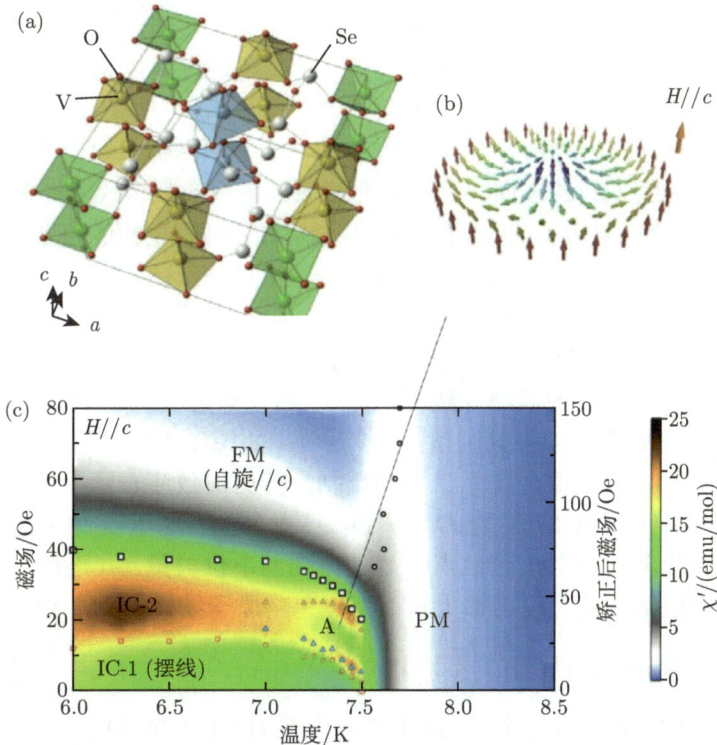

图 2-15 (a) $VOSe_2O_5$ 的晶体结构，由 $VO_5$ 方形金字塔 (绿色、蓝色和黄色多边形) 组成；(b)、(c) 由交流磁化率 $\chi'$ 测量确定的磁相图，奈尔型斯格明子 (b) 在相图 (c) 中标记为 A 的小相区处形成三角形晶格 [76]

### 2.4.3 异质结界面：Co/Pt、$SrRuO_3$/$SrIrO_3$ 和磁性拓扑绝缘体

在纳米结构中操控斯格明子对于自旋电子学的发展是必要的 [13,14,19-24,26,28,196]。要在薄膜中实现斯格明子，首要条件是使用与现代自旋电子技术兼容的薄膜生长技术。主要有两种方法来解决这个问题：生长斯格明子材料的薄膜和制造有斯格明子的异质结薄膜。在前一种情况下，对晶体结构的控制仍然存在挑战 [197-199]。

如前几节所述,非中心对称磁体的自旋织构在很大程度上取决于其晶体结构。例如,块体非中心磁体中布洛赫型 (奈尔型) 斯格明子的螺旋度通过晶体手性 (极性) 的反转来切换。如果不同的异构体 (极性) 畴共存于薄膜中,则会导致样品中不同螺旋度的斯格明子态混合。目前尚不能实现大规模生长具有单手性晶畴的薄膜来固定斯格明子的形式。

相反,由于异质结中固定的极性配置,异质结界面处的奈尔型斯格明子会显示出固定的自旋螺旋性。研究表明,在磁性金属–重金属异质结界面处可以形成斯格明子 [40,77](图 2-16(a)、(b)),这一发现不仅给出了形成奈尔型斯格明子的有效策略,而且具有潜在的应用价值。在实验室水平上,人们已经成功实现了多层膜结构中斯格明子在室温下的稳定存在 [78,175-179],还通过电控制实现了对它们的创建、删除 [77,152,153,199-233]、转移和检测 [176,200,201,205,234-254]。此外,界面系统扩展了其材料选择,为研究拓扑绝缘体 [79,255]、相关氧化物 [80,256-259] 和铁电体 [81] 中的斯格明子提供了新的方向。这里将介绍该领域中的几个代表性例子。

人们最先研究的是由 Ir(111) 表面和 Fe 单层/PdFe 双层构成的异质结 [40,77,260],在 Fe/Ir 界面 (图 2-16(c)) 观察到了斯格明子的四方形晶格 [40],而在 PdFe/Ir 界面处观察到处于摆线或铁磁状态背景中的孤立斯格明子以及斯格明子三角形晶格 (图 2-16(d))[260]。在异质结体系中,扭曲自旋结构的相互作用也是 DM 相互作用。界面处反演对称性的破缺导致界面 DM 相互作用 [94,172-174,261-263],重金属层的强自旋轨道耦合会增强其强度 [40,264-268]。如图 2-16(a) 所示,DM 相互作用由相邻的磁性元素和重金属元素共同调制。其局部效应表示为能量增益 $w_\mathrm{D} = \boldsymbol{D}_{12} \cdot (\boldsymbol{S}_1 \times \boldsymbol{S}_2)$,其中 DM 矢量 $\boldsymbol{D}_{12} = D_{12}(\hat{\boldsymbol{z}} \times \boldsymbol{u}_{12})$,这里 $\hat{\boldsymbol{z}}$ 和 $\boldsymbol{u}_{12}$ 分别是垂直于界面方向和从自旋位点 1 到位点 2 连线方向的单位矢量。在连续介质近似或微磁学中,假设磁结构的尺度足够大从而可以忽略原子结构,DM 相互作用的整体效应可以表示为 $w_\mathrm{D} = D\left(m_z \dfrac{\partial m_x}{\partial x} - m_x \dfrac{\partial m_x}{\partial z} + m_z \dfrac{\partial m_y}{\partial y} - m_y \dfrac{\partial m_y}{\partial z}\right)$[94]。由于铁磁相互作用 (刚度常数 $A$ 表征)、DM 相互作用 (DM 矢量 $\boldsymbol{D}_{12}$) 和面外磁各向异性 (各向异性系数 $K$) 之间的竞争,出现了摆线型和奈尔型斯格明子态,其自旋排列在自旋极化扫描隧道显微镜 (spin-polarized scanning tunneling microscope, SP-STM) 观测中得到直接确认 [19,40,77]。在这两个系统中,斯格明子的尺寸都非常小:Fe/Ir 界面为 1 nm 而 PdFe/Ir 界面为 $6 \sim 7$ nm[40,77,260]。然而,斯格明子稳定存在的磁场和温度条件通常是 $H \geqslant 1$ T 和 $T \leqslant 10$ K,尚不能达到室温、零场的器件应用要求。

后续深入的研究工作表明,斯格明子在室温和零磁场或低磁场下可以以孤立形式稳定存在 [78,175-178,205,269]。首先,可以通过磁相互作用之间的平衡来控制斯格明子的聚集形式 [270-272]。当 $\boldsymbol{D}$ 增加超过临界值 $D_\mathrm{c} = 4\sqrt{AK}/\pi$ 时,会发生斯格明子无序孤立态到三角形晶格态的交叉, 这为 $D$ 提供了基准。可以通过改变厚度和/或改变组成元素或化合物来调整有效的 $D$ 达到最佳效果, 从而实现孤立的斯格明子。

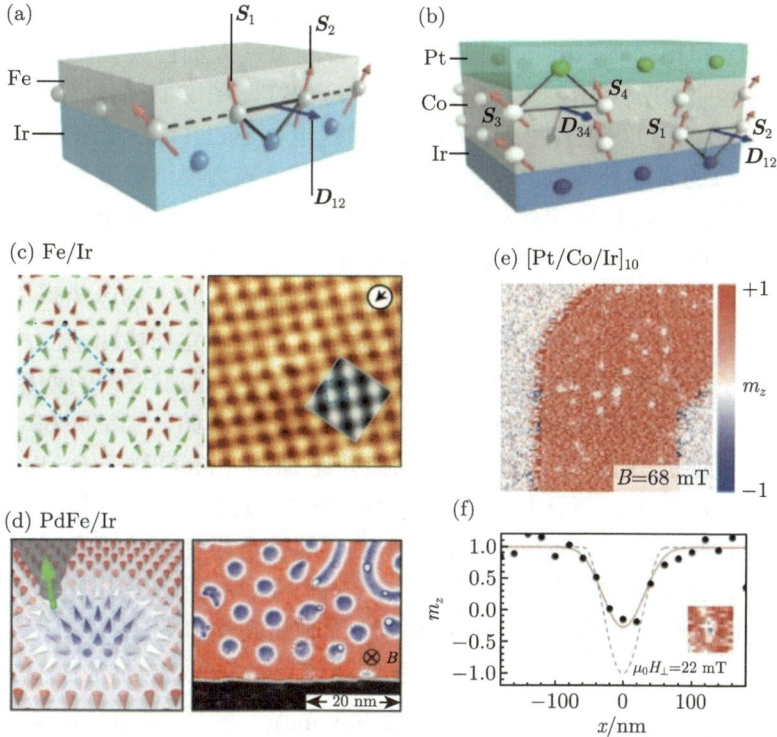

图 2-16  薄膜异质结构中的斯格明子形成 [24,40,78,260]

(a) DM 相互作用作用于 Fe(磁性层) 和 Ir(重金属层) 界面处磁性原子自旋的示意图; (b) 在与 Pt 和 Ir(具有大自旋轨道耦合的重金属层) 接触的 Co(磁性层) 的顶部和底部界面处诱发的附加 DM 相互作用的示意图; (c) Fe/Ir 界面中方形斯格明子晶格和 (d) PdFe/Ir 界面中三角形斯格明子晶格的示意图和 SP-STM 图像; (e) Pt/Co/Ir 多层中斯格明子的扫描透射 X 射线显微镜 (STXM) 图像和 (f) 横跨斯格明子的 X 射线磁圆二色性 (XMCD) 的横截面轮廓小于 100 nm 尺寸

研究表明增强层间交换耦合和非对称多层结构中较大的有效磁体积都可以提高薄膜异质结中斯格明子的室温稳定性 [78,177]。图 2-16(b) 以 [Ir/Co/Pt]$_{10}$ 为例说明了后一种情况。原子序数大的重金属具有大的自旋轨道耦合, 从而增强界面处的 DM 相互作用。通过重复来增加磁体积以增强磁有序对热涨落的稳定性和转变温度。此外, Ir/Co 和 Co/Pt 界面上的两种 DM 相互作用相加, 从而将斯格明子尺寸减小到小于 100 nm(直径范围为 30 ~ 90 nm)。尽管关于多层系统中室温斯格明子形成的报道很多 [78,175-179], 但其中斯格明子的尺寸大多在 100 nm ~ 1 μm 的范围内。因此, 利用叠加界面 DM 相互作用是在薄膜器件中实现小型 (即纳米级) 斯格明子的有效方案。第一性原理计算和计算材料科学的进步使得人们可以预测界面 DM 相互作用的数值和合适的材料组合 [40,264-268,273]，在不久的将来有望进一步实现小型化斯格明子，以实现更高密度存储的功能。

界面 DM 相互作用不仅适用于单元素组成的多层膜，也适用于各种化合物组成的异质结，同时也产生了许多有待进一步理解的基本问题。例如，通过磁力显微镜 (MFM) 和拓扑霍尔效应 (THE) 的组合测量，人们已经在磁性拓扑绝缘体 $Cr_x(Bi_{1-y}Sb_y)_{2-x}Te_3/(Bi_{1-y}Sb_y)_2Te_3$(CBST/BST，图 2-17(a))[79]、关联氧化物 $SrIrO_3/SrRuO_3$(SIO/SRO，图 2-17(b))[80] 和铁电体 $BaTiO_3/SrRuO_3$(BTO/SRO，图 2-17(c))[81] 的界面处观察到了斯格明子的形成。磁力显微镜测量呈现出点状图案，具有与铁磁背景相反的面外磁化分量 (图 2-17(c))，尽管无法从局部面外磁矩的成像中获得有关内部自旋涡旋排列的信息，但依然能证明斯格明子的形成。同时在这些系统中还观察到了拓扑霍尔效应，这是斯格明子形成的输运特征。通过详细研究不同温度和磁场下的拓扑霍尔效应，可以建立斯格明子的相图，它对应于斯格明子密度的变化 (图 2-17(d) ~ (f))。在这些人工设计的斯格明子材料体系中，斯格明子的形成与独特的材料特性相结合。例如，实空间和动量空间中的拓扑特性可能会融合在一起，从而在拓扑绝缘体 (如 CBST/BST) 中产生新的磁电效应，而在关联氧化物 (如 SIO/SRO) 中可能会出现显著的外场调控响应。特别是，通过操纵与 SRO 接触的 BTO 的铁电极化，可以实现对斯格明子密度和热力学稳定性的控制 [81]。如图 2-17(f) 所示，当 BTO 中的极化方向从向上反转为向下时，斯格明子相区会缩小，同时拓扑霍尔效应的幅度减小。其中，斯格明子密度 (与拓扑霍尔效应信号强度成正比) 及其热力学稳定性 (由相图中斯

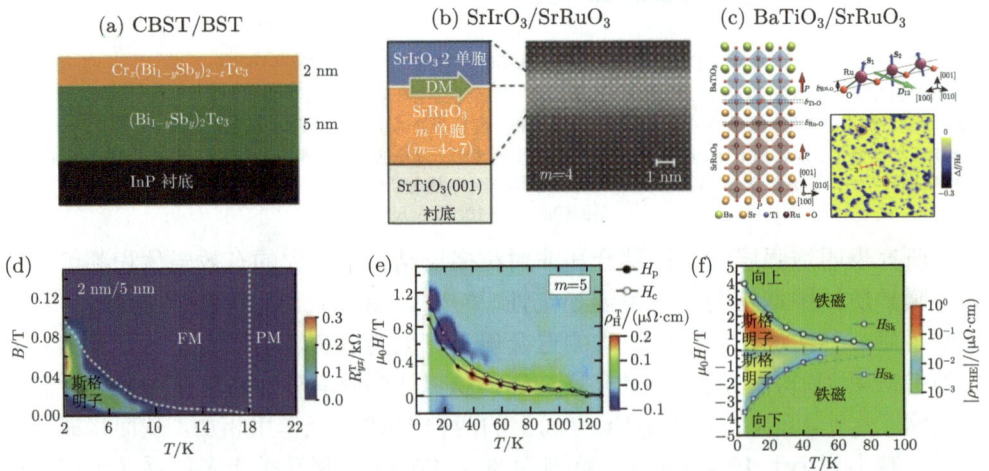

图 2-17　由复杂化合物组成的各种异质结构中的斯格明子形成 [79-81]

(a)、(d) $Cr_x(Bi_{1-y}Sb_y)_{2-x}Te_3/(Bi_{1-y}Sb_y)_2Te_3$(CBST/BST)，(b)、(e) $SrIrO_3/SrRuO_3$ (SIO/SRO) 和 (c)、(f) $BaTiO_3/SrRuO_3$(BTO/SRO) 的异质结构和磁相图示意图

格明子温度范围表征) 都可以通过 BTO 的铁电极化进行有效调控, 因为它可以有效地实现反演对称性破缺或者引入 DM 相互作用。

# 2.5 阻 挫 磁 体

斯格明子材料不限于具有 DM 相互作用的手性或极性磁体。一个最典型的例子是由长程偶极相互作用引起的磁泡, 它通常具有与布洛赫型斯格明子相同的拓扑结构[50,274]。然而, 偶极相互作用所引起的斯格明子磁泡有较大的尺寸 (100 nm ∼ 10 μm), 并且很难展现出斯格明子的有趣磁电特性。在中心对称化合物中实现纳米级斯格明子的另一种途径是利用磁阻挫效应[41]。这种磁阻挫, 尤其是几何阻挫 (特定晶格结构中局域自旋之间的相互作用存在竞争而无法同时满足), 往往会产生诸如自旋液体、非平庸调制自旋序等高简并度磁基态。例如, 理论计算表明, 在具有海森伯自旋和额外第二 (或第三) 近邻交换相互作用的三角晶格中, 施加面外磁场会形成多 $q$ 态[41], 包括斯格明子晶格三重 $q$ 态。这种磁阻挫也可以在巡游磁体中出现, 其局域自旋和费米表面上传导电子互相耦合, 即 RKKY 相互作用, 其中位点间交换相互作用 (距离 $R$) 以 $2k_F R$ ($k_F$ 为费米波数) 的因子振荡[99-101]。高对称晶格上的 RKKY 相互作用也可以产生调制自旋织构, 包括正弦形的 (具有与自旋密度波 (SDW) 一样调制的共线自旋) 和螺旋形的自旋织构, 后者可能伴随着多 $q$ 态, 包括斯格明子晶格[82,83]。最近的理论研究表明, 仅 RKKY 相互作用不足以诱导斯格明子态[276], 但四阶 RKKY 相互作用调制的双二次相互作用 ($\propto (\boldsymbol{S}_i \cdot \boldsymbol{S}_j)^2$) 可以在很大程度上稳定多 $q$ 态, 包括斯格明子晶格。

## 2.5.1 钆化合物: $Gd_2PdSi_3$、$Gd_3Ru_4Al_{12}$ 和 $GdRu_2Si_2$

在中心对称化合物中寻找斯格明子, 首选的是有各向同性 (海森伯型) 局域自旋和传导电子 RKKY 相互作用的六方 (有利于三 $q$ 态) 磁体材料。我们以一些 $Gd^{3+}$($J = 7/2$) 基六方巡游磁体作为斯格明子候选材料, 它们由 Gd 的三角形或呼吸笼目晶格组成。

金属磁体 $Gd_2PdSi_3$ 是一个具有代表性的纳米斯格明子材料, 它是由中心对称六方结构中的 Gd 原子三角晶格网络 (图 2-18(a)) 组成。$Gd_2PdSi_3$ 属于稀土金属间化合物 $R_2PdSi_3$ 家族 (R 为稀土)[277], R 原子的三角晶格被夹在 Pd 和 Si 原子组成的非磁性蜂窝晶格层中间 (图 2-18(a))。三角晶格上局域 4f 磁矩之间的 RKKY 相互作用适度阻挫[278], 从而形成丰富的磁相, 包括调制结构[279]。通过磁共振 X 射线散射 (RXS) 技术, 在与 Gd $L_2$ 边缘共振的条件下, 人们确定了 Gd 自旋在外场 $H$ 下沿 $c$ 轴的长程序, 如图 2-18(c)、(d) 所示。在磁序相中, 沿面内方向的磁调制为倒易空间矢量 $\boldsymbol{q}_1 = (q, 0, 0)$(以及等效的 $\boldsymbol{q}_2 = (0, -q, 0)$,

$q_3 = (-q, +q, 0)$)。这里 $q$(约 0.14 r.l.u.[①]) 是磁调制矢量;调制周期短至 2.5 nm,反映了 RKKY 相互作用的长度尺度。在图 2-18(b) 所示的具有几乎相等 $q$ 值的三个主要相位中,IC-1 和 A 相为三重 $q$ 态,即三个磁调制矢量 ($q_1$、$q_2$ 和 $q_3$) 位于三角晶格平面内并且彼此相差 120° 的螺旋自旋调制的叠加态。另一方面,IC-2 表现为单 $q$($q_1$、$q_2$ 或 $q_3$) 扇形态,其中每个磁矩都具有均匀的 +$z$ 分量加上垂直于 $q$ 矢量平面内的振荡分量 (扇形态示意图参见图 2-19(e))。对于两个三重 $q$ 态,它们之间的相变似乎是一阶的;然而,除了磁化的 $z$ 轴分量的大小不同之外,仅通过磁散射方法很难区分这两个相。但是仅在 A 相中观察到了霍尔电

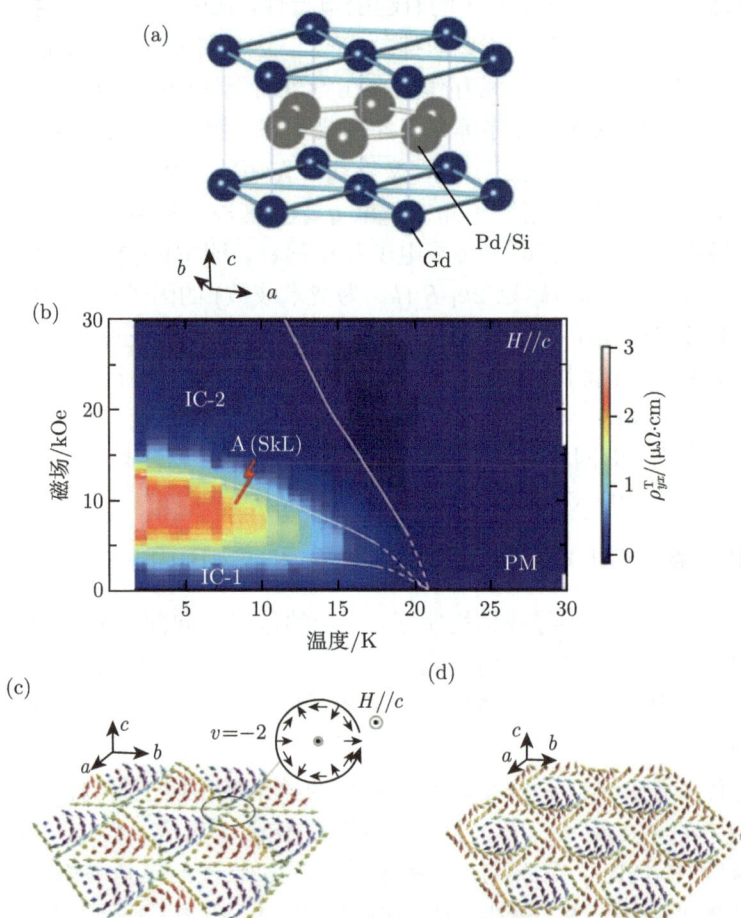

图 2-18  Gd$_2$PdSi$_3$ 中的斯格明子形成[15,82]

(a) Gd$_2$PdSi$_3$ 的晶体结构;(b) 具有拓扑霍尔电阻率 $\rho_{yx}^{\mathrm{T}}$ 等值线图的磁相图;(c) IC-1 相中磁半子和反磁半子可能的三角晶格;(d) A 相斯格明子的三角晶格

---

① r.l.u. 表示倒易空间原胞。

阻率的显著升高 [82,280]，如图 2-18(b) 所示。巨大的拓扑霍尔效应是高密度斯格明子数或密集标量自旋手性的标志 [82]，让人联想到短周期斯格明子晶格的形成 (图 2-18(c))。该化合物中 RKKY 调制的斯格明子晶格的一个重要特征是斯格明子晶格在最低温度下为热平衡稳定态，而不是类似在块状手性磁体中的 DM 相互作用所产生的斯格明子晶格中观察到的那样通过热涨落来稳定。另一个相关但拓扑不同的状态 IC-1 在构建三重 $q$ 态时可能具有不同的相位 (式 (2-4) 中 $q_i \cdot \Delta r_i = \pi/6$ 或 $\sum_{i=1}^{3} q_i \cdot \Delta r_i = \pi/2$)，至少在零磁场下其斯格明子数应该为零。人们提出了如图 2-18(c) 所示的磁半子–反磁半子晶格来解释这种新的三重 $q$ 态。

为了观察 RKKY 调制的斯格明子晶格在六方磁体中是否可以普遍存在，以 $Gd_3Ru_4Al_{12}$ (图 2-19(a)) 作为 Gd 基斯格明子材料的另一个例子，它具有呼吸笼目格子 (即大小三角形单元交替排列，图 2-19(b))，其中 Gd 磁矩主要与 Ru 元素 4d 电子带中的传导电子相互作用。利用 Gd 元素 L 边 RXS 和偏振分析，可以部分解析该磁阻挫系统在沿 $c$ 轴施加外磁场时的复杂磁结构，如图 2-19(c)、(f) 所示 [83]。在最低温度下增加磁场时，螺旋态、横向锥态和扇形态 (分别为图 2-19(c)、(d)、(e)) 逐渐以沿 $[q,0,0](q \approx 0.27$ 或 $0.28$ nm 的周期性) 或等效的面内方向调制的单 $q$ 态出现。在该化合物中，三重 $q$ 的斯格明子晶格相在中间磁场范围内由热涨落促进，优先于低温横向锥态。这个斯格明子晶格中由高密度斯格明子数产生的拓扑霍尔信号也很明显，如图 2-19(g) 中拓扑霍尔电导率图谱所示。重要的是，尽管其中斯格明子的尺寸非常小 (约 3 nm)，但洛伦兹透射电镜观察到的实空间图像证实了斯格明子晶格在该化合物中的存在 [83]。

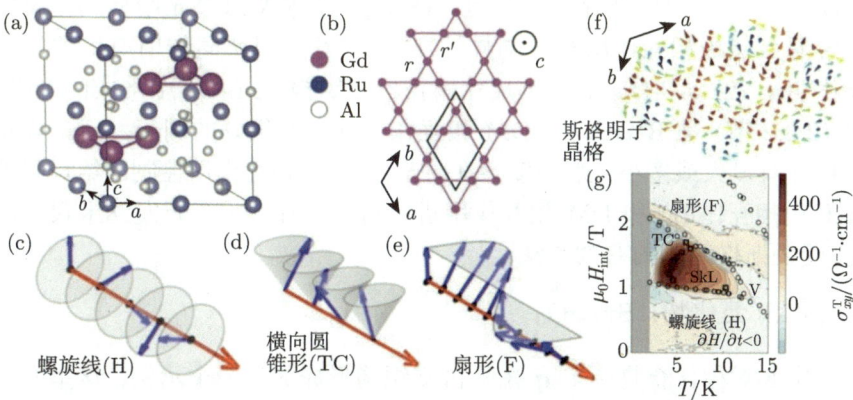

图 2-19 (a)、(b) $Gd_3Ru_4Al_{12}$ 的晶体结构和 Gd 原子组成的呼吸笼目层；在 $Gd_3Ru_4Al_{12}$ 中观察到的非共线磁性结构：(c) 螺旋线、(d) 横向圆锥形、(e) 扇形和 (f) 三角形斯格明子晶格；(g) 具有拓扑霍尔电导率 $\sigma_{xy}^{T}$ 等值线图的磁相图 [83]

另一个 Gd 基斯格明子材料是 $GdRu_2Si_2$[84]，其中的 RKKY 和相关双二次相互作用值得关注 [276]。$GdRu_2Si_2$ 具有中心对称四方空间群 $ThCr_2Si_2$ 型结构，由正方晶格的 Gd 层和 $Ru_2Si_2$ 层交替堆叠而成。Gd 自旋的方形晶格也是通过 RKKY 相互作用耦合，但没有几何阻挫效应。通过 RXS 和洛伦兹透射电镜实验，当沿 $c$ 轴施加约 2 T 的磁场时，观察到了斯格明子的四方晶格，且斯格明子尺寸小至 1.9 nm[84]。虽然其磁性相图与上述其他 Gd 基的 RKKY 磁体类似，但目前观测到的四方斯格明子晶格不能用简单的双 $q$($q_1$ 和 $q_2$) 螺旋的杂化来解释；实际上，在 RXS 中出现了明显的高阶 $q_1 \pm q_2$ 衍射。RKKY 相关的双二次相互作用 $((\boldsymbol{S}_i \cdot \boldsymbol{S}_j)^2)$ 可能在稳定这些 Gd 基材料中的斯格明子晶格相上起到重要作用 [276]。

中心对称体系中的斯格明子还有一些独特特征。除了其固有的小尺寸外，RKKY 所稳定的斯格明子还具有螺旋自由度。如果没有长程偶极相互作用和 DM 相互作用，布洛赫型和奈尔型斯格明子 (包括它们的中间态或混合态) (图 2-2) 将会简并。此外，涡旋自由度也会被释放，使反斯格明子简并为斯格明子。对这种以二维三角晶格上的磁阻挫为特征的非手性系统的模拟研究，揭示了多种可能的斯格明子晶格形式，包括双斯格明子晶格、斯格明子–反斯格明子晶格，以及与其质心运动耦合的斯格明子的动力学螺旋度变化 [42]。然而，在实际体系，尤其是化合物薄膜中，偶极相互作用可能在解除斯格明子的各种螺旋/涡旋度之间的简并性方面发挥作用，并有利于布洛赫型斯格明子的形成。但是，部分螺旋度自由度可以保留，并在升高温度时导致螺旋度发生动力学反转，例如理论预测 [42] 并实验观测 [281] 到的斯格明子磁泡。

多种自旋–扭曲机制，例如偶极、DM 和阻挫/RKKY 相互作用 (参见 2.2.3 节)，可以在单一材料中共存。典型地，在 $D_{2d}$ 晶体 MnPtSn 哈斯勒化合物的薄膜中已经看到偶极相互作用和各向异性 DM 相互作用协同作用产生的反斯格明子和斯格明子 (2.3.5 节)。对于小尺寸拓扑自旋织构，MnGe 中形成的刺猬–反刺猬晶格 (2.3.2 节) 是 RKKY 加 DM 相互作用的一个很好的例子。无论螺距或斯格明子尺寸有多大或多小，螺旋度存在时都由 DM 相互作用控制。结合阻挫效应 (或 RKKY 相互作用) 和 DM 相互作用进行材料设计，将是开发纳米尺寸的螺旋度固定/受控斯格明子的有效方法。

## 2.5.2　钙钛矿氧化物：$SrFeO_3$

作为中心对称化合物中多 $q$ 拓扑自旋织构形成的另一个示例，这里介绍具有立方钙钛矿结构的 $SrFeO_3$(图 2-20)。零磁场下的有序态完全由螺磁态主导，其调制矢量 (几乎) 总是沿着 $\langle 111 \rangle$ 方向，$q \approx 0.11 \sim 0.12$ r.l.u.[282]。$SrFeO_3$ 和相关铁氧化物中螺磁有序的起源是交换相互作用的竞争，即最近邻和次邻相互作用 [283] 或考虑迁移氧空穴 $p$ 的双交换机制 [284,285]。如图 2-20(a) 所示，在不同温度和磁场下，$SrFeO_3$ 呈现出丰富的螺磁相[85,286]。其中，I 相和 II 相表现出了异常磁输运行为，较大的霍尔效应随外场呈非线性变化[85]，暗示具有标量自旋手性的非共面或拓扑自旋织构的形成。

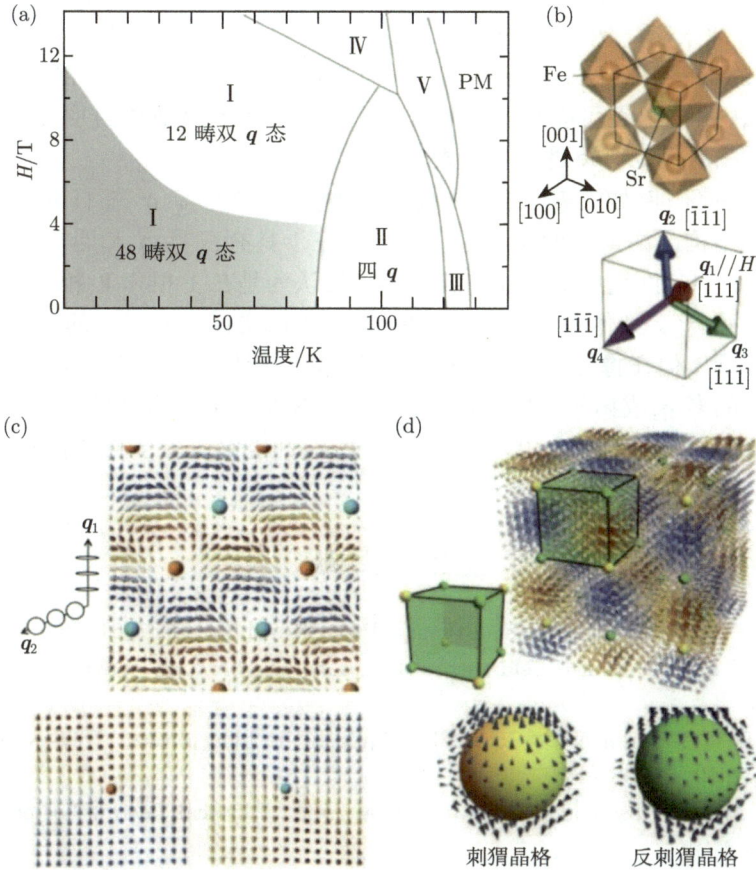

图 2-20　(a) 立方钙钛矿 $SrFeO_3$ 沿 [111] 施加场方向的磁相图，I 相中的阴影和白色区域对应于具有不同畴数的状态；(b) 晶体结构示意图和四重 $q$ 向量沿 [111] 观察；(c) I 相的双 $q$ 自旋结构和 (d) II 相的四重 $q$ 自旋结构 (每个自旋的颜色对应于沿垂直于 $q_1$ 和 $q_2$ 方向的自旋分量)；对于面板 (c) 和沿 [111] 的面板 (d)，奇异点周围的放大视图显示在底部，请注意，对于 I 相，我们采用 $q_1$ 和 $q_2$ 而不是 $q_1'$ 和 $q_2'$[84]

　　通过对 $SrFeO_3$ 单晶的中子散射研究，人们提出了低场磁相、I 相、II 相和 III 相的相图，如图 2-20 所示[84]。III 相即最高温相，是单 $q$ 螺旋态，其中 $q//\langle 111 \rangle$。随着温度的降低，II 相为四重 $q$ 态，分别由沿 [111]、$[\bar{1}\bar{1}1]$、$[\bar{1}1\bar{1}]$ 和 $[1\bar{1}\bar{1}]$ 的 $q_1 \sim q_4$ 组成，如图 2-20(d) 所示。这种四重 $q$ 态形成刺猬–反刺猬晶格，与手性磁体 $MnSi_{1-x}Ge_x$ 中发现的四重 $q$ 态非常相似 ($0.3 < x < 0.6$，见图 2-8(d))。然

而需要注意的是，在没有 DM 相互作用的情况下，该中心对称螺旋磁体中保留了螺旋自由度。这可能导致具有多个自旋螺旋的复杂自旋结构，如 I 相所示。根据自旋极化 SANS 研究 [84]，人们提出 I 相为双 $q$ 结构，如图 2-20(c) 所示，由 $q_1$ 螺旋 (布洛赫型) 和 $q_2$ 垂直摆线型 (奈尔型) 自旋螺旋组成。实际上，I 相中的 $q_1$ 矢量被分成三态，例如 $(q, q, q')$、$(q, q', q)$ 和 $(q', q, q)$，其中 $q \approx 0.114$ r.l.u.，$q' \approx 0.123$ r.l.u.，每个都会形成畴。这种自旋螺旋度 (奈尔型或布洛赫型) 的变化和多 $q$ 态中 $q$ 的分裂可能是由于系统中磁各向异性和螺旋度自由度的相互作用所导致，详细的机制有待进一步探索。

施加外磁场 (例如沿着 [111] 方向)，可能会在这些多 $q$ 态 (I 相和 II 相) 导致局域自旋结构，如斯格明子。这种情况存在于具有三重 $q$ 和四重 $q$ 磁结构的 $MnSi_{1-x}Ge_x$ 中，而这样的拓扑自旋结构也被认为是在 I 相和 II 相中大的几何霍尔效应的起源 [85]。其他有序相中的自旋结构，例如图 2-20(a) 中的 IV 相和 V 相，目前尚未明确，但在像 $SrFeO_3$ 这样的高对称立方晶格中的螺旋自由度，可以形成许多其他的多 $q$ 或拓扑自旋结构。这是一个典型的由简入繁的例子，在简单立方钙钛矿中本质上只有一个沿 $\langle 111 \rangle$ 方向的 $q$，却能够产生多样的拓扑/非拓扑螺旋磁态。

# 参 考 文 献

[1] Skyrme T H R. A non-linear field theory. Proc. Royal Soc. A, 1961, 260: 127-138.

[2] Skyrme T H R. A unified field theory of mesons and baryons. Nucl. Phys., 1962, 31: 556-569.

[3] Wright D C, Mermin N D. Crystalline liquids: the blue phases. Reviews of Modern Physics, 1989, 61: 385-432.

[4] Ho T L. Spinor Bose condensates in optical traps. Physical Review Letters, 1998, 81: 742-745.

[5] Sondhi S L, Karlhede A, Kivelson S A, et al. Skyrmions and the crossover from the integer to fractional quantum Hall effect at small Zeeman energies. Physical Review B, 1993, 47: 16419-16426.

[6] Abolfath M, Palacios J J, Fertig H A, et al. Critical comparison of classical field theory and microscopic wave functions for skyrmions in quantum Hall ferromagnets. Physical Review B, 1997, 56: 6795-6804.

[7] Bogdanov A N, Yablonskii D A. Thermodynamically stable "vortices" in magnetically ordered crystals. The mixed state of magnets. Zk. Eksp. Teor. Fiz., 1989, 95: 178-182.

[8] Bogdanov A, Hubert A. Thermodynamically stable magnetic vortex states in magnetic crystals. Journal of Magnetism and Magnetic Materials, 1994, 138: 255-269.

[9] Rößler U K, Bogdanov A N, Pfleiderer C. Spontaneous skyrmion ground states in magnetic metals. Nature, 2006, 442: 797-801.

[10] Mühlbauer S, Binz B, Pfleiderer C, et al. Skyrmion lattice in a chiral magnet. Science, 2009, 323: 915-919.

[11] Neubauer A, Pfleiderer C, Binz B, et al. Topological Hall effect in the A phase of MnSi. Physical Review Letters, 2009, 102: 186602.

[12] Yu X Z, Onose Y, Kanazawa N, et al. Real-space observation of a two-dimensional skyrmion crystal. Nature, 2010, 465: 901-904.

[13] Nagaosa N, Tokura Y. Topological properties and dynamics of magnetic skyrmions. Nature Nanotechnology, 2013, 8: 899-911.

[14] Fert A, Cros V, Sampaio J. Skyrmions on the track. Nature Nanotechnology, 2013, 8: 152-156.

[15] Tokura Y, Kanazawa N. Magnetic skyrmion materials. Chemical Reviews, 2020, 121: 2857-2897.

[16] Yu X Z, Morikawa D, Yokouchi T, et al. Aggregation and collapse dynamics of skyrmions in a non-equilibrium state. Nature Physics, 2018, 14: 832-836.

[17] Tokura Y, Seki S, Nagaosa N. Multiferroics of spin origin. Reports on Progress in Physics, 2014, 77: 076501.

[18] Rößler U K, Leonov A A, Bogdanov A N. Chiral skyrmionic matter in non-centrosymmetric magnets. Journal of Physics: Conference Series, 2011, 303: 012105.

[19] Wiesendanger R. Nanoscale magnetic skyrmions in metallic films and multilayers: a new twist for spintronics. Nature Reviews Materials, 2016, 1: 16044.

[20] Finocchio G, Büttner F, Tomasello R, et al. Magnetic skyrmions: from fundamental to applications. Journal of Physics D: Applied Physics, 2016, 49: 423001.

[21] Kang W, Huang Y, Zhang X, et al. Skyrmion-electronics: an overview and outlook. Proceedings of the IEEE, 2016, 104: 2040-2061.

[22] Garst M, Waizner J, Grundler D. Collective spin excitations of helices and magnetic skyrmions: review and perspectives of magnonics in non-centrosymmetric magnets. Journal of Physics D: Applied Physics, 2017, 50: 293002.

[23] Jiang W J, Chen G, Liu K, et al. Skyrmions in magnetic multilayers. Physics Reports, 2017, 704: 1-49.

[24] Fert A, Reyren N, Cros V. Magnetic skyrmions: advances in physics and potential applications. Nature Reviews Materials, 2017, 2: 17031.

[25] Kanazawa N, Seki S, Tokura Y. Noncentrosymmetric magnets hosting magnetic skyrmions. Advanced Materials, 2017, 29: 1603227.

[26] Everschor-Sitte K, Masell J, Reeve R M, et al. Perspective: magnetic skyrmions— overview of recent progress in an active research field. Journal of Applied Physics, 2018, 124: 240901.

[27] Bauer A, Pfleiderer C. In Topological Structures in Ferroic Materials: Domain Walls, Vortices and Skyrmions. Cham: Springer International Publishing, 2016: 1-28.

[28] Zhang X, Zhou Y, Song K M, et al. Skyrmion-electronics: writing, deleting, reading and processing magnetic skyrmions toward spintronic applications. Journal of Physics:

Condensed Matter, 2020, 32: 143001.

[29] Yu X Z, Koshibae W, Tokunaga Y, et al. Transformation between meron and skyrmion topological spin textures in a chiral magnet. Nature, 2018, 564: 95-98.

[30] Kanazawa N, White J S, Rønnow H M, et al. Topological spin-hedgehog crystals of a chiral magnet as engineered with magnetic anisotropy. Physical Review B, 2017, 96: 220414R.

[31] Rajaraman R. Solitons and Instantons. Amsterdam: Elsevier, 1987.

[32] Mermin N D. The topological theory of defects in ordered media. Reviews of Modern Physics, 1979: 51: 591-648.

[33] Braun H B. Topological effects in nanomagnetism: from superparamagnetism to chiral quantum solitons. Advances in Physics, 2012, 61: 1-116.

[34] Tatara G, Fukuyama H. Phasons and excitations in skyrmion lattice. Journal of the Physical Society of Japan, 2014, 83:104711.

[35] Kanazawa N, Nii Y, Zhang X X, et al. Critical phenomena of emergent magnetic monopoles in a chiral magnet. Nature Communications, 2016, 7: 11622.

[36] Sugimoto S, Koshibae W, Kasai S, et al. Nonlocal accumulation, chemical potential, and Hall effect of skyrmions in Pt/Co/Ir heterostructure. Scientific Reports, 2020, 10: 1009.

[37] Dzyaloshinskii I. A thermodynamic theory of "weak" ferromagnetism of antiferromagnetics. Journal of Physics and Chemistry of Solids, 1958, 4: 241-255.

[38] Moriya T. Anisotropic superexchange interaction and weak ferromagnetism. Physical Review, 1960, 120: 91-98.

[39] Binz B, Vishwanath A, Aji V. Theory of the helical spin crystal: a candidate for the partially ordered state of MnSi. Physical Review Letters, 2006, 96: 207202.

[40] Heinze S, von Bergmann K, Menzel M, et al. Spontaneous atomic-scale magnetic skyrmion lattice in two dimensions. Nature Physics, 2011, 7: 713-718.

[41] Okubo T, Chung S, Kawamura H. Multiple-$q$ states and the skyrmion lattice of the triangular-lattice Heisenberg antiferromagnet under magnetic fields. Physical Review Letters, 2012, 108: 017206.

[42] Leonov A O, Mostovoy M. Multiply periodic states and isolated skyrmions in an anisotropic frustrated magnet. Nature Communications, 2015, 6: 8275.

[43] Hayami S, Ozawa R, Motome Y. Effective bilinear-biquadratic model for noncoplanar ordering in itinerant magnets. Physical Review B, 2017, 95: 224424.

[44] Grytsiuk S, Hanke J P, Hoffmann M, et al. Topological-chiral magnetic interactions driven by emergent orbital magnetism. Nature Communications, 2020, 11: 511.

[45] Krönlein A, Schmitt M, Hoffmann M, et al. Magnetic ground state stabilized by three-site interactions: Fe/Rh(111). Physical Review Letters, 2018, 120: 207202.

[46] Romming N, Pralow H, Kubetzka A. Competition of Dzyaloshinskii-Moriya and higher-order exchange interactions in Rh/Fe atomic bilayers on Ir(111). Physical Review Letters, 2018, 120: 207201.

[47] Brinker S, dos Santos Dias M, Lounis S. The chiral biquadratic pair interaction. New Journal of Physics, 2019, 21: 083015.

[48] Mankovsky S, Polesya S, Ebert H. Extension of the standard Heisenberg Hamiltonian to multispin exchange interactions. Physical Review B, 2020, 101: 174401.

[49] Yoshimori A. A new type of antiferromagnetic structure in the rutile type crystal. Journal of the Physical Society of Japan, 1959, 14: 807-821.

[50] Malozemoff A P, Slonczewski J C. Magnetic Domain Walls in Bubble Materials. New York: Academic Press, 1987.

[51] Ishikawa Y, Tajima K, Bloch D, et al. Helical spin structure in manganese silicide MnSi. Solid State Communications, 1976, 19: 525-528.

[52] Beille J, Voiron J, Roth M. Long period helimagnetism in the cubic B20 $Fe_xCo_{1-x}Si$ and $Co_xMn_{1-x}Si$ alloys. Solid State Communications, 1983, 47: 399-402.

[53] Kanazawa N, Onose Y, Arima T, et al. Large topological Hall effect in a short-period helimagnet MnGe. Physical Review Letters, 2011, 106: 156603.

[54] Tanigaki T, Shibata K, Kanazawa N, et al. Real-space observation of short-period cubic lattice of skyrmions in MnGe. Nano Letters, 2015, 15: 5438-5442.

[55] Lebech B, Bernhard J, Freltoft T. Magnetic structures of cubic FeGe studied by small-angle neutron scattering. Journal of Physics: Condensed Matter, 1989, 1: 6105-6122.

[56] Yu X Z, Kanazawa N, Onose Y, et al. Near room-temperature formation of a skyrmion crystal in thin-films of the helimagnet FeGe. Nature Materials, 2010, 10: 106-109.

[57] Shibata K, Yu X Z, Hara T, et al. Towards control of the size and helicity of skyrmions in helimagnetic alloys by spin-orbit coupling. Nature Nanotechnology, 2013, 8: 723-728.

[58] Grigoriev S V, Potapova N M, Siegfriedl S A, et al. Chiral properties of structure and magnetism in $Mn_{1-x}Fe_xGe$ compounds: when the left and the right are fighting, who wins? Physical Review Letters, 2013, 110: 207201.

[59] Fujishiro Y, Kanazawal N, Nakajima T, et al. Topological transitions among skyrmion- and hedgehog-lattice states in cubic chiral magnets. Nature Communications, 2019, 10: 1059.

[60] Tokunaga Y, Yu X Z, White J S, et al. A new class of chiral materials hosting magnetic skyrmions beyond room temperature. Nature Communications, 2015, 6: 7638.

[61] Karube K, White J S, Reynolds N, et al. Robust metastable skyrmions and their triangular-square lattice structural transition in a high-temperature chiral magnet. Nature Materials, 2016, 15: 1237-1242.

[62] Karube K, White J S, Morikawa D, et al. Disordered skyrmion phase stabilized by magnetic frustration in a chiral magnet. Science Advances, 2018, 4: e7043.

[63] Karube K, Shibata K, White J S, et al. Controlling the helicity of magnetic skyrmions in a β-Mn-type high-temperature chiral magnet. Physical Review B, 2018, 98: 155120.

[64] Li W, Jin C, Che R, et al. Emergence of skyrmions from rich parent phases in the molybdenum nitrides. Physical Review B, 2016, 93: 060409.

[65] Kaneko K, Frontzek M Matsuda M, et al. Unique helical magnetic order and field-

induced phase in trillium lattice antiferromagnet EuPtSi. Journal of the Physical Society of Japan, 2019, 88: 013702.

[66] Kakihana M, AokiD Nakamura A, et al. Giant Hall resistivity and magnetoresistance in cubic chiral antiferromagnet EuPtSi. Journal of the Physical Society of Japan, 2018, 87: 023701.

[67] Tabata C, Matsumura T, Nakao H, et al. Magnetic field induced triple-$q$ magnetic order in trillium lattice antiferromagnet EuPtSi studied by resonant X-ray scattering. Journal of the Physical Society of Japan, 2019, 88: 093704.

[68] Seki S, Yu X Z, Ishiwata S, et al. Observation of skyrmions in a multiferroic material. Science, 2012, 336: 198-201.

[69] Adams T. Chacon A, Wagner M, et al. Long-wavelength helimagnetic order and skyrmion lattice phase in $Cu_2OSeO_3$. Physical Review Letters, 2012, 108: 237204.

[70] Seki S, Kim J H, Inosov D S, et al. Formation and rotation of skyrmion crystal in the chiral-lattice insulator $Cu_2OSeO_3$. Physical Review B, 2012, 85: 220406(R).

[71] Nayak A K, Kumar V, Ma T, et al. Magnetic antiskyrmions above room temperature in tetragonal Heusler materials. Nature, 2017, 548: 561-566.

[72] Peng L, Takagi R, Koshibae W, et al. Controlled transformation of skyrmions and antiskyrmions in a non-centrosymmetric magnet. Nature Nanotechnology, 2020, 15: 181-186.

[73] Kézsmárki I, Bordács S, Milde P, et al. Néel-type skyrmion lattice with confined orientation in the polar magnetic semiconductor $GaV_4Se_8$. Nature Materials, 2015, 14: 1116-1122.

[74] Fujima Y, Abe N, Tokunaga Y, et al. Thermodynamically stable skyrmion lattice at low temperatures in a bulk crystal of lacunar spinel $GaV_4Se_8$. Physical Review B, 2017, 95: 180410.

[75] Bordács S, Butykai A, Szigeti B G, et al. Equilibrium skyrmion lattice ground state in a polar easy-plane magnet. Scientific Reports, 2017, 7: 7584.

[76] Kurumaji T, Nakajima T, Ukleev V, et al. Néel-type skyrmion lattice in the tetragonal polar magnet $VOSe_2O_5$. Physical Review Letters, 2017, 119: 237201.

[77] Romming N, Hanneken C, Menzel M, et al. Writing and deleting single magnetic skyrmions. Science, 2013, 341: 636-639.

[78] Moreau-Luchaire C, Moutafis C, Reyren N, et al. Additive interfacial chiral interaction in multilayers for stabilization of small individual skyrmions at room temperature. Nature Nanotechnology, 2016, 11: 444-448.

[79] Yasuda K, Wakatsuki R, Morimoto T, et al. Geometric Hall effects in topological insulator heterostructures. Nature Physics, 2016, 12: 555-559.

[80] Matsuno J, Ogawa N, Yasuda K, et al. Interface-driven topological Hall effect in $SrRuO_3$-$SrIrO_3$ bilayer. Science Advances, 2016, 2: 1600304.

[81] Wang L, Feng Q Y, Kim Y, et al. Ferroelectrically tunable magnetic skyrmions in ultrathin oxide heterostructures. Nature Materials, 2018, 17: 1087-1094.

[82] Kurumaji T, Nakajima T, Hirschberger M, et al. Skyrmion lattice with a giant topological Hall effect in a frustrated triangular-lattice magnet. Science, 2019, 365: 914-918.

[83] Hirschberger M, Nakajima T, Gao S, et al. Skyrmion phase and competing magnetic orders on a breathing kagomé lattice. Nature Communications, 2019, 10: 5831.

[84] Ishiwata S, Nakajima T, Kim J H, et al. Emergent topological spin structures in the centrosymmetric cubic perovskite $SrFeO_3$. Physical Review B, 2020, 101: 134406.

[85] Ishiwata S, Tokunaga M, Kaneko Y, et al. Versatile helimagnetic phases under magnetic fields in cubic perovskite $SrFeO_3$. Physical Review B, 2011, 84: 054427.

[86] Chikazumi S. Physics of Ferromagnetism. 2nd ed. Oxford: Oxford University Press, 1987.

[87] Dzyaloshinkii I. The theory of helicoidal structures in antiferromagnets. II. Metals. Sov. Phys. JETP, 1963, 19: 960.

[88] Landau L D, Lifshitz E M. Statistical Physics. Course of Theoretical Physics. Volum 5. 3rd ed. Oxford: Butterworth-Heinemann, 1984.

[89] Kataoka M, Nakanishi O. Helical spin density wave due to antisymmetric exchange interaction. Journal of the Physical Society of Japan, 1981, 50: 3888-3896.

[90] Yi S D, Onoda S, Nagaosa N, et al. Skyrmions and anomalous Hall effect in a Dzyaloshinskii-Moriya spiral magnet. Physical Review B, 2009, 80: 054416.

[91] Tewari S, Belitz D, Kirkpatrick T R. Blue quantum fog: chiral condensation in quantum helimagnets. Physical Review Letters, 2006, 96: 047207.

[92] Fischer I, Shah N, Rosch A. Crystalline phases in chiral ferromagnets: destabilization of helical order. Physical Review B, 2008, 77: 024415.

[93] Bogdanov A N. New localized solutions of the nonlinear field equations. JETP Letters, 1995, 62: 231.

[94] Bogdanov A N, Rößler U K. Chiral symmetry breaking in magnetic thin films and multilayers. Physical Review Letters, 2001, 87: 037203.

[95] Gray G W. The mesomorphic behaviour of the fatty esters of cholesterol. Journal of the Chemical Society, 1956, 3733-3739 .

[96] Saupe A. On molecular structure and physical properties of thermotropic liquid crystals. Molecular Crystals, 1969, 7: 59-74.

[97] Coates D, Gray G W. A correlation of optical features of amorphous liquid-cholesteric liquid crystal transitions. Physics Letters A, 1975, 51: 335-336.

[98] Pfleiderer C, Reznik D, Pintschovius L, et al. Partial order in the non-Fermi-liquid phase of MnSi. Nature, 2004, 427: 227-231.

[99] Ruderman M A, Kittel C. Indirect exchange coupling of nuclear magnetic moments by conduction electrons. Physical Review, 1954, 96: 99-102.

[100] Kasuya T. A theory of metallic ferro- and antiferromagnetism on Zener's model. Progress of Theoretical Physics, 1956, 16: 45-57.

[101] Yosida K. Magnetic properties of Cu-Mn alloys. Physical Review, 1957, 106: 893-898.

[102] Hoffmann M, Blügel S. Systematic derivation of realistic spin models for beyond-Heisen-

berg solids. Physical Review B, 2020, 101: 024418.

[103] Takahashi M. Half-filled hubbard model at low temperature. Journal of Physics C: Solid State Physics, 1977, 10: 1289-7301.

[104] MacDonald A H, Girvin S M, Yoshioka D. $t/U$ expansion for the Hubbard model. Physical Review B, 1988, 37: 9753-9756.

[105] Khanh N D, Nakajima T, Yu X Z, et al. Nanometric square skyrmion lattice in a centrosymmetric tetragonal magnet. Nature Nanotechnology, 2020, 15: 444-449.

[106] Münzer W, Neubauer A, Adams T, et al. Skyrmion lattice in the doped semiconductor $Fe_{1-x}Co_xSi$. Physical Review B, 2010, 81: 041203.

[107] Pfleiderer C, Adams T, Bauer A, et al. Skyrmion lattices in metallic and semiconducting B20 transition metal compounds. Journal of Physics: Condensed Matter, 2010, 22: 164207.

[108] Kanazawa N, Kim J H, Inosov D S, et al. Possible skyrmion-lattice ground state in the B20 chiral-lattice magnet MnGe as seen via small-angle neutron scattering. Physical Review B, 2012, 86: 134425.

[109] Gayles J, Freimuth F, Schena T, et al. Dzyaloshinskii-Moriya interaction and Hall effects in the skyrmion phase of $Mn_{1-x}Fe_xGe$. Physical Review Letters, 2015, 115: 036602.

[110] Koretsune T, Nagaosa N, Arita R. Control of Dzyaloshinskii-Moriya interaction in $Mn_{1-x}Fe_xGe$: a first-principles study. Scientific Reports, 2015, 5: 13302.

[111] Kanazawa N, Shibata K, Tokura Y. Variation of spin-orbit coupling and related properties in skyrmionic system $Mn_{1-x}Fe_xGe$. New Journal of Physics, 2016, 18: 045006.

[112] Bak P, Jensen M H. Theory of helical magnetic structures and phase transitions in MnSi and FeGe. Journal of Physics C: Solid State Physics, 1980, 13: L881-L885.

[113] Nakanishi O, Yanase A, Hasegawa A, et al. The origin of the helical spin density wave in MnSi. Solid State Communications, 1980, 35: 995-998.

[114] Kusaka S, Yamamoto K, Komatsubara T, et al. Ultrasonic study of magnetic phase diagram of MnSi. Solid State Communications, 1976, 20: 925-927.

[115] Date M, Okuda K, Kadowaki K. Electron spin resonance in the itinerant-electron helical magnet MnSi. Journal of the Physical Society of Japan, 1977, 42: 1555-1561.

[116] Kadowaki K, Okuda K, Date M. Magnetization and magnetoresistance of MnSi. I. Journal of the Physical Society of Japan, 1982, 51: 2433-2438.

[117] Grigoriev S V, Maleyev S V, Okorokov A I, et al. Field-induced reorientation of the spin helix in MnSi near $T_C$. Journal of Magnetism and Magnetic Materials, 2007, 310(2): 1599-1601.

[118] Grigoriev S V, Dyadkin V A, Menzel D, et al. Magnetic structure of $Fe_{1-x}Co_xSi$ in a magnetic field studied via small-angle polarized neutron diffraction. Physical Review B, 2007, 76: 224424.

[119] Takeda M, Endoh Y, Kakurai K, et al. Nematic-to-smectic transition of magnetic texture in conical state. Journal of the Physical Society of Japan, 2009, 78: 093704.

[120] Mühlbauer S, Honecker D, Périgo E A, et al. Magnetic small-angle neutron scattering.

Reviews of Modern Physics, 2019, 91: 015004.

[121] Chapman J N, Scheinfein M R. Transmission electron microscopies of magnetic microstructures. Journal of Magnetism and Magnetic Materials, 1999, 200: 729-740.

[122] Bajt S, Barty A, Nugent K A, et al. Quantitative phase-sensitive imaging in a transmission electron microscope. Ultramicroscopy, 2000, 83: 67-73.

[123] Ishizuka K, Allman B. Phase measurement of atomic resolution image using transport of intensity equation. Microscopy, 2005, 54: 191-197.

[124] Yu X Z, Kikkawa A, Morikawa D, et al. Variation of skyrmion forms and their stability in MnSi thin plates. Physical Review B, 2015, 91: 054411.

[125] Yokouchi T, Kanazawa N, Tsukazaki A, et al. Stability of two-dimensional skyrmions in thin films of $Mn_{1-x}Fe_xSi$ investigated by the topological Hall effect. Physical Review B, 2014, 89: 064416.

[126] Bauer A, Pfleiderer C. Magnetic phase diagram of MnSi inferred from magnetization and ac susceptibility. Physical Review B, 2012, 85: 214418.

[127] Bauer A, Garst M, Pfleiderer C. Specific heat of the skyrmion lattice phase and field-induced tricritical point in MnSi. Physical Review Letters, 2013, 110: 177207.

[128] Bauer A, Chacon A, Wagner M, et al. Symmetry breaking, slow relaxation dynamics, and topological defects at the field-induced helix reorientation in MnSi. Physical Review B, 2017, 95: 024429.

[129] Schoenherr P, Müller J, Köhler L, et al. Topological domain walls in helimagnets. Nature Physics, 2018, 14: 465-468.

[130] Nii Y, Nakajima T, Kikkawa A, et al. Uniaxial stress control of skyrmion phase. Nature Communications, 2015, 6: 8539.

[131] Chacon A, Bauer A, Adams T, et al. Uniaxial pressure dependence of magnetic order in MnSi. Physical Review Letters, 2015, 115: 267202.

[132] Shibata K, Iwasaki J, Kanazawa N, et al. Large anisotropic deformation of skyrmions in strained crystal. Nature Nanotechnology, 2015, 10: 589-592.

[133] Fujishiro Y, Kanazawa N, Tokura Y. Engineering skyrmions and emergent monopoles in topological spin crystals. Applied Physics Letters, 2020, 116: 090501.

[134] Stoner E C. Collective electron ferronmagnetism. Proceedings of the Royal Society, Series A: Mathematical and Physical Sciences, 1938, 165: 372-414.

[135] Mattheiss L F, Hamann D R. Band structure and semiconducting properties of FeSi. Physical Review B, 1993, 47: 13114-13119.

[136] Anisimov V I, Hlubina R, Korotin M A. et al. First-order transition between a small gap semiconductor and a ferromagnetic metal in the isoelectronic alloy $FeSi_{1-x}Ge_x$. Physical Review Letters, 2002, 89: 257203.

[137] Makarova O L, Tsvyashchenko A V, Andre G, et al. Neutron diffraction study of the chiral magnet MnGe. Physical Review B, 2012, 85: 205205.

[138] Deutsch M, Bonville P, Tsvyashchenko A V, et al. Stress-induced magnetic textures and fluctuating chiral phase in MnGe chiral magnet. Physical Review B, 2014, 90: 144401.

[139] Altynbaev E, Siegfried S A, Dyadkin V, et al. Intrinsic instability of the helix spin structure in MnGe and order-disorder phase transition. Physical Review B, 2014, 90: 174420.

[140] Altynbaev E, Siegfried S A, Moskvin E, et al. Hidden quantum phase transition in $Mn_{1-x}Fe_xGe$ evidenced by small-angle neutron scattering. Physical Review B, 2016, 94: 174403.

[141] Altynbaev E, Siegfried S A, Strauß P, et al. Magnetic structure in $Mn_{1-x}Co_xGe$ compounds. Physical Review B, 2018, 97: 144411.

[142] Martin N, Deutsch M, Bert F, et al. Magnetic ground state and spin fluctuations in MnGe chiral magnet as studied by muon spin rotation. Physical Review B, 2016, 93: 174405.

[143] Yaouanc A, Dalmas de Réotier P, Maisuradze A, et al. Magnetic structure of the MnGe helimagnet and representation analysis. Physical Review B, 2017, 95: 174422.

[144] Martin N, Mirebeau I, Franz C, et al. Partial ordering and phase elasticity in the MnGe short-period helimagnet. Physical Review B, 2019, 99: 100402.

[145] Altynbaev E, Martin N, Heinemann A, et al. Onset of a skyrmion phase by chemical substitution in MnGe-based chiral magnets. Physical Review B, 2020, 101: 100404.

[146] Shiomi Y, Kanazawa N, Shibata K, et al. Topological nernst effect in a three-dimensional skyrmion-lattice phase. Physical Review B, 2013, 88: 064409.

[147] Yang S G, Liu Y H, Han J H. Formation of a topological monopole lattice and its dynamics in three-dimensional chiral magnets. Physical Review B, 2016, 94: 054420.

[148] Okumura S, Hayami S, Kato Y, et al. Magnetic hedgehog lattices in noncentrosymmetric metals. Physical Review B, 2020, 101: 144416.

[149] Karube K, White J S, Morikawa D, et al. Skyrmion formation in a bulk chiral magnet at zero magnetic field and above room temperature. Physical Review Materials, 2017, 1: 074405.

[150] Karube K, Shibata K, White J S, et al. Controlling the helicity of magnetic skyrmions in a β-Mn-type high-temperature chiral magnet. Physical Review B, 2018, 98: 155120.

[151] Hori T, Shiraish H, Ishii Y. Magnetic properties of β-MnCoZn alloys. Journal of Magnetism and Magnetic Materials, 2007, 310: 1820-1822.

[152] Oike H, Kikkawa A, Kanazawa N, et al. Interplay between topological and thermodynamic stability in a metastable magnetic skyrmion lattice. Nature Physics, 2015, 12: 62-66.

[153] Okamura Y, Kagawa F, Seki S, et al. Transition to and from the skyrmion lattice phase by electric fields in a magnetoelectric compound. Nature Communications, 2016, 7: 12669.

[154] Bauer A, Garst M, Pfleiderer C. History dependence of the magnetic properties of single-crystal $Fe_{1-x}Co_xSi$. Physical Review B, 2016, 93: 235144.

[155] Wild J, Meier T N G, Pöllath S, et al. Entropy-limited topological protection of skyrmions. Science Advances, 2017, 3: 1701704.

[156] Nakajima T, Oike H, Kikkawa A, et al. Skyrmion lattice structural transition in MnSi. Science Advances, 2017, 3: e1602562.

[157] Chacon A, Heinen L, Halder M, et al. Observation of two independent skyrmion phases in a chiral magnetic material. Nature Physics, 2018, 14: 936-941.

[158] Halder M, Chacon A, Bauer A, et al. Thermodynamic evidence of a second skyrmion lattice phase and tilted conical phase in $Cu_2OSeO_3$. Physical Review B, 2018, 98: 144429.

[159] Qian F, Bannenberg L J, Wilhelm H, et al. New magnetic phase of the chiral skyrmion material $Cu_2OSeO_3$. Science Advances, 2018, 4: eaat7323.

[160] Bannenberg L J, Wilhelm H, Cubitt R, et al. Multiple low-temperature skyrmionic states in a bulk chiral magnet. NPJ Quantum Materials, 2019, 4: 11.

[161] Birch M T, Takagi R, Seki S, et al. Increased lifetime of metastable skyrmions by controlled doping. Physical Review B, 2019, 100: 014425.

[162] Park J H, Han J H. Zero-temperature phases for chiral magnets in three dimensions. Physical Review B, 2011, 83: 184406.

[163] Lin S Z, Saxena A, Batista C D. Skyrmion fractionalization and merons in chiral magnets with easy-plane anisotropy. Physical Review B, 2015, 91: 224407.

[164] Puphal P, Pomjakushin V, Kanazawa N, et al. Topological magnetic phase in the candidate Weyl semimetal CeAlGe. Physical Review Letters, 2020, 124: 017202.

[165] Nakamura H, Yoshimoto K, Shiga M, et al. Strong antiferromagnetic spin fluctuations and the quantum spin-liquid state in geometrically frustrated-Mn, and the transition to a spin-glass state caused by non-magnetic impurity. Journal of Physics: Condensed Matter, 1997, 9: 4701-4728.

[166] Stewart J R, Rainford B D, Eccleston R S, et al. Non-Fermi-liquid behavior of electron-spin fluctuations in an elemental paramagnet. Physical Review Letters, 2002, 89: 186403.

[167] Paddison J A M, Ross Stewart J, Manuel P, et al. Emergent frustration in Co-doped β-Mn. Physical Review Letters, 2013, 110: 267207.

[168] Effenberger H, Pertlik F. Die Kristallstrukturen der Kupfer(II)-oxo-selenite $Cu_2O(SeO_3)$ (kubisch und monoklin) und $Cu_4O(SeO_3)_3$ (monoklin und triklin). Monatsheftefr Chemie Chemical Monthly, 1986, 117: 887-896.

[169] Belesi M, Rousochatzakis I, Wu H C, et al. Ferrimagnetism of the magnetoelectric compound $Cu_2OSeO_3$ probed by [77]Se NMR. Physical Review B, 2010, 82: 094422.

[170] Kohn K. A new ferrimagnet $Cu_2SeO_4$. Journal of the Physical Society of Japan, 1977, 42: 2065-2066.

[171] Bos J W G, Colin C V, Palstra T T M. Magnetoelectric coupling in the cubic ferrimagnet $Cu_2OSeO_3$. Physical Review B, 2008, 78: 094416.

[172] Xia K, Zhang W, Lu M, et al. Noncollinear interlayer exchange coupling caused by interface spin-orbit interaction. Physical Review B, 1997, 55: 12561-12565.

[173] Crépieux A, Lacroix C. Dzyaloshinskii-Moriya interactions induced by symmetry breaking at a surface. Journal of Magnetism and Magnetic Materials, 1998, 182: 341-349.

[174] Skomski R, Oepen H P, Kirschner J. Unidirectional anisotropy in ultrathin transition-metal films. Physical Review B, 1998, 58: 11138-11141.

[175] Soumyanarayanan A, Raju M, Gonzalez Oyarce A L, et al. Tunable room-temperature magnetic skyrmions in Ir/Fe/Co/Pt multilayers. Nature Materials, 2017, 16: 898-904.

[176] Woo S, Litzius K, Krüger B, et al. Observation of room-temperature magnetic skyrmions and their current-driven dynamics in ultrathin metallic ferromagnets. Nature Materials, 2016, 15: 501-506.

[177] Chen G, Mascaraque A, N'Diaye A T, et al. Room temperature skyrmion ground state stabilized through interlayer exchange coupling. Applied Physics Letters, 2015, 106: 242404.

[178] Boulle O, Vogel J, Yang H X, et al. Room-temperature chiral magnetic skyrmions in ultrathin magnetic nanostructures. Nature Nanotechnology, 2016, 11: 449-454.

[179] Legrand W, Maccariello D, Ajejas F, et al. Room-temperature stabilization of antiferromagnetic skyrmions in synthetic antiferromagnets. Nature Materials, 2020, 19: 34-42.

[180] Pocha R, Johrendt D, Pöttgen R. Electronic and structural instabilities in $GaV_4S_8$ and $GaMo_4S_8$. Chemistry of Materials, 2000, 12: 2882-2887.

[181] Yadav C S, Nigam A K, Rastogi A K. Thermodynamic properties of ferromagnetic Mott-insulator $GaV_4S_8$. Physica B: Condensed Matter, 2008, 403: 1474-1475.

[182] Baidya S, Mallik A V, Bhattacharjee S, et al. Interplay of magnetism and topological superconductivity in bilayer kagome metals. Physical Review Letters, 2020, 125: 026401.

[183] Butykai Á, Bordács S, Kézsmárki I, et al. Characteristics of ferroelectric-ferroelastic domains in Néel-type skyrmion host $GaV_4S_8$. Scientific Reports, 2017, 7: 44663.

[184] Leonov A O, Kézsmárki I. Skyrmion robustness in noncentrosymmetric magnets with axial symmetry: the role of anisotropy and tilted magnetic fields. Physical Review B, 2017, 96: 214413.

[185] Ehlers D, Stasinopoulos I, Tsurkan V, et al. Skyrmion dynamics under uniaxial anisotropy. Physical Review B, 2016, 94: 014406.

[186] Ehlers D, Stasinopoulos I, Kézsmárki I, et al. Exchange anisotropy in the skyrmion host $GaV_4S_8$. Journal of Physics: Condensed Matter, 2016, 29: 065803.

[187] Banerjee S, Rowland J, Erten O, et al. Enhanced stability of skyrmions in two-dimensional chiral magnets with rashba spin-orbit coupling. Physical Review X, 2014, 4: 031045.

[188] Rowland J, Banerjee S, Randeria M. Skyrmions in chiral magnets with Rashba and Dresselhaus spin-orbit coupling. Physical Review B, 2016, 93: 020404.

[189] Ruff E, Widmann S, Lunkenheimer P, et al. Multiferroicity and skyrmions carrying electric polarization in $GaV_4S_8$. Science Advances, 2015, 1: e1500916.

[190] Ruff E, Butykai A, Geirhos K, et al. Polar and magnetic order in $GaV_4S_8$. Physical Review B, 2017, 96: 165119.

[191] Kurumaji T, Nakajima T, Feoktystov A, et al. Direct observation of cycloidal spin modulation and field-induced transition in Néel-type skyrmion-hosting $VOSe_2O_5$. Journal of the Physical Society of Japan, 2021, 90: 024705.

[192] Meunier G, Bertaud M, Galy J. Cristallochimie du sélénium(+IV). I. $VSe_2O_6$, une structure à trois chaines parallèles $(VO_{5n}^{76n-})$ indépendantes pontées par des groupements $(Se_2O)^{6+}$. Acta Crystallographica Section B: Structural Crystallography and Crystal Chemistry, 1974, 30: 2834-2839.

[193] Trombe J, Gleizes A, Galy J, et al. Structure and magnetic properties of vanadyl chains: crystal structure of $VOSeO_3$ and comparative magnetic study of $VOSeO_3$ and $VOSe_2O_5$. New Journal of Chemistry, 1987, 11: 321-328.

[194] Kim S H, Shiv Halasyamani P, Melo B C, et al. Experimental and computational investigation of the polar ferrimagnet $VOSe_2O_5$. Chemistry of Materials, 2010, 22: 5074-5083.

[195] Chen J P, Zhang D W, Liu J M. Exotic skyrmion crystals in chiral magnets with compass anisotropy. Scientific Reports, 2016, 6: 29126.

[196] Koshibae W, Kaneko Y, Iwasaki J, et al. Memory functions of magnetic skyrmions. Japanese Journal of Applied Physics, 2015, 54: 053001.

[197] Trabel M, Tarakina N V, Pohl C, et al. Twin domains in epitaxial thin MnSi layers on Si(111). Journal of Applied Physics, 2017, 121: 245310.

[198] Morikawa D, Yamasaki Y, Kanazawa N, et al. Determination of crystallographic chirality of MnSi thin film grown on Si (111) substrate. Physical Review Materials, 2020, 4: 014407.

[199] Tchoe Y, Han J H. Skyrmion generation by current. Physical Review B, 2012, 85: 174416.

[200] Iwasaki J, Mochizuki M, Nagaosa N. Current-induced skyrmion dynamics in constricted geometries. Nature Nanotechnology, 2013, 8: 742-747.

[201] Sampaio J, Cros V, Rohart S, et al. Nucleation, stability and current-induced motion of isolated magnetic skyrmions in nanostructures. Nature Nanotechnology, 2013, 8: 839-844.

[202] Zhou Y, Ezawa M. A reversible conversion between a skyrmion and a domain-wall pair in a junction geometry. Nature Communications, 2014, 5: 4652.

[203] Jiang W J, Upadhyaya P, Zhang W, et al. Blowing magnetic skyrmion bubbles. Science, 2015, 349: 283-286.

[204] Hrabec A, Sampaio J, Belmeguenai M, et al. Current-induced skyrmion generation and dynamics in symmetric bilayers. Nature Communications, 2017, 8: 15765.

[205] Legrand W, Maccariello D, Reyren N, et al. Room-temperature current-induced generation and motion of sub-100 nm skyrmions. Nano Letters, 2017, 17: 2703-2712.

[206] Woo S, Song K M, Han H S, et al. Spin-orbit torque-driven skyrmion dynamics revealed by time-resolved X-ray microscopy. Nature Communications, 2017, 8: 15573.

[207] Lemesh I, Litzius K, Böttcher M, et al. Current-induced skyrmion generation through morphological thermal transitions in chiral ferromagnetic heterostructures. Advanced Materials, 2018, 30: 1805461.

[208] Büttner F, Lemesh I, Schneider M, et al. Field-free deterministic ultrafast creation of

magnetic skyrmions by spin-orbit torques. Nature Nanotechnology, 2017, 12: 1040-1044.

[209] Woo S, Song K M, Zhang X C, et al. Deterministic creation and deletion of a single magnetic skyrmion observed by direct time-resolved X-ray microscopy. Nature Electronics, 2018, 1: 288-296.

[210] Finizio S, Zeissler K, Wintz S, et al. Deterministic field-free skyrmion nucleation at a nanoengineered injector device. Nano Letters, 2019, 19: 7246-7255.

[211] De Lucia A, Litzius K, Krüger B, et al. Multiscale simulations of topological transformations in magnetic-skyrmion spin structures. Physical Review B, 2017, 96: 020405R.

[212] Müller J, Rosch A, Garst M. Edge instabilities and skyrmion creation in magnetic layers. New Journal of Physics, 2016, 18: 065006.

[213] Mochizuki M. Controlled creation of nanometric skyrmions using external magnetic fields. Applied Physics Letters, 2017, 111: 092403.

[214] Garanin D A, Capic D, Zhang S, et al. Writing skyrmions with a magnetic dipole. Journal of Applied Physics, 2018, 124: 113901.

[215] Zhang S F, Zhang J W, Zhang Q, et al. Direct writing of room temperature and zero field skyrmion lattices by a scanning local magnetic field. Applied Physics Letters, 2018, 112: 132405.

[216] Büttner F, Moutafis C, Schneider M, et al. Dynamics and inertia of skyrmionic spin structures. Nature Physics, 2015, 11: 225-228.

[217] Zhang B, Wang W, Beg M, et al. Microwave-induced dynamic switching of magnetic skyrmion cores in nanodots. Applied Physics Letters, 2015, 106: 102401.

[218] Li J, Tan A, Moon K W, et al. Tailoring the topology of an artificial magnetic skyrmion. Nature Communications, 2014, 5: 4704.

[219] Heo C, Kiselev N S, Nandy A K, et al. Switching of chiral magnetic skyrmions by picosecond magnetic field pulses via transient topological states. Scientific Reports, 2016, 6: 27146.

[220] Mochizuki M, Watanabe Y. Writing a skyrmion on multiferroic materials. Applied Physics Letters, 2015, 107: 082409.

[221] Huang P, Cantoni M, Kruchkov A, et al. In situ electric field skyrmion creation in magnetoelectric $Cu_2OSeO_3$. Nano Letters, 2018, 18: 5167-5171.

[222] Upadhyaya P, Yu G, Amiri P K, et al. Electric-field guiding of magnetic skyrmions. Physical Review B, 2015, 92: 134411.

[223] Hsu P J, Kubetzka A, Finco A, et al. Electric-field-driven switching of individual magnetic skyrmions. Nature Nanotechnology, 2016, 12: 123-126.

[224] Schott M, Bernand-Mantel A, Ranno L, et al. The skyrmion switch: turning magnetic skyrmion bubbles on and off with an electric field. Nano Letters, 2017, 17: 3006-3012.

[225] Srivastava T, Schott M, Juge R, et al. Large voltage tuning of Dzyaloshinskii-Moriya interaction: a route towards dynamic control of skyrmion chirality. Nano Letters, 2018, 18: 4871-4877.

[226] Ma C, Zhang X C, Xia J, et al. Electric field-induced creation and directional motion

of domain walls and skyrmion bubbles. Nano Letters, 2019, 19: 353-361.

[227] Koshibae W, Nagaosa N. Creation of skyrmions and antiskyrmions by local heating. Nature Communications, 2014, 5: 5148.

[228] Je S G, Vallobra P, Srivastava T, et al. Creation of magnetic skyrmion bubble lattices by ultrafast laser in ultrathin films. Nano Letters, 2018, 18: 7362-7371.

[229] Ogasawara T, Iwata N, Murakami Y, et al. Submicron-scale spatial feature of ultrafast photoinduced magnetization reversal in TbFeCo thin film. Applied Physics Letters, 2009, 94: 162507.

[230] Finazzi M, Savoini M, Khorsand A R, et al. Laser-induced magnetic nanostructures with tunable topological properties. Physical Review Letters, 2013, 110: 177205.

[231] Berruto G, Madan I, Murooka Y, et al. Laser-induced skyrmion writing and erasing in an ultrafast cryo-lorentz transmission electron microscope. Physical Review Letters, 2018, 120: 117201.

[232] Ogawa N, Seki S, Tokura Y. Ultrafast optical excitation of magnetic skyrmions. Scientific Reports, 2015, 5: 9552.

[233] Yokouchi T, Sugimoto S, Rana B, et al. Creation of magnetic skyrmions by surface acoustic waves. Nature Nanotechnology, 2020, 15: 361-366.

[234] Jonietz F, Mühlbauer S, Pfleiderer C, et al. Spin transfer torques in MnSi at ultralow current densities. Science, 2010, 330: 1648-1651.

[235] Schulz T, Ritz R, Bauer A, et al. Emergent electrodynamics of skyrmions in a chiral magnet. Nature Physics, 2012, 8: 301-304.

[236] Zang J, Mostovoy M, Han J H, et al. Dynamics of skyrmion crystals in metallic thin films. Physical Review Letters, 2011, 107: 136804.

[237] Everschor K, Garst M, Duine R A, et al. Current-induced rotational torques in the skyrmion lattice phase of chiral magnets. Physical Review B, 2011, 84: 064401.

[238] Iwasaki J, Mochizuki M, Nagaosa N. Universal current-velocity relation of skyrmion motion in chiral magnets. Nature Communications, 2013, 4: 1463.

[239] Jiang W J, Zhang X C, Yu G Q, et al. Direct observation of the skyrmion Hall effect. Nature Physics, 2016, 13: 162-169.

[240] Litzius K, Lemesh I, Krüger B, et al. Skyrmion Hall effect revealed by direct time-resolved X-ray microscopy. Nature Physics, 2017, 13: 170-175.

[241] Shibata K, Tanigaki T, Akashi T, et al. Current-driven motion of domain boundaries between skyrmion lattice and helical magnetic structure. Nano Letters, 2018, 18: 929-933.

[242] Yu X Z, Morikawa D, Nakajima K, et al. Motion tracking of 80-nm-size skyrmions upon directional current injections. Science Advances, 2020, 6: e9744.

[243] Barker J, Tretiakov O A. Static and dynamical properties of antiferromagnetic skyrmions in the presence of applied current and temperature. Physical Review Letters, 2016, 116: 147203.

[244] Zhang X, Zhou Y, Ezawa M. Antiferromagnetic skyrmion: stability, creation and ma-

nipulation. Scientific Reports, 2016, 6: 24795.

[245] Hirata Y, Kim D H, Kim S K, et al. Vanishing skyrmion Hall effect at the angular momentum compensation temperature of a ferrimagnet. Nature Nanotechnology, 2019, 14: 232-236.

[246] Kanazawa N, Kubota M, Tsukazaki A, et al. Discretized topological Hall effect emerging from skyrmions in constricted geometry. Physical Review B, 2015, 91: 041122R.

[247] Hamamoto K, Ezawa M, Nagaosa N. Purely electrical detection of a skyrmion in constricted geometry. Applied Physics Letters, 2016, 108: 112401.

[248] Maccariello D, Legrand W, Reyren N, et al. Electrical detection of single magnetic skyrmions in metallic multilayers at room temperature. Nature Nanotechnology, 2018, 13: 233-237.

[249] Zeissler K, Finizio S, Shahbazi K, et al. Discrete Hall resistivity contribution from Néel skyrmions in multilayer nanodiscs. Nature Nanotechnology, 2018, 13: 1161-1166.

[250] Hanneken C, Otte F, Kubetzka A, et al. Electrical detection of magnetic skyrmions by tunnelling non-collinear magnetoresistance. Nature Nanotechnology, 2015, 10: 1039-1042.

[251] Tomasello R, Ricci M, Burrascano P, et al. Electrical detection of single magnetic skyrmion at room temperature. AIP Advances, 2017, 7: 056022.

[252] Kubetzka A, Hanneken C, Wiesendanger R, et al. Impact of the skyrmion spin texture on magnetoresistance. Physical Review B, 2017, 95: 104433.

[253] Crum D M, Bouhassoune M, Bouaziz J, et al. Perpendicular reading of single confined magnetic skyrmions. Nature Communications, 2015, 6: 8541.

[254] Kasai S, Sugimoto S, Nakatani Y, et al. Voltage-controlled magnetic skyrmions in magnetic tunnel junctions. Applied Physics Express, 2019, 12: 083001.

[255] Fijalkowski K M, Hartl M, Winnerlein M, et al. Coexistence of surface and bulk ferromagnetism mimics skyrmion Hall effect in a topological insulator. Physical Review X, 2020, 10: 011012.

[256] Vistoli L, Wang W B, Sander A, et al. Giant topological Hall effect in correlated oxide thin films. Nature Physics, 2019, 15: 67-72.

[257] Ohuchi Y, Matsuno J, Ogawa N, et al. Electric-field control of anomalous and topological Hall effects in oxide bilayer thin films. Nature Communications, 2018, 9: 213.

[258] Meng K Y, Ahmed A S, Baćani M, et al. Observation of nanoscale skyrmions in $SrIrO_3/SrRuO_3$ bilayers. Nano Letters, 2019, 19: 3169-3175.

[259] Nakamura M, Morikawa D, Yu X Z, et al. Emergence of topological Hall effect in half-metallic manganite thin films by tuning perpendicular magnetic anisotropy. Journal of the Physical Society of Japan, 2018, 87: 074704.

[260] Romming N, Kubetzka A, Hanneken C, et al. Field-dependent size and shape of single magnetic skyrmions. Physical Review Letters, 2015, 114: 177203.

[261] Fert A, Levy P M. Role of anisotropic exchange interactions in determining the properties of spin-glasses. Physical Review Letters, 1980, 44: 1538-1541.

[262] Smith D A. New mechanisms for magnetic anisotropy in localised S-state moment materials. Journal of Magnetism and Magnetic Materials, 1976, 1: 214-225.

[263] Zhou L, Wiebe J, Lounis S, et al. Strength and directionality of surface Ruderman-Kittel-Kasuya-Yosida interaction mapped on the atomic scale. Nature Physics, 2010, 6: 187-191.

[264] Belabbes A, Bihlmayer G, Bechstedt F, et al. Hund's rule-driven Dzyaloshinskii-Moriya interaction at 3d-5d interfaces. Physical Review Letters, 2016, 117: 247202.

[265] Yang H, Thiaville A, Rohart S, et al. Anatomy of Dzyaloshinskii-Moriya interaction at Co/Pt interfaces. Physical Review Letters, 2015, 115: 267210.

[266] Yang H, Boulle O, Cros V, et al. Controlling Dzyaloshinskii-Moriya interaction via chirality dependent atomic-layer stacking, insulator capping and electric field. Scientific Reports, 2018, 8: 12356.

[267] Dupé B, Hoffmann M, Paillard C, et al. Tailoring magnetic skyrmions in ultra-thin transition metal films. Nature Communications, 2014, 5: 4030.

[268] Khajetoorians A A, Steinbrecher M, Ternes M, et al. Tailoring the chiral magnetic interaction between two individual atoms. Nature Communications, 2016, 7: 10620.

[269] Yu G, Upadhyaya P, Li X, et al. Room-temperature creation and spin-orbit torque manipulation of skyrmions in thin films with engineered asymmetry. Nano Letters, 2016, 16: 1981-1988.

[270] Rohart S, Thiaville A. Skyrmion confinement in ultrathin film nanostructures in the presence of Dzyaloshinskii-Moriya interaction. Physical Review B, 2013, 88: 184422.

[271] Siemens A, Zhang Y, Hagemeister J, et al. Minimal radius of magnetic skyrmions: statics and dynamics. New Journal of Physics, 2016, 18: 045021.

[272] Leonov A O, Monchesky T L, Romming N, et al. The properties of isolated chiral skyrmions in thin magnetic films. New Journal of Physics, 2016, 18: 065003.

[273] Belabbes A, Bihlmaye G, Blügel S, et al. Oxygen-enabled control of Dzyaloshinskii-Moriya interaction in ultra-thin magnetic films. Scientific Reports, 2016, 6: 24634.

[274] Yu X Z, Mostovoy M, Tokunaga Y, et al. Magnetic stripes and skyrmions with helicity reversals. Proceedings of the National Academy of Sciences, 2012, 109: 8856-8860.

[275] Mendels P, Lacroix C. Introduction to Frustrated Magnetism. Berlin, Heidelberg: Springer, 2011.

[276] Hayami S, Lin S Z, Batista C D. Bubble and skyrmion crystals in frustrated magnets with easy-axis anisotropy. Physical Review B, 2016, 93: 184413.

[277] Kotsanidis P A, Yakinthos J K, Gamari-Seale E. Magnetic properties of the ternary rare earth silicides $R_2PdSi_3$ (R = Pr, Nd, Gd, Tb, Dy, Ho, Er, Tm and Y). Journal of Magnetism and Magnetic Materials, 1990, 87: 199-204.

[278] Inosov D S, Evtushinsky D V, Koitzsch A, et al. Electronic structure and nesting-driven enhancement of the RKKY interaction at the magnetic ordering propagation vector in $Gd_2PdSi_3$ and $Tb_2PdSi_3$. Physical Review Letters, 2009, 102: 046401.

[279] Szytula A, Hofmann M, Penc B, et al. Magnetic behaviour of $R_2PdSi_3$ compounds with

R = Ce, Nd, Tb, Er. Journal of Magnetism and Magnetic Materials, 1999, 202: 365-375.

[280] Saha S, Sugawara H, Matsuda T D, et al. Magnetic anisotropy, first-order-like meta-magnetic transitions, and large negative magnetoresistance in single-crystal $Gd_2PdSi_3$. Physical Review B, 1999, 60: 12162-12165.

[281] Yu X Z, Shibata K, Koshibae W, et al. Thermally activated helicity reversals of skyrmions. Physical Review B, 2016, 93: 134417.

[282] Takeda T, Yamaguchi Y, Watanabe H. Magnetic structure of $SrFeO_3$. Journal of the Physical Society of Japan, 1972, 33: 967-969.

[283] Kim J H, Jain A, Reehuis M, et al. Competing exchange interactions on the verge of a metal-insulator transition in the two-dimensional spiral magnet $Sr_3Fe_2O_7$. Physical Review Letters, 2014, 113: 147206.

[284] Mostovoy M. Helicoidal ordering in iron perovskites. Physical Review Letters, 2005, 94: 137205.

[285] Azhar M, Mostovoy M. Incommensurate spiral order from double-exchange interactions. Physical Review Letters, 2017, 118: 027203.

[286] Reehuis M, Ulrich C, Maljuk A, et al. Neutron diffraction study of spin and charge ordering in $SrFeO_{3-\delta}$. Physical Review B, 2012, 85: 184109.

# 第 3 章　拓扑磁性薄膜

薄膜材料是大规模自旋电子学器件的应用基础。磁性薄膜中的磁畴构型和自旋分布对自旋电子学器件的性能起到了决定性作用。基于畴壁移动的赛道随机存储器的工作原理就是自旋极化电流对于手性畴壁的驱动作用。因此，本章将首先介绍磁性薄膜中不同类型的磁畴壁，并阐明磁性薄膜畴壁中手性自旋结构与 DM 相互作用的关联。然后，进一步介绍磁性薄膜中手性磁畴壁结构的测量、表征和调控方法等。

## 3.1　磁性薄膜中的磁畴壁

在磁性材料中，由于各能量项之间的相互竞争，会产生微观、纳米尺度的磁畴，不同磁畴中的磁矩具有不同的取向，而磁畴之间会形成磁畴壁。磁畴的概念最早由外斯 (Weiss) 于 1907 年提出，而后 Bitter 于 1931 年通过显微镜直接观察到铁磁材料中磁畴的存在。1935 年，朗道 (Landau) 和利弗西兹 (Lifshitz) 提出了一套完整的磁畴理论，强调在磁畴内磁化达到饱和，而在磁畴壁中存在磁化不均匀以及磁矩的连续旋转变化。因此，磁畴壁中的磁矩构型决定了其拓扑特性。为深入理解磁性薄膜中的拓扑磁结构，需要首先探讨磁畴壁结构的特性。

根据磁畴壁中磁矩旋转方向的不同，磁畴壁存在两种构型，即布洛赫型畴壁和奈尔型畴壁。如图 3-1 所示，在畴壁内，磁矩方向逐渐从一个磁畴内的磁化方向转动到近邻磁畴的磁化方向。在畴壁内部，若磁矩在畴壁法向没有分量，也就是畴壁中磁矩始终平行于畴壁面并随着位置而连续旋转，旋转面的法向方向和畴壁法向方向平行，这一类型畴壁被称为布洛赫型畴壁 (图 3-1(a))。若磁矩旋转过程中不具有沿着畴壁方向的分量，旋转面的法向始终和畴壁方向平行，这样的畴壁被称为奈尔型畴壁 (图 3-1(b))。布洛赫型畴壁和奈尔型畴壁是两种最简单的畴壁磁构型，畴壁中磁矩的旋转面固定，而在更复杂的畴壁中，磁矩旋转轴可能会随着位置的不同而发生变化。

磁结构达到稳定平衡状态的必要条件是具有最低自由能，因此畴壁结构的特性取决于其自由能。下面将先以布洛赫型畴壁为例简单介绍畴壁能的计算。通常，在磁性材料中，总能量包括交换耦合能、磁各向异性能和磁偶极相互作用能等。对于图 3-1(a) 中的布洛赫型畴壁自旋构型，如果假设材料体系无限大，则畴壁可以被看作是一个无限大的二维平面，两侧的磁畴中磁矩也平行于畴壁。在这种情况下，布洛赫型畴壁的磁偶极相互作用能为零，只需要考虑体系中的短程交换耦合作用和磁各向异性能。

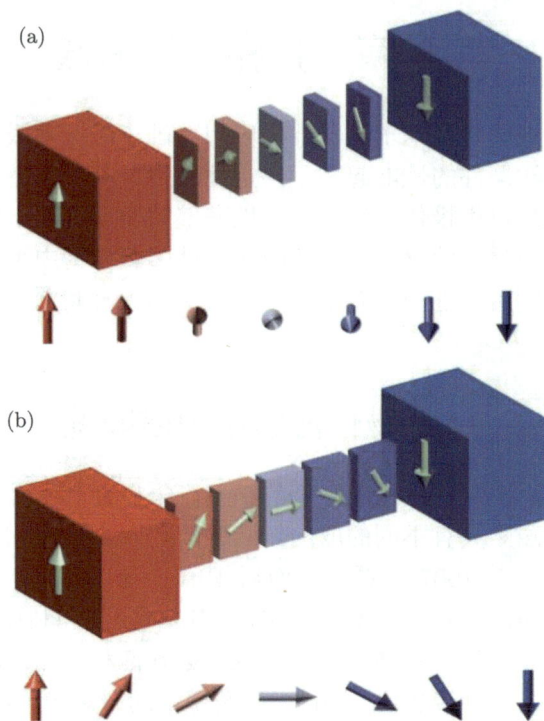

图 3-1　(a) 布洛赫型畴壁和 (b) 奈尔型畴壁示意图

接下来，将计算布洛赫型畴壁中的精细结构和畴壁能。将畴壁的中心位置定义为 $x$ 的零点 $(x = 0)$，并让 $\theta(x)$ 表示在位置 $x$ 处的磁矩与 $x = -\infty$ 处磁矩之间的夹角。同时，$g[\theta(x)]$ 表示在位置 $x$ 处的磁矩的磁各向异性能。因此，相应的畴壁能密度，即单位面积上的畴壁能 $\gamma_{\mathrm{w}}$，应该是交换能和各向异性能的总和

$$\gamma_{\mathrm{w}} = \int_{-\infty}^{+\infty} \left\{ A \left[ \frac{\mathrm{d}\theta(x)}{\mathrm{d}x} \right]^2 + g[\theta(x)] \right\} \mathrm{d}x \tag{3-1}$$

其中，$A$ 表示材料的交换常数；$\dfrac{\mathrm{d}\theta(x)}{\mathrm{d}x}$ 表示磁矩夹角 $\theta(x)$ 随位置 $x$ 的导数。在平衡状态下，畴壁能密度的变分应该等于零，即

$$\delta_{\gamma_{\mathrm{w}}} = \int_{-\infty}^{+\infty} \delta \left\{ A \left[ \frac{\mathrm{d}\theta(x)}{\mathrm{d}x} \right]^2 + g[\theta(x)] \right\} \mathrm{d}x \tag{3-2}$$

这个变分表达式用于找到畴壁能密度 $\gamma_\mathrm{w}$ 在平衡状态下的最小值，即计算畴壁的稳定结构。如果考虑边界条件 $\theta(x = \pm\infty) = 0$，则可以获得以下关系：

$$A\left\{\frac{\mathrm{d}\left[\theta(x)\right]}{\mathrm{d}x}\right\}^2 = g\left[\theta(x)\right] \tag{3-3}$$

进一步，可以得到畴壁中任意一点 $x$ 与自旋角度 $\theta$ 的关系，并且

$$x = \int_{\theta(0)}^{\theta(x)} \left[\sqrt{\frac{A}{g(\theta)}}\right]\mathrm{d}\theta \tag{3-4}$$

把上述关系代入式 (3-1)，可以得到畴壁能密度

$$\gamma_\mathrm{w} = 2\sqrt{A}\int_{-\infty}^{+\infty}\sqrt{g(\theta)}\mathrm{d}x \tag{3-5}$$

如果只考虑最简单的单轴磁各向异性，即 $g(\theta) = K_\mathrm{u}\sin^2\theta$，则可以进一步得到畴壁自旋结构关系：

$$x(\theta) = \sqrt{\frac{A}{K_\mathrm{u}}}\ln\tan\frac{\theta}{2} = \delta_0\ln\tan\frac{\theta}{2} \tag{3-6}$$

这里 $\delta_0$ 可以被认为是交换长度。随着 $x$ 从 $-\infty$ 变化到 $+\infty$，$\theta$ 从 $0$ 变化到 $\pi$，畴壁与磁畴之间并没有确定的界限。通过计算磁矩取向角度 $\theta$ 在 $x = 0$ 处的斜率，可以得到畴壁宽度为 $\delta_\mathrm{w} = \pi\sqrt{\dfrac{A}{K_\mathrm{u}}}$，并进一步从式 (3-5) 可以得到畴壁能密度为 $\gamma_\mathrm{w} = 4\sqrt{AK_\mathrm{u}}$。因此，通过上述简单计算，可以得到畴壁宽度和畴壁能密度与交换耦合能和磁各向异性的关联。增加磁各向异性会让畴壁变窄并提高畴壁能；而提高交换耦合能 $A$ 会同时增加畴壁能和畴壁宽度。这一结论在大多数磁性体系中都适用，尤其是对于单轴磁各向异性情况。

　　需要指出的是，前面的计算仅适用于布洛赫型畴壁，而奈尔型畴壁的计算更加复杂。对于无限大体系中的布洛赫型畴壁，磁矩始终平行于畴壁，所以没有磁偶极作用能。但是在奈尔型畴壁中 (图 3-1(b))，在畴壁中沿法向存在磁化强度的变化，这导致了磁偶极相互作用能的产生。因此，对于易轴平行于畴壁的磁性材料，布洛赫型畴壁通常具有更低的能量。

　　对于磁性薄膜，易轴可以是沿着面外或者面内，通常有三个特征方向。对于每种易轴取向，都存在布洛赫型畴壁和奈尔型畴壁构型，如图 3-2 所示。对于磁矩平躺于面内并平行于畴壁方向的情况 (图 3-2(a) 和 (d))，畴壁结构的能量取决于薄膜厚度。当薄膜非常薄时，奈尔型畴壁具有最低能量 (图 3-2(a))；但随着

薄膜厚度的增加，布洛赫型畴壁的能量逐渐降低，可以变得比奈尔型畴壁的能量低，如图 3-2(b)。对于磁畴中磁矩躺在薄膜面内沿着畴壁法向的 180° 磁畴结构 (图 3-2(b) 和 (e))，一般很少存在，因为会在畴壁处产生较强的磁偶极作用。通常情况下，为降低磁偶极作用能，畴壁方向会倾向于与磁畴中磁矩方向存在一定夹角。只有在磁性薄膜中存在较强的面内单轴各向异性的条件下，才可能存在如图 3-2(b) 和 (e) 所示的头对头或尾对尾的畴壁结构。在磁性薄膜中，更多的畴壁研究是在具有垂直磁各向异性的情况下进行的，其中磁矩垂直于薄膜表面。在这种情况下，奈尔型畴壁和布洛赫型畴壁中的磁矩变化如图 3-2(c) 和 (f) 所示。在布洛赫型畴壁中，磁矩面内分量沿着畴壁方向，旋转面法向方向与畴壁垂直；奈尔型畴壁中，磁矩面内分量垂直于畴壁，旋转轴和畴壁平行。如果只考虑交换耦合能、磁各向异性能和退磁能的作用，则具有垂直各向异性的磁性薄膜中布洛赫型畴壁能量最低。

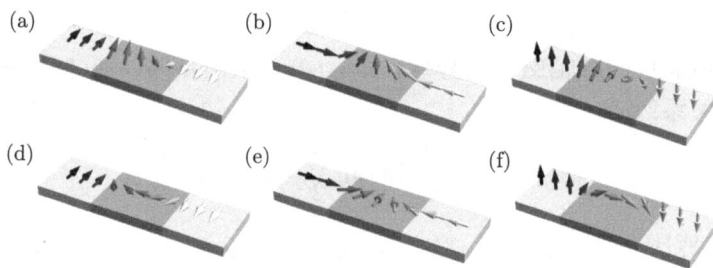

图 3-2 磁性薄膜中典型磁畴壁结构

(a) 和 (d) 磁畴中磁矩平躺于面内并平行于畴壁；(b) 和 (e) 磁畴中磁矩平躺于面内但垂直于畴壁；(c) 和 (f) 磁畴中磁矩垂直于薄膜表面

## 3.2 磁性薄膜中的界面 DM 相互作用

畴壁中的磁结构是由近邻交换耦合能、各向异性能和长程磁偶极作用能之间的竞争决定的。然而，这些因素对于畴壁中自旋的左手旋转和右手旋转的能量是简并的，因此在一般磁性薄膜中，畴壁中可能同时存在左旋和右旋的自旋结构，如图 3-3(a) 所示。如果在畴壁的某个方向上，磁矩始终以左手旋转或右手旋转，那么就形成了手性磁畴壁。图 3-3(b) 展示了一种典型的手性磁性薄膜畴壁，包括两个 $+M_z$ 磁畴和一个 $-M_z$ 磁畴，而中间两个磁畴壁中的磁矩具有右旋自旋结构，这构成了手性磁畴壁。在某些磁性薄膜中，还可能出现如图 3-3(c) 所示的磁结构，其中中心区域的磁矩向上或向下，而周围的磁矩朝向相反方向，而在畴壁中，磁矩始终以左手或右手的旋转方式进行。这称为磁性薄膜中斯格明子的自旋构型。

要产生具有手性的磁畴壁结构，就需要打破左手和右手手性能量的简并性，以使其中一种手性自旋结构具有更低的能量。在磁性薄膜中，界面 DM 相互作用能够破坏畴壁手性对称性。Dzyaloshinskii[1] 首先提出，在低晶体对称性材料中，自旋轨道耦合作用可以产生非对称交换耦合作用，对应的作用能为

$$E_{\mathrm{DM}} = \boldsymbol{D}_{ij} \cdot (\boldsymbol{S}_i \times \boldsymbol{S}_j) \tag{3-7}$$

其中，$\boldsymbol{D}_{ij}$ 是 DM 相互作用矢量，其强度可用 $D$ 表示；而 $\boldsymbol{S}_i$ 和 $\boldsymbol{S}_j$ 代表两个相邻自旋。Moriya[2] 进一步提供了一个微观模型并计算了局域自旋对的反对称交换作用。因此，这个反对称交换作用称为 Dzyaloshinskii-Moriya 相互作用，简称为 DM 相互作用。DM 相互作用已成功解释了反铁磁 α-Fe$_2$O$_3$ 材料中的弱铁磁性。

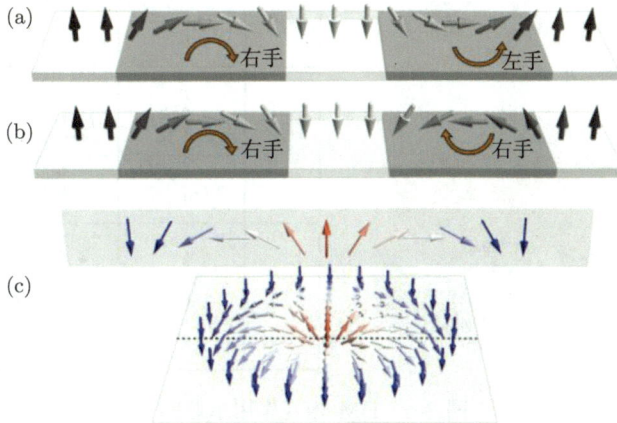

图 3-3 手性畴壁示意图

(a) 相邻畴壁具有相反手性；(b) 相邻畴壁具有相同手性；(c) 垂直各向异性薄膜中的斯格明子自旋分布示意图

除了低晶体对称性的体材料外，Fert 和 Levy 提出了关于磁性薄膜中 DM 相互作用的机制 [3]。他们认为，磁性原子对可以通过一个非磁原子产生 DM 相互作用，对应的 DM 矢量垂直于三个原子对应的平面，如图 3-4(a) 所示。Fert 等进一步将这一概念拓展到磁性界面 [4]，如图 3-4(b) 所示。磁性薄膜中，两个磁性原子可以通过近邻层的非磁层原子产生 DM 相互作用，DM 矢量 $\boldsymbol{D}$ 位于薄膜平面内，但是垂直于界面处的原子对矢径 $\boldsymbol{r}_{ij}$。需要指出的是，DM 相互作用不只局限于磁性原子对和非磁原子之间的相互作用，即使近邻层是磁性层，只要两个磁性层的原子不同，界面对称性破缺，DM 相互作用仍然存在。在磁性薄膜体系中，这一 DM 相互作用主要存在于磁性层界面，因此通常称为界面 DM 相互作用。

Crépieux 等进行了系统分析，研究了具有不同晶体结构 (包括简单立方、面心立方和体心立方) 的磁性表面 DM 相互作用的矢量方向，如图 3-4(c) 所示 [5]。在面心立方的 (001) 表面上，磁性原子 $\boldsymbol{S}_i$ 和其邻近的四个原子 $\boldsymbol{S}_j$ 之间组成四个

自旋对，其 DM 相互作用矢量都位于薄膜平面内，并垂直于自旋对，而且具有相同的左旋或右旋旋转对称性。由于面心立方的四度晶体对称性，这四个 DM 相互作用矢量的大小相同，因此称为各向同性 DM 相互作用。然而，对于 (110) 表面，很明显，沿 $x$ 和 $y$ 方向的原子对具有不同的 DM 相互作用，因此存在各向异性的 DM 相互作用。需要指出的是，对于体心立方的 (111) 表面和面心立方的 (110) 表面，也可以存在垂直于表面的 DM 相互作用，但这一概念还需要实验证实。

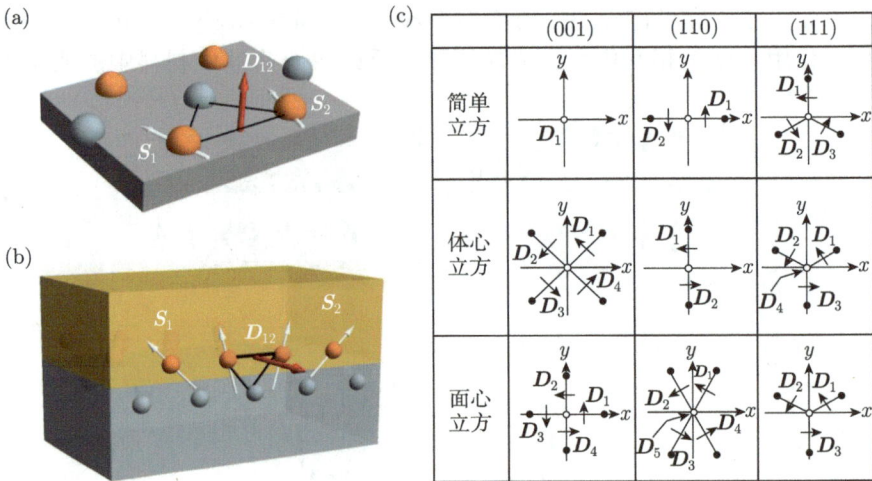

图 3-4　DM 相互作用示意图

(a) 自旋对和面内非磁性原子导致的 DM 相互作用；(b) 界面对称破缺导致的界面 DM 相互作用；(c) 简单立方、体心立方和面心立方三种简单晶体结构的不同表面内 DM 相互作用方向示意图 [5]，DM 矢量的面内方向用箭头表示，其中体心立方的 (111) 面和面心立方的 (110) 面具有垂直方向的 DM 矢量分量，分别为 $D_4$ 和 $D_5$

　　显然，不同体系中的 DM 相互作用强度和方向会有显著差异。通常认为，磁性原子与具有强自旋轨道耦合作用的原子相互作用，可以产生较强的 DM 相互作用。Kashid 等研究 [6] 表明，在由 3d 磁性金属 (如 Fe 和 Co) 和 5d 非磁性金属原子 (如 Ir、Pt 和 Au) 组成的原子链中，DM 相互作用的大小和符号与不同原子电子能级之间的杂化和成键有强烈关联。如图 3-5(a) 所示，第一性原理计算可以得到不同原子层中的 DM 相互作用 [7]。理论计算还表明，在 Co/Pt 双层膜中，DM 相互作用主要局限于 Co/Pt 界面的第一层 Co 层中，但能扩展到界面的第二层和第三层 Co 层以及界面的 Pt 层中。由于磁近邻相互作用，在 Pt 层的原子可以诱导出弱的铁磁性。理论计算进一步表明，Co/Pt 界面处的 DM 相互作用与 Pt 中诱导出的磁性大小无关。

　　Belabbes 等 [8] 进行了系统的第一性原理计算，研究了由 3d 过渡金属 (如 V、Cr、Mn、Fe、Co、Ni) 和 5d 金属 (如 W、Re、Os、Ir、Pt、Au) 组成的异质结构中的界面 DM 相互作用 (图 3-5(b))。他们发现，界面 DM 相互作用与 3d 金属的原子自旋密切相关。随着 3d 金属原子序数的增加，DM 相互作用先增加，然后在 Mn 原子处达到最大值，但在原子序数超过 Mn 之后，DM 相互作用开始下降。这个趋势与洪德 (Hund) 定则相关，物理解释是：Mn 原子具有半满的 3d 轨道，其自旋向上的电子填满了占据态，从而导致所有自旋向上和自旋向下的电子之间的自旋散射都贡献 DM 相互作用；但如果磁性原子的原子序数偏离半满占据态，自旋散射通道数目会降低，导致 DM 相互作用强度减小。计算结果还表明，Cr/W 和 Mn/W 界面具有很强的 DM 相互作用；对于常见的 Fe、Co、Ni 磁性金属，它们与 Pt 接触可以产生最强的 DM 相互作用；Co/Pt 和 Co/Ir 界面具有相反符号的 DM 相互作用。这些计算结果与实验观测结果一致，说明理论计算不仅可以加深我们对界面 DM 相互作用物理机制的理解，还可以指导实验研究，选择适当的材料系统以获得更强的 DM 相互作用。

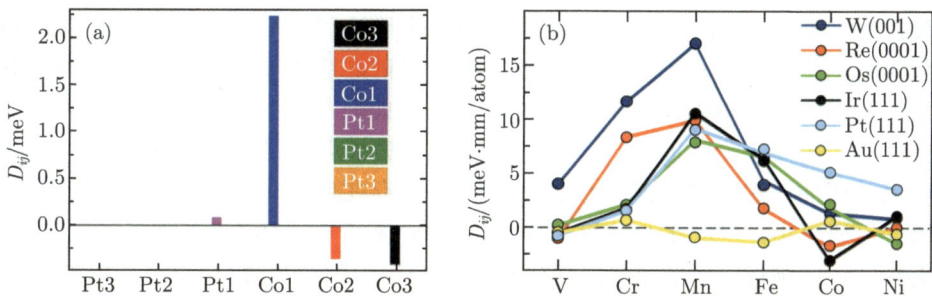

图 3-5 (a) 在 Co/Pt(111) 磁性薄膜中，利用第一性原理计算得到的 DM 相互作用大小 ($D_{ij}$)，以及其在不同原子层中的分布，表明 DM 相互作用主要局限在界面处第一层 Co 层处；(b) 在 5d 金属衬底上，3d 过渡金属原子层的 DM 相互作用大小和符号随原子序数的变化 [7,8]

在常见的磁性薄膜体系中，界面 DM 相互作用通常表现为各向同性，这意味着不同的磁性原子与其周围的非磁性原子组成的自旋对之间的 DM 相互作用 $D$ 都是垂直于自旋对之间的矢径 $r_{ij}$，并且大小相等。然而，当重金属衬底具有晶体各向异性时，不同自旋对之间的 DM 相互作用可能具有不同的大小和方向，甚至可能具有相反的方向。实验研究已经表明，在一些体系中，如 Co/W(110)[9] 和 CoFeB/Pt(110)[10]，存在各向异性的 DM 相互作用，即在不同方向 (⟨110⟩ 和 ⟨001⟩ 方向) 上存在显著不同的 DM 相互作用强度。理论研究也证实，在 Fe/W(110) 体系中，存在两个垂直方向的 DM 相互作用，它们具有相反的符号 [11,12]，这可以导致一种新型的反斯格明子自旋结构的形成。这种各向异性的 DM 相互作用提供了一个畴壁结构的新调控参数，对于调控材料中的磁学性质和手性磁畴壁结构具有重要意义。

磁性双层薄膜中仅存在层内自旋之间的非共线交换耦合作用。近年来，人们也逐渐意识到，在铁磁/非磁/铁磁三层膜中，两层磁性薄膜的自旋磁矩可以通过中间非磁层产生层间非共线交换耦合作用，如图 3-6 所示。Vedmedenko 等首先基于 Fert-Levy 模型从理论上预言了层间 DM 相互作用的存在 [13]，并随后在人工反铁磁多层膜中得到实验验证 [14]。这里主要考虑如图 3-6(b) 所示的铁磁/非磁/铁磁三层膜结构，下层磁矩具有垂直各向异性，而上层磁矩具有面内各向异性。如果上层磁性层中自旋沿着面内向右，根据 DM 相互作用能 $D_{12} \cdot (S_1 \times S_2)$，下层磁性层中自旋向上和向下两种状态就具有不同的能量。因此，$s_2$ 磁矩从向下状态翻转到向上状态和从向上状态翻转到向下状态，这两种翻转过程所需要的翻转磁场 $H_{sw}$ 会有所不同，那么下层磁性层的磁滞回线就存在一个偏置，如图 3-6(c) 所示。如果改变上层磁性层面内磁矩的方向，那么下层磁矩的两种翻转过程中 $H_{sw}$ 的差别也会相应改变方向。实验研究表明，层间 DM 相互作用不仅可以导致两层铁磁层之间的螺旋手性耦合，也可以实现无外磁场下的电流驱动的磁矩翻转 [15]。需要指出的是，为了产生图 3-6(a) 所示的两个磁性薄膜层中磁矩之间的层间 DM 相互作用，需要破坏 $xy$ 平面的反演对称性。目前，多数关于层间 DM 相互作用的研究都是基于磁控溅射生长的多晶材料体系，如何在这些材料中破坏 $xy$ 平面的对称性，还需要进一步的研究。最近的实验研究表明，倾斜溅射或者面内厚度梯度可以破坏面内对称性，从而使得多层膜体系存在层间 DM 相互作用 [16,17]。一般的理论研究中，层间 DM 相互作用的计算是基于单晶体系，但如何在单晶磁性多层膜结构中破坏 $xy$ 平面的反演对称性并产生层间 DM 相互作用，也需要进一步研究。

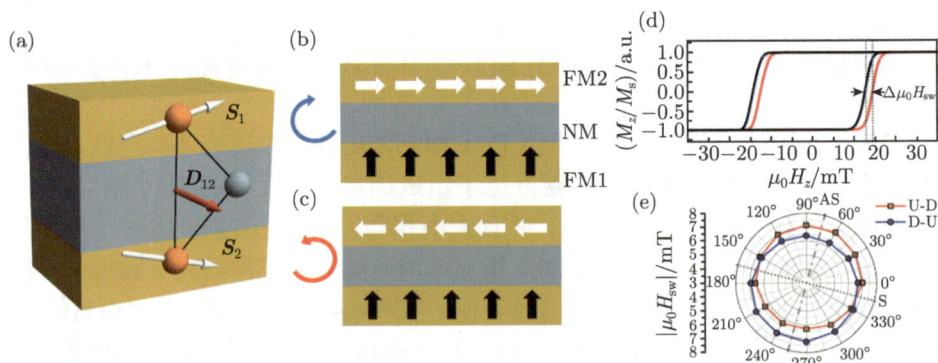

图 3-6　(a) 铁磁/非磁/铁磁三层膜中层间 DM 相互作用示意图；(b) 和 (c) 铁磁/非磁/铁磁三层膜中，下层具有垂直磁矩，那么上层磁矩向左和向右呈现相反的手性；(d) 磁性多层膜 Pt/Co/Pt/Ru/Pt/Co/Pt 中利用反常霍尔效应测量到的磁滞回线，黑色和红色数据线分别表示在面内 60° 方向施加了 +100 mT 和 −100 mT 的面内磁场；(e) 磁滞回线中磁矩从向上翻转到向下 (U-D) 和磁矩从向下翻转到向上 (D-U) 这两种翻转过程中翻转场 $H_{sw}$ 随面内磁场方向的变化 [15]

## 3.3  磁性薄膜中的手性畴壁结构

磁性薄膜中，由于界面 DM 相互作用，两个相邻自旋之间的 DM 矢量平躺于薄膜表面并与两个自旋对的矢径垂直，可以产生具有手性的拓扑自旋结构。如图 3-7(a) 所示，沿着 $x$ 方向的两个自旋 $\boldsymbol{S}_i$ 和 $\boldsymbol{S}_j$ 之间的 DM 矢量 $\boldsymbol{D}_{ij}$ 沿着 $+y$ 方向，那么当 $\boldsymbol{S}_i$ 和 $\boldsymbol{S}_j$ 以右手旋转时，对应的 $\boldsymbol{S}_i \times \boldsymbol{S}_j$ 叉乘矢量是沿着 $-y$ 方向，与 $\boldsymbol{D}_{ij}$ 方向相反。由于 DM 相互作用能 $E_{\mathrm{DM}} = \boldsymbol{D}_{ij} \cdot (\boldsymbol{S}_i \times \boldsymbol{S}_j)$，这种右手手性旋转就可以降低 DM 相互作用的能量。在 3.1 节中已经说明，对于具有垂直各向异性的磁性超薄膜，由于退磁能的影响，布洛赫型畴壁通常具有更低的能量。但是，如果 DM 相互作用能足够强，可以克服奈尔型畴壁中的退磁能，那么奈尔型畴壁可能具有更低的能量。对于奈尔型畴壁，其畴壁能密度一般可以表示为 [18,19]

$$\gamma_{\mathrm{w}} = 4\sqrt{AK_{\mathrm{u}}} \pm \pi D \tag{3-8}$$

其中，正负号分别对应于两种相反的畴壁手性。不同手性的奈尔型畴壁具有不同的能量，其中一种手性的奈尔型畴壁具有最低的能量，而另一种手性的能量要高于标准的布洛赫型畴壁能量。如果调整 $\boldsymbol{D}_{ij}$ 矢量的方向使其沿着 $-y$ 方向，如图 3-7(b) 所示，则左手性的奈尔型畴壁将成为基态。因此，磁性薄膜中畴壁手性可以通过调控 DM 相互作用矢量方向来实现。很多具有垂直磁各向异性的磁性薄膜通常表现出极强的界面 DM 相互作用，从而形成独特的手性奈尔型磁畴壁。这些特殊的拓扑自旋结构具有很多独特的自旋动力学特性，在设计新型自旋电子学器件中具有重要意义，这将在后文中详细讨论。

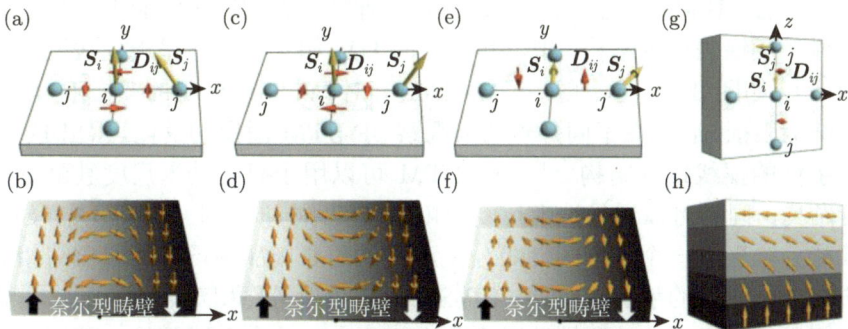

图 3-7  磁性薄膜和多层膜中代表性 DM 相互作用和手性畴壁
(a)、(b) 左手性的 DM 相互作用和奈尔型手性畴壁；(c)、(d) 右手性的 DM 相互作用和奈尔型手性畴壁；(e)、(f) 具有垂直膜面分量的 DM 相互作用导致具有面内磁化薄膜中的奈尔型畴壁具有手性；(g)、(h) 磁性多层膜中层间 DM 相互作用导致垂直于膜面的手性磁结构

如图 3-7(e) 所示，如果薄膜材料中存在横向的反演对称破缺，则两个相邻自旋 $\boldsymbol{S}_i$ 和 $\boldsymbol{S}_j$ 之间的 DM 相互作用矢量 $\boldsymbol{D}_{ij}$ 可以垂直于薄膜表面，沿着 $z$ 方向。

通常，具有面内磁各向异性的磁性超薄膜会形成无手性的奈尔型畴壁。然而，当存在垂直于薄膜表面的 DM 相互作用时，面内磁化薄膜中的奈尔型畴壁将具有特定手性，如图 3-7(f) 所示。一般来说，很少有磁性薄膜具有面内反演对称破缺，因此这种具有面内磁各向异性的手性畴壁还有待实验探索。

前面已经介绍过，在垂直于膜面的两层磁性薄膜自旋之间，可能会存在层间 DM 相互作用，这会使得两层薄膜中自旋在垂直于 $\boldsymbol{D}_{ij}$ 的平面内的分量具有旋转手性。有一些磁性材料系统，比如 Pt/Co 和 CoFeB/MgO(001) 体系，存在界面垂直磁各向异性，该体系的磁矩会随着厚度的增加而产生从垂直到平行于膜面的自旋转向，称之为自旋重取向。考虑到界面垂直各向异性，较厚的磁性薄膜中可能会存在非共线的自旋结构。如图 3-7(h) 所示，磁矩可以从界面处垂直于膜面逐渐转向表面处平行于膜面，形成一个自旋螺旋结构。在这个转变过程中，界面 DM 相互作用就可以决定自旋螺旋结构的手性。这种具有手性螺旋结构的磁性薄膜在磁化翻转和动力学行为方面应该与常规磁性体系有很多不同之处。

目前，拓扑磁性薄膜的研究主要集中在由界面 DM 相互作用引发的奈尔型畴壁结构。如何在实空间确定畴壁拓扑手性，在实验上一直是一个挑战。对于手性畴壁的确认，需要具备对局域磁矩取向进行空间分布测量的能力。具有 B20 结构的体材料 (如 MnSi、FeCoSi) 中存在布洛赫型的拓扑磁结构，一般是由洛伦兹透射电镜测量确定 [20,21]。然而，洛伦兹透射电镜对于奈尔型畴壁不敏感，只能通过倾斜样品的方式来确认磁性薄膜中的畴壁是否为布洛赫型畴壁 [22]，并不能确定畴壁是否为奈尔型并分辨其手性。

最早的磁性薄膜中畴壁手性测量是通过自旋极化扫描隧道电子显微镜 (SP-STM) 进行的。Bode 等首先利用 SP-STM 研究了在 W(110) 面上外延生长的单层 Mn 原子反铁磁自旋结构，指出其在界面 DM 相互作用下呈现摆线型反铁磁手性结构 [23]，如图 3-8 所示。随后，Meckler 等对 W(110) 外延的双层 Fe 薄膜进行了自旋结构表征，通过在不同外磁场下观察 SP-STM 图像的变化，得出 Fe 薄膜具有右手手性的摆线螺旋结构 [24]。SP-STM 可以用于研究纳米尺度甚至更小尺度的自旋结构，同时可以诱导纳米尺度的拓扑自旋结构的产生 [25]。但是，SP-STM 通常只能分辨出某一个方向的磁矩分量，因此需要施加磁场并测量磁畴相对磁场的响应来判断畴壁的手性。此外，SP-STM 的测量条件相对苛刻，通常需要在低温环境下对原子级平整的磁性薄膜表面进行测量，结合上述条件，SP-STM 的测量需要是原位生长的高质量薄膜，且在低温下进行。因此，要在室温下研究磁性薄膜或磁器件中的磁矩空间分布并判断其手性，则需要发展新型的磁畴成像表征技术，从而可以在常温下精确解析畴壁中的自旋取向。

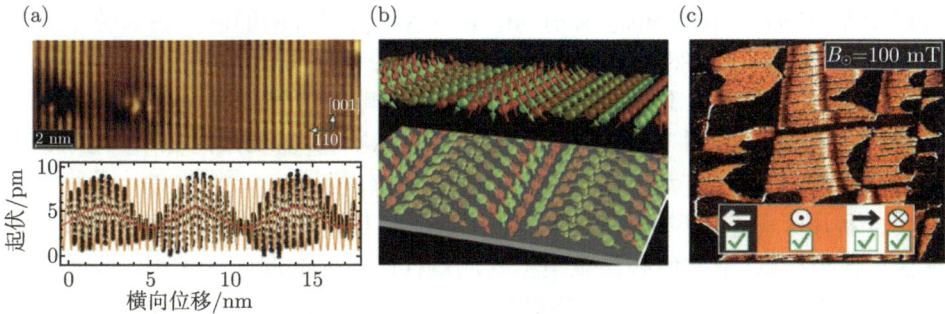

图 3-8　(a) 生长在 W(110) 表面的单层 Mn 原子层的 SP-STM 测量图；(b) 反铁磁 Mn 原子层的自旋结构示意图；(c) 生长在 W(110) 表面的 Fe 双原子层的 SP-STM 测量图，表明具有右手性的奈尔型畴壁 [24,25]

自旋极化低能电子显微镜 (spin-polarized low energy electron microscope, SPLEEM) 在研究奈尔型畴壁的自旋结构方面具有显著的优势，因为它能够同时分辨磁矩的三个方向分量，并且在空间分辨率上能够优于 10 nm。SPLEEM 的原理和功能在后续章节中会有详细介绍。图 3-9 展示了一个典型的例子 [26]。Fe/Ni 双层膜外延生长在 Cu(001) 衬底上，具有垂直各向异性，并随着薄膜厚度的增加而存在从垂直到面内的自旋转向相变。在这一相变过程中，磁畴结构呈现如图 3-9(a) 所示的条纹磁畴。条纹磁畴壁内的磁矩垂直于畴壁，并呈现出周期性排列，显示出右手性的奈尔型畴壁。这种特定手性的奈尔型畴壁是由局域于 Fe/Ni 界面的 DM 相互作用导致的。图 3-9(b) 展示了同一样品上的一个呈半岛形的磁畴结构，其中畴壁内的磁矩方向总是垂直于局域畴壁，表明该体系中的界面 DM 相互作用是各向同性的。

除了 SPLEEM，极化分析扫描电子显微镜 (scanning electron microscope with polarization analysis，SEMPA) 也是实空间研究磁性薄膜中手性畴壁结构的一个有效实验手段，它可以分辨出局域磁矩的矢量分量，并具有纳米量级的分辨率。图 3-9(c) 展示了利用 SEMPA 测量的具有垂直各向异性的 Pt/CoB/Ir 多层膜的磁畴结构 [27]。该磁性薄膜体系在零磁场下形成迷宫畴结构，而畴壁中的自旋具有垂直于畴壁的分量，表明它是典型的奈尔型畴壁。SEMPA 的一个显著优势在于能够解析多晶磁性薄膜中的磁畴结构，而通常的自旋电子学器件都是基于多晶薄膜，因此 SEMPA 是研究磁畴的一个重要手段。

基于 X 射线磁圆二色性 (X-ray magnetic circular dichroism, XMCD) 的同步辐射光发射电子显微镜 (photoemission electron microscope, PEEM)，也能用于表征畴壁内磁矩取向并分辨其手性 [28]。当圆偏振 X 射线掠角入射时，畴壁内磁矩面内分量沿 X 射线入射方向的投影可能大于磁畴内垂直于磁矩的投影分量，那就可能分辨出畴壁内和磁畴内的磁信号差别。对于具有垂直磁各向异性的拓扑磁性薄膜，其磁畴两边畴壁内的磁矩面内分量必然相反，其在 X 射线入射方向的投影是相反的。如图 3-9(d) 所示，在沿着入射射线方向的两个相邻畴壁中，会出现相反的磁畴衬度。然而，需要注意的是，由于磁畴中垂直磁分量在入射 X 射线方向也有投影，实际 PEEM 图像中测量到的畴壁信号会叠加在磁畴信号之上 (图 3-9(e))。因此，利用 PEEM 确定畴壁自旋结构时，需要采用掠角入射 X 射线以降低垂直磁分量的贡献，凸显出畴壁内部的磁信号。

　　另一种用于测量畴壁内磁结构的方法是金刚石氮–空位 (NV) 色心显微镜[29]。实际上，金刚石氮–空位色心显微镜主要测量样品表面的漏磁场大小，具有非常高的灵敏度和分辨率。奈尔型和布洛赫型畴壁的漏磁场分布和大小明显不同，通过实验测量磁场空间分布并与微磁学模拟计算结果比较，就可以得到畴壁中的自旋分布 (图 3-9(f))。这一研究手段利用了 NV 技术对漏磁场大小的高灵敏定量表征能力，但要准确标定畴壁的种类和手性，就需要知道局域空间磁场的方向。因此，结合微磁学计算不同种类畴壁的漏磁场大小是一个前提条件。但是对于畴壁的种类和手性的表征就需要知道局域空间磁场的方向，这就必须结合微磁学模拟计算不同种类的畴壁产生的磁场大小和方向。尽管这一技术可以高精度地确定磁畴宽度，但相较于 SPLEEM 和 SEMPA，其对磁畴的种类和手性的确定相对更为复杂。

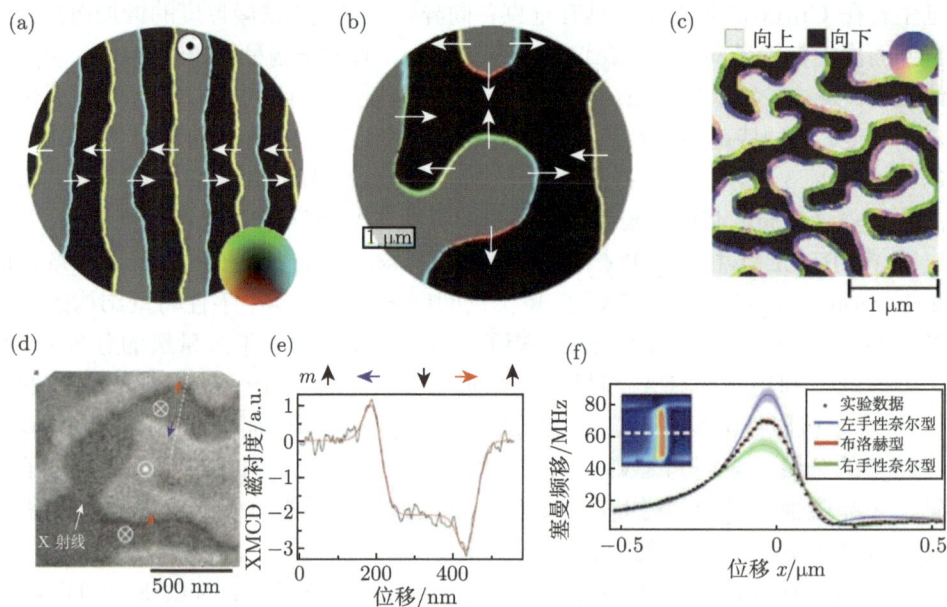

图 3-9　利用不同测量方法测量手性畴壁的代表性测量图 [27-30]

(a)、(b) 利用 SPLEEM 测量 Fe/Ni/Cu(001) 体系中的手性畴壁；(c) 利用 SEMPA 测量 Pt/CoB/Ir 多层膜中的手性畴壁；(d) 利用 PEEM 测量的 Pt/Co/MgO 磁性超薄膜中的手性畴壁；(e) 为 (d) 图中白色虚线处的强度分布，相邻畴壁处的信号呈现明显的峰和谷；(f) 利用金刚石氮–空位色心显微镜在 Ta/CoFeB/MgO 磁性超薄膜中测量的畴壁及其信号强度分布

界面 DM 相互作用不仅可以产生拓扑手性磁畴壁，也可以在磁性薄膜中产生斯格明子。斯格明子首先在 B20 类型化合物 MnSi 中被观察到 [21]。这些斯格明子具有拓扑稳定性，而且所需的驱动电流较低，有望成为下一代非易失性存储器件的磁性单元，适用于构建非挥发性随机磁存储和自旋逻辑器件。然而，基于体材料的斯格明子只能在低于室温下稳定存在，且所需材料体系通常需要具备单晶结构，这与基于多晶磁性薄膜的主流磁存储器件不兼容。当界面 DM 相互作用比较强时，磁性薄膜也可以在室温下形成斯格明子，如图 3-3(c) 所示。与体材料中的布洛赫型斯格明子不同，磁性薄膜中一般为奈尔型斯格明子。奈尔型斯格明子同样可以通过电流进行驱动，并表现出拓扑霍尔效应和斯格明子霍尔效应，更容易应用于自旋电子学器件的研究中。有关磁性薄膜中的斯格明子的应用和器件研究将在后文详细介绍。

若要在磁性薄膜中形成斯格明子，需要存在足够强的界面 DM 相互作用。正如 3.1 节中提到的，对于普通的垂直磁各向异性薄膜，布洛赫型畴壁具有较低的能量，因此为了实现奈尔型斯格明子的稳定存在，必须确保界面 DM 相互作用能够克服布洛赫型畴壁的能量。根据式 (3-8)，DM 相互作用强度需要满足 $\pi D > 4\sqrt{AK_u}$，才能使斯格明子保持稳定。人们寻求室温下稳定存在的斯格明子，因此需要具有足够强的 DM 相互作用强度。如图 3-5(b) 所示，Co/Pt 和 Co/Ir 界面具有相反方向的 DM 相互作用，这意味着对于 Pt/Co/Ir 三层膜，Pt/Co 和 Co/Ir 两个界面的 DM 相互作用强度具有相同的符号。这可以在图 3-10(a) 中看到，在 Pt/Co/Ir 体系中，DM 相互作用强度相当高，所以其能够产生小于 100 nm 的斯格明子 (图 3-10(b))[30]。通过进一步调控磁性界面，可以在 Pt/Co/Fe/Ir 多层膜体系中实现直径小于 40 nm 的斯格明子 (图 3-10(c))[31]。最近，利用自旋轨道力矩的调控方式，在 Pt/Co/Ir 多层膜体系成功地产生了 20 nm 的斯格明子 [32]。此外，如果减小薄膜的厚度，甚至可以在单层 Fe/Ir(111) 体系中形成直径仅为 1 nm 的斯格明子，但由于单层 Fe 薄膜的居里温度较低，这样小的斯格明子只能在低温下稳定存在 [33]。

需要指出的是，即使存在强的 DM 相互作用，一般情况下，普通磁性薄膜中的条纹磁畴或迷宫磁畴也都是能量基态，而要在其中产生斯格明子，通常需要在垂直于薄膜平面方向施加适当的外部磁场。在图 3-10(b) 和 (c) 中的斯格明子都是在施加外磁场的条件下测量的。然而，为了在自旋电子学器件中应用斯格明子，就需要实现其在零磁场条件下的稳定存在。这可以通过将薄膜制备成微纳米结构来实现，因为磁偶极相互作用可以使得斯格明子在零外部磁场下保持稳定 [29,34]。如图 3-10(d) 所示，如果将 Pt/Co/MgO 三层膜刻蚀成一个边长为 420 nm 的正方形，那么在无外磁场条件下，室温下可以实现中心位置稳定存在斯格明子 [29]。在斯格明子上施加一个虚拟的磁场也可以实现零场斯格明子。图 3-10(e) 展示了将 Fe/Ni 薄膜和一个具有垂直各向异性的 Ni 膜通过 Cu 层耦合在一起的情况。如果 Ni 层呈单畴结构，这相当于在 Fe/Ni 薄膜中施加一个虚拟的交换耦合场[35]，从而在 Fe/Ni 层中诱导产生斯格明子，其大小约为 300 nm[36]。SPLEEM 的测量结果也证明了所观察到的斯格明子具有奈尔型畴壁结构。此外，也可以通过在磁性微纳结构中施加脉冲电流来产生斯格明子[33,35]。在 Ta/CoFeB/TaO$_x$ 三层膜结构中，磁光克尔显微镜测量表明，通过施加非均匀的电流脉冲，可以在各种尺寸范围内 (从 700 nm 到 2 μm 不等) 产生斯格明子，并可以观察到斯格明子霍尔效应[37,38]。

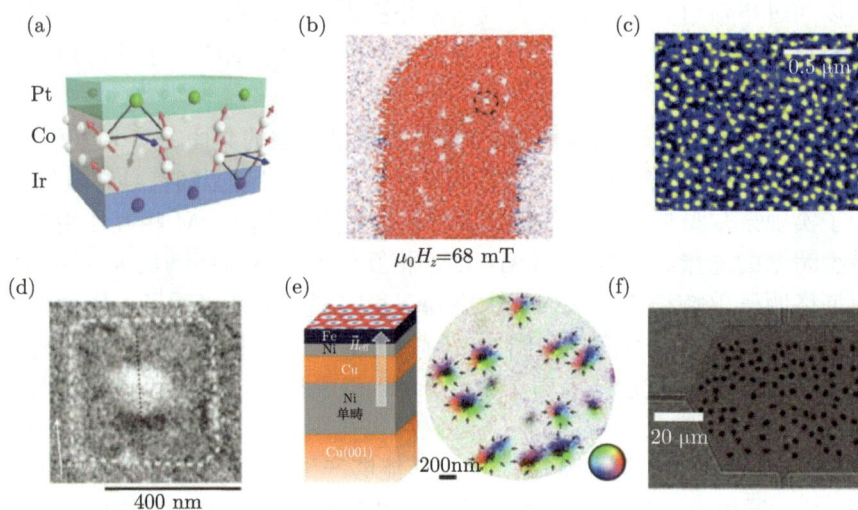

图 3-10　磁性薄膜中斯格明子在室温下的代表性图[29,31,32,37,38]

(a) Pt/Co/Ir 三层膜中 DM 相互作用示意图，表明在 Pt/Co 和 Co/Ir 界面具有相同方向的界面 DM 相互作用；(b) Pt/Co/Ir 多层膜体系中，利用基于同步辐射的扫描 X 射线显微镜测量的斯格明子，尺寸小于 100 nm；(c) Pt/Co/Fe/Ir 多层膜体系中，利用磁力显微镜测量的斯格明子，通过优化 Co/Fe 成分比可以使斯格明子尺寸小于 40 nm；(d) 基于 Pt/Co/MgO 磁性薄膜的纳米结构中由于受限作用在零磁场作用下稳定的斯格明子；(e) 在 Ni/Cu/Fe/Ni 磁性多层膜体系中利用层间交换耦合而实现零场斯格明子，畴壁中自旋取向可以利用 SPLEEM 确定；(f) 在 Ta/CoFeB/TaO$_x$ 磁性薄膜中利用磁光显微镜观测由非均匀脉冲电流诱导产生的斯格明子

## 3.4　界面 DM 相互作用相关的物理效应及其测量

磁性薄膜中的界面 DM 相互作用不仅会影响磁畴壁中的自旋结构，还对磁畴翻转、畴壁运动以及自旋波传输特性等产生极大的影响。本节将介绍 DM 相互作用影响磁学性质的几个典型的物理效应，这些效应也可用于定量表征界面 DM 相互作用强度。

首先，DM 相互作用可以极大地影响畴壁运动速度。Thiaville 等[39] 在 2012 年首先指出，界面 DM 相互作用可以抑制畴壁运动的沃克崩溃 (Walker breakdown)，从而大大提高沃克崩溃所需的磁场或驱动电流。对于具有垂直各向异性的磁性薄膜，畴壁可以被外加的垂直磁场驱动。当畴壁运动速度较小时，畴壁内自旋结构通常被认为具有刚性结构，不随时间变化，而运动速度和磁场成正比。但是，当磁场达到一定强度时，刚性的自旋结构无法继续保持，畴壁内自旋结构会随时间发生变化，导致畴壁运动速度急剧下降，对应的磁场即为沃克场 $H_W$。在更强的磁场作用下，畴壁运动速度会逐渐上升。然而，$H_W$ 会随着 DM 相互作用强度的增加而增加，这就导致了最大畴壁运动速度的增加。图 3-11(a) 展示了在一维模型下，畴壁运动速度和 $H_W$ 随 DM 相互作用强度的变化。但在二维薄膜中，当外加的垂直磁场高于 $H_W$ 时，由于畴壁中的磁孤子在界面 DM 相互作用下湮灭，畴壁运动速度随着磁场基本保持不变，这一速度通常比不具有 DM 相互作用的常规磁性薄膜中的畴壁运动速度高一个量级以上 (图 3-11(b))[40,41]。电流驱动畴壁运动是赛道型存储器运行的基础，对于具有垂直各向异性的磁性薄膜，界面 DM 相互作用也可以极大地提升电流驱动畴壁运动的速度。实际上，在实验发现磁性薄膜中存在 DM 相互作用之前，Miron 等 [42] 就已经在 $Pt/Co/AlO_x$ 体系中发现了电流驱动的超高速畴壁运动速度 (图 3-11(c))。后来，Emori 等 [43] 利用界面 DM 相互作用和自旋轨道矩效应对这一电流驱动的高速畴壁运动现象进行了合理解释。

磁性超薄膜的界面 DM 相互作用能够改变磁畴壁的动力学行为 [44,45]。畴壁中的自旋在 DM 相互作用下也可以克服退磁场的影响而垂直于畴壁方向，这可以看作是由于畴壁磁矩受到 DM 相互作用而产生的有效场 $H_{DM}$ 的作用，$H_{DM}$ 的方向通常是平行于薄膜表面且垂直于畴壁的方向，而一个磁畴的两边畴壁的 $H_{DM}$ 方向相反 (图 3-11(d))。因此，如果施加一个面内方向的磁场，两侧畴壁中的总有效场大小将不同，这将导致两侧畴壁运动速度的非对称变化，一侧的畴壁运动速度增加，而另一侧的畴壁运动速度降低 (图 3-11(e))。改变磁场的方向将导致两侧畴壁运动速度的相对变化相反 (图 3-11(f))。当面内磁场与畴壁中的 DM 相互作用有效场抵消时，畴壁运动速度达到最低。这种方法可以用于确定磁性薄膜中的 DM 相互作用有效场 $H_{DM}$，并可以利用公式 $D = \mu_0 H_{DM} M_s \delta_w$ 估计出 DM 相互作用能 $D$ 的大小。其中，$\delta_w$ 是畴壁宽度，通常难以准确测量，但可以通过测量有效垂直各向异性并使用式 (3-7) 来估计。

磁性微纳结构的边缘磁结构也会受到界面 DM 相互作用的影响 [46]。在磁性微结构的边缘，磁矩受到 DM 相互作用的有效场 $H_{DM}$ 作用，该场的方向是垂直于边缘并平行于薄膜表面。这会导致边缘处的磁矩偏离垂直方向，从而在磁矩翻转过程中形成成核点。对于一个不对称的微结构，例如图 3-11(g) 所示的具有垂直磁各向异性的三角形结构，如果施加一个面内横向磁场，那么三个边缘处的 $H_{DM}$ 与外磁场存在不对称关系。在扫描 $H_z$ 磁场的过程中，磁矩从向下翻转到向上时的成核位置与从向上翻转到向下时的位置不同，这样就使得磁滞回线存在着偏置行为。这个偏置场的大小与 DM 相互作用强度成正比。因此，通过在面内磁场作用下观察拓扑磁性微结构中的不对称翻转行为，可以为定量确定 DM 相互作用强度提供一种方法，同时也有助于自旋电子学器件的设计。

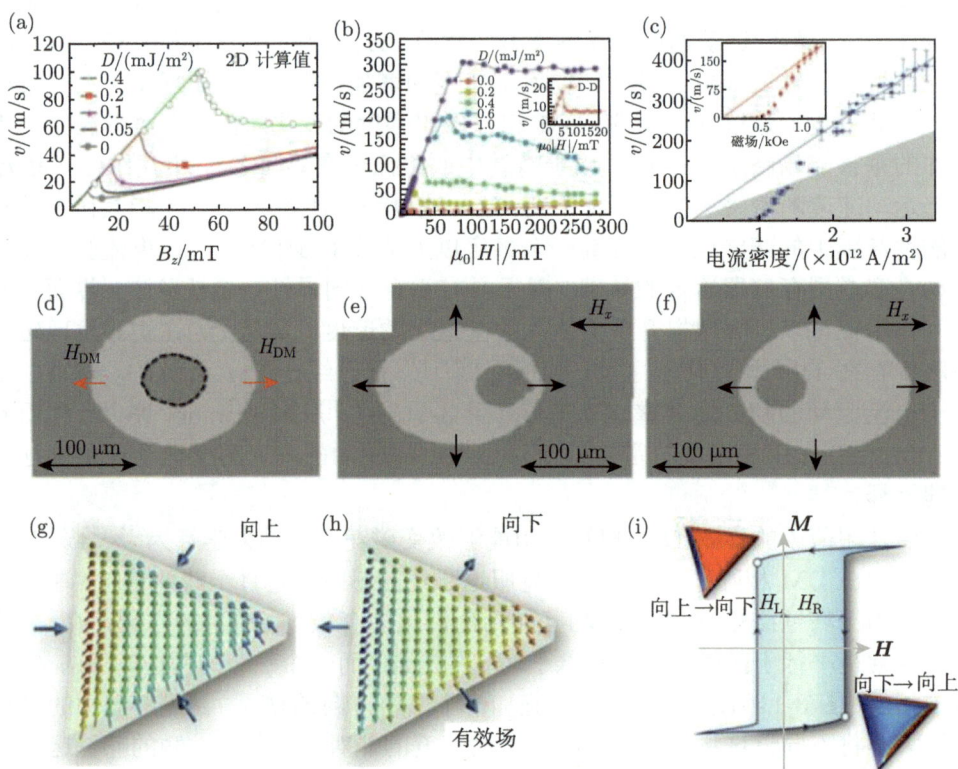

图 3-11 磁性薄膜中界面 DM 相互作用对于畴壁运动的影响 [40,41,43,45,47]

(a) 一维模型下，具有不同 DM 相互作用强度的体系中畴壁运动速度随着外加磁场的变化；(b) 二维模型下，畴壁运动速度在不同 DM 相互作用下随外加磁场的变化；(c) Pt/Co/AlO$_x$ 体系中畴壁运动速度随着驱动电流密度的变化；(d) ∼ (f) Pt/Co 磁性薄膜中畴壁运动随外加面内磁场的变化，表明外加面内磁场所导致的畴壁非对称运动；(g)、(h) 三角形磁性微结构中在 DM 相互作用下自旋向上和向下两种磁性状态在边缘处所导致的有效场示意图；(i) DM 相互作用所导致的磁滞回线偏置行为示意图

磁性薄膜中的界面 DM 相互作用还会影响自旋波的传输特性 [47,48]。DM 相互作用使得自旋产生手性旋转，而自旋波的传输也让自旋波传输途径上的自旋产生进动，在垂直于磁矩方向向左和向右传输的自旋波所导致的自旋进动具有相反的空间手性 (图 3-12(a) 和 (b))。DM 相互作用对于向左和向右传输的自旋波产生相反的效应，导致这两个方向传输的自旋波在波矢 $\boldsymbol{k}$ 相同时具有不同的频率，对应的频率差值为 $\Delta f(\boldsymbol{k}) = \dfrac{2\gamma}{\pi M_s} D_{DM}\boldsymbol{k}$。如图 3-12(c) 所示，对于

没有 DM 相互作用的磁性薄膜，自旋波的色散关系关于零点对称分布 (虚线)。但是如果存在 DM 相互作用，那么自旋波色散关系就会相对零点偏离 (实线)，并且这种偏离会随着磁矩方向的改变而改变符号。人们可以利用 DM 相互作用设计新型的自旋波器件，特别是可以利用自旋波传输的非对称性来设计基于自旋波的自旋逻辑器件。这种自旋波的非对称传输可以为自旋电子学提供新的设计思路和应用潜力。

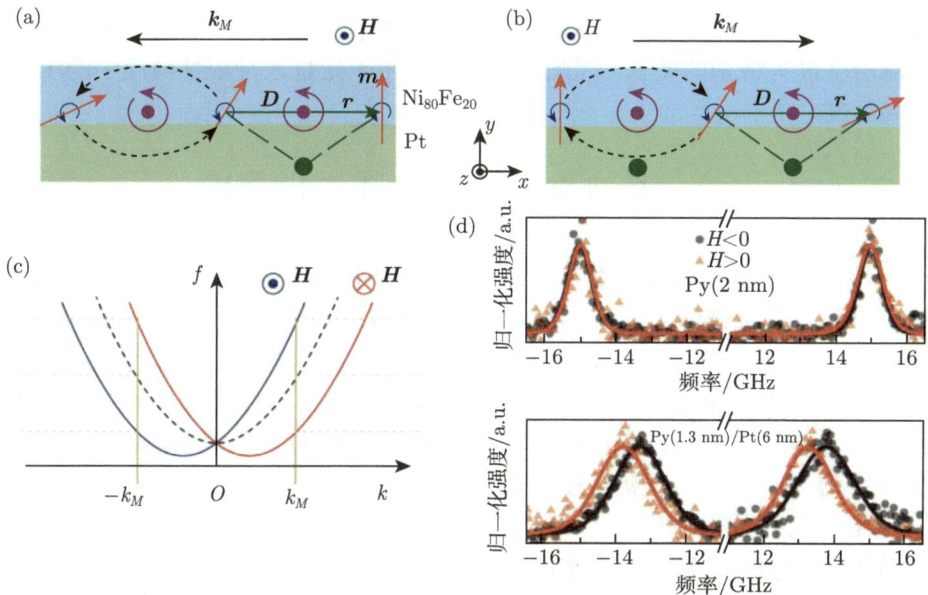

图 3-12　界面 DM 相互作用对于自旋波传输特性的影响[49]

(a) 和 (b) 界面 DM 相互作用对于向左和向右传输的自旋波的示意图，表明两个方向传输的自旋波中自旋旋转手性相对 DM 矢量有不同的旋转对称性，其中磁矩躺在膜面并垂直于自旋波传播方向；(c) 在正负磁场作用下自旋波色散曲线，表明自旋波传输在界面 DM 相互作用下具有非对易性；(d) 在 $Ni_{80}Fe_{20}$ 薄膜和 $Ni_{80}Fe_{20}$/Pt 异质薄膜中典型的 BLS 测量谱图，表明正负磁场下 $Ni_{80}Fe_{20}$/Pt 异质薄膜的自旋波传输具有非对易关系

　　磁性薄膜中的自旋波色散关系通常可以通过布里渊光散射 (Brillouin light scattering, BLS) 来测量[49]。BLS 主要用于测量激光照射到磁性样品后散射光的非弹性光谱。与弹性散射相比，非弹性散射会产生新的散射峰，通常在 $-f$ 或 $+f$ 处存在新的散射峰，对应于产生或吸收一个磁子所引起的斯托克斯峰或反斯托克斯峰。通过改变激光的入射角，可以计算出磁子波矢 $k$ 沿着面内的分量，并可以进一步得到自旋波色散关系 $f(k)$。对于没有 DM 相互作用的磁性薄膜，斯托克斯峰或反斯托克斯峰相对于弹性峰是对称的，不随磁矩方向变化；但是对于具有 DM 相互作用的磁性薄膜，斯托克斯和反斯托克斯峰的峰位不同，同时它们的差值随磁矩方向而变号。图 3-12(d) 展示了在没有 DM 相互作用的 $Ni_{80}Fe_{20}$ 薄膜

和具有强 DM 相互作用的 $Ni_{80}Fe_{20}/Pt$ 异质薄膜中测量到的典型 BLS 谱图。因此，可以利用 BLS 相对容易地测量出 $f(\boldsymbol{k})$，从而确定 DM 相互作用的强度和符号。除了 BLS 外，还可以使用自旋极化电子能量损失谱 (spin-polarized electron energy loss spectroscopy，SPEELS) 来测量自旋波色散关系 $f(\boldsymbol{k})$。SPEELS 主要利用电子的非弹性散射来测量自旋波的色散关系。Zakeri 等最早利用 SPEELS 测量了 Fe/W(110) 体系中 DM 相互作用所导致的自旋波非对称色散 [50]。然而，SPEELS 测量设备相对较为复杂，通常需要在超高真空环境中对高质量单晶薄膜样品进行测量。相比之下，BLS 可以在大气环境中进行测量，对于薄膜结晶性和表面清洁度没有特别的要求，因此更广泛地应用于定量表征磁性薄膜中的 DM 相互作用强度。

## 3.5　磁性薄膜中的拓扑手性调控

磁性薄膜中磁结构的拓扑手性取决于畴壁中磁结构的分布，而磁结构是由交换耦合能、磁偶极作用能、磁各向异性能和 DM 相互作用能之间的竞争关系决定的。交换耦合能、磁偶极作用能和磁各向异性能通常不涉及手性特征，但如果畴壁结构主要由 DM 相互作用主导，那么磁性薄膜中的磁畴结构就会呈现出拓扑手性特征。因此，通过调控不同能量项之间的竞争关系，以及调控 DM 相互作用的大小和符号，就可以有效地调控磁结构的拓扑手性。以下将介绍拓扑自旋结构调控的典型例子。

首先，通过改变薄膜的厚度可以实现对畴壁手性结构的调控。通常情况下，磁性薄膜中的界面 DM 相互作用仅局限于界面，因此，一旦界面结构确定，DM 相互作用不会随着薄膜厚度的变化而明显改变。磁性薄膜中的磁偶极相互作用与总磁矩的大小相关，在相同磁结构下，随着薄膜厚度的增加，磁偶极作用能会随之增加。在具有垂直磁各向异性的薄膜中，磁偶极相互作用会导致布洛赫型畴壁的能量低于奈尔型畴壁，并且不显示手性特征。然而，在某些磁性异质结构中，如 Co/Pt(111) 和 Fe/Ni(001) 等，界面 DM 相互作用的存在可以使奈尔型畴壁的能量更低，同时表现出拓扑手性。由于 DM 相互作用的大小基本不受厚度影响，而磁偶极相互作用随着厚度的增加而增大，逐渐增加薄膜厚度将导致磁畴壁从具有手性的奈尔型畴壁向无手性的布洛赫型畴壁转变。图 3-13(a) 呈现了一个典型的案例 [27]，以生长在 Cu(001) 衬底上的 Fe/Ni 双层膜为例，通过具有三维自旋取向分布表征能力的 SPLEEM 测量，当 Ni 层的厚度较薄时，磁畴壁的自旋垂直于畴壁，并且相邻畴壁的自旋总是互相反平行排列，因此呈现出手性的奈尔型畴壁。但是，一旦 Ni 层的厚度超过 8 个原子单层，磁畴壁结构会转变为无手性的布洛赫型，磁畴壁内的自旋会沿着磁畴壁的方向排列，即使在同一磁畴壁内，也存在相反的自旋取向，表明这种布洛赫型畴壁不再具有拓扑手性[27]。

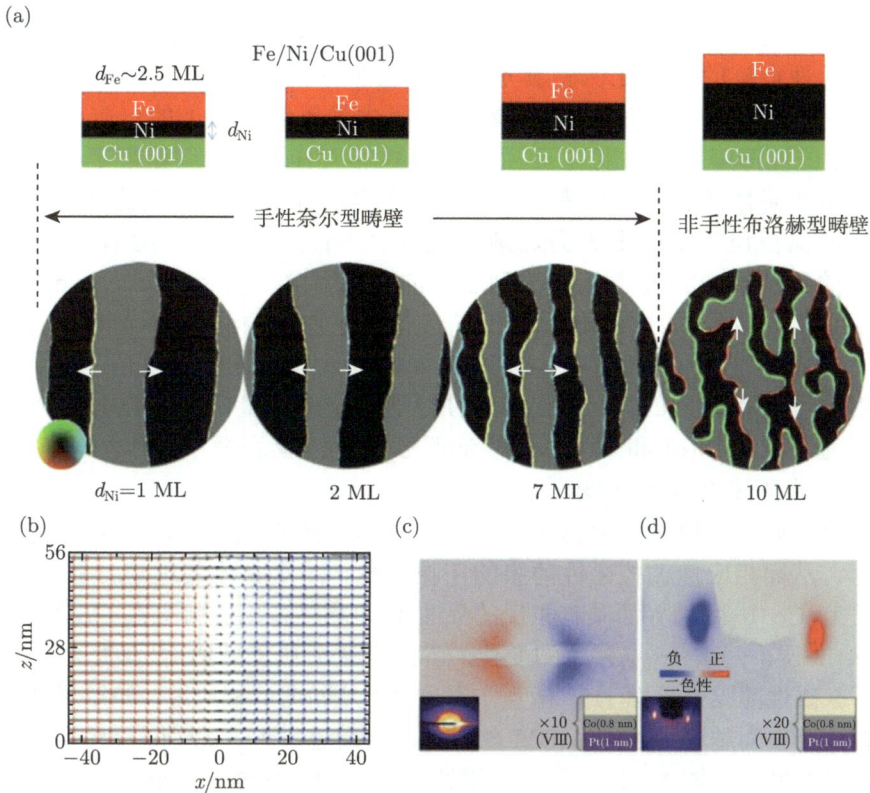

图 3-13 利用磁性薄膜的厚度改变畴壁手性[27,51]

(a) 生长在 Cu(001) 面上的 Fe/Ni 薄膜中畴壁手性随着 Ni 层厚度的增加，逐渐从手性奈尔型畴壁转化为无手性的布洛赫型畴壁 (ML 表示原子单层)；(b) 厚的磁性薄膜中磁偶极作用所导致的布洛赫型畴壁结构；(c) 和 (d) $(Pt/Co/Ir)_n$ 多层膜中周期 $n = 10$ 和 $n = 20$ 情况下 X 射线共振反射信号的变化，其中 (c) 为 $n=10$ 的样品，(d) 为 $n=20$ 的样品，两块样品共振反射信号具有相反符号，表明条纹磁畴的上表面手性结构随着周期数 $n$ 增加而发生符号变化

图 3-13(a) 中磁性薄膜总厚度在 2 nm 之内，因此沿着厚度方向的局域磁矩总是平行排列的，其中所呈现的从奈尔型畴壁到布洛赫型畴壁的转化，其物理起源主要涉及两种类型的畴壁中的磁偶极作用能和界面 DM 相互作用之间的竞争。然而，垂直磁化磁畴中磁矩的磁偶极作用会在畴壁处产生平行于薄膜表面但垂直于畴壁的退磁场，这一退磁场会随着厚度的增加而增加。如果增加磁性薄膜的厚度，其可能会使得畴壁中表面层磁矩垂直于磁矩方向，表现出奈尔型畴壁的特性。畴壁处的磁偶极作用场在薄膜上下表面方向相反，并在相邻的畴壁处具有相反方向，也就表现出手性特征。因此，在厚度较大的磁性薄膜

中，磁畴壁处的自旋结构将呈现出如图 3-13(b) 中的布洛赫型结构[51]。对于通常没有界面 DM 相互作用的磁性薄膜，布洛赫型的自旋结构是上下对称的，上表面畴壁的自旋呈现右手手性，而下表面畴壁呈现左手手性。然而，如果存在界面 DM 相互作用，布洛赫型的自旋结构的对称性将被打破，畴壁处上下表面的相反手性自旋的厚度比例将会不同。当磁性薄膜非常薄时，磁畴中的偶极作用的相对贡献较小，交换耦合作用将使薄膜中的厚度方向上的自旋保持一致排列，因此磁性薄膜的手性将主要由界面 DM 相互作用决定。如果下界面的 DM 相互作用在磁性薄膜中导致左手手性自旋结构，那么随着厚度的增加，磁畴中磁矩的磁偶极作用将使上表面逐渐呈现右手手性结构，因此随着厚度的增加，上表面的磁畴结构将发生从左手到右手的手性转变。实际上，Legrand 等利用圆偏振 X 射线的共振反射方法测量了具有周期性条纹结构的磁畴壁的手性结构[51]，发现在 $(Pt/Co/Ir)_n$ 多层膜中，周期数 $n = 10$ 和 $n = 20$ 两个样品中共振散射信号具有相反的符号。这些信号源于条纹磁畴壁内的自旋面内分量的贡献。因此，图 3-13(c) 和 (d) 也直接证明了磁性薄膜表面中奈尔型畴壁的手性随着厚度的变化而发生转变。

其次，通过调控磁性薄膜的界面特性，可以调控界面 DM 相互作用的大小和符号，从而相应地调控磁性薄膜的拓扑手性。图 3-5 中的理论计算已经表明，Co/Pt 和 Co/Ir 两种界面具有相反的界面 DM 相互作用。如果在 Co/Pt 界面逐渐插入 Ir 层，随着 Ir 层厚度的变化，界面会逐渐从 Co/Pt 界面变为 Co/Ir 界面，那么磁性薄膜中界面 DM 相互作用也会改变符号，相应地，畴壁手性也会变号。在这个中间过程中，界面 DM 相互作用将通过零点，此时畴壁应该是无手性的布洛赫型畴壁。图 3-14(a) 展示了生长在 Pt(111) 面的 Co/Ni 多层膜的畴壁手性测量结果[51]。可以看到，随着界面 Ir 插层的厚度增加，畴壁结构从左手性的奈尔型畴壁变化到无手性的布洛赫型畴壁，然后再变为右手性的奈尔型畴壁，这清晰地展示了界面 DM 相互作用调控对于薄膜手性结构的调控。

在特定体系中，通过插层改变界面 DM 相互作用，可以对畴壁手性进行非常灵敏的调控。图 3-14(b) 展示了另外一个非常典型的例子。在 W(110) 表面生长 Co/Ni 磁性多层膜，会呈现右手手性畴壁。如果在磁性薄膜和 W 衬底之间插入 Pd 层，畴壁自旋结构会转变到左手手性[51]。Pd 厚度相差 0.05 个原子单层 (ML)，畴壁手性就可以从右手性跳变到左手性，这显示了界面 DM 相互作用调控的高灵敏性。磁性薄膜的两个表面都具有界面对称破缺，都可以产生 DM 相互作用。有意思的是，磁性薄膜表面的气体吸附也可以调控界面 DM 相互作用，导致畴壁手性的变化。图 3-14(c) 表明，在手性转变的 Pd 临界厚度附近，如果表面吸附了氢气，可以使得磁畴壁手性发生变化[51]。由于氢气易于脱附，因此可以通过吸附或脱附表面氢气，实现对于磁畴壁手性的连续可逆调控。

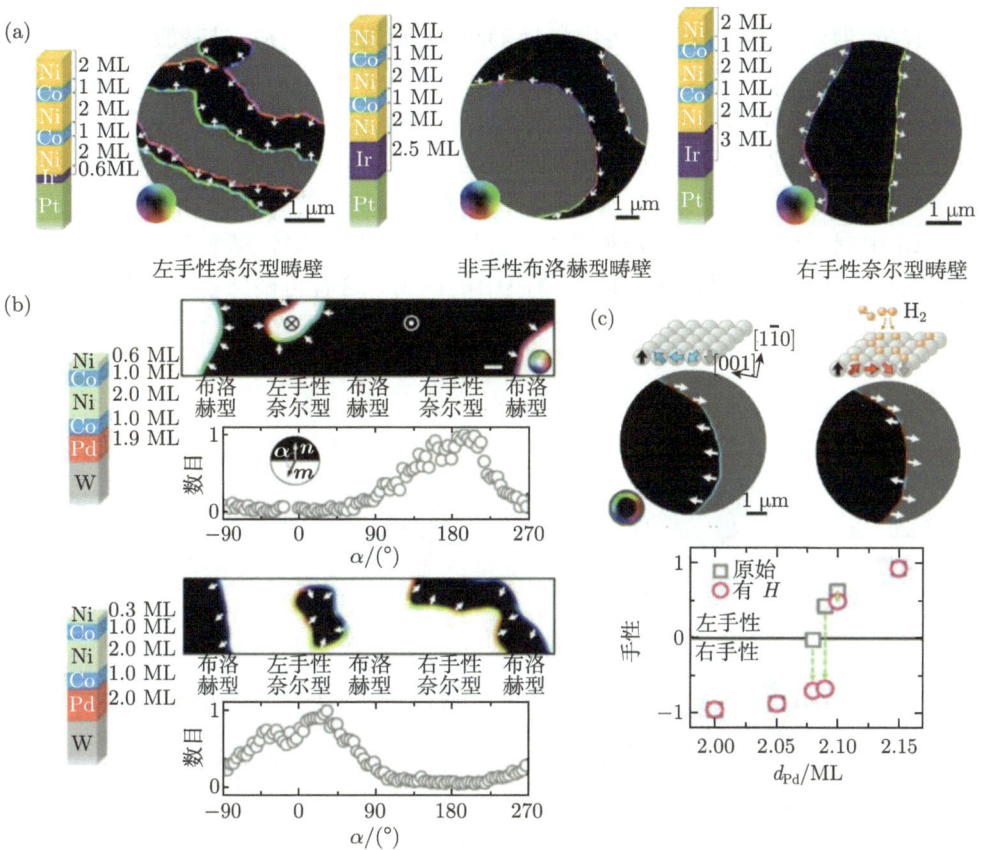

图 3-14  利用界面插层和气体吸附调控畴壁手性 [53-55]

(a) 通过在 Co/Ni 多层膜和 Pt 衬底之间插入不同厚度的 Ir 层调控畴壁手性；(b) 通过在 Co/Ni 多层膜和 Pt 衬底之间插入不同厚度的 Pd 层调控畴壁手性，表明在 1.9 ~ 2 ML 时存在手性相变；(c) 氢气吸附导致的畴壁手性变化

　　界面 DM 相互作用主要是在磁性薄膜界面处产生，其大小与磁性薄膜以及邻近非磁层的原子结构相关。因此，除了通过插入界面原子实行界面调控，还可以通过施加应力调控界面原子的间距，从而改变界面 DM 相互作用的大小和方向。Gusev 等 [55] 首次研究了 Pt/Co/Pt 多层膜中 DM 相互作用随着应力的变化。如图 3-15(a) 所示，通过控制悬臂梁的弯曲，可以在薄膜中引入应变。通过布里渊光散射测量，可以获得 DM 相互作用强度随应力的变化情况。实验结果表明，DM 相互作用强度随着应力的大小发生明显变化，并且磁矩沿着不同方向也存在明显的差异。需要强调的是，如图 3-15(b) 所示，对于生长在玻璃衬底上的 Ta/Pt/Co/Pt 多层膜，当应变大小超过 −0.05% 时，垂直于应力方向的 DM 相互作用可以改变符号，这与沿着应力方向的 DM 相互作用相反。因此，应力作用可以引入各向异性 DM 相互作用，甚至可能在磁性薄膜中产生反斯格明子。

图 3-15(c) 展示了由应变引起各向异性 DM 相互作用的机制。沿着应力方向,磁性原子对的距离发生改变,同时邻近的重金属原子和原子对之间的距离也会改变。然而,自旋对之间的距离保持不变,但重金属原子的位置仍然发生变化。因此,不同方向 DM 相互作用受到应力调控的效果会有所差异。这一研究结果表明,通过调控磁性薄膜的原子结构,可以非常灵敏地调控其中的 DM 相互作用。除了图 3-15 中展示的利用悬臂梁来调控应力以外,可以将磁性薄膜生长在压电衬底上,通过压电效应来灵活调节磁性薄膜中的应力,这有可能实现对磁性薄膜中拓扑手性的灵活调控。

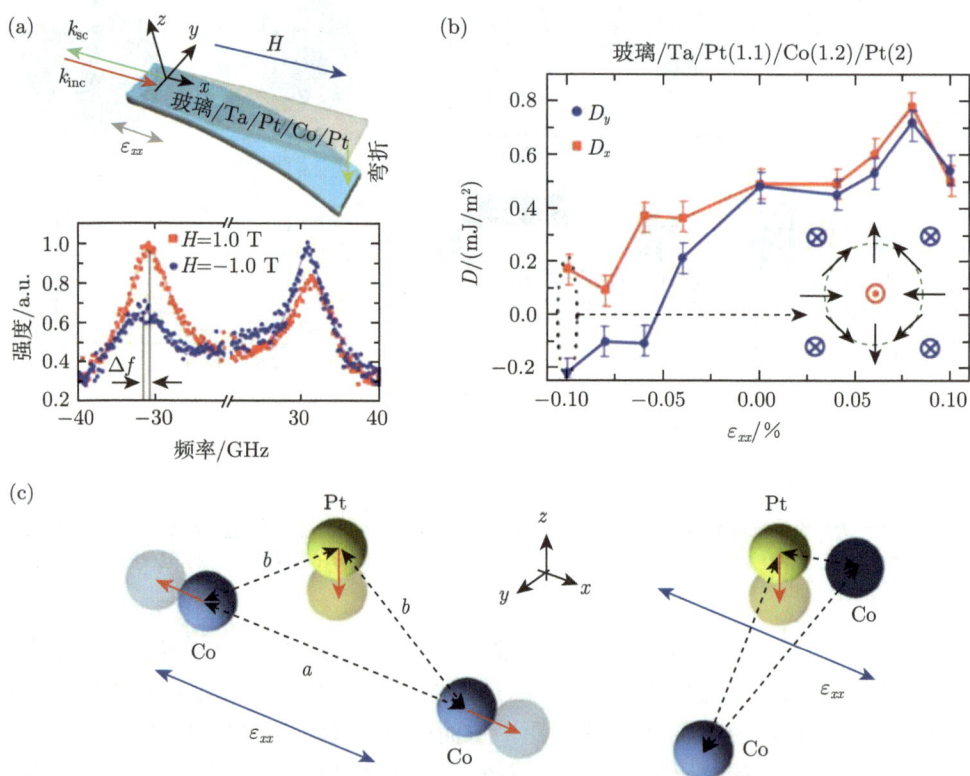

图 3-15　应力调控界面 DM 相互作用 [56]

(a) 利用弯曲样品对样品施加应变的示意图,以及典型的 BLS 测量图;(b) 两个方向的 DM 相互作用矢量随着面内应变的变化,表明 DM 相互作用强度随着应力变化而呈现明显的各向异性;(c) DM 相互作用各向异性的微观机制示意图

界面 DM 相互作用还可以通过离子注入或刻蚀的方法来进行调控。Balk 等发现 [56],使用低能的 Ar$^+$ 可以改变 Pt/Co/Pt 薄膜中的 DM 相互作用符号,以及薄膜的磁各向异性。这一现象的物理机制在于 Ar$^+$ 逐渐刻蚀了上层的 Pt

薄膜，从而改变了材料中的 DM 相互作用。后来的研究表明，可以利用 $He^+$ 对磁性薄膜进行辐照，通过离子辐照来改变界面原子的互混，这一过程中 DM 相互作用甚至可以被增强 [57,58]。然而，值得注意的是，离子辐照不仅影响了薄膜的 DM 相互作用，还影响了薄膜的磁矩强度和磁各向异性。离子辐照的一个重要优势在于它可以实现对磁性薄膜的局域调控，可以在薄膜中创建特定图案并在固定位置诱导拓扑自旋结构，这有助于自旋电子学器件的设计 [59]。

总体而言，通过调控界面 DM 相互作用的强度和符号，或者通过调整界面 DM 相互作用和磁偶极相互作用之间的竞争关系，可以实现对磁性薄膜中手性自旋结构的调控。这些研究有助于更深入地理解界面 DM 相互作用的物理本质。如果能够实现对 DM 相互作用广泛的可控调控，将有望推动自旋电子学器件的研发。

## 3.6　本 章 小 结

后文将介绍到，利用磁性薄膜中基于手性自旋结构的畴壁和斯格明子，可以设计出高密度低功耗的赛道存储器件。因此，手性畴壁的研究对于基础研究和应用研究都具有重要意义。本章主要介绍了磁性薄膜中手性畴壁结构的物理起源、测量方法和调控策略。需要指出的是，当前的研究重点主要集中在垂直各向异性的磁性薄膜和多层膜材料系统上。然而，近年来，人们也开始逐渐研究了层间 DM 相互作用导致的手性结构。尚未有关于在具有面内各向异性的磁性薄膜中实现手性磁结构的研究报道。此外，在体材料中已经实现了基于各向异性 DM 相互作用的反斯格明子，但这种新型拓扑自旋结构尚未在磁性薄膜中实现。因此，如何测量和调控磁性薄膜中的手性自旋结构，实现新型的拓扑磁结构，并理解其中的物理机制，仍然是一个充满研究潜力的领域。

### 参 考 文 献

[1] Dzyaloshinskii I. A thermodynamic theory of "weak" ferromagnetism in antiferromagnetic substances. Soviet Physics JETP, 1957, 5: 1259.

[2] Moriya T. Anisotropic superexchange interaction and weak ferromagnetism. Physical Review, 1960, 120: 91.

[3] Fert A, Levy P M. Role of anisotropic exchange interactions in determining the properties of spin-glasses. Physical Review Letters, 1980, 44: 1538.

[4] Fert A. Magnetic and transport properties of metallic multilayers. Materials Science Forum, 1991, 439: 59-60.

[5] Crépieux A, Lacroix C. Dzyaloshinsky-Moriya interactions induced by symmetry breaking at a surface. Journal of Magnetism and Magnetic Materials, 1998, 182: 341.

[6] Kashid V, Schena T, Zimmermann B, et al. Dzyaloshinskii-Moriya interaction and

chiral magnetism in 3d-5d zigzag chains: tight-binding model and *ab initio* calculations. Physical Review B, 2014, 90: 054412.

[7] Yang H, Thiaville A, Rohart S, et al. Anatomy of Dzyaloshinskii-Moriya interaction at Co/Pt interfaces. Physical Review Letters, 2015, 115: 267210.

[8] Belabbes A, Bihlmayer G, Bechstedt F, et al. Hund's rule-driven Dzyaloshinskii-Moriya interaction at 3d-5d interfaces. Physical Review Letters, 2016, 117: 247202.

[9] Camosi L, Rohart S, Fruchart O, et al. Anisotropic Dzyaloshinskii-Moriya interaction in ultrathin epitaxial Au/Co/W(110). Physical Review B, 2017, 95: 214422.

[10] Liu C Q, Zhang Y B, Chai G Z, et al. Large anisotropic Dzyaloshinskii-Moriya interaction in CoFeB(211)/Pt(110) films. Applied Physics Letters, 2021, 118: 262410.

[11] Heide M, Bihlmayer G, Blügel S. Dzyaloshinskii-Moriya interaction accounting for the orientation of magnetic domains in ultrathin films: Fe/W(110). Physical Review B, 2008, 78: 140403.

[12] Hoffmann M, Zimmermann B, Müller G P, et al. Antiskyrmions stabilized at interfaces by anisotropic Dzyaloshinskii-Moriya interactions. Nature Communications, 2017, 8: 308.

[13] Vedmedenko E Y, Riego P, Arregi J A, et al. Interlayer Dzyaloshinskii-Moriya interactions. Physical Review Letters, 2019, 122: 257202.

[14] Fernández-Pacheco A, Vedmedenko E, Ummelen F, et al. Symmetry-breaking interlayer Dzyaloshinskii-Moriya interactions in synthetic antiferromagnets. Nature Materials, 2019, 18: 679.

[15] He W, Wan C, Zheng C, et al. Field-free spin-orbit torque switching enabled by the interlayer Dzyaloshinskii-Moriya interaction. Nano Letters, 2022, 22: 6857.

[16] Masuda H, Seki T, Yamane Y, et al. Large antisymmetric interlayer exchange coupling enabling perpendicular magnetization switching by an in-plane magnetic field. Physical Review Applied, 2022, 17: 054036.

[17] Huang Y H, Huang C C, Liao W B, et al. Growth-dependent interlayer chiral exchange and field-free switching. Physical Review Applied, 2022, 18: 034046.

[18] Rohart S, Thiaville A. Skyrmion confinement in ultrathin film nanostructures in the presence of Dzyaloshinskii-Moriya interaction. Physical Review B, 2013, 88: 184422.

[19] Leonov A O, Monchesky T L, Romming N, et al. The properties of isolated chiral skyrmions in thin magnetic films. New Journal of Physics, 2016, 18: 065003.

[20] Yu X Z, Onose Y, Kanazawa N, et al. Real-space observation of a two-dimensional skyrmion crystal. Nature, 2010, 465: 901.

[21] Nayak A K, Kumar V, Ma T, et al. Magnetic antiskyrmions above room temperature in tetragonal Heusler materials. Nature, 2017, 548: 561.

[22] Benitez M J, Hrabec A, Mihai A P, et al. Magnetic microscopy and topological stability of homochiral Néel domain walls in a Pt/Co/AlO$_x$ trilayer. Nature Communications, 2015, 6: 8957.

[23] Bode M, Heide M, von Bergmann K, et al. Chiral magnetic order at surfaces driven by

inversion asymmetry. Nature, 2007, 447: 190.

[24] Meckler S, Mikuszeit N, Preßler A, et al. Real-space observation of a right-rotating inhomogeneous cycloidal spin spiral by spin-polarized scanning tunneling microscopy in a triple axes vector magnet. Physical Review Letters, 2009, 103: 157201.

[25] Romming N, Hanneken C, Menzel M, et al. Writing and deleting single magnetic skyrmions. Science, 2013, 341: 636.

[26] Chen G, Zhu J, Quesada A, et al. Novel chiral magnetic domain wall structure in Fe/Ni/Cu(001) films. Physical Review Letters, 2013, 110: 177204.

[27] Lucassen J, Meijer M J, Kurnosikov O, et al. Tuning magnetic chirality by dipolar interactions. Physical Review Letters, 2019, 123: 157201.

[28] Boulle O, Vogel J, Yang H, et al. Room-temperature chiral magnetic skyrmions in ultrathin magnetic nanostructures. Nature Nanotechnology, 2016, 11: 449.

[29] Tetienne J P, Hingant T, Martínez L J, et al. The nature of domain walls in ultrathin ferromagnets revealed by scanning nanomagnetometry. Nature Communications, 2015, 6: 6733.

[30] Moreau-Luchaire C, Moutafis C, Reyren N, et al. Additive interfacial chiral interaction in multilayers for stabilization of small individual skyrmions at room temperature. Nature Nanotechnology, 2016, 11: 444.

[31] Soumyanarayanan A, Raju M, Gonzalez Oyarce A L, et al. Tunable room-temperature magnetic skyrmions in Ir/Fe/Co/Pt multilayers. Nature Materials, 2017, 16: 898.

[32] Liu J H, Wang Z D, Xu T, et al. The 20-nm skyrmion generated at room temperature by spin-orbit torques. Chinese Physics Letters, 2022, 39: 017501.

[33] Heinze S, von Bergmann K, Menzel M, et al. Spontaneous atomic-scale magnetic skyrmion lattice in two dimensions. Nature Physics, 2011, 7: 713.

[34] Woo S, Litzius K, Krüger B, et al. Observation of room-temperature magnetic skyrmions and their current-driven dynamics in ultrathin metallic ferromagnets. Nature Materials, 2016, 15: 501.

[35] Wu Y Z, Won C, Scholl A, et al. Magnetic stripe domains in coupled magnetic sandwiches. Physical Review Letters, 2004, 93: 117205.

[36] Chen G, N'Diaye A T, Wu Y Z, et al. Ternary superlattice boosting interface-stabilized magnetic chirality. Applied Physics Letters, 2015, 106: 062402.

[37] Jiang W, Upadhyaya P, Zhang W, et al. Blowing magnetic skyrmion bubbles. Science, 2015, 349: 283.

[38] Jiang W, Zhang X, Yu G, et al. Direct observation of the skyrmion Hall effect. Nature Physics, 2017, 13: 162.

[39] Thiaville A, Rohart S, Jué É, et al. Dynamics of Dzyaloshinskii domain walls in ultrathin magnetic films. Europhysics Letters, 2012, 100: 57002.

[40] Pham T H, Vogel J, Sampaio J, et al. Very large domain wall velocities in Pt/Co/GdO$_x$ and Pt/Co/Gd trilayers with Dzyaloshinskii-Moriya interaction. Europhysics Letters, 2016, 113: 67001.

[41] Yoshimura Y, Kim K J, Taniguchi T, et al. Soliton-like magnetic domain wall motion induced by the interfacial Dzyaloshinskii-Moriya interaction. Nature Physics, 2016, 12: 157.

[42] Miron I M, Moore T, Szambolics H, et al. Fast current-induced domain-wall motion controlled by the Rashba effect. Nature Materials, 2011, 10: 419.

[43] Emori S, Bauer U, Ahn S M. et al. Current-driven dynamics of chiral ferromagnetic domain walls. Nature Materials, 2013, 12: 611.

[44] Hrabec A, Porter N A, Wells A, et al. Measuring and tailoring the Dzyaloshinskii-Moriya interaction in perpendicularly magnetized thin films. Physical Review B, 2014, 90: 020402.

[45] Je S G, Kim D H, Yoo S C, et al. Asymmetric magnetic domain-wall motion by the Dzyaloshinskii-Moriya interaction. Physical Review B, 2013, 88: 214401.

[46] Han D S, Kim N H, Kim J S, et al. Asymmetric hysteresis for probing Dzyaloshinskii-Moriya interaction. Nano Letters, 2016, 16: 4438.

[47] Moon J H, Seo S M, Lee K J, et al. Spin-wave propagation in the presence of interfacial Dzyaloshinskii-Moriya interaction. Physical Review B, 2013, 88: 184404.

[48] Nembach H T, Shaw J M, Weiler M, et al. Linear relation between Heisenberg exchange and interfacial Dzyaloshinskii-Moriya interaction in metal films. Nature Physics, 2015, 11: 825.

[49] Di K, Zhang V L, Lim H S, et al. Direct observation of the Dzyaloshinskii-Moriya interaction in a Pt/Co/Ni film. Physical Review Letters, 2015, 114: 047201.

[50] Zakeri K, Zhang Y, Prokop J, et al. Asymmetric spin-wave dispersion on Fe(110): direct evidence of the Dzyaloshinskii-Moriya interaction. Physical Review Letters, 2010, 104: 137203.

[51] Legrand W, Chauleau J Y, Maccariello D, et al. Hybrid chiral domain walls and skyrmions in magnetic multilayers. Science Advances, 2018, 4: eaat0415.

[52] Chen G, Ma T P, N'Diaye A T, et al. Tailoring the chirality of magnetic domain walls by interface engineering. Nature Communications, 2013, 4: 2671.

[53] Chen G, Ophus C, Lo Conte R, et al. Ultrasensitive sub-monolayer palladium induced chirality switching and topological evolution of skyrmions. Nano Letters, 2022, 22: 6678.

[54] Chen G, Robertson M, Hoffmann M, et al. Observation of hydrogen-induced Dzyaloshinskii-Moriya interaction and reversible switching of magnetic chirality. Physical Review X, 2021, 11: 021015.

[55] Gusev N S, Sadovnikov A V, Nikitov S A, et al. Manipulation of the Dzyaloshinskii-Moriya interaction in Co/Pt multilayers with strain. Physical Review Letters, 2020, 124: 157202.

[56] Balk A L, Kim K W, Pierce D T, et al. Simultaneous control of the Dzyaloshinskii-Moriya interaction and magnetic anisotropy in nanomagnetic trilayers. Physical Review Letters, 2017, 119: 077205.

[57] Diez L H, Voto M, Casiraghi A, et al. Enhancement of the Dzyaloshinskii-Moriya in-

teraction and domain wall velocity through interface intermixing in Ta/CoFeB/MgO. Physical Review B, 2019, 99: 054431.

[58] Nembach H T, Jué E, Poetzger K, et al. Tuning of the Dzyaloshinskii-Moriya interaction by He$^+$ ion irradiation. Journal of Applied Physics, 2022, 131: 143901.

[59] Juge R, Bairagi K, Rana K G, et al. Helium ions put magnetic skyrmions on the track. Nano Letters, 2021, 21: 2989.

# 第 4 章　二维拓扑磁性材料

## 4.1　二维拓扑磁性材料简介

### 4.1.1　二维磁性材料

2004 年，英国曼彻斯特大学的盖姆 (Geim) 和诺沃肖洛夫 (Novoselov) 两位教授，通过机械剥离的方法，从块状石墨中得到了石墨烯 (图 4-1 (a))，并证明了其优异的电学性质[1]，即电荷载流子具有极高的本征迁移率和为零的有效质量。石墨烯在具有良好导热性、柔韧性和不透气性的同时，其倒空间中特殊的狄拉克锥形能带为各种量子输运物理效应研究提供了平台[2–8]。石墨烯的出现开启了二维层状材料领域的研究热潮，Geim 和 Novoselov 也因为石墨烯的发现而获得了2010 年诺贝尔物理学奖。然而石墨烯并不适用于常规器件应用，例如，石墨烯的零带隙极大地限制了它在半导体逻辑器件中的应用。尽管包括施加垂直电场、构建石墨烯纳米条带、氢化石墨烯等在内的多种方法被证明可以打开石墨烯带隙，但逻辑器件所需的高迁移率和高开关比却很难同时保持[9–11]。

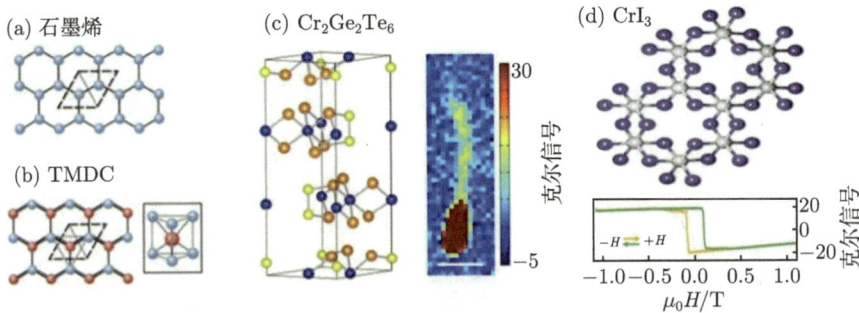

图 4-1　(a) 石墨烯晶体结构; (b) 二维金属二硫族化合物结构；二维本征磁性材料 (c) $Cr_2Ge_2Te_6$ 与 (d) $CrI_3$ 晶体结构与磁光克尔信号[29,30]

二维金属二硫族化合物 (TMDC) 是另一大类层状二维材料，分子式为 $MX_2$ (图 4-1 (b))。硫族元素 X 包括 S、Se 和 Te，过渡金属 M 几乎包含 d 区所有金属元素。通过组合不同的元素来构建 TMDC，可以实现包括金属、半导体和绝缘体在内的各种物态。调整堆叠 TMDC 半导体层的数量，体系带隙的大小可以发生显著变化，并伴随着直接带隙–间接带隙的转变[12–16]。随着研究的深入，人们还发现了能谷特性、电子各向异性输运、量子自旋霍尔效应、电荷密度波和铁电金属等奇异物性[17−26]。此外，TMDC 半导体具有高的载流子迁移率和空气稳定性。其天然的超薄结构可以将载流子限制在界面 1 nm 的空间内，在工艺节点缩小的情况下能有效抑制晶体管的短沟道效应，降低器件功耗[27]。

　　由于原子层厚度方向上的量子局限效应，二维材料展示出与其对应的三维体系截然不同的性质，因此受到了科学界和工业界的广泛关注。尽管人们曾尝试利用近邻效应、缺陷工程和元素掺杂等手段在二维体系中引入磁性，但长程磁有序却长期未能在二维材料中实现。1966 年，Mermin 和 Wagner[28] 利用博戈留波夫 (Bogoliubov) 不等式在理论上严格证明，由于热扰动的影响，长程铁磁序与反铁磁序均无法出现在各向同性二维海森伯模型中。这一结论又称 Mermin-Wagner 定理。2017 年，华盛顿大学的 Xu 团队和加利福尼亚大学伯克利分校的 Zhang 团队，从实验上分别在单层 $CrI_3$ 和双层 $Cr_2Ge_2Te_6$ 上 (图 4-1 (c) 和 (d)) 观测到二维铁磁长程序。他们均使用了高灵敏度的磁光克尔显微镜探测磁信号，确定单层 $CrI_3$ 和双层 $Cr_2Ge_2Te_6$ 中的居里温度分别达到 45 K 和 30 K[29,30]。人们认为这两种材料中的垂直磁各向异性的存在打破了 Mermin-Wagner 定理。垂直磁各向异性可以诱导出自旋波色散能谱中的激发带隙，从而使长程磁有序在有限温度下存在。由于磁矩确定性的指向垂直于材料平面的方向，二维 $CrI_3$ 又称伊辛 (Ising) 磁体；而 $Cr_2Ge_2Te_6$ 的磁矩可以指向三维空间中的其他方向，因此 $Cr_2Ge_2Te_6$ 又称海森伯磁体。此后，越来越多的具有高居里温度的二维铁磁体被报道，例如 $MnSe_2$ ($T_C$ 约 300 K)、$VSe_2$ ($T_C$ 约 330 K) 和 $Fe_3GeTe_2$ ($T_C$ 约 120 K)[31−33]。区别于 $CrI_3$ 和 $Cr_2Ge_2Te_6$，$Fe_3GeTe_2$ 作为铁磁性金属具有巡游磁性。值得注意的是，二维长程反铁磁序也在实验上通过拉曼光谱测量在 $FePS_3$、$NiPS_3$ 和 $MnPS_3$ 等薄膜中被发现[34−36]。最近，Pinto 等利用 X 射线磁圆/线二色谱证实了在石墨烯/6H-SiC(0001) 上生长的单层 $CrCl_3$ 具有面内磁有序，该体系因此又称 2D-$XY$ 磁体[37]。对于 2D-$XY$ 磁体，垂直磁各向异性不再是维持磁有序的必要条件，同时 Berezinsky-Kosterlitz-Thouless(BKT) 相变会在一定温度下出现[38−42]。本征二维磁体由于其独特有趣的物理特性，为自旋电子学研究提供了一个新颖的平台[43]。Song 等[44] 利用 $CrI_3$ 构建范德瓦耳斯铁磁性隧道结，实现了高达 19000% 的隧穿磁电阻比值；此外，Cardoso 等[45] 提出了范德瓦耳斯自旋阀概念，即双层石墨烯夹在两层单层 $CrI_3$ 之间，双层石墨烯的能带结构可以直接通过 $CrI_3$ 之间的磁耦合行为控制。利用离子液体电压调控的方法，在少层 $Fe_3GeTe_2$ 中，Deng 等[32] 发现可以将居里温度提升到室温。在 $Fe_3GeTe_2$/Pt 异质结中，Wang 等[46] 实现了自旋轨道力矩驱动的磁化方向翻转。更重要的是，新发现的二维磁体可以与其他非磁的二维材料组成各种不同特性的范德瓦耳斯异质结，为研究磁电耦合或磁光耦合等新奇物理效应提供了丰富的材料基础。例如，由于磁近邻效应，量子反常霍尔效应、反常能谷霍尔效应和非线性手性边缘态等电子输运行为均被证实可以在基于二维磁体的范德瓦耳斯异质结中实现[47−52]。

### 4.1.2　二维磁性材料中的 DM 相互作用与拓扑磁结构

DM 相互作用是一个基本的磁相互作用。由于其在实空间拓扑磁结构形成中的关键作用，在过去的二十年中受到了广泛的关注。1958 年，Dzyaloshinskii 首次提出这种相互作用，并用于解释某些反铁磁晶体，例如 $\alpha$-Fe$_2$O$_3$、MnCO$_3$ 和 CoCO$_3$ 中的弱铁磁性[53]。这些反铁磁晶体的自由能中应包含一个反对称能量项：$E_{DMI} = \boldsymbol{D}_{ij} \cdot (\boldsymbol{S}_i \times \boldsymbol{S}_j)$。与支持自旋共线排列的海森伯交换耦合不同，DM 相互作用倾向于使自旋相互垂直排布。两种相互作用之间的竞争最终导致反铁磁耦合的自旋偏离共线方向，倾斜一定角度，从而在反铁磁晶体中产生弱铁磁性。1960 年，Moriya 通过扩展 Anderson 的超交换相互作用理论，证明了在中心反演对称破缺的磁性绝缘体中，DM 相互作用是由自旋–自旋超交换与自旋轨道耦合共同作用产生的[54,55]。Moriya 同时给出了 DM 矢量与晶体对称性之间的特定关系，称为 Moriya 定则。1980 年，Fert 和 Levy 基于 RKKY 交换理论阐明了在 CuMn 自旋玻璃合金中，两个磁性原子之间的 DM 相互作用是由非磁性杂质对传导电子的自旋轨道散射引起[56,57]。Fert-Levy 型 DM 向量可以写为

$$\boldsymbol{D}_{ijl}(\boldsymbol{R}_{li}, \boldsymbol{R}_{lj}, \boldsymbol{R}_{ij})$$
$$= -V_1 \frac{\sin[k_F(|\boldsymbol{R}_{li}| + |\boldsymbol{R}_{lj}| + |\boldsymbol{R}_{ij}| + (\pi/10)Z_d)](\boldsymbol{R}_{li} \cdot \boldsymbol{R}_{lj})(\boldsymbol{R}_{li} \times \boldsymbol{R}_{lj})}{|\boldsymbol{R}_{li}|^2 |\boldsymbol{R}_{lj}|^2 |\boldsymbol{R}_{ij}|}$$

其中，$\boldsymbol{R}_{li}(\boldsymbol{R}_{lj})$、$\boldsymbol{R}_{ij}$ 分别代表磁性原子和非磁性杂质之间，以及磁性原子和磁性原子之间的距离向量；$V_1$ 是自旋轨道耦合决定的材料参数，与杂质元素 d 轨道的自旋轨道耦合强度成正比；$Z_d$ 代表了 d 轨道电子数目。在 Fert-Levy 模型中，DM 相互作用取决于磁性原子和非磁性杂质的相对位置，以及杂质元素的自旋轨道耦合作用强度。2015 年，Zhang 等提出由自旋极化电子传导的 DM 相互作用也可以来源于拉什巴 (Rashba) 型自旋轨道耦合，即 Rashba 型 DM 相互作用[58]。

DM 相互作用在实空间中各种拓扑磁性准粒子 (如斯格明子、磁浮子和磁双磁半子等) 的形成和稳定中发挥着至关重要的作用[59,60]。由于具备小尺寸、形态稳定、电流可调控等优点，斯格明子有望成为下一代高密度、低能耗自旋电子学器件中的信息载体。斯格明子起初是在非中心对称的 B20 晶体中被发现，如 MnSi、FeCoSi 和 FeGe[61−63]。在过去十几年中，人们同时致力于在铁磁金属/重金属多层膜中实现强 DM 相互作用从而诱导出室温稳定的斯格明子[64−67]。2018 年，Yang 等[68] 通过构建石墨烯/钴异质结，在界面处实现电势梯度所导致的 Rashba 型 DM 相互作用，从而摆脱了传统体系中重金属元素的限制[68]。最近，二维磁

体因其新颖的物理特性而受到了研究者的广泛关注。它们有望取代传统的块体磁性材料或者磁性多层膜，从而促进超小型化自旋电子学器件的发展。理论和实验工作都表明，二维磁体及其异质结构可以实现强 DM 相互作用和稳定拓扑磁结构。通过第一性原理计算，在没有中心反演对称性的二维雅努斯 (Janus) 磁体中，Liang 等[69]首先证明可以出现强的 DM 相互作用。他们发现 MnSeTe 和 MnSTe 单层的各向同性 DM 相互作用 (图 4-2 (a)) 分别达到了 2.14 meV 和 2.63 meV。这些数值可以与传统的铁磁金属/重金属异质结相媲美，例如 Co/Pt[70] 和 Fe/Ir[71] 界面。进一步分析显示，强 DM 相互作用来源于二维 Janus 磁体中的重元素 Te，为 Fert-Levy 型 DM 相互作用。蒙特卡罗模拟揭示，DM 相互作用、铁磁交换耦合和磁各向异性的竞争会导致手性磁畴壁的出现，且通过施加外部磁场，畴壁会进一步转变为奈尔型斯格明子 (图 4-2 (a))。在其他的二维 Janus 磁体中，也预测了各向同性 DM 相互作用及拓扑磁结构的出现，例如 Cr(I, X)$_3$ (X=Cl, Br)，CrTeX (X=S, Se)，CrGe(Se,Te)$_3$，1T-VXY(X≠Y; X, Y=S, Se, Te)，MnBi$_2$(Se, Te)$_4$，CrInX$_3$ (X=Te, Se) 和 ACrX$_2$ (A=Li, Na; X=S, Se, Te) 单层薄膜[72-78]。值得注意的是，各向异性 DM 相互作用及其诱导的反斯格明子 (图 4-2 (b))，也被证明可以在具有 $P\bar{4}m2$ 对称性的二维磁体中实现，如 AX$_2$[79] 和 ACuX$_2$[80] 单层薄膜 (A 为 3d 过渡金元素，X 为第 Ⅵ 或第 Ⅶ 主族元素)。各向异性 DM 相互作用在互相垂直的两个晶向上分别支持具有相反手性的自旋螺旋。

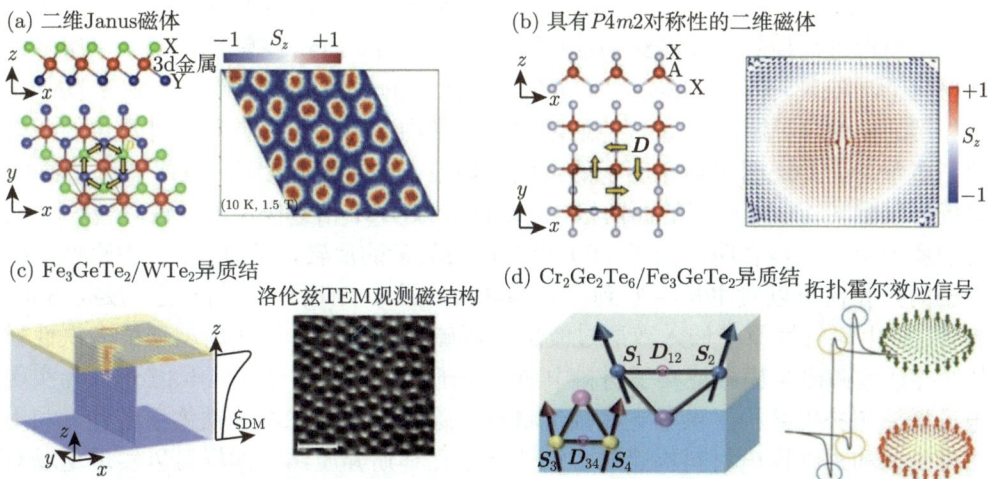

(a) 二维Janus磁体

(b) 具有$P\bar{4}m2$对称性的二维磁体

(c) Fe$_3$GeTe$_2$/WTe$_2$异质结　　洛伦兹TEM观测磁结构

(d) Cr$_2$Ge$_2$Te$_6$/Fe$_3$GeTe$_2$异质结　　拓扑霍尔效应信号

图 4-2　(a) 二维 Janus 磁体晶体结构与各向同性 DM 相互作用诱导的斯格明子晶格[69]；(b) 二维 $P\bar{4}m2$ 磁体与各向异性 DM 相互作用诱导的反斯格明子[79]；(c) Fe$_3$GeTe$_2$/WTe$_2$ 磁性范德瓦耳斯异质结示意图与洛伦兹透射电镜观测的拓扑磁结构[81]；(d) Cr$_2$Ge$_2$Te$_6$/Fe$_3$GeTe$_2$ 磁性范德瓦耳斯异质结示意图与拓扑霍尔效应信号[82]

通过实验构建 $WTe_2/Fe_3GeTe_2$ 磁性范德瓦耳斯异质结，Wu 等[81] 实现了强的界面 DM 相互作用，其强度达到了 $1\ mJ/m^2$，他们通过洛伦兹透射电镜观测发现，DM 相互作用使得 $WTe_2/Fe_3GeTe_2$ 异质结中出现了奈尔型斯格明子与手性磁畴壁 (图 4-2 (c))。后来，Wu 等[82] 还在 $CrGeTe_3/Fe_3GeTe_2$ 双磁性材料范德瓦耳斯异质结中观测到了两种不同的 DM 相互作用，并分别在 $CrGeTe_3$ 和 $Fe_3GeTe_2$ 中诱导出了不同类型的斯格明子 (图 4-2 (d))，该结论被拓扑霍尔效应所证实。在氧化 $Fe_3GeTe_2/Fe_3GeTe_2$ 异质结中，Park 等[83] 也观测到了界面 DM 相互作用诱导的奈尔型斯格明子晶格。上述材料体系都是利用不同二维材料组成中心反演对称破缺的异质结，进而在界面上实现 DM 相互作用。

### 4.1.3　二维拓扑磁结构调控及单赛道斯格明子基逻辑门

拓扑磁性准粒子作为信息载体，实现其有效控制是自旋电子学器件中的关键一步。磁场、极化电流、热扰动、应力、光激发和电场等手段均被证明可以用于操控斯格明子。基于蒙特卡罗模拟，Liang 等发现，垂直磁场可以使二维磁体中的手性磁畴壁转变为斯格明子晶格与孤立斯格明子。更进一步，Cui 等发现，外加应力可以显著增强二维磁体中的海森伯交换耦合强度和垂直磁各向异性，进而降低产生斯格明子的临界磁场[69,84]。值得注意的是，斯格明子的全电学调控近年来引起了研究人员的广泛兴趣。相较于其他手段，利用电场调控磁性具有响应速度快、功耗低、易与传统半导体器件兼容等优点[85-88]。二维多铁性材料由于兼具铁电性、长程磁有序和中心反演对称破缺等多种材料属性，为实现电场控制 DM 相互作用手性进而控制拓扑磁结构提供了理想的平台。Liang 等[89] 发现，单层多铁性材料 (如 CrN、$CuVP_2Se_6$ 和 $CuCrP_2Se_6$) 中的面外极化翻转可以翻转 DM 相互作用的手性，见图 4-3 (a)，他们随之定义了由中心磁化方向和手性决定的斯格明子多重态，并证明了斯格明子的全电学调控。Xu 等通过第一性原理计算表明：电场可以翻转 $VOI_2$ 单层的面内极化，从而导致 DM 相互作用的手性翻转[90]。蒙特卡罗模拟进一步表明，由于 DM 相互作用矢量的反转，$VOI_2$ 单层中磁性双磁半子的拓扑荷可以发生从 $-1$ 到 $+1$ 的转变 (图 4-3 (b))。值得注意的是，Shao 等[91] 提出将磁性原子嵌入双层过渡族金属硫化物之间，构建新型二维多铁性材料，并通过微磁学模拟证实了材料中斯格明子四重态的出现 (图 4-3 (c))，为实现电场调控拓扑磁结构提供了更多候选材料。除去本征的二维多铁体系之外，利用二维磁体和二维铁电材料构建的多铁性范德瓦耳斯异质结，同样可以实现电场对拓扑磁结构的调控。由于异质结天然的对称破缺，二维磁体中可能被诱导出强的 DM 相互作用；铁电衬底极化翻转导致的界面电荷重分布同时会影响二维磁体中的各项磁相互作用参数。例如，Sun 等[92] 发现室温二维铁电材料 $In_2Se_3$ 的极化方向可以决定 $LaCl/In_2Se_3$ 异质结中双磁半子的产生和湮灭 (图 4-3 (d))，磁性拓扑

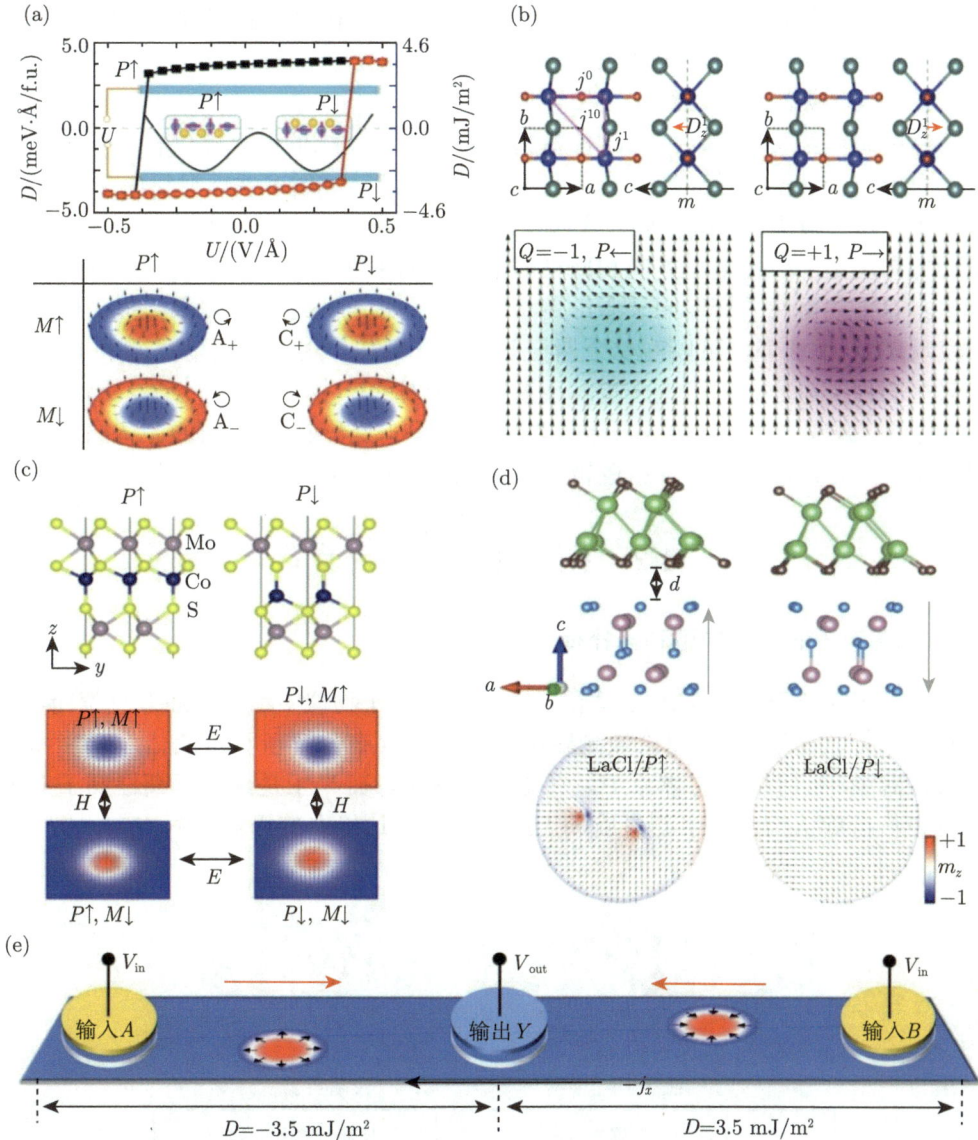

图 4-3 (a) 电场控制垂直极化二维多铁性材料中 DM 相互作用手性翻转，与中心磁化方向与 DM 相互作用手性定义的斯格明子多重态[89]；(b) 电场控制面内极化二维多铁性材料中 DM 相互作用手性翻转，与面内极化方向定义的双磁半子拓扑荷[90]；(c) 基于过渡族硫化物插层磁性金属原子构建二维多铁性体系实现斯格明子电学调控[91]；(d) 二维多铁性范德瓦耳斯材料中铁电衬底的极化方向控制双磁半子出现与湮灭[92]；(e) 单赛道斯格明子逻辑门示意图[92]

准粒子的产生和消失可以作为电子器件中"1"和"0"信息比特，进而完成相应信息的编码与存储。Cui 等[93] 还提出了基于二维 Janus 磁体的多铁性异质结控制拓扑磁结构的策略。他们证明了不同种类的拓扑磁结构包括涡旋/反涡旋回路，双磁半子和斯格明子均可能出现在这一异质结体系中，并且改变铁电衬底的极化可以使得不同种类的拓扑磁结构互相转换。

这些研究结果显示，二维磁性材料将为拓扑磁结构的研究提供材料基础，同时为自旋电子学器件设计提供新思路。基于电场翻转单层多铁性材料中 DM 相互作用手性这一概念，Yang 等[94] 设计出了斯格明子单赛道逻辑器件。斯格明子的运动方向决定于极化电流方向和斯格明子自身的手性。当极化电流方向保持不变时，具有不同手性的斯格明子会沿着相反的方向运动。通过微磁学模拟，研究人员发现 DM 手性势垒可以对单个斯格明子起到钉扎作用；改变单赛道中 DM 手性势垒的种类与分布，可进一步实现斯格明子对的产生、湮灭与分流。因此，包括 "与"、"或"、"非"、"异或"、"或非"、"与非"、"异或非" 在内的完备的逻辑运算，都可以在斯格明子单赛道逻辑器件中完成 (图 4-3 (e))。

# 4.2　拓扑 (反) 磁半子

## 4.2.1　磁半子的自旋构型和拓扑荷

磁半子起源于 Yang-Mills 理论[95]，起初在粒子物理中用来描述夸克禁闭，仅以成对的方式出现[96]。理论预测磁半子态能够存在于量子霍尔液体[97,98] 和手性磁性薄膜[99] 等凝聚态体系中。在磁性材料中，磁半子是区别于斯格明子的另一种拓扑自旋结构，其中心自旋朝上或朝下，而边缘自旋沿着面内方向。图 4-4

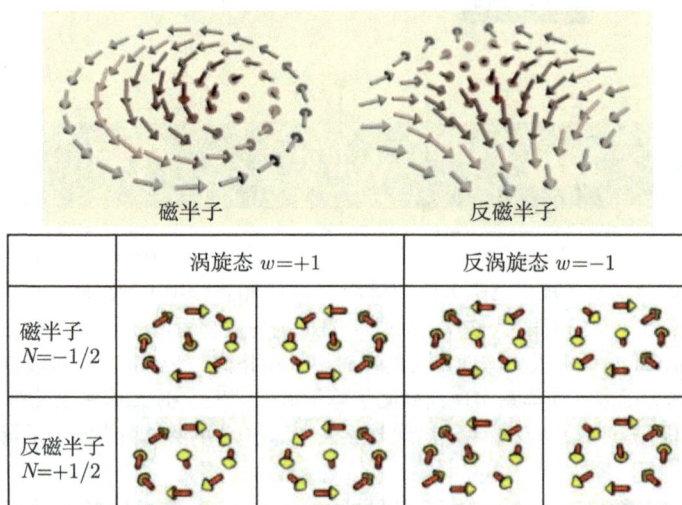

| | 涡旋态 $w=+1$ | | 反涡旋态 $w=-1$ | |
|---|---|---|---|---|
| 磁半子 $N=-1/2$ | | | | |
| 反磁半子 $N=+1/2$ | | | | |

图 4-4　涡旋态和反涡旋态的磁半子和反磁半子自旋结构示意图及分类[100,102]

上展示了磁半子和反磁半子的结构示意图[100]，由中心自旋向最外围面内磁矩逐渐过渡，将该结构的所有磁矩矢量重新排布能够占球面的一半，因此磁半子可视为斯格明子的一半。

磁半子的拓扑荷由涡量 $w$ 和极性 $p$ 共同决定，图 4-4 列出了不同构型的磁半子与反磁半子示意图：当磁结构为涡旋态时 $w=1$，反涡旋态时 $w=-1$；中心磁矩朝上时 $p=1$，中心磁矩朝下时 $p=-1$。磁半子的拓扑荷可由 $N=pw/2$ 计算得到，其绝对值为 1/2，符号则由 $w$ 和 $p$ 的相对符号所确定，其中磁半子具有负的拓扑荷，而反磁半子拓扑荷为正[101,102]。除了以上涡旋型的排布，磁半子还具有沿径向的摆线型自旋排布方式，与奈尔型斯格明子类似，也称为刺猬型[103]。

### 4.2.2 磁半子的实验发现

实验上，磁半子结构最早发现于坡莫合金多层膜中。2012 年，在 NiFe/Cr/NiFe 多层膜纳米盘中，Phatak 等[104] 首次通过洛伦兹透射电镜观察到磁半子对，随后 Wintz 等[105] 利用扫描透射 X 射线显微镜，在 Co/Rh/NiFe 纳米盘中发现磁半子态。理论研究进一步表明，在具有面内各向异性的手性磁体中，能够同时存在磁半子和反磁半子[106]。2018 年，在手性磁体 $Co_8Zn_9Mn_3$ 中，Yu 等[101] 通过洛伦兹透射电镜，验证了磁半子–反磁半子晶格的存在。该组分的磁各向异性能够通过磁场和温度进行协同调控，得到了六角斯格明子晶格向立方磁半子–反磁半子晶格的转变。图 4-5 为理论预测和洛伦兹透射电镜观测到的立方磁半子–反磁半子晶格，磁半子和反磁半子结构也可以合称为双磁半子，其拓扑荷的和为 $\pm1$。此外，在极化四方外尔半金属 $CeAlGe$[107] 中通过中子衍射也观察到了磁半子–反磁半子晶格，其类型为摆线型而非涡旋型。

磁畴壁具有天然的磁矩螺旋过渡和尺寸限制作用。根据磁矩过渡方式的不同，磁畴壁可分为布洛赫型和奈尔型两种类型。通过改变温度和材料组分等方法调控磁相互作用，可以使磁畴壁转变成斯格明子和磁半子等拓扑磁结构。Zhang 等[108] 在二维范德瓦耳斯铁磁材料 $Fe_{5-x}GeTe_2$ 中，首次观察到了一种由 180° 磁畴壁演变形成的新型拓扑磁结构——畴壁磁半子链。如图 4-6 (a) 所示，$Fe_{5-x}GeTe_2$ 具有中心对称结构，Fe-Ge-Te 层沿着 $c$ 轴堆垛，实验中 Fe:Ge:Te 的平均原子百分比为 4.78(4):1:2.13(1)，具有 Fe 原子的空位。通过利用聚焦离子束 (FIB) 制备 $[1\bar{1}0]$ 方向的 $Fe_{5-x}GeTe_2$ 薄片，对其进行原位的洛伦兹透射电镜变温观察。在低于居里温度 (275 K) 时形成具有黑白衬度畴壁的传统 180° 磁畴，继续降温，连续的 180° 磁畴壁逐渐断裂形成链状结构 (200~180 K)，之后又转变回连续的 180° 畴壁 (120 K)。利用强度传输方程解析小尺寸 (20 nm)、高线密度 (24 $\mu m^{-1}$) 的链状磁畴 (180 K)，分别得到逆时针 (图 4-6 (b)) 和顺时针 (图 4-6 (e)) 旋转排布的拓扑磁畴结构。中间黑色区域代表中心磁矩朝向面外，而边缘磁矩与 180° 面内磁

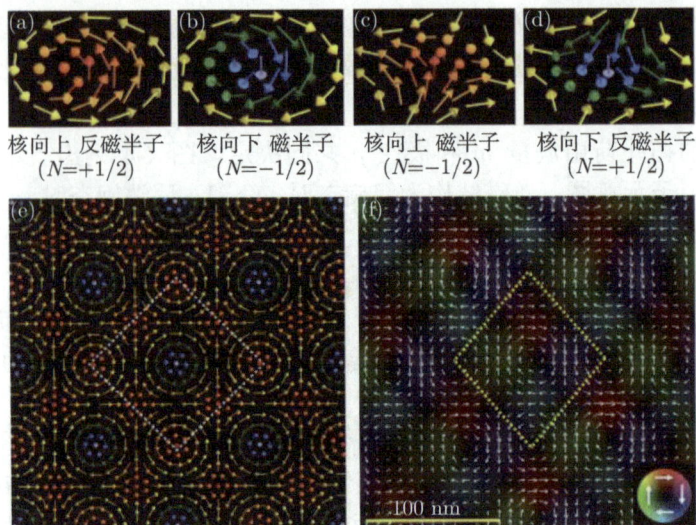

图 4-5　手性磁体 $Co_8Zn_9Mn_3$ 中的立方磁半子–反磁半子晶格[101]

(a)~(d) 四种磁半子和反磁半子结构示意图；(e) 立方磁半子–反磁半子晶格模拟图；(f) 洛伦兹透射电镜观察到的立方磁半子–反磁半子晶格磁矩分布图

畴连接过渡。这种中心面外排布而边缘面内排布的涡旋型自旋结构是典型的磁半子结构[102]。不同于由一个周期正弦型螺旋磁结构演变而来的斯格明子，180° 畴壁处的自旋非线性排布为正弦型螺旋周期的一半。图 4-6 (f) 展示了传统 180° 磁畴结构，磁畴壁两侧具有半周期的布洛赫型螺旋磁排布，相对应的自旋分布以及顺时针和逆时针旋转的磁半子结构如图 4-6 (g) 和 (h) 所示。尽管洛伦兹透射电镜解析结果无法确定中心面外磁矩的极性，但根据磁半子的定义[102] 以及手性守恒，两边畴壁链极性应该分别具有相同的朝里 (磁半子) 或者朝外 (反磁半子) 的磁矩方向，在这里统一用磁半子–反磁半子来表示，图中示意了中心磁矩朝里的结果。进一步的实验揭示了畴壁拓扑态的生成机理为，降温过程中磁各向异性由 $c$ 方向到 $ab$ 面转变时的自旋重取向诱发，同时受到磁畴壁的限制以及 $c$ 方向弱范德瓦耳斯共同作用而形成。

在具有自旋重取向的非晶亚铁磁薄膜 $Gd_{15+x}(Fe_{94}Co_6)_{85-x}(x = 0.2)$ 中进一步实现了畴壁磁半子与畴壁斯格明子之间的拓扑结构的演变[109]。图 4-7 (a) 为薄膜结构示意图，其中 GdFeCo 的厚度为 40 nm，图 4-7 (b) 为样品面内以及面外剩磁随温度的变化，可以看出薄膜在 290 K 附近发生了自旋重取向。利用洛伦兹透射电镜对磁畴结构随温度的变化进行表征，通过相同条件的强度传输方程解析能够得到升温过程中，面内磁矩分量逐渐转向面外。图 4-7 (c)~(i) 展示了畴壁处磁结构的变化以及相应的结果解析。在 243 K 下畴壁处具有黑和白的衬度，对应了磁半子对的结构。随着温度升高，白色衬度逐渐消失，在 300 K 下分立的黑点对应斯格明子结构。图 4-8 (a) 和 (c) 分别为磁半子对和斯格明子的强度传输方程解析结果。利用自旋重取向对应的磁性参数进行微磁学模拟，可以得到拓扑磁畴的转变过程 (图 4-8 (e)~(h))。磁半子对和斯格明子所对应的洛伦兹透射电镜模拟图 (图 4-8(d) 和 (i)) 与实验观察一致。这些实验中观察到了畴壁磁半子对向斯格明子的转变，确定了自旋重取向导致的磁畴壁拓扑结构演变的微观机制，为探索新型拓扑磁结构提供了一个全新的平台。

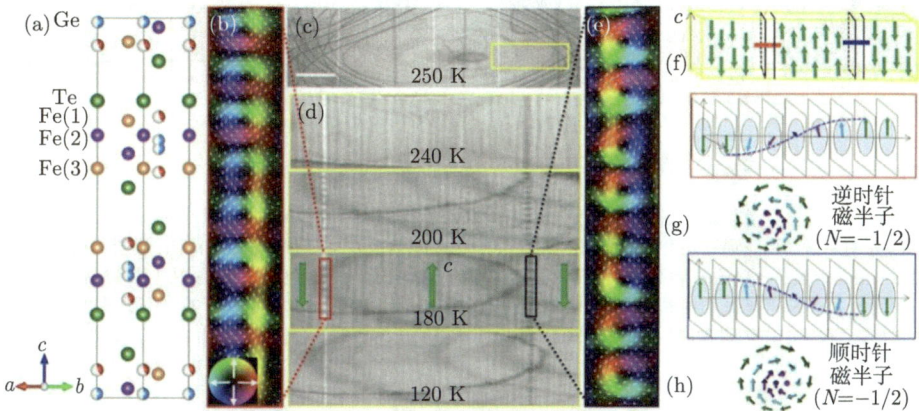

图 4-6 [1$\bar{1}$0] 方向的 $Fe_{5-x}GeTe_2$ 中的畴壁磁半子链结构[108]

(a)$Fe_{5-x}GeTe_2$ 晶体结构示意图；(b)、(e) 通过强度传输方程解析得到的框区域内磁矩分布放大图；(c) 250 K 下传统 180° 磁畴结构洛伦兹透射电镜欠焦图，标尺为 1 μm；(d) 在降温过程中传统畴壁向磁半子–反磁半子对转变的实空间观察；(e) 180° 畴壁对三维结构示意图，180° 布洛赫型畴壁对的磁矩排布示意图以及对应形成；(f) 逆时针和 (g) 顺时针的磁半子结构

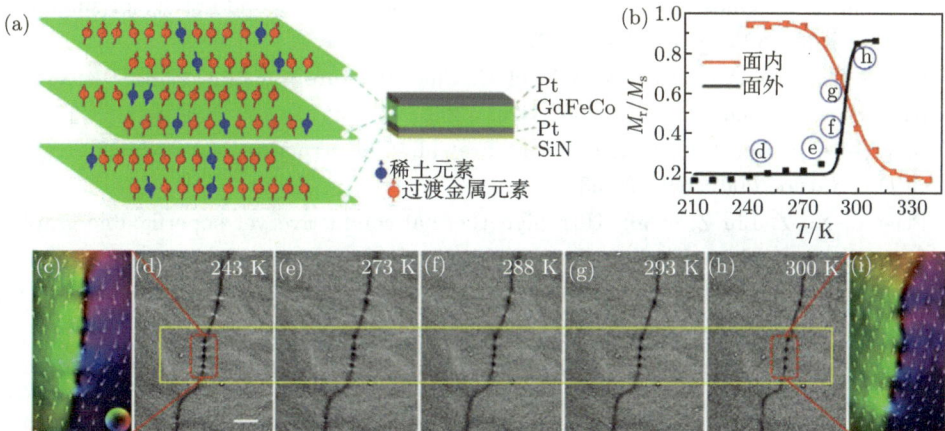

图 4-7 非晶亚铁磁 GdFeCo 薄膜中的磁畴演变[109]

(a)GdFeCo 薄膜结构示意图；(b) 面内和面外剩磁与温度的关系；(c)243 K 下选框内畴壁处的强度传输方程解析面内磁矩分量；(d)~(h) 升温过程中的洛伦兹透射电镜过焦图；(i) 300 K 下选框内畴壁处的强度传输方程解析面内磁矩分量

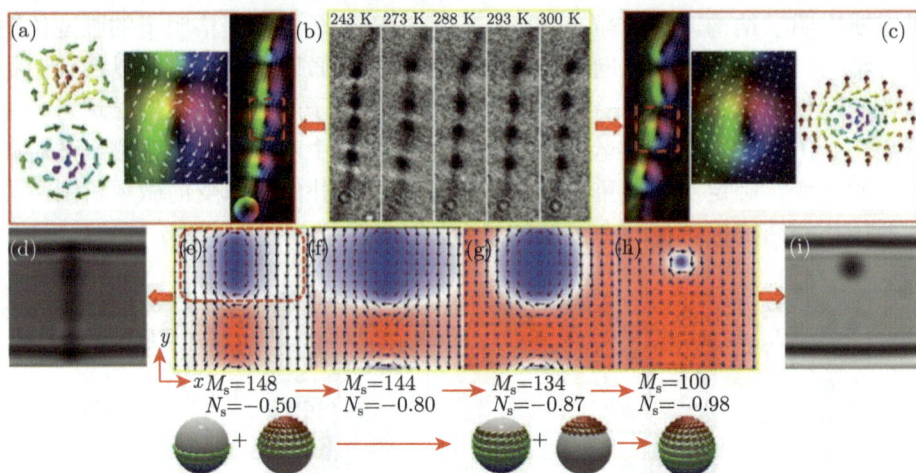

图 4-8 GdFeCo 薄膜畴壁处的拓扑自旋结构演变[109]

(a) 磁半子对示意图以及通过强度传输方程解析得到的 243 K 畴壁处面内磁矩分布图；(b) 畴壁处磁畴结构演变放大图，由具有黑白衬度的磁半子对转变到只有黑衬度的斯格明子；(c) 斯格明子示意图以及通过强度传输方程解析得到的 300 K 畴壁处面内磁矩分布图；(d) 和 (i) 分别对应磁半子对和斯格明子的洛伦兹透射电镜模拟图；(e)～(h) 通过微磁学模拟得到磁半子对向斯格明子演变的过程及其对应拓扑荷的变化

# 参 考 文 献

[1] Novoselov K S. Electric field effect in atomically thin carbon films. Science, 2004, 306: 666-669.

[2] Schedin F, Geim A K, Morozov S V, et al. Detection of individual gas molecules adsorbed on graphene. Nature Materials, 2007, 6: 652-655.

[3] Balandin A A, Ghosh S, Bao W, et al. Superior thermal conductivity of single-layer graphene. Nano Letters, 2008, 8: 902-907.

[4] Nair R R, Blake P, Grigorenko A N, et al. Fine structure constant defines visual transparency of graphene. Science, 2008, 320: 1308.

[5] Meyer J C, Geim A K, Katsnelson M I, et al. The structure of suspended graphene sheets. Nature, 2007, 446: 60-63.

[6] Peng L, Xu Z, Liu Z, et al. Ultrahigh thermal conductive yet superflexible graphene films. Advanced Materials, 2017, 29: 1700589.

[7] Novoselov K S, Geim A K, Morozov S V, et al. Two-dimensional gas of massless Dirac fermions in graphene. Nature, 2005, 438: 197-200.

[8] Castro Neto A H, Guinea F, Peres N M R, et al. The electronic properties of graphene. Reviews of Modern Physics, 2009, 81: 109-162.

[9] Li X, Wang X, Zhang L, et al. Chemically derived, ultrasmooth graphene nanoribbon semiconductors. Science, 2008, 319: 1229-1232.

[10] Zhang Y, Tang T T, Girit C, et al. Direct observation of a widely tunable bandgap in bilayer graphene. Nature, 2009, 459: 820-823.

[11] Elias D C, Nair R R, Mohiuddin T M G, et al. Control of graphene's properties by reversible hydrogenation: evidence for graphane. Science, 2009, 323: 610-613.

[12] Mak K F, Lee C, Hone J, et al. Atomically thin $MoS_2$: a new direct-gap semiconductor. Physical Review Letters, 2010, 105: 136805.

[13] Kuc A, Zibouche N, Heine T. Influence of quantum confinement on the electronic structure of the transition metal sulfide $TS_2$. Physical Review B, 2011, 83: 245213.

[14] Yun W S, Han S W, Hong S C, et al. Thickness and strain effects on electronic structures of transition metal dichalcogenides: $2H-MX_2$ semiconductors (M = Mo, W; X = S, Se, Te). Physical Review B, 2012, 85: 033305.

[15] Chhowalla M, Shin H S, Eda G, et al. The chemistry of two-dimensional layered transition metal dichalcogenide nanosheets. Nature Chemistry, 2013, 5: 263-275.

[16] Duan X, Wang C, Pan A, et al. Two-dimensional transition metal dichalcogenides as atomically thin semiconductors: opportunities and challenges. Chemical Society Reviews, 2015, 44: 8859-8876.

[17] Xiao D, Yao W, Niu Q. Valley-contrasting physics in graphene: magnetic moment and topological transport. Physical Review Letters, 2007, 99: 236809.

[18] Yao W, Xiao D, Niu Q. Valley-dependent optoelectronics from inversion symmetry breaking. Physical Review B, 2008, 77: 235406.

[19] Xiao D, Liu G B, Feng W, et al. Coupled spin and valley physics in monolayers of $MoS_2$ and other Group-VI dichalcogenides. Physical Review Letters, 2012, 108: 196802.

[20] Cao T, Wang G, Han W P, et al. Valley-selective circular dichroism of monolayer molybdenum disulphide. Nature Communications, 2012, 3: 887.

[21] Li X, Cao T, Niu Q, et al. Coupling the valley degree of freedom to antiferromagnetic order. Proceedings of the National Academy of Sciences, 2013, 110: 3738-3742.

[22] Schaibley J R, Yu H, Clark G, et al. Valleytronics in 2D materials. Nature Reviews Materials, 2016, 1: 16055.

[23] Liu E, Fu Y, Wang Y, et al. Integrated digital inverters based on two-dimensional anisotropic $ReS_2$ field-effect transistors. Nature Communications, 2015, 6: 6991.

[24] Wang Y J, Liu E, Liu H, et al. Gate-tunable negative longitudinal magnetoresistance in the predicted type-II Weyl semimetal $WTe_2$. Nature Communications, 2016, 7: 13142.

[25] Castro Neto A H. Charge density wave, superconductivity, and anomalous metallic behavior in 2D transition metal dichalcogenides. Physical Review Letters, 2001, 86: 4382-4385.

[26] Yu Z M, Guan S, Sheng X L, et al. Valley-layer coupling: a new design principle for valleytronics. Physical Review Letters, 2020, 124: 037701.

[27] Liu Y, Duan X D, Shin H J, et al. Promises and prospects of two-dimensional transistors. Nature, 2021, 591:43-53.

[28] Mermin N D, Wagner H. Absence of ferromagnetism or antiferromagnetism in one- or two-dimensional isotropic Heisenberg models. Physical Review Letters, 1966, 17: 1133-1136.

[29] Gong C, Li L, Li Z L, et al. Discovery of intrinsic ferromagnetism in two-dimensional van der Waals crystals. Nature, 2017, 546: 265-269.

[30] Huang B, Clark G, Navarro-Moratalla E, et al. Layer-dependent ferromagnetism in a van der Waals crystal down to the monolayer limit. Nature, 2017, 546: 270-273.

[31] O'Hara D J, Zhu T C, Trout A H, et al. Room temperature intrinsic ferromagnetism in epitaxial manganese selenide films in the monolayer limit. Nano Letters, 2018, 18: 3125-3131.

[32] Deng Y J, Yu Y J, Song Y C, et al. Gate-tunable room-temperature ferromagnetism in two-dimensional $Fe_3GeTe_2$. Nature, 2018, 563: 94-99.

[33] Bonilla M, Kolekar S, Ma Y J, et al. Strong room-temperature ferromagnetism in $VSe_2$ monolayers on van der Waals substrates. Nature Nanotechnology, 2018, 13: 289-293.

[34] Lee J U, Lee S, Ryoo J H, et al. Ising-type magnetic ordering in atomically thin $FePS_3$. Nano Letters, 2016, 16: 7433-7438.

[35] Long G, Henck H, Gibertini M, et al. Persistence of magnetism in atomically thin $MnPS_3$ crystals. Nano Letters, 2020, 20: 2452-2459.

[36] Kim K, Lim S Y, Lee J U, et al. Suppression of magnetic ordering in XXZ-type antiferromagnetic monolayer $NiPS_3$. Nature Communications, 2019, 10: 345.

[37] Bedoya-Pinto A, Ji J R, Pandeya A K, et al. Intrinsic 2D-XY ferromagnetism in a van der Waals monolayer. Science, 2021, 374: 616-620.

[38] Berezinsky V L. Destruction of long range order in one-dimensional and two-dimensional systems having a continuous symmetry group. I. Classical systems. Journal of Experimental and Theoretical Physics, 1971, 59: 907-920.

[39] Berezinskii V L. Destruction of long-range order in one-dimensional and two-dimensional systems possessing a continuous symmetry group II. Quantum systems. Soviet Physics JETP, 1972, 34: 610.

[40] Kosterlitz J M, Thouless D J. Long range order and metastability in two dimensional solids and superfluids (Application of dislocation theory). Journal of Physics C: Solid State Physics, 1972, 5: L124-L126.

[41] Kosterlitz J M, Thouless D J. Ordering, metastability and phase transitions in two-dimensional systems. Journal of Physics C: Solid State Physics, 1973, 6: 1181-1203.

[42] Kosterlitz J M. The critical properties of the two-dimensional $XY$ model. Journal of Physics C: Solid State Physics, 1974, 7: 1046-1060.

[43] Cui Q R, Wang L M, Zhu Y M, et al. Magnetic anisotropy, exchange coupling and Dzyaloshinskii-Moriya interaction of two-dimensional magnets. Frontiers of Physics, 2023, 18: 13602.

[44] Song T C, Cai X H, Tu M W Y, et al. Giant tunneling magnetoresistance in spin-filter van der Waals heterostructures. Science, 2018, 360, 1214-1218.

[45] Cardoso C, Soriano D, García-Martínez N A, et al. Van der Waals spin valves. Physical Review Letters, 2018, 121: 067701.

[46] Wang X, Tang J, Xia X X, et al. Current-driven magnetization switching in a van der

Waals ferromagnet $Fe_3GeTe_2$. Science Advances, 2019, 5: e8904.

[47] Fu H X, Liu C X, Yan B H. Exchange bias and quantum anomalous Hall effect in the $MnBi_2Te_4/CrI_3$ heterostructure. Science Advances, 2020, 6: e0948.

[48] Li Y, Li J, Li Y, et al. High-temperature quantum anomalous Hall insulators in lithium-decorated iron-based superconductor materials. Physical Review Letters, 2020, 125: 086401.

[49] Zhong D, Seyler K L, Linpeng X Y, et al. Van der Waals engineering of ferromagnetic semiconductor heterostructures for spin and valleytronics. Science Advances, 2017, 3: e1603113.

[50] Zollner K, Faria Junior P E, Fabian J. Proximity exchange effects in $MoSe_2$ and $WSe_2$ heterostructures with $CrI_3$: twist angle, layer, and gate dependence. Physical Review B, 2019, 100: 085128.

[51] Ai L F, Zhang E, Yang J S, et al. van der Waals ferromagnetic Josephson junctions. Nature Communications, 2021, 12: 6580.

[52] Zhao W J, Fei Z Y, Song T C, et al. Magnetic proximity and nonreciprocal current switching in a monolayer $WTe_2$ helical edge. Nature Materials, 2020, 19: 503-507.

[53] Dzyaloshinskii I. A thermodynamic theory of "weak" ferromagnetism of antiferromagnetics. Journal of Physics and Chemistry of Solids, 1958, 4: 241-255.

[54] Moriya T. New mechanism of anisotropic superexchange interaction. Physical Review Letters, 1960, 4: 228-230.

[55] Moriya T. Anisotropic superexchange interaction and weak ferromagnetism. Physical Review, 1960, 120: 91-98.

[56] Fert A, Levy P M. Role of anisotropic exchange interactions in determining the properties of spin-glasses. Physical Review Letters, 1980, 44: 1538-1541.

[57] Levy P M, Fert A. Anisotropy induced by nonmagnetic impurities in CuMn spin-glass alloys. Physical Review B, 1981, 23: 4667-4690.

[58] Kundu A, Zhang S. Dzyaloshinskii-Moriya interaction mediated by spin-polarized band with Rashba spin-orbit coupling. Physical Review B, 2015, 92: 094434.

[59] Fert A, Reyren N, Cros V. Magnetic skyrmions: advances in physics and potential applications. Nature Reviews Materials, 2017, 2: 17031.

[60] Yang H, Liang J, Cui Q. First-principles calculations for Dzyaloshinskii-Moriya interaction. Nature Reviews Physics, 2013, 5: 43-61.

[61] Muhlbauer S, Binz B, Jonietz F, et al. Skyrmion lattice in a chiral magnet. Science, 2019, 323: 915-919.

[62] Yu X Z, Onose Y, Kanazawa N, et al. Real-space observation of a two-dimensional skyrmion crystal. Nature, 2010, 465: 901-904.

[63] Yu X Z, Kanazawa N, Onose Y, et al. Near room-temperature formation of a skyrmion crystal in thin-films of the helimagnet FeGe. Nature Materials, 2010, 10: 106-109.

[64] Moreau-Luchaire C, Moutafis C, Reyren N, et al. Additive interfacial chiral interaction in multilayers for stabilization of small individual skyrmions at room temperature. Nature

Nanotechnology, 2016, 11: 444-448.

[65] Soumyanarayanan A, Raju M, Gonzalez Oyarce A L, et al. Tunable room-temperature magnetic skyrmions in Ir/Fe/Co/Pt multilayers. Nature Materials, 2017, 16: 898-904.

[66] Boulle O, Vogel J, Yang H X, et al. Room-temperature chiral magnetic skyrmions in ultrathin magnetic nanostructures. Nature Nanotechnology, 2016, 11: 449-454.

[67] Yang H, Boulle O, Cros V, et al. Controlling Dzyaloshinskii-Moriya interaction via chirality dependent atomic-layer stacking, insulator capping and electric field. Scientific Reports, 2018, 8: 12356.

[68] Yang H, Chen G, Cotta A A C, et al. Significant Dzyaloshinskii-Moriya interaction at graphene-ferromagnet interfaces due to the Rashba effect. Nat. Mater., 2018, 17: 605.

[69] Liang J H, Wang W W, Du H F, et al. Very large Dzyaloshinskii-Moriya interaction in two-dimensional Janus manganese dichalcogenides and its application to realize skyrmion states. Physical Review B, 2020, 101: 184401.

[70] Heinze S, Bergmann K V, Menzel M, et al. Spontaneous atomic-scale magnetic skyrmion lattice in two dimensions. Nature Physics, 2011, 7: 713-718.

[71] Belabbes A, Bihlmayer G, Bechstedt F, et al. Hund's rule-driven Dzyaloshinskii-Moriya interaction at 3d-5d interfaces. Physical Review Letters, 2016, 117: 247202.

[72] Xu C S, Feng J S, Prokhorenko S, et al. Topological spin texture in Janus monolayers of the chromium trihalides Cr(I, X)$_3$. Physical Review B, 2020, 101: 060404R.

[73] Zhang Y, Xu C S, Chen P, et al. Emergence of skyrmionium in a two-dimensional CrGe(Se,Te)$_3$ Janus monolayer. Physical Review B, 2020, 102: 241107R.

[74] Laref S, Goli V M L D P, Smailiet I, et al. Topologically stable bimerons and skyrmions in vanadium dichalcogenide Janus monolayers. 2020, arXiv:2011.07813.

[75] Jiang J, Liu X, Li R, et al. Topological spin textures in a two-dimensional MnBi$_2$(Se, Te)$_4$ Janus material. Applied Physics Letters, 2021, 119: 072401.

[76] Cui Q R, Zhu Y M, Jiang J W, et al. Ferroelectrically controlled topological magnetic phase in a Janus-magnet-based multiferroic heterostructure. Physical Review Research, 2021, 3: 043011.

[77] Du W, Dou K Y, He Z L, et al. Spontaneous magnetic skyrmions in single-layer CrInX$_3$ (X = Te, Se). Nano Letters, 2022, 22: 3440-3446.

[78] Li P, Cui Q R, Ga Y L, et al. Large Dzyaloshinskii-Moriya interaction and field-free topological chiral spin states in two-dimensional alkali-based chromium chalcogenides. Physical Review B, 2022, 106: 024419.

[79] Cui Q R, Zhu Y M, Ga Y L, et al. Anisotropic Dzyaloshinskii-Moriya interaction and topological magnetism in two-dimensional magnets protected by $P\bar{4}m2$ crystal symmetry. Nano Letters, 2022, 22: 2334-2341.

[80] Ga Y L, Cui Q R, Zhu Y M, et al. Anisotropic Dzyaloshinskii-Moriya interaction protected by D$_{2d}$ crystal symmetry in two-dimensional ternary compounds. NPJ Computational Materials, 2022, 8: 128.

[81] Wu Y Y, Zhang S F, Zhang J W, et al. Néel-type skyrmion in WTe$_2$/Fe$_3$GeTe$_2$ van der

Waals heterostructure. Nature Communications, 2020, 11, 3860.

[82] Wu Y Y, Francisco B, Chen Z J, et al. A van der Waals interface hosting two groups of magnetic skyrmions. Advanced Materials, 2022, 34: 2110583.

[83] Park T E, Peng L C, Liang J H, et al. Néel-type skyrmions and their current-induced motion in van der Waals ferromagnet-based heterostructures. Physical Review B, 2021, 103: 104410.

[84] Cui Q R, Liang J H, Shao Z J, et al. Strain-tunable ferromagnetism and chiral spin textures in two-dimensional Janus chromium dichalcogenides. Physical Review B, 2020, 102: 094425.

[85] Matsukura F, Tokura Y, Ohno H. Control of magnetism by electric fields. Nature Nanotechnology, 2015, 10: 209-220.

[86] Hsu P J, Kubetzka A, Finco A, et al. Electric-field-driven switching of individual magnetic skyrmions. Nature Nanotechnology, 2016, 12: 123-126.

[87] Tang C, Zhang L, Sanvito S, et al. Electric-controlled half-metallicity in magnetic van der Waals heterobilayer. Journal of Materials Chemistry C, 2020, 8: 7034-7040.

[88] Zhang L, Tang C, Sanvito S, et al. Hydrogen-Intercalated 2D magnetic bilayer: controlled magnetic phase transition and half-metallicity via ferroelectric switching. ACS Applied Materials & Interfaces, 2021, 14: 1800-1806.

[89] Liang J H, Cui Q R, Yang H X. Electrically switchable Rashba-type Dzyaloshinskii-Moriya interaction and skyrmion in two-dimensional magnetoelectric multiferroics. Physical Review B, 2020, 102: 220409R.

[90] Xu C S, Chen P, Tan H X, et al. Electric-field switching of magnetic topological charge in type-I multiferroics. Physical Review Letters, 2020, 125: 037203.

[91] Shao Z J, Liang J H, Cui Q R, et al. Multiferroic materials based on transition-metal dichalcogenides: potential platform for reversible control of Dzyaloshinskii-Moriya interaction and skyrmion via electric field. Physical Review B, 2022, 105: 174404.

[92] Sun W, Wang W X, Li H, et al. Controlling bimerons as skyrmion analogues by ferroelectric polarization in 2D van der Waals multiferroic heterostructures. Nature Communications, 2020, 11: 5930.

[93] Cui Q, Zhu Y, Jiang J, et al. Ferroelectrically controlled topological magnetic phase in a Janus-magnet-based multiferroic heterostructure. Phys. Rev. Research, 2021, 3: 043011.

[94] Yu D X, Yang H X, Chshiev M, et al. Skyrmions-based logic gates in one single nanotrack completely reconstructed via chirality barrier. National Science Review, 2022, 9: n021.

[95] de Alfaro V, Fubini S, Furlan G. A new classical solution of the Yang-Mills field equations. Physics Letters B, 1976, 65: 163-166.

[96] Callan C G, Dashen R, Gross D J. Toward a theory of the strong interactions. Physical Review D, 1978, 17: 2717-2763.

[97] Milovanović M V, Dobardžić E, Radović Z. Meron ground states of quantum Hall droplets. Physical Review B, 2009, 80.

[98] Bernevig B A, Hughes T L, Zhang S C. Quantum spin Hall effect and topological phase transition in HgTe quantum wells. Science, 2006, 314: 1757-1761.

[99] Ezawa M. Compact merons and skyrmions in thin chiral magnetic films. Physical Review B, 2011, 83: 100408R.

[100] Woo S. Elusive spin textures discovered. Nature, 2018, 564: 43-44.

[101] Yu X Z, Koshibae W, Tokunaga Y, et al. Transformation between meron and skyrmion topological spin textures in a chiral magnet. Nature, 2018, 564: 95-98.

[102] Gao N, Je S G, Im M Y, et al. Creation and annihilation of topological meron pairs in in-plane magnetized films. Nature Communications, 2019, 10: 5603.

[103] Hayami S, Yambe R. Meron-antimeron crystals in noncentrosymmetric itinerant magnets on a triangular lattice. Physical Review B, 2021, 104: 094425.

[104] Phatak C, Petford-Long A K, Heinonen O. Direct observation of unconventional topological spin structure in coupled magnetic discs. Physical Review Letters, 2012, 108: 067205.

[105] Wintz S, Bunce C, Neudert A, et al. Topology and origin of effective spin meron pairs in ferromagnetic multilayer elements. Physical Review Letters, 2013, 110: 177201.

[106] Lin S Z, Saxena A, Batista C D. Skyrmion fractionalization and merons in chiral magnets with easy-plane anisotropy. Physical Review B, 2015, 91: 224407.

[107] Puphal P, Pomjakushin V, Kanazawa N, et al. Topological magnetic phase in the candidate Weyl semimetal CeAlGe. Physical Review Letters, 2020, 124: 017202.

[108] Gao Y, Yin Q W, Wang Q, et al. Spontaneous (anti)meron chains in the domain walls of van der Waals ferromagnetic $Fe_{5-x}GeTe_2$. Advanced Materials, 2020, 32: 2005228.

[109] Li Z L, Su J, Lin S Z, et al. Field-free topological behavior in the magnetic domain wall of ferrimagnetic GdFeCo. Nature Communications, 2021, 12: 5604.

# 第 5 章  非 DM 相互作用的拓扑磁结构

## 5.1  人工拓扑磁结构

斯格明子是一种拓扑磁结构，受拓扑保护，同时在运动中可以保持其磁结构性质不变。由于在实空间中带有拓扑荷，斯格明子之间以及斯格明子与外场的相互作用可以产生很多有趣的物理现象。此外，斯格明子在未来磁存储、逻辑运算等应用方面都有着巨大前景。斯格明子的产生是整个系统中多种能量相互竞争的结果，主要分为两类：一类需要引入手性的 DM 相互作用；另一类则仅依赖于交换能、垂直各向异性能和退磁能等的相互竞争。由于具有 DM 相互作用的材料相对较少，且其强度较低，所以该类材料中的斯格明子只能稳定存在于狭窄的温度和磁场的相图空间，给研究带来了不便，也限制了应用的发展。而通过交换能、垂直各向异性能和退磁能的竞争形成的人工斯格明子不再依赖于 DM 相互作用，从而大大丰富了材料的选择范围。研究表明，人工斯格明子可以稳定存在于室温和零磁场下，其动力学行为与带有 DM 相互作用的斯格明子类似。因此人工斯格明子的发现为探索斯格明子的基本性质打开了一扇新的大门。

### 5.1.1  人工二维斯格明子晶体的理论构建

#### 1. 涡旋态、反涡旋态和斯格明子的关系

涡旋态和反涡旋态是常见的拓扑磁结构，它们的斯格明子数 (skyrmion number)$Q$ 可以简化为其绕数 $n$ 和极性 $p$ 乘积的一半，即 $Q = np/2$。这个一半来源于自旋的量子数是 1/2。磁涡旋或反涡旋的中心是一个奇点，其局域磁矩垂直于涡旋平面形成一个核。向上和向下的核心极性分别为 +1 和 −1。周围磁矩围绕核心旋转，在一个周期内磁矩旋转 360°，形成磁涡旋或反涡旋。绕数的符号可以通过周围磁矩的旋转曲率来确定，如果它们向中心弯曲，绕数取正号；如果它们背离中心弯曲，绕数取负号。因此，磁涡旋和反涡旋的绕数总是 +1 和 −1，与它们的旋性无关[1]。如果磁矩的旋转为 360° 的多倍数，则其绕数可以通过旋转角除以 360° 计算得出。为了清楚起见，图 5-1 总结了磁涡旋和反涡旋的绕数、极性和斯格明子数。

从图 5-1 中可以看到，具有正极性的涡旋斯格明子数 $Q = 1/2$，其磁矩方向填满上半球所有方向；负极性的反涡旋斯格明子数也为 1/2，其磁矩方向填满下半

球所有方向 [1,2]。由一组正极性的涡旋和负极性的反涡旋组成的特殊拓扑结构的斯格明子数应为两者之和，即为 1。布洛赫型斯格明子就可以被认为是一对极性相反的涡旋和反涡旋组合 (图 5-2(a))，反涡旋的核心并不位于斯格明子中心，而是位于外围垂直磁矩中。因此，斯格明子也可以被看作是中心的涡旋加上周围的垂直磁矩。将磁涡旋植入垂直膜中，交换相互作用将使涡旋和垂直膜之间的磁矩在连接处旋转，形成一个反涡旋。这样涡旋和垂直膜也组合成了一个斯格明子 (图 5-2(b))。而通过这种方法形成斯格明子的两个基本元素——磁涡旋和垂直膜，都容易通过常规的磁性材料来制备得到。

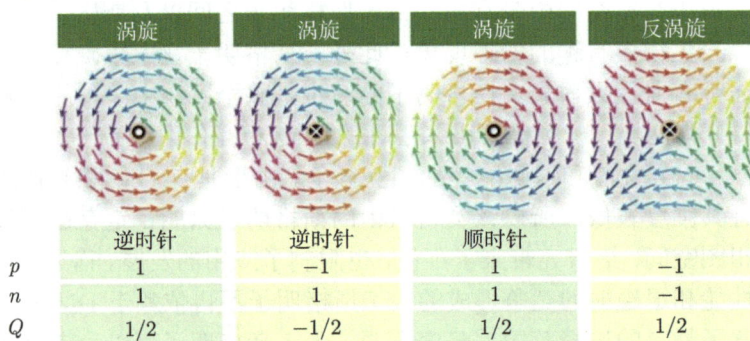

| | 涡旋 | 涡旋 | 涡旋 | 反涡旋 |
|---|---|---|---|---|
| | 逆时针 | 逆时针 | 顺时针 | |
| $p$ | 1 | $-1$ | 1 | $-1$ |
| $n$ | 1 | 1 | 1 | $-1$ |
| $Q$ | 1/2 | $-1/2$ | 1/2 | 1/2 |

图 5-1　涡旋和反涡旋的斯格明子数[1]

绕数为 $n$、中心核极性为 $p$ 的涡旋或反涡旋斯格明子数 $Q = np/2$；对于涡旋态，不管是顺时针还是逆时针，其绕数均为 1；反涡旋态的绕数为 $-1$

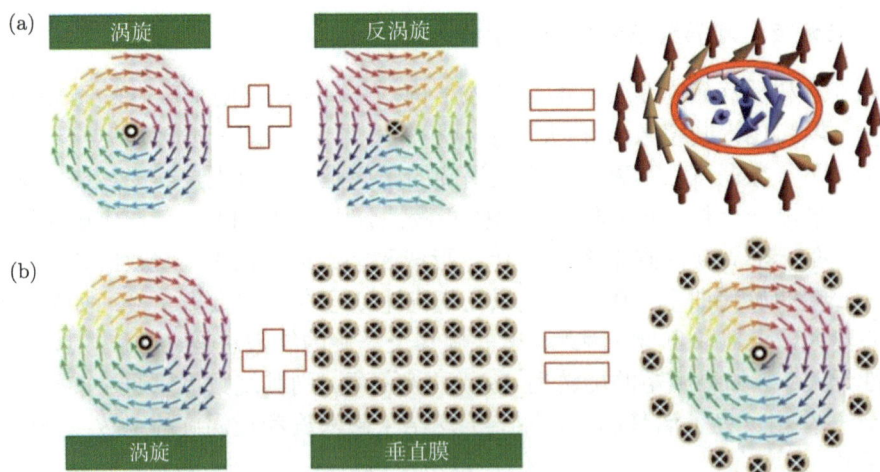

(a)

| 涡旋 | 反涡旋 |
|---|---|

(b)

| 涡旋 | 垂直膜 |
|---|---|

图 5-2　(a) 斯格明子可以看作是一对极性相反的涡旋和反涡旋组合而成；(b) 斯格明子可以通过将一个涡旋植入一个垂直膜中形成

### 2. 几何约束型人工二维斯格明子的构建

图 5-3 展示了创建人工二维斯格明子晶体的过程。首先，制备一个具有垂直磁各向异性的薄膜。其次，在薄膜上面使用电子束光刻技术或者聚焦离子束方法制备纳米磁性圆盘阵列。根据相图[3,4] 选择合适的直径和厚度，使磁性圆盘中的磁矩形成稳定的涡旋状态。但初始状态涡旋的旋性和极性是随机的，如图 5-3(a) 所示。再次，将所有涡旋的旋性和极性统一，并且使涡旋极性方向与周围垂直膜相反。这可以通过采用类似于 Dumas 等[5] 的方法，使用切割角度为 90° 的边缘切割圆盘 (见图 5-3(a) 所示的前排左侧圆盘)，并且结合施加与切边平行的面内磁场处理来实现。这样就成功创建了一个人工斯格明子晶体[6]，它与 DM 相互作用诱导产生的斯格明子晶体[7] 的磁结构相同，如图 5-3(b) 所示。

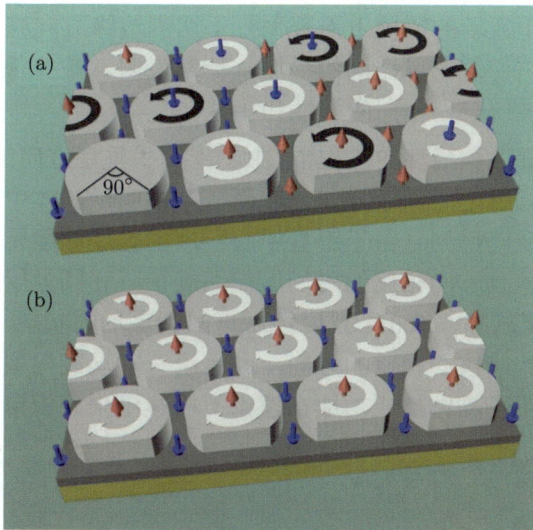

图 5-3　人工二维斯格明子晶体设计示意图[6]

(a) 在具有垂直各向异性的薄膜上制备亚微米磁盘阵列，通过两者的耦合将亚微米盘的涡旋结构"印"到垂直各向异性薄膜中；(b) 经过一定的磁场处理，将磁涡旋态的旋性与极性统一，从而形成斯格明子晶格，箭头代表局域磁矩的磁化方向

该方案的可行性可以通过微磁学模拟来验证。因为 Co 在类似的几何约束条件下呈现涡旋态，因此选择它来作为磁性圆盘的材料[4]。垂直膜选择具有高垂直各向异性的 CoPt 多层薄膜[8]。计算中使用的材料参数为：Co 的交换常数 $A^{Co} = 2.5 \times 10^{-11}$ J/m，饱和磁化强度 $M_s^{Co} = 1.4 \times 10^6$ A/m[4]；CoPt 多层膜的交换常数 $A^{CoPt} = 1.5 \times 10^{-11}$ J/m，饱和磁化强度 $M_s^{CoPt} = 5.0 \times 10^5$ A/m[9,10]。CoPt 多层膜垂直于薄膜的单轴各向异性常数 $K_1^{CoPt} = 4.0 \times 10^5$ J/m[9]。由于磁控溅射生长的 Co 薄膜通常是多晶体，在计算时假设各向异性常数为零 (作为对照，可以假设 Co 是单晶并代入其单轴磁各向异性参数进行验证计算，其结果除了涡

旋核心的大小略有改变外, 并不影响主要结论)。此外, 由于 Co 和 CoPt 均为铁磁材料, 论证过程中还使用了 Co 和 CoPt 之间的层间交换常数 $1.9 \times 10^{-11}$ J/m[11]。磁性纳米圆盘的直径和厚度分别为 $D$ 和 $t_d$, 并且被排列成六边形阵列, 圆盘中心之间的间距为 $s$。在模拟中使用平面内的二维周期性边界条件, 计算基本单元的大小为 $(2 \times 2 \times 1)$ nm$^3$, 其长度尺度小于 Co 和 CoPt 的交换长度, 分别为约 11 nm 和约 5 nm。

模拟中选择直径 $D = 120$ nm、厚度 $t_d = 18$ nm 的圆盘, 圆盘间距 $s = 150$ nm, CoPt 薄膜的厚度 $t_f = 8$ nm, 这与首次在实空间观测到的斯格明子晶体的大小接近[7]。如图 5-3(a) 所示, 初始条件下涡旋的旋性和极性是随机分布的[4]。为了将所有磁性圆盘的涡旋统一, 可以进行与 Pang 等类似的磁场处理[12]。首先施加一个垂直于圆盘的 800 mT 的磁场, 使它们进入相同极性的涡旋状态, 然后在保持垂直场的情况下沿着平行于切割边缘方向施加一个 400 mT 的面内磁场脉冲, 将它们统一成相同的手性。计算表明, 撤掉垂直场后得到的所有磁性圆盘确实已经被统一为相同的旋性和极性。

在统一涡旋的旋性和极性的过程中, 由于施加了垂直方向的强磁场, 圆盘周围区域也被磁化到和圆盘中心同一方向。然而, 斯格明子晶体中涡旋核心和圆盘周围区域的磁化方向反向排列。由于圆盘中心和周围区域的翻转场不同, 可以进一步施加一个大小合适且方向相反的磁场, 使涡旋核心和圆盘周围的磁化方向反向排列。图 5-4 显示了施加 $-400$ mT 磁场后再回到零场的状态, 圆盘周围的 CoPt 多层膜被磁化到与涡旋核心相反的方向, 并且没有对涡旋构型产生明显影响。至此, 人工二维斯格明子晶体被成功地在理论上构建出来。模拟过程选取的材料参

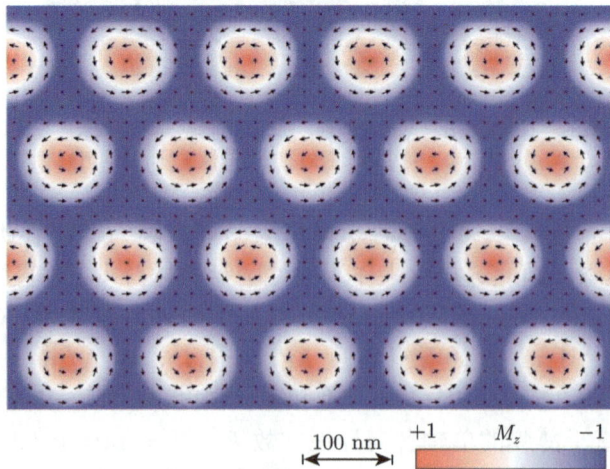

图 5-4  微磁学模拟得到的 Co/Pt 多层膜中人工二维斯格明子晶体磁矩分布图[6]
箭头代表局域磁矩的方向; 颜色代表磁矩的垂直分量

数均为常规的磁性材料 (如 Co 和 CoPt) 的室温参数,模拟结果显示,构建的人工斯格明子无需外磁场即可稳定,并且这些材料在实验上可以很容易地通过电子束蒸发、磁控溅射等方式制备。后文将具体介绍实验上如何实现人工二维斯格明子晶体。

### 3. 奈尔型人工斯格明子的理论构建

斯格明子有布洛赫型和奈尔型两种,上文主要讨论了布洛赫型斯格明子。通过微磁学模拟手段,理论上在 Co(20 nm)/Ru(2 nm)/Co(20 nm) 的纳米圆盘中也可以构建出奈尔型人工斯格明子,如图 5-5 所示[13]。Dai 等选取 Co 的饱和磁化强度 $M_s^{Co} = 1.4 \times 10^6$ A/m、交换常数 $A^{Co} = 3 \times 10^{-11}$ J/m、垂直于圆盘平面的单轴各向异性常数 $K_1^{Co} = 5.2 \times 10^5$ J/m$^3$ 进行模拟,并且选择了不同的初始状态 (上下圆盘手性和极性相同或不同的涡旋态,面外或面内一致排列的铁磁态) 来研究几何结构对磁组态的影响。通过调整 Co 层厚度和 Ru 层厚度,具有相同斯格明子数的耦合斯格明子可以分别在上下 Co 层中形成。模拟选取居里温度约为 1400 K 的常规磁性材料 Co,因此该方法可以获得无 DM 相互作用且室温以上稳定的斯格明子基态。该 Co/Ru/Co 纳米盘可通过电子束蒸发、磁控溅射等方法制备。

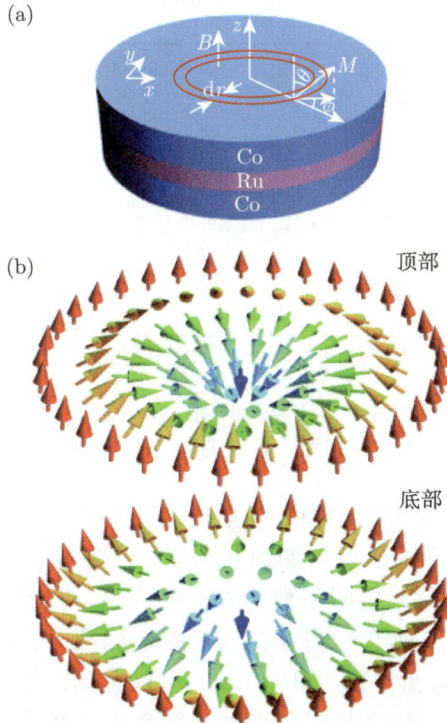

图 5-5 奈尔型人工斯格明子设计示意图[13]

(a) Co/Ru/Co 三层膜纳米圆盘示意图;(b) Co (20 nm)/Ru (2 nm)/Co (20 nm) 纳米圆盘的微磁学模拟结果:顶部和底部单层膜中均形成了奈尔型的斯格明子,箭头和颜色对应着每个点的局域磁矩方向和面外磁矩分量

　　DM 相互作用能使相邻磁矩产生夹角，因此在稳定斯格明子中起着决定性作用 [6]。然而在 Co/Ru/Co 的磁性纳米盘中并没有引入 DM 相互作用，却能产生斯格明子。研究表明，交换能、磁晶各向异性能、退磁能之间的竞争有类似于 DM 相互作用的效果，因此能够稳定斯格明子，如图 5-6 所示。基于该思想，实验上也证实了在受限体系中，通过能量之间的竞争能导致无 DM 相互作用的普通磁体中出现斯格明子 [14]。

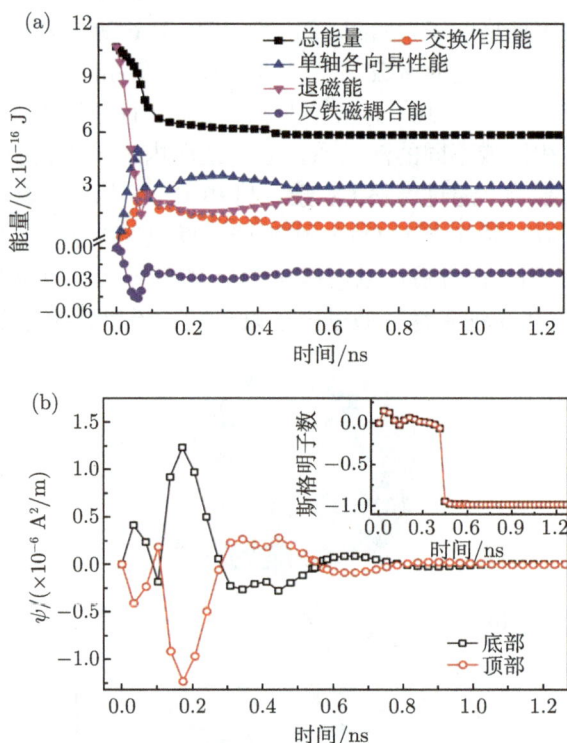

图 5-6　(a) Co/Ru/Co 纳米盘中各项能量随时间的变化关系；(b) $\psi$ 随时间的变化关系，其中 $\psi$ 为类 DM 相互作用参数，插图为斯格明子数随时间的变化关系[13]

　　该工作还进一步分析了奈尔型人工斯格明子在外场下的稳定性。如图 5-7(a) 所示，在垂直于圆盘平面的磁场增加到 0.64 T 之前，圆盘的磁化曲线基本上是随磁场线性变化的，而此时斯格明子数也基本保持在 −1。图 5-7(b) 进一步给出了磁矩的空间分布情况，其中 $\theta$ 为图 5-5(a) 中描述的在 $(r, r + \mathrm{d}r)$ 中的局域磁矩与 $+z$ 轴夹角的平均值，圆盘半径为 100 nm。可以看到，零场下磁矩的分布是个典型的奈尔型斯格明子态。随着磁场的增加，圆盘中心和边缘的磁矩保持反平行排列，直到饱和磁场 0.64 T。根据图 5-7 得到的结论，该构型的斯格明子在垂直于圆盘平面 0.64 T 以内的外加磁场下都能保持稳定。

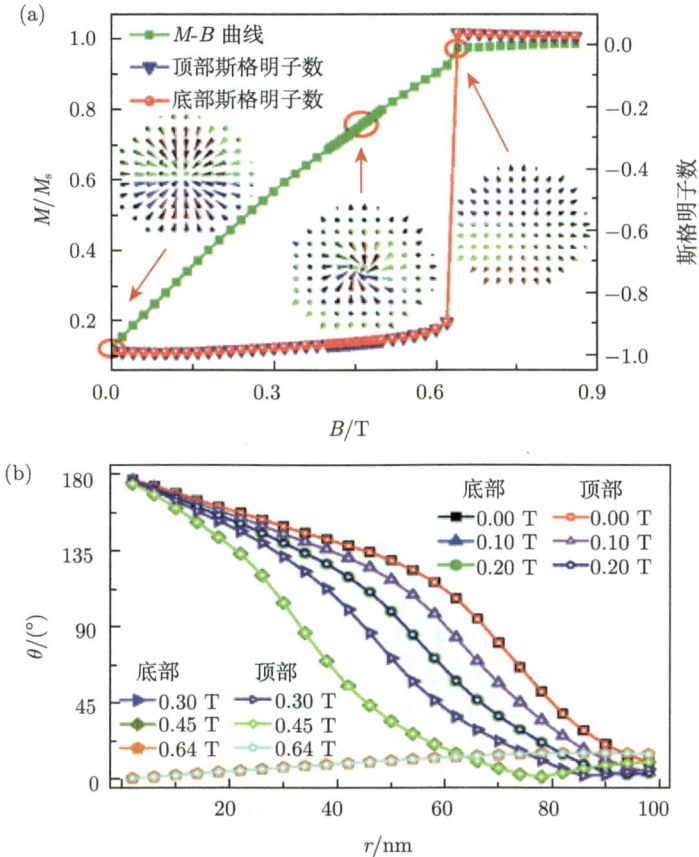

图 5-7 (a) Co(20 nm)/Ru(2 nm)/Co(20 nm) 纳米盘的归一化磁化强度，以及相应的顶部和底部的斯格明子数与外加磁场的演化图；(b) 不同磁场下 $(r, r+dr)$ 区域内局域磁矩和 $+z$ 轴的平均夹角[13]

此外，Xie 等[15] 还研究了 CoPt/Co/CoPt 三层结构，发现斯格明子状态不仅可以在 CoPt 层形成，也可以在中间的 Co 层形成。

值得一提的是，布洛赫型和奈尔型的两种人工斯格明子均是由中国学者在相隔较近的时间内独立提出的。

### 4. 人工斯格明子的拓扑性质

为了确认人工斯格明子晶体的拓扑特性，可以按照文献 [16] 中的公式计算局域斯格明子密度，即 $\phi = \dfrac{1}{4\pi} \boldsymbol{n} \cdot \left( \dfrac{\partial \boldsymbol{n}}{\partial x} \times \dfrac{\partial \boldsymbol{n}}{\partial y} \right)$，其中 $\boldsymbol{n}$ 为局域磁矩的方向。如果 $\phi$ 在一个单元中的积分为 1 或 $-1$，则表明该单元格是一个稳定的拓扑磁结构。如图 5-8(a) 所示，斯格明子密度是有限值并且随着位置而发生振荡，类似于参考文

献 [16] 中的结果。此外，每个二维单元格的斯格明子数是可量化的，积分值为 +1，证明了前文构建的人工二维斯格明子晶体的拓扑性质。这也可以定性地通过极性相反的涡旋态和反涡旋态的组合来理解，当一个单元格被完全在面内磁化的边界分割时 (图 5-8(b) 中的黑圈)，它可以被认为是核心磁矩向上的涡旋 (图 5-8(b) 中的绿色区域) 和核心磁矩向下的扭曲的反涡旋 (图 5-8(c) 中的绿色区域外) 的组合。从图中可以看到，虽然扭曲的反涡旋有一个交叉的构型，不是一个典型的反涡旋[17]，但是，可以很容易地计算出，它的绕数和极性均为 −1，得出的斯格明子数为 1/2。再加上具有相反极性的涡旋的贡献，一个单元格的斯格明子数为 +1。这一点也与美国学者 Tretiakov 和 Tchernyshyov 的观点一致 [2]，即具有反平行极性的涡旋和反涡旋具有相等的斯格明子数，总和为 +1 或 −1。

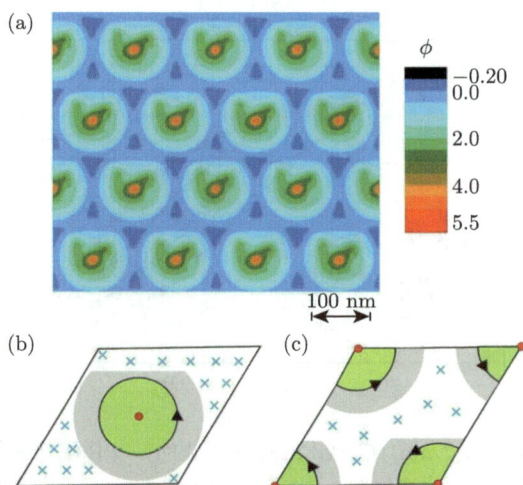

图 5-8　人工斯格明子的斯格明子密度分布图及其由涡旋与反涡旋组合等效图[6]

(a) 人工斯格明子晶体的局域斯格明子数密度分布；(b) 核心磁矩向上的涡旋示意图 (绿色区域)；(c) 核心磁矩向下的反涡旋示意图 (绿色区域外)；黑色箭头代表面内磁化方向，红点和蓝叉分别表示磁矩朝外 (向上) 和朝里 (向下)

图 5-9 显示了垂直施加磁场时的磁滞回线。在足够大的磁场下，磁矩沿着磁场方向排列。随着磁场的减小，涡旋和反涡旋形成，但两者的核心沿着同一方向 (状态 I 和 III)。由于涡旋和反涡旋都具有相同的极性，所以这对涡旋的斯格明子数等于 0。磁场反向后，磁滞回线显示出两个翻转场 (见图 5-9 中磁滞回线的放大视图)，一个对应于涡旋核心，另一个对应于反涡旋核心。在这两个翻转场之间，涡旋和反涡旋具有相反的极性 (状态 II 和 IV)。因此，它们具有 +1 或 −1 的斯格明子数，形成斯格明子状态。不同拓扑状态之间的转换并不是平滑的，会伴随着自旋波激发[2,18,19]。图 5-10 展示了在不同状态之间转换时沿 $x$ 轴的面内磁化分量，红/蓝颜色分别表示指向右/左的局域磁矩。在黑色椭圆区域内有自旋波激发行为，反映出过渡是不平滑的[20]。

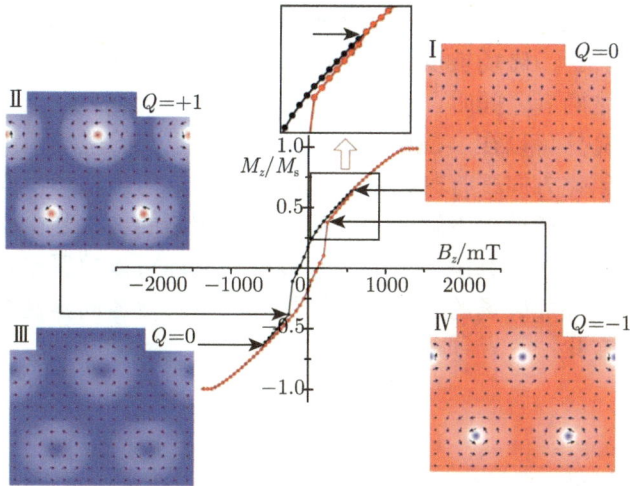

图 5-9 人工斯格明子在垂直施加磁场时的磁滞回线与代表性磁结构分布图

插图表示不同阶段计算出的人工斯格明子晶体中 Co/Pt 层的磁矩分布

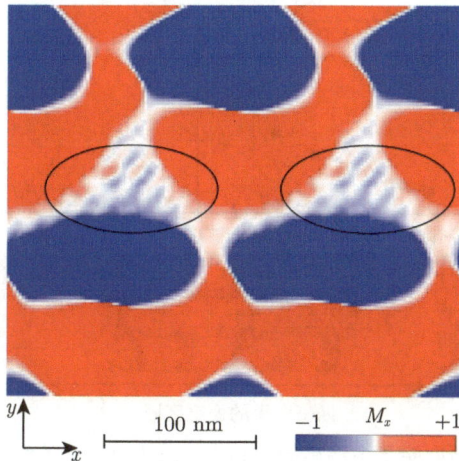

图 5-10 从非斯格明子态过渡到斯格明子态时的磁结构图[20]

黑色的椭圆中出现了自旋波；红/蓝颜色分别表示指向右/左的局域磁矩

### 5. 人工斯格明子的相图

这里将继续讨论人工斯格明子晶体的稳定性。在模拟计算中选取了 Co 和 CoPt 在室温下的材料参数。考虑到 CoPt 的强磁各向异性和薄膜厚度，可以预计该系统的居里温度 $T_C$ 接近其块材的值。因此，该磁结构可以从低温稳定存在到接近 $T_C$，即远高于室温。为了研究它在磁场中的稳定性，Sun 等在不同强度的磁场中进行了计算。图 5-11 为计算出的相图以及涡旋核心直径 $d$ 与磁场的依赖关系，$d$ 的定义为涡旋中垂直方向上 50% 磁化部分的宽度 (见图 5-11 中插入的线状图)。如图所示，当磁场沿着涡旋核心方向施加时，斯格明子晶体可以稳定存在直到薄膜磁矩被翻转。当磁场被反向施加时，斯格明子晶体可以稳定存在直到涡旋极性被翻转。在这两者之间时，系统保持在斯格明子状态。在这个特殊的几何结构中，斯格明子晶体可以在 $-580 \sim +360$ mT 这一很宽的磁场范围内稳定。当磁场与涡旋核心的磁化方向平行时，涡旋核心会膨胀，而当磁场反向施加时，涡旋核心会收缩。这可以通过以下解释来理解：涡旋核心的大小是由交换能、偶极能和垂直各向异性能之间的竞争决定的，垂直外加磁场可以被看作是一个单向的各向异性能，根据其外加磁场的方向可以增加或减少有效各向异性能，并导致涡旋核心尺寸的相应变化。

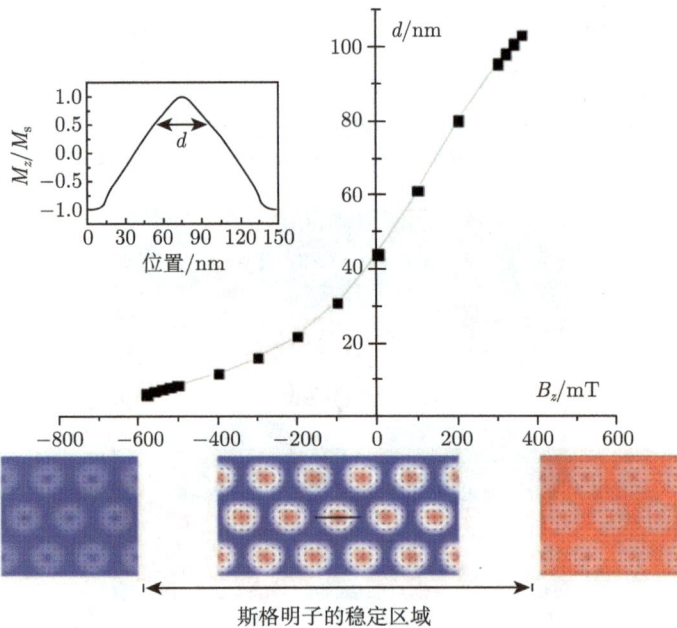

图 5-11　人工二维斯格明子中涡旋的核心直径随垂直磁场的演化及代表性磁结构[6]
核心直径 $d$ 的定义为涡旋中垂直方向上 50% 磁化部分的宽度；计算结果表明，斯格明子在 $-580 \sim +360$ mT 垂直磁场范围内能稳定存在

人工斯格明子的稳定性也取决于磁性圆盘的大小和它们的间距，以及垂直膜的厚度。研究发现，人工斯格明子可以稳定在一个宽泛的区域，如图 5-12 所示。对于 $D = 120$ nm 和 $s = 150$ nm，当 $t_d > 20$ nm 时，在薄膜和圆盘厚度的大部分组合中它都能稳定存在 (图 5-12(a))。在 20 nm 以下，我们发现圆盘和它下方的区域都处于 C 状态。有趣的是，涡旋核心和圆盘周围区域的翻转与垂直膜的厚度有关。当 $t_f > 10$ nm 时，涡旋的核心在圆盘周围区域翻转之前翻转，从而形成了斯格明子密度与之前相反的斯格明子晶体。图 5-12(b) 显示了 $D = 90$ nm 和 $s = 100$ nm 的相图，稳定区域略小。这可以理解为磁性圆盘有随着尺寸的减小而

形成 C 状态的趋势。Sun 等也对更大尺寸体系中斯格明子的稳定性进行了研究，如 $D = 800$ nm 和 $s = 900$ nm，同样得到了斯格明子晶体。此外，他们还模拟了 Co 圆盘和 FePt 薄膜的组合，在适当的几何尺寸下也可以得到斯格明子状态。

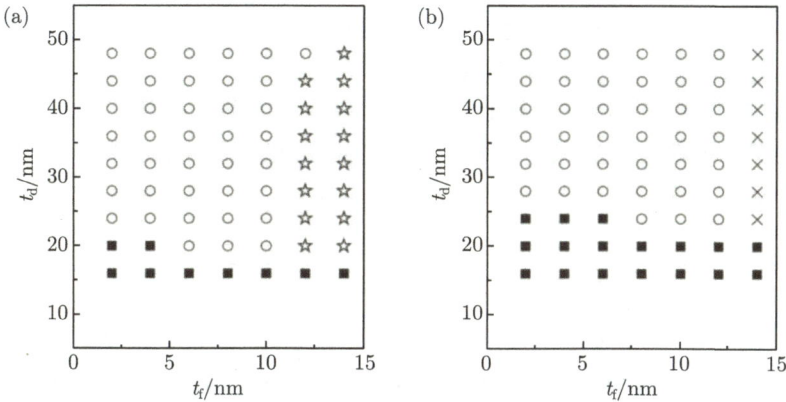

图 5-12 人工二维斯格明子相图[6]

(a) $D$=120 nm 和 $s$=150 nm, (b) $D$=90 nm 和 $s$=100 nm 的斯格明子稳定性的计算相图；黑方块代表 C 状态的圆盘；空心圆圈和五角星分别表示斯格明子数为 +1 和 −1 的斯格明子晶体；叉表示系统处于部分斯格明子态和部分拓扑平庸态 (涡旋核心和圆盘的周围区域的磁化都指向同一方向)

通过调节材料的几何尺寸，不仅可以实现对布洛赫型斯格明子的调控，也能实现对奈尔型斯格明子的调控。从图 5-13 可以看出，随着 Co 层厚度的增加，磁稳定态从混合态向斯格明子态转变，而进一步增加 Co 层厚度，体系会出现分畴。随着 Ru 层厚度的增加，Co 层间的静磁相互作用减弱，因此磁稳定态从斯格明子向涡旋态转变。

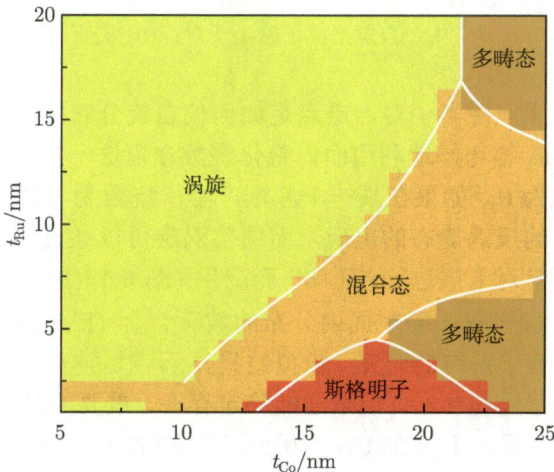

图 5-13 磁相图随 Co 层厚度和 Ru 层厚度的变化[13]

### 6. 人工拓扑磁半子对的理论构建

除了前文中提到的人工斯格明子, 利用交换作用能、各向异性能、退磁能的竞争还能够产生其他类型的人工拓扑磁结构, 例如磁半子结构[21]。拓扑荷 (即前文中的斯格明子数) 可以表示为绕数和极性乘积的一半。对于涡旋态, 绕数为 1; 对于反涡旋态, 绕数为 −1。极性根据其磁矩指向取 1 或者 −1。如图 5-14(a) 所示, 核心磁矩向下的涡旋态和核心磁矩向上的反涡旋态其拓扑荷为 −1/2, 称为磁半子; 而核心磁矩向上的涡旋态和核心磁矩向下的反涡旋态其拓扑荷都为 +1/2, 称为反磁半子。

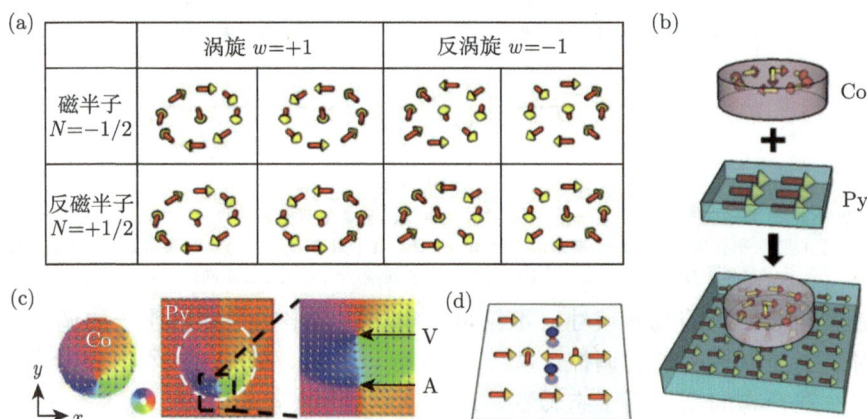

图 5-14　(a) 涡旋、反涡旋、磁半子和反磁半子之间的关系; (b) 通过将 Co 磁涡旋的磁结构“压印”至底部 Py 磁矩中, 可以形成磁半子对; (c) Co 磁盘/Py 薄膜体系中磁化分布的微磁学模拟结果, 其中 Py 薄膜的厚度为 80 nm, Co 盘厚度为 40 nm, 半径为 1 μm, 模拟结果显示 Co 涡旋将磁矩“压印”至 Py 中, 自发形成了磁半子对; (d) 磁半子对中磁矩分布示意图[21]

在二维系统中实现磁半子对, 难点是如何使自旋分布发生变化从而精确地产生两个磁半子。Gao 等巧妙地利用面内磁化绕数守恒这一规律, 即在均匀磁化的背景下, 总绕数应为 0。如果在某一个区域产生了绕数为 1 的涡旋态, 则必然会伴随着绕数为 −1 的反涡旋态的出现。而局部涡旋可以通过与前文类似的方法使用处于涡旋态的圆盘对下层进行“压印”而产生 (图 5-14(b))。

Gao 等将 Co 圆盘置于磁矩面内分布的坡莫合金 (Py) 连续膜上, 并结合微磁学模拟手段, 开展了系统的研究。模拟结果显示, 上层 Co 的核心因为下层 Py 薄膜的耦合而偏离了圆盘中心, 但依然能稳定存在。重要的是, Co 的磁矩构型成功地“压印”到了下层, 不仅在 Co 盘的正下方形成了一个涡旋, 而且在 Co 盘边缘的下方形成了一个反涡旋 (图 5-14(c) 中 V 表示涡旋部分, A 表示反涡旋部分)。由此构建了拓扑荷分别为 −1/2 和 +1/2 的磁半子和反磁半子。

### 5.1.2 人工二维斯格明子晶体的实验制备

5.1.1 节讨论了两种不同类型的人工斯格明子晶体的理论构建, 这些方法的可行性仍然需要通过实验来检验。这里将介绍人工斯格明子的实验制备。

#### 1. 样品制备工艺和磁滞回线测量

使用直流磁控溅射, Miao 等在 Si(001) 基底上沉积了 [Pt(0.5 nm)/Co(0.5 nm)]$_5$/Pt(5 nm), 其中 5 nm 的 Pt 薄膜作为缓冲层。通过磁滞回线测量确认该薄膜具有垂直的各向异性, 翻转场大约为 1.3 kOe。随后进行紫外线光刻, 并通过电子束蒸发将 32 nm 的 Co 薄膜沉积在预制图案的样品上。经过剥离得到了直径约 2 μm、切割角约 90° 的切边圆盘阵列, 如图 5-15 所示。相邻的 Co 盘中心之间的距离是约 2.7 μm。在这样的几何构型中, Co 盘有一个涡旋基态, 它的旋性可以由平面内的磁场脉冲控制[20]。

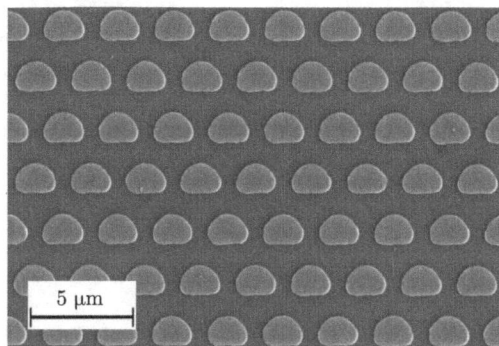

图 5-15　在 Co/Pt 多层膜上的 Co 的切边圆盘磁盘阵列的扫描电镜 (SEM) 图 [20]

图 5-16(a) 显示了由超导量子干涉–振动样品磁强计 (SQUID-VSM) 测量的 Co/Pt 多层膜的垂直方向的磁滞回线 (黑色曲线, 样品尺寸约为 2.5 mm×3.5 mm), 它表现出明显的垂直各向异性, 矫顽力约为 1.3 kOe。为了比较, 在同一图中叠加了沉积 Co 圆盘后的磁滞回线。镀上 Co 圆盘后, 薄膜的翻转场明显减少到约 0.9 kOe。这是因为 Co 圆盘和下面的 Co/Pt 多层膜之间存在着铁磁耦合, Co 圆盘的面内磁化作为一个有效的横向场软化了 Co/Pt 多层膜, 使得 Co/Pt 多层膜的矫顽力降低。同时, 翻转的幅度也降低到 Co 圆盘沉积前的 60%, 与预计的面积比 (55%) 基本吻合。这说明 Co 圆盘下的 Co/Pt 多层膜由于它们之间的强耦合而不再是垂直的。这与之前的计算是一致的, 即涡旋状态渗透到盘子下面的 Co/Pt 多层膜中。此外, 该实验测得的磁滞回线也与微磁学模拟得到的结果 (图 5-16(a) 下半部分) 非常类似。

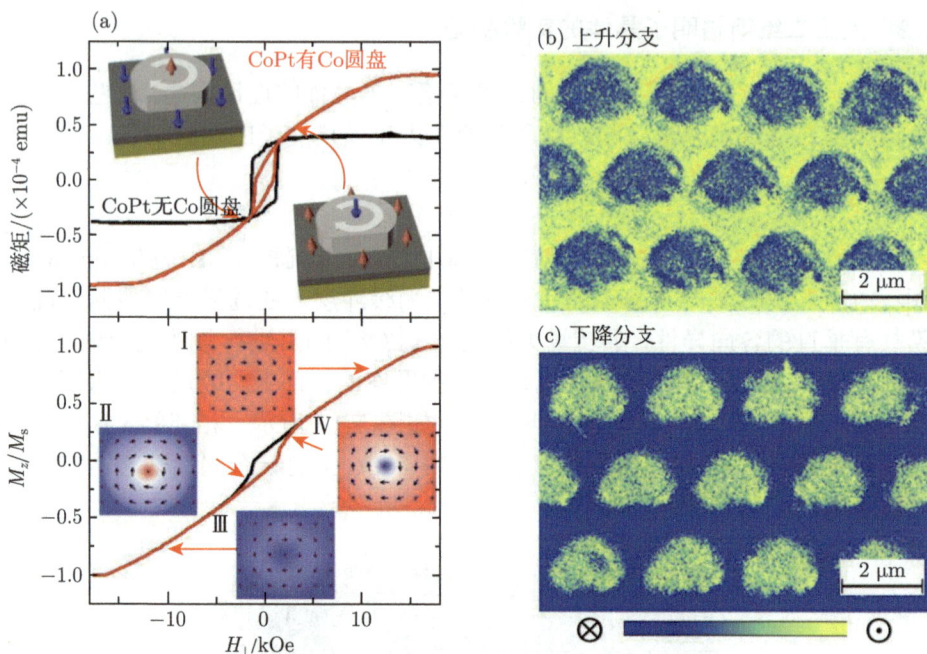

图 5-16　人工斯格明子磁滞回线与极向克尔显微镜表征[20]

(a) 上图为有 (红色) 和无 (黑色)Co 圆盘的 [Pt(0.5 nm)/Co(0.5 nm)]$_5$/Pt(5 nm)/Si 沿垂直方向的磁滞回线，插图显示了不同磁场下形成的拓扑荷为 ±1 的两种斯格明子，箭头代表局域磁矩的方向，下图为模拟得到的磁滞回线，插图显示了不同阶段计算出的人工斯格明子晶体中 Co/Pt 层的磁矩分布图；垂直磁场下的极向克尔显微镜图像：(b) 和 (c) 分别显示了上升分支和下降分支的磁信号对比，圆圈中的十字 (点) 分别表示指向面内 (外) 的磁化分量

　　涡旋有四种磁化状态：顺时针或逆时针旋性，以及向上或向下的极性。为了使所有的 Co 盘形成统一的旋性和极性，Miao 等进行了以下处理。首先，沿着圆盘的切边边缘施加一个弱的面内磁场 (0.2 kOe)，使圆盘处于单畴态。去掉磁场后，圆盘将具有相同的旋性。其次，施加 10 kOe 的垂直磁场 (比 13 kOe 的饱和场略小)，将涡旋核心和周围垂直膜的磁矩置为相同的磁化方向。去掉磁场后，圆盘保持在涡旋态，并且所有核心的磁矩都指向之前磁场的方向。最后，施加一个较小的垂直磁场 −1.5 kOe，使圆盘周围与涡旋核心反平行。此时，涡旋核心的极性保持不变，它们与周围的 Co/Pt 多层膜磁矩反平行，从而得到了一个稳定的斯格明子晶体。

### 2. 利用克尔显微镜研究人工二维斯格明子晶体

　　虽然克尔显微镜的横向分辨率受所使用光的波长限制，仅为几百纳米，但能够比较方便地得到磁矩的空间分布，同时还能够在加磁场的情况下进行测量，是一种重要和简便的磁畴分析工具。其中，极向测量可以描绘磁矩的面外分量，横向和纵向可以测量磁矩的面内分量分布。克尔显微镜原始图像同时包含形貌信息和磁矩信息。为了去除形貌信息，通常需要拍摄一个仅含形貌的背景图像。这里研究的体系中，上升分支的磁矩信息是通过将约 1.0 kOe(翻转点) 处的图像减去约 0.9 kOe(快要翻转) 处的图像得到的 (图 5-16(b))。用同样的方法可以得到磁滞回线下降分支的图像 (图 5-16(c))。周围的 CoPt 薄膜由亮变暗，反映了磁化方向的翻转。图 5-16(b) 和 (c) 之间的鲜明对比表明，周围的 Co/Pt 多层膜可以被垂直磁场控制，翻转场大约为 0.95 kOe。

为了确认磁盘处于涡旋态，Miao 等使用克尔显微镜测量了磁矩面内分量的分布情况 (图 5-17(a) 和 (b))。在面内测量构型中，磁光信号对磁矩在探测光平面的面内是敏感的。在图 5-17(a) 和 (b) 中，探测光平面是相互垂直排列的，即平行或垂直于切边方向。因此，克尔信号分别对平行/垂直于切边的磁矩分量敏感。为了消除形态和残留的极性克尔信号的影响，再次使用了背景扣除技术。在施加 $\pm 0.2$ kOe 的面内磁场时，圆盘被饱和磁化为一个均匀的单畴状态。选取 $\pm 0.2$ kOe 下得到的平均图像为背景，图 5-17(a) 展示的是扣除背景后，在零场下平行于切边的磁矩分量。Co 圆盘的上半部分和下半部分具有明显的明暗对比，反映了沿 $x$ 方向的相反的磁矩分量。值得注意的是，除了右下角的那个圆盘，大多数圆盘都显示出上半部分和下半部分的明暗对比，这表明它们大多处于相同的磁矩分布中。上/下对比表明，这些圆盘可能处于双畴态或涡旋态。为了进一步确定 Co 盘的磁构型，在光平面旋转 90° 的情况下进行了类似的测量。如果圆盘处于涡旋态，对比度也应该相应旋转 90°；由于克尔显微镜无法区分通常只有几十纳米宽度的磁畴

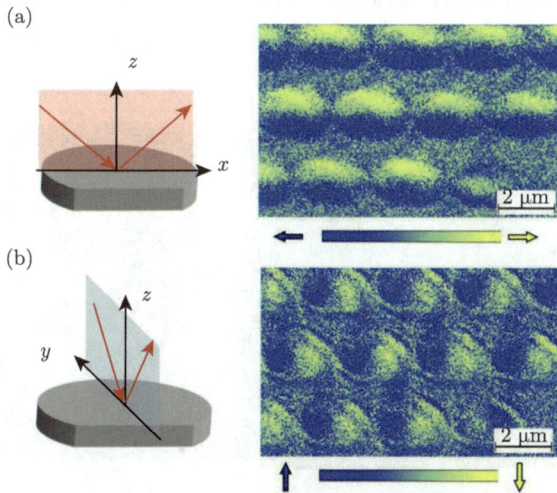

图 5-17    人工二维斯格明子面内两个方向的磁光克尔效应表征[20]
(a) 纵向磁光克尔效应测量光路示意图 (左) 和测量结果图 (右)；(b) 横向磁光克尔效应测量光路示意图 (左) 和测量结果图 (右)；蓝色 (黄色) 分别表示沿 (a) 中的左 (右) 和 (b) 中的上 (下) 的磁化分量

壁, 如果圆盘处于双畴态, 则应呈现几乎无对比度的图案 [4]。图 5-17(b) 显示了将探测光平面旋转 90° 后的同一位置的结果。该图像的左右两部分有对比度, 也就是说对比度随着探测光平面的旋转而旋转, 证明了磁盘处于涡旋状态。图 5-17(b) 中靠近圆盘边缘的对比不清晰是由背景扣除不完善造成的。从它们的对比度来看, 图像中显示的 13 个圆盘中的 12 个具有相同的顺时针旋性。

### 3. 利用磁力显微镜研究人工二维斯格明子晶体

磁力显微镜也可以用来确认圆盘是否处于涡旋状态。对于一个具有涡旋态的完美圆盘, 磁力显微镜图像通常只在盘中心表现出一个暗点或亮点 (图 5-18(a))[22]。对于非完美的圆盘, 如椭圆, 涡旋不再是完美的圆形, 杂散场也存在于周围部分。在这种情况下, 会出现黑暗和明亮对比交替出现的四象限图像 (图 5-18(b))[23]。图 5-19(a) 显示了上文构造的人工斯格明子的磁力显微镜图像。由于边缘切割的圆盘天然具有形状不对称性, 大多数盘 (28 个盘中的 23 个) 清楚地显示出具有交替的黑暗和明亮对比的四象限图像, 证明它们处于涡旋状态。少数具有精细结构的圆盘, 可能是由于出现了多涡旋/多畴结构[24]。圆盘中四象限的两种模式分别对应于顺时针或逆时针旋性。图 5-19 中大多数涡旋具有相同的旋性, 这与图 5-17 中的克尔显微镜图像一致。图 5-19(b) 显示了与图 5-19(a) 在外场操作之后相反旋性涡旋的磁力显微镜图像。测量前特意施加了一个约 0.9 kOe 反向垂直磁场, 其大小接近于多层膜的翻转场。因此, 可以看到一小部分 CoPt 薄膜没有翻转, 并显示出与左侧部分相反的磁化方向。此外, 涡旋核心和周围垂直膜的相对方向可以从 Fraerman 等的研究工作确认, 他们对完美原型的圆盘进行过测量, 证实涡旋核心和周围的垂直薄膜的磁矩是反平行的[25]。至此, 人工斯格明子的形成得到了实验观测的证实。

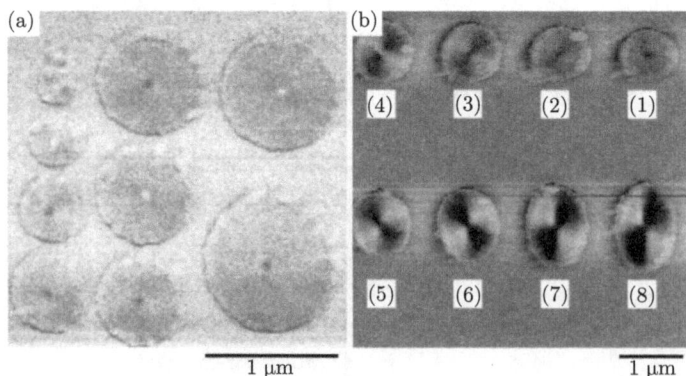

图 5-18　圆形和椭圆形亚微米盘磁涡旋态磁力显微镜表征[22,23]

(a) 沿平面方向施加 1.5 T 的外场后, 直径在 0.1～1 μm 不等的 50 nm 厚 Py 圆盘的磁力显微镜图像; (b) Py 椭圆的磁力显微镜图像, 其宽度沿短轴为 1 μm, 沿长轴从 1 μm 逐渐增加到 2 μm((1)～(8))

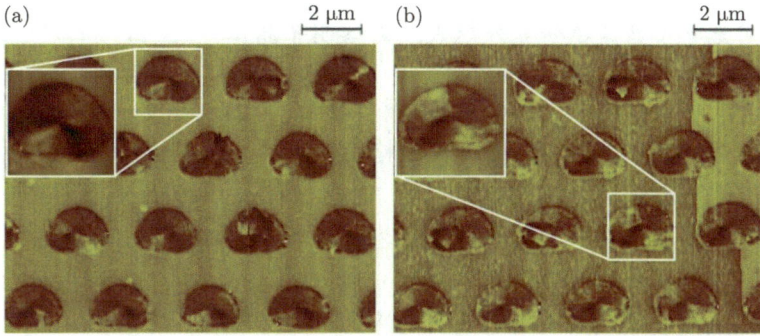

图 5-19 旋转方向左旋和右旋的人工斯格明子磁力显微镜图像[20]

黑暗和明亮的交替现象表明 Co 圆盘处于涡旋状态；(a) 和 (b) 的插图给出了单个涡旋的放大图像；右边边缘的小部分底层 CoPt 多层膜磁矩没有翻转，因此可以得到左右区域垂直磁矩分量的对比图

磁力显微镜也可用于双涡旋态 (double-vortex) 的观测。Dai 等在 Co/Pd/Ru/Py 的多层圆盘中观测到了双涡旋态，如图 5-20 所示[26]。图 5-20(c) 为 $[Co/Pd]_7$ 和 $[Co/Pd]_7/Ru/Py$ 阵列的磁滞回线。$[Co/Pd]_7$ 阵列具有很好的矩形度，且矫顽力为 1 kOe。而 $[Co/Pd]_7/Ru/Py$ 复合圆盘矫顽力下降到 0.6 kOe，这与 Co/Pd 多层膜和 Py 之间的 RKKY 相互作用以及层间静磁相互作用有关。图 5-20(d) 给出了不同直径圆盘的磁力显微镜图。从图中可以看到，当圆盘直径在 1~7 μm 时，会自发产生双涡旋态。微磁学模拟证实，通过调节 Co/Pd 多层膜和 Py 之间的磁相互作用可以调节复合圆盘的磁组态。双涡旋态是由极性相同、旋转方向相反的两个涡旋态组成的，由于每个涡旋态携带拓扑荷为 1/2，因此双涡旋态所携带拓扑荷为 1。

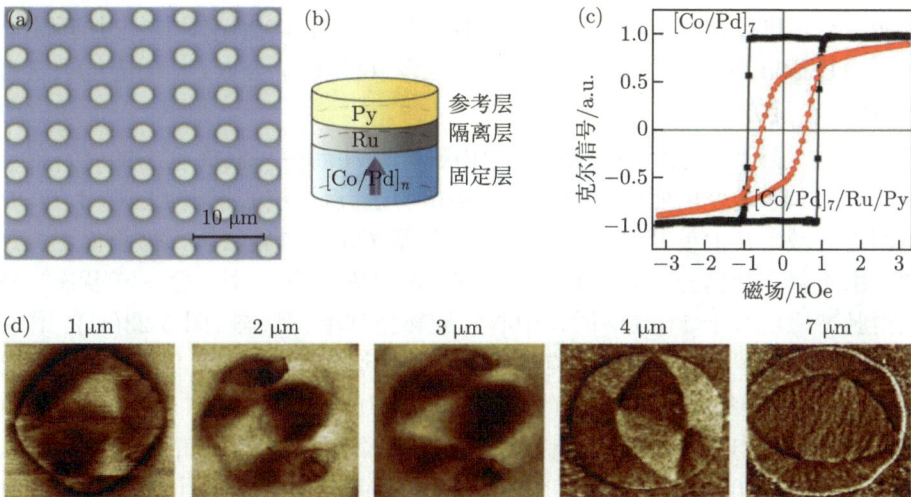

图 5-20 (a) $[Co/Pd]_7/Ru/Py$ 圆盘阵列；(b) $[Co/Pd]_7/Ru/Py$ 圆盘示意图；(c) $[Co/Pd]_7$ 和 $[Co/Pd]_7/Ru/Py$ 多层膜的面外磁滞回线；(d) 不同直径圆盘的磁力显微镜图[26]

4. 利用光电子显微镜研究外延人工斯格明子晶体

人工斯格明子也可以在外延薄膜材料中实现。通过在面外磁化的 Ni 薄膜上生长外延的 Co 涡旋盘，Li 等研究了斯格明子核心湮灭的过程并得到了可控的斯格明子拓扑荷和斯格明子拓扑效应 [27]。他们首先在 Cu(001) 衬底上外延生长了 Ni 薄膜，然后在 Ni 薄膜上制备了半径为 1 μm，厚度为 30 nm 的 Co 圆盘。当镍的厚度超过约 7 个原子单层 (ML) 时，外延的 Ni/Cu(001) 具有面外的易磁化轴。Co/Cu(001) 薄膜具有面内磁化，而 Co/Ni(30 ML)/Cu(001) 磁化在 Co 厚度增加到约 1 nm 以上时发生了从面外到面内方向的自旋重取向转变。因此，就磁化方向而言，Co(圆盘)/Ni(30 ML)/Cu(001) 样品包括两个不同的区域：①Co/Ni 盘具有面内磁化，②盘周围的 Ni 具有面外磁化。如图 5-21 所示，利用具有元素分辨功能的 X 射线磁圆二色 (XMCD) 测量技术获得的实验结果证实了这种自旋构型，即 Co 表现出具有面内全剩磁的磁滞回线，周围的 Ni 表现出具有面外全剩磁的磁滞回线 (由于 XMCD 测量的表面敏感性，Ni 的 XMCD 只能通过测量 Co 盘周围的 Ni 区域)。

光发射电子显微镜测量的 Co 磁畴图像也清楚地显示了磁涡旋态的形成 (围绕涡旋中心的自旋卷曲)。将 X 射线束的光平面旋转 90° 后，涡旋对比度也相应地发生了变化 (图 5-21(d))，进一步证实了 Co 处于涡旋态。受光发射电子显微镜的横向分辨率的限制，无法得到涡旋核心的面外信号。在面外方向施加 $H=2.0$ T 的磁场再撤掉后，涡旋核心的极性将与周围的 Ni 自旋平行，此时处于斯格明子数 $Q=0$ 的状态 (图 5-22(a))。进一步施加一个与核心极性方向相反的 800 Oe 磁场并撤掉后，可以得到 $Q=-1$ 的斯格明子状态 (图 5-22(b))。这是由于周围 Ni 的矫顽力是 500 Oe，而涡旋核心翻转场大于 3000 Oe，800 Oe 的磁场只会翻转周围 Ni 的自旋方向。

图 5-23 显示了施加不同强度的面内磁场脉冲后中央涡旋状态的光发射电子显微镜图像。通过使用面内磁场脉冲将斯格明子/涡旋核心推出 $Q=-1/Q=0$ 状态的圆盘区域，从而使其湮灭。虽然成像的是 Co 的自旋结构，但正如上文所讨论的，由于强交换耦合，它同时也代表了 Ni 自旋结构。对于 $Q=0$ 状态，在施加面内脉冲磁场大于 110 Oe 时，中心涡旋转换到单畴状态 (图 5-23(a))。作为对比，$Q=-1$ 的斯格明子中心涡旋态在磁场强度达到 140 Oe 时仍然存在，在磁场大于 160 Oe 时转换到单畴状态 (图 5-23(b))。由于图 5-23(a)、(b) 中的光发射电子显微镜图像来自同一个圆盘，因此可以将湮灭斯格明子核心的不同临界场归结为斯格明子不同拓扑荷结构之间的转换：由于单畴态的斯格明子数为零，从 $Q=0$ 状态到单畴态不涉及拓扑荷的变化，所以临界场较低，而从 $Q=-1$ 斯格明子态到单畴态时拓扑荷发生了变化，其临界场较大。

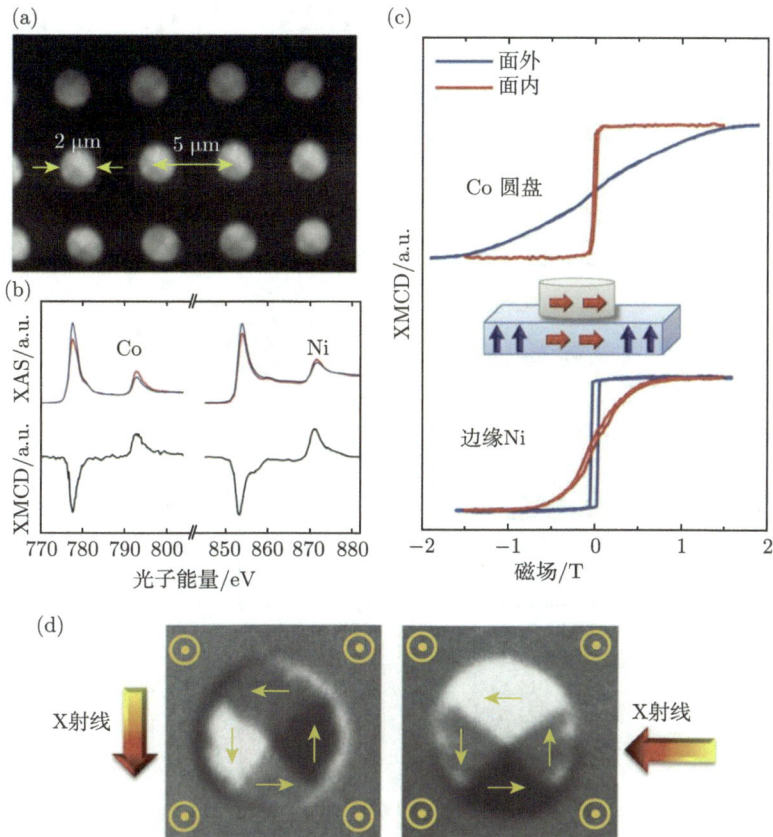

图 5-21 人工斯格明子的磁圆二色表征[27]

(a) Co(圆盘)/Ni(30 ML)/Cu(001) 样品的光发射电子显微镜图像；(b) Co 和 Ni 元素 2p 能级的 X 射线吸收谱 (XAS)，其中 X 射线为左旋圆偏振，红色 (蓝色) 曲线对应着磁场与 X 射线束平行 (反平行)，两条曲线的差值代表了特定元素的 XMCD 信号；(c) 元素分辨的磁滞回线，Co 圆盘以及其下方的 Ni 磁化方向在面内，而圆盘周围的 Ni 沿着面外方向磁化；(d) 不同 X 射线入射方向下 Co 圆盘的光发射电子显微镜图像，可以看出圆 Co 盘形成了一个磁涡旋状态，中心涡旋加上周围的面外 Ni 的自旋对应于一个斯格明子

### 5. 利用扫描电子显微镜极化分析研究人工斯格明子晶体

Gilbert 等通过电子束光刻技术，在具有垂直磁各向异性的 Co/Pd 薄膜上制备了六边形阵列的涡旋态切边 Co 纳米盘，如图 5-24(a) 所示[28]。Gilbert 等首先溅射沉积了一层 Co/Pd 垂直膜，随后通过电子束刻蚀技术制备出切边的纳米盘反阵列。接下来，用高能的 $Ar^+$ 照射该样品，从而使暴露区域的易轴向面内倾斜。$Ar^+$ 的照射是在 Co/Pd 薄膜顶部的 Co 圆盘系统中形成斯格明子晶体的关键步骤之一。最后，将 Co 溅射在照射的反点阵阵列上，剥离处理后形成切边的 Co 圆盘点阵。溅射生长的 Co/Pd 薄膜表现出很强的垂直各向异性，矫顽力为 320 mT(图 5-24(b))。

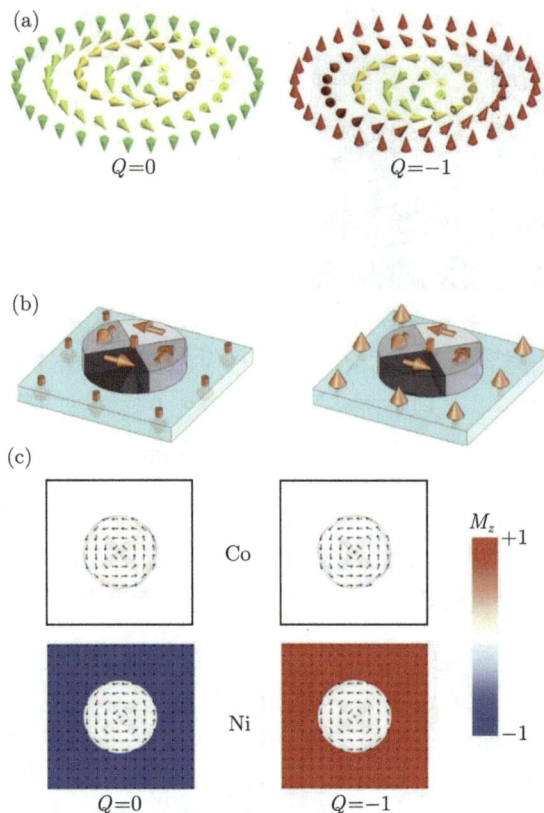

图 5-22　(a) 中心涡旋核心极性相对于周围面外自旋平行时, 斯格明子数 $Q=0$, 当两者反平行时, 斯格明子数 $Q=-1$; (b) 通过使用 800 Oe 的面外磁场翻转周围的 Ni 自旋方向而不翻转涡旋核心的极性, 可以实现对 Co(圆盘)/Ni(30 ML)/Cu(100) 中的斯格明子数的调控; (c) 微磁学模拟确认了通过翻转周围的 Ni 自旋方向而不改变核心极性 (中心的蓝点) 能够形成 $Q=0$ 和 $Q=-1$ 的斯格明子状态[27]

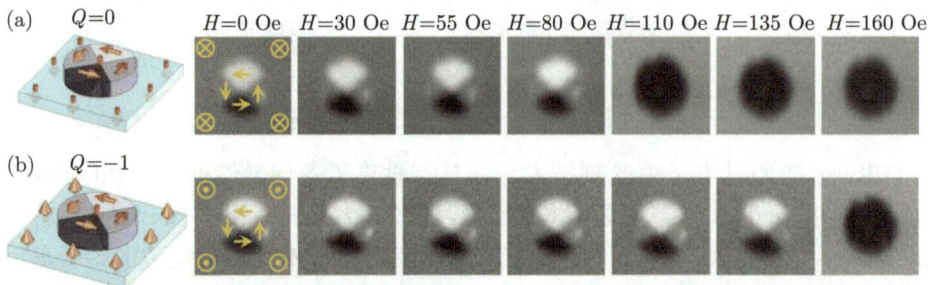

图 5-23　(a) 中心涡旋核心和周围 Ni 自旋平行, $Q=0$; (b) 中心涡旋核心和周围 Ni 自旋之间反平行, $Q=-1$; $Q=0$ 时中心涡旋态的面内湮灭磁场比斯格明子状态 ($Q=-1$) 更小, 这表明在斯格明子核心湮灭过程中存在拓扑保护效应[27]

相反, 对于被 $Ar^+$ 照射过的 Co/Pd 薄膜区域, 面内和垂直的磁滞回线几乎相同 (图 5-24(c)), 说明垂直各向异性已经被成功抑制。最终的样品保留了未被照射的 Co/Pd 薄膜的特性 (图 5-24(d)), 说明除了设计之外, 加工没有损坏垂直膜。这些结果表明, 样品确实实现了设计的磁结构, 即 Co/Pd 底层在单畴状态下被垂直磁化, 而 Co 圆盘则处于面内涡旋状态。经过与前文 Co/Pt 垂直膜体系中斯格明子类似的磁场操作方法, 可以将 Co 圆盘的旋性统一。图 5-24(e) 展示了具有极化分析能力的扫描电子显微镜 (SEMPA) 观测结果, 证明点阵旋性被有效调控了。

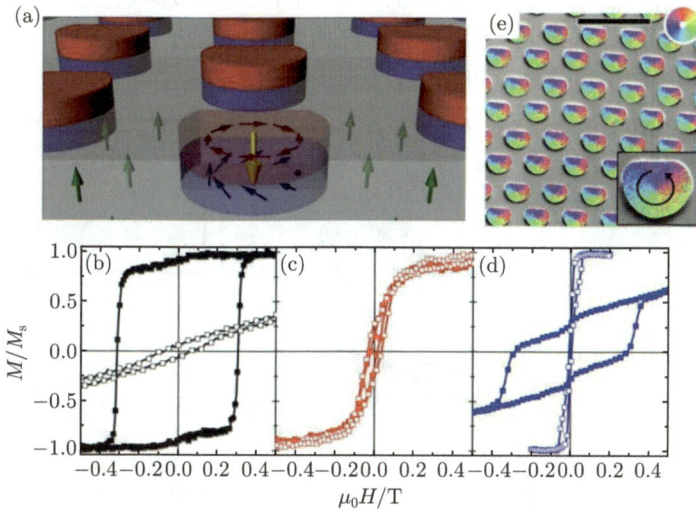

图 5-24　(a) 异质结由 Co 圆盘 (红色) 和 Co/Pd 垂直膜衬底 (灰色) 组成, 其中 Co 圆盘的面内磁矩分布 (紫色箭头) 印入了下方被离子辐照后的 Co/Pd 区域 (浅蓝色区域, 倾斜的蓝色箭头), 绿色和黄色箭头分别表示 Co/Pd 衬底和被印入的涡旋核心区域的面外磁矩; (b) 直接生长的 Co/Pd 垂直膜衬底; (c) 离子辐照后的 Co/Pd 样品; (d) Co+Co/Pd 异质结在面内磁场 (空心符号) 和垂直磁场 (实心符号) 下的磁滞回线; (e) 施加了平行于切边的面内场后, Co 圆盘的 SEMPA 图像显示出了统一的旋性[28]

斯格明子晶格要求核心极性与底层周围的磁化方向相反。通过施加与底层磁化平行的垂直偏压场, 核心极性可以与底层平行, 这就形成了在垂直磁各向异性 (PMA) 底层 (斯格明子数 $Q=0$) 上面的涡旋晶格。由于涡旋核心的方向, 斯格明子晶格和涡旋晶格将具有不同的垂直方向剩磁。此外, 在 Co 圆盘的涡旋成核过程中, 零偏压场将导致核心极性的随机分布。这种混合晶格的垂直方向剩磁大小应该介于两种有序极性的情况之间, 并且预示着它们之间的翻转行为。将样品的剩磁状态分别设置为斯格明子晶格、涡旋晶格和混合晶格, 当垂直磁场从 0 扫到负饱和时, 磁化曲线显示出明显的差异, 如图 5-25(b) 所示, 图 5-25(c) 显示了斯格明子晶格和涡旋晶格的差异。在磁化翻转的早期阶段, 如图 5-25(d) 所示,核心和底层之间平行排列的情况 (涡旋晶格) 表现出最大的磁化, 而反平行排列 (斯格明子晶格) 表现出最小的磁化, 而混合晶格则在涡旋晶格和斯格明子晶格曲线的中间位置。涡旋晶格和斯格明子晶格之间的磁化差值在到达底层的翻转场约 −0.3 T 之前几乎保持不变, 这表明斯格明子的稳定性。当 Co/Pd 底层开始翻转时, 如图 5-25(e) 所示, 磁化下降首先发生在斯格明子晶格构型中, 最后发生在涡旋晶格中。这是由于斯格明子晶格中方向相反的核心会促进翻转磁畴的成核, 而在涡旋晶格中的平行核心则不会。斯格明子晶格与涡旋晶格的成核场的差异表明了拓扑效应对 Co/Pd 翻转成核过程的影响。因此, 通过翻转场附近的场扫描实现了极性控制。该工作还通过极化中子反射和输运测量进一步确认了涡流态 Co 圆盘中的手性磁结构被印在 Co/Pd 中, 因此与底层形成了斯格明子晶格。

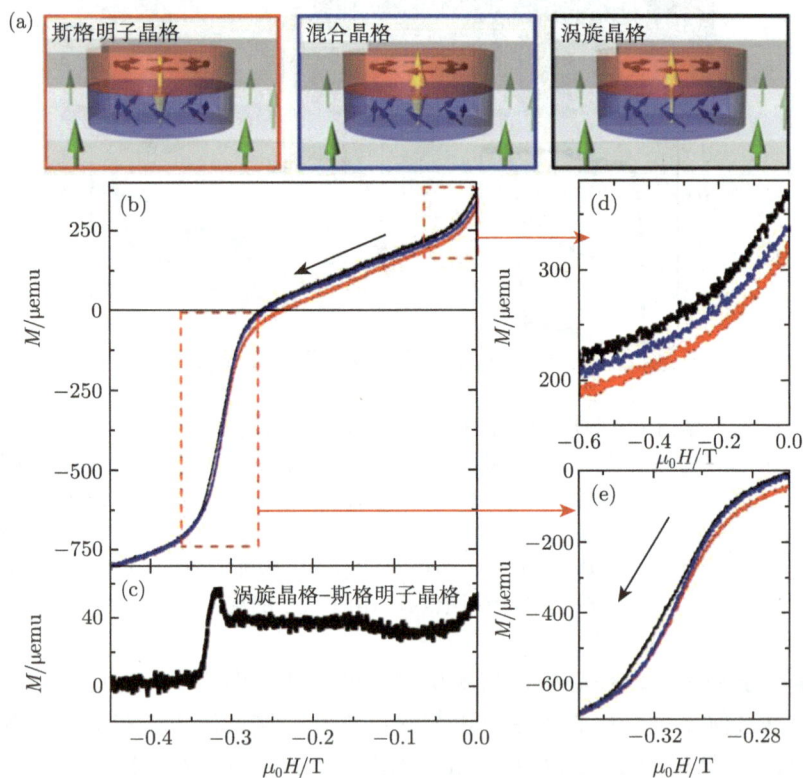

图 5-25　(a) 斯格明子晶格、涡旋晶格和混合晶格状态的示意图, 黄色箭头代表了 Co 涡旋和 Co/Pd 垂直膜中印入的涡旋核心区域垂直磁矩的方向, 而其他箭头代表了剩余区域的磁矩取向; (b) 磁场从零扫到负饱和时的磁化曲线, Co-Co/Pd 异质结在剩磁下具有斯格明子晶格 (红色)、涡旋晶格 (黑色) 和混合晶格 (蓝色) 三种状态; (c) 涡旋晶格和斯格明子晶格态磁化曲线的差值; 虚线框中的磁化曲线的放大图分别显示在 (d) 接近零场和 (e) 约 320 mT 的位置, 图 (e) 中 Co/Pd 衬底磁化方向开始翻转[28]

### 6. 利用磁性软 X 射线透射显微镜研究人工拓扑磁半子对

Gao 等通过磁性软 X 射线透射显微镜 (magnetic transmission soft X-ray microscope，MTXM) 研究了 Py 薄膜中的人工拓扑磁半子对[21]。他们在 80 nm 厚的 Py 薄膜上生长了 40 nm 厚、半径为 1 μm 的 Co 圆盘阵列，中心到中心的距离为 3 μm。为了探测下层 Py 薄膜的磁结构，他们采用了 XMCD 和 MTXM 进行元素分辨的磁成像。为了形成磁半子对，他们进行了面内方向磁场的处理。首先施加一个 −430 Oe 的磁场使整个 Py 薄膜沿着 −x 方向饱和磁化。然后施加 35 Oe 的反向磁场，该磁场大于 Py 的矫顽力，能够翻转圆盘周围的 Py 磁矩，但是不会破坏圆盘的涡旋态。由于此时涡旋和反涡旋核心的极性是随机产生的，他们可以得到全部四种磁半子对的状态 (如图 5-26 所示，(a) 和 (b) 分别为拓扑荷和为 +1 和 −1 的磁半子对，(c) 和 (d) 为拓扑荷和为 0 的磁半子对)。

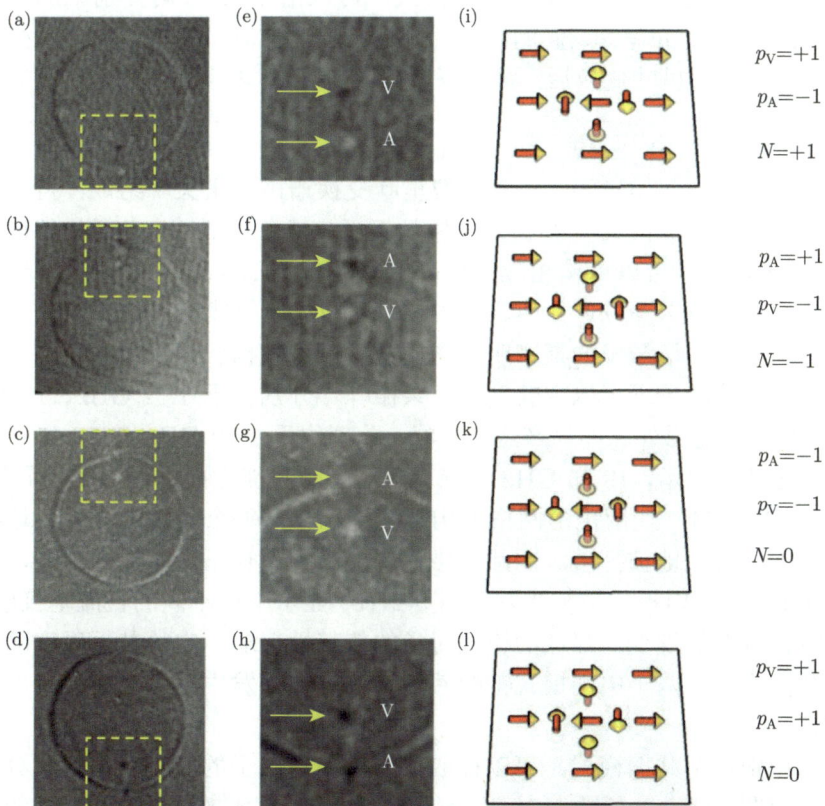

图 5-26  (a)~(d) 35 Oe 磁场下典型的磁信号图像，磁半子对总是出现在圆盘的上、下边沿附近；(e)~(h) 为磁半子对所在区域的放大图，其中 V 和 A 对应着磁涡旋核心和反涡旋核心；(i)~(l) 为四种可能的磁半子对磁结构的示意图[21]

### 5.1.3　人工斯格明子晶体激发模式的微磁学模拟研究

#### 1. 计算方法

Miao 等利用 OOMMF 程序 [11] 研究了二维人工斯格明子晶体的激发模式 [29]。选取 Co 为涡旋圆盘材料，并且假设它的磁晶各向异性为零。选取 CoPt 多层膜作为垂直磁化材料，它的单轴垂直各向异性常数 [9] 为 $K_1^{CoPt} = 4.0 \times 10^5$ J/m$^3$。计算中使用的材料参数是 Co 的交换常数 $A^{Co} = 1.9 \times 10^{-11}$ J/m，Co 的饱和磁化强度 $M_s^{Co} = 1.4 \times 10^6$ A/m[4]，CoPt 多层膜的饱和磁化强度 $M_s^{CoPt} = 5.0 \times 10^5$ A/m[9,10]。Co 圆盘和 CoPt 垂直膜的厚度分别为 24 nm 和 8 nm。Co 圆盘的直径 $D = 90$ nm，圆盘中心之间的距离 $s = 100$ nm。在计算中，应用平面内二维周期性边界条件，计算单元格大小为 $(2 \times 2 \times 2)$ nm$^3$。在所有的计算中，吉尔伯特阻尼因子 $\alpha = 0.02$。

为了研究零场下斯格明子的共振模式，可以沿 $x/z$ 方向分别施加一个振幅 $h_0 = 10$ mT、宽度 $w = 20$ ps 的高斯脉冲场，随后计算每个单元格磁化强度随时间的演变。进行傅里叶变换后，得到每个单元的振幅 $A_i$ 和相位 $\phi_i$ 作为频率的函数，频率分辨率为 $\frac{1}{T_{end} - T_{start}} = \frac{1}{7 \text{ ns}} = 0.14$ GHz，其中的 $T_{end}$ 和 $T_{start}$ 分别表示计算的截止与起始时间。得到的傅里叶变换谱由一组尖峰组成，每个尖峰都对应系统的一个特征模式[30,31]。在共振频率下，某个时刻每个单元格的傅里叶变换的实部 $A_i \cos \phi_i$ 可以重构相应的特征模式，其中 $A_i \cos \phi_i$ 代表在特定频率下动态磁化强度面外分量 $m_z^{[32-34]}$。图 5-27(a) 的黑色曲线和红色曲线分别为由面内和面外高斯脉冲场激发的斯格明子态的共振谱。数据已被每条曲线的最大值归一化。在面内脉冲场下可以观察到三个共振峰，分别位于 1.72 GHz、10.44 GHz 和 12.88 GHz，而面外脉冲只产生两个峰，分别位于 1.72 GHz 和 18.45 GHz。在下面的部分还将揭示，18.45 GHz 的峰对应着一个只能由面外场激发的面外模式。而且由于 OOMMF 使用矩形网格来构建 Co 圆盘，每个 Co 圆盘靠近边缘的圆形对称性不可避免地被打破。因此，磁化的面外畸变也干扰了面内分量，从而导致 1.72 GHz 的面内模式也被激发。图 5-27(b) 显示了在不同的直流垂直磁场 $H_z$ 下四个特征频率的演变。最低的模式对场的依赖性很弱，它的共振频率随垂直磁场 $H_z$ 缓慢增加。两个中间模式都随着 $H_z$ 的增加而发生红移，而最高的模式则发生蓝移。

为了识别每个共振模式，可以提取出人工斯格明子的四个特征模式分别对应的动态 $m_z$(图 5-28(a) 左栏) 和相位 $\phi$(图 5-28(a) 右栏) 的图像。在 $m_z$ 的标尺条中，红色 (蓝色) 代表最大的正 (负) 值。在 $\phi$ 的刻度条中，红色、绿色和黄色分别代表 $-\pi/2$、$\pi/2$、$\pm\pi$ 的相位。对于每一种模式，晶体中的每一个单独的斯格明子的行为都是一致的，这里只讨论一个斯格明子单元。图 5-28(a) 显示了频率为

1.72 GHz 的共振模式, 其中 $m_z$ 有一个蓝色和一个红色的斑点, 由两个沿着方位角的节点分开。相位分布则沿着逆时针方向从 $-\pi$ 变化到 $\pi$。这个模式最强, 频率最低, 对应于涡旋核心的回旋模式[35,36]。10.44 GHz 和 12.88 GHz 的动态 $m_z$ 显示出与 1.72 GHz 类似的特征, 而相位则分别为顺时针和逆时针变化。这两个中频模式分别对应于斯格明子晶体的顺时针和逆时针旋转模式, 以下将通过施加特定频率的交变场来进一步解释这一点。对于 $h_z$ 脉冲扰动下的最高频率模式, 动态 $m_z$ 表现出仅在盘的中心和边界存在的同心环状模式, 并且相位在斯格明子上几乎是均匀的 (图 5-28(a) 为模式 4)。这种模式对应于斯格明子晶体的呼吸模式。

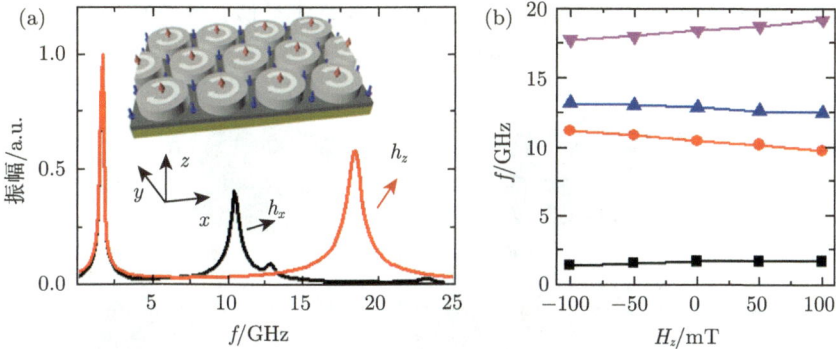

图 5-27 (a) 在面内 (黑色曲线) 和面外 (红色曲线) 磁场激发下, 斯格明子晶体 ($Q=1$) 的激发谱, 插图为二维人工斯格明子晶体的结构示意图, 箭头代表局域磁化的方向; (b) 四个谐振频率与垂直磁场 $H_z$ 的依赖关系[29]

由于斯格明子受拓扑保护, 它在小扰动下是稳定的。因此, 切边 Co 圆盘的斯格明子晶体和正圆形 Co 圆盘体系表现出类似的动力学特征, 也在其中观察到了三个面内旋转模式和一个面外呼吸模式 (图 5-28(b))。对于低频率的三个面内模式, 斯格明子晶体的旋转方式是一样的。但由于切边 Co 圆盘的圆形对称性被打破, 与正圆形 Co 圆盘相比, $m_z$ 和 $\phi$ 的空间分布被扭曲, 尤其在高频下更明显。例如, 模式 2 的动态 $m_z$ 中的蓝色斑点非常淡, $m_z$ 在最高频率的模式下表现出扭曲的环形图案, 而且相位也相应地发生变化。在模式 3 中, 左上方和右下方有两个红色区域, 右上方和左下方有两个蓝色区域, 这主要是由切边圆盘中圆形对称性被打破, 面内和面外共振之间的相互作用造成的。

### 2. 面内的旋转模式和面外的呼吸模式

通过对斯格明子晶体施加谐振频率为 $f_r$ 的连续交流磁场, Miao 等进一步研究了其自旋动力学行为。首先, 在晶体上施加一个面内的交流磁场以激活面内的共振模式, 该磁场被设定为 $h(t) = \left( h_x^f \sin\left(2\pi f t\right), 0, 0 \right)$, $h_x^f = 10$ mT。图 5-29(a)~(c)

分别展示了在 1.72 GHz、10.44 GHz、12.88 GHz 交流面内磁场下，斯格明子的磁矩分布随时间的演变。在磁场下，红色/蓝色表示磁化分量从表面出来/进入表面，而黑色箭头表示面内方向。图片显示斯格明子核心的旋转方向是：低频模式为逆时针，中频模式为顺时针，而较高频的面内模式为逆时针。它们的旋转方向与图 5-28(a) 中从傅里叶变换中计算出的相位曲线一致。同样有趣的是，斯格明子的旋转方向与其自旋的旋性无关 (图 5-29(d))。相反，它们是由斯格明子数决定的，体现了其动态行为的拓扑性质。例如，$Q = -1$ 的斯格明子晶体的斯格明子 (图 5-29(e)) 在 10.44 GHz 时逆时针旋转，与 $Q=1$ 的斯格明子 (图 5-29(b)、(d)) 相反。在 18.45 GHz 的面外交流场下，斯格明子以呼吸模式振荡，其核心随时间周期性地延伸和收缩 (图 5-30(a))。与面内旋转模式类似，具有相反斯格明子数的斯格明子态呼吸模式也彼此反相 (图 5-30(b))。

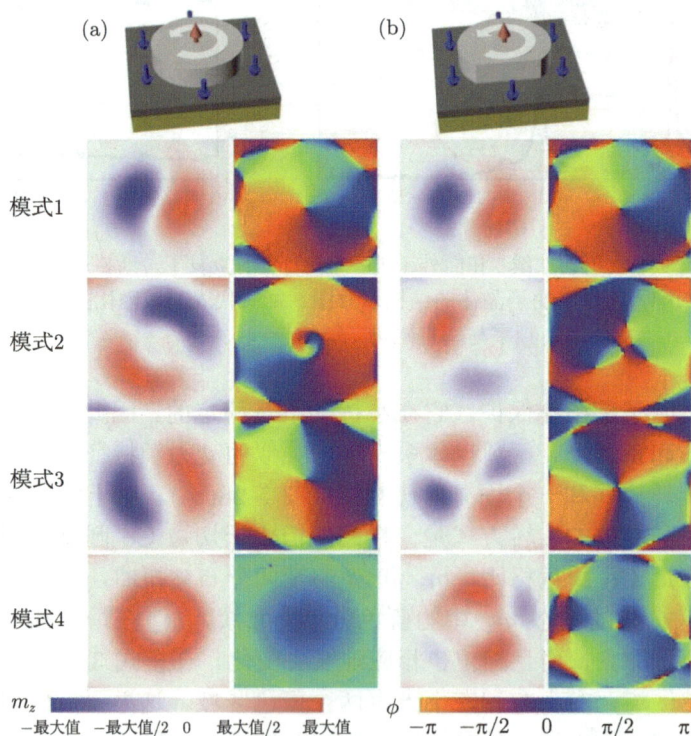

图 5-28　(a) 斯格明子 ($Q=1$) 在不同特征频率下的动态磁矩 $m_z$(左栏) 和相位 $\phi$(右栏) 的图像，1~3 共振模式沿着方位角分布，模式 4 则沿着径向分布；(b) 切边的 Co 圆盘组成的斯格明子晶体的计算结果[29]

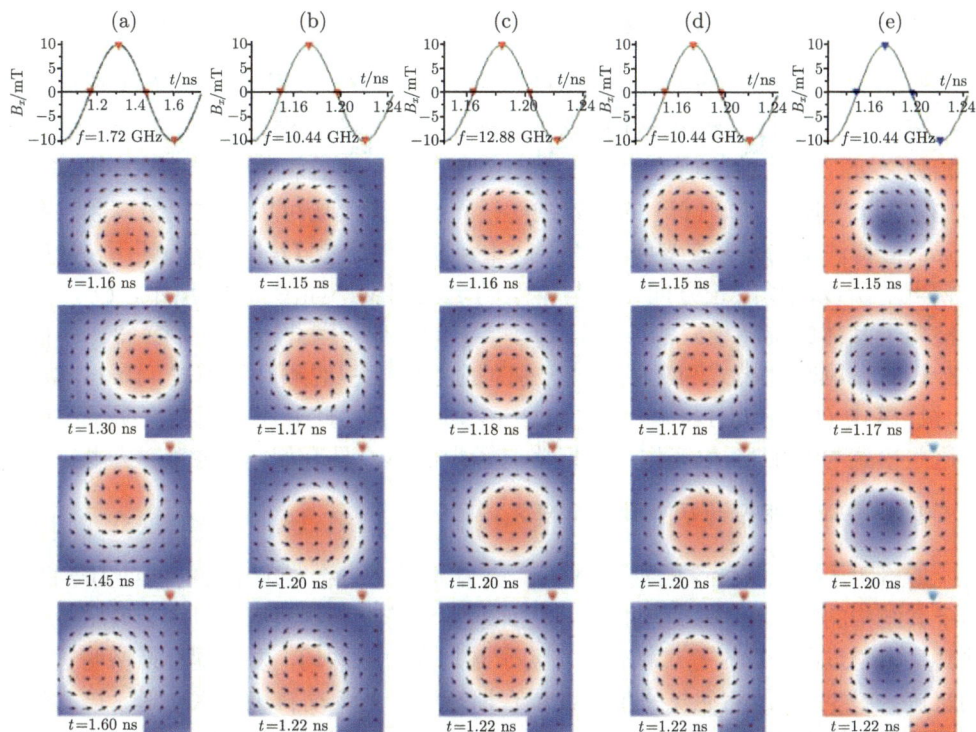

图 5-29 在 (a) 1.72 GHz、(b) 10.44 GHz 和 (c) 12.88 GHz 的连续面内交流场下，斯格明子 ($Q$=1) 核心随时间的进动行为，红色 (蓝色) 表示磁矩朝外 (朝里)，箭头则代表磁矩在平面内的方向；(d) 10.44 GHz 的连续面内交流场下，斯格明子 ($Q$=1) 核心随时间的演变与 (a) 类似，说明面内进动方向和斯格明子的旋性无关；(e) 在 10.44 GHz 面内交流场下，斯格明子 ($Q = -1$) 核心进动方向与 (a) 和 (d) 中相反[29]

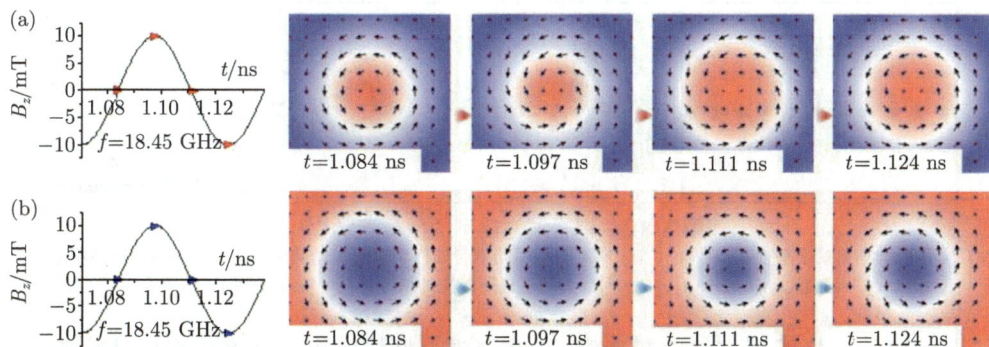

图 5-30 由 18.45 GHz 的连续面外交流场激发的呼吸模式[29]
斯格明子核心发生周期性的扩展和收缩；斯格明子状态 (a) $Q$=1 和 (b) $Q = -1$ 的呼吸模式反向

**3. 与 DM 相互作用的斯格明子中自旋波模式的对比**

有趣的是，将上文计算得到的人工斯格明子的自旋波模式与在参考文献 [31] 中报道的由 DM 相互作用产生的斯格明子的自旋波模式进行比较，发现两者有许多相似之处。在之前的研究中发现，面内交流场下存在两种旋转模式，低频 (高频) 模式以逆时针 (顺时针) 的方式进动；而面外交流场可以激发出最高频的呼吸模式。值得注意的是，在参考文献 [31] 中，斯格明子数 $Q=1$，核心朝下，外围部分朝上。所以磁场的正方向 $H_z$ 与本章的定义相反。如图 5-29 所示，$Q = 1$ 的斯格明子晶体的旋转模式的方向与 $Q = -1$ 的相反。因此，参考文献 [31] 中的逆时针模式、顺时针模式和呼吸模式分别对应于本章中的顺时针模式 (10.44 GHz)、逆时针模式 (12.88 GHz) 和呼吸模式 (18.45 GHz)。此外，人工斯格明子中的所有这些模式与带 DM 相互作用的斯格明子中的模式具有相同的磁场依赖性。

**4. 耦合斯格明子的动力学性质研究**

斯格明子由于其特殊的磁矩分布形态，在运动时也会展现出独特的动力学性质。由于其结构的复杂性，在运动时会发生比较大的形变，从而需要引入有效质量来描述其动力学过程。Dai 等对耦合斯格明子施加面内脉冲场，发现耦合斯格明子的运动轨迹为星型 [13]。将磁场去掉后，耦合斯格明子的运动轨迹为六边形。该六边形运动轨迹有两个本征频率，分别为 0.96 GHz 和 4.98 GHz，如图 5-31 所示。

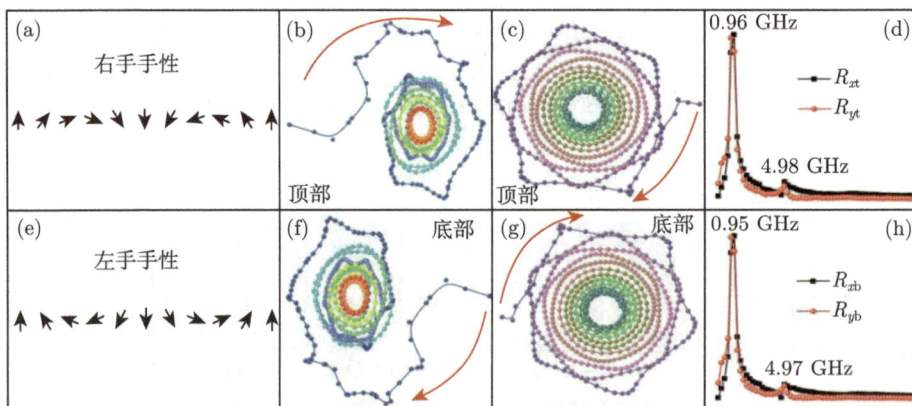

图 5-31　耦合斯格明子的回旋运动[13]

(a)、(e) 耦合斯格明子手性相反；(b)、(f) 脉冲磁场驱动耦合斯格明子的运动轨迹；(c)、(g) 耦合斯格明子自由回旋运动轨迹；(d)、(h) 回旋运动轨迹所对应的快速傅里叶变换 (FFT) 结果

对耦合斯格明子施加双频率磁场，发现耦合斯格明子呈现多边形运动轨迹，如图 5-32 所示[37]。通过调控磁场的频率比值，可以实现运动轨迹从三边形向七边形转变。该多边形运动轨迹的出现与耦合斯格明子运动时形变所引起的有效质量

有关。通过在蒂勒 (Thiele) 方程里引入有效质量，将 Thiele 方程改写为

$$\mu H_x - KR_x - G\dot{R}_y - D\dot{R}_x = M\ddot{R}_x$$

$$-KR_y + G\dot{R}_x - D\dot{R}_y = M\ddot{R}_y$$

其中，$\mu = \pi\mu_0 RLM_s\xi$，$R$ 为圆盘半径，$L$ 为圆盘厚度，$M_s$ 为饱和磁化强度，$\xi \approx 0.93$；$K$ 为有效刚度系数；$D$ 为阻尼系数；$G$ 为回旋矢量；$M$ 为有效质量。对上两式求数值解，通过改变外场的频率比值，可以获得多边形运动轨迹，证明有效质量对斯格明子动力学起着重要作用。

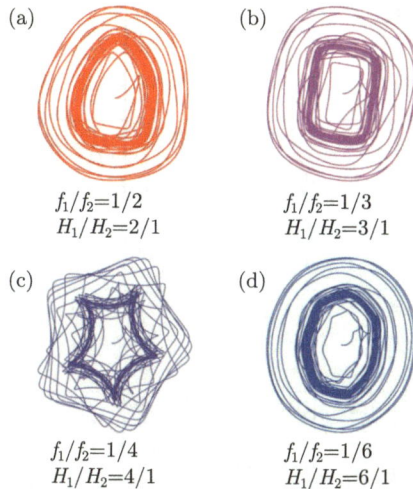

(a) $f_1/f_2 = 1/2$ $H_1/H_2 = 2/1$

(b) $f_1/f_2 = 1/3$ $H_1/H_2 = 3/1$

(c) $f_1/f_2 = 1/4$ $H_1/H_2 = 4/1$

(d) $f_1/f_2 = 1/6$ $H_1/H_2 = 6/1$

图 5-32　对耦合斯格明子施加双频率磁场后，耦合斯格明子的运动轨迹[37]

　　通过对耦合斯格明子施加单频率磁场，发现耦合斯格明子呈现花状运动轨迹，如图 5-33 所示[38]。当频率为 4.50 GHz 时，稳定轨迹为半径 12 nm 的圆形，这在涡旋动力学中很常见。然而，当磁场频率在 4.60~4.85 GHz 时，稳定轨迹转变为新奇的花状运动轨迹。花状运动轨迹除了具有外加磁场的频率外，还会激发出 1.15 GHz 附近的共振模式，这与耦合斯格明子在 0.98 GHz 的本征模式接近。进一步的研究表明，花状运动轨迹与斯格明子运动时所产生的形变有关，证明有效质量对斯格明子动力学有着重要作用。

### 5.1.4　小结

　　本节阐述了一种构建人工二维斯格明子的方法。通过使用常规的铁磁材料进行微加工，能够实现完全不依赖 DM 相互作用的人工斯格明子晶体，并且具有比较宽广的相图。该方法极大地扩展了斯格明子的材料选择范围。依据微磁学模拟和斯格明子数的计算提出了理论预言，并通过磁滞回线、克尔显微镜、磁力显

微镜和磁滞测量进行了实验验证。进一步研究表明，在没有 DM 相互作用的情况下，人工斯格明子晶体的面内逆时针和顺时针旋转模式以及面外呼吸模式依然存在，证明了拓扑磁结构是斯格明子动力学行为的内在来源。同时，斯格明子数决定了面内模式的旋转方向以及面外呼吸模式的相位，体现了斯格明子动力学的拓扑性质。耦合斯格明子动力学展现出多边形运动轨迹与新奇的花状运动轨迹，表明斯格明子运动时由形变导致的有效质量对斯格明子动力学起着重要作用。这些研究成果为操控斯格明子的运动奠定了理论基础。

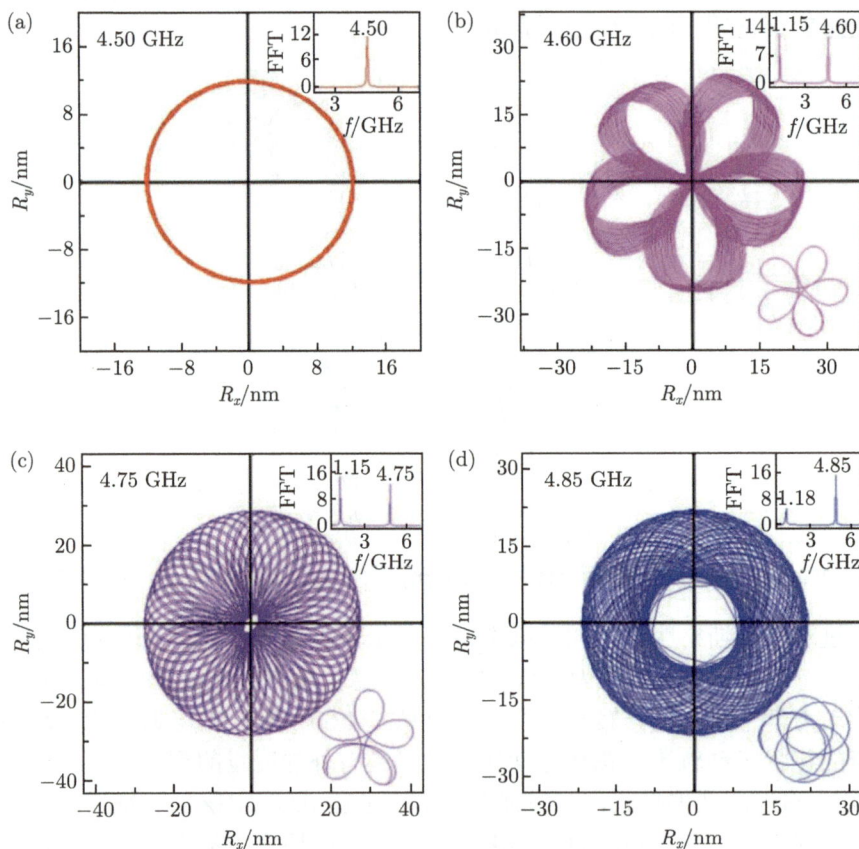

图 5-33　耦合斯格明子在单频率磁场下的花状运动轨迹[38]
(a)~(d) 磁场频率分别为 4.50 GHz、4.60 GHz、4.75 GHz、4.85 GHz

## 5.2　阻　　挫

阻挫体系是一个饱含了丰富物理特性的体系，在该体系中会出现诸如非共线反铁磁、反常霍尔效应、自旋液体、自旋冰、非平庸拓扑磁结构等多种新奇的物理现象[39−42]。随着研究的深入，人们对阻挫体系的理解也越来越深刻。本节我们将重点放在阻挫体系中的拓扑磁结构这一方面，简要阐述阻挫体系中拓扑磁结构的形成机理，并简要概括几个具有拓扑磁结构的代表性阻挫体系。值得注意的是，阻挫机制和 DM 相互作用机制，或者偶极相互作用机制可以在同一个材料体系中共存，只要该材料体系本身的对称性满足相应的条件即可。关于 DM 相互作用或者偶极相互作用机制诱导的拓扑磁结构及其特征，读者可参考本书相关章节的论述以及其中的参考文献。

### 5.2.1　阻挫体系中的磁相互作用

　　阻挫的形成有多种可能，一般意义上，阻挫往往是指几何阻挫，如图 5-34 所示，以二维的三角格子为例，当格点间只有向上和向下两个取向的自旋，且自旋 $S_i\,(i=1,2,3,\cdots)$ 之间的相互作用是铁磁相互作用时，体系并不会发生阻挫，各个自旋倾向于在同一个面内平行排列，使得体系的自由能最低。然而，当自旋 $S_i\,(i=1,2,3,\cdots)$ 之间是反铁磁相互作用时，格点之间的自旋就不能完全满足反铁磁相互作用的条件，从而形成简并的阻挫状态，如图 5-34(a) 所示，是六重简并的。阻挫的情况很容易在具有三角、笼目 (kagome)、面心立方以及四面体格子对称性的晶体体系中出现，图 5-34(b) 所示即为四面体格子中出现的阻挫。因此，在现实世界中，阻挫是一种非常普遍的磁物理现象。这些几何阻挫最先是在绝缘体的局域磁性体系中被广泛研究，随后几年，在巡游电子磁性体系的金属中也发现了阻挫，且在巡游电子磁性体系中也相继发现了拓扑磁结构。这里将简要介绍绝缘体和金属中两种不同的磁阻挫以及它们诱导的拓扑磁结构。

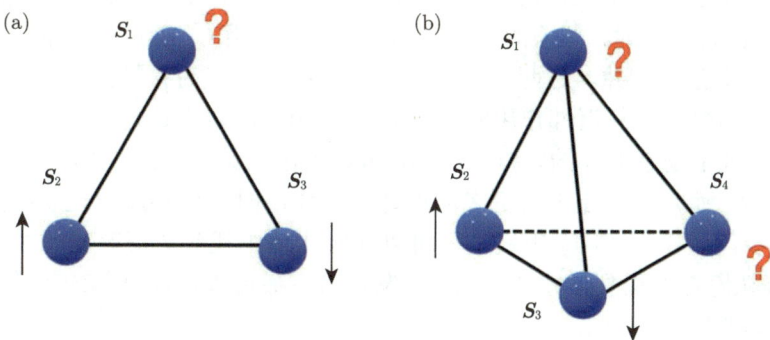

图 5-34　几何阻挫示意图
(a) 二维三角格子中的阻挫；(b) 三维四面体中的阻挫

### 1. 绝缘体中的磁阻挫相互作用

为简便，以下将利用海森伯模型来描述和讨论阻挫中相应的磁相互作用，海森伯模型可以写成如下形式：

$$\mathcal{H} = \sum_{i,j} J_{ij} \boldsymbol{S}_i \cdot \boldsymbol{S}_j \tag{5-1}$$

式中，$\boldsymbol{S}_i$ 和 $\boldsymbol{S}_j$ 分别是格点 $i$ 和格点 $j$ 上的自旋；$J_{ij}$ 是自旋 $\boldsymbol{S}_i$ 和自旋 $\boldsymbol{S}_j$ 之间的交换积分，这里采用经典的归一化自旋模型，即 $|\boldsymbol{S}_i| = 1$。式 (5-1) 的傅里叶变换为

$$\mathcal{H} = \sum_{\boldsymbol{q}} J_{\boldsymbol{q}} \boldsymbol{S}_{\boldsymbol{q}} \cdot \boldsymbol{S}_{-\boldsymbol{q}} \tag{5-2}$$

其中，

$$J_{\boldsymbol{q}} = \sum_{i,j} \mathrm{e}^{-i\boldsymbol{q} \cdot (\boldsymbol{r}_i - \boldsymbol{r}_j)} \tag{5-3}$$

$\boldsymbol{S}_{\boldsymbol{q}}$ 是 $\boldsymbol{S}_i$ 的傅里叶分量；$\boldsymbol{r}_i$ 和 $\boldsymbol{r}_j$ 是格点 $i$ 和 $j$ 的位置矢量，且有约束条件 $\sum_{\boldsymbol{q}} |\boldsymbol{S}_{\boldsymbol{q}}|^2 = N$，这里 $N$ 为格点数量。在这样的式子下，针对特定的晶格形式，便可以写出具体的 $J_{\boldsymbol{q}}$，例如，在考虑最近邻和第三近邻的作用下，即在 $J_1$-$J_3$ 模型中，Hayami 和 Motome 写出了正方格子以及三角格子 $J_{\boldsymbol{q}}$ 的表达式[40]，通过对 $J_{\boldsymbol{q}}$ 求最小值能得到系统的基态。他们的求解结果显示，对于正方格子，当 $J_1 = -1, J_3 = 0$ 时，体系的基态是铁磁态；当 $J_1 = 1, J_3 = 0$ 时，体系的基态是共线的反铁磁态。对于三角格子，当 $J_1 = -1, J_3 = 0$ 时，体系的基态是铁磁态；而当 $J_1 = 1, J_3 = 0$ 时，体系的基态是由三个子格子互成 120° 构成的非共线磁结构，此时，不存在简并。这两种情况下，基态都不存在简并的情况，阻挫没有发生。然而，当引入第三近邻作用时，例如 $J_3 = 0.5$ 时，无论是正方格子还是三角格子，都出现了基态简并的阻挫。因此，可以得出结论，在模型 (5-1) 中，当不只考虑最近邻，而是进一步考虑更多的近邻相互作用时，体系就出现了阻挫。

进一步，从模型 (5-1) 出发，还可以在绝缘体中找到更新颖的磁结构。例如，Okubo 等从海森伯模型，即式 (5-1) 出发，考虑最近邻和次近邻或者第三近邻相互作用，即[43]

$$\mathcal{H} = -J_1 \sum_{\langle i,j \rangle} \boldsymbol{S}_i \cdot \boldsymbol{S}_j - J_{2,3} \sum_{\langle\langle i,j \rangle\rangle} \boldsymbol{S}_i \cdot \boldsymbol{S}_j - 2\mu_{\mathrm{B}} H \sum_i S_{i,z} \tag{5-4}$$

式中，第一项和第二项的求和号分别是对最近邻和第二或第三近邻的求和平均；$J_1$、$J_2$ 和 $J_3$ 分别为最近邻、次近邻以及第三近邻的交换积分；$H$ 为外加磁场；

$S_{i,z}$ 为 $\boldsymbol{S}_i = (S_{i,x}, S_{i,y}, S_{i,z})$ 中 $z$ 方向的分量。通过傅里叶变换以及能量最小化，以及一系列计算，即可得到在阻挫体系中的基态——非公度的磁结构的基态。Okubo 等在文献 [43] 中提供了多组解，例如在 $J_1$-$J_3$ 模型中，当 $J_1/J_3 = -1/3$ 时，体系不但有单 $q$ 态和双 $q$ 态，还有三重 $q$ 态，即斯格明子态。

当一个阻挫体系存在各向异性时，式 (5.1) 可以变为[44]

$$\mathcal{H} = \sum_{\langle i,j \rangle} J_{ij} \boldsymbol{S}_i \cdot \boldsymbol{S}_j - H \sum_i S_{i,z} - A \sum_i (S_{i,z})^2 \qquad (5\text{-}5)$$

式中，$A$ 为各向异性系数，当 $A > 0$ 时体系具有垂直易轴各向异性。Hayami 等[44] 利用蒙特卡罗等方法，求解了没有各向异性和存在各向异性情况时体系的解。当 $A = 0$ 时，各向同性的海森伯阻挫体系在有限温度下满足某个临界条件时可以存在稳定的斯格明子相。当引入一个微小的 $A$ 时，体系稳定斯格明子的条件变得更容易满足，使得波矢 $\boldsymbol{Q}$ 为无限大的斯格明子截断为有限大小，斯格明子相更容易出现。而当各向异性足够强的时候，体系里的斯格明子相将被共线的磁泡态所代替。因此，Hayami 等总结了另一个可能在阻挫体系中出现斯格明子等各类拓扑磁结构的三个条件：① $C_6$ 对称性，②由于多种相互作用竞争产生有限的 $|\boldsymbol{Q}|$，③易轴各向异性[44]。

通过以上讨论可知，阻挫体系中出现拓扑磁结构的一个共同条件是，体系不但要考虑最近邻相互作用，还必须要考虑次近邻甚至第三近邻的相互作用。正是这些复杂的相互作用之间的相互竞争使得基态成为一个简并态，形成阻挫甚至出现非平庸拓扑磁结构。

### 2. 巡游电子磁阻挫体系中的磁相互作用

与绝缘体中局域电子磁性系统不同，在巡游电子磁性系统中，不能继续使用式 (5-1) 来进行描述和讨论了。尤其是在强关联体系中，电子的电荷自由度与自旋自由度高度相关，电子之间的库仑相互作用不能忽略，一个可行的方法是从描述巡游电子和局域电子耦合的 s-d 交换模型出发[40]：

$$\mathcal{H} = -\sum_{i,j,\sigma} t_{ij} c_{i\sigma}^{\dagger} c_{j\sigma} + J_K \sum_{i,\sigma,\sigma'} c_{i\sigma}^{\dagger} \boldsymbol{\sigma}_{\sigma\sigma'} c_{i\sigma'} \cdot \boldsymbol{S}_i \qquad (5\text{-}6)$$

式中，$t_{ij}$ 是格点 $i$ 和格点 $j$ 之间的转移积分，令 $t_1 = 1$ 作为能量单位；$c_{i\sigma}^{\dagger}$ 和 $c_{i\sigma}$ 分别是在格点 $i$、自旋为 $\sigma$ 的巡游电子的生成和湮灭算符；$\boldsymbol{\sigma} = (\sigma_x, \sigma_y, \sigma_z)$ 为泡利矩阵；$J_K$ 是巡游电子和局域自旋 $\boldsymbol{S}_i$ 的交换耦合积分；局域自旋 $\boldsymbol{S}_i$ 满足经典自旋条件 $|\boldsymbol{S}_i| = 1$。因此，式 (5-6) 第一项表示的是巡游电子的动能项，第二项代

表的是巡游电子和局域自旋的耦合项。对该式进行傅里叶变换，有

$$\mathcal{H} = \sum_{\boldsymbol{k},\sigma} \varepsilon_{\boldsymbol{k}} c_{\boldsymbol{k}\sigma}^{\dagger} c_{\boldsymbol{k}\sigma} + \frac{J_K}{\sqrt{N}} \sum_{\boldsymbol{k},\boldsymbol{q},\sigma,\sigma'} c_{\boldsymbol{k}\sigma}^{\dagger} \boldsymbol{\sigma}_{\sigma\sigma'} c_{\boldsymbol{k}+\boldsymbol{q}\sigma'} \cdot \boldsymbol{S}_{\boldsymbol{q}} \tag{5-7}$$

其中，

$$\varepsilon_{\boldsymbol{k}} = -\sum_{ij} t_{ij} \mathrm{e}^{i\boldsymbol{k}\cdot(\boldsymbol{r}_i-\boldsymbol{r}_j)} \tag{5-8}$$

为电子的能量色散关系；$c_{\boldsymbol{k}\sigma}^{\dagger}$ 和 $c_{\boldsymbol{k}\sigma}$ 分别是 $c_{i\sigma}^{\dagger}$ 和 $c_{i\sigma}$ 的傅里叶变量；$\boldsymbol{S}_{\boldsymbol{q}}$ 是 $\boldsymbol{S}_i$ 的傅里叶变量；$N$ 为格点数量。式 (5-7) 的第二项表示巡游电子被局域电子散射，并伴随着动量 $\boldsymbol{q}$ 的转移。

在弱耦合的情况下，$J_K \ll t_{ij}$，可以将式 (5-7) 的第二项当作微扰进行求解得到系统的基态，这里不进行详细的求解，只引述结果。求解后得到对自由能 $F$(或哈密顿量 $\mathcal{H}$) 的二阶贡献是

$$F^{(2)} = -J_K^2 \sum_{\boldsymbol{q}} \chi_{\boldsymbol{q}}^0 \boldsymbol{S}_{\boldsymbol{q}} \cdot \boldsymbol{S}_{-\boldsymbol{q}} \tag{5-9}$$

其中，

$$\chi_{\boldsymbol{q}}^0 = -\frac{T}{N} \sum_{\boldsymbol{k},\omega_p} G_{\boldsymbol{k}+\boldsymbol{q}} G_{\boldsymbol{k}} = \frac{1}{N} \sum_{\boldsymbol{k}} \frac{f(\varepsilon_{\boldsymbol{k}}) - f(\varepsilon_{\boldsymbol{k}+\boldsymbol{q}})}{\varepsilon_{\boldsymbol{k}+\boldsymbol{q}} - \varepsilon_{\boldsymbol{k}}} \tag{5-10}$$

是体系中巡游电子的裸磁化率 (bare susceptibility)。这里，$T$ 是温度；$G_{\boldsymbol{k}}(\mathrm{i}\omega_p) = [\mathrm{i}\omega_p - (\varepsilon_{\boldsymbol{k}} - \mu)]^{-1}$ 是频率为 $\omega_p$、化学势为 $\mu$ 的无相互作用的独立自旋格林函数；$f(\varepsilon_{\boldsymbol{k}})$ 是能量为 $\varepsilon_{\boldsymbol{k}}$ 的费米–狄拉克分布函数。式 (5-9) 就是著名的 RKKY 相互作用。体系的基态可通过寻找最优解获得，基态的解为简并的单 $Q$ 螺旋态，由下式表示：

$$\boldsymbol{S}_i = (\cos \boldsymbol{Q} \cdot \boldsymbol{r}_i, \sin \boldsymbol{Q} \cdot \boldsymbol{r}_i, 0) \tag{5-11}$$

式中，$\boldsymbol{Q}$ 定义了基态螺旋磁矢量的大小和方向，部分螺旋磁结构在外磁场作用下会演变为拓扑斯格明子结构，例如实验上观察到的 $\mathrm{Gd}_3\mathrm{Ru}_4\mathrm{Al}_{12}$ 体系。

理论研究表明，单独的 RKKY 相互作用加上更高的四阶相互作用，例如 $\left[\propto (\boldsymbol{S}_i \cdot \boldsymbol{S}_j)^2\right]$ 项，就会形成多 $Q$ 态，甚至拓扑斯格明子态[44]。当对 s-d 交换模型展开，并进一步求四阶贡献时，得到四阶自由能的表达式：

$$F^{(4)} = \frac{T}{2}\frac{J_K^4}{N^2} \sum_{\boldsymbol{k},\omega_p} \sum_{\boldsymbol{q}_1,\boldsymbol{q}_2,\boldsymbol{q}_3,\boldsymbol{q}_4,l} G_{\boldsymbol{k}} G_{\boldsymbol{k}+\boldsymbol{q}_1} G_{\boldsymbol{k}+\boldsymbol{q}_1+\boldsymbol{q}_2} G_{\boldsymbol{k}+\boldsymbol{q}_1+\boldsymbol{q}_2+\boldsymbol{q}_3} \delta_{\boldsymbol{k}+\boldsymbol{q}_1+\boldsymbol{q}_2+\boldsymbol{q}_3+\boldsymbol{q}_4,lG}$$

$$\times \left[(\boldsymbol{S}_{\boldsymbol{q}_1} \cdot \boldsymbol{S}_{\boldsymbol{q}_2})(\boldsymbol{S}_{\boldsymbol{q}_3} \cdot \boldsymbol{S}_{\boldsymbol{q}_4}) + (\boldsymbol{S}_{\boldsymbol{q}_1} \cdot \boldsymbol{S}_{\boldsymbol{q}_4})(\boldsymbol{S}_{\boldsymbol{q}_2} \cdot \boldsymbol{S}_{\boldsymbol{q}_3}) - (\boldsymbol{S}_{\boldsymbol{q}_1} \cdot \boldsymbol{S}_{\boldsymbol{q}_3})(\boldsymbol{S}_{\boldsymbol{q}_2} \cdot \boldsymbol{S}_{\boldsymbol{q}_4})\right]$$

$$\tag{5-12}$$

式中，$\delta$ 是克罗内克 (Kronecker)delta 函数。这就是四自旋相互作用，该四自旋相互作用可诱导出系统的多 $Q$ 态，甚至拓扑斯格明子态。

### 5.2.2　典型阻挫体系的拓扑磁结构

#### 1. 复杂的磁相图

随着实验技术的发展，阻挫体系得到了广泛而深入的研究，值得注意的是，围绕绝缘体中局域磁阻挫开展的实验研究，发现了诸如自旋液体、自旋冰之类众多神奇的量子物理现象。但实验上首先发现存在拓扑磁结构的阻挫体系却来自巡游电子磁阻挫系统，表 5-1 罗列了截至目前从实验上证实存在的各类复杂拓扑磁结构的阻挫材料体系以及它们的简要物性参数。这里主要从实验进展角度介绍块体阻挫体系中观察到的拓扑磁结构以及阻挫体系所具有的奇异物理性质，关于薄膜阻挫材料中的相关磁结构和性质，读者可以查阅本书与薄膜相关的章节。

**表 5-1　实验上发现具有拓扑磁结构的阻挫体材料体系**

| 体系 | 空间群 | 磁有序温度/K | 磁结构种类 | 磁结构尺寸/nm | 主要的磁作用类型 | 参考文献 |
|---|---|---|---|---|---|---|
| $Gd_2PdSi_3$ | $P6/mmm$ | 20 | 布洛赫斯格明子 | 2.5 | RKKY | [45] |
| $Gd_3Ru_4Al_{12}$ | $P6_3/mmm$ | 19 | 布洛赫斯格明子 | 2.8 | RKKY | [46] |
| $GdRu_2Si_2^*$ | $I4/mmm$ | 46 | 布洛赫斯格明子 | 1.9 | 四自旋 | [47] |
| $Co_7Zn_7Mn_6$ | $P4_132$ | 160 | 布洛赫斯格明子 | $73\sim110$ | DM | [48] |
| $YMn_6Sn_6$ | $P6/mmm$ | 333 | 扇形畴 | — | RKKY | [49] |

\* 与其他几个阻挫体系作用不同的是，$GdRu_2Si_2$ 中不存在阻挫，但是它有四自旋相互作用，与其他 Gd 基化合物有很多相似之处，因此本表予以收录。

从表 5-1 可以看到，目前实验证实具有拓扑磁结构的阻挫体系的磁有序温度是从液氦温度一直到室温以上，范围非常广泛。这里将以 Gd 基的几种材料为主，介绍在巡游电子磁阻挫系统中出现的拓扑磁结构以及新奇的物理特性[45-47]。

如图 5-35(a) 所示，具有拓扑磁结构的 Gd 基材料代表物质，如 $Gd_2PdSi_3$，其磁性原子 Gd 组成二维三角晶格，非磁性原子 Pd/Si 则夹在两层磁性原子 Gd 之间组成蜂窝状结构。该体系中局域的 4f 电子之间通过巡游电子作为媒介，出现了较强的 RKKY 作用，并且由于晶格几何的关系，RKKY 作用出现了阻挫。在阻挫的背景下，该体系呈现了极为复杂的磁结构，导致了丰富的相图。

图 5-35(d) 所示为 $Gd_2PdSi_3$ 中磁场 $H$ 沿着晶体 $c$ 轴从实验上测得的相图[45]，包括了非公度相 (IC-1 和 IC-2)、斯格明子相 (A)、顺磁 (PM) 等几个相。通过磁共振 X 射线散射等实验手段，IC-1 相和 A 相可以被认定为三重 $q$ 态，该三重 $q$ 态是由三个互成 $120°$ 的躺在 $ab$ 面内的自旋调制矢量的线性叠加而成的。从磁散射很难区别 IC-1 和 A 相，但是从霍尔效应上可以明显地看到 IC-1 和 A 相的区别，A 相有非常显著的拓扑霍尔效应，而 IC-1 相却没有，因此，很容易确定 A 相即为斯格明子相，见图 5-35(d)。值得注意的是，斯格明子相在这里是

以一个平衡态的形式出现的，因此能在很低的温度下稳定，明显不同于 B20 类和 β-Mn 类手性斯格明子材料。在很低的温度下，B20 类和 β-Mn 类材料中的斯格明子是亚稳态的，而且一般要经历一个场冷的过程。对于 $Gd_2PdSi_3$ 中的 IC-1 相，和斯格明子具有不同的相因子，而且在零磁场时拓扑荷为零，这可能是磁半子–反磁半子晶格。斯格明子晶格和磁半子–反磁半子晶格示意图见图 5-35(b) 和 (c)。而对于 IC-2 相，很容易从实验上确定磁结构是扇形相 [45]。

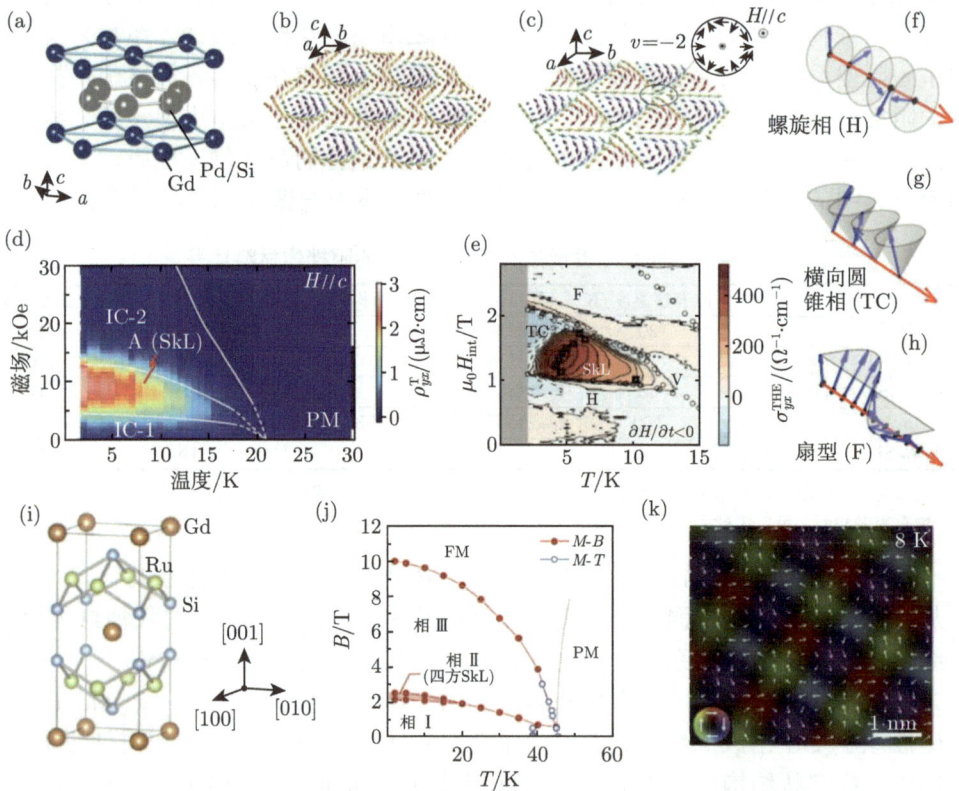

图 5-35　$Gd_2PdSi_3$、$Gd_3Ru_4Al_{12}$ 和 $GdRu_2Si_2$ 体系中的拓扑磁结构和相图 [45,46]
(a)$Gd_2PdSi_3$ 的晶体结构示意图；(b) 斯格明子晶格示意图；(c) 磁半子–反磁半子晶格示意图；(d) 和 (e) 分别是 $Gd_2PdSi_3$ 和 $Gd_3Ru_4Al_{12}$ 磁场–温度相图，其中 IC 代表非共度相，分 IC-1 和 IC-2 为两个不同的相，A 相即斯格明子相 (SkL)，PM 是顺磁相；(f)～(h) 分别是螺旋、横向圆锥、扇形磁结构示意图；(i)$GdRu_2Si_2$ 的晶体结构示意图；(j)$GdRu_2Si_2$ 磁场–温度相图；(k) $GdRu_2Si_2$ 中四方斯格明子晶格洛伦兹透射电镜图

值得注意的是，$Gd_3Ru_4Al_{12}$ 体系也是一个 Gd 基且具有 RKKY 磁阻挫的体系，相图见图 5-35(e)，可以看到，斯格明子相所在范围均能观测到极为明显的拓扑霍尔效应。利用洛伦兹透射电镜，也可以在该体系中直接观测到斯格明子。与 $Gd_2PdSi_3$ 稍微不同的是，除斯格明子相外，在 $Gd_3Ru_4Al_{12}$ 体系中还存在螺旋磁相 (helix)、横向圆锥相 (transverse conical，TC)、扇形 (fan) 磁结构相，以及一

个现在还没能确认的相 (V) 等，相应的磁结构示意图也在图 5-35(f)~(h) 中示出。在结构上，它与 $Gd_2PdSi_3$ 不同的是，Gd 原子在 $Gd_3Ru_4Al_{12}$ 中由于晶格畸变，导致大小交替的三角形在晶格中存在，从而形成呼吸式的笼目晶格。在相图上与 $Gd_2PdSi_3$ 的异同，与结构上的关联度有多大，还值得进一步研究[46]。

我们注意到，另一种材料是 $GdRu_2Si_2$[47]，它是一个四方结构的材料，Gd 原子组成方形格子和 $Ru_2Si_2$ 沿着 $c$ 轴交替堆叠，见图 5-35(i)。尽管在该体系中不存在阻挫，但是在 Gd 自旋之间存在 RKKY 以及双四自旋相互作用，这些相互作用对该体系中的斯格明子的形成和稳定至关重要。磁共振 X 射线和洛伦兹透射电镜成像实验结果表明，在有限磁场下该体系中的斯格明子尺寸能达到 1.9 nm，尺寸极小，并且具有四方对称性 (图 5-35(j) 和 (k))[47]。

尽管阻挫对材料中斯格明子的形成和稳定，以及展现出特殊而新颖的物理性质至关重要，但是也应该注意到，阻挫和其他磁相互作用并不是相互排斥的，在 DM 相互作用不为零的体系内，也可能存在阻挫，例如 $Co_7Zn_7Mn_6$ 阻挫[48]，实验上能观察到一个新的、离居里温度较远的斯格明子相，就与该材料中手性体系中 DM 相互作用以及 β-Mn 结构本身的阻挫作用之间的竞争有关。而在 $Co_{10-x/2}Zn_{10-x/2}Mn_x$ 的其他组分中没有观察到离居里温度较远的斯格明子相，可能的原因是，Mn 含量的减少导致阻挫作用大大降低，从而无法和 DM 相互作用形成足够的竞争。

## 2. 巨大的拓扑霍尔效应

在磁材料体系中，霍尔电阻可以写成[45]

$$\rho_{yx} = R_0 B + R_s M + \rho_{yx}^{\mathrm{T}} \tag{5-13}$$

式中，第一项为正常霍尔效应项，$R_0$ 和 $B$ 分别为正常霍尔系数和磁感应强度；第二项为反常霍尔效应项，$R_s$ 和 $M$ 分别为反常霍尔系数和磁化强度；$\rho_{yx}^{\mathrm{T}}$ 是拓扑霍尔效应项。一般地，由于斯格明子的拓扑非平庸性特征，当传导电子流过斯格明子时，经由自旋力矩的作用而和斯格明子产生作用，会感受到一个非零的有效场 $\boldsymbol{B}_{\mathrm{eff}}^i$：

$$\boldsymbol{B}_{\mathrm{eff}}^i = \frac{\Phi_0}{8\pi} D_{ijk} \boldsymbol{n} \cdot (\partial_j \boldsymbol{n} \times \partial_k \boldsymbol{n}) \tag{5-14}$$

式中，$\Phi_0 = h/e$ 是量子磁通；$h$ 是普朗克常量；$e$ 是单个电子的电荷量 (取正值)；$D_{ijk}$ 是反对称单位矩阵；$\boldsymbol{n} = \boldsymbol{M}/|\boldsymbol{M}|$ 是单位矢量。正是这个非零有效场导致了拓扑霍尔效应的产生。而对于非拓扑磁结构，$\boldsymbol{B}_{\mathrm{eff}}^i = \boldsymbol{0}$，不存在拓扑霍尔效应，因此，可以通过实验测量获得拓扑霍尔效应对电阻的贡献。

正如上文所述，目前发现的具有拓扑磁结构的 Gd 基材料，都有一个极其明显的效应，那就是在斯格明子相区，都出现了显著的拓扑霍尔效应[45~47]。典型的代表如图 5-36 所示。图 5-36(a)~(c) 是 $Gd_2PdSi_3$ 的霍尔效应实验结果，可以看到，霍尔电阻曲线和 $M$-$H$ 曲线的拐点或结点一一对应，且与该材料体系的磁相图也一一对应。经过提取，可以得到该材料的拓扑霍尔电阻，结果如图 5-36(b)和 (c) 所示，值得注意的是，最低温下最大的拓扑霍尔电阻值高达 2.6 $\mu\Omega$·cm，远高于其他斯格明子材料。同样显著的霍尔效应也在 $Gd_3Ru_4Al_{12}$ 以及 $GdRu_2Si_2$ 中观察到，而且，对于 $Gd_3Ru_4Al_{12}$ 还出现了磁滞，即在磁场增大时测到的霍尔电导和磁场减小时测得的霍尔电导在某一温度和磁场区间的曲线不重合，存在回滞，见图 5-36(d)。极大的拓扑霍尔效应暗示极小的斯格明子尺寸，而这几个 Gd 基拓扑材料的斯格明子尺寸均在几个纳米之间 (表 5.1)，显示了极其特殊的新现象，这些是 Gd 基磁拓扑材料的共性还是特殊的个性，还值得进一步研究。

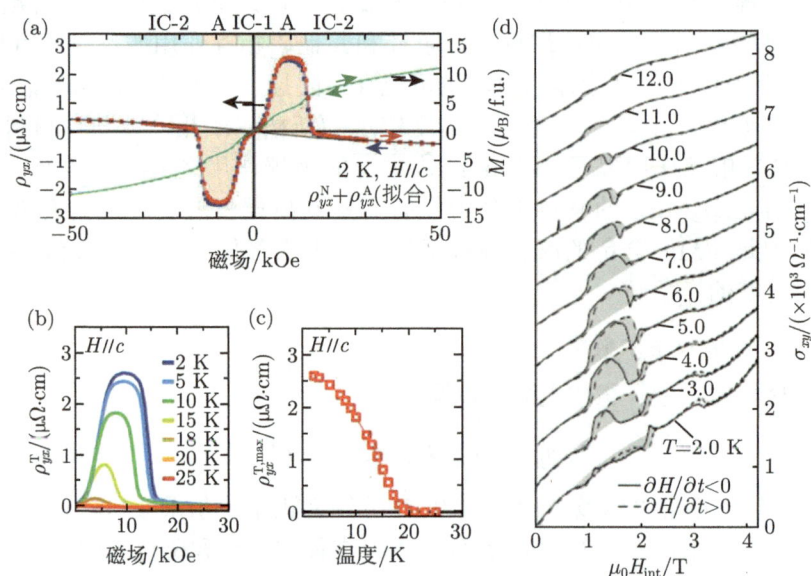

图 5-36　Gd 基斯格明子材料体系中出现的巨大霍尔效应 [45,46]

(a)~(c) 是 $Gd_2PdSi_3$，其中 (a) 是霍尔电阻以及磁化强度随磁场的变化曲线；(b) 是不同温度下，拓扑霍尔电阻随磁场的变化曲线；(c) 是最大霍尔电阻随温度的变化曲线；(d) 是 $Gd_3Ru_4Al_{12}$ 在不同温度下，霍尔电导随磁场的变化曲线，实线和虚线分别代表磁场减小和磁场增加时测到的数据

　　值得注意的是，出现拓扑霍尔效应并不必然导致拓扑磁结构，当体系内的自旋满足 $S_i \cdot (S_j \times S_k) \neq 0$ 时，也会诱导出拓扑霍尔效应，例如 $YMn_6Sn_6$[49]。该材料体系是一个笼目体系的反铁磁结构，Mn 原子在该体系中构成笼目晶格，且在双层笼目晶格中是铁磁耦合，而沿着晶体学 $c$ 轴则是反铁磁耦合。在该体系中存在两个明显的磁转变温度点，$T_{N1} \sim 360$ K 和 $T_{N2} \sim 330$ K，分别对应着顺磁--反铁磁和反铁磁--螺旋磁的转变。经中子衍射实验证实，该体系中并不存在拓扑的斯格明子结构，而是双扇形磁结构 [49]，因此，该材料体系中出现的拓扑霍尔效应并

不是来源于斯格明子等拓扑磁结构。

3. 能带结构对于拓扑磁性的影响

由表 5-1 可知，目前发现的具有拓扑磁结构的阻挫体系都具有较强的电子关联效应，这意味着电子和电子之间的库仑相互作用不能忽略，且具有异常复杂的能带结构。更为重要的是，按照线性响应理论，RKKY 相互作用的强度与巡游电子自旋磁化率 (Lindhard 响应函数) 有关，而后者与具体的电子结构以及费米面形状密切相关。例如，在 Gd(Tb)$_2$PdSi$_3$ 中在 $\Gamma$ 点附近有一个桶形电子口袋 (barrel shaped electron pocket)，其周围围绕着六个纺锤型的电子口袋 (spindle-shaped electron pocket)[50]。一些实验和理论研究表明，这样的费米面会导致费米面嵌套，而其嵌套波矢与螺旋反铁磁的传播波矢非常接近。因此，Inosov 等提出这一系统中的低温磁有序来源于局域的 Tb/Gd-5d 电子与巡游的 4d-Pd 电子之间的 RKKY 相互作用，而费米面嵌套增强了 RKKY 相互作用，最终导致了螺旋反铁磁序[50]。这一理论也被用于解释 GdRu$_2$Si$_2$ 中的螺旋反铁磁序[50]。

# 5.3  LSMO 类

LSMO 类原是指 La、Sr、Mn、O 等元素构成的一类化合物，后来还包括在这一类化合物中掺杂形成的相关化合物或具有结构和性质关联的化合物。在该类化合物中，大多数结构都是具有中心反演对称性的，因此多数都不具有 DM 相互作用。尽管如此，这一类化合物中的不少材料由于具有强的电子关联性，从而展现出诸如庞磁阻效应、金属–绝缘体转变、复杂的自旋结构之类丰富复杂的物理现象，因此，LSMO 类一直是凝聚态物理研究的焦点对象之一[51-55]。LSMO 体系内部的磁畴结构很早就被观察和研究了，其中备受关注的一个磁结构就是磁泡或者和磁泡相关的磁结构。本节将先简要介绍磁泡的形成机制，然后再介绍在 LSMO 体系中观测到的拓扑磁结构，以及围绕 LSMO 类磁结构产生的相应争论。

## 5.3.1  磁泡的形成机制简介

LSMO 类材料大多数因晶格具有反演中心而不具备 DM 相互作用，而主要存在对称性磁相互作用。以下以长程磁偶极相互作用为例，简要回顾一下长程磁偶极作用导致磁泡或者斯格明子磁泡的形成机理，这里，主要介绍 Garel 和 Doniach[56] 在 1982 年的工作。

考虑一个厚度为 $D$ 的磁性薄膜，其基态条纹畴的周期为 $2d$，描述该薄膜的单位面积的能量可以写为

$$E = \left[ 4\pi\xi\frac{D}{d} + \frac{16d}{r^2}\sum_{n\text{为奇数}}\frac{1}{n^3}\left(1 - \mathrm{e}^{-n\pi D/d}\right)\right] M_{\mathrm{s}}^2 \tag{5-15}$$

式中，$\xi$ 为畴壁厚度。上式的第一项代表了畴壁能，第二项则是退磁能的贡献。薄膜的平衡态由下式给出：

$$\frac{\partial E}{\partial d} = 0 \tag{5-16}$$

体系的总自由能

$$F = \int \mathrm{d}^2 x (F_{\mathrm{ex}} + F_{\mathrm{D}}) \tag{5-17}$$

其中，

$$F_{\mathrm{ex}} = \frac{D}{2a}J(\nabla m)^2 + \frac{D}{a^3}(T - T_F)\frac{m^2}{2} + \frac{DT_F}{12a^3}m^4 - g\mu_{\mathrm{B}}H \cdot m\frac{D}{a^3} \tag{5-18}$$

$$F_{\mathrm{D}} = \frac{1}{2}\int_S \mathrm{d}S\sigma\Phi = \frac{1}{2}\int \mathrm{d}^2x\mathrm{d}^2x'm(x)g(x,x')\boldsymbol{m}(x') \tag{5-19}$$

分别是交换作用能贡献和退磁能贡献项，这里 $a$ 为晶格常数，$J$ 为最近邻交换积分，$m(x)$ 是沿着薄片厚度方向的平均磁化强度，$T_{\mathrm{F}} = zJ$ 为平均场理论下的铁磁转变温度 (为方便，令玻尔兹曼常量 $k_{\mathrm{B}} = 1$)，$\sigma$ 是薄膜表面由磁化强度 $m(r)$ 诱导出来的磁荷分布，$\Phi$ 是表面的磁势分布，且

$$g(x,x') = (g\mu_{\mathrm{B}})^2\int \mathrm{d}q\frac{4\pi}{q}(1 - \mathrm{e}^{-qD})\mathrm{e}^{\mathrm{i}q(x-x')} \tag{5-20}$$

当一个有限的 $q$ 满足以下方程时，Ginzburg-Landau 不稳定发生：

$$\frac{\mathrm{d}f_q}{\mathrm{d}q} = \frac{\mathrm{d}}{\mathrm{d}q}\left[4\pi\frac{(g\mu_{\mathrm{B}})^2}{q}(1 - \mathrm{e}^{-qD}) + \frac{Jq^2D}{a}\right] = 0 \tag{5-21}$$

Garel 和 Doniach 在文献 [56] 中求得了稳定的条纹畴解

$$\boldsymbol{m} = \boldsymbol{m}_{\mathrm{s}0} + \boldsymbol{m}_{\mathrm{s}}\cos(q_0 x) \tag{5-22}$$

以及磁泡解

$$\boldsymbol{m} = \boldsymbol{m}_{\mathrm{B}0} + \sum_{i=1}^{3}\boldsymbol{m}_{\mathrm{B}}\cos(\boldsymbol{k}\cdot\boldsymbol{r}_i) \tag{5-23}$$

矢量 $k_i$ 满足以下方程:

$$\sum_{i=1}^{3} k_i = 0, \quad |k| = q_0 \tag{5-24}$$

图 5-37 给出了在偶极相互作用的单轴磁性体系中理论计算得到的磁相图。

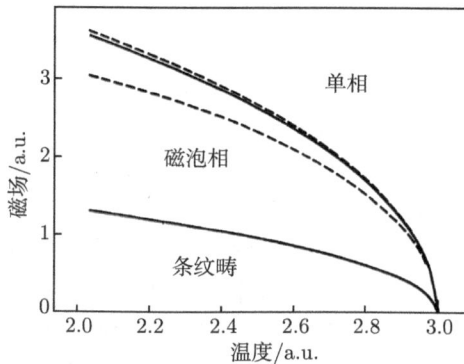

图 5-37 拥有单轴各向异性的偶极磁性薄膜相图[56]
图中出现了条纹畴和磁泡

由以上简介可知, 长程磁偶极相互作用在保证磁泡的形成过程中起到了重要的作用, 可以唯象地对其进行理解: 磁偶极相互作用倾向于使得自旋磁矩在薄膜面内排列, 而垂直的单轴各向异性倾向于使自旋磁矩在面外排列, 两者的竞争在一定条件下即形成了有限温度下的磁条纹畴, 在外磁场的作用下, 条纹畴演化成磁泡态, 其中一部分磁泡的拓扑荷满足 $N = \pm 1$, 这一部分磁泡就称为斯格明子磁泡, 有时候也不加区别地简称为斯格明子。以上介绍的 Garel 和 Doniach 给出的磁泡形成机制, 很容易应用到具有长程磁偶极相互作用的各类体系中, 笔者认为该机制同样也适用于不具有 DM 相互作用的 LSMO 类大部分材料。至于具有 DM 相互作用的 LSMO 类的一些材料, 它们内部体系磁作用之间的竞争和协作关系复杂, 目前还有待进一步深入探索和研究。

## 5.3.2 LSMO 类拓扑磁结构的实验观察和争议

Nagao 等[57] 利用洛伦兹透射电镜在 $La_{0.5}Ba_{0.5}MnO_3$ 中发现了类似斯格明子的磁畴。随后, Yu 等利用洛伦兹透射电镜在 $La_{2-2x}Sr_{1+2x}Mn_2O_7$ 中发现了由两个斯格明子构成的类似分子形式的 "双斯格明子"(biskyrmion), 这种新型磁结构双斯格明子的拓扑荷为 2, 图 5-38 是该研究的部分结果。图 5-38(a) 是 $x = 0.315$ 的样品沿着 [001] 和 [110] 两个不同方向的磁化强度随温度变化的曲线, 右上插图是该材料层状的结构示意图。从图中可以得知, $T_C \sim 100\,\mathrm{K}$, 且易磁化轴沿着 [001] 方向。图 5-38(b) 显示, 在零场情况下, 温度 $T = 20\,\mathrm{K}$, 外磁场为零时，样品出现了条纹畴，该图片是经过了强度传输方程分析后的结果，红色和绿色表示面内不同指向的磁畴，黑色则为磁矩指向面外。随着外磁场的增加 (此时磁场沿着样品的 $c$ 轴，垂直于样品表面)，$B = 0.35$ T 时，出现了图 5-38(c) 所示的现象 (此图为欠焦洛伦兹透射电镜照片)，图 5-38(d) 是经强度传输方程分析后得到的对应的自旋织构。从图中可以看到，双斯格明子形成了变形的六角晶格结构。放大的视图见图 5-38(e)，对应的面内磁分布也用箭头示出在图 (e) 和 (f) 中。图 5-38(g) 和 (h) 分别是单个双斯格明子的欠焦和过焦洛伦兹透射电镜照片，可以看到，欠焦和过焦的透射电镜照片衬度正好相反。图 5-38(i) 是单个双斯格明子的强度传输方程分析结果图，可以看到，单个双斯格明子是由两个具有相反旋向的独立斯格明子构成的类分子，因此具有拓扑荷为 $N = 2$ 的特点。由于双斯格明子是由两个旋向完全相反的斯格明子构成的，因此，双斯格明子只能存在于中心对称的材料体系内。非中心对称材料体系内的 DM 相互作用导致材料体系内只有完全相同旋向的斯格明子，而相同的两个斯格明子相互靠近时引起交换能的迅速上升，不利于双斯格明子的形成和稳定，因此在中心对称体系内两个旋向相反的斯格明子相互靠近则不会出现这种情况。

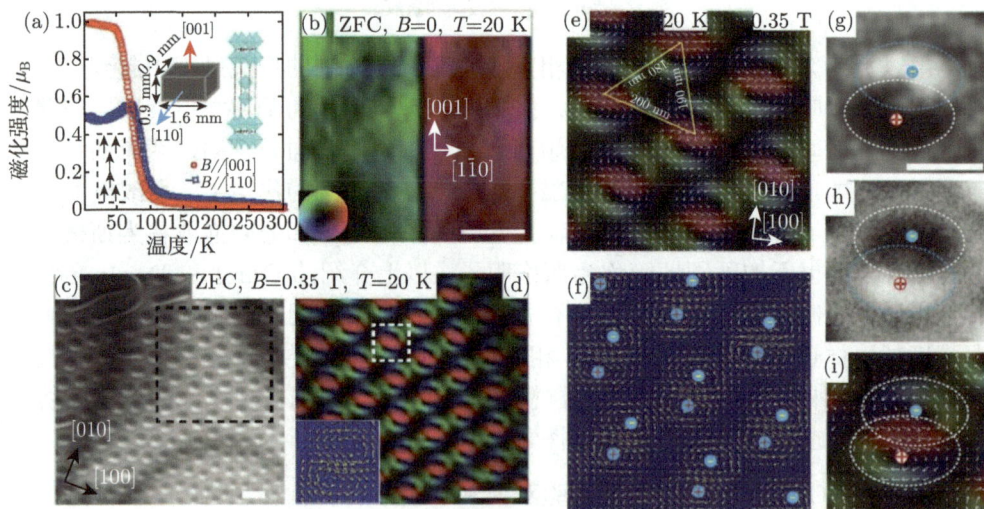

图 5-38　$La_{2-2x}Sr_{1+2x}Mn_2O_7$ 中的双斯格明子[58]

(a)$La_{2-2x}Sr_{1+2x}Mn_2O_7$ 的磁化强度随温度变化的曲线，插图是实验用的样品信息和结构示意图；(b) 样品处于基态时出现的条纹畴；(c)、(d) 出现了双斯格明子晶格的洛伦兹衬度图和对应的自旋织构图；(e) 为 (d) 方框区域的放大；(f) 是磁矩面内分量图；(g)、(h) 分别是洛伦兹透射电镜的欠焦和过焦图片；(i) 是相应的织构图

双斯格明子在 $La_{2-2x}Sr_{1+2x}Mn_2O_7$ 体系中被报道之后，人们又通过钌掺杂 $La_{1.2}Sr_{1.8}(Mn_{1-y}Ru_y)_2O_7$ 改变磁各向异性，观察到了磁泡和斯格明子结构[58]。Yu 等也进一步报道了 $La_{1-x}Sr_xMnO_3$ ($x = 0.175$) 材料磁泡具有多种内部结构的丰富性和复杂性[59]。Nakamura 等通过调控半金属 $La_{0.7}Sr_{0.3}Mn_{1-y}Ru_yO_3$ 薄

膜的垂直磁各向异性，测到了拓扑霍尔效应，通过实空间的观察，看到了斯格明子，一些斯格明子还可能具有较高的拓扑荷[60]。后来，扩展到更多的材料体系，甚至在非 LSMO 类材料，如 $(Mn_{1-x}Ni_x)_{65}Ga_{35}$ $(x = 0.5)$[61]、$MnNiGa$[62] 和 Fe-Gd 薄膜[63] 中都发现了类似双斯格明子的磁结构，还出现了"阴–阳"类型的磁结构[64-67]。

但是，争议也因此而起，在这些 LSMO 体系甚至非 LSMO 体系中是否存在双斯格明子和其他拓扑磁结构，或者说实验上在 LSMO 体系和非 LSMO 体系的多种材料成分中观察到的这些磁结构是否对应着拓扑非平庸的双斯格明子或更复杂的磁结构? Kotani 等[68] 利用洛伦兹透射电镜和小角中子衍射等手段进行观察发现，在外场的作用下，$La_{1-x}Sr_xMnO_3$ $(0.15 < x < 0.30)$ 体系中的条纹畴会转变为第 I 类和第 II 类两种类型的磁泡，而且第 I 类磁泡还有左旋和右旋两种细分的类型。而 Jeong 等[69] 通过对 $La_{2-2x}Sr_{1+2x}Mn_2O_7$ $(x = 0.32)$ 体系进行研究，观察到磁泡出现的温度–磁场区域正好与所谓的双斯格明子区域可比较，暗示它们之间有非常密切的联系。Loudon 等[70] 更是通过联合使用微磁模拟方法、X 射线全息技术和洛伦兹透射电镜等手段获得结果后，直接以 *Do Images of Biskyrmions Show Type-II Bubbles?*(《双斯格明子的图像是否显现为 II 类磁泡?》) 为题在《先进材料》(*Advanced Materials*) 上发文，认为在解释相关双斯格明子的实验结果时无须引入新的磁结构和状态，双斯格明子本质上就是 II 类磁泡，他们的部分结果见图 5-39。

由图 5-39(a) 可以看到，在一定的磁场条件下，出现了以前被认定为双斯格明子的磁结构和条纹畴共存的状态，经过强度传输方程解析，这些所谓的双斯格明子的投影磁场 $B$ 分布图如图 5-39(b) 所示，都显现了内部具有两个旋转方向相反的涡旋结构。基于实验得出的投影磁场 $B$ 分布 (即磁通密度在垂直于入射电子束方向的经过样品厚度平均的磁通分量)，他们构建了一个关于磁化强度的解析模型，利用这个解析模型重现了实验得到的投影磁场 $B$ 分布图，如图 5-39(c)，基于此，可以得到所谓双斯格明子的磁矩图 (图 5-39(d))。尽管从强度传输方程获得的投影磁场 $B$ 分布图看来有两个中心，但实际上从磁矩图看来，所谓的双斯格明子只有一个中心，而且是由一个稍有变化的 II 类磁泡构成的。从图 5-39(d)可以看到，与电子束平行的磁矩并没有沿着畴壁围绕着这个磁泡，而是与畴壁形成一定的倾斜。因此，所谓的双斯格明子其实是一个稍有变化的 II 类磁泡。通过微磁模拟结果可知，磁泡是具有三维结构的，在实验中看到的是磁泡三维结构是对样品厚度平均之后的结果：在样品的上下表面，杂散场导致部分磁矩指向磁泡的径向，而在中部区域，磁矩则沿着畴壁环绕。当样品与磁场或电子束有一定的倾角而不是完全垂直时，这种被误认为的双斯格明子 (或所谓的"阴–阳"磁结构、半白半黑磁结构) 实质上是稍有变化的 II 类磁泡，而且它们的形貌还会随倾角而变化, 如图 5-39(e) 所示[70]。无独有偶, 利用微分相位衬度–扫描透射电子显微成像术 (differential phase contrast scanning transmission electron microscopy, DPC-STEM) 对样品内部由厚度调制的 I 类磁泡和 II 类磁泡的三维磁结构进行的二维表征, 也进一步印证了上面的结论[71], 并指出了在对洛伦兹透射电镜照片进行强度传输方程处理时, 不当的参数可能人为地给出非自然的结论 [71,72]。

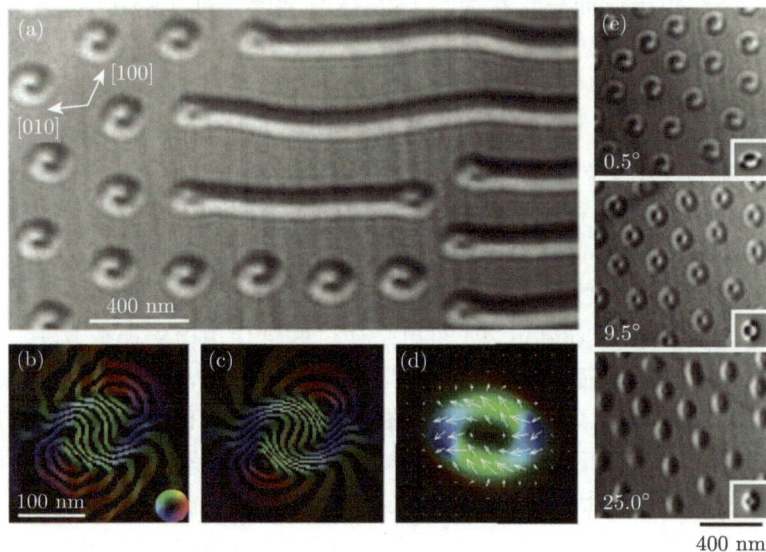

图 5-39　(a)II 类磁泡和条纹畴共存的洛伦兹透射电镜图片, 此时外加磁场的强度为 233 mT; (b) 从实验图片解析得到的单个 II 类磁泡投影磁场 $B$ 分布图; (c) 从理论模型模拟图片解析得到的单个 II 类磁泡投影磁场 $B$ 分布图; (d) 磁矩投影图; (e) II 类磁泡的形貌随着样品和入射电子束之间的倾角变化而发生变化[70]

　　尽管以上对双斯格明子进行澄清的实验并不是对 LSMO 类样品进行的, 但是因为实验现象相同, 这些结果引起了人们的极大关注, 并加深了对 II 类磁泡和斯格明子的认识, 人们开始尝试在 LSMO 类材料体系中引入 DM 相互作用。例如, Mohanta 等在理论上预言, 通过 $La_{1-x}Sr_xMnO_3$ 和 $SrIrO_3$ 界面引入 DM 相互作用, 使得体系出现了斯格明子晶格、斯格明子气体等多个新奇物相, 并出现了拓扑霍尔效应[73], 他们还提出可以在 LSMO 中通过引入界面阻挫来稳定非传统的斯格明子[74]。Li 等则通过界面诱导, 在 $La_{0.7}Sr_{0.3}MnO_3/SrIrO_3$ 中获得了由非共面磁结构诱导出的拓扑霍尔效应, 而这些非共面磁结构可能是斯格明子[75]。此外, $SrRuO_3/La_{0.7}Sr_{0.3}MnO_3$ 超结构中也测到了拓扑磁结构的信号[76,77]。

　　进一步, Zhang 等[78] 则通过引入梯度应力使得 $La_{0.67}Sr_{0.33}MnO_3$ 体系出现晶格反演中心的缺失, 从而产生 DM 相互作用和相应的拓扑磁结构, 他们的做法和部分实验结果见图 5-40。他们将 $La_{0.67}Sr_{0.33}MnO_3$ 薄膜生长在 $NdGaO_3$ (NGO)

衬底上，因此引入了面内的压应力和面外的拉应力，并产生了面外 $z$ 方向的应力梯度，见图 5-40(a)。为了测定应力是否诱导产生 DM 相互作用，他们测量了自旋波传播频率的非互易特性数据，见图 5-40(c)~(h)。其中，图 5-40(c) 和 (d) 是实验装置示意图，它们的区别在于磁场 $\boldsymbol{H}$ 的方向是垂直于波矢 $\boldsymbol{k}$ 的方向还是平行于波矢 $\boldsymbol{k}$ 的方向。图 5-40(e) 和 (f) 分别是对应的实验装置下自旋波传播的透射谱实验结果，其中 $S_{21}$ 是从共面波导 CPW1 传播到共面波导 CPW2 的自旋波波谱，$S_{12}$ 则是从共面波导 CPW2 传播到共面波导 CPW1 的自旋波波谱，由 $S_{21}$ 和 $S_{12}$ 的差可以得出非互易特性的数据 $\delta f_\perp$ 和 $\delta f_{//}$，测量不同厚度的样品，就得到图 5-40(g) 和 (h) 的结果，实验结果能与理论曲线吻合 (实验结果用方形散点表示，而理论曲线用蓝色圆圈和橙色圆圈表示)。在图 5-40(g) 和 (h) 中还画出了估算的应力梯度随着厚度变化的曲线 (虚线)。在排除了多种可能之后，他们认为，这些结果反映了在应力的诱导下，非零 DM 相互作用在该体系中出现。而在磁力显微镜中观察到的涡旋状的磁结构 (图 5-40(b))，以及体系展现出的显著的拓扑霍尔效应，就是非零 DM 相互作用的结果[78]。

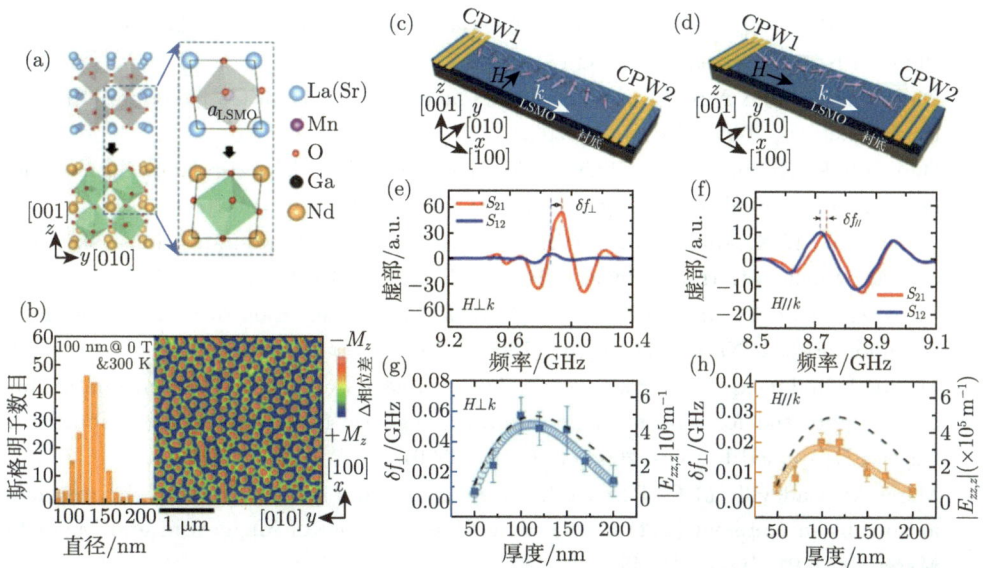

图 5-40　(a) 外延生长的 LSMO/NGO(110) 异质结示意图；(b) 磁力显微镜下观察到的样品的斯格明子结构；(c) 和 (d) 分别是磁场垂直于波矢和平行于波矢的方向时测量自旋波传播频率的非互易特性实验装置示意图；(e) 和 (f) 分别是对应的实验装置下自旋波传播的透射谱图，其中 $S_{21}$ 是从共面波导 CPW1 传播到共面波导 CPW2 的自旋波波谱，$S_{12}$ 则是从共面波导 CPW2 传播到共面波导 CPW1 的自旋波波谱；(g) 和 (h) 分别是对应装置下频率非互易特性 $\delta f_\perp$ 和 $\delta f_{//}$ 随样品厚度变化的实验结果和理论拟合，图中还画出了应力梯度随样品厚度变化的曲线 (虚线)[78]

　　在 LSMO 类薄膜异质结中，利用电场对自旋波或磁结构进行操控也取得了显著成效 [79,80]。同时，在具有单轴各向异性的 LSMO 类薄膜材料中，反常的各向异性自旋波传播也有实验和理论的研究报道 [81]。

　　除此之外，也有新的研究揭示，在 LSMO 系列材料中有可能产生非零的 DM 相互作用或复杂的磁结构[82−88]，例如，在界面电荷转移的诱导下，$La_{2/3}Sr_{1/3}MnO_3$ 体系出现了振荡的非共线磁结构[82]，预示着可能有更多的物理现象值得进一步研究。可以预料，在具有丰富电子关联物理效应和应用前景的 LSMO 体系中，还有很多可能的拓扑磁结构及其物理机制在未来受到关注和研究，基于 LSMO 体系的各种应用性的器件也会得到探索和开发，并在未来获得相应的应用。

## 参 考 文 献

[1] Chien C L, Zhu F Q, Zhu J G. Patterned nanomagnets. Physics Today, 2007, 60 (6): 40.

[2] Tretiakov O A, Tchernyshyov O. Vortices in thin ferromagnetic films and the skyrmion number. Physical Review B, 2007, 75 (1): 012408.

[3] Cowburn R P, Koltsov D K, Adeyeye A O, et al. Single-domain circular nanomagnets. Physical Review Letters, 1999, 83 (5): 1042.

[4] Ding H F, Schmid A K, Li D Q, et al. Magnetic bistability of Co nanodots. Physical Review Letters, 2005, 94 (15): 157202.

[5] Dumas R K, Gredig T, Li C P, et al. Angular dependence of vortex-annihilation fields in asymmetric cobalt dots. Physical Review B, 2009, 80 (1): 014416.

[6] Sun L, Cao R X, Miao B F, et al. Creating an artificial two-dimensional skyrmion crystal by nanopatterning. Physical Review Letters, 2013, 110 (16): 167201.

[7] Yu X Z, Onose Y, Kanazawa N, et al. Real-space observation of a two-dimensional skyrmion crystal. Nature, 2010, 465 (7300): 901.

[8] Moritz J, Rodmacq B, Auffret S, et al. Extraordinary Hall effect in thin magnetic films and its potential for sensors, memories and magnetic logic applications. Journal of Physics D-Applied Physics, 2008, 41 (13): 135001.

[9] Maret M, Cadeville M C, Poinsot R, et al. Structural order related to the magnetic anisotropy in epitaxial (111) $CoPt_3$ alloy films. Journal of Magnetism and Magnetic Materials, 1997, 166 (1-2): 45.

[10] Eyrich C, Huttema W, Arora M, et al. Exchange stiffness in thin film Co alloys. Journal of Applied Physics, 2012, 111 (7): 07C919.

[11] Donahue M J, Porter D G. OOMMF User's Guide, Version 1.0. National Institute of Standards and Technology, Gaithersburg, MD: NISTIR 6376, 1999.

[12] Pang Z Y, Yin F, Fang S J, et al. Micromagnetic simulation of magnetic vortex cores in circular permalloy disks: switching behavior in external magnetic field. Journal of Magnetism and Magnetic Materials, 2012, 324 (5): 884.

[13] Dai Y Y, Wang H, Tao P, et al. Skyrmion ground state and gyration of skyrmions in magnetic nanodisks without the Dzyaloshinskii-Moriya interaction. Physical Review B, 2013, 88 (5): 054403.

[14] Penthorn N E, Hao X, Wang Z, et al. Experimental observation of single skyrmion signatures in a magnetic tunnel junction. Physical Review Letters, 2019, 122 (25): 257201.

[15] Xie K X, Sang H. Three layers of skyrmions in the magnetic triple-layer structure without the Dzyaloshinskii-Moriya interaction. Journal of Applied Physics, 2014, 116 (22): 223901.

[16] Muhlbauer S, Binz B, Jonietz F, et al. Skyrmion lattice in a chiral magnet. Science, 2009, 323 (5916): 915.

[17] Hertel R, Schneider C M. Exchange explosions: magnetization dynamics during vortex-antivortex annihilation. Physical Review Letters, 2006, 97 (17): 177202.

[18] Van Waeyenberge B, Puzic A, Stoll H, et al. Magnetic vortex core reversal by excitation with short bursts of an alternating field. Nature, 2006, 444 (7118): 461.

[19] Hertel R, Gliga S, Fahnle M, et al. Ultrafast nanomagnetic toggle switching of vortex cores. Physical Review Letters, 2007, 98 (11): 117201.

[20] Miao B F, Sun L, Wu Y W, et al. Experimental realization of two-dimensional artificial skyrmion crystals at room temperature. Physical Review B, 2014, 90 (17): 174411.

[21] Gao N, Je S G, Im M Y, et al. Creation and annihilation of topological meron pairs in in-plane magnetized films. Nature Communications, 2019, 10: 5603.

[22] Shinjo T, OkunoT, Hassdorf R, et al. Magnetic vortex core observation in circular dots of permalloy. Science, 2000, 289 (5481): 930.

[23] Okuno T, Shigeto K, Ono T, et al. MFM study of magnetic vortex cores in circular permalloy dots: behavior in external field. Journal of Magnetism and Magnetic Materials, 2002, 240 (1-3): 1.

[24] Prejbeanu I L, Natali M, Buda L D, et al. In-plane reversal mechanisms in circular Co dots. Journal of Applied Physics, 2002, 91 (10): 7343.

[25] Fraerman A A, Ermolaeva O L, Skorohodov E V, et al. Skyrmion states in multilayer exchange coupled ferromagnetic nanostructures with distinct anisotropy directions. Journal of Magnetism and Magnetic Materials, 2015, 393: 452.

[26] Dai Z M, Dai Y Y, Liu W, et al. Magnetization reversal of vortex states driven by out-of-plane field in the nanocomposite Co/Pd/Ru/Py disks. Applied Physics Letters, 2017, 111 (2): 022404.

[27] Li J, Tan A, Moon K W, et al. Tailoring the topology of an artificial magnetic skyrmion. Nature Communications, 2014, 5: 4704.

[28] Gilbert D A, Maranville B B, Balk A L, et al. Realization of ground-state artificial skyrmion lattices at room temperature. Nature Communications, 2015, 6: 8462.

[29] Miao B F, Wen Y, Yan M, et al. Micromagnetic study of excitation modes of an artificial skyrmion crystal. Applied Physics Letters, 2015, 107 (22): 222402.

[30] Zhu X B, Liu Z G, Metlushko V, et al. Broadband spin dynamics of the magnetic vortex state: effect of the pulsed field direction. Physical Review B, 2005, 71 (18): 180408.

[31] Mochizuki M. Spin-wave modes and their intense excitation effects in skyrmion crystals. Physical Review Letters, 2012, 108 (1): 017601.

[32] Buess M, Hollinger R, Haug T, et al. Fourier transform imaging of spin vortex eigenmodes. Physical Review Letters, 2004, 93 (7): 077207.

[33] Buess M, Knowles T P J, Hollinger R, et al. Excitations with negative dispersion in a spin vortex. Physical Review B, 2005, 71 (10): 104415.

[34] Yan M, Leaf G, Kaper H, et al. Spin-wave modes in a cobalt square vortex: micromagnetic simulations. Physical Review B, 2006, 73 (1): 014425.

[35] Park J P, Crowell P A. Interactions of spin waves with a magnetic vortex. Physical Review Letters, 2005, 95 (16): 167201.

[36] Zaspel C E, Ivanov B A, Park J P, et al. Excitations in vortex-state permalloy dots. Physical Review B, 2005, 72 (2): 024427.

[37] Wang H, Dai Y Y, Yang T, et al. Dual-frequency microwave-driven resonant excitations of skyrmions in nanoscale magnets. RSC Advances, 2014, 4 (107): 62179.

[38] Dai Y Y, Wang H, Yang T, et al. Flower-like dynamics of coupled skyrmions with dual resonant modes by a single-frequency microwave magnetic field. Scientific Reports, 2014, 4: 6153.

[39] Batista C D, Lin S Z, Hayami S, et al. Frustration and chiral orderings in correlated electron systems. Reports on Progress in Physics, 2016, 79 (8): 084504.

[40] Hayami S, Motome Y. Topological spin crystals by itinerant frustration. Journal of Physics: Condensed Matter, 2021, 33 (44): 443001.

[41] Lacroix C, Mendels P, Mila F. Introduction to Frustrated Magnetism: Materials, Experiments, Theory. Berlin Heidelberg: Springer, 2011.

[42] Sadoc J F, Mosseri R. Geometrical Frustration. New York: Cambridge University Press, 1999.

[43] Okubo T, Chung S, Kawamura H. Multiple-$q$ states and the skyrmion lattice of the triangular-lattice Heisenberg antiferromagnet under magnetic fields. Physical Review Letters, 2012, 108 (1): 017206.

[44] Hayami S, Lin S Z, Batista C D. Bubble and skyrmion crystals in frustrated magnets with easy-axis anisotropy. Physical Review B, 2016, 93 (18): 184413.

[45] Kurumaji T, Nakajima T, Hirschberger M, et al. Skyrmion lattice with a giant topological Hall effect in a frustrated triangular-lattice magnet. Science, 2019, 365 (6456): 914.

[46] Hirschberger M, Nakajima T, Gao S, et al. Skyrmion phase and competing magnetic orders on a breathing kagome lattice. Nature Communications, 2019, 10 (1): 5831.

[47] Khanh N D, Nakajima T, Yu X, et al. Nanometric square skyrmion lattice in a centrosymmetric tetragonal magnet. Nature Nanotechnology, 2020, 15 (6): 444.

[48] Karube K, White J S, Morikawa D, et al. Disordered skyrmion phase stabilized by

magnetic frustration in a chiral magnet. Science Advances, 2018, 4 (9): DOI: 10. 1126/sciadv.aar7043.

[49] Wang Q, Neubauer K J, Duan C, et al. Field-induced topological Hall effect and double-fan spin structure with a $c$-axis component in the metallic kagome antiferromagnetic compound $YMn_6Sn_6$. Physical Review B, 2021, 103 (1): 014416.

[50] Inosov D S, Evtushinsky D V, Koitzsch A, et al. Electronic structure and nesting-driven enhancement of the RKKY interaction at the magnetic ordering propagation vector in $Gd_2PdSi_3$ and $Tb_2PdSi_3$. Physical Review Letters, 2009, 102 (4): 046401.

[51] Wang J, Ahmed Malik I, Liang R, et al. Nanoscale control of low-dimensional spin structures in manganites. Chinese Physics B, 2016, 25 (6): 067504.

[52] Jin S, Tiefel T H, McCormack M, et al. Thousandfold change in resistivity in magne-toresistive La-Ca-Mn-O films. Science, 1994, 264 (5157): 413.

[53] Urushibara A, Moritomo Y, Arima T, et al. Insulator-metal transition and giant mag-netoresistance in $La_{1-x}Sr_xMnO_3$. Physical Review B, 1995, 51 (20): 14103.

[54] Liao Z, Huijben M, Zhong Z, et al. Controlled lateral anisotropy in correlated manganite heterostructures by interface-engineered oxygen octahedral coupling. Nature Materials, 2016, 15 (4): 425.

[55] Nagai T, Nagao M, Kurashima K, et al. Formation of nanoscale magnetic bubbles in ferromagnetic insulating manganite $La_{7/8}Sr_{1/8}MnO_3$. Applied Physics Letters, 2012, 101 (16): 162401.

[56] Garel T, Doniach S. Phase transitions with spontaneous modulation-the dipolar Ising ferromagnet. Physical Review B, 1982, 26 (1): 325.

[57] Nagao M, So Y G, Yoshida H, et al. Direct observation and dynamics of spontaneous skyrmion-like magnetic domains in a ferromagnet. Nature Nanotechnology, 2013, 8 (5): 325.

[58] Morikawa D, Yu X Z, Kaneko Y, et al. Lorentz transmission electron microscopy on nanometric magnetic bubbles and skyrmions in bilayered manganites $La_{1.2}Sr_{1.8}(Mn_{1-y}Ru_y)_2O_7$ with controlled magnetic anisotropy. Applied Physics Letters, 2015, 107 (21): 212401.

[59] Yu X, Tokunaga Y, Taguchi Y, et al. Variation of topology in magnetic bubbles in a colossal magnetoresistive manganite. Advanced Materials, 2017, 29 (3): 1603958.

[60] Nakamura M, Morikawa D, Yu X, et al. Emergence of topological Hall effect in half-metallic manganite thin films by tuning perpendicular magnetic anisotropy. Journal of the Physical Society of Japan, 2018, 87 (7): 074704.

[61] Wang W, Zhang Y, Xu G, et al. A centrosymmetric hexagonal magnet with super-stable biskyrmion magnetic nanodomains in a wide temperature Range of 100~340 K. Advanced Materials, 2016, 28 (32): 6887.

[62] Peng L C, Zhag Y, Wang W H, et al. Real-space observation of nonvolatile zero-field biskyrmion lattice generation in MnNiGa magnet. Nano Letters, 2017, 17 (11): 7075.

[63] Lee J C T, Chess J J, Montoya S A, et al. Synthesizing skyrmion bound pairs in Fe-Gd

thin films. Applied Physics Letters, 2016, 109 (2): 022402.

[64] Phatak C, Heinonen O, de Graef M, et al. Nanoscale skyrmions in a nonchiral metallic multiferroic: Ni$_2$MnGa. Nano Letters, 2016, 16 (7): 4141.

[65] Peng L, Zhang Y, He M, et al. Multiple tuning of magnetic biskyrmions using *in situ* L-TEM in centrosymmetric MnNiGa alloy. Journal of Physics: Condensed Matter, 2018, 30 (6): 065803.

[66] Peng L, Zhang Y, He M, et al. Generation of high-density biskyrmions by electric current. npj Quantum Materials, 2017, 2 (1): 30.

[67] Ding B, Li H, Li X, et al. Crystal-orientation dependence of magnetic domain structures in the skyrmion-hosting magnets MnNiGa. APL Materials, 2018, 6 (7): 076101.

[68] Kotani A, Nakajima H, Harada K, et al. Lorentz microscopy and small-angle electron diffraction study of magnetic textures in La$_{1-x}$Sr$_x$MnO$_3$(0.15 $< x <$ 0.30): the role of magnetic anisotropy. Physical Review B, 2016, 94 (2): 024407.

[69] Jeong J, Yang I, Yang J, et al. Magnetic domain tuning and the emergence of bubble domains in the bilayer manganite La$_{2-2x}$Sr$_{1+2x}$Mn$_2$O$_7$ ($x=$ 0.32). Physical Review B, 2015, 92 (5): 054426.

[70] Loudon J C, Twitchett-Harrison A C, Cortes-Ortuno D, et al. Do images of biskyrmions show type-II bubbles? Advanced Materials, 2019, 31 (16): 1806598.

[71] Tang J, Wu Y, Kong L, et al. Two-dimensional characterization of three-dimensional magnetic bubbles in Fe$_3$Sn$_2$ nanostructures. National Science Review, 2021, 8 (6).

[72] Yao Y, Ding B, Cui J, et al. Magnetic hard nanobubble: a possible magnetization structure behind the bi-skyrmion. Applied Physics Letters, 2019, 114 (10): 102404.

[73] Mohanta N, Dagotto E, Okamoto S. Topological Hall effect and emergent skyrmion crystal at manganite-iridate oxide interfaces. Physical Review B, 2019, 100 (6): 064429.

[74] Mohanta N, Dagotto E. Interfacial phase frustration stabilizes unconventional skyrmion crystals. npj Quantum Materials, 2022, 7 (1): 76.

[75] Li Y, Zhang L, Zhang Q, et al. Emergent topological Hall effect in La$_{0.7}$Sr$_{0.3}$MnO$_3$/SrIrO$_3$ heterostructures. ACS Applied Materials & Interfaces, 2019, 11 (23): 21268.

[76] Lindfors-Vrejoiu I, Ziese M. Topological Hall effect in antiferromagnetically coupled SrRuO$_3$/La$_{0.7}$Sr$_{0.3}$MnO$_3$ epitaxial heterostructures. Physica Status Solidi B, 2017, 254 (5): 1600556.

[77] Ziese M, Bern F, Esquinazi P D, et al. Topological signatures in the Hall effect of SrRuO$_3$/La$_{0.7}$Sr$_{0.3}$MnO$_3$ SLs. Physica Status Solidi B, 2020, 257 (7): 1900628.

[78] Zhang Y, Liu J, Dong Y, et al. Strain-driven Dzyaloshinskii-Moriya interaction for room-temperature magnetic skyrmions. Physical Review Letters, 2021, 127 (11): 117204.

[79] Wang A J, Yang L, Ge J, et al. Electric-field control of topological spin textures in BiFeO$_3$/La$_{0.67}$Sr$_{0.33}$MnO$_3$ heterostructure at room temperature. Rare Metals, 2022, 42: 399-405.

[80] Liu C, Wu S, Zhang J, et al. Current-controlled propagation of spin waves in antiparallel, coupled domains. Nature Nanotechnology, 2019, 14 (7): 691.

[81] Wang H, Yang Y, Madami M, et al. Anomalous anisotropic spin-wave propagation in thin manganite films with uniaxial magnetic anisotropy. Applied Physics Letters, 2022, 120 (19): 192402.

[82] Hoffman J D, Kirby B J, Kwon J, et al. Oscillatory noncollinear magnetism induced by interfacial charge transfer in superlattices composed of metallic oxides. Physical Review X, 2016, 6 (4): 041038.

[83] Kotani A, Nakajima H, Harada K, et al. Magnetic anisotropy and magnetic textures in $La_{1-x}Sr_xMnO_3$ controlled by annealing. Journal of Magnetism and Magnetic Materials, 2018, 464: 56.

[84] Ziese M, Lindfors-Vrejoiu I. Hall effect of asymmetric $La_{0.7}Sr_{0.3}MnO_3/SrTiO_3/SrRuO_3$ and $La_{0.7}Sr_{0.3}MnO_3/BaTiO_3/SrRuO_3$ superlattices. Journal of Applied Physics, 2018, 124 (16): 163905.

[85] Peng L, Zhang Y, Hong D, et al. Spontaneous nanometric magnetic bubbles with various topologies in spin-reoriented $La_{1-x}Sr_xMnO_3$. Applied Physics Letters, 2018, 113 (14): 142408.

[86] Fan J, Xie Y, Zhu Y, et al. Emergent phenomena of magnetic skyrmion and large DM interaction in perovskite manganite $La_{0.8}Sr_{0.2}MnO_3$. Journal of Magnetism and Magnetic Materials, 2019, 483: 42.

[87] Das S, Rata A D, Maznichenko I V, et al. Low-field switching of noncollinear spin texture at $La_{0.7}Sr_{0.3}MnO_3$-$SrRuO_3$ interfaces. Physical Review B, 2019, 99 (2): 024416.

[88] Tiwari J K, Kumar B, Chauhan H C, et al. Magnetism in quasi-two-dimensional tri-layer $La_{2.1}Sr_{1.9}Mn_3O_{10}$ manganite. Scientific Reports, 2021, 11 (1): 14117.

# 第 6 章 拓扑磁结构表征

拓扑磁性材料的表征方法有很多，总体上可以分为宏观磁性表征和微观磁结构成像。本章将主要介绍近年来针对拓扑磁畴结构空间成像发展起来的各种对于拓扑磁结构的空间成像表征方法，包括洛伦兹透射电镜、光发射电子显微镜、自旋极化低能电子显微镜、扫描透射 X 射线显微镜、中子散射技术、磁力显微镜、磁光克尔显微镜、自旋极化扫描隧道显微镜以及扫描金刚石氮–空位色心显微镜。希望通过本章的介绍，读者可以了解各种拓扑磁结构表征技术的基本原理和主要研究进展。

## 6.1 洛伦兹透射电镜

磁畴结构是磁性材料在自发磁化过程中为了降低体系的退磁能而形成的，由磁畴壁分开。磁畴结构的观察和操控不仅可以解释材料丰富磁性能的微观起源，而且对自旋相关器件的设计与构建也起到了重要的作用。洛伦兹透射电镜 (Lorentz transimission electron microscope, L-TEM) 是一种目前广泛用于磁畴结构直观表征的高分辨实空间成像技术。1959 年，Hale 等首次利用洛伦兹透射电镜实现了磁畴结构的观察 [1]。洛伦兹透射电子显微成像的发展基于传统透射电镜技术，在传统的透射电镜中，样品放在靠近物镜的位置来达到高的分辨率，但此时样品所处区域的磁场强度高达 2~3 T，使得大多数磁性样品达到磁矩饱和状态而无法观察样品的本征磁畴结构。对磁性样品磁畴结构进行观察时需要在洛伦兹模式下，即将主物镜关闭，利用位于样品下方较远的洛伦兹透镜进行成像，从而实现低磁场环境下磁性样品的磁畴成像。该方法能够将样品处的磁场降至 20 mT 左右，同时可以通过手动增加物镜电流对样品施加垂直磁场，在电子束没有严重畸变的情况下，垂直磁场可以加至几百 mT。此外，日本电子公司生产的经过专门极靴改造后的洛伦兹透射电镜将样品放置于物镜下极靴的位置，而非传统的上、下极靴之间，使得样品处的磁场能够几乎为 0 (< 1 mT)。但是物镜电流能够施加的垂直磁场仅为几十 mT，这种特殊设计的专门洛伦兹透射电镜的磁畴成像空间分辨率相比前面提到的普通电镜的洛伦兹模式有了显著提升，对磁场敏感的磁性材料内部本征磁结构的表征具有明显优势。此外，多种基于洛伦兹透射电镜的磁畴表征技术逐渐发展，包括离轴电子全息技术 [2]、微分相位衬度技术 [3] 及四维扫描透射技术等，多种模式结合进行磁畴结构表征能够克服单一观察模式的限制，并获取

更加丰富的磁信息。对于拓扑磁畴结构的研究，洛伦兹透射电镜能够对不同自旋构型进行高分辨表征及精细解析，并且通过配备多种功能性样品杆，可以原位实时研究拓扑磁畴结构在多种外场下的动力学行为，尤其是日本 Tokura 教授研究组首次利用透射电镜直观解析和调控斯格明子之后，洛伦兹透射电镜充分展现了原位、实时表征拓扑磁畴结构的优势，在探索拓扑磁性材料中发挥了关键作用。

### 6.1.1 洛伦兹模式磁畴成像原理

洛伦兹透射电镜成像的原理是基于高能量电子束 (通常在 200 keV 或 300 keV) 在磁性样品内部或周围的磁场强度作用下的偏转现象 [4]。对于均匀磁化的样品，当电荷为 $e$、速度为 $v$ 的电子经过一个具有静电场 $E$ 和静磁场 $B$ 的空间时，会受到电场力和洛伦兹力的共同作用，表达式为

$$F_L = -e(E + v \times B) \tag{6-1}$$

其中，$e$ 是电子所携带的电荷量；$v$ 为电子速度；$E$ 为静电场；$B$ 为磁感应强度。由于在洛伦兹模式下样品附近的电场 $E$ 只改变电子的动能，仅垂直于电子束运动方向的面内磁场分量会使电子发生偏转，因此洛伦兹透射电镜图像衬度只对样品面内的磁矩分量敏感，计算电子束通过样品后面内和垂直的动量比值可获得其偏转角为

$$\beta_L = \frac{e\lambda t}{h}(B \times n) \tag{6-2}$$

其中，$h$ 为普朗克常量；$\lambda$ 为电子波长；$t$ 为样品厚度；$n$ 为平行于入射电子束的方向。通常偏转角 $\beta_L$(<100 μrad) 比典型的布拉格电子衍射角 (1~10 mrad) 小 1~2 个数量级，因此两者不会混淆。实验上，由电子束的偏转形成的会聚和发散，在欠焦和过焦模式下会在电镜像平面上形成明暗相反的衬度，从而可以通过磁成像的衬度来研究磁畴微结构。从量子力学角度来理解，入射电子波的相位透过磁性样品时会发生改变并产生干涉效应，从而形成明暗不同的衬度。

洛伦兹透射电镜中常用的一种磁畴成像模式为菲涅耳模式 (Fresnel mode)[5,6]，是在电子显微镜散焦状态下表征磁畴壁的衬度，也称为离焦模式。如图 6-1 为利用菲涅耳模式观察 180° 磁畴的光路原理图，正焦时偏转电子束均匀聚焦在像平面处，此时不显示磁畴壁的衬度；过焦时畴壁处的电子束发散，显示出灰暗的衬度；欠焦时畴壁处的电子束汇聚，产生明亮的衬度。菲涅耳模式成像可总结为磁畴壁处的衬度变化，并且由于欠 (过) 焦时电子的会聚 (发散) 而显示出相反的衬度。由于该模式观察磁性样品时处在离焦状态，相应的空间分辨率也会有所降低。此外，相位发生突变的区域在离焦模式下会显示出明显的菲涅耳条纹 [7]，对观察到的磁畴衬度会产生影响，因此菲涅耳模式不适用于研究样品边缘处的磁畴状态。该方法的优势在于操作简单并且能实时地记录磁畴的动态变化过程 [8]。

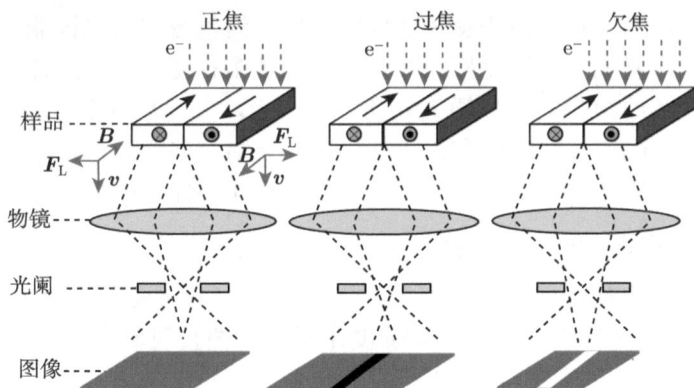

图 6-1　洛伦兹透射电镜菲涅耳模式观察 180° 磁畴的光路原理图

另一种成像模式是傅科模式 (Foucault mode)[9]，是在正焦模式下直接进行磁畴衬度的观察，因此具有较高的空间分辨率。由于具有不同磁矩分布的相邻磁畴对电子束的偏转角不同，倒空间的衍射点会发生分裂，通过偏移物镜光阑选取分裂的衍射点可以实现特定磁畴取向的观测，类似于普通透射电镜中的暗场成像。如图 6-2 所示，被光阑选中的衍射点对应的磁畴区域显示亮的磁畴衬度，没有被选中的衍射点对应磁畴将会产生暗衬度，因此明暗衬度能够直接反映样品的磁畴信息。傅科模式下的电子束图像衬度对光阑位置非常敏感，实际操作中必须仔细调节光阑位置，然而在施加磁场时电子束会与光阑位置偏离，因此不适用于原位实时的磁化过程研究。

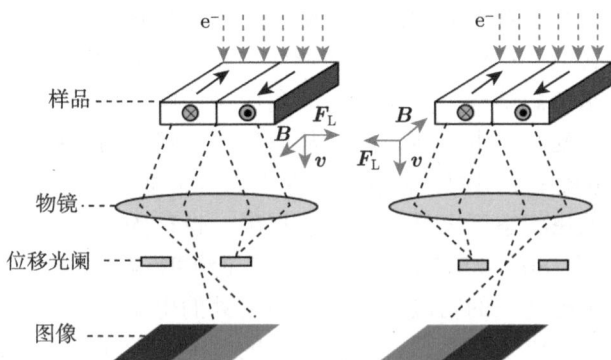

图 6-2　洛伦兹透射电镜傅科模式观察 180° 磁畴的光路原理图

图 6-3(a) 为斯格明子在菲涅耳模式下的磁畴衬度。斯格明子的磁矩呈现非线性逐渐过渡的圆形排列方式，拥有相反手性的斯格明子处在相同离焦状态时，洛伦兹成像分别表现为圆形亮、暗衬度。图 6-3(b) 展示了典型的 180° 畴、条纹畴

和螺旋畴的洛伦兹透射电镜图像，通过菲涅耳模式的洛伦兹成像技术能够有效区分不同磁畴的磁矩构型特点。

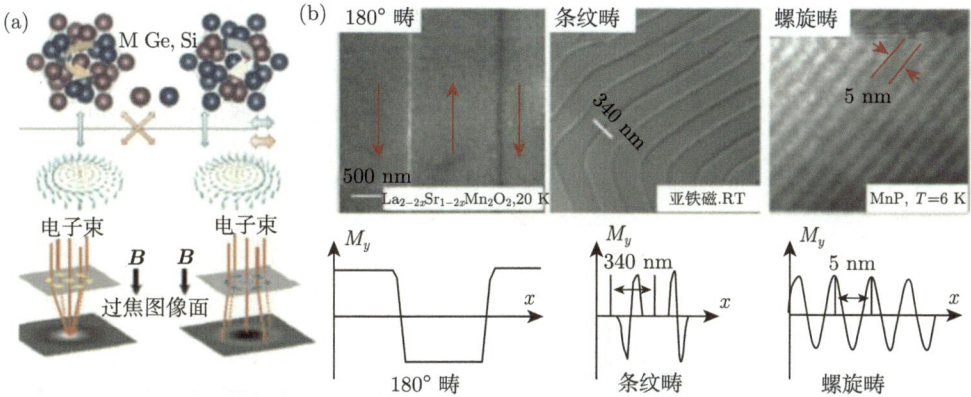

图 6-3　(a) 菲涅耳模式在相同离焦条件下表征具有相反手性的斯格明子呈现明暗衬度的圆形磁畴像；(b) 180° 畴、条纹畴和螺旋畴的成像衬度以及面内 $y$ 方向磁矩分布的线轮廓图

### 6.1.2　洛伦兹菲涅耳模式磁畴结构解析方法和举例

通过菲涅耳模式获得的明暗相反衬度的洛伦兹透射电镜图像能够进一步经过强度传输方程解析而获得磁畴结构的面内磁化分布，这使得洛伦兹透射电镜成为磁畴结构表征与解析的有力工具。强度传输方程由 Teague 等提出[10]，通常洛伦兹透射电镜图像中的磁畴衬度只包含了透射电子波的强度信息，通过强度传输方程解析方法能够从强度分布获得电子波的相位分布信息。电子的强度传输方程由薛定谔方程得到，在真空小角近似下表示为[5,11]

$$\left(2\mathrm{i}k\frac{\partial}{\partial_z} + \nabla_{xy}^2 + 2k^2\right)\psi\left(xyz\right) = 0 \tag{6-3}$$

其中，波束沿着 $z$ 方向；$k$ 是波矢 ($k = 2\pi/\lambda$，其中 $\lambda$ 是波长)；$\nabla_{xy}^2$ 是二维拉普拉斯算子；波动方程的解 $\psi\left(xyz\right)$ 由两个实函数 $I\left(xyz\right)$ 和 $\phi\left(xyz\right)$ 表示：

$$\psi\left(xyz\right) \equiv \sqrt{I\left(xyz\right)}\exp\left[\mathrm{i}\phi\left(xyz\right)\right]\exp\left(\mathrm{i}\boldsymbol{k}\cdot\boldsymbol{r}\right) \tag{6-4}$$

式中，$I$ 和 $\phi$ 分别代表强度和相位分布，上面的薛定谔方程会分为实部和虚部两个方程，通过虚部方程可以得到强度传输方程表达式如下：

$$\frac{2\pi}{\lambda}\frac{\partial}{\partial_z}I\left(xyz\right) = -\nabla_{xy}\cdot\left[I\left(xyz\right)\nabla_{xy}\phi\left(xyz\right)\right] \tag{6-5}$$

而 $I(xyz)$ 的偏微分可以近似表示为

$$\frac{\partial}{\partial_z} I(xyz) \approx \frac{I(x,y,z+\Delta z) - I(x,y,z-\Delta z)}{2\Delta z} \tag{6-6}$$

其中，$\Delta z$ 在电镜中是离焦量，如图 6-4 所示；$I(x,y,z-\Delta z)$、$I(x,y,z)$ 和 $I(x,y,z+\Delta z)$ 分别对应欠焦、正焦与过焦的洛伦兹透射电镜图像的强度分布。

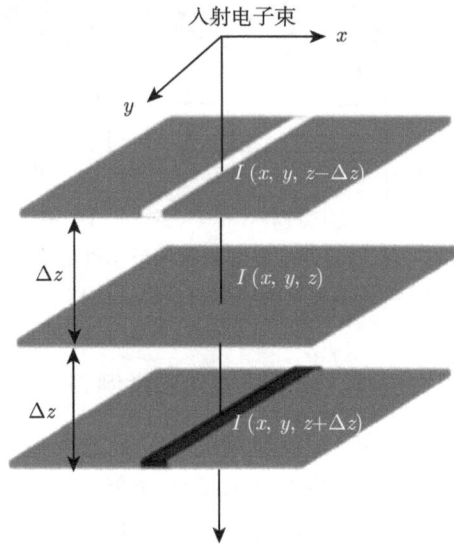

图 6-4   欠焦、正焦和过焦条件下的洛伦兹透射电镜图像强度分布示意图

根据菲涅耳模式欠焦、正焦、过焦三张洛伦兹透射电镜图像的强度分布，能够得到相位信息 $\phi(xyz)$。进一步由麦克斯韦–安培方程，电子相位和磁化强度 $M$ 满足如下关系：

$$\nabla_{xy}\phi(xyz) = -\frac{e}{h}(M \times n)t \tag{6-7}$$

其中，$n$ 和 $t$ 分别为样品垂直于表面的单位矢量和样品厚度。因此，得到的相位信息可以反映磁化强度的分布。实际操作中，一般用离焦量相同的欠焦和过焦两张洛伦兹透射电镜图像进行强度传输方程解析获得磁矩分布信息。图 6-5 给出了布洛赫型斯格明子的解析过程，欠、过焦下的斯格明子透射电镜图像经过对中后进行相位重构，进一步根据相位信息得到斯格明子的面内分布，彩色代表面内磁矩的方向，其中黑色的区域代表磁矩朝向面外。

欠焦　　　　　　过焦

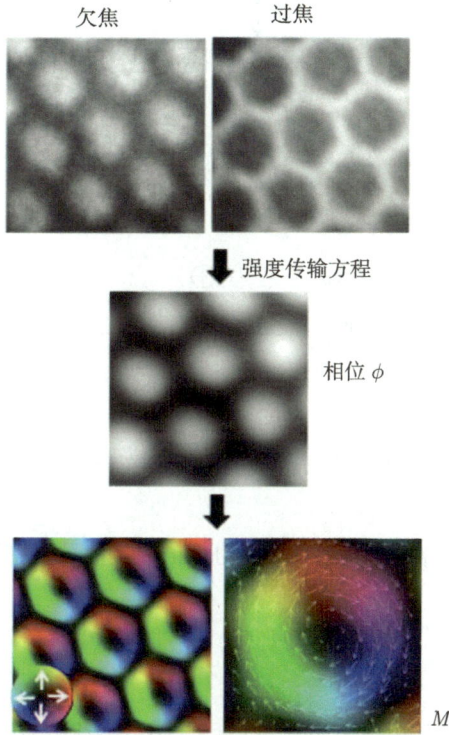

强度传输方程

相位 $\phi$

$M$

图 6-5　通过强度传输方程解析斯格明子磁矩分布过程

### 6.1.3　离轴电子全息方法磁畴成像原理及应用

电子全息术最早是由 Gabor 于 1948 年提出的[12]，得益于高相干性场发射电子光源的出现。在磁性材料表征中最常用的是离轴电子全息术 (off-axis electron holography，OAEH)，利用静电双棱镜的干涉现象直接获得由样品磁性引入的相位信息变化。由于电子相位对于局部静电势和静磁势的变化也较为敏感，利用电子全息得到的是静磁势和静电势的总体相位变化。如图 6-6 所示，电子枪发出的电子波分成两部分，一部分透过样品作为物波，另一部分穿过真空区域作为参考波，通过物镜下方的静电双棱镜使物波和参考波重叠发生干涉，从而在像平面形成电子全息图，即干涉条纹，获得的干涉图像包含了物体的振幅和相位信息，通过分析处理能够重构出样品的相位信息，从而进一步得到样品的磁化分布[13]。

离轴电子全息图的强度分布是通过物波与平面参考波相干叠加得到的[14]

$$I_{\mathrm{hol}}(\boldsymbol{r}) = |\psi_i(\boldsymbol{r}) + \exp[2\pi\mathrm{i}q_c\boldsymbol{r}]|^2 \tag{6-8}$$

其中，$\boldsymbol{r}$ 是样品的面内二维矢量；$q_c = 2\alpha/\lambda$ 为电子全息图干涉条纹的空间频率，

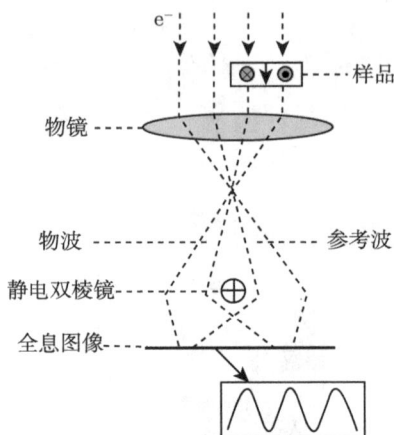

图 6-6　离轴电子全息原理图

这里 $\alpha$ 为双棱镜的干涉半径；穿过样品的物波函数表达式为

$$\psi_i\left(\boldsymbol{r}\right) = A_i\left(\boldsymbol{r}\right)\exp\left[\mathrm{i}\phi_i\left(\boldsymbol{r}\right)\right] \tag{6-9}$$

式中，$A$ 和 $\phi$ 分别代表强度和相位，结合式 (6-8) 和式 (6-9)，表达式变为

$$I_{\mathrm{hol}}\left(\boldsymbol{r}\right) = 1 + A_i^2\left(\boldsymbol{r}\right) + 2A_i\left(\boldsymbol{r}\right)\cos\left[2\pi q_{\mathrm{c}}r + \phi_i\left(\boldsymbol{r}\right)\right] \tag{6-10}$$

为了分离振幅和相位信息，需要对式 (6-10) 进行傅里叶变换

$$\begin{aligned}
\mathrm{FT}\left[I_{\mathrm{hol}}\left(\boldsymbol{r}\right)\right] = {} & \delta(q) + \mathrm{FT}\left[A_i^2\left(\boldsymbol{r}\right)\right] + \delta\left(q + q_{\mathrm{c}}\right)\otimes\mathrm{FT}\left[A_i\left(\boldsymbol{r}\right)\exp\mathrm{i}\phi\left(\boldsymbol{r}\right)\right] \\
& + \delta\left(q - q_{\mathrm{c}}\right)\otimes\mathrm{FT}\left[A_i\left(\boldsymbol{r}\right)\exp\left[-\mathrm{i}\phi_i\left(r\right)\right]\right]
\end{aligned} \tag{6-11}$$

以上公式描述了样品明场像对应的傅里叶变换，第一项称为中心带，只包含强度信息；第二项和第三项分别对应两个具有共轭关系的边带。选择其中一个边带进行傅里叶逆变换 (IFT) 即可提取出物波的振幅和相位信息。图 6-7 给出了通过离轴电子全息提取相位信息的具体过程。图 6-7(a) 为初始记录的全息干涉图 [15]，图 6-7(b) 为放大显示样品边缘发生的全息干涉条纹的弯曲。图 6-7(c) 为全息图对应的傅里叶变换，包括一个中心峰和两个边带，通过选择其中一个边带进行傅里叶逆变换即可以重构出相位图 (图 6-7(d))，再进一步用颜色表现出不同强度的相位图 (图 6-7(e))，得到磁感应强度的分布信息。

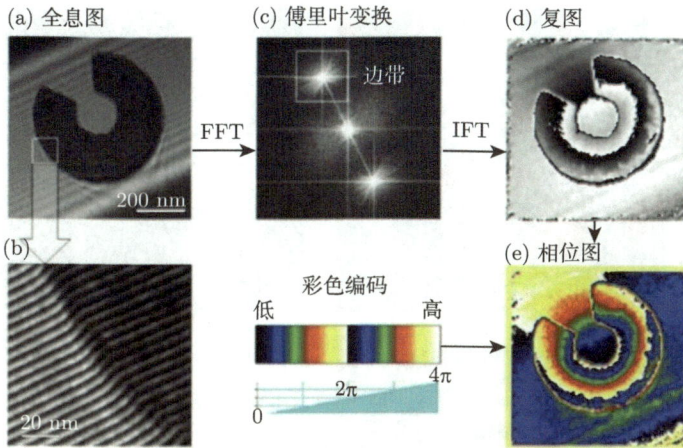

图 6-7 电子全息磁相位的重构过程 [15]

入射电子波透过样品后的相位变化源于样品本身的静电势和静磁势分布，因此重构的相位信息可以用来测量静电势能和磁感应强度信息。通过样品后的物波相位变化表示为如下形式：

$$\phi(x) = C_{\mathrm{E}} \int V(x, z)\,\mathrm{d}z - \left(\frac{e}{h}\right) \int B_{\perp}(x, z)\,\mathrm{d}x\mathrm{d}z \tag{6-12}$$

$$C_{\mathrm{E}} = \left(\frac{2\pi}{\lambda}\right)\left[\frac{E + E_0}{E(E + 2E_0)}\right] \tag{6-13}$$

其中，$z$ 是电子束的入射方向；$x$ 为在样品面内的方向；$B_{\perp}$ 为垂直于 $x$ 和 $z$ 方向的磁感应强度；$V$ 为静电势；$C_{\mathrm{E}}$ 为取决于透射电镜加速电压的相互作用常数；$E$ 和 $E_0$ 分别为入射电子的动能和静止质量能。当在一个厚度为 $t$ 的样品中沿着电子束方向的磁感应强度和静电势均不发生变化时，式 (6-12) 可以简化为

$$\phi(x) = C_{\mathrm{E}}V(x, z)\,\mathrm{d}z - \left(\frac{e}{\hbar}\right) \int B_{\perp}(x)\,t(x)\,\mathrm{d}x \tag{6-14}$$

电子波相位受到电势和磁场的影响，其中电势为标量场，磁场为矢量场，若要研究材料内部的磁场分布，就需要将电势和磁场对相位的贡献分离开。图 6-8 展示了在手性磁体 $Fe_{1-x}Co_xSi$ 中通过电子全息技术得到的斯格明子晶格磁感应分布图 [16]。此外，研究者们利用电子全息技术对拓扑磁畴结构进行了精细的研究，例如在几何受限下的斯格明子拓扑变化，手性磁序的边缘态、表面态 [17] 以及新颖三维结构磁浮子 (bobber) 的实验观测 [18]。

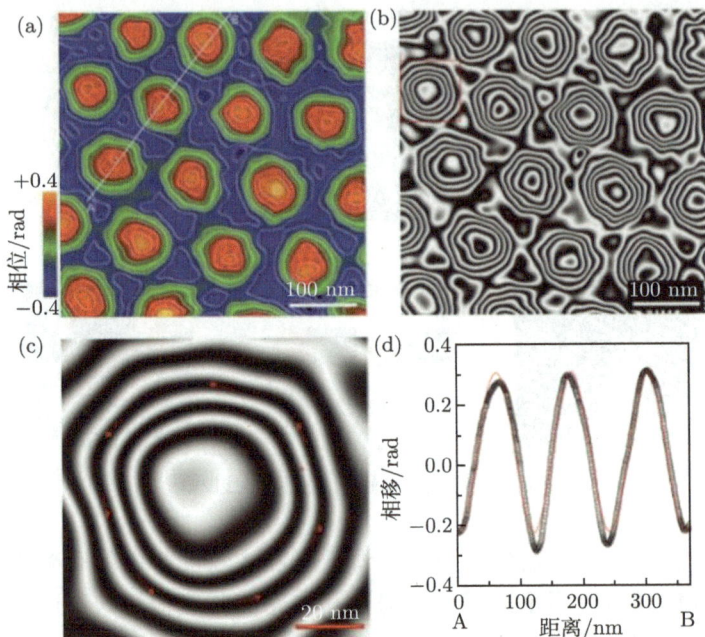

图 6-8　利用电子全息技术获得的 $Fe_{1-x}Co_xSi$ 的斯格明子晶格相位变化 [16]

(a) 磁势引起的相位变化；(b) 斯格明子晶格的磁感应强度；(c) 磁感应强度放大图；(d) 图 (a) 中 AB 之间的相位线分布图 [16]

## 6.1.4　微分相位衬度技术磁畴成像原理及应用

洛伦兹和离轴电子全息磁成像技术一般是基于平行光照射的透射模式。基于会聚电子束的扫描透射模式，利用微分相位衬度 (differential phase contrast, DPC) 技术，也可以实现磁畴的成像。特别地，近年来随着四分格探头在透射电镜上的普遍使用，DPC 成像技术，不仅在原子尺度的电场测量或相位衬度成像中发挥了巨大的作用，在纳米尺度的磁结构测量中也得到了广泛的应用 [19]。

### 1. DPC 技术的基本原理

在经典力学的描述中，电子通过样品时会与样品内部或者周围的磁场发生相互作用，电子受到的洛伦兹力为

$$\boldsymbol{F} = -e(\boldsymbol{v} \times \boldsymbol{B}) \tag{6-15}$$

其中，$e$ 是电子电荷量；$v$ 是电子的速度，$B$ 是样品的磁感应强度。由于平行矢量的叉积为零，只有分量垂直于电子束轨迹的磁感应才会产生洛伦兹力。因此，电子束的轨迹将会改变。电子通过厚度 $t$ 的试样，其偏转角 $\beta_L$ 可以由洛伦兹力和

牛顿第二定律推导为

$$\beta_L = \frac{e\lambda}{h} B_s t \tag{6-16}$$

其中，$\lambda$ 是电子的波长；$h$ 是普朗克常量；$B_s$ 是样品的饱和磁感应强度。例如，在 10 nm 厚的坡莫合金 ($Ni_{0.8}Fe_{0.2}$) 中，计算得到的 200 kV 电子下的偏转角为 6.4 μrad，这比标准布拉格衍射 (约 10 mrad) 小了三个数量级，因此需要高精度的探测器才能够测量到磁场引起的偏转。

另外，磁感应效应可以被描述为量子力学中的相移。两个电子沿不同轨迹从同一原点到达同一终点的相位差 $\Delta\phi$ 为

$$\Delta\phi = 2\pi\frac{e}{h}\oint \mathbf{A} \cdot \mathrm{d}l \tag{6-17}$$

其中，$\oint \mathbf{A} \cdot \mathrm{d}l$ 是沿电子轨迹的路径积分；$\mathbf{A}$ 是磁势矢量。

如果使用向量微积分中的斯托克斯 (Stokes) 定理：

$$\oint \mathbf{F} \cdot \mathrm{d}l = \int (\nabla \times \mathbf{F}) \cdot \mathrm{d}\mathbf{S} \int (\nabla \times \mathbf{F}) \cdot \mathrm{d}\mathbf{S}$$

并且结合矢量微积分法中的磁矢势方程：$\mathbf{B} = \nabla \times \mathbf{A}$，则可以推导出如下方程：

$$\Delta\phi = 2\pi\frac{e}{h}\oint \mathbf{A} \cdot \mathrm{d}\mathbf{l} = 2\pi\frac{e}{h}\int \mathbf{B} \cdot \mathrm{d}\mathbf{S} \tag{6-18}$$

其中，积分 $\int \mathbf{B} \cdot \mathrm{d}\mathbf{S}$ 是通过两个电子轨迹之间区域的磁通量。如果磁通量仅受限于试样，并且假设与经典描述中相同，即磁感应强度 $\mathbf{B}$ 均匀，且处处等于 $B_s$ 以及试样厚度 $t$ 恒定，则相位差简单地为

$$\Delta\phi = 2\pi\frac{e}{h}B_s t x \tag{6-19}$$

其中，$B_s t x$ 为通过试样的磁通量。最后，如果对式 (6-19) 沿 $x$ 方向取梯度，则可以看到相位差的梯度与洛伦兹偏转角成正比

$$\frac{\partial}{\partial x}(\Delta\phi) = 2\pi\frac{e}{h}B_s t = 2\pi\frac{\beta_L}{\lambda} \tag{6-20}$$

对于这种偏移 (相位变化) 的测量，可以将探测器分裂为四个象限，其原理如图 6-9(a) 所示。四个象限 (A, B, C, D) 检测每个象限内由电子束产生的信号。当电子束在试样上扫描时，局部积分相位梯度的不同值使得电子束偏转到探测器上的不同位置，如图 6-9(b) 所示。来自相对象限 (A-C) 和 (B-D) 的差分信号将对

应磁感应强度的两个正交分量。通过对四探头电子信号强度的分辨测量，就可以得到偏转角 $\beta_L$ 的大小，进而得到磁场的大小。

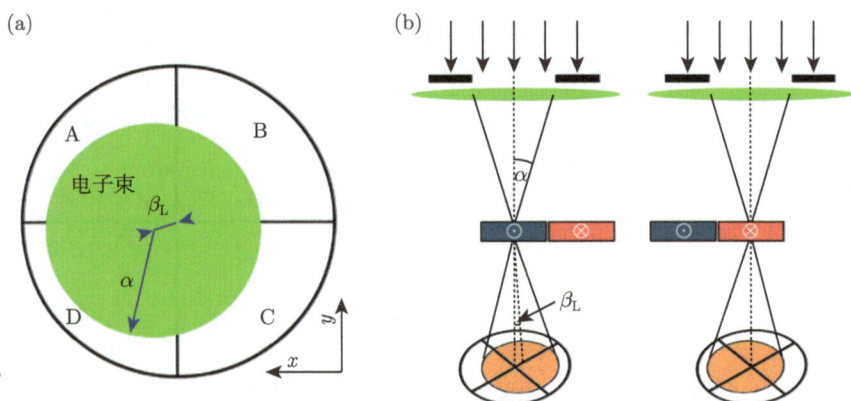

图 6-9　(a) 象限探测器示意图，绿色圆盘表示透射电子束斑在探测器上的投影和偏移；(b) DPC 成像示意图，不同磁化取向的磁畴导致电子束斑的偏移 [20]

### 2. DPC 技术的应用实例

　　DPC 相比于洛伦兹的菲涅耳磁成像技术，不需要使用较大的离焦量，因此可以避免离域效应带来的分辨率下降问题。相比于高分辨的定量电子全息技术，DPC 不需要特定的真空参考区域，因此可以测量远离真空位置的磁结构，并且对于空间磁场分布的测量也十分有效。DPC 在斯格明子的研究中也发挥了重要的作用。如图 6-10 所示，DPC 可以研究结构缺陷 (如表面、界面和位错) 对斯格明子磁结构的影响，这是洛伦兹磁成像技术很难实现的。图 6-10(a) 为 DPC 得到的 $FeGe_{1-x}Si_x$ 中磁场强度的分布，可以直观地看到单个斯格明子内部的旋转磁场，

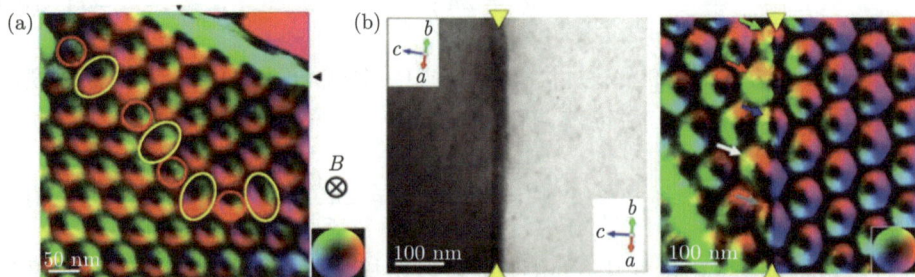

图 6-10　(a) DPC 扫描透射电子显微镜 (DPC-STEM) 测量斯格明子的投影磁场分布，红色和黄色圆圈比较可以看出斯格明子点阵晶界上形状畸变的斯格明子；(b) 结构缺陷 (晶界) 及两侧斯格明子磁结构的测量 [21]

并且能够观察到单个斯格明子的畸变。此外，对于晶界附近，DPC 由于其高的分辨率，可以分辨出晶界两侧局域范围内斯格明子的磁结构畸变，建立起结构缺陷和磁结构畸变之间的关联。

### 6.1.5 四维扫描透射技术磁畴成像原理及应用

传统扫描透射电子显微镜 (scanning transmission electron microscope, STEM) 的探测器如图 6-11(a) 所示，其中明场 (BF)、环形明场 (ABF)、环形暗场 (ADF) 和高角环形暗场 (HAADF) 探测器都是单片的，DPC-STEM 利用四分割的环形探测器收集不同探头的信号，通过分析可以获得材料内部电磁场的分布。随着探测器读取速率的提高，各种分段探测器 (4 段、8 段甚至 16 段) 也逐渐出现。近年来更是出现了像素化的直接电子探测器，通过使用高速、直接的电子探测器，可以在每个探针位置记录电子束衍射的完整二维图像，通过记录二维衍射图时探针扫描的二维光栅，可以获得四维 (4D) 数据集，如图 6-11(b) 所示。

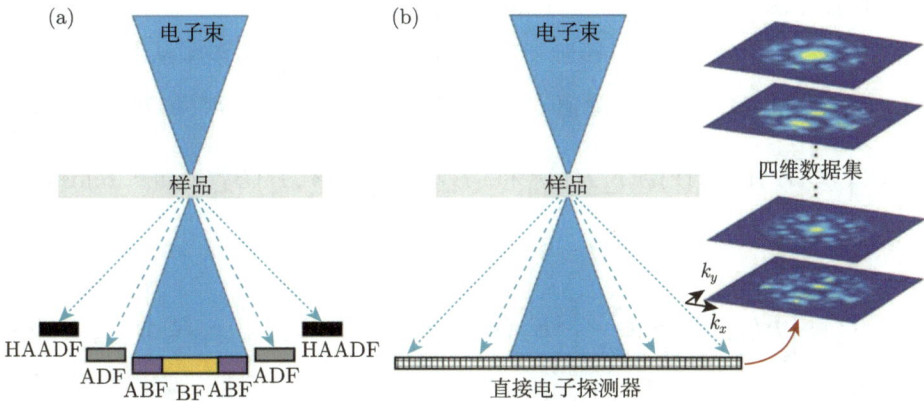

图 6-11 (a) 传统 (DPC-)STEM 和 (b) 4D-STEM 成像的基本原理示意图

电子束通过电磁场时受到的库仑、洛伦兹等相互作用使得 4D-STEM 数据集中包含局部结构、方向、变形、电磁场等丰富特征。图 6-11(a) 示意性地显示了 STEM 中电子束对电磁场敏感的原因。当聚焦电子探针入射到样品上时，入射的聚焦电子束会因库仑或洛伦兹相互作用而发生偏转，BF 盘的位移与垂直于入射电子束方向的电磁场强度成正比。偏转角可以通过放置在衍射平面中的分段或像素化检测器来测量。

图 6-11(b) 显示了由电场或磁场引起的电子偏转的示意图。这里，入射电子被假定为经典粒子。偏转角可以通过计算入射电子的动量 $h/\lambda$($h$ 和 $\lambda$ 分别表示普朗克常量和电子波长) 与传输过程中的动量传递之间的比值来获得。为简单起

见，假设试样内部的当前电磁场不会沿厚度方向变化。作用于入射电子的库仑力和洛伦兹力分别为 $-\boldsymbol{E}_\perp$ 和 $-e\boldsymbol{v} \times \boldsymbol{B}_\perp$，其中 $e$、$\boldsymbol{v}$、$\boldsymbol{E}_\perp$ 和 $\boldsymbol{B}_\perp$ 分别表示元电荷、入射电子的速度、垂直于光轴的电场分量和磁场分量。动量传递是通过将力与传输时间 $t/v(t$ 表示试样厚度) 相乘得出的。因此，偏转角 $\theta$ 可以描述如下：

$$\theta = -\frac{e\lambda t}{hv}(\boldsymbol{E}_\perp + \boldsymbol{v} \times \boldsymbol{B}_\perp) \tag{6-21}$$

因为偏转角与厚度以及电磁场的大小成正比，为了量化电磁场，应知道试样的厚度。

图 6-11 所示的 BF 圆盘的刚性位移模型只有在探头内部的电磁场均匀时才是正确的。考虑到样品内部电磁场强度的大小，磁偏转通常是很小的 (约 μrad)。为了检测如此小的电子偏转，通常选择约 100 μrad 至约 1 mrad 的会聚半角，因此，空间分辨率通常限制在几纳米量级。空间分辨率和电磁场敏感性之间的权衡是 4D-STEM 磁成像实验中的一个重要因素。

根据埃伦菲斯特（Ehrenfest）定理，量子力学期望值应该服从经典运动方程，如果 $\theta$、$\boldsymbol{E}_\perp$ 和 $\boldsymbol{B}_\perp$ 被其期望值取代：$\langle\theta\rangle = \lambda\langle k\rangle = \lambda\int \Psi^*(\boldsymbol{k}, \boldsymbol{R})k\Psi(\boldsymbol{k}, \boldsymbol{R})\mathrm{d}k$，$\langle\boldsymbol{E}_\perp\rangle = \int \psi^*(\boldsymbol{r}, \boldsymbol{R})E_\perp(r)\psi(\boldsymbol{r}, \boldsymbol{R})\mathrm{d}r$ 和 $\langle B_\perp\rangle = \int \psi^*(\boldsymbol{r}, \boldsymbol{R})B_\perp(r)\psi(\boldsymbol{r}, \boldsymbol{R})\mathrm{d}r$，则可导出以下方程：

$$\int \boldsymbol{k}I_{\mathrm{diff}}\mathrm{d}\boldsymbol{k} = -\frac{et}{hv}\int [\boldsymbol{E}_\perp(\boldsymbol{r}) + \boldsymbol{v} \times \boldsymbol{B}_\perp(\boldsymbol{r})]I_{\mathrm{probe}}(\boldsymbol{r}, \boldsymbol{R})\mathrm{d}r \tag{6-22}$$

其中，$\boldsymbol{k}$ 和 $\boldsymbol{r}$ 分别表示垂直于光轴的倒空间和实空间坐标；$I_{\mathrm{diff}}(\boldsymbol{k}, \boldsymbol{R}) = |\Psi(\boldsymbol{k}, \boldsymbol{R})|^2$ 和 $I_{\mathrm{probe}}(\boldsymbol{r}, \boldsymbol{R}) = |\Psi(\boldsymbol{r}, \boldsymbol{R})|^2$ 分别表示当探针位于 $\boldsymbol{r} = \boldsymbol{R}$ 时衍射图案和电子探针的归一化强度。

如果衍射图案由像素化检测器记录，则可以通过测量透射束偏转角得到透射斑的位移 $s^{\mathrm{COM}}$。这里通过计算衍射盘的质心 (COM) 获得 $s^{\mathrm{COM}}$：$s^{\mathrm{COM}}(\boldsymbol{R}) = \int \boldsymbol{k}I_{\mathrm{diff}}(\boldsymbol{k}, \boldsymbol{R})\mathrm{d}k$。

对于每个 STEM 探针位置，通过将 $I_{\mathrm{probe}}(\boldsymbol{r} - \boldsymbol{R})$ 代入等式 (6-22) 中替换，可以得到

$$s^{\mathrm{COM}}(\boldsymbol{R}) = -\frac{et}{hv}[\boldsymbol{E}_\perp(\boldsymbol{r}) + v \times \boldsymbol{B}_\perp(\boldsymbol{r})] \otimes I_{\mathrm{probe}}(\boldsymbol{r}) \tag{6-23}$$

其中，$\otimes$ 表示卷积算子，应用卷积定理得出

$$
\begin{bmatrix} s_x^{\mathrm{COM}}(\boldsymbol{R}) \\ s_y^{\mathrm{COM}}(\boldsymbol{R}) \end{bmatrix} = -\frac{e}{h} I(\boldsymbol{r}_\perp) \times \left\{ \frac{1}{v} \int_{-\infty}^{+\infty} \begin{bmatrix} E_x(\boldsymbol{r}) \\ E_y(\boldsymbol{r}) \end{bmatrix} \mathrm{d}z + \int_{-\infty}^{+\infty} \begin{bmatrix} -B_y(\boldsymbol{r}) \\ B_x(\boldsymbol{r}) \end{bmatrix} \mathrm{d}z \right\}
$$

$$(6\text{-}24)$$

式中，下标 $x$ 和 $y$ 分别表示向量在 $x$ 和 $y$ 方向上的投影。如果相位梯度 (即 $\boldsymbol{E}$ 场和 $\boldsymbol{B}$ 场) 在电子探针的空间延伸上是均匀的，则透射光束在衍射平面中的强度分布 $\boldsymbol{I}(\boldsymbol{k}_\perp) = \mathrm{FT}\,[\boldsymbol{I}(\boldsymbol{r}_\perp)]$ 发生刚性位移，这里 FT 表示傅里叶变换，$\boldsymbol{k}_\perp$ 是二维倒空间矢量。模板匹配 (TM) 算法适用于测量相对于参考位置的刚性位移 $\boldsymbol{s}^{\mathrm{TM}}$。它可以从等式 (6-23) 或等式 (6-24) 推导出来

$$
\boldsymbol{s}^{\mathrm{TM}}(\boldsymbol{R}) = \begin{bmatrix} s_x^{\mathrm{TM}}(\boldsymbol{R}) \\ s_y^{\mathrm{TM}}(\boldsymbol{R}) \end{bmatrix} = -\frac{e}{hv} \int_{-\infty}^{+\infty} \begin{bmatrix} E_x(\boldsymbol{r}) \\ E_y(\boldsymbol{r}) \end{bmatrix} \mathrm{d}z + \frac{e}{h} \int_{-\infty}^{+\infty} \begin{bmatrix} B_y(\boldsymbol{r}) \\ -B_x(\boldsymbol{r}) \end{bmatrix} \mathrm{d}z
$$

$$(6\text{-}25)$$

最后，描述刚性位移模型的式 (6-25) 对应于经典力学形式中电子通过电磁场时所受到的洛伦兹力 $\boldsymbol{F}_{\mathrm{L}} = -\mathrm{e}(\boldsymbol{E} + \boldsymbol{v} \times \boldsymbol{B})$ 的偏转

$$
\theta = \begin{pmatrix} \theta_x \\ \theta_y \end{pmatrix} = -\frac{e\lambda}{hv} \int_{-\infty}^{+\infty} \begin{bmatrix} E_x(\boldsymbol{r}) \\ E_y(\boldsymbol{r}) \end{bmatrix} \mathrm{d}z + \frac{e\lambda}{h} \int_{-\infty}^{+\infty} \begin{bmatrix} B_y(\boldsymbol{r}) \\ -B_x(\boldsymbol{r}) \end{bmatrix} \mathrm{d}z \qquad (6\text{-}26)
$$

其中，$\lambda$ 是相对论波长；$\theta$ 是被样品偏转的电子波矢的平面内分量，对应于在衍射平面上测量到的光束的刚性位移，是倒数空间的一个二维向量。注意，类似于电子全息实验，只测量沿电子束传播的场的积分。使用 "翻转法" 将磁偏转从电偏转贡献中分离出来，从而得到样品中的磁强度分量。图 6-12 给出了利用 4D-STEM 技术，对 $(\mathrm{Fe}_{1-x}\mathrm{Co}_x)_5\mathrm{GeTe}_2$ 纳米片中拓扑磁结构的测量。

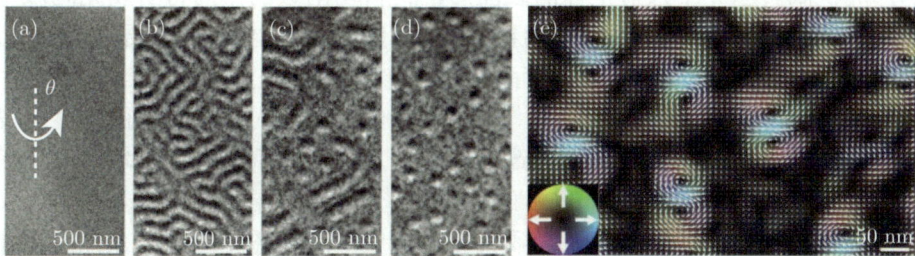

图 6-12 洛伦兹透射电镜测量的室温磁性纹理 [22]

(a) 在零场和 +4 mm 离焦下采集的 $(\mathrm{Fe}_{1-x}\mathrm{Co}_x)_5\mathrm{GeTe}_2$ 纳米片的洛伦兹透射电镜图像，$0°$ 倾斜和 (b)$18°$ 倾斜揭示了具有奈尔特征的条纹畴；在倾斜度为 $18°$ 的同一区域，洛伦兹透射电镜图像显示 (c) 条纹畴和斯格明子的混合相以及 (d) 单个斯格明子分别出现在 125 mT 和 139 mT 的外加磁场中；(e) 用像素化探测器记录的洛伦兹 4D-STEM 获得的奈尔型斯格明子磁感应图，颜色和箭头表示样品 $18°$ 倾斜时垂直于透射束传播方向的磁感应场分量

## 6.2　光发射电子显微镜

### 6.2.1　光发射电子显微镜的工作原理及衬度机制

光发射电子显微镜 (photoemission electron microscope, PEEM) 技术形成于 20 世纪上半叶，此后伴随着超高真空及电子光学技术的进步，PEEM 系统的功能也得到了持续升级与扩展。PEEM 工作的基本原理是基于光子入射至样品表面而引发的光电效应，激发产生的光电子可以在匀强电场的加速作用下进入电磁透镜系统，并在传感器上基于强度分布进行电信号的转换进而形成反映样品信息的图像，如图 6-13 所示。此外，依据表征需求的不同，实验过程中 PEEM 系统可以使用具有不同光子入射能量的光源，比如汞灯、激光与 X 射线等。

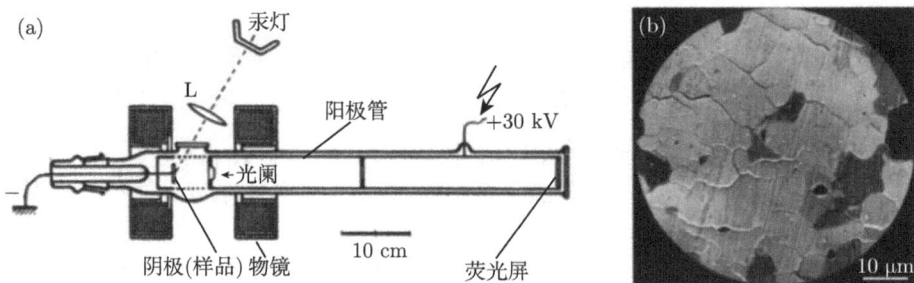

图 6-13　(a) 早期 PEEM 系统构造示意图；(b) 利用早期 PEEM 系统对金属 Pt 表面形貌的观测 [23]

PEEM 图像的衬度主要可分为两类，即功函数衬度与形貌衬度，分别对应不同的形成机制。当光子入射至样品表面后，材料功函数的不同将引发光源激发光电子能量的差异，由此在电子到达探测器上后体现为光电信号的强弱分布并形成图像的衬度，如图 6-14(a) 所示。而样品表面功函数的差异可能来自于材料种类、掺杂状态或晶体结构等因素。此外，PEEM 的图像衬度对于样品表面高度的变化非常敏感，这主要是形貌的起伏导致所施加的加速电场不均匀，电场线沿形貌结构发散或聚集形成微区电场 (micro-field)，在光电子离开样品表面进入真空后，微区电场将干预电子的运动状态，导致其被收集成像时存在空间分布差异，由此形成图像衬度，如图 6-14(b) 所示。

需要指出的是，PEEM 成像观测要求样品表面具有良好的导电特性，而对于表面导电状况很差的材料，比如氧化物，由于电子在这类体系中迁移能力弱，则进行 PEEM 观测时会在表面形成电子聚集并抑制光电子的进一步发射，从而导致无法成像，严重时还会引发放电，破坏仪器与样品表面，这也是 PEEM 观测实验多在金属、半导体或氧化物上生长的导电材料中进行而很难在完全绝缘的材料表面开展的原因。

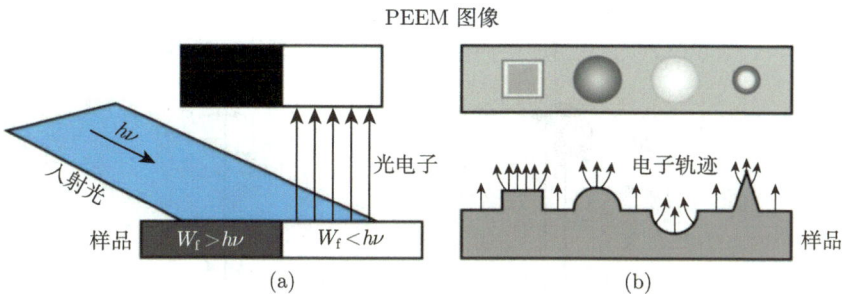

图 6-14 根据不同的形成机制，PEEM 衬度可分为 (a) 功函数衬度与 (b) 表面形貌衬度

### 6.2.2 光发射电子显微镜在磁成像技术中的运用

1. X 射线–光发射电子显微镜磁成像观测

X 射线–光发射电子显微镜 (X-ray photoemission electron microscope, X-PEEM) 是一种基于同步辐射而发展起来的成像技术。同步辐射光源具有能量连续可调、脉冲时序等特点，X-PEEM 因而具有独特的元素分辨和时间分辨特性，这是 X-PEEM 相比于其他 PEEM 技术最大的优势。目前，世界上基于同步辐射的 X-PEEM 设备并不多，主要有美国 ALS 光源、美国 APS 光源、德国 BESSY II 光源、瑞士 SLS 光源、意大利 Elettra 光源、韩国 PLS 光源、日本 SPring-8、中国台湾同步辐射光源以及上海光源 (SSRL) 等的 PEEM 实验线站。

X-PEEM 磁成像的原理是利用 X 射线磁圆二色 (X-ray magnetic circular dichroism，XMCD) 效应和 X 射线磁线二色 (X-ray magnetic linear dichroism，XMLD) 效应。所谓 XMCD 效应，就是由于磁性材料对于左旋和右旋圆偏振 X 射线吸收的不同而产生的二色性现象。通常对于 3d 磁性金属元素，XMCD 主要测量光子从 2p 跃迁到 3d 能级的 L 吸收边。当入射 X 射线的能量正好为芯能级到费米面的能级差时，产生共振吸收，并在吸收谱中出现吸收峰。对于磁性材料，在费米面附近，自旋向上和向下的电子态密度是不同的，由于跃迁选择定则的限制，对左旋和右旋圆偏振 X 射线的吸收存在不同，从而出现 XMCD 现象，如图 6-15(a) 所示。而 XMLD 效应则是利用入射 X 射线的偏振方向与自旋平行或垂直时，磁性材料中磁性元素的吸收谱不相同而产生的二色性现象，如图 6-15(b) 所示。需要指出的是，XMCD 效应应用于铁磁性材料的磁学性质研究，而 XMLD 效应是测量反铁磁和亚铁磁材料性质的一种有效手段，因而基于 XMCD 和 XMLD

效应来成像的 PEEM 可以同时测量铁磁材料、反铁磁材料和亚铁磁材料的磁学特性。

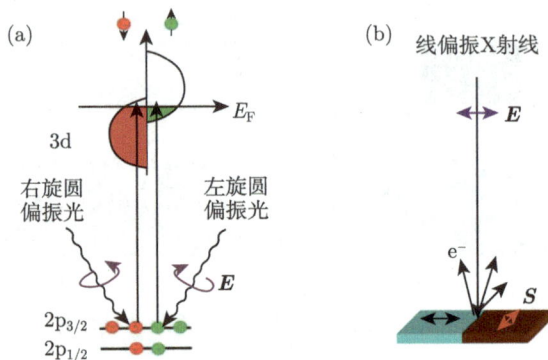

图 6-15    (a) XMCD 效应原理图；(b) XMLD 效应原理图

由于 X-PEEM 具有独特的元素分辨、时间分辨特性以及极高的空间分辨率 (约 20 nm)，其在磁性材料的研究中应用非常广泛，用于研究磁性薄膜材料、磁性异质结材料、磁性纳米材料及二维磁性材料中的磁畴特性和动力学特性等。

早在 1993 年，Stöhr 等 [24] 首次利用 X-PEEM 基于 XMCD 效应实现了对铁磁材料的磁畴成像观测。2000 年，人们又通过 XMLD 效应对反铁磁材料的磁畴进行了成像研究 [25,26]，如图 6-16 所示。此后，随着微纳加工技术的发展，人们还将 PEEM 与微纳加工技术结合，构造了新型的反铁磁自旋电子学器件模型。

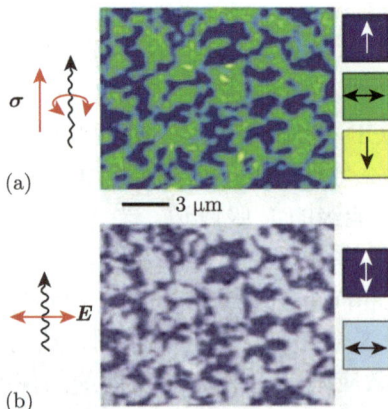

图 6-16    Co/LaFeO₃/SrTiO₃(001) 多层膜中典型的 (a) 铁磁 Co 的磁畴结构和 (b) 反铁磁 LaFeO₃ 的反铁磁畴结构 [26]

不同颜色代表不同畴结构的不同取向

Wu 等利用分子束外延方法生长了 NiO ($d_{NiO}$)/Fe (12 nm)/Ag(001) 和 CoO ($d_{CoO}$)/Fe (12 nm)/Ag(001) 外延薄膜并将其刻蚀成纳米盘结构[27]，结果在其中发现了手性涡旋结构和发散涡旋结构，并且证明了铁磁和反铁磁之间是垂直耦合相互作用，如图 6-17 所示。

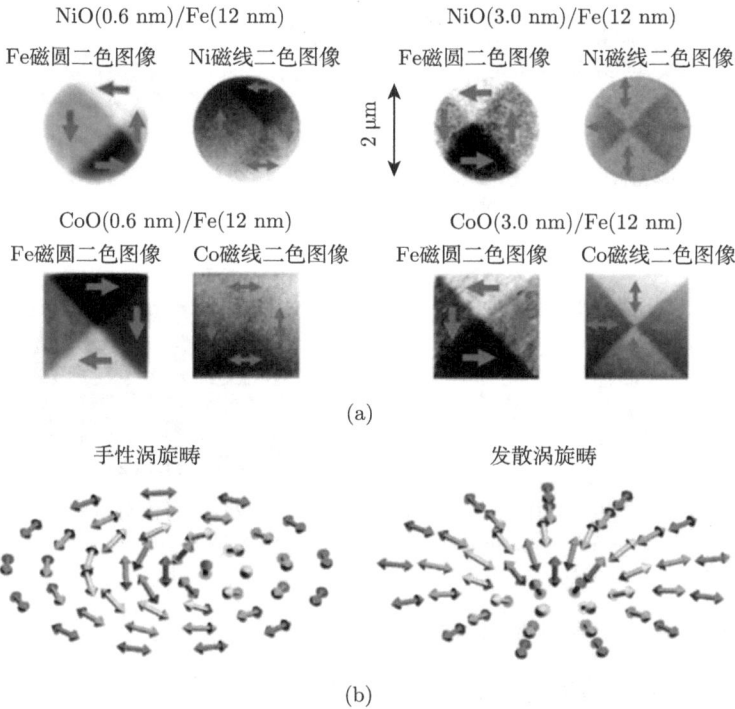

图 6-17　(a) NiO ($d_{NiO}$)/Fe (12 nm)/Ag(001) 和 CoO ($d_{CoO}$)/Fe (12 nm)/Ag(001) 外延薄膜纳米结构中的 PEEM 磁畴成像；(b) 磁畴表现出手性涡旋畴和发散涡旋畴两种形式[27]

近年来，随着二维磁性材料的快速发展，X-PEEM 也开始在二维材料的研究中发挥着巨大的作用。2018 年，Li 等[28] 利用同步辐射 X-PEEM 研究了二维铁磁材料 $Fe_3GeTe_2$ 的磁畴变化，发现 $Fe_3GeTe_2$ 在居里温度以下呈现条纹畴结构，并且条纹畴的宽度随着 $Fe_3GeTe_2$ 的厚度增加而减小，如图 6-18(a) 所示。随后，他们还通过建立 $Fe_3GeTe_2$ 与 $(Co/Pd)_n$ 多层膜之间的磁性耦合，在 $Fe_3GeTe_2$ 中构造了零磁场下的斯格明子结构[29]，如图 6-18(b) 所示。

除了上述静态的磁畴成像研究之外，X-PEEM 还可以结合同步辐射的脉冲时间序列特性，利用泵浦–探测 (pump-probe) 手段来开展磁畴动力学研究，为现代磁盘读写速率的发展提供了重要的实验依据。2004 年，Choe 等[30] 发展了这种时间分辨的 X-PEEM 技术，将其运用到磁盘读写速率的研究之中，发现在施加激光脉冲之后，涡旋磁畴核会向一个方向移动 8 ns，并在移动过程中伴随着手性的变化，该技术的时间分辨能力达到了皮秒的量级，如图 6-19 所示。

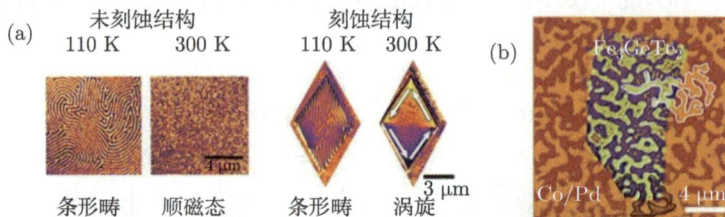

图 6-18　二维铁磁材料 Fe₃GeTe₂ 的 PEEM 图像

(a) Fe$_3$GeTe$_2$ 中的磁畴由低温下的条纹畴结构转变成高温下的涡旋畴结构[28]；(b) Fe$_3$GeTe$_2$/(Co/Pd)$_n$ 多层膜中表现出斯格明子结构[29]

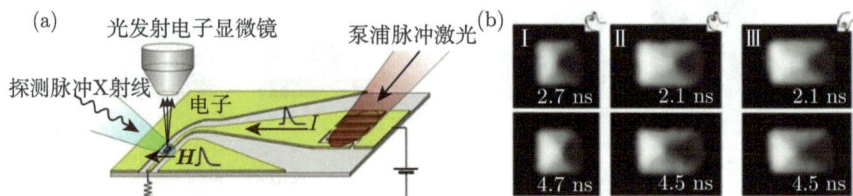

图 6-19　(a) 时间分辨的 X-PEEM 技术原理图；(b) 人们利用时间分辨的 X-PEEM 技术得到的 CoFe 纳米结构中的磁畴动力学演化过程[30]

### 2. 阈激发–光发射电子显微镜磁成像观测

作为磁成像观测的重要技术手段，X-PEEM 在具有众多优势的同时也存在局限性，对大型同步辐射光源的依赖使得实验开展在空间与时间上受到限制。而在价带电子激发过程中的磁二色效应被证实存在后，研究人员开始尝试使用光子能量较小、易于装备在普通实验室的光源取代同步辐射装置作为激发源集成于 PEEM 系统，即阈激发–光发射电子显微镜 (threshold PEEM)，并开展磁畴观测实验。比如实验表明，极化的高压汞灯可以作为激发光源在厚度为 100 nm 的 Fe 薄膜上观测到磁畴衬度[31]，如图 6-20(a) 所示。此后，激光由于具有良好的单色性以及偏振状态可调等优势而成为磁成像 PEEM 光源的理想选择，目前已在实验中被证实可激发磁二色性、用于磁畴观测的就包括圆偏振态的波长为 635 nm、405 nm、325 nm 与 267 nm 的激光等[32]，这些光源的特点是光子能量接近样品表面功函数，与基于芯能级激发磁圆/线二色效应的 X-PEEM 相比，此类依靠光电子激发形成磁畴衬度的技术称为阈激发磁成像，这些开拓性的工作为利用小型光源替代同步辐射装置结合 PEEM 技术进行表面磁畴结构研究提供了新的技术方向。

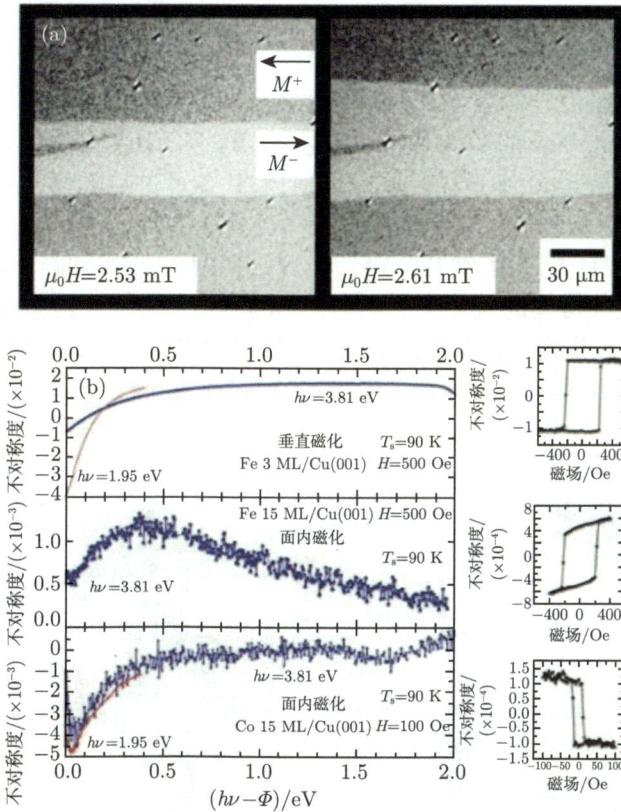

图 6-20 (a) 利用高压汞灯激发的线偏振态紫外 (UV) 线在 Fe 薄膜表面获得的磁畴衬度
PEEM 图像 [31]；(b) 利用圆偏振态 325 nm 激光在铁磁金属表面观测到的阈激发磁
二色性 [32]

### 3. 深紫外激光-光发射电子显微镜磁成像观测

使用 PEEM 技术在阈激发模式下进行磁成像观测，为实验的开展提供了更多的便利，但同时也存在一定的局限。对于一般的 3d 磁性金属而言，其表面功函数通常较高，比如 Fe、Co 与 Ni，其数值分别为 4.5 eV、5.0 eV 与 5.2 eV，而在上文提及的利用激光实现光电子激发的 PEEM 磁成像观测实验中，所使用的光源波长多处于紫外波段 (大于 255 nm)，光子能量较低，并不足以克服材料表面功函数而实现阈激发过程，而在以重金属元素 $Pt(E_\Phi = 5.7 \text{ eV})$ 与 $Ir(E_\Phi = 5.3 \text{ eV})$ 为成分的铁磁 (如 FePt) 或反铁磁 (如 IrMn) 合金材料中，这一过程就变得更为困难。通常应对这一问题的技术方案是，在样品表面沉积若干原子层厚度的 Cs 以降低功函数，从而实现光电子激发并进行磁畴观测，但是这种方式会在一定程度上导致磁二色信号的衰减，同时也干预了表面的本征状态，因此更好的方式是使用能量更高的激光对材料表面直接激发。

　　深紫外 (deep ultraviolet, DUV) 激光的光子能量更高，一般需通过倍频过程实现输出，对非线性光学晶体及相关器件具有非常高的要求。中国科学院理化技术研究所 Chen 与 Xu 的团队利用 $KBe_2BO_3F_2$(KBBF) 晶体结合棱镜耦合技术 (prism-coupled technique) 发明了 KBBF-PCT 器件并以此为基础通过倍频过程实现了波长 177.3 nm、光子能量高达 $h\nu = 7.0$ eV 的深紫外激光的输出。此外，通过引入 $\lambda/2$ 波片及 $\lambda/4$ 波片，可使光源具备偏振调制功能，即在不同旋性圆偏振态及方向连续可调的线偏振态间切换，同时结合其光子能量高的优势，177.3 nm 深紫外激光可作为 PEEM 磁成像观测的理想光源。因此，深紫外激光–光发射电子显微镜 (DUV-PEEM) 系统可在不调制表面功函数的前提下对薄膜样品直接激发，基于磁圆/线二色效应实现高分辨磁畴成像观测的原理如图 6-21 所示。

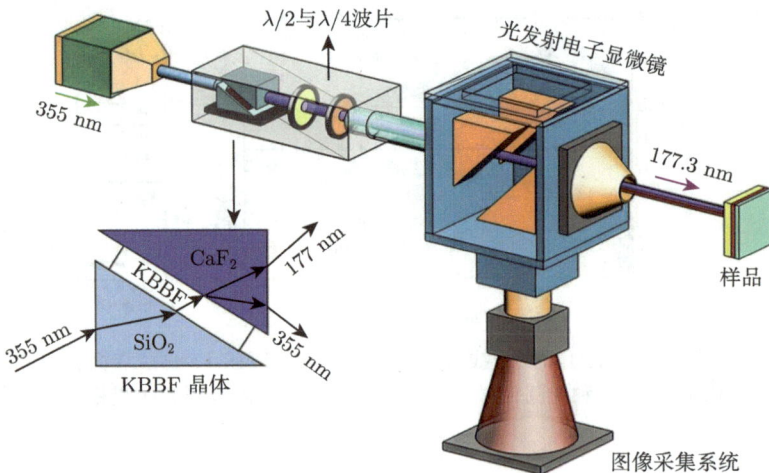

图 6-21　DUV-PEEM 系统装置示意图

　　由于 PEEM 观测对于表面信息极为敏感，因此相关实验的开展通常需要样品在高质量制备的前提下尽量不脱离真空环境，否则会因为表面氧化或者杂质吸附等而影响观测结果。为满足这一技术条件，中国科学家以 DUV-PEEM 作为核心表征手段，结合超高真空分子束外延 (molecular beam epitaxy, MBE) 技术及真空互联技术成功搭建了 MBE 与 DUV-PEEM 的联合系统，如图 6-22(a) 所示。利用该联合系统，研究人员可在制备高质量单晶薄膜材料的同时，实现样品在超高真空环境中于 MBE 系统与 DUV-PEEM 系统之间的传输，以及开展薄膜样品的表面特性表征与高分辨磁成像观测等实验。以此为基础，Wang 等 [33] 通过 MBE 技术制备出具有垂直磁各向异性的单晶 $L1_0$-FePt 薄膜，并成功利用 DUV-PEEM 系统对其磁畴结构进行了观测。由于 177.3 nm 深紫外激光具有高光子能量 ($h\nu =$

7.0 eV) 的优势，因此可在不进行表面功函数调制的前提下直接对单晶 $L1_0$-FePt 薄膜表面实现光电子的激发与收集，形成 PEEM 磁畴结构图像，如图 6-22(b) 所示。经测定，DUV-PEEM 磁成像空间分辨率高达 43 nm，如图 6-22(c) 所示，与基于同步辐射光源的 X-PEEM 处于同一水平，这也证实了利用 PEEM 技术在不依赖同步辐射光源的条件下针对磁性薄膜样品开展高分辨磁成像观测实验的可行性。

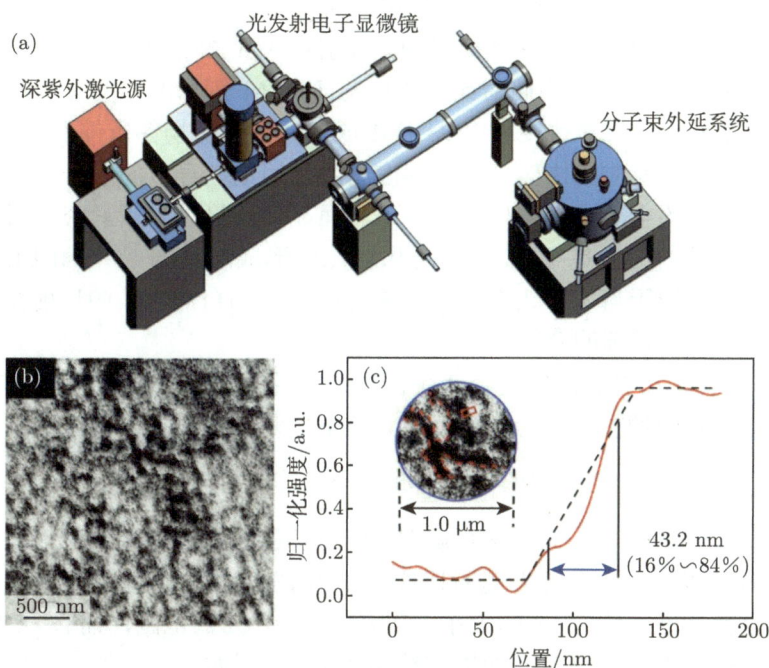

图 6-22　(a) MBE 与 DUV-PEEM 联合系统示意图；(b)20 nm $L1_0$ FePt 薄膜的 DUV-PEEM 磁畴图像；(c) DUV-PEEM 磁畴成像空间分辨率的测定 [33]

# 6.3　自旋极化低能电子显微镜

自旋极化低能电子显微镜 (SPLEEM) 是一种携带自旋极化电子源的低能电子显微镜 (low-energy electron microscope，LEEM)。LEEM 和 SPLEEM 是由德国科学家 Ernst G. Bauer 发明的 [34]。SPLEEM 主要用于表面磁结构的实空间成像 [35-37]，同时可以结合表面形貌、暗场像、功函数、能带结构等测量模式对研究体系进行更深入的研究。本节主要介绍 SPLEEM 的基本工作原理，以及一些基于 SPLEEM 的代表性工作。

### 6.3.1   自旋极化低能电子显微镜的工作原理及仪器介绍

#### 1. 工作原理

当入射电子束的能量低于几十电子伏特时，电子到达单晶样品表面的弹性背散射截面会非常高。此时电子通过样品晶格产生衍射而形成强烈的反射束斑，之后经过一系列透镜形成 LEEM 像[34,38]。SPLEEM 的图像获取并不是直接通过拍摄获取，而是通过对比两张在相同位置拍摄但入射电子自旋极化方向相反的 LEEM 图像的差异而得到的[36,39]，这个模式和光发射电子显微镜磁成像类似 (详见 6.2.1 节)。因为 SPLEEM 图像中磁对比度强度与 LEEM 图像的强度直接相关，为获得远高于背景噪声的磁对比度，SPLEEM 成像通常在明场像条件下完成。

明场像模式所对应的镜面反射的强度与晶体周期性导致的干涉效应、入射电子的能量、样品的电子能带结构以及样品表面晶体质量等因素紧密关联，该反射强度在不同区域的变化是 LEEM 明场像对比度形成的基础[34]。SPLEEM 图像中的磁对比度来源于自旋极化电子束和磁性样品之间自旋相关的反射率变化[35]，这部分在后文会做详细的介绍。

SPLEEM 模式需要依次采集两张由自旋极化方向相反的入射电子束形成的 LEEM 图像。对于拍摄区域的每一个像素点 $r_i$，都可以根据两张自旋极化方向相反的 LEEM 图计算出该位置的信号强度的不对称性 $A$，$A(r_i) = \dfrac{I_\uparrow(r_i) - I_\downarrow(r_i)}{I_\uparrow(r_i) + I_\downarrow(r_i)}$，这里 ↑ 和 ↓ 分别表示自旋向上和自旋向下。在拍摄区域内计算每一个像素的不对称性 $A$，就可以生成一张具有磁对比度的 SPLEEM 图像[36]。铁磁薄膜中的磁对比度，也就是不对称性 $A$ 的大小一般在 1%~10% 的范围，而且 $A$ 的大小和符号强烈依赖于入射电子束的能量 (图 6-23(d))。例如，一个外延在单晶衬底上的磁性薄膜 (图 6-23(a) 和 (b)) 的 SPLEEM 图像可以显现出非常明显的磁结构 (图 6-23(c))。

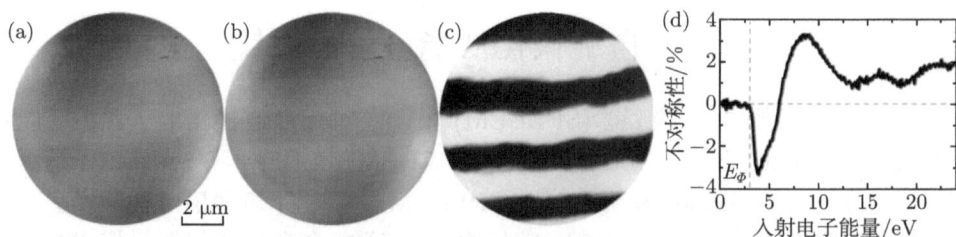

图 6-23　3 个原子层 Fe/Cu(001) 体系的 (a) 自旋向上 LEEM 图像、(b) 自旋向下 LEEM 图像及 (c) SPLEEM 图像，自旋极化方向垂直于薄膜表面；(d) 磁对比度/不对称性 $A$ 随入射电子能量的变化，竖直虚线对应于样品表面功函数 $E_\Phi$

实验上测量的不对称性 $A$ 取决于材料本征的不对称性 $A_0$，$A = P\cos\alpha \cdot A_0$，其中 $P$ 为入射电子的自旋极化率，$\alpha$ 是样品表面磁矩方向和入射电子自旋极化方向之间的夹角。对于一个给定入射电子自旋极化方向的测量，磁对比度实际上反映了沿自旋极化方向磁矩分量的大小。比如，自旋极化方向沿着体系的易轴时，两个磁矩方向相反的磁畴在 SPLEEM 灰度图中会呈现为白/黑区域，这是由相反的 $\cos\alpha$ 符号所致，而磁畴之间的畴壁区域在该条件下没有磁对比度，因为 $\cos\alpha$ 在零点附近。值得指出的是，由于 SPLEEM 的自旋极化电子源可以精确控制自旋极化方向，可以通过测量自旋极化方向分别沿着 $x$、$y$、$z$ 方向的三组 LEEM/SPLEEM 图像来获取探测区域的三维磁结构信息，这也是 SPLEEM 的一个显著特点。

磁对比度同时和入射电子的自旋极化率直接相关，这里定义自旋极化率为 $P = (n_\uparrow - n_\downarrow)/(n_\uparrow + n_\downarrow)$，其中 $n_\uparrow$ 为自旋向上电子的数目，$n_\downarrow$ 为自旋向下电子的数目[40]。对于基于单晶 GaAs 的自旋极化电子源[40,41]，自旋极化率理论上可以达到 50%，而实际仪器中的自旋极化率在 25% 左右。而基于多层膜的自旋极化电子源可以产生理论上 100%、实验上 90% 左右自旋极化的电子束[42,43]，由不对称性 $A$ 的公式可知，提高入射电子的自旋极化率可显著提升 $A$ 的测量信号。另一个间接提高不对称性 $A$ 的方法与图像采集过程中产生的背景信号强度相关。LEEM 图像强度 $I_\uparrow(I_\downarrow)$ 来源于测量强度 $I_{\uparrow,0}(I_{\downarrow,0})$ 和背景强度 $I_b$ 的叠加，则不对称性 $A$ 为：$A = \dfrac{(I_{\uparrow,0}+I_b)-(I_{\downarrow,0}+I_b)}{(I_{\uparrow,0}+I_b)+(I_{\downarrow,0}+I_b)} = \dfrac{I_{\uparrow,0}-I_{\downarrow,0}}{I_{\uparrow,0}+I_{\downarrow,0}+2I_b}$，这时较大的背景信号会减小测量到的不对称性 $A$，而高性能的图像采集系统有助于降低背景信号[35]。

接下来简要介绍 SPLEEM 模式中磁性材料对应的不对称性 $A_0$ 的来源。样品的电子能带结构与入射电子能量和动量都匹配时，电子可以非常容易地进入样品，占据该电子态并成为样品电子海的一部分，最终弛豫在费米能级；若没有匹配的电子态，则电子入射率会被极大地抑制，同时反射率极大地增强。铁磁材料中，自旋向上和向下的电子能带结构因为交换劈裂的作用而变得不对称 (图 6-24)，而两组电子态密度的不对称性会影响自旋极化电子束在两组情况下的入射/反射率。如果只有一种自旋方向的电子能够找到对应的电子态，则不对称的入射/反射率会强烈地影响 SPLEEM 图像的不对称性 $A$。假如自旋向上和自旋向下的能带都有匹配的电子态，虽然电子都能够进入样品，但两组情况下电子的非弹性平均自由程会有很大的差异[44]，使其中一种情况下的电子承受更多的非弹性散射，从而影响入射/反射率以及不对称性 $A$。

2. 仪器介绍

SPLEEM 常规测量中所用的入射电子能量通常在 0~30 eV，这使其具有很高的表面灵敏度 (≤5 Å)。因此 SPLEEM 测量的样品需要原子量级干净的表面，这可以通过表面科学中使用的常规样品制备技术来实现，比如离子刻蚀和退火等。为保证 SPLEEM 的图像质量，SPLEEM 的测量通常在 LEEM 图像较强的单晶样品和外延薄膜上完成。

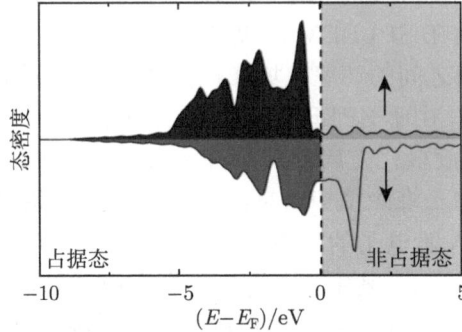

图 6-24　基于密度泛函理论计算的面心立方钴的态密度 [45]
自旋向上和自旋向下的能带结构拥有相似的特征，其中能带劈裂导致了 2 eV 的相对移动

基于自旋极化电子源的 SPLEEM 和基于 LaB$_6$ 电子源的 LEEM 具有高达 10 nm 的空间分辨率。SPLEEM 的图像采集时间一般在几百毫秒到几秒的范围，在某些特殊条件下，可能以视频速率采集图像。SPLEEM 入射电子的自旋极化方向的空间角分辨率为 1°，而其能量分辨率通常好于 0.1 eV。

SPLEEM 仪器中自旋极化的电子束来自于特定能量圆偏振光所激发的 GaAs 光电子。这里光电子激发的终态为 s 带，是轨道角动量为零的二度简并态 ($m_j = -1/2$ 和 $m_j = +1/2$，对应自旋向上和自旋向下)，而初态为 p 带，轨道角动量为 $\pm 1$，包括二度简并的 p$_{1/2}$ 态和四度简并的 p$_{3/2}$ 态 (图 6-25(a))。这里 p$_{3/2}$ 是由曲率半径较小的重空穴和曲率半径较大的轻空穴组成的。

入射的左旋 (右旋) 圆偏振光的光子带有 $+\hbar(-\hbar)$ 的角动量，而 GaAs 吸收圆偏振光子时需要满足角动量守恒和选择定则，图 6-25(b) 中的箭头显示所有跃迁的可能性，而圆圈内的数字表示跃迁概率。为得到自旋极化的电子，入射激光的光子能量被选为与 p$_{3/2}$ 和导带间的带隙匹配，这时从 p$_{1/2}$ 到导带的跃迁被抑制。在左旋圆偏振光的情况下，理论上从 p$_{3/2}(m_j = -3/2)$ 跃迁到 s$_{1/2}(m_j = -1/2)$ 的概率要比从 p$_{3/2}(m_j = -1/2)$ 跃迁到 s$_{1/2}(m_j = +1/2)$ 的概率高三倍，所以自旋极化率为 $P = (3-1)/(3+1) = 50\%$，含有较多自旋向下的电子；右旋圆偏振光同理，可得到自旋极化率为 50% 但有更多自旋向上的电子束流。在实际光路中，入射激光左旋或右旋的偏振方向可通过液晶单元进行快速的切换。

SPLEEM 仪器的另一大特点是可以通过自旋操控器 (图 6-26(a)) 任意控制入射电子的自旋极化方向 [46]，实现对不同磁分量的测量，同时具有较高的角分辨率 (约 1°)。当自旋极化的电子束离开 GaAs 表面时，自旋极化方向和电子束

的轨迹是共线的 [47]。当其进入图 6-26(b) 中的偏转器时，如果同时施加计算好的磁场和电场，则自旋极化方向和电子束方向在电子束偏转 90° 之后仍可共线 (图 6-26(b))，这样电子束到达样品表面时自旋极化方向和样品法线方向重合，可用来探测面外磁分量。如果在偏转器中只施加电场来改变电子束偏转方向 (图 6-26(c))，则这时自旋极化方向保持不变，电子束到达样品表面时自旋极化方向和样品法线方向垂直。而面内的自旋极化方向可由图 6-26(d) 中的磁旋转器通过磁场产生的拉莫尔进动来控制，从而实现对面内任意方向磁分量的测量。在实际仪器中，可以通过读取预先调制好的磁场、电场等参数而实现不同自旋极化方向的快速切换。

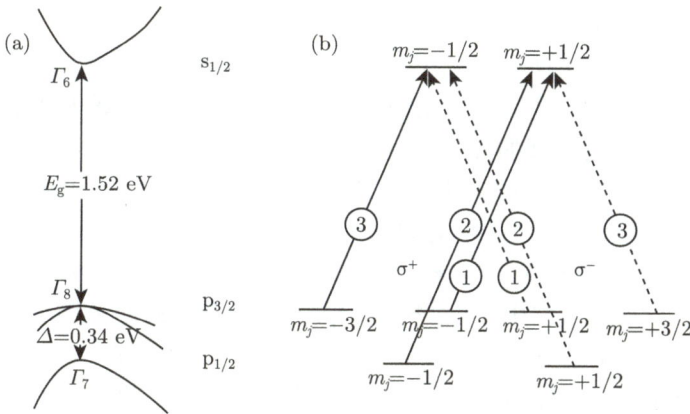

图 6-25　(a) GaAs 在 $\Gamma$ 点 $(k = 0)$ 附近的能带结构；(b) 与图 (a) 能级对应的简并态，实线 (虚线) 箭头显示在左旋 (右旋) 圆偏振光照射时光电子的可能跃迁，圆圈内数字代表跃迁概率 [40]

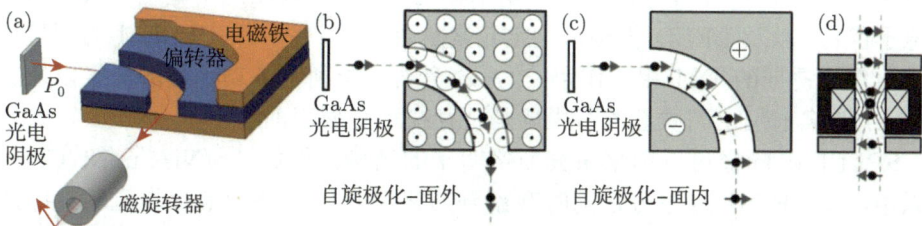

图 6-26　(a) 自旋操控器控制自旋极化方向示意图，由第一部分偏转器和第二部分磁旋转器组成，红色箭头代表自旋极化方向；(b) 偏转器施加磁场及电场，到达样品的自旋极化方向垂直于样品表面，实现面外磁分量灵敏；(c) 偏转器只加电场，到达样品的自旋极化方向平行于样品表面；(d) 磁旋转器通过磁场任意控制面内的自旋极化方向 [35]

### 6.3.2　自旋极化低能电子显微镜在磁成像中的应用

这里根据 SPLEEM 的仪器特点, 分别介绍三维自旋结构、自旋能带结构和反铁磁自旋结构的内容。

#### 1. 三维自旋结构研究

6.3.1 节提到, SPLEEM 可以控制入射电子的自旋极化方向从而实现对不同方向磁分量的成像。对于非线性磁结构, 比如畴壁结构或者磁泡畴结构的研究, 三维磁结构的成像可以确定畴壁的类型、是否具有手性, 以及进一步确定拓扑荷等重要信息 [48-50]。

对于垂直磁化的铁磁薄膜, SPLEEM 的三维磁成像结果可直接确定畴壁的类型以及是否具有手性 [37]。如 Fe/Ni/Cu(001) 或者 $(Co/Ni)_n/Ir/Pt(111)$ 体系 [51,52], 通过对面外分量和面内两个互相垂直分量分别成像 (图 6-27(a)), SPLEEM 可以直接观察到手性奈尔型畴壁, 从而确定诱导磁手性的 DM 相互作用是否起作用, 同时可以通过观察到的磁手性的方向, 比如右手手性 ($\otimes \leftarrow \odot \rightarrow \otimes$) 或者左手手性 ($\otimes \rightarrow \odot \leftarrow \otimes$), 来测定 DM 相互作用的符号 [51]。同时可以通过磁性薄膜厚度诱导的从手性奈尔型畴壁 ($\otimes \leftarrow \odot \rightarrow \otimes$) 到非手性布洛赫型畴壁 ($\otimes \uparrow \odot \uparrow \otimes$) 的转变 [51] 来定量地理解 DM 相互作用的大小 (3.1.2 节)。SPLEEM 也可以结合 SPLEEM 模式和 LEEM 模式来研究面内对称性更低系统的磁结构。比如 Fe/Ni/W(110) 体系, 由于 fcc-Ni 外延在 bcc-W(110) 表面的单轴应力会诱导一个额外的面内单轴各向异性, 体系会产生新奇的面外手性布洛赫型畴壁 ($\otimes \uparrow \odot \downarrow \otimes$)[53], 或者面内磁化薄膜的面外旋转手性 ($\rightarrow \otimes \leftarrow \odot \rightarrow$) (图 6-27(b))[54]。

结合 SPLEEM 模式和功函数以及低能电子衍射 (low-energy electron diffraction, LEED) 模式可以测试不同元素诱导的 DM 相互作用, 比如氧气或氢气化学吸附诱导的 DM 相互作用, 结合功函数的变化 (一般在几十毫电子伏特到几百毫电子伏特) 以及 LEED 再构来判定元素是否吸附 [55,56]。SPLEEM 的测量也发现了石墨烯诱导的 DM 相互作用 [57], 这个结果中利用了功函数的测量以及莫尔 (Moiré) 图案来判定高质量的石墨烯是否存在于金属表面。

SPLEEM 同样可以用来研究斯格明子的结构, 例如 Fe/Ni/Cu/Ni/Cu(001) 体系中, SPLEEM 成像可以同时观察到斯格明子的面外磁泡状的磁畴, 以及面内互相垂直的两组方向均为手性的磁结构, 从而得到清晰的与理论一致的三维斯格明子结构 (图 6-27(c)), 以及进一步确定斯格明子的拓扑荷 [58]。SPLEEM 可以在样品生长时成像, 该特点可以用来观测斯格明子磁结构的实时变化过程。图 6-27(d) 显示了斯格明子畴壁结构在 DM 相互作用改变符号过程中的精细变化过程, 不仅有与垂直磁化磁畴壁中手性奈尔型畴壁–非手性布洛赫型畴壁类似的变化过程[51]，而且根据 SPLEEM 的三维高清结构图可以计算出斯格明子拓扑荷是否变化。该实验发现，拓扑荷在 DM 相互作用接近零点的时候会从 1 变为 0，显示了 DM 相互作用对稳定拓扑结构的重要作用[59]。

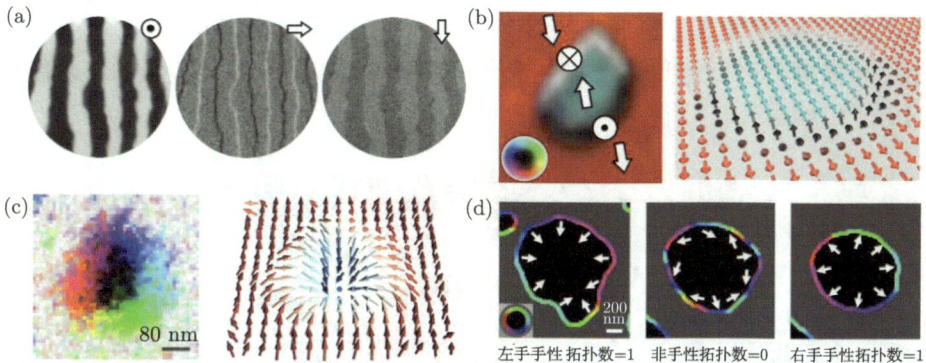

图 6-27  (a) Fe/Ni/Cu(001) 体系条纹磁畴的 SPLEEM 图像，自旋极化方向分别沿垂直于膜面方向、面内水平方向和面内竖直方向 (见 SPLEEM 图像右上角符号)，面内水平方向的 SPLEEM 图像清晰地显示了手性奈尔型畴壁的分量[51]；(b) Fe/Ni/W(110) 体系面内斯格明子三维磁结构 SPLEEM 图像 (左)，箭头/符号显示了磁矩方向及手性结构，右图为左图对应的磁结构的示意图[54]；(c) Fe/Ni/Cu/Ni/Cu(001) 体系斯格明子 SPLEEM 图像 (左)，及其对应磁结构的示意图 (右)[58]；(d) Pd(覆盖层)/(Ni/Co)$_2$/Pd/W(110) 体系磁泡斯格明子三维磁结构 SPLEEM 图像，该体系磁手性以及斯格明子拓扑荷可以被 Pd 覆盖层 (capping layer) 调制，图中左手、非手性及右手手性 Pd 覆盖层对应的厚度分别为 0、0.16 ML 和 0.22 ML[59]

除了非线性磁结构的研究，SPLEEM 同样适合研究体系磁各向异性的变化，尤其是自旋重取向转变体系[60]。在这些体系中，磁各向异性会随着界面、薄膜厚度、温度或表面化学成分等因素的变化而改变，如 Co/Ru(0001) 中观察到的不寻常的自旋重取向转变[61]。在 Ru(0001) 晶体上 460 K 生长 Co 薄膜可以得到整数层 Co 薄膜的形貌 (LEEM) 和磁畴结构 (SPLEEM) 信息 (图 6-28)，这里 Co 薄膜的厚度从 1 ML 变到 3 ML 的过程中，磁各向异性的易轴经历了从面内 (1 ML Co) 到面外 (2 ML Co) 再到面内 (3 ML Co) 的转变，其中 2 层 Co 薄膜面外易轴来源于 Co 薄膜中的应力和表面界面效应的叠加效应。在另一个研究磁各向异性变化的工作中，氢气的化学吸附/脱附被用来调制自旋重取向转变附近的磁各向异性大小，从而实现了室温下对斯格明子的可逆擦写 (图 6-28)[62]，这里斯格明子的三维结构同样可以被 SPLEEM 模式清晰地拍摄出来。

### 2. 自旋能带结构研究

基于 GaAs 的自旋极化电子源所产生的电子束有较窄的能量分布[40,41]通常小于 0.1 eV，使得 SPLEEM 在测量电子能谱时拥有较好的能量分辨率。在某些特定情况下，SPLEEM 可以用来确定自旋分辨的空带结构 [63-65]，比如研究有量子阱态的超薄膜中的电子结构 [66]。在这类样品中，入射电子在样品表面和下层界面会同时透射和反射，两部分反射电子束产生干涉作用 (类似于光学中的法布里–珀罗干涉)，而电子态密度会随着厚度和电子能量呈周期性振荡，这些因素会影响 LEEM 的图像强度。通过测量薄膜厚度和入射电子能量的 LEEM 强度，结合相位积累模型可以得到体系的空带结构，同时可以与实验上测量的费米能级以下的电子结构互补。

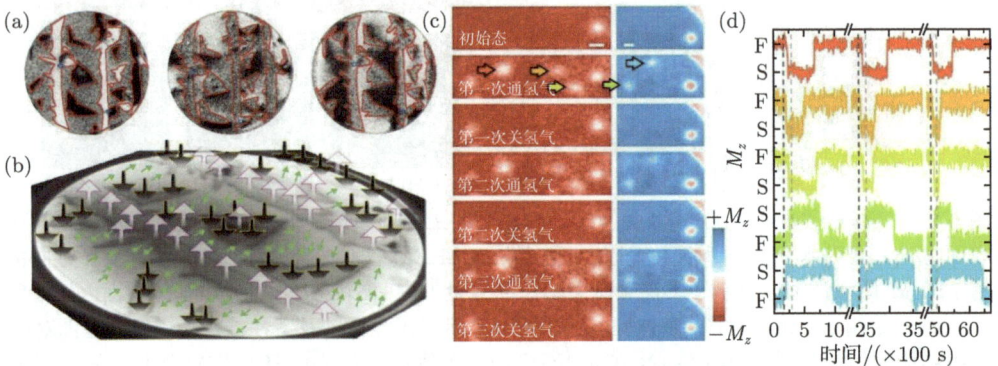

图 6-28　　(a) Co/Ru(0001) 体系在 110 K 下的 SPLEEM 图像，自旋极化方向分别沿垂直于膜面方向 (左)、面内竖直方向 (中)、面内水平方向 (右)，图像直径为 2.8 μm，左图红框中有磁畴衬度的区域对应 2 ML 的 Co 薄膜，没有磁畴衬度的区域为 1 ML Co；(b) 图 (a) 对应区域的 LEEM 图像，深灰色 (浅灰色) 分别对应 2 层 (1 层) 厚的 Co 薄膜，图中箭头表示磁矩方向 [61]；(c) Ni/Co/Pd/W(110) 体系面外 SPLEEM 图像，显示氢气化学吸附/脱附诱导的斯格明子 (彩色箭头位置) 可逆擦写；(d) 图 (c) 中箭头位置的斯格明子态/单畴态随时间的可逆变化，F 表示铁磁态，S 表示斯格明子态，黑色/灰色虚线表示氢气开/关的时刻 [62]

利用自旋极化的电子可以得到磁性薄膜空带中自旋相关的能带结构，比如 Fe/W(110) 体系或 Co/Mo(110) 体系 (图 6-29)[63,64]。图 6-29 展示了 Co/Mo(110) 体系中自旋极化向下 (图 6-29(a)) 和向上 (图 6-29(b)) 电子的反射率随电子能量变化和 Co 薄膜厚度变化的结果，可以看到明显的周期性振荡，该振荡来自于 Co 薄膜中的量子阱态。通过相位积累模型可以精确测定不同入射电子能量对应的振荡周期，从而可以得到自旋分辨的电子色散关系 (图 6-29(c))[64]。

此类方法也可以用来测定非磁金属或者氧化物的空带结构 [65,66]。比如 Fe/MgO/Fe 磁性隧道结的磁电阻效应强烈依赖于 MgO 层的厚度及界面质量 [67,68]。利用 SPLEEM 在 Fe(001) 单晶表面原位生长 MgO 薄膜，并实时测量电子反射率随 MgO 薄膜厚度和入射电子能量的变化，可以得到电子反射率随两者的周期性振荡，并根据相位积累模型得出 MgO 薄膜的空带结构 [65]。除此之外，该结果还提供了进一步理解磁性隧道结机理的两个重要信息：Fe/MgO 界面的电子反射是自旋相关的；3 ML 厚的 MgO 已经拥有与体材料几乎相同的能带结构。

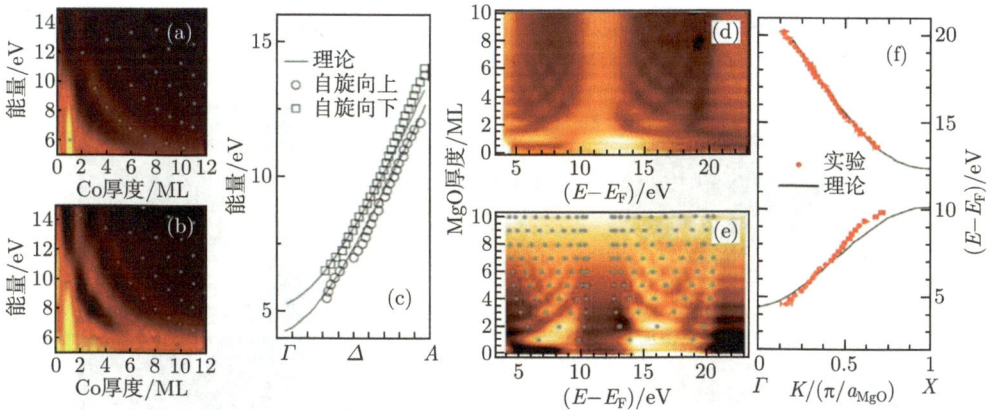

图 6-29    Co/Mo(110) 体系中 (a) 自旋向下和 (b) 自旋向上的电子反射率随 Co 薄膜厚度及入射电子能量的变化，显示了 Co 薄膜中存在明显的量子阱态，以及 (c) 由相位积累模型得到的自旋分辨的能带结构及理论计算结果 [64]；MgO/Fe(001) 体系 (d) 电子反射率随 MgO 薄膜厚度及入射电子能量的变化 (d)，(e) 经体材料 MgO 的能谱归一化后的电子反射率结果，(f) MgO 空带结构的实验结果与理论计算 [65]

需要指出的是，量子阱态本身的研究同样具有意义。薄膜中的二维量子阱态会影响电子态密度，从而进一步影响薄膜的多种性质，如层间耦合振荡、功函数、电子–声子耦合等。由于测量手段的限制，对于量子阱态的研究一般局限于费米面附近的能带，而薄膜的空带能带结构将影响其光学性质或输运性质等。这里介绍的基于 SPLEEM 的实验使得研究薄膜空带中的量子阱态以及自旋相关性成为可能。

### 3. 反铁磁自旋结构研究

反铁磁自旋结构的成像对于理解反铁磁体系的磁基本相互作用以及其动力学非常重要。通常会利用自旋极化扫描隧道显微镜 [69]、光发射电子显微镜 [70] 或磁光克尔显微镜 (MOKE)[71,72] 实现反铁磁畴的成像，这些技术手段均有各种限制，比如成像区间、空间分辨率或者可研究材料的范围等。

基于 LEEM 的反铁磁成像适合研究面内高对称性的单晶反铁磁表面。在特定的反铁磁表面，当反铁磁序周期是原子间距的两倍时，LEED 图像会呈现 (2 × 2) 的衍射点，比如 NiO(001) 表面，反铁磁畴的两组易轴互相垂直，若利用暗场像的模式对其中一组易轴对应的反铁磁序产生的衍射点成像，则会在 LEEM 暗场像图像中产生亮度差异 (图 6-30)，其中较亮 (较暗) 的区域拥有与暗场像选取衍射

点方向一致 (垂直) 的反铁磁磁畴的易轴 [73]。这个衬度在样品温度高于其奈尔温度时消失，进一步证明了衬度来源于反铁磁序。该工作同时展示了相同位置利用 LEEM 暗场像模式和磁线二色谱–光发射电子显微镜得到的反铁磁磁畴，两者有非常高的相似度。磁畴的差异可能来源于两者探测深度或成像机制的不同，比如光发射电子显微镜通常有几纳米的探测深度，而 LEEM 的探测深度更趋近于表面。

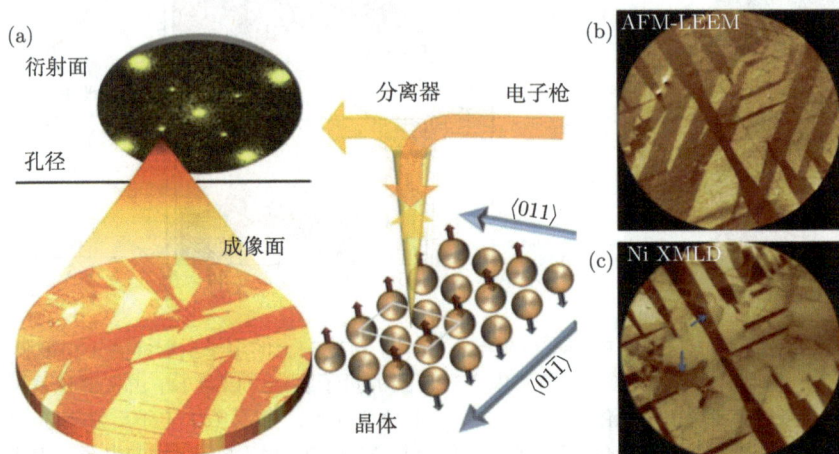

图 6-30　(a) LEEM 暗场像模式成像反铁磁磁畴的示意图，入射电子束在具有反铁磁序的 NiO(001) 表面由弹性背散射形成 $(2 \times 2)$ 衍射点，基于该衍射点的暗场像可提供反铁磁磁畴的磁畴衬度；利用 (b) LEEM 暗场像和 (c) Ni $L_2$ 边的磁线二色谱–光发射电子显微镜对相同反铁磁 NiO(001) 区域的成像对比 [73]

### 6.3.3　自旋极化低能电子显微镜表征拓扑磁结构的研究前景

　　SPLEEM 在拓扑磁结构的表征方面有着广泛的研究前景。其高分辨率的三维磁结构成像模式不仅可以用来探索金属或者氧化物薄膜中的新奇拓扑磁结构，同时可以结合 SPLEEM 的其他功能模式对不同研究体系进行更深入的理解和研究。

　　比如对于二维磁性材料磁结构的研究 [74]，LEED 模式可以用来判断二维材料的晶体结构、层间堆叠方式等，而暗场像模式可以得到结构畴的成像，这些信息和 SPLEEM 模式的磁结构一起可以对体系有更丰富的理解。SPLEEM 同样适合表面科学和磁结构的交叉学科，这里功函数模式结合 LEED 模式可以用来判定气体或其他表面吸附物的吸附模式以及吸附层厚度 [56]，再结合 SPLEEM 模式来研究吸附层 (比如氢、氮、氧的化学吸附等) 对于磁结构和磁学性质的影响，该模式组合同样适合研究可以明显改变功函数的材料 (比如超薄碱金属层) 对样品磁学性质的影响。LEEM 模式和 SPLEEM 模式的结合同样可以用来研究非均匀厚度薄膜中磁学性质的变化，这里薄膜厚度可以通过量子阱态调制的 LEEM 强度来判定。

目前，对于反铁磁畴结构的成像暂时还只是基于 LEEM 暗场像模式，如何利用自旋极化的电子获取更多拓扑相关信息还是一个在原理和实验上都需要进一步探索的研究方向，比如反铁磁结构畴壁或者自旋螺旋中的手性，或确定反铁磁畴中自旋的排列方向等问题。

# 6.4 扫描透射 X 射线显微镜

### 6.4.1 扫描透射 X 射线显微镜的工作原理

扫描透射 X 射线显微镜 (scanning transmission X-ray microscope, STXM) 是利用同步辐射产生的 X 射线扫描磁性材料表面，然后检测透射 X 射线的强度并形成样品表面磁矩分布的设备。当 X 射线入射到物质表面时，会与物质发生相互作用，导致透射 X 射线的强度衰减，这些相互作用包括电偶极作用、磁偶极作用、电四极作用、磁四极作用等。对于磁性材料来说，不同磁化取向的磁矩对 X 射线的吸收会出现差异，因此可以通过分析透射 X 射线的性质判断磁性材料中磁矩的取向。

STXM 所采用的 X 射线是通过同步辐射产生的。同步辐射装置产生的 X 射线具有高亮度、高偏振度、高准直性和宽阔的连续光谱，这使得同步辐射源成为一种十分优秀的光源。科研人员在同步辐射源的基础上开发了多种物性检测方法，且大多基于 X 射线技术。除了本节提到的 STXM 以外，还有 X 射线衍射 (XRD)，小角 X 射线散射 (SAXS)，X 射线吸收谱精细结构 (XAFS)，X 射线荧光分析 (XRF) 和角分辨光电子能谱 (ARPES) 等。

STXM 是基于 XMCD 开发的设备。XMCD 本质上是 X 射线同磁性介质中电子的相互作用，电子吸收一个光子的能量并从基态跃迁至激发态，表现为 X 射线被磁性材料吸收。我们知道，任何相互作用过程中，必然要符合能量守恒、动量守恒和角动量守恒三个条件。能量守恒方面，要求磁性介质的末态和初态能量差等于光子的能量，即 $E_f - E_i = \hbar\omega$，其中 $E_f$ 为末态能量，$E_i$ 为初态能量，$\omega$ 为光的频率，这是光与材料发生相互作用所遵循的一般规律；动量守恒方面，光子的动量相比电子来说小得多，因此相互作用前后电子的动量不发生明显改变，可以不予考虑；角动量守恒方面，由于左旋和右旋偏振光具有方向相反的角动量 $\pm\hbar$，因此要求跃迁选择定则中 $\Delta m = \pm 1$。以 3d 过渡金属元素 Fe 为例，其磁性主要由 3d 轨道上的价电子决定，在材料内部的强交换相互作用下，3d 轨道发生基于自旋轨道耦合的能级劈裂，不同偏振态的光子携带方向相反的角动量，因此被不同自旋取向的电子吸收，并跃迁至不同的末态能级。对于铁磁性材料来说，费米面附近自旋方向相反的电子态密度不同，由此导致了左旋和右旋偏振光的吸收概率不同。以上分析也就解释了为什么 XMCD 同 X 射线的偏振态和材料的磁化方向都相关。

　　基于 XMCD 原理的 STXM 一般包括 X 射线源、光路系统、磁铁系统和 X 射线吸收探测系统，图 6-31 中给出了 STXM 设备的光路示意图。一般利用同步辐射产生 X 射线源；X 射线通过波带片、级选光栅等光学元件构成光束系统，入射至待测磁性材料；磁铁系统可以控制样品的磁化状态；X 射线吸收探测系统用来探测透射 X 射线的性质。将聚焦 X 射线在磁性材料表面扫描，可以获得整个样品空间上透射的 X 射线强度，并进一步形成材料的整体磁结构图像。

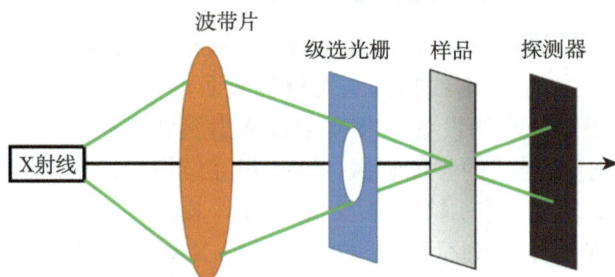

图 6-31　STXM 的光路图

### 6.4.2　扫描透射 X 射线显微镜表征拓扑磁结构的实例

　　近年来，随着第三代同步辐射装置的发展，STXM 也获得了更加广泛的应用，并立刻在磁畴结构观测方面展现出活力，成为磁学研究中的有力工具。

　　目前，多个国际团队利用 STXM 研究了斯格明子等拓扑磁结构的性质，包括斯格明子的产生、稳定、驱动和调控等方面。2016 年，多个以 STXM 为观测手段来研究斯格明子性质的文章发表出来。法国 Cros 和 Fert 小组的 Moreau-Luchaire 等 [75] 在 Ir/Co/Pt 多层膜堆垛结构中实现了室温 100 nm 以下的单个斯格明子，图 6-32(a) 中，STXM 的观测结果显示了外加垂直磁场时斯格明子的稳定存在。美国麻省理工学院 Beach 研究组同德国 Kläui 研究组合作 [76]，采用 STXM 观察到了 Pt/Co/Ta 薄膜中室温下稳定存在的斯格明子，并采用电流驱动的方式实现了 100 m/s 的斯格明子运动速度，图 6-32(b) 中给出了斯格明子的运动图像，可以看到改变驱动电流的方向可以调控斯格明子的运动。德国 Kläui 研究组和美国麻省理工学院 Beach 研究组合作，通过时间分辨的 X 射线显微镜观察了 Pt/CoFeB/MgO 异质结中电流驱动斯格明子的动力学过程，发现斯格明子的霍尔效应 (即纵向电流驱动斯格明子运动时伴随的横向位移) 偏转角同斯格明子运动速度之间的依赖关系，如图 6-32(c) 所示，并指出该现象是由斯格明子运动过程中尺寸的改变导致的 [77]。2017 年，Soumyanarayanan 等 [78] 通过改变 Ir/Fe/Co/Pt 多层膜中铁磁层的厚度，调控样品中的各向异性、DM 相互作用和交换相互作用，并进一步调控斯格明子的数目和大小，图 6-32(d) 为样品 Co 边和 Fe 边的 STXM 图像。2020 年，Yu 等 [79] 利用 X 射线辐照的手段，在具有交换相互作用的 Pt/Co/IrMn 周期性堆垛结构中实现了室温下稳定存在的斯格明子，在这项工作中，除了采用 STXM 作为观测磁畴结构的工具以外，也利用 X 射线辐照来调控样品的性能，图 6-32(e) 为不同方向外磁场下 X 射线辐照前后的 STXM 磁畴图像。

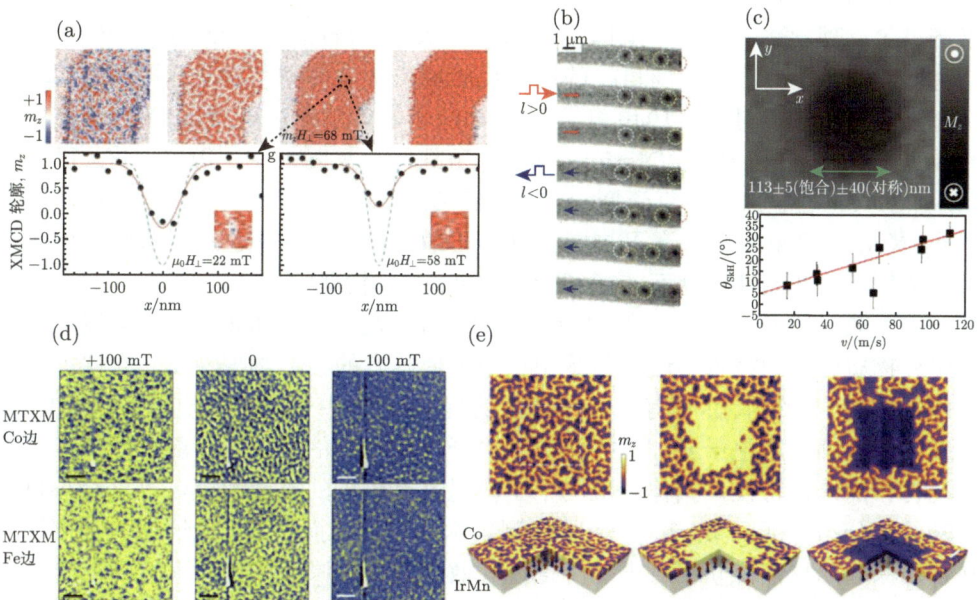

图 6-32　(a) 在 Ir/Co/Pt 多层膜堆垛结构上施加垂直磁场时，利用 STXM 观察到稳定存在的斯格明子 [75]；(b) 使用 STXM 观察到 Pt/Co/Ta 薄膜中斯格明子在电流驱动下的运动 [76]；(c) 时间分辨的 X 射线显微镜图像显示出 Pt/CoFeB/MgO 异质结中稳定存在的斯格明子，并且发现斯格明子的运动速度同斯格明子霍尔效应偏转角之间的依赖关系 [77]；(d) Ir/Fe/Co/Pt 多层膜体系中 Co 边和 Fe 边的 STXM 图像 [78]；(e) 在 Pt/Co/IrMn 周期性堆垛结构中采用 X 射线辐照影响体系的交换偏置大小，从而产生出稳定存在的斯格明子 [79]

### 6.4.3　扫描透射 X 射线显微镜表征拓扑磁结构的研究前景

相比于磁光克尔显微镜、磁力显微镜等表面磁畴成像技术，X 射线本身具有较高的穿透深度，因此可对磁性材料的整体磁结构进行表征。除了进行样品磁矩的探测之外，也可以通过改变 X 射线的光子能量以及扫描时的辐照时间来对样品表面磁结构进行处理和重构。对于扫描透射电子显微镜，由于电子束在强磁场下将偏转，成像质量下降，因此难以施加磁场观测，但对于 STXM 来说，可以在被测样品上施加大的磁场，这是它用于磁性材料研究的优势之一。另外，X 射线的波长较小，这使得 STXM 的横向空间分辨率可达到 10 nm，使其成为磁结构观测的有力手段。

# 6.5　中子散射技术

## 6.5.1　引言

1931 年，英国物理学家查德威克 (J. Chadwick) 发现了中子，并因此获 1935 年诺贝尔物理学奖。随后，美国物理学家费米 (E. Fermi) 在 20 世纪 40 年代主持建造完成了世界上第一座可控的原子反应堆，从而使利用中子开展散射实验来研究物质结构成为可能。1946 年，美国物理学家舒尔 (C. G. Shull) 开始在橡树岭国家实验室 (Oak Ridge National Laboratory) 开展弹性中子散射研究。同一时期，加拿大物理学家布罗克豪斯 (B. N. Brockhouse) 在乔克河核子实验室 (Chalk River Nuclear Laboratory) 开展非弹性中子散射研究。这两位科学家因在中子散射技术领域的开创性贡献而获得了 1994 年诺贝尔物理学奖。

中子散射技术 [80] 和 X 射线衍射技术一样，是基于晶体布拉格衍射发展起来的研究物质结构的技术手段，但是由于中子所具有的独特物理性质，在研究材料的内部结构和物理特性时有着无法替代的优势：① 中子具有静质量但不带电荷，所以中子能够穿透电子云，直接测量到原子核的相应信息，从而能够更加准确地研究材料的结构特性，具体表现为中子测量具有较大的穿透深度，可以获得材料内部的体分布特征；② 同时，中子探测技术几乎是无损探测，能够最大程度地反映物质原本的特性；③ 相对于 X 射线 (其散射截面与原子序数的平方成正比)，中子散射的散射截面与原子序数没有直接的关系，所以中子散射技术在探测较轻原子 (比如氢、锂元素) 及同位素材料方面具有很大的优势；④ 中子具有磁矩，在定量研究材料的磁结构方面有着无法取代的地位；⑤ 散射实验所用的中子能量与波长平方成反比，比如 1.8 Å 中子的能量是 25 meV，与声子的特征能量相匹配，因此在强关联体系材料动力学的研究上具有独特的优势。因此，中子散射技术一直在超导、磁学和表面物理等凝聚态物理领域的研究中发挥着重要的作用。

中子散射研究中所用的中子束通常需要由反应堆的核裂变反应，或者加速器产生高能粒子轰击靶的核散裂反应而获得。前者发展出了反应堆中子散射技术，主要的研究设施有法国的劳厄-朗之万研究所 (Institute Laue-Langevin，ILL)、美国国家标准与技术研究院中子散射研究中心 (NIST Center for Neutron Research，NCNR) 等一系列的高通量反应堆中子源，我国在 21 世纪初先后建成了两个反应堆中子源，即在北京的中国先进研究堆 (CARR) 和四川绵阳的中国绵阳研究堆 (CMRR)。后者发展出了散裂源中子散射技术，主要的研究设施有 1985 年开始投入运行的英国散裂中子源 (ISIS)，进入 21 世纪，美国散裂中子源 (SNS) 和日

本散裂中子源 (J-PARC) 也相继建成。中国散裂中子源 (CSNS) 于 2011 年底动工, 2018 年完成了项目一期的建设任务。中国散裂中子源一期的设计束流功率为 100 kW, 主要包括一台负氢离子直线加速器、一台快循环质子同步加速器、一个靶站和三台谱仪 (小角中子散射、多功能中子反射和通用中子衍射谱仪)。通过离子源产生负氢离子, 利用直线加速器将负氢离子加速到 80 MeV, 之后负氢离子经剥离作用后变成质子注入一台快循环同步加速器中, 经过加速的质子束流速度可达 $0.9c$, 能量可达 1.6 GeV, 高能质子束经过束流传输线引出打在钨靶, 通过散裂反应产生中子。散裂产生的中子通过慢化器降低其能量, 然后通过中子导管到相应的谱仪, 进行中子散射实验。

反应堆和散裂源中子散射技术的最大不同在于扫描散射矢量是通过两种不同的方式进行的: 反应堆谱仪通常使用单色中子, 因而需要连续改变散射角来获得连续变化的散射矢量; 而脉冲中子束仪器使用的是飞行时间法, 不需要改变入射角。图 6-33 为一期三台谱仪中的多功能中子反射谱仪, 包括入射臂、样品台和反射臂三部分 [81]。

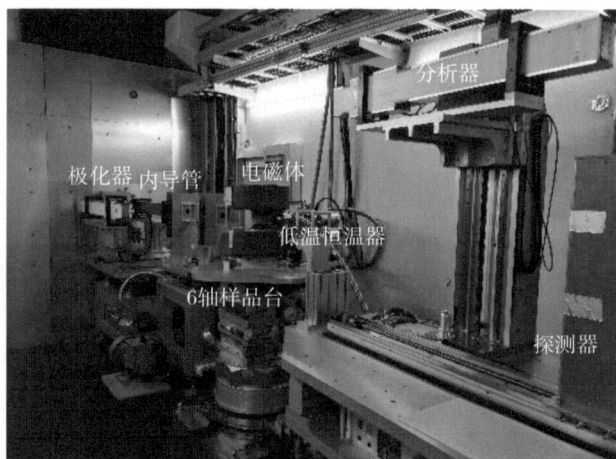

图 6-33　中国散裂中子源一期的多功能中子反射谱仪 [81]

### 6.5.2　小角中子散射的基本原理

小角中子散射 (SANS) 是应用领域非常广的一种中子散射技术, 它可以看作中子衍射技术的自然延伸, 但是小角中子散射与中子衍射的最大区别是小角中子散射的散射角较小, 一般不超过 10°, 而小的散射角意味着小的散射矢量 $(q = 4\pi \sin\theta/\lambda)$, 对应的则是大的结构特征。由于从 1 nm~1 μm 的特征尺度集中了众多重要的材料体系和物理/化学/生物的演化过程, 因此小角中子散射主要用于材料的介观或微观结构的表征, 涉及材料、化学以及生命科学等领域的前沿研究。

凝聚态物理中最常见的研究对象就是多晶材料，它一般被认为是由晶粒和晶界组成的，而晶粒间的微观结构包括空位、位错、层错、晶界相沉淀等，这些微观或介观结构的尺度从纳米至微米不等。一般认为材料的力学、物理、化学等特性与这些微观或介观结构有着内在的关联性，因此，通过小角中子散射可以测量单相材料或多相复合材料内部的纳米至微米尺度范围的微观或介观结构，从而更好地理解材料性能与结构的关系。

由量子力学可知，中子和 X 射线一样，可以采用波动方程来描述其运动及与物质的相互作用，即中子的波长为 $\lambda = h/mv$，其中 $h$ 为普朗克常量，$m$ 和 $v$ 分别为中子的质量和速度。中子与物质相互作用的波函数 $\Psi$ 遵循薛定谔方程：

$$-\frac{h^2}{8\pi^2 m}\nabla^2\Psi + V\Psi = E\Psi \tag{6-27}$$

其中，$E$ 为中子能量；$V$ 是其受到的核散射的势能，与物质 (散射体) 的相干散射长度相关：

$$V = \frac{h^2}{2\pi m}N_{\mathrm{b}} \tag{6-28}$$

这里，$N_{\mathrm{b}}$ 是散射长度密度，定义为

$$N_{\mathrm{b}} = \sum_j b_j n_j \tag{6-29}$$

其中，$n_j$ 为单位体积的原子 (核) 数；$b_j$ 为原子 $j$ (与中子相关) 的核相干散射长度，此时，中子和 X 射线不一样了，不同元素的 $b_j$ 值差别很大，同一元素的同位素之间往往也有很大差别，并且没有规律可言。

小角中子散射遵循基本的弹性中子散射规律，图 6-34 为中子散射的原理示意图，简单地，当一束入射波矢为 $\boldsymbol{k}_{\mathrm{i}}$ 的中子和一个散射体发生相互作用时，散射后的中子波矢为 $\boldsymbol{k}_{\mathrm{s}}$，这样，散射波矢 $\boldsymbol{q} = \boldsymbol{k}_{\mathrm{s}} - \boldsymbol{k}_{\mathrm{i}}$，散射作用势为 $V$，散射概率的幅值 $f(\theta)$ 为

$$f(\theta) = \frac{m}{2\pi\hbar^2}\int \mathrm{d}\boldsymbol{r}' \exp(-\mathrm{i}\boldsymbol{q}\cdot\boldsymbol{r}')V(\boldsymbol{r}') \tag{6-30}$$

由此可以得到微分中子散射截面 (differential neutron scattering cross section) 为

$$\mathrm{d}\sigma_{\mathrm{s}} = |f(\theta)|^2\,\mathrm{d}\Omega \tag{6-31}$$

进一步，对于包含有 $N$ 个散射体的体系，其数密度 (number density) 定义为 $n = N/V$，这样整个体系的微分宏观散射截面 (differential macroscopic cross section) 为

$$\mathrm{d}\sigma/\mathrm{d}\Omega = \frac{N}{V}\mathrm{d}\sigma_{\mathrm{s}}/\mathrm{d}\Omega \tag{6-32}$$

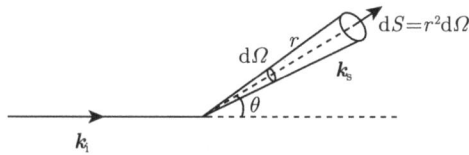

图 6-34    中子散射的原理示意图

详细的中子散射理论是基于量子力学的多体散射过程，在玻恩近似 (Born approximation) 的条件下进行讨论和分析，详细理论可以参考相关的教科书 [82]。具体到小角中子散射，由于小角中子散射最典型的研究对象是溶液样品，这里先以这一典型体系为例，通常小角中子散射实验得到的散射中子的强度为

$$I(q) = I_0\Delta\Omega_{\mathrm{s}}\frac{\mathrm{d}\sigma(q)}{\mathrm{d}\Omega}VT\eta\Delta\Omega_{\mathrm{d}} \tag{6-33}$$

其中，$I_0$ 为入射中子束的通量；$\Delta\Omega_{\mathrm{s}}$ 为样品所对应的入射中子束立体角；$\mathrm{d}\sigma(q)/\mathrm{d}\Omega$ 为单位体积样品的微分中子散射截面；$T$ 为样品透过率；$\eta$ 为探测器效率；$\Delta\Omega_{\mathrm{d}}$ 为探测器所对应的样品立体角。若溶液样品中的溶质和溶剂的中子散射长度密度分别为 $\rho_{\mathrm{p}}$ 和 $\rho_{\mathrm{s}}$，则样品小角中子散射的中子散射截面 $\mathrm{d}\sigma(q)/\mathrm{d}\Omega$ 可以表示为

$$\frac{\mathrm{d}\sigma(q)}{\mathrm{d}\Omega} = \frac{N}{V}NV_{\mathrm{p}}^2\Delta\rho^2P(q)S(q) \tag{6-34}$$

其中，$V_{\mathrm{p}}$ 为溶质的体积；$N/V$ 为溶质的个数；$\Delta\rho = \rho_{\mathrm{p}} - \rho_{\mathrm{s}}$，也称衬度匹配因子 (contrast factor)；$P(q)$ 是单个颗粒的形状因子；$S(q)$ 是颗粒之间相互作用导致的结构因子，因此，$P(q)$ 和 $S(q)$ 满足：$P(q \to 0) = 1$，$P(q \to \infty) = 0$，$S(q \to \infty) = 1$。由此可见，小角中子散射截面是由样品中各部分的结构和其中子散射长度密度决定的，随散射波矢 $q$ 而变化，实验测得样品的小角中子散射截面 $\mathrm{d}\sigma(q)/\mathrm{d}\Omega$ 后，就可以通过数据分析获得样品所包括的颗粒形状、大小和密度等结构信息。通过小角中子散射可以实时、无损地观测不同条件变化下高分子的单链结构，比如小角中子散射研究了多种高分子在不同分子量、不同浓度、不同温度等条件下的标度关系，发展和完善了高分子物理的标度理论，可以说，小角中子散射技术对推动高分子材料科学的发展起到了决定性的作用。

一般的小角中子散射谱仪可以测量的特征结构尺度不超过 100 nm。如图 6-35 所示，小角中子散射的光路一般采用小孔成像的针孔几何，通过加大中子飞行距离提高散射中子空间分辨率，进而测量更小的散射矢量。当研究对象的微观结构特征尺度大于 100 nm 时，就需要运用微小角散射 (very small-angle neutron scattering, VSANS)、超小角散射 (ultra small-angle neutron scattering, USANS) 等小角中子散射技术。

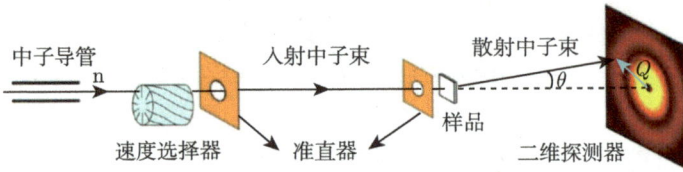

图 6-35　小角中子散射的基本结构

磁性材料通常具有丰富的微观磁畴结构，它们对磁性材料的性能及应用有着极大的影响。了解介观尺度 (1~1000 nm) 下材料的磁化特性，可以为开发新型磁性功能材料指明方向。借助于中子特有的核、磁散射分离技术，小角中子散射可以获得介观尺度下的结构特征及演化规律，为开发新型磁性功能材料提供了重要的科学依据。小角中子散射中的磁散射同样满足中子磁散射成立的基本条件，即

$$M_{\perp}(q) = q \times M \times q \tag{6-35}$$

式中，$q$ 是单位散射矢量 (unit scattering vector)；$M_{\perp}(q)$ 是 $M(r)$ 的傅里叶变换，由此可见，磁矩中只有垂直于 $q$ 的分量才对中子磁散射有贡献，1969 年，Moon 等对中子磁散射的基本规律进行了详细的研究和讨论 [83]。由于矢量分析的复杂性，为了简化分析过程，通常把重点放在 $k_0 /\!/ H_0$ 或 $k_0 \perp H_0$($k_0$ 是入射波矢，$H_0$ 是外磁场) 这两种情况。

小角中子散射截面包括弹性核散射和磁散射两个部分 [84,85]，磁散射的截面与磁矩大小成正比：

$$b_{\mathrm{m}} = b_{\mathrm{H}}\mu_{\mathrm{a}} \tag{6-36}$$

这里，$\mu_{\mathrm{a}}$ 是材料的原子磁矩；$b_{\mathrm{H}} = 2.91 \times 10^8 \ \mathrm{A}^{-1} \cdot \mathrm{m}^{-1}$。磁性材料的小角中子散射截面 $\mathrm{d}\sigma(q)/\mathrm{d}\Omega$ 因包含核散射和磁散射两部分而非常复杂，但是通过中子散射核磁散射分离的办法可以简化分析，比如在饱和磁化和 $k_0 \perp H_0$ 的条件下，无论是单相磁性材料出现磁的不均匀分布，还是多相磁性纳米颗粒体系，其磁散射部分可以简化为

$$\frac{\sigma(q)_{\mathrm{sat},\perp}}{\mathrm{d}\Omega} = \frac{N_{\mathrm{p}}}{V}(\Delta\rho_{\mathrm{m}})^2 V_{\mathrm{p}}^2 \left|P(q)\right|^2 \sin^2\theta \tag{6-37}$$

其中，$\Delta\rho_m = b_H\Delta M$，这样，在小角中子磁散射的分析中可以采用经典的溶液体系的标度理论来得到磁性材料的介观特性。

采用小角中子散射研究磁性材料时，则需要在样品处放置一个磁体[84]，如图 6-36 所示。这里以各向异性 NdFeB 纳米晶磁体通过添加 PrCu 来控制晶界扩散的研究为例，来说明如何采用小角中子散射对磁体 NdFeB 主相和 PrCu 晶界相的介观形貌进行深入的研究[84]。图 6-36 中的小角中子散射数据为剩磁态和在 2.2 T 条件下得到的，该数据可以采用经典的小角中子散射理论中的 Guinier-Porod 模型进行很好的分析。首先，分数维数从添加 $PrCu_0$ 时的 1.8 下降到了添加 $PrCu_{40}$ 时的 0.94，这表明 NbFeB 相从二维的片状转变为一维的棒状，而 Porod 指数从添加 $PrCu_0$ 时的 3.54 增加到了添加 $PrCu_{40}$ 时的 4.1，表明 PrCu 添加所引起的浸润性使得 NbFeB 颗粒表面变得平滑。

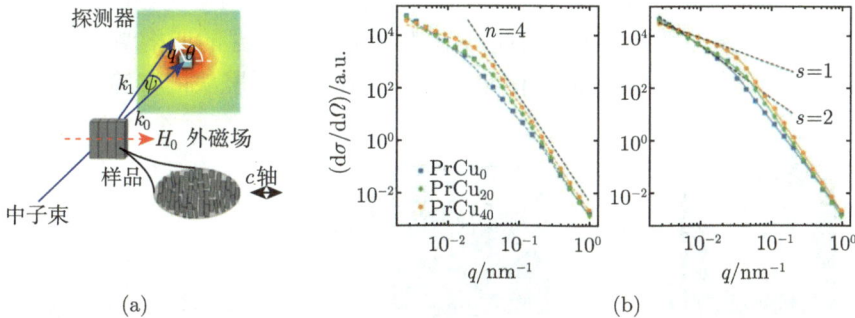

图 6-36    (a) 小角中子磁散射示意图，在样品处设置一外磁场可以用来研究磁性材料的小角中子散射；(b) 剩磁态条件下得到的小角中子散射数据[85]

小角中子散射可以对磁性材料中形成的磁化微区进行研究，得到磁性材料中的不均匀磁化区域的尺寸，进一步得到磁性材料的磁化强度反转与介观结构之间的关系。$Nb_2Fe_{14}B/Fe_3B$ 是典型的硬磁/软磁交换耦合纳米磁体，在不同的外磁场下对其进行小角中子散射实验[85]。当外磁场为 10 T 时，样品处于完全饱和状态，所有磁矩在薄带面内，并都与外磁场方向一致，因此，可以认为此时没有磁矩的偏离，但是当磁场从 10 T 开始下降时，样品的磁矩开始偏离外磁场方向，出现长程的磁性不均匀分布，导致小角中子散射数据在小 $q$ 端出现散射截面的变化，由此可以得到材料磁不均性的特征长度，该特征长度在外磁场接近矫顽力时达到最大 (约 17 nm)，结合 NbFeB 和 FeB 相的尺寸，可以推断此时硬磁相所引起的磁扰动可以深入软磁相中 5~6 nm。

由此可见，小角中子散射技术除了作为有机高分子材料、化学、生物等传统研究领域的基础表征手段之一，还可以作为工程材料微观结构分析的重要诊断工具，甚至在磁性材料这样的功能材料领域同样能得到很好的应用。

### 6.5.3　小角中子散射在拓扑磁性研究中的应用

凝聚态物质里的拓扑结构会导致各种形式的斯格明子，磁性材料中因为体DM 相互作用而产生具有稳定自旋结构的斯格明子，称为斯格明子 [86-89]。

#### 1. 斯格明子的小角中子散射表征

2009 年，Mühlbauer 等 [90] 在 MnSi 单晶材料中，用小角中子散射技术在倒易空间成功地观察到了斯格明子晶格的傅里叶变换图形，如图 6-37 所示，这是首次在实验中观测到斯格明子的存在，由此揭开了斯格明子的研究热潮。之后，Yu 等 [91] 用洛伦兹透射电镜在单晶 $Fe_{0.5}Co_{0.5}Si$ 中观察到实空间的二维排列的斯格明子，与小角中子衍射数据推断出的斯格明子的晶格模型完全一致。Yu 等还在FeGe 样品中发现斯格明子的螺旋度与样品的手性存在联系 [92]，当样品的手性发生改变时，斯格明子的螺旋度也会随之发生变化，同时斯格明子的密度随样品的厚度也会发生变化。进一步使用小角中子散射对高于室温的斯格明子结构的研究，为基于斯格明子的新型磁性信息存储介质的研究打下了坚实的实验基础 [93]。

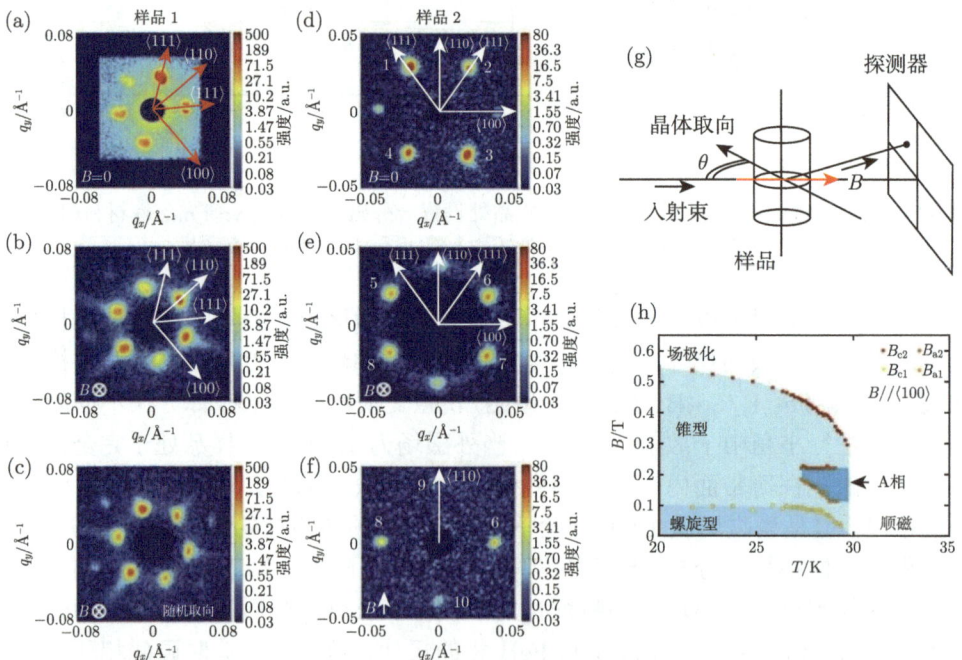

图 6-37　小角中子散射在 MnSi 单晶中发现斯格明子 (倒易空间) 的存在 [90]

近年来，双斯格明子 (biskyrmion)，即由两个手性相反的斯格明子，耦合到一起形成的类斯格明子分子的拓扑磁涡旋结构同样引起了大家的关注 [94]。通过对 MnNiGa 体材料进行小角中子散射，并结合数值模拟，发现单相多晶块体中同样存在双斯格明子[95]。如图 6-38 所示，与传统的斯格明子一样，双斯格明子在体材料中形成贯穿样品的管状结构。小角中子散射发现，尽管双斯格明子在 $ab$ 晶面空间分布无序，但每个斯格明子自身具有趋于一致的取向，结合数值模拟及磁性测量数据发现，此极化特性是由材料的磁晶各向异性导致的。

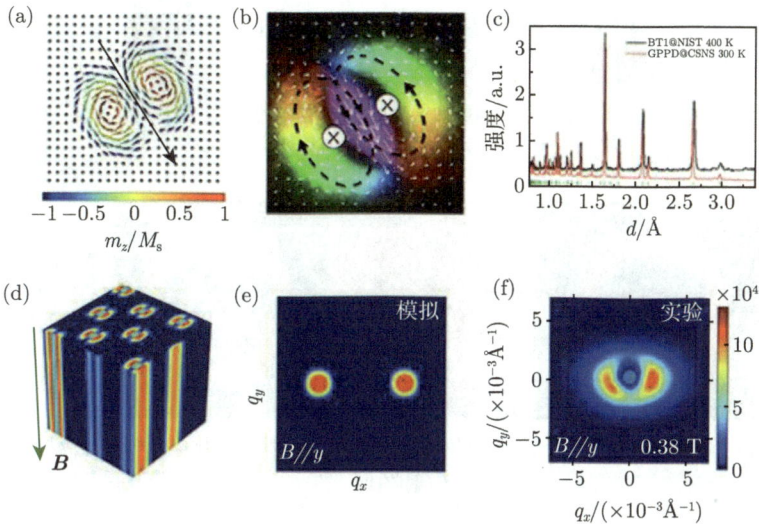

图 6-38　(a)、(b)、(d) MnNiGa 中双斯格明子示意图；(c) 居里温度以上和以下的中子散射图以及 (e)、(f) 垂直磁场几何下多晶样品中双斯格明子态对应的小角中子散射花样[95]

两个斯格明子重叠部分的取向可以用来定义双斯格明子的面内取向 (图 (a) 中黑色矢量箭头)

### 2. 磁性纳米颗粒核壳结构的极化小角中子散射表征

小角中子散射技术因可以在倒空间直接地观察到斯格明子晶格而引起磁学研究者的兴趣。由于中子具有磁矩，通过极化装置将其分成具有单一极化状态的中子束，如图 6-39 (a) 所示，在小角中子散射光路中增加中子极化发生器和极化分析器，就成为极化中子小角谱仪[96]，可以进一步对样品的复杂磁结构进行深入研究。根据入射和散射的中子束的极化状态可以得到四个条件下的小角中子散射，包括两个非自旋翻转 (non spin-flip，NSF，++ 和 −−) 和两个自旋翻转 (spin-flip，SF，+− 和 −+) 条件。对于非自旋翻转条件，中子在散射前后的极化状态没有发生改变，反映的是样品中磁矩平行于外场方向的分量信息。对于自旋翻转条件，中子在经过散射后极化状态发生改变，反映的是样品中磁矩垂直于外场方向的分量信息。因此，利用极化小角中子散射不仅可以把核散射 ($N^2$) 和磁散射 ($M^2$) 分开来，采用极化中子后还可以得到非自旋翻转的中子散射截面和发生自旋翻转的中子散射截面。这样，通过测量四个条件下的中子散射截面随散射矢量 $\boldsymbol{Q}$ 的变化关系，可以获得磁性纳米颗粒的内部磁性的三维分布 ($M_y^2 + M_z^2 = 2M_{\mathrm{PERP}}^2$, $M_x^2 = M_{\mathrm{PARL}}^2$)。

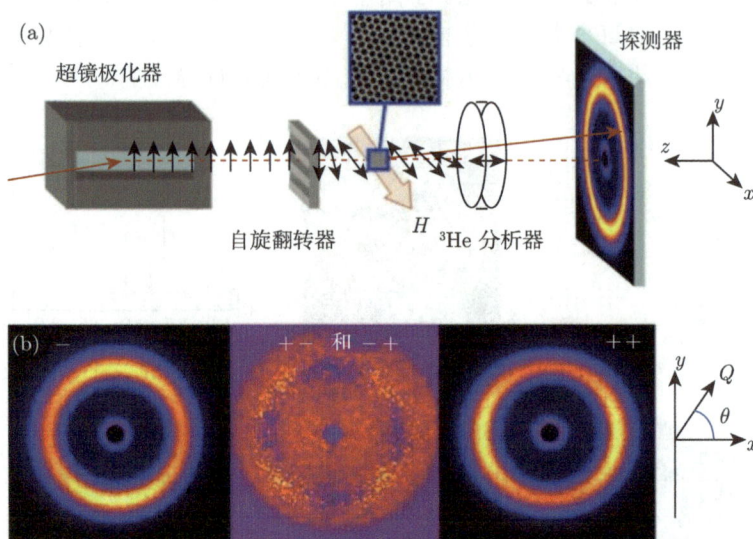

图 6-39　(a) 极化小角中子散射的实验设置；(b) 不同极化条件下的二维小角中子
散射图像 [96]

如图 6-40 所示，通过极化小角中子散射分析了 $Fe_3O_4$ 纳米颗粒的核壳结构 [96]，以 9 nm 的颗粒为例，外壳层为 $1 \sim 1.5$ nm，并发现其磁矩与颗粒内部的磁矩呈 90° 排列。一般地，具有核/壳结构的磁性复合纳米材料的物性不仅与材料的结构有关，还与其磁结构密切相关，因此对于核/壳结构磁性分布的理解有助于开发新的功能材料。可以预期，极化小角中子散射技术对于由拓扑磁性引起的复杂磁结构的解析，同样有助于对块体中拓扑磁性的理解。

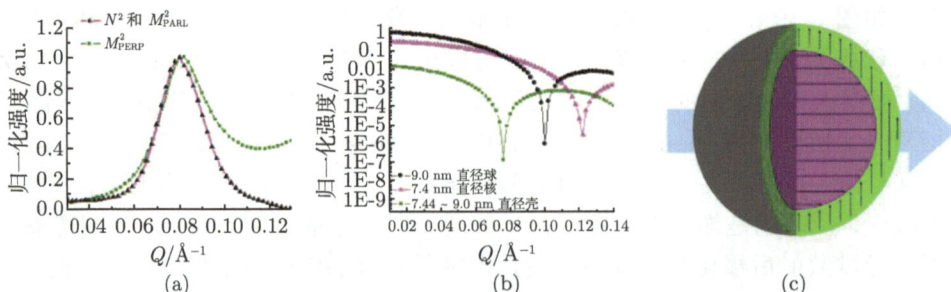

图 6-40　(a) 磁性纳米颗粒 $N^2$、$M_{\mathrm{PARL}}^2$ 和 $M_{\mathrm{PERP}}^2$ 的结构因子；(b) 不同颗粒尺寸的形状因子；(c) 通过极化小角中子散射分析得到的磁性纳米颗粒核与壳的磁性呈 90° 排列 [96]

### 6.5.4 极化中子反射的基本原理

薄膜样品的磁性一般可以通过振动样品磁强计 (VSM) 或超导量子干涉仪 (SQUID) 等进行定量测量,也可以通过磁光克尔效应、X 射线磁圆/线二色性等进行定性表征,但是这些磁性测量中常用的表征手段,一般难以获得薄膜内部不同深度的磁矩大小和取向。目前唯一能够实现薄膜磁性纳米级的空间分辨率,并获得薄膜内部磁结构的研究手段就是极化中子反射 (polarized neutron reflectometry, PNR) 技术,下面对中子反射及极化中子反射技术的原理做简要介绍。

中子与物质相互作用表现出与光类似的特点,具有全反射和折射等特征[97]。如图 6-41 所示,当一束中子 $k_i$ 入射到理想的物体表面时,界面可简单表示为一深势垒 $V$,当中子与物体发生的是弹性相互作用时,意味着动量守恒,$\theta_i = \theta_0$,即发生了镜面反射,其中 $\theta_i$ 为中子束的入射角度,$\theta_0$ 是中子束的反射角度。此时散射矢量的大小可以表示为

$$q = 2k_i \sin \theta_i \tag{6-38}$$

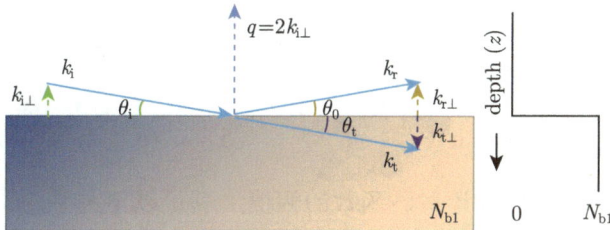

图 6-41 在理想界面处中子的反射

$k_i$ 和 $k_r$ 分别为入射和散射波矢;入射平面内入射角 $\theta_i = \theta_0 = \theta$;$q$ 为散射矢量;$N_{b1}$ 为半无限介质的散射长度密度;右边为散射长度密度随深度变化的函数剖面图

另一方面,只有入射波矢的法向分量被势垒所改变,此时它的动能法向分量

$$E_{i\perp} = \frac{(hk_i \sin \theta_i)^2}{8\pi^2 m_n} \tag{6-39}$$

决定了中子能否从势垒完全被反射。当 $E_{i\perp} < V$ 时,发生全反射;当 $E_{i\perp} = V$ 时,可以得到散射矢量发生全反射的临界值 $q_c$ 为

$$q_c = \sqrt{16\pi N_b} \tag{6-40}$$

当 $E_{i\perp} > V$ 时,中子束发生的是不完全反射,中子既发生反射,也传输到物体内部。传递到物体内部的中子束的波矢为 $k_t$,它的动能的法向分量的大小被减小,同时方向被改变,即发生折射现象。法向波矢的变化表示为

$$k_{t\perp}^2 = k_{i\perp}^2 - 4\pi N_b \tag{6-41}$$

我们知道，材料的折射率是描述光在介质中传播的重要参数，对于中子而言，其折射率 $n$ 的表达式为

$$n^2 = \frac{k_t^2}{k_i^2} = \frac{k_{i//}^2 + (k_{i\perp}^2 - 4\pi N_b)}{k_i^2} = 1 - \frac{4\pi N_b}{k_i^2} = 1 - \frac{\lambda^2 N_b}{\pi} \tag{6-42}$$

其中，$\lambda$ 为中子波长。大多数材料的 $N_b \ll 1$，因此可以近似得到

$$n \approx 1 - \frac{\lambda^2 N_b}{2\pi} \tag{6-43}$$

这表明大多数材料的中子折射率 $n < 1$，中子束可以在大多数材料表面发生全反射。其中，Ni 具有最大的中子全反射角，Ni 基多层膜可以实现对中子的传输和有效利用，相应的中子传输部件在中子谱仪中称为中子导管。

中子在物质表面发生反射，其波函数可以用薛定鄂方程描述，即

$$\frac{\partial^2 \Psi_Z}{\partial z^2} + k_\perp^2 \Psi_Z = 0, \quad k_\perp^2 = \frac{2m_n}{\hbar^2}(E_i - V) - k_{//}^2 \tag{6-44}$$

界面上下的波函数分别为

$$\Psi_Z = e^{ik_{i\perp}z} + re^{-ik_{i\perp}z}, \quad Y_Z = te^{ik_{t\perp}z} \tag{6-45}$$

其中，$r$ 和 $t$ 分别为反射和透射波函数的幅值，满足以下关系：

$$1 + r = t, \quad k_{i\perp}(1 - r) = tk_{i\perp} \tag{6-46}$$

这里第二种关系只适用于 $E_{i\perp} > V$，这样我们就可以直接引入光学中经典的菲涅耳定律：

$$r = \frac{k_{i\perp} - k_{t\perp}}{k_{i\perp} + k_{t\perp}}, \quad t = \frac{2k_{i\perp}}{k_{i\perp} + k_{t\perp}} \tag{6-47}$$

利用式 (6-40)、式 (6-41)、式 (6-47)，可以计算得到反射率 $R$ 与 $q$、$q_c$ 有关。值得注意的是，反射率测量的是其波函数的强度，即

$$R = r^2 = \left[\frac{q - (q^2 - q_c^2)^{1/2}}{q + (q^2 - q_c^2)^{1/2}}\right]^2 \tag{6-48}$$

当 $q \gg q_c$ 时，计算得到

$$R \approx \frac{16\pi^2}{q^4} N_b^2 \tag{6-49}$$

这也是用一阶玻恩近似可以得到的反射率。

中子与薄膜材料发生相互作用时，中子束进入薄膜内会受到与相干散射长度有关的散射势影响，当然，中子反射率受多种因素的影响，如薄膜对中子的吸收、薄膜表面的粗糙度等。对于磁性薄膜而言，因为中子具有磁矩，当中子束进入磁性分布为 $\boldsymbol{B}(\boldsymbol{r})$ 的磁场中，除了受到前文提到的核散射势 $V_{\text{nuclear}}$ 作用，还会受到额外的磁势能作用，$V_{\text{mag}} = -\boldsymbol{\mu} \cdot \boldsymbol{B}(r)$，其中，$\boldsymbol{\mu}$ 为中子磁矩。这样就出现了极化中子反射技术。图 6-42 为极化中子反射实验中的散射几何示意图。入射中子束首先被极化为向上 (+) 或向下 (−) 的自旋态，$+/-$ 表示相对于样品的磁化方向。对于磁性薄膜样品，形状各向异性通常使磁矩易倾向于平面内，在极化中子反射实验中，通常在样品平面内施加外磁场 $B_{\text{ext}}$(图 6-42 中沿 $y$ 轴方向)，值得注意的是，$B_{\text{ext}}$ 的方向同样还定义了中子束的极化轴，便于对实验结果的分析。在实验中，可以测量四个不同截面作为散射矢量 $q$ 的函数。$R^{++}$ 和 $R^{--}$ 为非自旋翻转反射率，其中第一个上标为入射中子的极化方向，第二个上标为反射中子的极化方向)，这些散射截面对薄膜结构的不同层以及与中子极化方向平行的磁矩分量 $M_{/\!/}$ 都非常敏感。$R^{-+}$ 和 $R^{+-}$ 为自旋翻转反射率，其对垂直于中子极化方向的磁矩分量 $M_\perp$ 敏感。

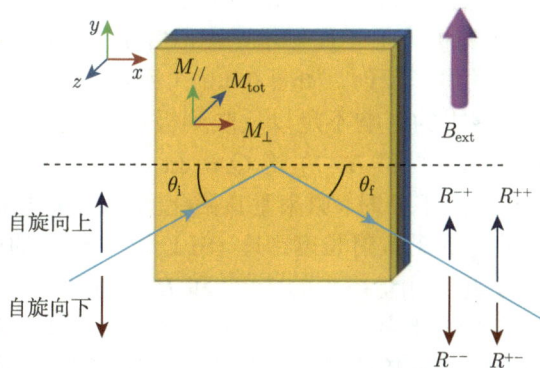

图 6-42　极化中子反射的示意图

多层膜样品 (黄色) 通常沉积在衬底 (蓝色) 上；磁矩矢量 $M_{\text{tot}}$ 具有平行和垂直于中子极化方向的磁矩分量

因此，对磁性薄膜材料而言，其散射势可以写为

$$V^\pm = \left(\frac{\hbar^2}{2m}\right) N(b_{\text{nuclear}} \pm b_{\text{mag}}) \tag{6-50}$$

其中，$m$ 为中子质量；总的散射长度 $b$ 表示为

$$b = b_{\text{nuclear}} \pm b_{\text{mag}} \tag{6-51}$$

这里，对于自旋向上的中子，磁性的贡献 $b_{\text{mag}}$ 需要叠加到 $b_{\text{nuclear}}$ 中，而对于自

旋向下的中子，则必须减去。当存在平行于 $B_{ext}$ 方向的磁矩时，可以测量到 $R^{++}$ 和 $R^{--}$，这时观测到非自旋翻转，即 $R^{+-} = R^{-+} = 0$。当存在垂直于 $B_{ext}$ 方向的磁矩时，测量到自旋翻转，入射中子束自旋向上的中子反射后变为自旋向下，反之亦然。通过分析 $R^{++}$、$R^{--}$、$R^{+-}$ 和 $R^{-+}$ 四个条件下的反射信号，拟合核散射和磁散射的散射长度密度 (SLD) 在整个样品中的深度分布情况，可以得到样品的厚度、构成、磁性大小和方向，以及界面的粗糙度。

极化中子反射技术在磁性薄膜材料的表面和界面的分析上有着非常广泛的应用前景，如超导体中的磁通穿透和磁–晶格有序、表面的成核和生长、界面磁性和耦合机制的研究等。同时，极化中子反射技术也对磁性薄膜的应用研究起到重要的推动作用，如新的硬磁和软磁薄膜、磁记录介质和磁传感器、非易失磁随机存储器等。近年来，随着自旋电子学迅速发展，特别是，2002 年，磁性金属/氧化物界面因为发现垂直磁各向异性而成为自旋电子学的重要研究体系[98]。2010 年发现的 Ta/CoFeB/MgO 体系，因其较大的垂直磁各向异性而在自旋转移力矩基磁性随机存储器 (STT-MRAM) 中得到应用[99]。下面就以 Ta/CoFeB/MgO/CoFeB/Ta 这一典型的垂直磁性隧道结为例来进一步说明极化中子反射技术的原理[100]。

从式 (6-35) 可知，薄膜样品中的磁矩只有垂直于 $\hat{q}$ 的分量才对中子磁散射有贡献，结合图 6-42 所示的极化中子反射示意图，当样品是垂直磁化的薄膜时，其磁矩将无法影响到相应的中子反射，如图 6-43(a) 所示，当外加磁场为 10 mT 时，其对 CoFeB 层的垂直磁矩的影响不足以反映到极化中子反射率的差别上，实验记录的极化中子反射率 ($R^{++}$ 和 $R^{--}$) 随 $Q = 4\pi \sin\theta / \lambda$ 变化的曲线，基本是重合在一起的。当外加磁场为 1 T 时，原来垂直磁化的 CoFeB 层磁矩被 1 T 的面内外加磁场拉到面内，此时的磁散射长度密度 ($SLD_m$) 与样品的饱和磁化强度成正比，如图 6-43(b) 所示，此时测量得到的 $R^{++}$ 和 $R^{--}$ 就不再重合在一起。进一步基于多层膜结构的模型对极化中子反射率进行数据拟合，就得到核散射长度和磁散射长度密度与薄膜厚度的依赖关系。由于 B 原子可以吸收中子，拟合过程中考虑核散射长度密度 ($SLD_n$) 虚部的影响，在 Ta 与 CoFeB 的界面处可以明显看到 nSLD 的虚部造成的影响，表明 B 向 Ta 层扩散形成扩散层。类似地，通过极化中子反射，还对一系列垂直磁化薄膜如 Zr/CoFeB/MgO[101]、V/CoFeB/MgO[102]、W/CoFeB/Zr/MgO[103] 的磁性及膜层特征进行了分析研究。由此可见，极化中子反射可以高精度地分析沿薄膜生长方向磁性多层膜的各膜层结构和磁性的分布。

### 6.5.5　极化中子反射在拓扑磁性研究中的应用

一直以来，科研人员对于磁性材料中出现的有序磁结构有着浓厚的兴趣，早期如磁泡，主要是受大规模信息存储需求的推动。斯格明子是一种受拓扑保护，且具有纳米尺度的涡旋磁结构，具有很高的稳定性，因此会满足下一代信息存储材

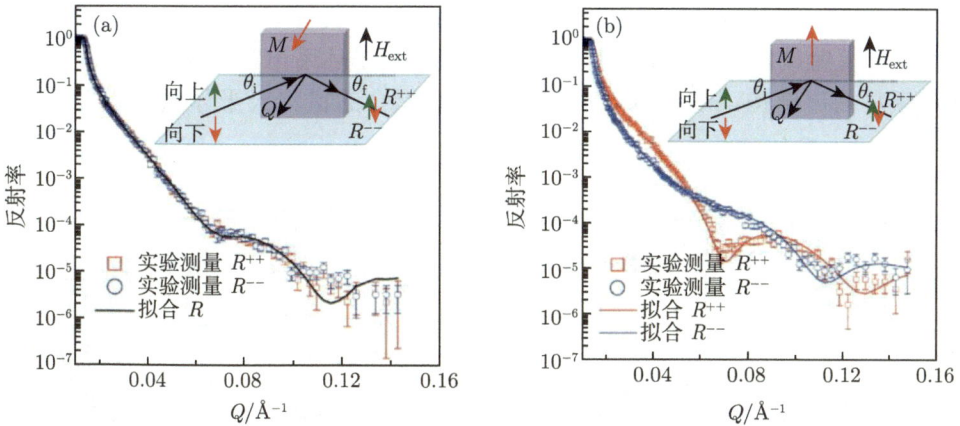

图 6-43 (a) 外加磁场为 10 mT 时和 (b) 1 T 时测得的极化中子反射曲线 [100]

插图展示的是实验的示意图

料对大存储密度、高读写速度的要求。而基于斯格明子的新型磁存储器件可以一一满足上述要求，同样因其高稳定性 (拓扑保护) 和易操控 (超低电流密度驱动) 等特性，基于斯格明子的新型磁性存储器正得到越来越多的关注。实验上，在非中心对称的 B20 结构化合物 MnSi 中，科学家首次利用小角中子散射发现了斯格明子，它们在 29 K 的低温和合适的外磁场下稳定存在 [90]。另外，由于界面 DM 相互作用，在磁性多层膜中同样存在斯格明子 [104]，并在 Ta/CoFeB/TaO$_x$ 中被观测到 [105]。由此可见，拓扑磁性材料的复杂磁结构为直接测量材料磁矩大小的中子散射技术提供了广阔的研究舞台。

### 1. 拓扑磁性多层膜的磁结构表征

具有层间耦合的霍尔天平体系 [Co/Pt]$_n$/NiO/[Co/Pt]$_n$ 同样被发现有拓扑磁性的存在，并首次在室温下通过洛伦兹透射电镜观测到了奈尔型斯格明子 [106]。为了进一步阐明斯格明子的形成机制，对多层膜体系磁结构的精确表征成为关键。首先，对具有反铁磁耦合的霍尔天平体系进行了极化中子反射测量，外磁场分别为 20 Oe 和 9000 Oe，并对所得的 $R^{++}$ 和 $R^{--}$ 曲线进行模拟。如图 6-44(a) 所示，在 20 Oe 的外磁场下，$R^{++}$ 和 $R^{--}$ 曲线几乎重合，进一步通过自旋不对称 (spin asymmetry, SA) 来显示 $R^{++}$ 和 $R^{--}$ 曲线的差别，这里，SA $= (R^{++} - R^{--})/(R^{++} + R^{--})$。如图 6-44(b) 所示，面内施加的 9000 Oe 外磁场大于薄膜的垂直各向异性场，足以将铁磁层的垂直磁矩拉至面内，此时的 SA 也明显反映了这一变化；而在几乎零场下 (20 Oe)，SA 并不完全为零且有小峰存在，表明此时薄膜具有小的面内磁矩分量。拟合结果表明，具有反铁磁耦合的霍尔天平体系靠近 NiO 的铁磁层的磁矩呈现偏离垂直膜面方向有 7° 的倾斜角，如图 6-44(c)

所示。对铁磁耦合的霍尔天平体系进行相同条件下的极化中子反射测量，如图 6-44(d)～(f) 所示，拟合结果得到，靠近 NiO 的铁磁层具有 4° 的倾斜角。由此，通过极化中子反射技术，发现具有层间耦合的霍尔天平体系 [Co/Pt]$_n$/NiO/[Co/Pt]$_n$ 具有倾斜的磁结构，这为深入理解具有层间耦合的霍尔天平体系的磁性提供了思路。

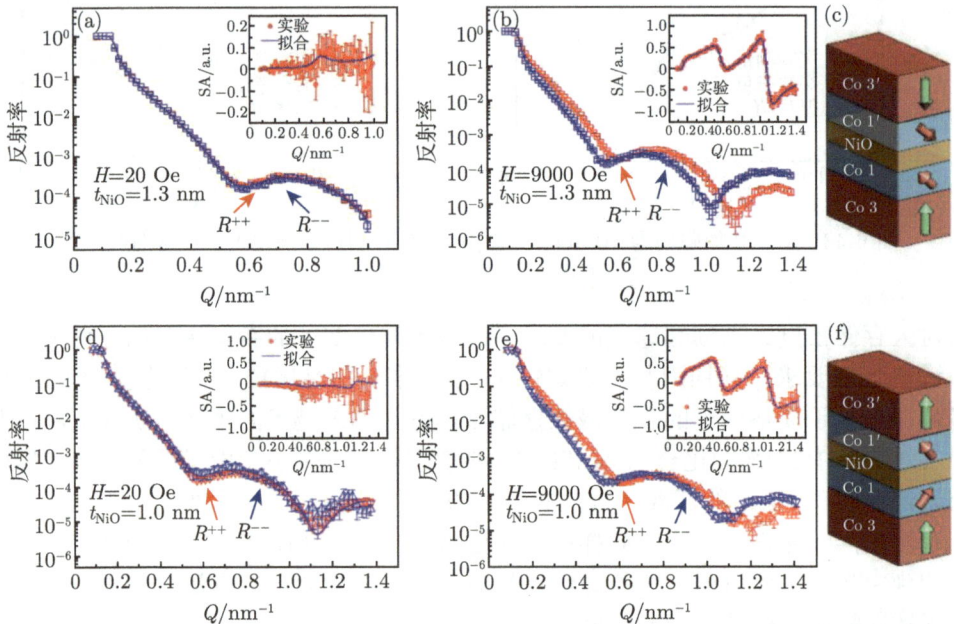

图 6-44　霍尔天平结构 Pt/[Co/Pt]$_3$/NiO/[Co/Pt]$_3$ 为反铁磁耦合时，(a) 和 (b) 分别在磁场 20 Oe 和 9000 Oe 下的极化中子反射曲线；(c) 反铁磁耦合时的磁矩分布；霍尔天平结构 Pt/[Co/Pt]$_3$/NiO/[Co/Pt]$_3$ 为铁磁耦合时，(d) 和 (e) 分别在磁场 20 Oe 和 9000 Oe 下的极化中子反射曲线；(f) 铁磁耦合时的磁矩分布 [106]
其中插图为相对应的自旋不对称 (SA) 曲线

一般认为，若垂直磁化薄膜中具有不对称的相互作用，如界面 DM 相互作用，则这种不对称相互作用将会诱导形成自旋非共线排列，如螺旋磁构型 [107] 和斯格明子 [108]。而当人工合成反铁磁多层膜中存在手性的层间 DM 相互作用时，上下铁磁层的磁矩将会形成倾斜的状态 [109]。由层间 DM 相互作用的磁矩翻转机制可以直接观测到体系中层间 DM 相互作用的存在。进一步，为了系统地表征不同 NiO 厚度的 [Co/Pt]$_n$/NiO/[Co/Pt]$_n$ 样品的手性磁构型，通过极化中子反射技术对 Pt(5)/[Co(0.4 nm)/Pt(1 nm)]$_2$/Co(0.4 nm)/Pt(0.2 nm)/NiO($t_{NiO}$)/Co(0.4 nm)/Pt(0.6 nm)/[Co(0.4 nm)/Pt(1 nm)]$_2$ 的各膜层的磁矩分布进行了定量分析 [110]。图 6-45(a) 为极化中子反射谱的测量示意图，入射和反射中子束被极化为自旋向上或自旋向下的中子，极化中子反射率 ($R^{++}$ 或 $R^{--}$) 随散射矢量 $Q$ 的变化关系，分别对应于平行或者反平行于所加外磁场 $H_{ex}$ ($H_{ex}$ = 18.8 Oe、1 kOe 和 20 kOe)。图 6-45(b) 展示了在 $H_{ex}$ = 18.8 kOe 时，对 $t_{NiO}$=1.4 nm 样品拟合得到的核散射长度密度和磁散射长度密度随薄膜样品厚度的变化。如图 6-45(c) 所示，18.8 kOe 的外磁场克服了手性势垒，将上、下铁磁层的磁矩完全拉至面内，因此，面内施加 18.8 kOe 磁场时的 $R^{++}$ 和 $R^{--}$ 曲线并不重合，拟合得到 NiO 上层 FM2 磁矩为 $1.78\mu_B$，下层 FM1 磁矩为 $1.81\mu_B$。为进一步得到在手性耦合作用下 FM1 与 FM2 层的磁矩分布，分别施加 1 kOe 和 20 Oe 的面内外磁场继续进行极化中子反射测试。图 6-45(d) 和 (e) 分别对应面内外磁场 1 kOe 和 20 Oe 测得的极化中子反射曲线图谱。随着面内磁场的逐渐减小，反射曲线 $R^{++}$ 和 $R^{--}$ 逐渐重合，对比 $H_{ex}$ = 18.8 kOe 时得到的 SA，1 kOe 时自旋不对称逐渐减小，20 Oe 时的自旋不对称最小但仍然明显地存在。拟合得到 FM2 和 FM1 的磁矩倾斜分别是 $-4.1°$ 和 $-5.1°$，表明 20 Oe 的外磁场不足以克服手性势垒。

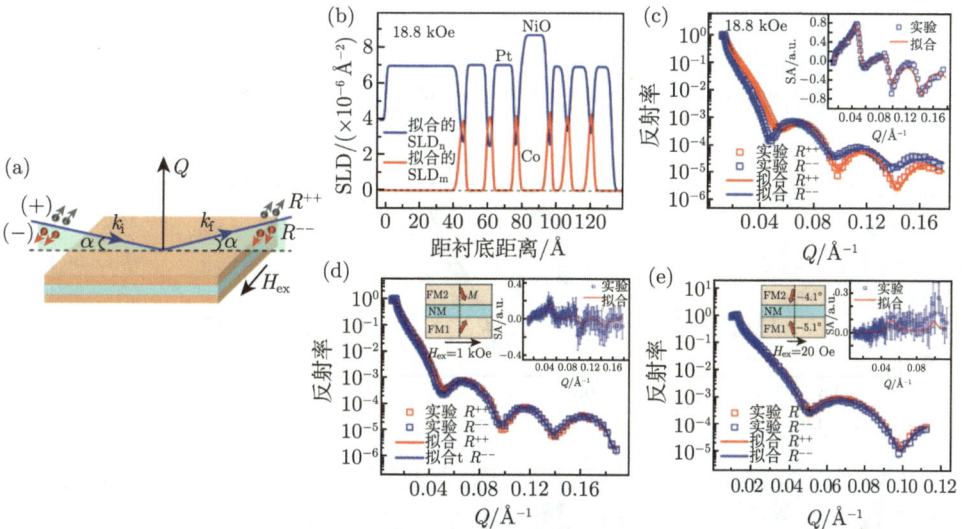

图 6-45　Pt(5)/[Co(0.4 nm)/Pt(1 nm)]$_2$/Co(0.4 nm)/Pt(0.2 nm)/NiO($t_{NiO}$)/Co(0.4 nm)/Pt(0.6 nm)/[Co(0.4 nm)/Pt(1 nm)]$_2$ 样品 $t_{NiO}$ = 1.4 nm 的极化中子反射实验数据拟合 [110]
(a) 极化中子反射测量示意图；(b) 拟合的 SLD$_n$(蓝色) 和 SLD$_m$(红色)；(c)~(e) $H_{ex}$ = 18.8 kOe、1 kOe、20 kOe 时自旋极化 $R^{++}$ 和 $R^{--}$ 通道的极化中子反射归一化图，插图为对应的自旋不对称 (SA) 曲线及铁磁层 FM1 和 FM2 在相应面内磁场下的磁矩分布，红色箭头表示铁磁层中的磁矩分布

## 2. 具有手性磁相互作用薄膜的磁性表征

磁性纳米薄膜中大多采用自旋轨道耦合强度不同的重金属，改变磁性金属/重金属的界面轨道杂化强度，实现对手性磁相互作用、拓扑磁结构的调控。由于界面

手性磁相互作用的强度随磁性层厚度的增加而指数衰减，并在 $2 \sim 3$ nm 时完全消失，所以在较厚的磁性薄膜中不会出现手性磁相互作用，也不会产生拓扑磁结构。但是通过引入在厚度方向上具有成分梯度这一体对称破缺方式，结合重金属的强自旋轨道耦合效应，可以在较厚磁性合金 FePt、CoPt 薄膜中实现对体手性磁相互作用的有效调控，观察到可观的手性磁相互作用 [111]。为了从实验上验证具有成分梯度的薄膜的确具有线性的磁性梯度，对具有正、反梯度的 CoPt 成分梯度 ($\Delta x = 52\%$ 或 $-52\%$) 的薄膜进行极化中子反射分析 [111]。如图 6-46 所示，图 6-46(a) 在 1 T 外磁场下测到 CoPt ($\Delta x = 52\%$) 的极化中子反射曲线，图 6-46(b) 是对应的 SA，通过拟合可以获得如图 6-46 (c) 所示的理论模型，图 6-46(d) 是在 1 T 外磁场下测到的 CoPt ($\Delta x = -52\%$) 的极化中子反射曲线，图 6-46(e) 是对应的 SA，图 6-46(f) 是其拟合模型，从图中可以看出实验曲线和理论值符合得非常好，成分及磁性均呈现出很好的线性关系。以 CoPt ($\Delta x = -52\%$) 为例，考虑到 Ta 和 CoPt 之间的界面混合，从极化中子反射拟合得到的上下两层的成分分别为 $Co_{0.63}Pt_{0.37}$ 和 $Co_{0.25}Pt_{0.75}$，它们的饱和磁化强度分别为 $1.082 \times 10^6$ A/m 和 $4.53 \times 10^5$ A/m，因此，$\Delta M_s = 6.29 \times 10^5$ A/m，成分梯度为 $\Delta x = 38\%$，由此可以得到其磁性变化的线性梯度为 $1.655 \times 10^6$ A/m，这与实验设计值 $1.67 \times 10^6$ A/m 非常吻合。从而实验上确认了样品具有成分梯度这一体对称破缺方式，进一步基

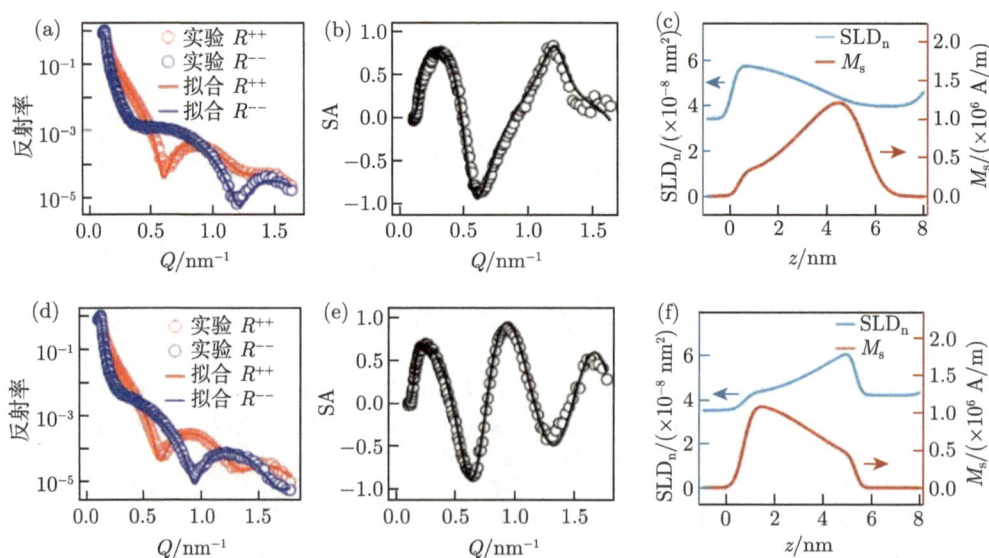

图 6-46　CoPt 成分梯度膜的极化中子反射分析 [111]

在 1 T 外磁场下测到的 CoPt($\Delta x = +52\%$) 的 (a) 极化中子反射曲线，(b) SA，(c) 拟合模型；在 1 T 外磁场下测到的 CoPt($\Delta x = -52\%$) 的 (d) 极化中子反射曲线，(e)SA，(f) 拟合模型

于第一性原理计算结果阐明，强自旋轨道耦合效应和体对称破缺的协同作用是产生手性磁相互作用的物理根源，这为设计高性能的自旋电子学器件奠定了基础。

### 3. 反铁磁的界面磁性表征

反铁磁体中相邻格点上的自旋呈反向平行，磁矩通过交换相互作用而呈有序排列。与铁磁体相比，反铁磁体整体对外不显宏观磁性，净磁矩为零。反铁磁体最典型的应用就是通过交换偏置 (exchange bias，EB) 效应钉扎铁磁体，从而在自旋阀等自旋电子材料中得到广泛的应用。另外，由于反铁磁体对外场不敏感，同时具有更高的自旋动力学频率和更快的响应时间，所以是近年来反铁磁自旋电子学的重要出发点，比如在不同 IrMn 或 Co 厚度的 $Pt/Co/Ir_{25}Mn_{75}$ 多层膜中，通过电流诱导自旋轨道力矩 (SOT) 可以对反铁磁界面态进行有效调控 [112]。

如图 6-47(a) 所示为室温下施加面内外磁场 9 kOe 的极化中子反射测量结果，虽然极化中子反射只对面内磁化强度敏感，但由于垂直磁化的 Co 层被沿薄膜平面的外磁场拉回面内，这样 $R^{++}$ 和 $R^{--}$ 会在较大的面内外磁场下分离。图 6-47(b) 为薄膜深度变化的核散射长度密度和磁散射长度密度 ($SLD_n$ 和 $SLD_m$)。由于邻近效应，在 Pt 层中诱导产生磁化强度 ($0.38\mu_B$)。IrMn 与 Co 相邻的界面层命名为 IrMn-Int，拟合得到 IrMn-Int 的磁化强度约为 $-0.1\mu_B$，这源于未补偿的 Mn 自旋的贡献，而且该界面层的磁化方向与 Co 层反平行。Co 的磁化强度约为 $0.9\mu_B$，这主要是由于 9 kOe 的外磁场小于薄膜的垂直各向异性场时，Co 层并没有被完全拉回到面内，而在 20 Oe 外磁场下，Co 的面内磁矩分量约为 $0.09\mu_B$。进一步，在 Ta/Pt/Co/IrMn/Ta 垂直磁化的样品中存在 Co 面内磁矩分量可能来源于界面 DM 相互作用，由于存在界面的磁性倾斜，反铁磁界面自旋通过自旋轨道力矩从上向下或从下向上逐渐翻转，导致自旋轨道力矩诱导的磁性翻转出现部分翻转现象。另外，利用极化中子反射在 $Ta/Ir_{20}Mn_{80}/Co_{40}Fe_{40}B_{20}/MgO/Al_2O_3$ 垂直磁化膜中观察到 IrMn 层中同样存在未补偿的 Mn 自旋形成的磁矩，且与 CoFeB 层的磁化方向反平行 [113]，这表明在 IrMn/CoFeB 界面同样存在倾斜的界面磁性，由 IrMn 层诱导的自旋轨道力矩会逐步地翻转界面的钉扎磁矩，从而进一步实现用电流来调控 IrMn/CoFeB 的交换偏置。

### 4. 人工合成螺旋自旋结构的磁性表征

受益于现代薄膜制造技术的发展，对于薄膜外延生长过程的原子级别控制成为可能，这大大拓展了人们对复杂氧化物外延异质结的设计和研究，在氧化物的外延异质界面处许多新奇的物理现象被发现，极化中子反射技术因其很高的界面灵敏度和深度分辨磁结构的能力，成为研究氧化物超晶格新奇磁结构的有力手段。

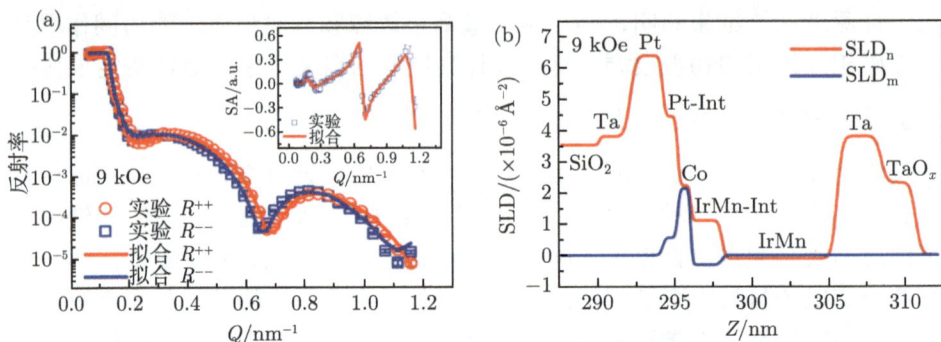

图 6-47　(a) 极化中子反射率与散射矢量 $Q$ 的函数；(b) 样品 Ta(1)/Pt(3)/Co(0.8)/
Ir$_{25}$Mn$_{75}$(10)/Ta(2) 深度分辨的核磁散射长度密度和磁散射长度密度 [112]

如图 6-48 所示，利用脉冲激光在 (001) 取向的单晶 SrTiO$_3$(STO) 衬底上外延沉积磁性/非磁的 SrRuO$_3$(SRO)/SrTiO$_3$(STO) 超晶格 [114]。6 单胞 (1 u.c.≈ 0.4 nm) 厚的磁性 SRO 层的自旋螺旋结构被重复十次的 $y$ 个单胞厚的 STO 层调制，记为 [6|$y$] 超晶格。当厚度 $x = 6$ 单胞时假设 SRO 层固定在 2.358 nm (从 STO 衬底上外延应变的单个 SRO 薄膜获得)，STO 层 $y$ 个单胞的估算厚度分别为 1.573 nm、2.318 nm、3.078 nm 和 6.957 nm，对应 [6|4]、[6|6]、[6|8] 和 [6|18] 超晶格。在 5 K 和 0.01 T 的极化中子反射测量则揭示了人工调制合成螺旋自旋结构。对于单个磁性薄膜，随着 $Q_z$ 的增大，反射率呈指数衰减，数据的信噪比下降很大，从而影响数据的质量。相比之下，由于相干周期结构，即使在有限的 $Q_z$ 值下，超晶格布拉格 (Bragg) 峰也能够提供更好的信噪比。因此主要比较与超晶格布拉格峰相关的 $Q_z$ 值附近的极化中子反射数据和模拟结果。由于 SRO 薄膜的易轴通常指向面外方向，因此极化中子反射观察到的是面内磁化强度与 STO 单胞数依赖的振荡行为。进一步，通过极化中子反射还可以得到磁矩的自旋矢量的深度分布，从而得到 SRO 面内磁矩旋转角度 $\varphi$ 的变化，得到人工合成的螺旋自旋结构的结果。

### 6.5.6　小结

一直以来，由于大规模信息存储需求的推动，科研人员对于磁性材料中出现的有序磁结构有着浓厚的兴趣。斯格明子作为一种受拓扑保护，且具有纳米尺度的涡旋磁结构，具有很高的稳定性，因此基于斯格明子的新型磁性存储器正得到越来越多的关注，成为拓扑磁性的研究范例。进一步，随着对于体 DM 相互作用、界面 DM 相互作用，乃至层间 DM 相互作用理解的深入，越来越多的材料因此具有复杂的磁结构，作为可以深入研究磁性材料内部磁结构的中子散射技术也有了更广阔的研究舞台；反之，拓扑磁性材料的复杂磁性的分析也必将推动包括小角中子散射和极化中子散射在内的中子散射技术的发展。

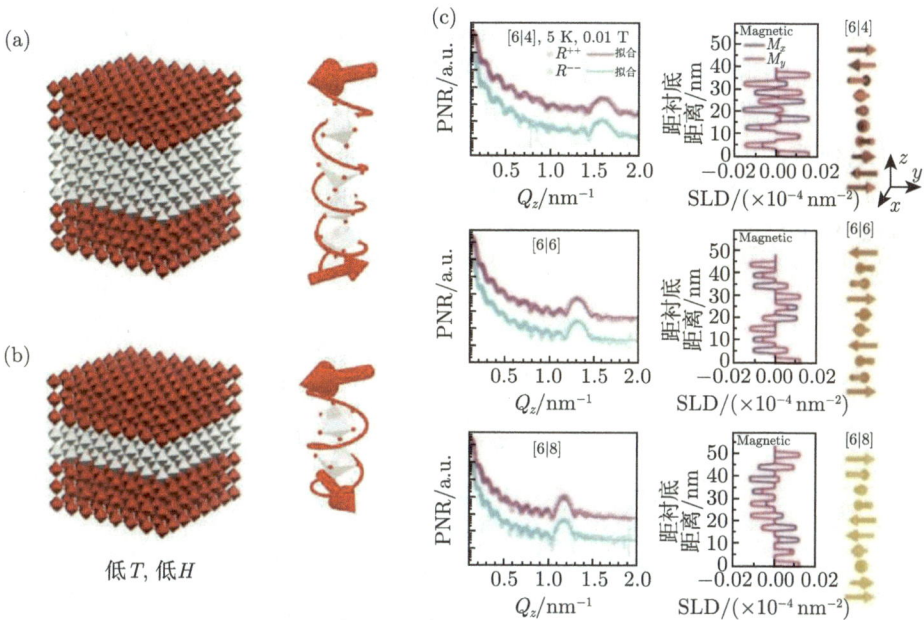

图 6-48　(a)、(b) FM (红)/NM-I (灰)/FM (红) 异质结构中通过 NM-I 层的原子尺度精确厚度控制调节合成磁有序的示意图；(c) [6|4]、[6|6] 和 [6|8] 超晶格在 5 K 和 0.01 T 下的极化中子反射 (PNR) 谱，SLD 随薄膜厚度的变化关系，以及合成自旋序示意图[114]

## 6.6　磁力显微镜

　　磁力显微镜是观察磁畴图像的重要工具之一。与磁光克尔显微镜等方法相比，磁力显微镜的优势是可以进行百纳米量级的微小区域内局域磁性的表征，通过磁性探针和磁性样品表面相互作用强度的变化，反映出样品表面的磁性结构。本节将首先介绍磁力显微镜的工作原理，随后介绍磁力显微镜在拓扑磁结构研究中的进展，最后展望磁力显微镜在拓扑磁结构研究中的应用前景。

### 6.6.1　磁力显微镜的工作原理

　　磁力显微镜是由原子力显微镜演变而来的，因此在介绍磁力显微镜之前，有必要简单介绍原子力显微镜 (atomic force microscope，AFM) 的工作原理。原子力显微镜是一种常见的材料表面形貌表征仪器，其结构示意图如图 6-49 所示，其工作原理主要是将敏感的微悬臂梁在一端固定，将另一端微小探针的针尖靠近样品，此时针尖将与样品之间产生相互作用力，从而导致微悬臂梁变形，悬臂梁的形变对应探针和样品原子之间力 (范德瓦耳斯力、库仑力、磁力等) 的变化; 扫描样品过程中, 激光打到微悬臂梁上, 由光电探测器检测到悬臂梁的形变来获取信号, 从而研究物质的表面形貌结构信息和表面粗糙度信息, 原子力显微镜针尖直径仅为几十纳米, 因此能达到纳米级甚至是原子级的空间分辨率。原子力显微镜的探针材质通常为 $Si_3N_4$ 等材料, 其工作环境不要求真空, 且不用对样品表面进行导电处理, 相比于扫描电子显微镜等其他表面表征手段具有更加广泛的实际应用。原子力显微镜不仅可以研究导体和半导体的表面相貌, 也可以研究绝缘体、有机材料等不导电的材料。

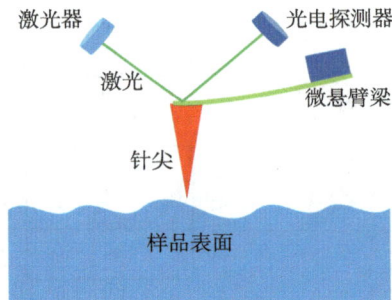

图 6-49　原子力显微镜扫描原理示意图

　　原子力显微镜一般有三种不同的测试模式, 分别为接触模式、非接触模式和轻敲模式。接触模式: 在扫描成像过程中, 探针针尖始终与样品表面保持接触, 针尖与样品表面的相互作用力主要是排斥力, 在扫描时有可能破坏样品表面结构, 因此接触模式适用于表面结构稳定且相对比较坚硬的材料, 如金属材质的块体和薄膜等, 接触模式最大的优点是扫描出来的图像分辨率高。非接触模式: 在扫描成像过程中, 针尖在距离样品表面上方几纳米处振荡, 样品与针尖之间的相互作用由范德瓦耳斯力控制, 扫描过程中通常不会破坏样品, 适用于研究柔软物体的表面。轻敲模式: 在扫描成像过程中, 针尖在样品表面上方周期性短暂地接触/敲击样品表面。这就意味着针尖接触样品时所产生的侧向力被明显地减小了, 适用于扫描柔软、易碎以及胶黏性样品。

　　磁力显微镜是 Martin 等于 1987 年在原子力显微镜的基础上发明的, 能够同时获取样品表面的形貌图和磁畴分布图像, 便于分析样品表面结构和磁畴结构的对应关系。磁力显微镜可以理解为原子力显微镜的一种特殊成像模式, 其工作原理和原子力显微镜类似, 与原子力显微镜的最大区别是在原子力探针上覆盖一层磁性材料 (一般为 Fe、Co 等磁性材料) 而变成磁性探针, 它是一种利用磁偶极-偶极相互作用来测量磁畴结构的扫描探针显微镜。在具体扫描样品时, 磁力显微镜探针会在样品表面的同一位置进行两次扫描。第一次扫描与原子力显微镜的原理一样，当针尖靠近样品表面时，针尖和样品表面的原子间产生相互作用力，通过轻敲模式获得样品表面的形貌图像；然后将探针抬起一定高度，探针会沿着第一次扫描的轨迹进行第二次扫描，此时的测试原理是探针和样品表面原子间磁偶极矩的相互作用。由于样品表面磁矩取向不同，探针和样品的磁偶极矩会发生变化，扫描磁畴结构的原理示意图如图 6-50 所示，当探针和样品磁矩方向相反时，两个磁矩相吸，磁性探针会感受到吸引力，探针会对微悬臂梁产生向下的力；当探针和样品磁矩方向相同时，两个磁矩相斥，磁性探针会感受到排斥力，探针会对微悬臂梁产生向上的力，最终通过反馈系统，获取样品表面的磁畴结构。

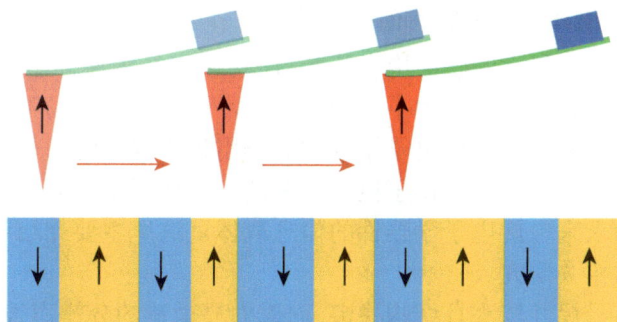

图 6-50　　磁力显微镜扫描磁畴结构的原理示意图

其中黑色箭头代表磁矩取向，扫描路径从左侧到右侧

　　磁力显微镜获取磁畴结构时，通常有两种测试模式，即恒高模式和提升高度模式，扫描示意图如图 6-51 所示。恒高模式是将针尖抬高到一个固定高度进行扫描，高度由样品相貌起伏决定，假如样品相貌起伏较大，则需要抬起更高的高度，一般高度的范围设置在 20~100 nm。此方法的优点是扫描速度快，并且对探针起到一定的保护作用，但只适合扫描表面平整度较高的样品，否则磁畴图像的清晰度会受到影响。提升高度模式在扫描过程中，其针尖高度会随样品表面起伏而变化，针尖始终保持与样品表面的高度一致，一般这个高度的范围设置在 10 nm 左右。此方法可以排除样品表面形貌的干扰，从而获得较为准确的磁畴图像，因此适用于扫描表面起伏较大的样品，缺点是扫描过程较为缓慢。

　　磁力显微镜表征磁性材料表面的磁畴结构时，其分辨率最为重要。从探针的角度来说，磁性探针的针尖越小，图像分辨率越高，因此探针尖端通常只有几十纳米，仪器分辨率也可以达到几十纳米，此精度明显优于磁光克尔显微镜等表征磁畴的仪器。在扫描磁畴结构时，也可通过调节扫描区域的范围和探针扫描频率大小，从而进一步调节扫描图像的清晰度，最终获得更精细的磁畴和磁畴壁的微结构。此外，通过对得到的磁畴图像进行分析处理，也能获得更多相关的信息。

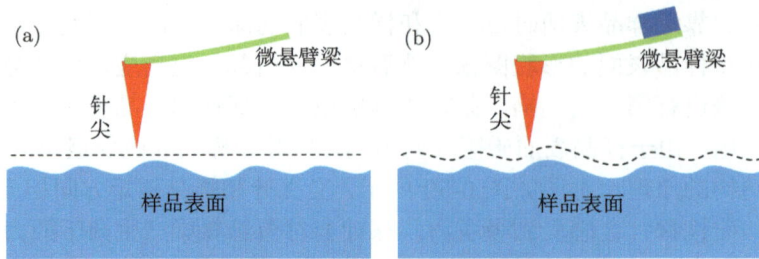

图 6-51　磁力显微镜扫描磁畴结构的两种模式

(a) 恒高模式；(b) 提升高度模式。黑色虚线为针尖扫描的高度

## 6.6.2　磁力显微镜在拓扑磁结构研究中的应用

磁力显微镜拥有强大的磁结构表征能力，可以表征磁性样品表面的磁畴分布、磁畴壁位置、磁畴方向、磁畴大小、磁畴类型，以及原位磁场下磁畴的变化和动力学行为等信息，因此在自旋电子学领域的应用越来越广泛，且已在基础磁性材料以及拓扑磁结构的研究中取得了巨大的突破。斯格明子作为一种典型的拓扑磁结构，有望成为未来自旋电子学器件的信息载体，这里主要介绍利用磁力显微镜观测斯格明子的相关研究。

由于斯格明子尺寸较小且结构稳定，而磁力显微镜的分辨率很高，且可以实现多次原位扫描，因此利用磁力显微镜研究斯格明子的工作有很多，其中较为常见的是用于自旋电子学器件中斯格明子的磁畴成像研究。2017 年，Soumyanarayanan 等 [115] 用磁力显微镜在多层薄膜中发现室温下稳定存在的斯格明子，并实现了对斯格明子数量和大小的调控；他们首先制备了一系列 Ir/Fe/Co/Pt 多层薄膜，通过调整 Fe 和 Co 这两层薄膜厚度比例来调节体系中的各向异性、交换常数以及 DM 相互作用等，从而调控薄膜中磁畴结构；最终利用磁力显微镜分别扫描不同 Fe 和 Co 比例样品的磁畴图像，观测到斯格明子密度和尺寸的变化 (尺寸最小可达 50 nm)，如图 6-52(a) 所示；通过调控样品参数得到较易调控且稳定存在的斯格明子，对基于斯格明子的存储器件发展提供了很大帮助。2020 年，Guang 等 [116] 利用磁力显微镜观察到由电子束曝光产生的斯格明子阵列的图像；他们首先制备了同时具有垂直各向异性和交换偏置的 Pt/Co/IrMn 多层膜，初始磁畴结构为迷宫畴，在施加饱和磁场的情况下，电子束聚焦到薄膜上微米量级的区域，此区域成为单畴态；再次聚焦电子束，使电子束照射区域减小到几十纳米，施加反方向磁场即可产生斯格明子，经过多次辐照，形成可调控的斯格明子阵列，最后用磁力显微镜观测所产生的斯格明子阵列，如图 6-52(b) 所示；通常在界面反转对称性破缺的磁性/重金属薄膜异质结构中，斯格明子是随机分布的，因此这种人为控制斯格明子位置和大小的研究有助于进一步探索拓扑磁学。同样在 2020 年，Wang 等 [117] 在铁电–铁磁异质结中，通过施加电压实现对斯格明子的调控，利用磁力显微镜观察斯格明子、条纹畴和涡旋畴之间的相互转化；他们首先在压电衬底 PMN-PT 上生长 [Pt/Co/Ta]$_n$ 多层薄膜，又将薄膜刻蚀成不同直径的纳米盘，斯格明子个数随纳米圆盘直径的降低而逐渐减少；随后对纳米盘分别施加正负电压后，实现了条纹畴与斯格明子这两种状态的相互转变；通过调控磁性层的厚度，实现了条纹畴、斯格明子和涡旋畴三种状态的转变，如图 6-52(c) 所示；他们这种基于电场调控斯格明子的多态转变，为构建低能耗、非易失、多态磁存储器件提供了可能性。

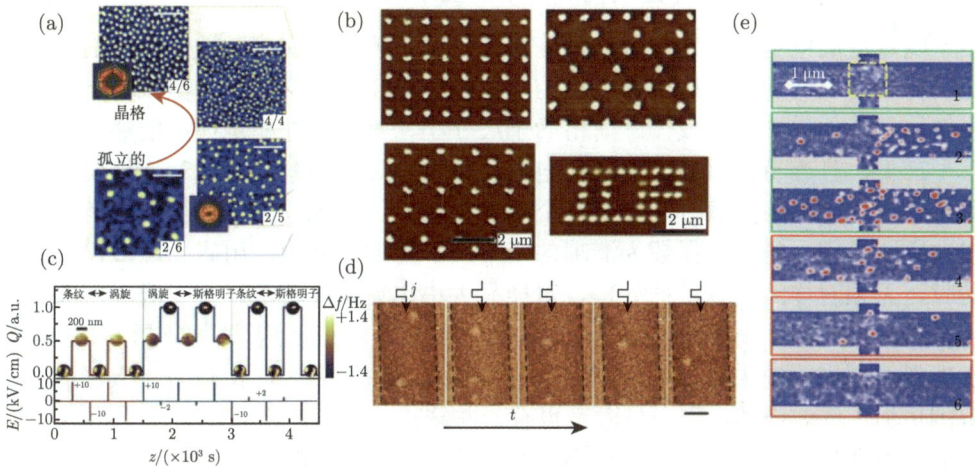

图 6-52　(a) 磁力显微镜观察到不同 Fe 和 Co 层厚度比例的斯格明子大小和数量的调控；(b) 磁力显微镜观察到的人工调控的斯格明子阵列；(c) 磁力显微镜观察到条纹畴、斯格明子和涡旋畴三种状态的转变；(d) 磁力显微镜观察到电流驱动的斯格明子的动力学研究；(e) 磁力显微镜观察到斯格明子的电输运特性

除此之外，磁力显微镜还被用于斯格明子的动力学研究。2017 年，Hrabec 等 [118] 通过对样品施加脉冲电流并对薄膜进行多次原位磁力显微成像，获得斯格明子随电流脉冲变化的磁畴图像，实现对斯格明子的动力学研究，如图 6-52(d) 所示；他们选取对称的 Pt/FM/Au/FM/Pt 双层磁性结构中间夹杂重金属的系统为研究对象，与传统的重金属/磁性薄膜双层结构不同，此体系中两层磁性层均会与重金属产生自旋轨道耦合从而形成手性相反的斯格明子，这两种斯格明子再耦合成一个整体，其优点是体系中 DM 相互作用很小，这为弱 DM 相互作用形成的斯格明子稳定存在开辟了一条新的道路。2018 年，Maccariello 等 [119] 选取 Pt/Co/Ir 结构的多层磁性薄膜为研究对象，在此多层膜体系中，磁性层与上下界面的两层重金属都会产生自旋轨道耦合且强度会叠加，导致较强的 DM 相互作用并产生稳定的斯格明子；他们研究了霍尔电阻率随电流脉冲和外加磁场的变化关

系，最终利用磁力显微镜进行斯格明子表征，如图 6-52(e) 所示，从而分析出霍尔电阻率与斯格明子数的相关性；他们利用磁力显微镜的磁畴成像技术，辅助斯格明子的电输运特性研究，为基于斯格明子的器件研究提供了可能性。

以上这些研究充分展示了磁力显微镜在研究斯格明子方面的应用。相信随着人们对拓扑磁结构研究的深入，磁力显微镜不仅可以作为磁畴观测手段，还可以依托探针技术，结合电、力和热等多种手段对斯格明子进行调控，从而在拓扑磁结构研究中发挥更为重要的作用。

### 6.6.3    磁力显微镜在拓扑磁结构表征中的应用前景

随着自旋电子学研究领域的迅速发展，高密度、高速度、较低能耗的数据存储器件成为迫切需求。斯格明子作为一种特殊的拓扑磁结构，有望成为下一代磁存储器件中的优良信息载体。斯格明子尺寸小，具有拓扑稳定性，能够在多种体系中产生，且容易被磁场、温度和电流等调控。磁力显微镜是观察斯格明子的强有力工具，在磁畴图像方面具有几个明显的优点。首先，磁力显微镜具有高灵敏度和高分辨率，能够获得较为清晰的斯格明子图像。其次，用磁力显微镜观察磁畴时，无须对样品进行特殊处理，对样品大小也无特殊要求，且一般不用在真空中进行，磁力探针一般也不破坏样品表面。最后，可根据测试需要进行自主研发，实现低温测试、较大磁场施加测试、探针技术改进测试等，使磁力显微镜的应用范围更加广泛。当然，磁力显微镜也有一些缺点，例如，样品表面需要相对平整，对样品表面粗糙度要求较高；扫描速度比较缓慢，导致测试效率较低。尽管如此，磁力显微镜的应用对于设计基于拓扑磁结构的新型电子学器件具有重要意义。

## 6.7    磁光克尔显微镜

基于磁光克尔 (Kerr) 效应设计的磁光克尔显微镜是实时观察磁畴状态的重要工具之一。磁光克尔效应是指线偏振光在磁性介质表面反射时，其偏振角发生偏转的现象。本节将首先介绍法拉第 (Faraday) 效应和克尔效应，以及磁光克尔显微镜 (MOKE) 的工作原理，随后介绍通过磁光克尔显微镜观察拓扑磁结构所取得的最新研究进展，最后展望磁光克尔显微镜在拓扑磁结构研究中所具有的潜力。

### 6.7.1    磁光克尔显微镜的工作原理

磁光克尔显微镜中主要涉及两种效应，即法拉第效应和克尔效应。下面首先简要介绍这两种效应的现象和原理。

当线偏振光穿过磁场中的介质传播时，若光的传输方向与磁场方向平行，则出射光线的偏振方向将发生改变，这种现象叫作法拉第效应，该光束偏振方向的改变量用法拉第旋转角 $\theta_F$ 来表示。

当线偏振光在磁化介质表面发生反射时，其偏振方向相对于入射时将会有一个偏转，该现象叫作克尔效应，偏转角表示为 $\theta_K$。根据入射光的方向同介质磁化方向的不同，克尔效应还可以分为极向、纵向和横向三种。当介质的磁化方向同入射光法线方向相同时称为极向；当介质的磁化方向同入射光法线方向垂直，但仍处于光的入射面内时，称为纵向；当介质的极化方向同入射面垂直时，称为横向。图 6-53 给出了克尔效应的三种不同情况。在三种构型中，结合所有可能的情况，法向入射时的极向克尔效应最强，也是最容易分析的，经常作为磁光克尔显微镜的设计思路。

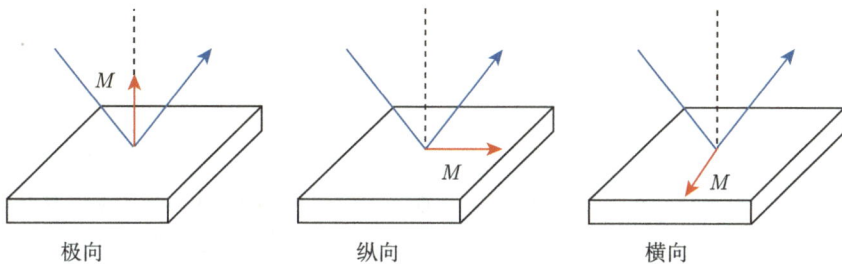

图 6-53　克尔效应的三种情况

克尔效应在物理本质上同法拉第效应并没有太大不同。从形式上看，法拉第效应主要描述光在入射到介质之后透射光的偏振变化；而克尔效应则是指光在磁性介质表面反射后的偏振状态变化。从历史上来看，法拉第效应是由英国物理学家、化学家法拉第 (M. Faraday，1791~1867) 在 1845 年发现的；克尔效应则是由英国物理学家、数学家克尔 (J. Kerr，1824~1907) 在 1876 年发现的。下面将重点介绍两种效应的微观机制。

一束线偏振光可以看作两束相位相同、频率相同且振幅相同的左旋和右旋偏振光的叠加。在未被磁化的介质中传播时，两种光的传播特性相同。介质被磁化后，自旋向上和自旋向下的电子数目将不同，两者分别对应于左旋和右旋光的跃迁吸收，于是介质对左旋和右旋偏振光的传播特性也变得不同。如图 6-54 所示，用 $n_+$ 和 $n_-$ 来表示被磁化介质中两种光的折射率，不同折射率的两种光在介质中的传播速度稍有不同，于是光在介质中行进一段距离后，由于传播迟滞，左旋和右旋偏振光之间将会产生一个位相差 $\Delta$。光从介质中出射时，两束圆偏振光重新合成为线偏振光，便产生了偏振面的旋转角 $\theta_F$。另一方面，由于左旋和右旋偏振光在介质中的吸收特性不同，两束光的强度也会有一定程度的不同，在出射后将合成为一束椭圆偏振光。

克尔效应同法拉第效应的不同在于入射的线偏振光在磁性介质的表面层附近发生折射，因此仅仅只有磁场引起介质内能级劈裂的话，介质反射的光程中不足以产生明显的偏振面旋转。克尔效应的观测还要求介质材料具有自旋轨道耦合效应。自旋轨道耦合使得能级进一步劈裂，左旋和右旋偏振光的跃迁能级差别更大，于是在介质表面的反射过程中，线偏振光的偏振角就发生了明显的旋转，从而产生可观测的克尔信号。

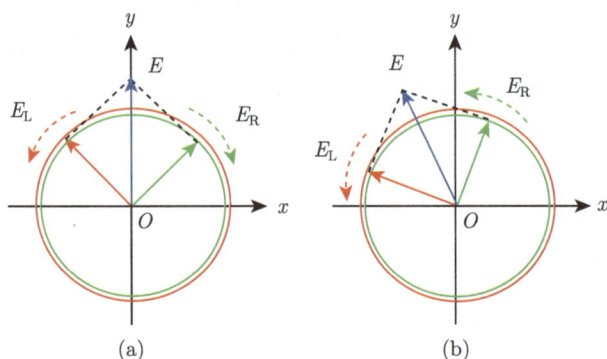

图 6-54　法拉第效应和克尔效应中 (a) 入射光的偏振态与 (b) 出射光的偏振态示意图
其中 $E_L$、$E_R$ 和 $E$ 分别代表左旋偏振光、右旋偏振光和它们所合成的线偏振光的电矢量

磁光克尔显微镜的基本原理如图 6-55 所示。在光源端，由发光二极管 (LED) 点阵光源产生白光，经过收集器和光栅形成加强稳定的 LED 光束，通过偏振片后形成线偏振光；在待测材料上，偏振光入射到被磁化的介质表面时，由于磁光克尔效应，产生了一定的偏转角；在接收端，不同偏转状态的反射光通过检偏器可以转化为对比参数，从而在屏幕上显示出磁畴的明暗变化。克尔效应是一阶磁光效应，即克尔效应的强度同磁化强度的一次方相关，另外，克尔偏转角的正负同磁化强度的方向相关。因此，根据克尔效应设计的磁光克尔显微镜可以观测磁化强度的大小和方向，是磁畴无损观测的重要手段。

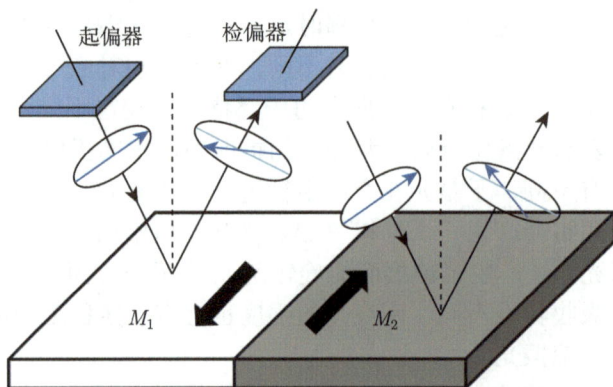

图 6-55　磁光克尔显微镜的成像原理示意图

以观测样品技术磁化过程中的磁畴变化为例，在磁光克尔显微镜的测试过程中，首先将样品饱和磁化，得到单畴态样品的磁光克尔信号强度；随后逐渐减小磁场，介质中反向磁畴将逐渐成核长大，局域磁化强度大小和方向的变化导致反射光的克尔偏转角的变化，通过原有检偏器后的光强将会改变，目镜中该区域变暗；最后反向施加磁场时，样品反方向饱和磁化，此时整个样品上反射光的克尔偏转角都发生了变化，视野全部变暗。最后在计算机上将整个过程中接收的光强进行成像，就获得了磁畴的图像，其中磁化强度的大小以明暗对比度的不同来表示。

### 6.7.2 磁光克尔显微镜观察拓扑磁结构

磁光克尔显微镜可以用来观测多种磁性材料，如体材料、带状材料、磁性薄膜等的磁畴、磁化过程以及记录磁化曲线；可观测的磁结构包括磁畴 (磁畴壁) 和拓扑磁结构 (斯格明子和磁涡旋等)。最近一段时间以来，斯格明子由于其小尺寸、低驱动电流密度以及拓扑保护性等特征而在新一代磁存储和逻辑器件中受到广泛关注，这里介绍磁光克尔显微镜观测斯格明子的相关研究。

一般来说，DM 相互作用是产生斯格明子的重要条件之一。DM 相互作用的效果是使相邻磁矩倾向于垂直排列，另外，交换相互作用的效果是使磁矩倾向于平行排列或反平行排列。于是，磁性材料中 DM 相互作用能、交换相互作用能以及磁各向异性能等多种能量的相互竞争导致斯格明子的出现。斯格明子是一种拓扑保护的磁结构，可以通过电流驱动，这一特性使其有望作为存储介质应用在诸如赛道存储器之类的新型磁存储器中。

垂直磁化的异质结薄膜中的斯格明子是近段时间以来的研究热点。磁光克尔显微镜检测界面反射光的偏振态，测试深度在 30 nm 左右，同时具有无损探测和实时观测的特性，使其成为研究薄膜中斯格明子的有力工具。磁光克尔显微镜首先在 DM 相互作用的定量表征方面发挥了作用，Hrabec 等的研究显示，利用磁光克尔显微镜可以观测垂直磁化异质结中的畴壁移动速度，通过畴壁移动速度和外加面内磁场的相互关系，可以拟合得到 DM 相互作用有效场的大小 [120]，这为斯格明子的定量研究创造了条件。2015 年，Jiang 等 [121] 利用磁光克尔显微镜观察到了室温下稳定存在的斯格明子，实验设计如图 6-56(a) 所示，两个结构为 Ta(5 nm)/Co$_{20}$Fe$_{60}$B$_{20}$(1.1 nm)/TaO$_x$(3 nm) 的异质结薄膜条带之间通过一个狭窄的区域相连接，当施加一个方向向右的脉冲电流时，左侧的磁畴壁将向右通过狭缝，在尺寸限制和局域非均匀电流的影响下形成了斯格明子，整个过程可以形象地比作吹肥皂泡的过程，该工作为接下来一系列基于室温对斯格明子的观测和调控奠定了基础；随后，他们继续利用磁光克尔显微镜观察到了斯格明子的霍尔效应，即斯格明子在电流的驱动下横向运动，同时伴随着纵向位移的现象 [122]，如图 6-56(b) 所示。对于以斯格明子作为信息存储和传输介质的器件来说，斯格明子霍尔效应对实际应用是不利的，该效应会导致斯格明子最终在条带边缘聚集并湮灭，同时会伴随着存储信息的消失，研究和克服斯格明子的霍尔效应是相关器件实现应用的重要内容。2017 年，Yu 等 [123] 采用两端收缩的条带设计实现了器件中斯格明子的产生和驱动，如图 6-56(c) 所示，经过系统研究他们揭示了通过控制驱动电流密度和脉冲时间，可以分别实现斯格明子的产生和驱动两种操作，该研究对斯格明子逻辑与存储器件的开发起到了推动作用。2023 年，Yang 等 [124] 实现了斯格明子与斯格明子环之间的可逆转换，制备了具有铁磁层间交换耦合的 $[Pt/Co]_3/Ru/[Co/Pt]_3$ 多层薄膜结构，研究了体系中的磁化动力学和演化过程；他们通过精确地操纵磁场和脉冲电流，实现了斯格明子与斯格明子环之间的转换；图 6-56(d) 中展示了斯格明子环到斯格明子的变化过程，这种不同磁拓扑自旋结构之间可逆转换的实现，有望加速下一代自旋电子学器件的发展。2021 年，Cui 等 [125] 在具有楔形结构的 Pt/Co/Ta 垂直磁化多层膜样品中观察到了椭圆形斯格明子，并指出这种椭圆形斯格明子源于楔形膜导致的对称性破缺，如图 6-56(e) 所示。除了斯格明子的研究以外，磁光克尔效应在其他磁结构方面也发挥着重要作用。2019 年，Xu 等 [126] 通过磁光克尔显微镜观察到了 MgO 衬

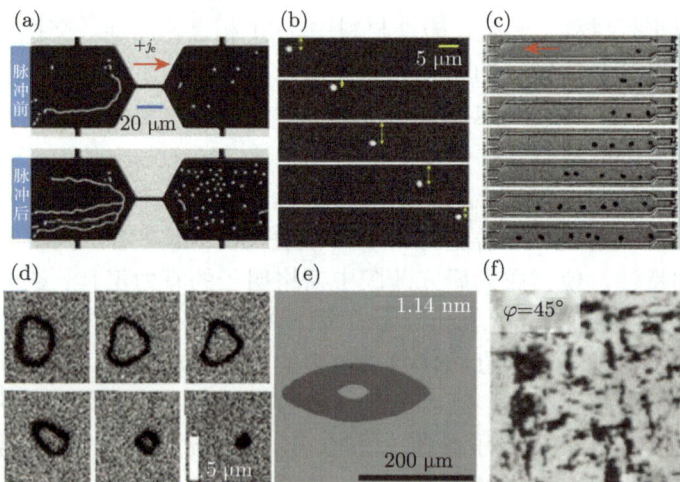

图 6-56　(a) 脉冲电流和狭缝式设计形成室温下稳定存在的斯格明子，采用磁光克尔显微镜观察到了脉冲前后的磁结构 [121]；(b) 利用磁光克尔显微镜观察到了斯格明子霍尔效应，可见斯格明子在沿条带方向运动时也伴随着横向位移 [122]；(c) 在 $Ta/CoFeB/TaO_x$ 异质结制备的条带状器件中产生了多个斯格明子，边缘收缩的设计可使斯格明子的产生和驱动在同一通道中进行 [123]；(d) 在 $[Pt/Co]_3/Ru/[Co/Pt]_3$ 结构中产生了斯格明子环，并通过施加脉冲电流实现斯格明子环到斯格明子的转换 [124]；(e) 利用磁光克尔显微镜观察到楔形结构的 Pt/Co/Ta 垂直磁化多层膜样品中的椭圆形斯格明子 [125]；(f) 磁光克尔显微镜观察到的外延单晶 NiO 薄膜的反铁磁畴 [126]

底上外延生长的单晶 NiO 的磁畴, 将磁光克尔显微镜的应用范围拓展到了反铁磁畴的研究中, 如图 6-56(f) 所示, 反铁磁磁畴的研究对于超快自旋动力学具有重要意义。

以上这些研究内容充分展示了磁光克尔显微镜在观测拓扑磁结构方面的潜力。综合使用磁光克尔显微镜技术以及其他磁畴观测技术, 可以有效表征器件的磁畴结构和性质, 为相关的研究提供可视化的数据结果。

### 6.7.3 磁光克尔显微镜在拓扑磁结构表征中的应用前景

磁光克尔显微镜是对磁性材料的磁结构进行实时观测的新技术。目前来看, 国际上许多著名的科研机构都开始致力于拓扑磁性结构的研究, 包括诺贝尔奖得主 Fert 教授研究组、德国马克斯·普朗克科学促进协会 (马普所) 微结构物理研究所的 Parkin 教授研究组, 麻省理工学院的 Beach 教授研究组, 加利福尼亚大学洛杉矶分校的 Wang 教授研究组等。磁光克尔显微镜作为直接且即时观测介质表面磁结构的设备, 已经并将继续作为研究斯格明子等拓扑磁结构的强大工具。

磁光克尔显微镜在观察磁畴形貌方面具有几个明显的优点。首先, 磁畴的变化可以立即显示在屏幕上, 可以实时观测样品的磁化状态; 其次, 将可见光作为成像介质的测量属于无损测试, 不影响材料的表面形貌, 不影响材料的磁化强度, 某些易氧化 (不可接触空气) 材料可封装在透光容器中测试; 最后, 磁光克尔显微镜不需要苛刻的测试设备和测试条件, 不需要真空设备和特殊的样品制备过程, 测试和操作简洁方便且重复性良好。当然, 磁光克尔显微镜也存在着局限性, 例如, 由于可见光的波长限制, 磁光克尔显微镜的空间分辨率最高可达到几百纳米的量级, 在研究极小尺寸的拓扑磁结构时将会遇到困难; 另外, 磁光克尔显微镜并不能直接提供电子结构和磁矩的相关信息, 需要理论计算或数据拟合来做进一步处理。未来可以预见, 磁光克尔显微镜会作为磁畴观测的重要手段之一, 同其他实验技术和理论模拟一起, 促进拓扑磁结构的研究和发展。

# 6.8 自旋极化扫描隧道显微镜

## 6.8.1 自旋极化扫描隧道显微镜简介

### 1. 扫描隧道显微镜的工作原理

自 Binnig 和 Rohrer[127,128] 发明扫描隧道显微镜 (scanning tunneling microscope, STM) 以来, STM 已经成为表面物理、纳米科学和技术的重要实验工具。STM 的工作原理基于物理学中的隧穿效应。经典力学中, 由于功函数的束缚, 能量低于功函数的电子一般无法离开固体表面。而根据量子力学, 电子的波函数从固体表面到真空中以指数形式衰减，其一维形式如下式所示：

$$\Psi = A\mathrm{e}^{-2\sqrt{2m(\phi - E)}(Z/\hbar)} \tag{6-52}$$

式中，$A$ 为常数；$\phi$ 为固体功函数；$Z$ 为电子到固体表面的距离；$E$ 为电子的能量 (以费米面为能量零点)。该公式表明，电子有非零的概率从固体表面逃逸。

在 STM 中，针尖距离样品很远时，两者互相独立，有相同的真空能级，且样品和针尖的费米能级与真空能级相差不同的特征功函数 ($\phi_{\mathrm{s}}$ 和 $\phi_{\mathrm{t}}$)。当针尖和样品靠近到原子晶格的尺度时，两者倾向于形成一个平衡态，此时它们的费米能级相同。由于针尖和样品的波函数在真空区域重叠，电子有相等的概率从针尖隧穿到样品，或从样品隧穿到针尖。如果在样品上施加偏置电压 $V$，根据所加电压的极性，所有能级将上移或下移 $|eV|$ 的距离。从针尖到样品之间 (或反向) 将产生净的隧穿电流。根据巴丁 (Bardeen)[129] 引入的微扰–转移哈密顿形式，隧穿电流 $I$ 可以写成

$$I = e/\hbar \sum_{\mathrm{s,t}} |M_{\mathrm{st}}|^2 \delta(E_{\mathrm{s}} - E_{\mathrm{t}}) \left[ f(E_{\mathrm{s}}) - f(E_{\mathrm{t}} + eV) \right] \tag{6-53}$$

式中，$\delta$ 函数代表弹性隧穿过程中电子的能量守恒；考虑到隧穿过程只发生在占据态与空态之间，引入了费米–狄拉克函数 $f(E)$；能量偏移 $eV$ 来自于外加的偏置电压。要计算隧穿电流，关键是计算隧穿矩阵元 $M_{\mathrm{st}}$，即针尖态和样品态的卷积

$$M_{\mathrm{st}} = \frac{\hbar}{2m} \int \mathrm{d}S (\psi_{\mathrm{s}}^* \nabla \psi_{\mathrm{t}} - \psi_{\mathrm{t}}^* \nabla \psi_{\mathrm{s}}) \tag{6-54}$$

隧穿电流的大小取决于针尖与样品的波函数在隧穿势垒处的重叠程度。因为电子的波函数在隧穿势垒处以指数形式衰减，所以隧穿电流与针尖到样品表面的距离呈指数关系。STM 工作原理利用了隧穿电流的上述性质。

对隧穿电流的完整描述需要对针尖和样品电子态进行充分了解。由于 STM 针尖十分复杂，在各种 STM 理论中，都对针尖的模型进行了简化。其中，特索夫–哈曼 (Tersoff-Hamann)[130,131] 法可以很好地解释 STM 图像，目前已得到广泛的应用，并在分子吸附或表面重构 (reconstruction) 等许多研究中给出了正确的预测。在该模型中，针尖被视为一个电荷密度恒定且均匀的球形 s 波。在此假设下，式 (6-53) 中的隧穿矩阵被极大地简化了。隧穿电流与表面处的电荷密度成正比：

$$I(\boldsymbol{R}) \propto \sum_{E_{\mathrm{n}} > E_{\mathrm{F}} - eV_{\mathrm{b}}}^{E_{\mathrm{n}} < E_{\mathrm{F}}} |\Psi_{\mathrm{s}}(\boldsymbol{R}, E_{\mathrm{n}})|^2 \tag{6-55}$$

因此，真空中位于针尖下方的样品表面的态密度 (DOS) 决定了 STM 图像。在该模型中，针尖到样品表面的距离仅变化 1 Å，隧穿电流就会变化 10 倍左右。这意味着只有针尖最顶端的原子主导着隧穿过程。

2. 自旋极化隧穿效应

因为电子同时带有电荷和自旋属性，因此实现对电子自旋的原子尺度的表征极具挑战性。1975 年，Julliere[132] 发现隧穿磁电阻以后，Pierce[133] 基于隧穿磁电阻最先提出了自旋表征的想法。在铁磁性材料中，费米能级处自旋向上和自旋向下的电子的数量并不相同。在磁性隧道结中，两个铁磁电极由绝缘薄层隔开，隧穿电流与两个电极的相对磁化方向有关。通常当两个铁磁电极磁化方向平行时，隧穿电流较大。为了解释磁隧穿效应，Julliere 提出了一个基于两个铁磁电极中传导电子自旋极化的模型。在其模型中，假设从一个电极的任何一个占据态到另一个电极的任何一个未占据态的隧穿概率是相同的，并且隧穿电流与势垒的几何形态和电子结构无关。进一步的假设是隧穿过程中电子自旋守恒，以及隧穿过程发生在零温下 ($T = 0$ K)，且外加电压较小。在这些条件下，隧穿电流与每个电极的态密度乘积成正比。

磁化方向平行时

$$I_{\mathrm{F}} \propto n_{\mathrm{s}}^{\uparrow} n_{\mathrm{t}}^{\uparrow} + n_{\mathrm{s}}^{\downarrow} n_{\mathrm{t}}^{\downarrow} \tag{6-56}$$

磁化方向反平行时

$$I_{\mathrm{A}} \propto n_{\mathrm{s}}^{\uparrow} n_{\mathrm{t}}^{\downarrow} + n_{\mathrm{s}}^{\downarrow} n_{\mathrm{t}}^{\uparrow} \tag{6-57}$$

这里，$n_{\mathrm{s(t)}}^{\uparrow(\downarrow)}$ 是参与样品 (针尖) 自旋向上 (自旋向下) 的隧穿过程的电子态的数目。虽然这个模型做了许多简化，但它定性地描述了与自旋相关的隧穿过程。

在这一理论基础上，Slonczewski[134] 进一步考虑了隧穿势垒的影响。他使用自由电子模型对穿过矩形势垒的隧穿电流进行分析，结果表明，自旋相关的隧穿电流不仅与铁磁电极的自旋极化方向相关，而且与隧穿势垒的性质有很强的相关性。在自旋极化扫描隧道显微镜 (SP-STM) 中，绝缘层被真空势垒所取代，大大简化了隧穿过程。针尖和样品之间的相互作用，如交换或偶极子相互作用通常被忽略。因此，自旋相关的隧穿电流是由两个铁磁电极的电子结构和隧穿势垒的特性所决定。如图 6-57(a) 所示，当两个铁磁电极平行排列时，电子在样品的少子 (多子) 态和针尖的少子 (多子) 态之间隧穿。隧穿电流可以表示为

$$I_{\mathrm{F}} = I(n_{\mathrm{s}}^{\uparrow} \to n_{\mathrm{t}}^{\uparrow}) + I(n_{\mathrm{s}}^{\downarrow} \to n_{\mathrm{t}}^{\downarrow}) \tag{6-58}$$

在图 6-57(b) 中，当两个电极反铁磁排列时，电子在样品的少子 (多子) 态和针尖的多子 (少子) 态之间隧穿。隧穿电流表示为

$$I_{\mathrm{A}} = I(n_{\mathrm{s}}^{\uparrow} \to n_{\mathrm{t}}^{\downarrow}) + I(n_{\mathrm{s}}^{\downarrow} \to n_{\mathrm{t}}^{\uparrow}) \tag{6-59}$$

回顾扫描隧道显微镜理论中的巴丁方法 [130]，要对隧穿电流进行更详细的描述，则必须求解式 (6-54) 中，样品和针尖在自旋极化方向平行和反平行情况下的隧穿矩阵元。

从实验观察的角度来看，自旋相关的隧穿电流可以用两个磁矩之间的角度 $\theta$ 和样品 (针尖) 的有效自旋极化率 $P_{s(t)}$ 来描述，其中有效自旋极化率表现了样品 (针尖) 的费米能级上多子和少子的不平衡度：

$$I(R, V, \theta) = I_0(1 + P_s P_t \cos \theta) \tag{6-60}$$

式中，

$$\cos \theta = \frac{M_s \cdot M_t}{|M_s| \, |M_t|} \tag{6-61}$$

隧穿电流可分为两部分：自旋无关部分 $(I_0)$ 和自旋相关部分 $(I_p = I_0 P_s P_t \cos \theta)$。两者之比，即 $P_s P_t \cos \theta$，定义为隧穿电流的自旋极化率。

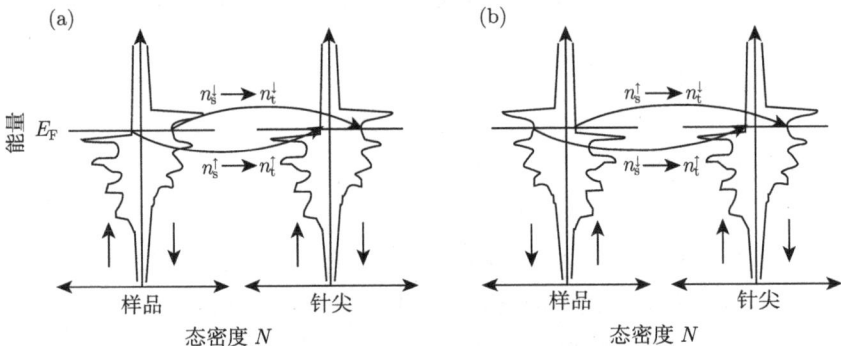

图 6-57 两个铁磁电极之间的隧穿

在自旋极化扫描隧道显微镜中，这两个电极可以看作是样品和针尖，其中 $n_{s(t)}^{\uparrow(\downarrow)}$ 表示样品 (针尖) 中多子 (少子) 的态密度；在 (a) 中，两个电极的磁化方向平行；在 (b) 中，两个电极的磁化方向反平行；这两种情况下的隧穿路径都在图像中显示

### 3. 自旋极化扫描隧道显微镜工作模式

根据不同的针尖材料，SP-STM 可以分为许多类型。其中一种类型使用激光激发的半导体砷化镓针尖，由 Alvarado 和 Renaud [135] 在 1992 年成功地完成了第一次实验。另一种类型使用铁磁材料作 STM 针尖，Johnson 和 Clarke [136] 在 1990 年进行了初步的实验。他们使用镍针尖结合坡莫合金镀层，使针尖有固定的磁化方向。他们观察到，当样品的磁化方向被一定频率 (远高于 STM 反馈截止频率) 周期性地改变时，隧穿电流会受到相应的调制。研究者们也认识到 SP-STM 实验应该在超高真空 (UHV) 中进行，以避免由吸附原子或氧化层引起的自旋散

射。同时，研究者们逐渐发展了各种利用铁磁 (反铁磁) 针尖获得自旋对比度的方法。下面根据 Wortmann 等的文章 [137]，简要讨论这些方法的差异。

1) 恒流模式

STM 大多在恒流模式下工作。该模式下，在针尖对样品进行扫描时，通过调整针尖的垂直位置，使隧穿电流保持恒定。扫描得到样品表面电子结构的映射，通常称为"形貌"。当铁磁针尖和样品处于隧穿状态时，隧穿电流可以被分解为与自旋无关的部分 $I_0(R, V)$ 和自旋相关的部分 $I_p(R, V, \theta)$，其中自旋相关部分的大小取决于针尖的位置 $R$、偏置电压 $V$，以及针尖与样品磁化方向之间的角度 $\theta$。这里针尖波函数视为与 Tersoff-Hamann[131,132] 模型中相同，为态密度恒定的无特征的球形波。恒流模式下，STM 图像是由针尖扫描区域的样品表面局域态密度 (LDOS) 的能量积分决定，其中同时含有磁性和非磁性的部分。因此形貌图中混合了磁性和非磁性的贡献。当样品表面的磁化强度不均匀时，磁影响表现为形貌图中的附加调制。Wiesendanger 等 [138] 首次使用这种成像模式研究了具有层间反铁磁序 (即相邻原子台阶的磁化方向相反) 的 Cr(001) 表面。他们发现，当使用铁磁性 $CrO_2$ 针尖时，相邻原子台阶的层高在 0.12~0.16 Å 交替，而使用 W 针尖观察到的层高为 0.14 。对原子台阶层高的调制来源于自旋相关的隧穿效应。

STM 恒流扫描图中磁贡献和非磁贡献的比值取决于所研究系统的自旋极化率。通常，磁性部分的 LDOS 的能量积分比非磁性部分要小得多，对形貌图的调制效应不明显。在某些情况下，例如，研究 Mn 在 W(110)[139] 上的二维反铁磁构型时，在这种模式下记录了高分辨率的自旋图像，其中条纹线就来自磁性部分的贡献。

2) 扫谱模式

在扫谱模式下，STM 主要是测量与 LDOS 成正比的局域微分电导率 $dI/dU$。在实验中，通过在直流偏置中增加一个振幅为几毫伏到几十毫伏的交流电信号来测量 $dI/dU$。利用锁相放大器提取由偏置电压的变化而产生的对隧穿电流的调制，这一信号在 $E_F + eV$ 附近的窄能量区 $\Delta E$ 内与 LDOS 成正比。对铁磁针尖和样品，可以选择某一偏压，使得磁性部分 LDOS 与非磁性部分比值达到最大。

Bode 等 [140] 使用镀 Fe 的 W 针尖在 Gd(0001) 表面成功进行了第一次扫谱实验。另一个例子是拓扑反铁磁体 Cr(001)[141] (图 6-58)。在图 6-58(b) 的 $dI/dU$ 谱中，使用镀 Fe 针尖扫描得到的两个相邻原子层有明显差异，其中一个原子层的磁化方向与针尖平行，而另一个原子层则与针尖反平行。改变偏压使这两条谱线的差异达到最大，此时自旋对比度也最大，如图 6-58(c) 所示。采用这种模式，在 W(001) 上生长的二维反铁磁 Fe 单层 [142] 中实现了原子级分辨率的自旋成像。

3) 微分磁扫描模式

当针尖 (或样品) 的磁化方向周期性地切换时，由于隧穿磁电阻效应 [132]，隧穿电流会以相同的频率发生变化。将磁化方向反转导致的隧穿电流变化定义为微分电导率。这种模式最初是由 Pierce[133] 提出的。Johnson 和 Clarke [136] 对这一模式进行了测试。在实验中，他们周期性地改变了样品的磁化强度。但是由于样品的磁致伸缩，针尖无法对样品表面进行扫描。后来，Wulfhekel 等 [144] 首次通过切换针尖的磁化方向，成功地进行了 SP-STM 实验。由于针尖磁化的调制频率远高于 STM 反馈回路的截止频率，因此 STM 形貌图只显示无自旋的平均隧穿电流信息。通过锁相放大器，可以将针尖磁化方向改变所导致的隧穿电流变化量提取出来，从而得到样品表面的自旋信息。在这种情况下，根据 Wortmann 等的文章 [137]，测量到的自旋信号与磁性部分 LDOS 的积分成正比。这一模式实现了非磁性部分和磁性部分的完全分离。该模式下，对不同的研究体系，也开发了两种不同的针尖结构，如图 6-59 所示。一种是使用铁磁针状针尖来测量平面外分量 [144]，另一种是使用铁磁环状针尖来测量平面内分量 [145]。

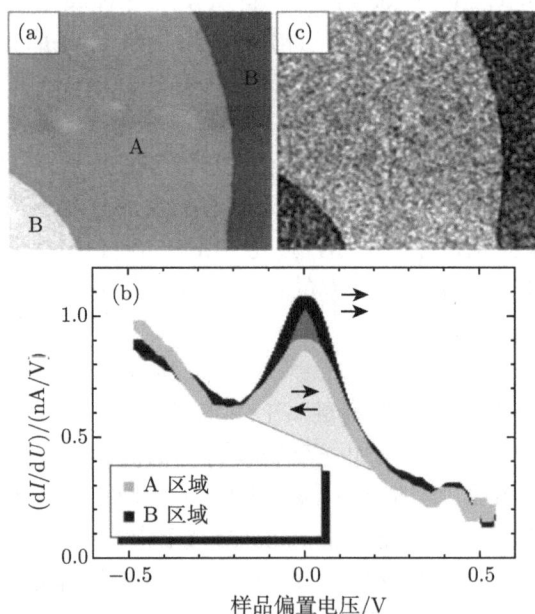

图 6-58　(a) Cr(001) 的形貌图，图中显示由单原子层台阶分开的三部分区域；(b) 相邻区域 A、B 的 d$I$/d$U$ 曲线；(c) 与 (a) 中对应区域的自旋极化 d$I$/d$U$ 图，扫描时隧穿电流为 0.18 nA，样品偏置电压 60 mV，扫描图尺寸为 500 nm ×500 nm[141]

　　SP-STM 的这三种操作方式各有优缺点。恒流模式操作方便，不需要对 STM 电路进行任何调制，其相比于普通的 STM，只需要用磁性针尖替换非磁性针尖即可；缺点是自旋信息在任何情况下都无法与形貌分开，扫描得到的图像是磁性部分和非磁性部分 LDOS 的混合结果，自旋信息的提取十分困难。扫谱模式也不能完全分离非磁性信息和磁性信息。然而，我们可以选择一个特定的直流偏置电压，使磁性部分 LDOS 与非磁性部分之比达到最大，以获得更好的自旋对比度。恒流模式和扫谱模式都使用了镀有铁磁 (反铁磁) 材料 [142,147] 的非磁性针尖或块状反铁磁针尖 [143]。与块状铁磁针尖相比，它们产生的杂散场要小得多。特别是反铁磁针尖，其杂散场完全消失，在对软磁薄膜成像时非常有利。在微分磁扫描模式下，一般使用块状铁磁针尖，这种模式的优点是，形貌图和自旋信号可以很好地分离出来；选择适当几何形状的针尖则可以减少针尖的杂散场，同时，可以精确地通过针尖的形状，来控制针尖的磁化方向是垂直或平行于样品表面。Wortmann 等 [137] 预测，当用不同极化方向的磁性针尖扫描时，相同的自旋结构可能呈现非常不同的结果，完整的磁成像可以通过控制针尖的磁化方向来实现。

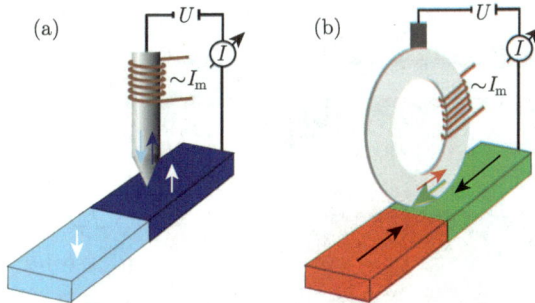

图 6-59 用于测量 (a) 平面外和 (b) 平面内分量的微分磁扫描模式 SP-STM 针尖的示意图 [146]

SP-STM 自 20 世纪 90 年代初实现首次测量以来，已经广泛地应用在表面自旋相关研究的各个方面，包括磁性金属、磁性半导体、拓扑绝缘体、拓扑超导体等，要了解这一领域的详细发展，可以参考 Bode[148]、Wulfhekel 和 Gao[149]，以及 Wiesendanger[150] 的综述论文。这里着重介绍 SP-STM 在斯格明子以及相关拓扑磁结构方面的研究进展。

### 6.8.2 采用自旋极化扫描隧道显微镜技术表征和操控斯格明子结构

2013 年，Romming 等通过 SP-STM 在 PdFe 双层膜系统中，在 8 K 的温度下观测到随着外加磁场的不断增大，由磁场诱导的自旋螺旋相到斯格明子相再到铁磁相的转变，如图 6-60 所示 [151]，并且他们在 4.2 K 温度下，采用没有杂散磁场的 Cr 针尖，进一步通过局部区域扫描的自旋极化电流对超薄磁性层的单个斯格明子结构进行有效的写入和擦除操作，这种现象起源于极化电流的自旋转移力矩有效场与外加磁场的协同相互作用，同时这种局域磁矩翻转速度和斯格明子极性受探针电压/电流的大小和方向所调制。这一工作展示了可以通过 SP-STM 的方式来实现单个斯格明子的产生和擦除操作，为未来开发基于拓扑磁性的信息存储新概念器件奠定了基础。并且, 后续工作证明, 可以通过 STM 的针尖电场实现斯格明子态和铁磁态之间的相互转换 [152]。

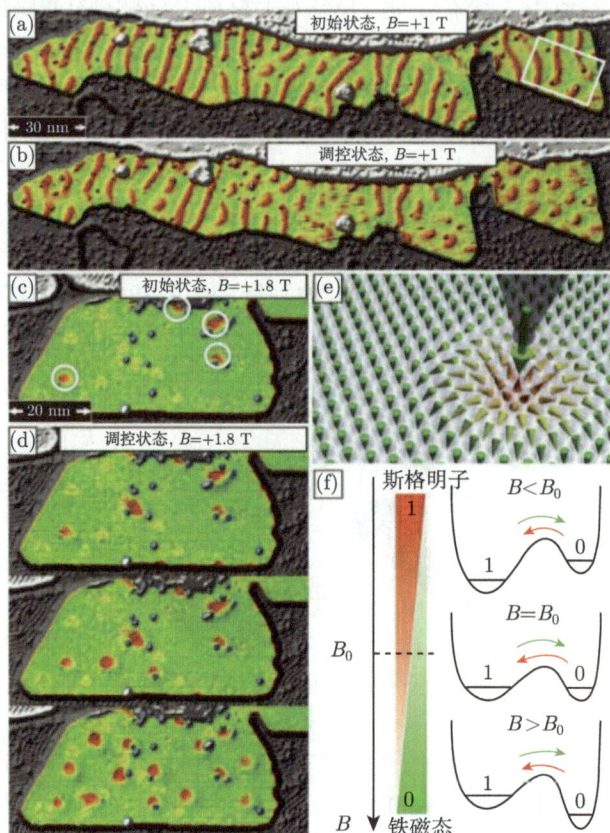

图 6-60　在 4.2 K 温度下的 PdFe 双层膜结构的磁结构相变调控

(a) 和 (b) 图是在 $B = +1$ T、$U = +100$ mV 和 $I = 0.5$ nA 的条件下, 探针在面内磁场敏感的条件下获得的 SP-STM 图像。(a) 展示了样品在经历了从 $B = 0$ T 到 $B = +1$ T 磁化后的磁形貌; (b) 展示了由高能量扫描 ($U = +1$ V, $I = 0.5$ nA) 导致自旋螺旋结构转变成磁斯格明子结构后的磁形貌; (c) 磁场从 $B = 3$ T 扫描到 1.8 T 时的 SP-STM 图像。其中四个斯格明子被圆圈所标记 ($U = +100$ mV, $I = 1$ nA, 面外磁场敏感探针); (d) 是通过在 PdFe 双层膜结构中注入更高能量的电压脉冲来产生和湮灭斯格明子; (e) 是斯格明子被 STM 探针的局域电流所调控的示意图; (f) 是斯格明子和铁磁态的磁场依赖势能, 其中 $B_0$ 是两个态在能量上分离对应的磁场数值

2015 年, Romming 等利用 SP-STM, 研究了超薄薄膜中单个孤立斯格明子的实空间原子尺度自旋结构, 他们采用面内及面外敏感的针尖揭示了斯格明子的轴对称以及独特的旋转特性 [153]。他们选择了生长于 Ir(111) 单晶衬底上的 PdFe 双层膜, 通过磁场诱导产生斯格明子。在 $T = 4.2$ K 温度下, 样品展现出明显的磁滞, 从而可以在较宽的磁场范围内研究孤立斯格明子。当采用对面外磁场敏感的 SP-STM 针尖时, 斯格明子中心和四周分别与针尖磁矩 (电流自旋极化方向)

呈平行和反平行态，因此可以直接得到具有高度轴对称性的斯格明子结构，读取出斯格明子的位置和尺寸，如图 6-61(a) 和 (b) 所示。当采用面内自旋极化电流构型时，单个斯格明子结构会出现两处分别与自旋极化方向呈平行态和反平行态的构型，从而 SP-STM 图像呈现出如图 6-61(c) 和 (d) 所示的双瓣结构分布。

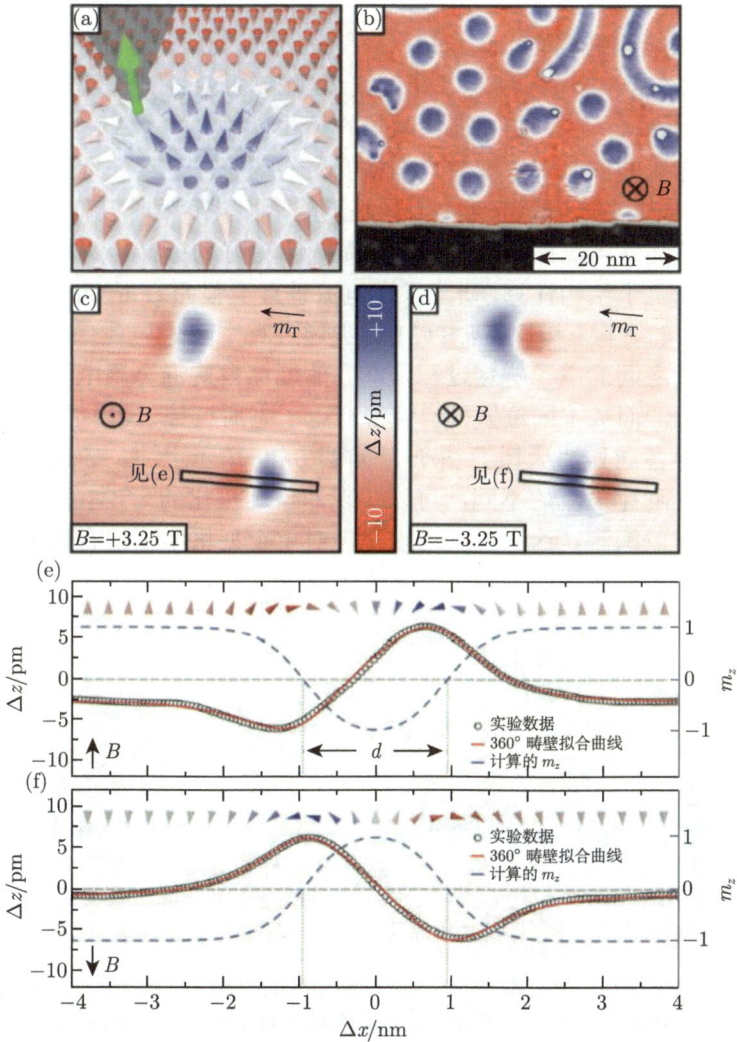

图 6-61　在 PdFe/Ir(111) 中的单个斯格明子的自旋构型

(a) 为自旋极化实验装置示意图；(b) 为通过面外磁场测量得到的恒流 SP-STM 的图像，蓝色圆圈为斯格明子 ($U = +200$ mV，$I = 1$ nA，$T = 2.2$ K，$B = -1.5$ T)；(c) 为通过面内磁化探针测量得到的斯格明子的磁信号，揭示了双瓣结构 ($U = +250$ mV，$I = 1$ nA，$T = 4.2$ K)；(d) 是相同区域下磁场反转后的磁信号，因为旋转保护，磁信号发生了反转；(e) 和 (f) 分别为 (c) 和 (d) 中斯格明子沿着矩形区域的线扫结果

其中，斯格明子的位置和尺寸可以用 360° 畴壁分布模型来估算：

$$
\theta(\rho, c, w) = \begin{cases} \displaystyle\sum_{+,-}\left[\arcsin\left(\tanh\frac{-\rho \pm c}{w/2}\right)\right] + \pi, & B_z > 0 \\[2ex] \displaystyle\sum_{+,-}\left[\arcsin\left(\tanh\frac{-\rho \pm c}{w/2}\right)\right], & B_z < 0 \end{cases} \tag{6-62}
$$

式中，$\theta$ 为 $\rho$ 位置的磁矩的极化角度；$c$ 和 $w$ 分别为两个 180° 交叠的畴壁的位置和宽度。图 6-61(e) 和 (f) 展示了通过式 (6-62) 对 SP-STM 测试数据的拟合曲线，从而可以得到 $m_z$ 的分布和斯格明子的尺寸 $d$。

　　通过面内电流的探测来读取单个斯格明子的信号，已经在理论上被拓扑霍尔效应所解释，并在实验上得到证实。但是基于能量损耗和器件几何学的考虑，通过垂直几何平面的隧穿电流探测斯格明子会是一个更好的选择。2015 年，Crum 等通过原子尺度的电子结构计算，研究了在电流垂直于膜面 (current perpendicular-to-plane, CPP) 的 STM 构型下，STM 针尖通过真空间隙与具有非共线空间自旋分布的斯格明子之间的电子隧穿过程所产生的隧穿自旋混合磁电阻效应，并根据磁矩倾斜角的不同而被不同位置的自旋混合电子态所调控，其中在 Pd/Fe/Ir(111) 体系中原子电导各向异性达到了 20%，如图 6-62 所示 [154]。通过斯格明子态与铁磁态所产生的隧穿电流的不同，可以实现非自旋极化的 STM 探针对斯格明子的空间分布的有效探测。这一方案可以实现对单个斯格明子的有效电学探测，从而在未来斯格明子存储器中具有重要的应用前景。

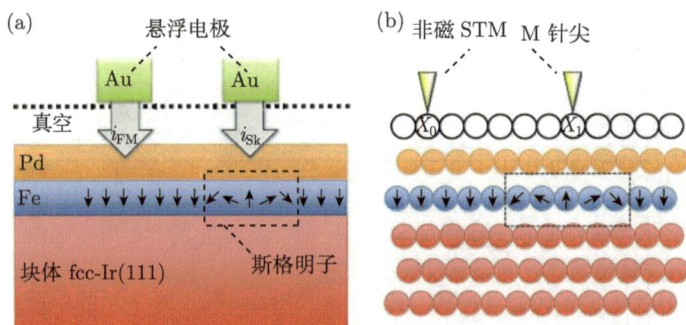

图 6-62　(a) 在电流垂直于膜面构型下的纳米斯格明子的探测示意图，通过铁磁态和斯格明子态位置处产生的隧穿电流的不同，可以实现对斯格明子的探测；(b) 局域磁矩的非线性和衬底的自旋轨道效应会调控 STM 和原子之间隧穿电流的大小，从而在位置 $x_0$ 和 $x_1$ 处产生不同的隧穿电导

　　2015 年，Hanneken 等报道了实验上通过隧穿非共线磁电阻 (tunnelling non-collinear magnetoresistance，TNCMR) 的方式实现斯格明子的电学探测。斯格

明子与 STM 针尖之间的不同微分隧穿电导源于其磁结构的非共线性，自旋通道之间的混合改变了其电子结构，从而使之具有与铁磁态不同的电子性质。由此，TNCMR 被视为可靠的纯电学检测斯格明子的方式[155]。STM 谱图所测量的能量分辨 $dI/dU$ 信号可以用于区分斯格明子和铁磁态，如图 6-63(b) 所示，其中，铁磁态在谱图的 0.7 eV 中有一个峰，而斯格明子存在两个峰 (0.5 eV 和 0.9 eV)。为了证实这个假设，他们通过改变外部磁场来改变自旋构型，研究结果如图 6-63(c) 所示。通过图 6-63(a) 可以发现，斯格明子的极化角度和距离存在线性关系，斯格明子与铁磁态的能量峰值差也与距离存在一个线性关系。其中，横向能量分辨 $dI/dU$(图 6-63(c)) 展示了在非共线性最大值时，如何通过增加磁场实现从斯格明子边缘移动至斯格明子中心区域的情况，这与斯格明子的剖面图一致。这一工作从实验上证明了 TNCMR 效应是一种有效的斯格明子的电学检测方式，可以用作未来斯格明子存储器的读取方式。在后续工作中，科学家们采用基于 STM 手段的 TNCMR 的探测方式，在 Rh/Co/Ir 体系中观测到了小于 5 nm 直径的斯格明子结构[156]。

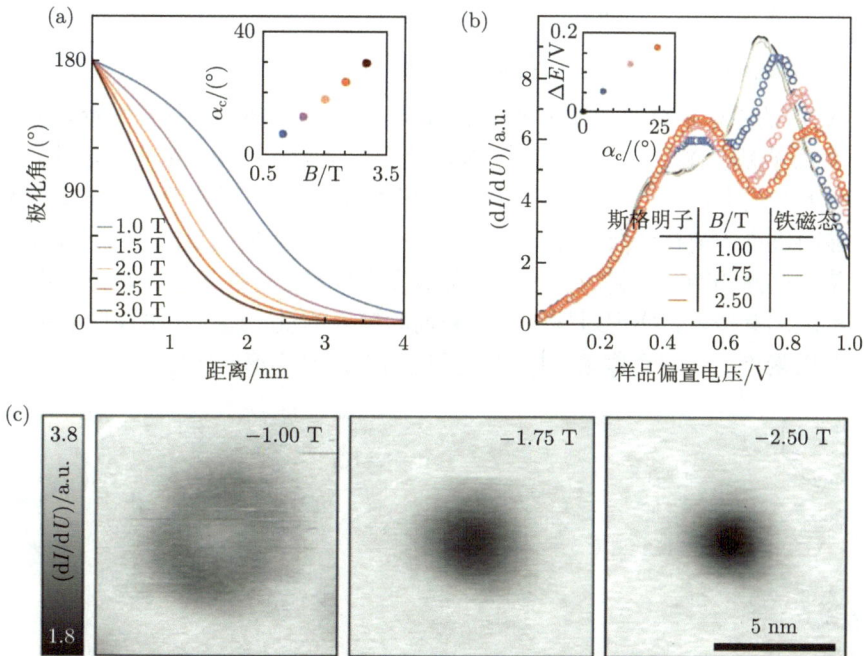

图 6-63　单个斯格明子的磁场依赖特性

(a) 磁矩的极化角与斯格明子中心距离的关系，插图为斯格明子中心自旋与近邻自旋之间的夹角随外磁场的演化关系；(b) 为 $dI/dU$ 的隧穿谱图，由钨针通过不同磁场测量斯格明子不同区域获得 ($T = 8\,\text{K}$，$U = -0.3\,\text{V}$，$I = 0.2\,\text{nA}$)，插图对应铁磁相高能峰与斯格明子夹角的曲线；(c) 为对应的横向分辨的 $dI/dU$ 图像 ($U = +0.7\,\text{V}$，$I = 1\,\text{nA}$，$T = 8\,\text{K}$)

# 6.9    扫描金刚石氮–空位色心显微镜

扫描金刚石氮–空位色心显微镜 (scanning nitrogen vacancy center micro-scope，SNVM)，又称量子钻石原子力显微镜、氮–空位色心扫描探针显微镜，是一种以金刚石针尖作为扫描探针、以金刚石针尖中的氮–空位色心 (NV 色心) 单电子自旋作为量子传感器的扫描成像设备，所测量的信号主要为样品产生的磁场，也可以通过不同的量子调控方法来测量电场、温度等物理量。因为传感单元 NV 色心的尺寸仅为单个电子大小，理论上其空间分辨率能够达到亚纳米的尺度。NV 色心本身在室温大气条件下就具有非常良好的物理学性质，以电子顺磁共振线宽表示方式，其线宽能够达到 $10~\mu\mathrm{T}$ 的水平，磁场灵敏度好于 $1~\mu\mathrm{T}/\sqrt{\mathrm{Hz}}$，能够探测到另外一个单个电子自旋的磁信号。此装置最早是由德国斯图加特大学的 Wrachtrup 研究组于 2008 年在实验上实现的，哈佛大学的 Yacoby 研究组于 2012 年使用微纳加工技术改进了扫描探针的性能和稳定性，并实现了单个电子自旋的磁信号的测量和成像。SNVM 被发明之后，在磁学、信息器件等领域的应用逐渐增多，成为纳米磁成像技术的重要研究工具之一。

## 6.9.1    扫描金刚石氮–空位色心显微镜的工作原理

SNVM 的原理示意图如图 6-64 所示，它包含两大部分：扫描探针显微镜和基于 NV 色心的精密磁测量技术。带有 NV 色心的金刚石被做成纳米柱形状，放置在扫描探针的针尖上，NV 色心在纳米柱顶端端面以下数十纳米的距离。成像实验时扫描探针显微镜将金刚石纳米柱与待测样品靠近，依靠精确的力反馈系统控制金刚石纳米柱与待测样品的距离。将成像区域划分成多个像素点，在每个像素点依靠 NV 色心的精密磁测量技术，实现对样品表面磁场的精确测量。通过扫描探针的空间位置，遍历每个像素点，将每个像素点的磁场呈现出来，最终形成图像。

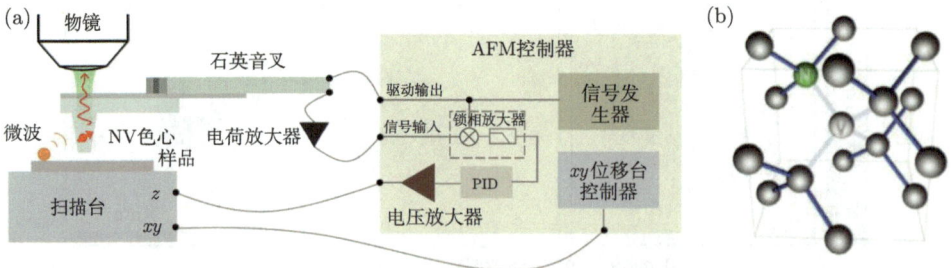

图 6-64    SNVM 的结构示意图和 NV 色心的结构图

(a) 金刚石纳米柱基片粘接在石英音叉上，NV 色心在金刚石纳米柱的末端，激光用于对 NV 色心进行量子态的初始化和量子态读出，物镜用来将激光聚焦到 NV 色心，并收集 NV 色心发出的荧光，铜丝能够辐射微波场，用来实现磁共振测量，并调控 NV 色心的量子状态；(b) NV 色心的晶格结构，黑色球体代表碳原子

### 1. NV 色心精密测量基本原理

NV 色心的精密测量是 SNVM 的核心。在金刚石中，NV 色心是由一个替代了碳原子的氮原子，以及其相邻的一个空位构成的，具有 $C_{3v}$ 对称性，量子化主轴为 NV 的连线方向 [111]。NV 轴与金刚石表面法线夹角为 $\theta_{NV} = 54.7°$。NV 色心常见的电荷态有两种：不带电的 $NV^0$ 与带负电的 $NV^-$，性质各不相同。本书中所指的 NV 色心为负电荷状态的 $NV^-$。NV 色心的基态为一个自旋三重态，用 $^3A$ 代表。由于自旋轨道相互作用，存在零场劈裂 $D = 2.87\ GHz$。为简化，只考虑电子自旋，其哈密顿量可以描述为

$$H_{NV} = D\left[S_z^2 - \frac{1}{3}S\left(S+1\right)\right] + E\left(S_x^2 + S_y^2\right) + \gamma \boldsymbol{B} \cdot \boldsymbol{S}_z \tag{6-63}$$

其中，$S$ 代表自旋角动量算符；$E$ 是在金刚石内应力下引起波函数 $C_{3v}$ 对称性破坏而产生的能级劈裂；$\boldsymbol{B}$ 是外磁场。当感受到外界磁场时，NV 色心电子自旋会产生能级劈裂，测量这个劈裂大小，就可以计算出外界磁场的大小。

在所感受的磁场为静磁场的情况下，NV 色心的能级劈裂能够通过光探测磁共振实验读出。激光将 NV 色心的自旋态制备到 $m_s = 0$。NV 色心的 $^3A$ 的自旋状态可以用一个微波场进行翻转。当微波的能量与自旋的能级劈裂相同时，也就是微波与 NV 色心发生了磁共振时，NV 色心在允许跃迁之间来回翻转。同时施加激光和微波，通过改变微波的频率，可以看到当发生磁共振时，由于 NV 色心有一定概率被翻转到 $m_s = \pm 1$ 态，荧光强度会下降，能够看到明显的共振峰。图 6-65 展示了一个典型的光探测磁共振的实验结果。

得到了 NV 色心的光探测磁共振谱之后，可以进行磁场的推算。由于 NV 色心的零场劈裂存在，一般不能简单地用 $\omega = \gamma B_{111}$ 来推算 NV 色心量子轴方向的磁场投影大小，这里 $\gamma$ 是 NV 色心电子自旋的旋磁比。忽略由应力导致的 $E$ 项，根据 NV 色心的哈密顿量，可以推导出较严格的解：

$$B_{111} = \frac{\sqrt{\left(D + \omega_+ - 2\omega_-\right)\left(D - 2\omega_+ + \omega_-\right)\left(D + \omega_+ + \omega_-\right)}}{3\gamma\sqrt{3D}} \tag{6-64}$$

其中，$\omega_-$ 和 $\omega_+$ 分别代表 NV 色心中的两条电子自旋跃迁谱线的中心频率。在测量实际样品过程中，如果样品的磁场较小，可以使用该公式。

除了光探测磁共振谱之外，电子自旋的量子相干态也可以用来测量磁场，也就是所谓的量子精密测量技术。这种技术正在进一步发展中，也逐步被用在 SNVM 中，可以实现更高灵敏度的探测，相关细节可以阅读文献 [157]。

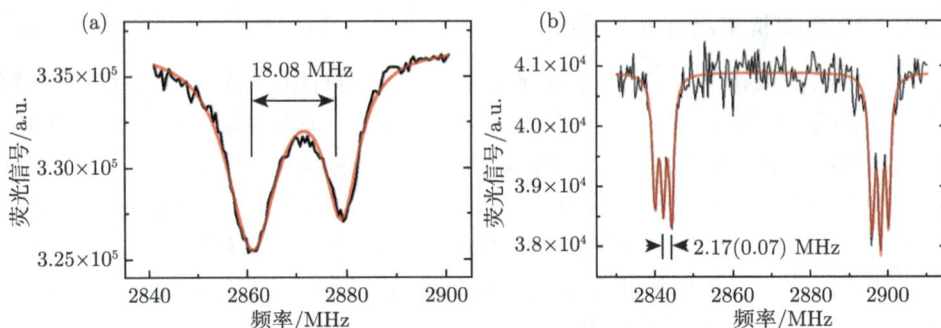

图 6-65 单个 NV 色心的光探测磁共振谱

(a) Ib 纳米金刚石和 (b) 块状金刚石中 NV 色心的 CW 谱；Ib 纳米金刚石中由于强烈的应力相互作用，谱峰在零磁场下有天然的 E 分裂；(b) 中存在六条跃迁谱线，可以分为两组，两组分别对应 $|0\rangle \leftrightarrow |-1\rangle$ 和 $|0\rangle \leftrightarrow |+1\rangle$ 电子自旋能级跃迁，每组中靠得较近的三条谱线，相邻两条之间间隔为 2.17 MHz，是 NV 色心中的氮原子核所引起的超精细分裂

## 2. 实验装置简介

由于 NV 色心的工作原理不受温度的限制，目前的 SNVM 已经发展到多种实验环境，以满足样品的需求。典型的有室温大气环境、室温真空环境、低温真空强磁场环境和低温氦气强磁场环境。这些装置在基本构造原理上相同，不同之处在于所使用的配件需要受到环境的控制。下面简单介绍 SNVM 的构造原理。

SNVM 的扫描探针显微镜部分是以石英音叉为灵敏力传感器的原子力显微镜，石英音叉相当于常见的商用原子力显微镜的悬臂梁。通过系列的微纳加工的流程，金刚石被刻蚀成带有纳米柱的基片。纳米柱的端面直径为 200~300 nm，表面以下带有一个 NV 色心，深度一般为 10~30 nm。金刚石基片通过玻璃片或者硅片连接至石英音叉的尖端。常见的金刚石基片有两种，一种是阵列式纳米柱的基片，基片大小为 100 μm×100 μm，每个基片上有几十个纳米柱，纳米柱的间距为 10 μm 左右，远大于光学分辨极限；另一种是单个纳米柱基片，基片大小为 20 μm×25 μm。两种基片各有优缺点：由于 NV 色心在制作过程中的产率限制，阵列式基片的数十个纳米柱中，往往有数个柱子中有单个 NV 色心，这样在某一个柱子损坏后，可以快速切换至另一个带 NV 色心的纳米柱，继续开展实验。而单个纳米柱式的基片，尺寸较小，质量较轻，对石英音叉的共振频率、品质因子影响较小，能够达到较高的性能。石英音叉在振动时，通过压电陶瓷激励或者石英的压电效应激励，振动幅度可以控制在 0.1 nm 左右，由探针振动导致的测量不准确问题就可以忽略不计。

在光探测磁共振部分，一个简单的激光共聚焦显微镜被用来将脉冲激光聚焦至 NV 色心，并收集从 NV 色心发出的荧光，其光路如图 6-66 所示。其中，显微镜物镜用来将激光聚焦至亚微米大小的光点；脉冲激光为时序控制激光，激光脉冲的宽度、延时、重复频率可以任意控制；在探测端，一般收集 650~800 nm 的荧光，单光子探测器用来对 NV 色心发出的荧光光子进行计数，从而获得荧光强度。微波也被调制成微波脉冲的方式，幅度、相位、时序任意可调，通过微波功率放大器将微波功率放大至瓦量级，然后通过放置在 NV 色心附近百微米左右的一根细铜丝将其辐射至 NV 色心和待测样品上。

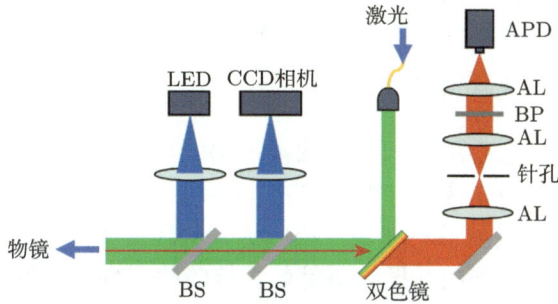

图 6-66 激光共聚焦光路

BS. 分束器；LED. 光源；APD. 单光子探测器；AL. 消色差透镜；BP. 带通滤波片

在扫描样品台部分，SNVM 包含较多的调节自由度：① 将聚焦的激光光点与 NV 色心进行三维对准，包含 1 个 $xyz$ 三维的纳米级精确度的扫描台，以及 1 套三维的微米级精确度、能够大范围移动的位移台；② 将样品与探针进行靠近，并实现扫描功能，包含 1 个 $xyz$ 三维的亚纳米级精确度的扫描台、1 套 $\theta\varphi$ 角度调节台和 1 套三维的微米级精确度、能够大范围移动的位移台；③ 一般使用永磁体、亥姆霍兹线圈或者超导磁体对样品施加外磁场。若使用永磁体，1 套三维的微米级精确度、能够大范围移动的位移台则通过调整永磁体的位置实现对磁场大小、方向的调节。

一般情况下，通过扫描探针的控制功能，金刚石纳米柱端面与样品之间的距离能够控制在 1 nm 量级。由于金刚石纳米柱端面与样品之间不是完美平行，而是存在一个夹角，再考虑 NV 色心的深度，则一般情况下 NV 色心与样品之间的距离最小达到约 10 nm，最大可以到 100 nm。如果空间上存在两个相距很近的磁偶极子，两者之间的距离直接影响了对磁偶极子的空间分辨率。距离越小，磁偶极子的磁场空间延展越小；距离越大，磁偶极子的磁场空间延展越大，空间上就越难以分辨。

### 6.9.2 扫描金刚石氮–空位色心显微镜在拓扑磁结构研究中的应用

SNVM 成像静磁场能够达到纳米尺度的分辨率，因此使用 SNVM 成像磁结构的杂散场能够研究磁结构在纳米尺度的特征。这种技术与磁力显微镜非常相似。技术上，两者均属于扫描探针显微镜 (scanning probe microscope, SPM)；原理上，两者都是通过测量杂散场实现对磁结构的成像。另外，磁力显微镜和 SNVM 的主要差别同样可以从上述两个方面来理解。技术上两者的差别主要是所用的探针不同，分别是磁性针尖和含有 NV 色心的金刚石。与磁性针尖相比，单个 NV 色心的磁矩仅相当于单电子自旋，这使得 NV 色心对待测样品的扰动极小，并且能够实现很高的测量灵敏度。原理上尽管都是测量杂散场，但磁力显微镜实际测量的是磁场作用在磁性针尖上的力，而 NV 色心可以直接给出磁场的数值，这种定量的信息能够揭示出磁结构的一些细节特征。

### 1. 等高线法和荧光法成像

在 2008 年 NV 色心用于扫描成像被提出之后 [158-160]，2012 年实现了对硬盘中磁颗粒的磁场分布成像 [161-163]，初次展示了 NV 色心用于磁成像的潜力。

扫描成像需要逐点测量物理量，相应地，SNVM 需要逐点进行磁共振测量。在每个像素点测量出完整的共振波谱是最直接的静磁场测量方式。若样品的磁场在空间上有变化，则微波频率的扫描范围需要相应增大。那么实验时间就是共振波谱测量时间与像素点数的乘积，如果磁场空间变化较大，就会显著增加实验时间，同时也会对装置的稳定性有更高要求。

基于共振波谱的测量原理，降低实验耗时的关键是在保证数据信噪比的前提下减少测量的频率点数。最极端的方式是只测量一个频率，也就是扫描过程中不改变微波频率：如果某个像素点的磁场值与该微波频率共振，该像素测量的荧光计数会下降。在整幅扫描图像中，荧光下降的点组成共振条纹，展示出磁场的等高线。这种方法称为等高线法 [158,163,164]。类似地，可以在扫描中测量两个固定的微波频率。

等高线法是一种快速和可靠的成像方法。这种方法不能给出完整的磁场值的分布，但是能够描绘出磁场的轮廓，也能够为研究磁结构提供信息。尤其是在磁畴壁的附近，杂散场会剧烈变化并产生特有的磁场取值，测量这些等高线就能够获知磁畴的形状和分布。所以等高线法常被用来快速定位扫描对象，以及研究磁畴的形态和变化。

利用等高线法，实验中实现了对磁涡旋杂散场的测量 [164,165]，得到了与仿真非常接近的结果。如图 6-67 所示，磁场等高线能够展示出涡旋核心的细节特征。NV 通过磁共振方式测量的物理量是磁场分量的绝对值，因此不能确定涡旋核心的极性。另外，图 6-67 中的结果是在没有外加磁场的条件下测量的，通过在方向已知的外磁场下进行测量，就可以以外磁场为基准确定杂散场的方向。在得到杂散场的方向后就能够确定磁涡旋核心的极性，并且结合零磁场等高线 (图 6-67 中黑色) 的分布与仿真结果对照可以分析出核心的手性 [164]。使用等高线法观察磁畴壁也可以实现对畴壁跳跃的动力学研究 [166]。

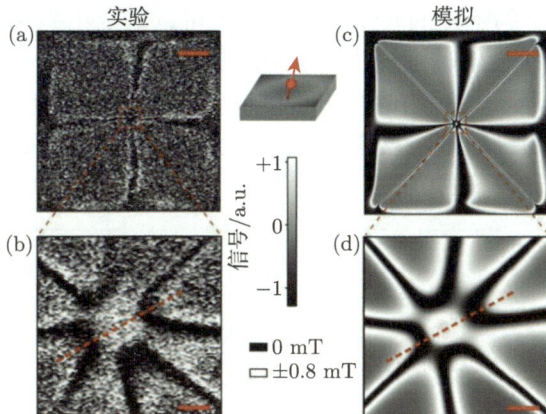

图 6-67    等高线法测量磁涡旋

(a)、(b) 实验得到的磁涡旋的杂散磁场图像；(c)、(d) 磁涡旋杂散磁场的模拟图。图中信号表示在每个像素点连续测量两个微波频率下的荧光强度的差；黑色和白色即分别表示两个数值的磁场等高线；图中的比例尺是 500 nm

此外，还有一种更加简便的测量方式——荧光法。其原理是，较大的非沿轴磁场会直接影响 NV 色心的荧光强度，通过记录扫描过程中 NV 色心的荧光变化就可以得到磁场的空间分布[162]。这种测量方式得到的结果与磁力显微镜很相似，如图 6-68 所示，图中荧光较低 (黑色) 的区域即表示与 NV 轴向垂直的磁场分量较大。

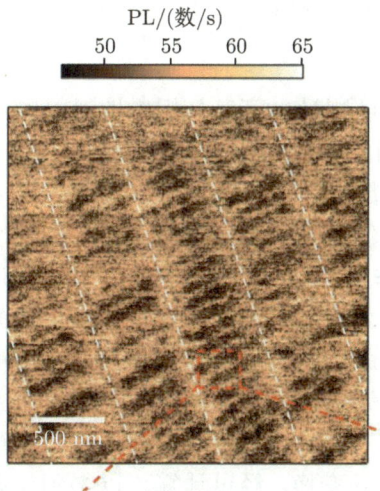

图 6-68    荧光法测量的磁盘 [162]

## 2. 定量的杂散场成像

随着技术的成熟，SNVM 实现了逐点进行共振谱的测量，从而能够进行定量的磁场成像。定量的磁场分布可以揭示出磁结构更精细的特征。例如，测量磁畴壁的杂散场，通过与不同手性的畴壁模型对照就可以确定出磁畴壁的构型 [167]。如图 6-69 所示，不同手性的畴壁产生的杂散场分布不同，通过与实验数据对照就可以确定畴壁的手性。图 6-69 中的结果也体现出杂散场分布的一个特点，即均匀磁化区域产生的杂散场接近零，只有磁畴壁附近会出现较大的磁场。这也体现出等高线可以用于定位磁畴壁的位置。

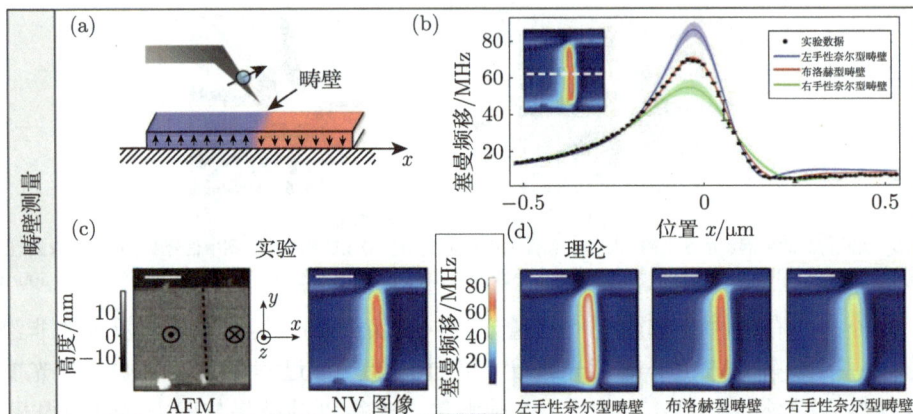

图 6-69　SNVM 测量磁畴壁的手性 [167]

(a) 测量畴壁杂散场的装置示意图；(b) 穿过畴壁的截线实验数据（见图中的虚线）。带误差棒的黑色圆点是实验数据，实线为布洛赫型（红色）、左手奈尔型（蓝色）和右手奈尔型（绿色）畴壁的理论预测；(c) 原子力显微镜图像（左图）和相应的塞曼移动分布图（右图）；(d) 理论计算得到的三种畴壁构型的塞曼移动分布图。图中的比例尺是 500 nm

另外，通过定量的磁场测量也可以分析磁性材料的参数，例如，测量磁性薄膜的磁化强度 [168] 和层间的 DM 相互作用 [169]。

NV 色心测量的磁场数值是磁场矢量沿 NV 轴向的投影大小 (以及垂直 NV 轴向的投影)，也就是说成像的结果是标量场而不是矢量场。由麦克斯韦方程可知，在无源的空间中 $\nabla \times \boldsymbol{B} = 0$，杂散场可以用磁标势来描述。于是，可以从单方向磁场投影的空间分布图像计算得到磁场矢量的空间分布图像。

然而，实验中对磁场进行成像测量时会存在一定的测量误差。直接通过上述微分方程计算出的磁场的矢量，容易受到空间上邻近像素点的磁场测量误差的影响。为了解决这个问题，一般通过傅里叶变换把微分运算变为乘法，把运算简单化。对 $\nabla \times \boldsymbol{B} = 0$ 作傅里叶变换，经过计算可以得到无源磁场的三个分量存在如下关系：

$$b_x = -\mathrm{i}\frac{k_x}{k}b_z \tag{6-65}$$

$$b_y = -\mathrm{i}\frac{k_y}{k}b_z \tag{6-66}$$

$$b_z = \mathrm{i}\frac{k_x}{k}b_z + \mathrm{i}\frac{k_y}{k}b_y \tag{6-67}$$

式中 $k = \sqrt{k_x^2 + k_y^2}$，$(k_x, k_y)$ 是傅里叶空间中的坐标。对傅里叶空间计算之后，再进行反傅里叶变换，即可得到实空间下磁场的矢量值。

例如，依照该方法计算，假设 NV 轴向在球坐标系下表示为 $(\theta, \varphi)$，沿轴磁场分量在傅里叶空间中为 $b_{//}$，则 $z$ 方向磁场为

$$b_z = \frac{b_{//}}{\cos\theta - \mathrm{i}\dfrac{\sin\theta}{k}\left(k_x\cos\varphi + k_y\sin\varphi\right)} \tag{6-68}$$

$xy$ 方向的磁场分量可以通过将上式代入式 (6-65) 和式 (6-66) 求得。

扫描成像的目的实际上是获取对样品结构的了解，测量磁结构的杂散场是为了解析磁化矢量的分布。前文的分析表明，即使得到矢量磁场，也只有一个自由度的信息，所以具有三个自由度的磁化矢量需要更多约束条件才能够完全重构。

假设磁化矢量的模长在样品中是不变的，可以增加一个约束条件。如果基于先验知识引入额外的限制，就可以重构出三维磁化矢量的分布。对于斯格明子而言，在确定其拓扑荷的前提下可以重构出其磁结构。例如，可以在不同的斯格明子类型的假设下，重构出不同的磁结构。根据重构的结构是否满足已知的拓扑荷来确定正确的斯格明子类型 [170]。如图 6-70 所示，假设斯格明子为布洛赫型，得到结构中的核心磁化方向没有反向，不能形成拓扑荷为 1 的结构。因此可以确定，测量的斯格明子是奈尔型，并且具有图 6-70(d) 所示的结构。

尽管斯格明子通常只考虑二维分布的磁结构，但研究中发现，在有限厚度的磁体中存在的磁结构在厚度方向上可能存在变化 [171,172]。考虑到 NV 色心的探测范围与 NV 色心到样品表面的距离相当 [173,174]，以及通常的实验中 NV 色心与样品距离为几十纳米，所以 SNVM 的测量结果是由磁体表面的结构主导。基于这个原理，图 6-70 中的测量结果实际是磁体的表面结构 [170]。因此，SNVM 可以测量较厚的磁体表面的结构 [175]。

另一种方式是将斯格明子的结构用一个或多个参数描述，用含参数的磁结构模型拟合实验数据也可以得到斯格明子的结构 [176,177]。例如，斯格明子泡的磁化矢量用以下模型表示：

$$M_x(r) = M_\mathrm{s}\frac{\cos\psi}{\cosh\left(\dfrac{r - r_0}{\gamma_\mathrm{DW}}\right)} \tag{6-69}$$

$$M_y(r) = M_\mathrm{s}\frac{\sin\psi}{\cosh\left(\dfrac{r - r_0}{\gamma_\mathrm{DW}}\right)} \tag{6-70}$$

$$M_z\left(r\right) = -M_s \tanh\left(\frac{r - r_0}{\gamma_{\mathrm{DW}}}\right) \tag{6-71}$$

其中，$M_s$ 是饱和磁化强度，可以用其他手段测量得到；$\gamma_{\mathrm{DW}}$ 是畴壁宽度；$\psi$ 是描述畴壁结构的手性角；$r_0$ 表示磁畴壁的中心位置；$r$ 表示垂直于畴壁方向上的位置。如果用椭圆来简化描述畴壁形状，那么 $r_0$ 就是含有参数的椭圆方程。

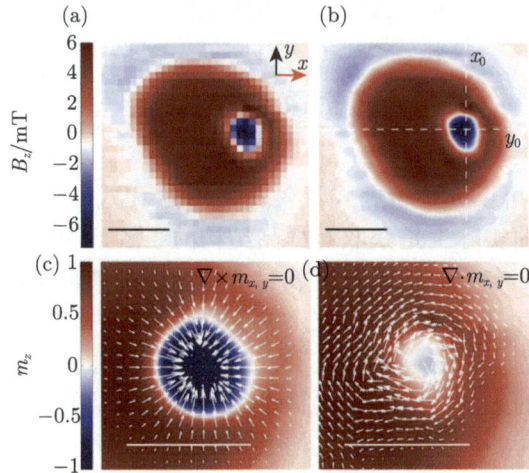

图 6-70　SNVM 测量斯格明子 [170]

实验中测量样品为 [Pt (3 nm)/Co (1.1 nm)/Ta (4 nm)]$_{10}$。(a) 从测量数据中得到的杂散场的 $z$ 方向分量；(b) 在布洛赫型和奈尔型假设下 $z$ 方向杂散场的模拟图；(c) 和 (d) 分别是在奈尔型和布洛赫型假设下重构的磁结构；图中的比例尺是 500 nm

　　显然，上述模型含有许多参数，直接拟合有较大困难。通过逐个拟合参数的方式可以克服这个困难。比如，可以假定畴壁的类型确定 $\psi$，然后拟合 $\gamma_{\mathrm{DW}}$；得到 $\gamma_{\mathrm{DW}}$ 之后再拟合 $r_0$，例如椭圆方程的参数；最后再拟合 $\psi$。按照这种思路就可以从理论模型出发，通过拟合实验数据来确定磁结构的细节特征。

　　另外，从理论上讲，洛伦兹透射电镜可以测量到与杂散场互补的磁化信息 [178]，有可能与 SNVM 结合来重构出磁化矢量。

　　除了解析斯格明子的结构，SNVM 在斯格明子的研究中也有其他的应用。例如，研究斯格明子的形态特征 [179-181]，以及观察斯格明子热驱动的动力学演化 [176] 和电流驱动的动力学过程 [182]。

### 3. 反铁磁序成像

　　与其他磁成像技术相比，SNVM 最突出的优势是可以对弱磁性材料进行测量，甚至可以解决一些其他手段无法解决的问题。其中比较瞩目的是，SNVM 在非共线反铁磁序 [183-187] 以及二维磁性材料 [188-191] 的研究中取得了一系列成果。

　　多铁材料 BiFeO$_3$ 是反铁磁体，其中存在摆线形的自旋序。由于反铁磁的信号较弱并且 BiFeO$_3$ 是绝缘体，很多磁成像技术都无法进行测量。如图 6-71 所示，NV 色心高灵敏度的特点可以克服这个问题，实现对摆线序的成像。BiFeO$_3$ 摆线形的自旋序仍能产生约百微特斯拉的杂散场，正好处于 NV 色心的可测量范围。

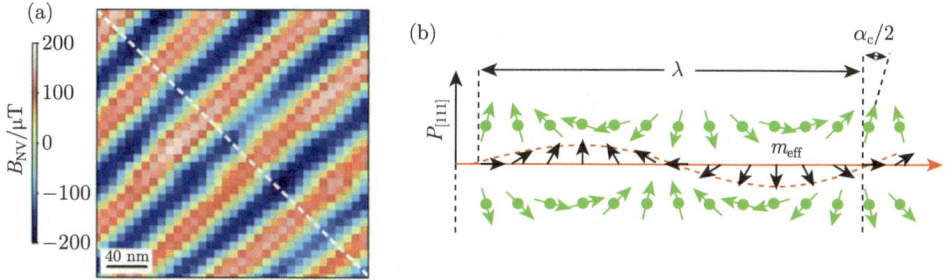

图 6-71 测量反铁磁摆线序[183]

(a) 是 SNVM 测量的杂散场分布；(b) 是自旋摆线的示意图；磁电耦合诱导 Fe$^{3+}$ 自旋的旋转 (绿色箭头)；连续原子层之间的倾斜反铁磁排列导致摆线形的有效磁矩 (黑色箭头)

在二维磁性材料的研究中，低温 SNVM 测量结果定量的优点也得到了展示。在对 CrI$_3$ 薄膜的研究中，由于已知样品是二维的面外磁化，通过 SNVM 测量获得的定量磁场可以直接反推出磁矩的空间分布[188]。如图 6-72 所示，通过杂散场

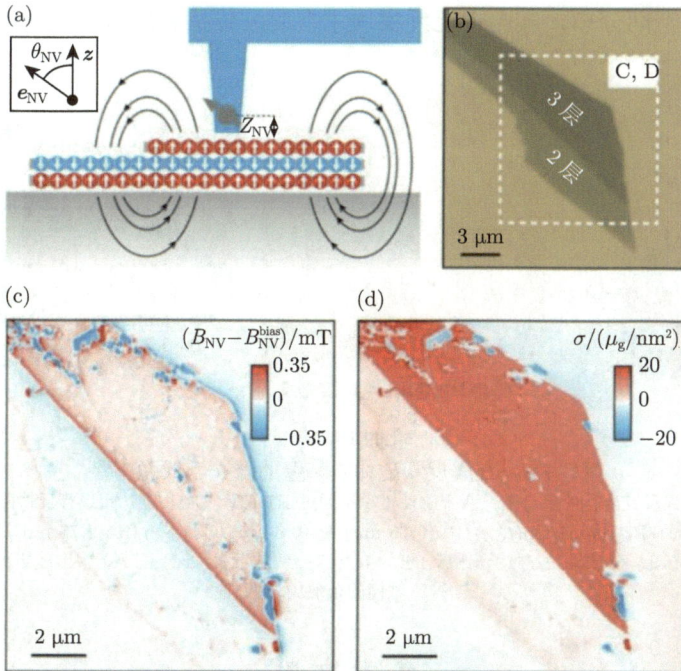

图 6-72 SNVM 测量二维磁性材料[188]

(a) 实验示意图；(b) 样品 CrI$_3$ 双层和三层薄片的光学显微照片；(c) 在偏置场下记录的样品上沿 NV 轴向的磁场图，强 (弱) 杂散场从三层 (双层) 薄片的边缘出现；(d) 由 (c) 中磁场图的反推得到的磁化分布图

反推的磁矩分布表明，只有奇数层有净磁矩，揭示了 $CrI_3$ 薄膜层间的反铁磁耦合。应用这种方法也可以测量二维材料中更复杂的磁畴结构，如扭角导致的莫尔磁性 [189]。

由以上研究可以总结出杂散场测量用于解析磁结构的方式。由于杂散场不能直接反解出磁结构，对于具体问题通常需要具体分析。首先，通过杂散场能够直接获知磁结构一些信息，如斯格明子的极性、形态尺寸等；其次，在已知先验信息可以减少磁化矢量自由度的条件下，通过杂散场可以直接反推出磁结构，如面外磁化的 $CrI_3$ 薄膜；最后，如果需要在没有足够约束的条件下解析磁结构，则需要建立磁结构的含参数模型，然后将基于模型计算得到的杂散场与实验数据对照。如果磁结构的模型是解析的，可以通过拟合实验数据来得到模型参数，也就得到了磁结构。或者，可以遍历来寻找最符合数据的模型参数，例如，磁畴壁 [167] 和斯格明子 [176,177] 都可以通过这种方法来得到矢量磁矩的分布。

除了静态磁场，NV 色心同样能够测量含时磁场，从而实现对磁性激发包括磁振子的观测。NV 色心作为弛豫计可以测量磁噪声 [192]。磁结构的存在会造成磁噪声在空间上的分布，因而测量磁噪声也是实现磁成像的一种方式。例如，非共线反铁磁自旋序可以通过探测磁噪声来成像 [193]，如图 6-73 所示。基于 SNVM 也能够研究相干磁振子的空间分布，实验中已经实现了自旋波传播和磁振子散射的成像 [194]。

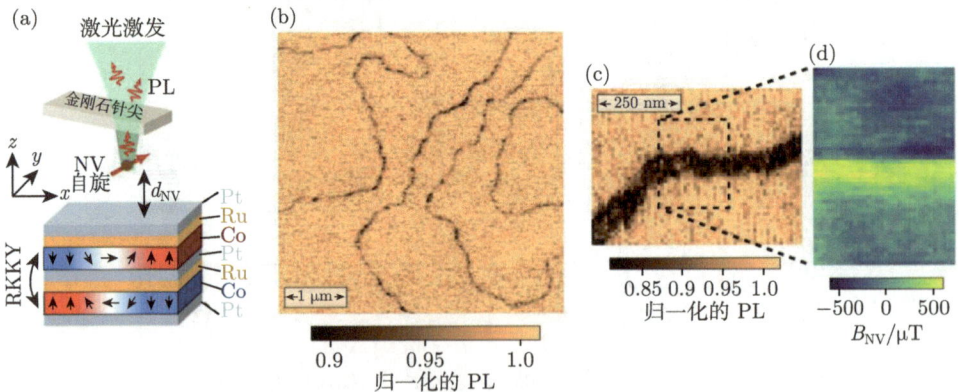

图 6-73　合成反铁磁体中畴壁的全光学成像 [193]

(a) 实验装置和合成反铁磁体的示意图，两个磁性 Co 层通过 RKKY 交换相互作用进行反铁磁耦合，多层膜的组成是 Ta(10 nm)/Pt(8 nm)/Co($t_{Co}$)/Ru(0.75 nm)/Pt(0.6 nm)/Co($t_{Co}$)/Ru(0.75 nm)/Pt(3 nm)；(b) SNVM 测量的荧光图，在样品上方显示出磁畴的结构；(c) 磁畴的近景；(d) 图 (c) 中虚线矩形标出的区域上沿 NV 轴向的杂散场分量

# 参 考 文 献

[1] Hale M E, Fuller H W, Rubinstein H. Magnetic domain observations by electron microscopy. Journal of Applied Physics, 1959, 30: 789-791.

[2] Schofield M A, Beleggia M, Zhu Y, et al. Characterization of JEOL 2100F Lorentz-TEM for low-magnification electron holography and magnetic imaging. Ultramicroscopy, 2008, 108: 625-634.

[3] Chapman J N, Morrison G R. Quantitative determination of magnetisation distributions in domains and domain walls by scanning transmission electron microscopy. Journal of Magnetism and Magnetic Materials, 1983, 35: 254-260.

[4] Chapman J N, Scheinfein M R. Transmission electron microscopies of magnetic microstructures. Journal of Magnetism and Magnetic Materials, 1999, 200: 729-740.

[5] Volkov V V, Zhu Y. Lorentz phase microscopy of magnetic materials. Ultramicroscopy, 2004, 98: 271-281.

[6] Peng L C, Zhang Y, Zuo S L, et al. Lorentz transmission electron microscopy studies on topological magnetic domains. Chinese Physics B, 2018, 27: 066802.

[7] Du H F, Che R C, Kong L Y, et al. Edge-mediated skyrmion chain and its collective dynamics in a confined geometry. Nature Communications, 2015, 6: 8504.

[8] 张颖, 李卓霖, 彭丽聪, 等. 透射电镜在磁性斯格明子领域的应用. 陕西师范大学学报 (自然科学版), 2021, 49: 44-53.

[9] Marcinkowski M J, Poliak R M. Variation of magnetic structure with order in the $Ni_3Mn$ superlattice. Philosophical Magazine, 1963, 8: 1023.

[10] Teague M R. Deterministic phase retrieval: a Green's function solution. Journal of the Optical Society of America, 1983, 73: 1434-1441.

[11] Ishizuka K, Allman B. Phase measurement of atomic resolution image using transport of intensity equation. Journal of Electron Microscopy, 2005, 54: 191-197.

[12] Gabor G. A new microscopic principle. Nature (London), 1948, 161: 777-778.

[13] Li Z A, Chai K, Zhang M, et al. *In situ* electron holography of magnetic skyrmions in nanostructures. Acta Physica Sinica, 2018, 67: 131203.

[14] Tang J, Kong L Y, Wang W W, et al. Lorentz transmission electron microscopy for magnetic skyrmions imaging. Chinese Physics B, 2019, 28: 087503.

[15] McCartney M R, Agarwal N, Chung S, et al. Quantitative phase imaging of nanoscale electrostatic and magnetic fields using off-axis electron holography. Ultramicroscopy, 2010, 110: 375-382.

[16] Park H S, Yu X Z, Aizawa S, et al. Observation of the magnetic flux and three-dimensional structure of skyrmion lattices by electron holography. Nature Nanotechnology, 2014, 9: 337-342.

[17] Song D S, Li Z A, Caron J, et al. Quantification of magnetic surface and edge states in an FeGe nanostripe by off-axis electron holography. Physical Review Letters, 2018, 120: 167204.

[18] Zheng F S, Rybakov F N, Borisov A B, et al. Experimental observation of chiral magnetic bobbers in B20-type FeGe. Nature Nanotechnology, 2018, 13: 451-455.

[19] Shibata N, Kohno Y, Findlay S D, et al. New area detector for atomic-resolution scanning transmission electron microscopy. Journal of Electron Microscopy, 2010, 59:

473-479.

[20] Seki T, Ikuhara Y, Shibata N. Toward quantitative electromagnetic field imaging by differential-phase-contrast scanning transmission electron microscopy. Microscopy, 2021 70: 148-160.

[21] Boureau V, Staňo M, Rouvière J, et al. High-sensitivity mapping of magnetic induction fields with nanometer-scale resolution: comparison of off-axis electron holography and pixelated differential phase contrast. Journal of Physics D: Applied Physics, 2020, 54: 085001.

[22] Shao Y T, Zhang H R, Chen R, et al. Room temperature Néel-type skyrmions in a van der Waals ferromagnet revealed by Lorentz 4D-STEM. Microscopy and Microanalysis, 2022, 28: 1710-1712.

[23] Pohl J. Formation of electron-optical image with photoelectrons (PEEM and THEEM of Pt). Zeitschrift Für Technische Physik, 1934, 15: 579-581.

[24] Stöhr J, Wu Y, Hermsmeier B D, et al. Element-specific magnetic microscopy with circularly polarized X-rays. Science, 1993, 259: 658-661.

[25] Scholl A, Stöhr J, Luning J, et al. Observation of antiferromagnetic domains in epitaxial thin films. Science, 2000, 287: 1014-1016.

[26] Nolting F, Scholl A, Stöhr J, et al. Direct observation of the alignment of ferromagnetic spins by antiferromagnetic spins. Nature, 2000, 405: 767-769.

[27] Wu J, Carlton D, Park J S, et al. Direct observation of imprinted antiferromagnetic vortex states in CoO/Fe/Ag (001) discs. Nature Physics, 2011, 7: 303-306.

[28] Li Q, Yang M, Gong C, et al. Patterning-induced ferromagnetism of $Fe_3GeTe_2$ van der Waals materials beyond room temperature. Nano Letters, 2018, 18: 5974-5980.

[29] Yang M, Li Q, Chopdekar R V, et al. Creation of skyrmions in van der Waals ferromagnet $Fe_3GeTe_2$ on $(Co/Pd)_n$ superlattice. Science Advances, 2020, 6. DOI: 10.1126/sciadv. eabb5157.

[30] Choe S B, Acremann Y, Scholl A, et al. Vortex core-driven magnetization dynamics. Science, 2004, 304: 420-422.

[31] Marx G K L, Elmers H J, Schönhense G. Magneto-optical linear dichroism in threshold photoemission electron microscopy of polycrystalline Fe films. Physical Review Letters, 2000, 84: 5888.

[32] Nakagawa T, Yokoyama T. Magnetic circular dichroism near the Fermi level. Physical Review Letters, 2006, 96: 237402.

[33] Zhao Y, Lyu H, Yang G, et al. Direct observation of magnetic contrast obtained by photoemission electron microscopy with deep ultra-violet laser excitation. Ultramicroscopy, 2019, 202: 156-162.

[34] Bauer E. Low energy electron microscopy. Reports on Progress in Physics, 1994, 57: 895-938.

[35] Rougemaille N, Schmid A K. Magnetic imaging with spin-polarized low-energy electron microscopy. The European Physical Journal Applied Physics, 2010, 50: 20101.

[36] Altman M S, Pinkvos H, Hurst J, et al. Spin-polarized low-energy electron-microscopy of surface magnetic-structure. MRS Online Proceedings Library (OPL) Magnetic Materials: Microstructure and Properties, 1991, 232: 125-132.

[37] Chen G, Schmid A K. Imaging and tailoring the chirality of domain walls in magnetic films. Advanced Materials, 2015, 27: 5738-5743.

[38] Altman M S. Trends in low energy electron microscopy. Journal of Physics: Condensed Matter, 2010, 22: 084017.

[39] Man K L, Altman M S, Poppa H. Spin polarized low energy electron microscopy investigations of magnetic transitions in Fe/Cu(100). Surface Science, 2001, 480: 163-172.

[40] Pierce D T, Meier F. Photoemission of spin-polarized electrons from GaAs. Physical Review B, 1976, 13: 5484-5500.

[41] Pierce D T, Celotta R J, Wang G C, et al. The GaAs spin polarized electron source. Review of Scientific Instruments, 1980, 51: 478-499.

[42] Ciccacci F, Molinari E, Christensen N E. GaAs/AlAs monolayer superlattices — a new candidate for a highly spin-polarized electron source. Solid State Communications, 1987, 62: 1-3.

[43] Omori T, Kurihara Y, Nakanishi T, et al. Large enhancement of polarization observed by extracted electrons from the AlGaAs-GaAs Superlattice. Physical Review Letters, 1991, 67: 3294-3297.

[44] Hong J S, Mills D L. Theory of the spin dependence of the inelastic mean free path of electrons in ferromagnetic metals: a model study. Physical Review B, 1999, 59: 13840-13848.

[45] O'Shea V A D, Moreira I D R, Roldan A, et al. Electronic and magnetic structure of bulk cobalt: the alpha, beta, and epsilon-phases from density functional theory calculations. Journal of Chemical Physics, 2010, 133: 024701.

[46] Duden T, Bauer E. A compact electron-spin-polarization manipulator. Review of Scientific Instruments, 1995, 66: 2861-2864.

[47] Kolac U, Donath M, Ertl K, et al. High-performance GaAs polarized electron source for use in inverse photoemission spectroscopy. Review of Scientific Instruments, 1988, 59: 1933-1940.

[48] Meckler S, Mikuszeit N, Pressler A, et al. Real-space observation of a right-rotating inhomogeneous cycloidal spin spiral by spin-polarized scanning tunneling microscopy in a triple axes vector magnet. Physical Review Letters, 2009, 103: 157201.

[49] Yu X Z, Onose Y, Kanazawa N, et al. Real-space observation of a two-dimensional skyrmion crystal. Nature, 2010, 465: 901-904.

[50] Heinze S, von Bergmann K, Menzel M, et al. Spontaneous atomic-scale magnetic skyrmion lattice in two dimensions. Nature Physics, 2011, 7: 713-718.

[51] Chen G, Zhu J, Quesada A, et al. Novel chiral magnetic domain wall structure in Fe/Ni/Cu(001) films. Physical Review Letters, 2013, 110: 177204.

[52] Chen G, Ma T, N'Diaye A T, et al. Tailoring the chirality of magnetic domain walls by

interface engineering. Nature Communications, 2013, 4: 2671.

[53] Chen G, N'Diaye A T, Kang S P, et al. Unlocking Bloch-type chirality in ultrathin magnets through uniaxial strain. Nature Communications, 2015, 6: 6598.

[54] Chen G, Kang S P, Ophus C, et al. Out-of-plane chiral domain wall spin-structures in ultrathin in-plane magnets. Nature Communications, 2017, 8: 15302.

[55] Kortan A R, Park R L. Phase diagram of oxygen chemisorbed on nickel (111). Physical Review B, 1981, 23 : 6340-6347.

[56] Christmann K. Interaction of hydrogen with solid-surfaces. Surface Science Reports, 1988, 9: 1-163.

[57] Yang H, Chen G, Cotta A A C, et al. Significant Dzyaloshinskii-Moriya interaction at graphene-ferromagnet interfaces due to the Rashba effect. Nature Materials, 2018, 17 : 605-609.

[58] Chen G, Mascaraque A, N'Diaye A T, et al. Room temperature skyrmion ground state stabilized through interlayer exchange coupling. Applied Physics Letters, 2015, 106: 242404.

[59] Chen G, Ophus C, Conte R L, et al. Ultrasensitive sub-monolayer palladium induced chirality switching and topological evolution of skyrmions. Nano Letters, 2022, 22: 6678-6684.

[60] Wu Y Z, Won C, Scholl A, et al. Magnetic stripe domains in coupled magnetic sandwiches. Physical Review Letters, 2004, 93: 117205.

[61] Gabaly F El, Gallego S, Munoz C, et al. Imaging spin-reorientation transitions in consecutive atomic Co layers on Ru(0001). Physical Review Letters, 2006, 96: 147202.

[62] Chen G, Ophus C, Quintana A, et al. Reversible writing/deleting of magnetic skyrmions through hydrogen adsorption/desorption. Nature Communications, 2022, 13: 1350.

[63] Zdyb R, Bauer E. Spin-resolved unoccupied electronic band structure from quantum size oscillations in the reflectivity of slow electrons from ultrathin ferromagnetic crystals. Physical Review Letters, 2002, 88: 166403.

[64] Park J S, Quesada A, Meng Y, et al. Determination of spin-polarized quantum well states and spin-split energy dispersions of Co ultrathin films grown on Mo(110). Physical Review B, 2011, 83: 113405.

[65] Wu Y Z, Schmid A K, Qiu Z Q. Spin-dependent quantum interference from epitaxial MgO thin films on Fe(001). Physical Review Letters, 2006, 97: 217205.

[66] Wu Y Z, Schmid A K, Altman M S, et al. Spin-dependent Fabry-Perot interference from a Cu thin film grown on fcc Co(001). Physical Review Letters, 2005, 94: 027201.

[67] Parkin S S P, Kaiser C, Panchula A, et al. Giant tunnelling magnetoresistance at room temperature with MgO (100) tunnel barriers. Nature Materials, 2004, 3: 862-867.

[68] Yuasa S, Nagahama T, Fukushima A, et al. Giant room-temperature magnetoresistance in single-crystal Fe/MgO/Fe magnetic tunnel junctions. Nature Materials, 2004, 3: 868-871.

[69] Heinze S, Bode M, Kubetzka A, et al. Real-space imaging of two-dimensional antifer-

romagnetism on the atomic scale. Science, 2000, 288: 1805-1808.

[70] Nolting F, Scholl A, Stohr J, et al. Direct observation of the alignment of ferromagnetic spins by antiferromagnetic spins. Nature, 2000, 405: 767-769.

[71] Higo T, Man H Y, Gopman D B, et al. Large magneto-optical Kerr effect and imaging of magnetic octupole domains in an antiferromagnetic metal. Nature Photonics, 2018, 12: 73-78.

[72] Xu J, Zhou C, Jia M, et al. Imaging antiferromagnetic domains in nickel oxide thin films by optical birefringence effect. Physical Review B, 2019, 100 : 134413.

[73] Menon K S R, Mandal S, Das J, et al. Surface antiferromagnetic domain imaging using low-energy unpolarized electrons. Physical Review B, 2011, 84: 132402.

[74] Gong C, Zhang X. Two-dimensional magnetic crystals and emergent heterostructure devices. Science, 2019, 363: eaav4450.

[75] Moreau-Luchaire C, Moutafis C, Reyren N, et al. Additive interfacial chiral interaction in multilayers for stabilization of small individual skyrmions at room temperature. Nature Nanotechnology, 2016, 11: 444-448.

[76] Woo S, Litzius K, Krüger B, et al. Observation of room-temperature magnetic skyrmions and their current-driven dynamics in ultrathin metallic ferromagnets. Nature Materials, 2016, 15: 501-506.

[77] Litzius K, Lemesh I, Krüger B, et al. Skyrmion Hall effect revealed by direct time-resolved X-ray microscopy. Nature Physics, 2017, 13: 170-175.

[78] Soumyanarayanan A, Raju M, Gonzalez Oyarce A L, et al. Tunable room-temperature magnetic skyrmions in Ir/Fe/Co/Pt multilayers. Nature Materials, 2017, 16: 898-904.

[79] Guang Y, Bykova I, Liu Y Z, et al. Creating zero-field skyrmions in exchange-biased multilayers through X-ray illumination. Nature Communications, 2020, 11: 949.

[80] Carpenter J M, Loong C K. Elements of Slow-Neutron Scattering. Cambridge: Cambridge University Press, 2015.

[81] Zhu T, Zhan X Z, Xiao S W, et al. MR: the multipurpose reflectometer at CSNS. Neutron News, 2018, 29: 11-13.

[82] Squires, L G. Introduction to the Theory of Thermal Neutron Scattering. Cambridge: Cambridge University Press, 2012.

[83] Moon R M, Riste T, Koehler W C. Polarization analysis of thermal-neutron scattering. Physical Review, 1969, 181: 920.

[84] Titov I, Barbieri M, Bender P, et al. Effect of grain-boundary diffusion process on the geometry of the grain microstructure of Nd-Fe-B nanocrystalline magnets. Physical Review Materials, 2019, 3: 0844103.

[85] Bick J P, Honecker D, Döbrich F, et al. Magnetization reversal in Nd-Fe-B based nanocomposites as seen by magnetic small-angle neutron scattering. Applied Physics Letters, 2013, 102: 022415.

[86] Heinze S, von Bergmann K, Menzel M, et al. Spontaneous atomic-scale magnetic skyrmion lattice in two dimensions. Nature Physics, 2011, 7: 713.

[87] Raicevic I, Popovic D, Panagopoulos C, et al. Skyrmions in a doped antiferromagnet. Physical Review Letters, 2011, 106: 227206.

[88] Binz B, Vishwanath A, Aji V. Theory of the helical spin crystal: a candidate for the partially ordered state of MnSi. Physical Review Letters, 2006, 96: 207202.

[89] Tewari S, Belitz D, Kirkpatrick T R. Blue quantum fog: chiral condensation in quantum helimagnets. Physical Review Letters, 2006, 96: 047207.

[90] Mühlbauer S, Binz B, Jonietz F, et al. Skyrmion lattice in a chiral magnet. Science, 2009, 323: 915.

[91] Yu X Z, Onose Y, Kanazawa N, et al. Real-space observation of a two-dimensional skyrmion crystal. Nature, 2010, 465: 901.

[92] Yu X Z, Kanazawa N, Onose Y, et al. Near room-temperature formation of a skyrmion crystal in thin-films of the helimagnet FeGe. Nature Materials, 2010, 10: 106.

[93] Tokunaga Y, Yu X Z, White J S, et al. A new class of chiral materials hosting magnetic skyrmions beyond room temperature. Nature Communications, 2015, 6: 7638.

[94] Wang W H, Zhang Y, Xu G Z, et al. A centrosymmetric hexagonal magnet with super-stable biskyrmion magnetic nanodomains in a wide temperature range of 100~340 K. Advanced Materials, 2016, 28: 6887.

[95] Li X Y, Zhang S L, Li H, et al. Oriented 3D magnetic biskyrmions in MnNiGa bulk crystals. Advanced Materials, 2019, 31: 1900264.

[96] Krycka K L, Booth R A, Hogg C R, et al. Core-shell magnetic morphology of structurally uniform magnetite nanoparticles. Physical Review Letters, 2010, 104: 207203.

[97] Daillant J, Gibaud A. X-ray and Neutron Reflectivity: Principles and Applications. Berlin: Springer, 1999.

[98] Monso S, Rodmacq B, Auffret S, et al. Crossover from in-plane to perpendicular anisotropy in Pt/CoFe/AlO$_x$ sandwiches as a function of Al oxidation: a very accurate control of the oxidation of tunnel barriers. Applied Physics Letters, 2002, 80: 4157.

[99] Ikeda S, Miura K, Yamamoto H, et al. A perpendicular-anisotropy CoFeB-MgO magnetic tunnel junction. Nature Materials, 2010, 9: 721.

[100] Zhu T, Yang Y, Yu R C, et al. The study of perpendicular magnetic anisotropy in CoFeB sandwiched by MgO and tantalum layers using polarized neutron reflectometry. Applied Physics Letters, 2012, 100: 202406.

[101] Zheng Z C, Guo Q X, Jo D, et al. Magnetization switching driven by current-induced torque from weakly spin-orbit coupled Zr. Physical Review Research, 2020, 2: 013127.

[102] Guo Q X, Ren Z X, Bai H, et al. Current-induced magnetization switching in perpendicularly magnetized V/CoFeB/MgO multilayers. Physical Review B, 2021, 104: 224429.

[103] Guo Q X, Wang K, Bai H, et al. Ultra-high thermal stability of perpendicular magnetic anisotropy in the W buffered CoFeB/MgO stacks with Zr dusting layers. Applied Physics Letters, 2022, 120: 022402.

[104] Fert A, Cros V, Sampaio J. Skyrmions on the track. Nature Nanotechnol. 2013, 8:152.

[105] Qin Z, Wang Y, Zhu S, et al. Stabilization and reversal of skyrmion lattice in Ta/CoFeB/ MgO Multilayers. ACS Applied Materials & Interfaces, 2018, 10: 36556-36563.

[106] Zhang J Y, Zhang Y, Gao Y, et al. Magnetic skyrmions in a Hall balance with interfacial canted magnetizations. Advanced Materials, 2020, 32: 1907452.

[107] Bode M, Heide M, von Bergmann K, et al. Chiral magnetic order at surfaces driven by inversion asymmetry. Nature, 2007, 447: 190.

[108] Jiang W J, Chen G, Liu K, et al. Skyrmions in magnetic multilayers. Physics Reports, 2017, 704: 1-49.

[109] Han D S, Lee K, Hanke J P, et al. Long-range chiral exchange interaction in synthetic antiferromagnets. Nature Materials, 2019, 18: 703.

[110] Guo Y Q, Zhang J Y, Cui Q R, et al. Effect of interlayer Dzyaloshinskii-Moriya interaction on spin structure in synthetic antiferromagnetic multilayers. Physical Review B, 2022, 105: 184405.

[111] Zhang Q H, Liang J H, Bi K Q, et al. Quantifying the Dzyaloshinskii-Moriya interaction induced by the bulk magnetic asymmetry. Physical Review Letters, 2022, 128: 167202.

[112] Zhang E Z, Deng Y C, Liu X H, et al. Manipulating antiferromagnetic interfacial states by spin-orbit torques. Physical Review B, 2021, 104: 134408.

[113] Peng S Z, Zhu D Q, Li W X, et al. Exchange bias switching in an antiferromagnet/ferromagnet bilayer driven by spin-orbit torque. Nature Electronics, 2020, 3: 757.

[114] Jeong S G, Song S, Park S, et al. Atomic-scale modulation of synthetic magnetic order in oxide superlattices. Small Methods, 2022, 7: 2201386.

[115] Soumyanarayanan A, Raju M, Gonzalez Oyarce A L, et al. Tunable room-temperature magnetic skyrmions in Ir/Fe/Co/Pt multilayers. Nature Materials, 2017, 16: 898-904.

[116] Guang Y, Peng Y, Yan Z, et al. Electron beam lithography of magnetic skyrmions. Advanced Materials, 2020, 32: e2003003.

[117] Wang Y D, Wang L, Xia J, et al. Electric-field-driven non-volatile multi-state switching of individual skyrmions in a multiferroic heterostructure. Nature Communications, 2020, 11: 3577.

[118] Hrabec A, Sampaio J, Belmeguenai M, et al. Current-induced skyrmion generation and dynamics in symmetric bilayers. Nature Communications, 2017, 8: 15765.

[119] Maccariello D, Legrand W, Reyren N, et al. Electrical detection of single magnetic skyrmions in metallic multilayers at room temperature. Nature Nanotechnology, 2018, 13: 233-237.

[120] Hrabec A, Porter N A, Wells A, et al. Measuring and tailoring the Dzyaloshinskii-Moriya interaction in perpendicularly magnetized thin films. Physical Review B, 2014, 90: 020402(R).

[121] Jiang W J, Upadhyaya P, Zhang W, et al. Blowing magnetic skyrmion bubbles. Science, 2015, 349: 283-286.

[122] Jiang W J, Zhang X C, Yu G Q, et al. Direct observation of the skyrmion Hall effect.

Nature Physics, 2016, 13: 162-169.

[123] Yu G Q, Upadhyaya P, Shao Q M, et al. Room-temperature skyrmion shift device for memory application. Nano Letters, 2017, 17: 261-268.

[124] Yang S, Zhao Y L, Wu K, et al. Reversible conversion between skyrmions and skyrmioniums. Nature Communications, 2023, 14: 3406.

[125] Cui B S, Yu D X, Shao Z J, et al. Néel-type elliptical skyrmions in a laterally asymmetric magnetic multilayer. Advanced Materials, 2021, 33: e2006924.

[126] Xu J, Zhou C, Jia M W, et al. Imaging antiferromagnetic domains in nickel oxide thin films by optical birefringence effect. Physical Review B, 2019, 100: 134413.

[127] Binnig G, Rohrer H, Gerber C, et al. Tunneling through a controllable vacuum gap. Applied Physics Letters, 1982, 40: 178-180.

[128] Binnig G, Rohrer H, Gerber C, et al. Surface studies by scanning tunneling microscopy. Physical Review Letters, 1982, 49: 57-61.

[129] Bardeen J. Tunnelling from a many-particle point of view. Physical Review Letters, 1961, 6: 57-59.

[130] Tersoff J, Hamann D R. Theory and application for the scanning tunneling microscope. Physical Review Letters, 1983, 50: 1998-2001.

[131] Tersoff J, Hamann D R. Theory of the scanning tunneling microscope. Physical Review B, 1985, 31: 805-813.

[132] Julliere M. Tunneling between ferromagnetic films. Physics Letters A, 1975, 54: 225-226.

[133] Pierce D T. Spin-polarized electron microscopy. Physica Scripta, 1988, 38: 291-296.

[134] Slonczewski J C. Conductance and exchange coupling of two ferromagnets separated by a tunneling barrier. Physical Review B, 1989, 39: 6995-7002.

[135] Alvarado S F, Renaud P. Observation of spin-polarized-electron tunneling from a ferromagnet into GaAs. Physical Review Letters, 1992, 68: 1387-1390.

[136] Johnson M, Clarke J. Spin-polarized scanning tunneling microscope: concept, design, and preliminary results from a prototype operated in air. Journal of Applied Physics, 1990, 67: 6141-6152.

[137] Wortmann D, Heinze S, Kurz P, et al. Resolving complex atomic-scale spin structures by spin-polarized scanning tunneling microscopy. Physical Review Letters, 2001, 86: 4132-4135.

[138] Wiesendanger R, Güntherodt H J, Güntherodt G, et al. Observation of vacuum tunneling of spin-polarized electrons with the scanning tunneling microscope. Physical Review Letters, 1990, 65: 247-250.

[139] Heinze S, Bode M, Kubetzka A, et al. Real-space imaging of two-dimensional antiferromagnetism on the atomic scale. Science, 2000, 288: 1805-1808.

[140] Bode M, Getzlaff M, Wiesendanger R. Spin-polarized vacuum tunneling into the exchangesplit surface state of Gd(0001). Physical Review Letters, 1998, 81: 4256-4259.

[141] Kleiber M, Bode M, Ravlić, et al. Topology-induced spin frustrations at the Cr(001)

surface studied by spin-polarized scanning tunneling spectroscopy. Physical Review Letters, 2000, 85: 4606-4609.

[142] Heinze S, Blügel S, Pascal R, et al. Prediction of bias-voltage-dependent corrugation reversal for STM images of bcc (110) surfaces: W(110), Ta(110), and Fe(110). Physical Review B, 1998, 58: 16432-16445.

[143] Berdunov N, Murphy S, Mariotto G, et al. Atomically resolved spin-dependent tunneling on the oxygen-terminated $Fe_3O_4$(111). Physical Review Letters, 2004, 93: 057201.

[144] Wulfhekel W, Kirschner J. Spin-polarized scanning tunneling microscopy on ferromagnets. Applied Physics Letters, 1999, 75: 1944-1946.

[145] Schlickum U, Wulfhekel W, Kirschner J. Spin-polarized scanning tunneling microscope for imaging the in-plane magnetization. Applied Physics Letters, 2003, 83: 2016-2018.

[146] Schlickum U. Spin-polarized Scanning Tunneling Microscopy Studies on Inplane Magnetization Components of Thin Antiferromagnetic Films on Fe(001). Halle: Ph. D. Thesis, 2005.

[147] Kubetzka A, Ferriani P, Bode M, et al. Revealing antiferromagnetic order of the Fe monolayer on W(001): spin-polarized scanning tunneling microscopy and first-principles calculations. Physical Review Letters, 2005, 94: 087204.

[148] Bode M. Spin-polarized scanning tunnelling microscopy. Reports on Progress in Physics, 2003, 66: 523-582.

[149] Wulfhekel W, Gao C L. Investigation of non-collinear spin states with scanning tunneling microscopy. Journal of Physics: Condensed Matter, 2010, 22: 084021.

[150] Wiesendanger R. Spin mapping at the nanoscale and atomic scale. Reviews of Modern Physics, 2009, 81: 1495-1550.

[151] Romming N, Hanneken C, Menzel M, et al. Writing and deleting single magnetic skyrmions. Science, 2013, 341: 636-639.

[152] Hsu P J, Kubetzka A, Finco A, et al. Electric-field-driven switching of individual magnetic skyrmions. Nature Nanotechnology, 2016, 12: 123-126.

[153] Romming N, Kubetzka A, Hanneken C, et al. Field-dependent size and shape of single magnetic skyrmions. Physical Review Letters, 2015, 114: 177203.

[154] Crum D M, Bouhassoune M, Bouaziz J, et al. Perpendicular reading of single confined magnetic skyrmions. Nature Communications, 2015, 6: 8541.

[155] Hanneken C, Otte F, Kubetzka A, et al. Electrical detection of magnetic skyrmions by tunnelling non-collinear magnetoresistance. Nature Nanotechnology, 2015, 10: 1039-1042.

[156] Meyer S, Perini M, von Malottki S, et al. Isolated zero field sub-10 nm skyrmions in ultrathin Co films. Nature Communications, 2019, 10: 3823.

[157] Barry J F, Schloss J M, Bauch E, et al. Sensitivity optimization for NV-diamond magnetometry. Reviews of Modern Physics, 2020, 92: 015004.

[158] Balasubramanian G, Chan I Y, Kolesov R, et al. Nanoscale imaging magnetometry with diamond spins under ambient conditions. Nature, 2008, 455: 648-651.

[159] Taylor J M, Cappellaro P, Childress L, et al. High-sensitivity diamond magnetometer with nanoscale resolution. Nature Physics, 2008, 4: 810-816.

[160] Degen C L. Scanning magnetic field microscope with a diamond single-spin sensor. Applied Physics Letters, 2008, 92: 243111.

[161] Rondin L, Tetienne J P, Spinicelli P, et al. Nanoscale magnetic field mapping with a single spin scanning probe magnetometer. Applied Physics Letters, 2012, 100: 153118.

[162] Tetienne J P, Rondin L, Spinicelli P, et al. Magnetic-field-dependent photodynamics of single NV defects in diamond: an application to qualitative all-optical magnetic imaging. New Journal of Physics, 2012, 14: 103033.

[163] Maletinsky P, Hong S, Grinolds M S, et al. A robust scanning diamond sensor for nanoscale imaging with single nitrogen-vacancy centres. Nature Nanotechnology, 2012, 7: 320-324.

[164] Rondin L, Tetienne J P, Rohart S, et al. Stray-field imaging of magnetic vortices with a single diamond spin. Nature Communications, 2013, 4: 2279.

[165] Tetienne J P, Hingant T, Rondin L, et al. Quantitative stray field imaging of a magnetic vortex core. Physical Review B, 2013, 88: 214408.

[166] Tetienne J P, Hingant T, Kim J V, et al. Nanoscale imaging and control of domain-wall hopping with a nitrogen-vacancy center microscope. Science, 2014, 344:1366-1369.

[167] Tetienne J P, Hingant T, Martínez L J, et al. The nature of domain walls in ultrathin ferromagnets revealed by scanning nanomagnetometry. Nature Communications, 2015, 6: 6733.

[168] Hingant T, Tetienne J P, Martínez L J, et al. Measuring the magnetic moment density in patterned ultrathin ferromagnets with submicrometer resolution. Physical Review Applied, 2015, 4: 014003.

[169] Gross I, Martínez L J, Tetienne J P, et al. Direct measurement of interfacial Dzyaloshinskii-Moriya interaction in X|CoFeB|MgO heterostructures with a scanning NV magnetometer (X=Ta,TaN, and W). Physical Review B, 2016, 94: 064413.

[170] Dovzhenko Y, Casola F, Schlotter S, et al. Magnetostatic twists in room-temperature skyrmions explored by nitrogen-vacancy center spin texture reconstruction. Nature Communications, 2018, 9: 2712.

[171] Montoya S A, Couture S, Chess J J, et al. Tailoring magnetic energies to form dipole skyrmions and skyrmion lattices. Physical Review B, 2017, 95: 024415.

[172] Legrand W, Chauleau J Y, Maccariello D, et al. Hybrid chiral domain walls and skyrmions in magnetic multilayers. Science Advances, 2018, 4: eaat0415.

[173] Staudacher T, Shi F, Pezzagna S, et al. Nuclear magnetic resonance spectroscopy on a $(5\text{-Nanometer})_3$ sample volume. Science, 2013, 339: 561-563.

[174] Casola F, van der Sar T, Yacoby A. Probing condensed matter physics with magnetometry based on nitrogen-vacancy centres in diamond. Nature Reviews Materials, 2018, 3: 17088.

[175] Cheng Z, Wang C J, Ding B, et al. Observation of magnetic domain patterns with

tilted uniaxial anisotropy using a single-spin magnetometer. Physical Review B, 2022, 105: 064433.

[176] Jenkins A, Pelliccione M, Yu G Q, et al. Single-spin sensing of domain-wall structure and dynamics in a thin-film skyrmion host. Physical Review Materials, 2019, 3: 083801.

[177] Vélez S, Ruiz-Gómez S, Schaab J, et al. Current-driven dynamics and ratchet effect of skyrmion bubbles in a ferrimagnetic insulator. Nature Nanotechnology, 2022, 17: 834-841.

[178] Beardsley I A. Reconstruction of the magnetization in a thin film by a combination of Lorentz microscopy and external field measurements. IEEE Transactions on Magnetics, 1989, 25: 671-677.

[179] Gross I, Akhtar W, Hrabec A, et al. Skyrmion morphology in ultrathin magnetic films. Physical Review Materials, 2018, 2: 024406.

[180] Yu G Q, Jenkins A, Ma X, et al. Room-temperature skyrmions in an antiferromagnet-based heterostructure. Nano Letters, 2018, 18: 980-986.

[181] Rana K G, Finco A, Fabre F, et al. Room-temperature skyrmions at zero field in exchange-biased ultrathin films. Physical Review Applied, 2020, 13: 044079.

[182] Akhtar W, Hrabec A, Chouaieb S, et al. Current-induced nucleation and dynamics of skyrmions in a Co-based heusler alloy. Physical Review Applied, 2019, 11: 034066.

[183] Gross I, Akhtar W, Garcia V, et al. Real-space imaging of non-collinear antiferromagnetic order with a single-spin magnetometer. Nature, 2017, 549: 252-256.

[184] Haykal A, Fischer J, Akhtar W, et al. Antiferromagnetic textures in BiFeO$_3$ controlled by strain and electric field. Nature Communications, 2020, 11: 1704.

[185] Chauleau J Y, Chirac T, Fusil S, et al. Electric and antiferromagnetic chiral textures at multiferroic domain walls. Nature Materialsl, 2020, 19: 386-390.

[186] Finco A, Haykal A, Fusil S, et al. Imaging topological defects in a noncollinear antiferromagnet. Physical Review Letters, 2022, 128: 187201.

[187] Zhong H, Finco A, Fischer J, et al. Quantitative imaging of exotic antiferromagnetic spin cycloids in BiFeO$_3$ thin films. Physical Review Applied, 2022, 17: 044051.

[188] Thiel L, Wang Z, Tschudin M A, et al. Probing magnetism in 2D materials at the nanoscale with single-spin microscopy. Science, 2019, 364: 973-976.

[189] Song T, Sun Q C, Anderson E, et al. Direct visualization of magnetic domains and moiré magnetism in twisted 2D magnets. Science, 2021, 374: 1140-1144.

[190] Sun Q C, Song T, Anderson E, et al. Magnetic domains and domain wall pinning in atomically thin CrBr$_3$ revealed by nanoscale imaging. Nature Communications, 2021, 12: 1989.

[191] Fabre F, Finco A, Purbawati A, et al. Characterization of room-temperature in-plane magnetization in thin flakes of CrTe$_2$ with a single-spin magnetometer. Physical Review Materials, 2021, 5: 034008.

[192] Tetienne J P, Hingant T, Rondin L, et al. Spin relaxometry of single nitrogen-vacancy defects in diamond nanocrystals for magnetic noise sensing. Physical Review B, 2013,

　　　　87: 235436.

[193]　Finco A, Haykal A, Tanos R, et al. Imaging non-collinear antiferromagnetic textures via single spin relaxometry. Nature Communications, 2021, 12: 767.

[194]　Zhou T X, Carmiggelt J J, Gächter L M, et al. A magnon scattering platform. Proceedings of the National Academy of Sciences of the United States of America, 2021,118: e2019473118.

# 第 7 章　拓扑磁结构的调控

## 7.1　拓扑磁结构理论预测与分类

　　1994 年，Bogdanov 和 Hubert[1] 率先通过理论计算预言了磁系统中的斯格明子结构。依据晶格对称性，研究人员预测了 $C_{nv}$ 对称晶体中的奈尔型斯格明子和 $D_n$ 对称的布洛赫型斯格明子，如图 7-1 所示，预言了斯格明子晶格相的存在，并成功预测了可能存在斯格明子的材料体系，如 MnSi、FeGe、$FeCo_{1-x}Si_x$ 材料。2009 年，Mühlbauer 等 [2] 率先在实验上观测到了 MnSi 晶体中的布洛赫型斯格明子晶格。Kézsmárki 等 [3] 和 Romming 等 [4] 分别在体材料 $GaV_4S_8$ 和 PdFe/Ir 薄膜中实验验证了奈尔型斯格明子的稳定性。Nagaosa 和 Tokura[5] 依据涡旋性和螺旋性总结了斯格明子构型的 8 种可能性。根据 DM 矢量符号和方向，布洛赫型和奈尔型斯格明子各有两种。布洛赫型和奈尔型斯格明子的涡旋性均为 1，而与它们具有相反涡旋性的斯格明子称为反斯格明子，反斯格明子总共也有 4 种。2016 年，Koshibae 和 Nagaosa[6] 详细讨论了反斯格明子的稳定性和动力学。2017 年，Nayak 等 [7] 在 $Mn_{1.4}Pt_{0.9}Pd_{0.1}Sn$ 晶体中率先观察到了反斯格明子。依据交换相互作用的符号，强磁性材料分为铁磁材料和反铁磁材料。上述讨论的布洛赫、奈尔型和反斯格明子均是铁磁材料中斯格明子的分类。2016 年，Barker

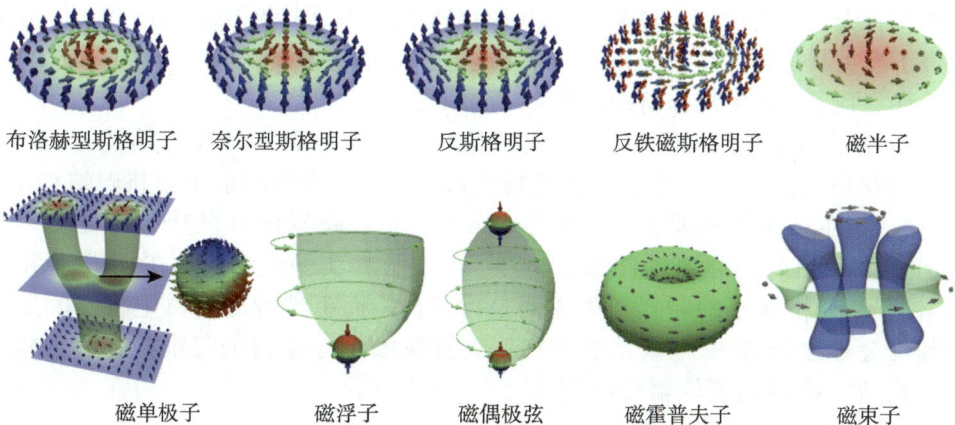

| 布洛赫型斯格明子 | 奈尔型斯格明子 | 反斯格明子 | 反铁磁斯格明子 | 磁半子 |

| 磁单极子 | 磁浮子 | 磁偶极弦 | 磁霍普夫子 | 磁束子 |

图 7-1　拓扑磁结构家族

上排，二维拓扑磁结构；下排，三维拓扑磁结构

和 Tretiakov [8] 预言了反铁磁材料中存在斯格明子，它是由两个极化和螺旋性均相反的斯格明子在两个次晶格中嵌套耦合的。反铁磁斯格明子的稳定需要 DM 相互作用、强的单轴磁各向异性和无磁场环境。Zhang 等 [9] 也通过模拟提出在反铁磁耦合的磁双层膜中存在稳定的反铁磁斯格明子。由于拓扑荷的抵消，反铁磁斯格明子没有斯格明子霍尔效应。Legrand 等 [10] 和 Dohi 等 [11] 分别报道了 Co/Pt/Ru/Co/Pt 和 Co/CoFeB/Ir/Co/CoFeB 磁双层膜中的合成反铁磁斯格明子。2020 年，Gao 等 [12] 在反铁磁材料 $MnSc_2S_4$ 中观测到了分数反铁磁斯格明子，该材料中的次磁晶格中的斯格明子的拓扑荷都是分数。2015 年，Lin 等 [13] 预言了易面螺磁体中的磁半子结构，其拓扑荷并不是整数 1，而是分数的，类似于拓扑荷等于 1/2 的磁涡旋。2018 年，Yu 等 [14] 在 CoZnMn 中实验观测到了磁半子。

　　上述关于拓扑磁结构的论述均是集中在二维尺度。实际的材料中还存在第三维度厚度，新维度的引入也进一步丰富了拓扑磁结构家族。一般地，斯格明子能够贯穿材料上下表面形成管状结构，即斯格明子管 [15,16]。两个斯格明子管如果在材料内部嵌合，形成 Y 形结构，则在内部嵌合位置会形成一个奇异点——磁单极子 [17]。2013 年，Milde 等 [17] 发现了该磁单极子的稳定实验证据。斯格明子管如果不贯穿上下表面，而是其中一端终止于材料内部，则会形成磁浮子结构 [18,19]。2018 年，研究人员在螺旋磁性材料 FeGe 中实验观测到了磁浮子 [20]。2020 年，Müller 等 [21] 计算表明，斯格明子管的上下表面都终止于材料内部，能够形成磁偶极弦三维拓扑磁结构。2022 年，Grelier [22] 在多层膜中实验验证了磁偶极弦三维磁结构的稳定性。2018 年，Samoilenka 等 [23] 和 Liu 等 [24] 独立地提出磁霍普夫子结构，计算模拟结果表明，磁结构的面外磁化强度为 0 的等势面/线能够组成特定的霍普夫子扭结。2021 年，Kent 等 [25] 在 Ir/Co/Pt 薄膜纳米盘中观测到了磁霍普夫子稳定的实验迹象。2019 年，Foster 等 [26] 和 Rybakov 等 [27] 独立预言了一类具有任意整数拓扑荷的磁结构——斯格明子袋。2021 年，Tang 等 [28] 实验观测到了三维多拓扑荷磁结构——磁束子。

　　在厚度维度上，由于磁偶极–偶极相互作用和 DM 相互作用的调制，拓扑磁结构在厚度方向上呈现了厚度调制现象，诱导了特殊的杂化拓扑磁结构，如布洛赫–奈尔杂化斯格明子，这种特殊拓扑结构在螺磁体材料 [29,30]、磁性多层膜 [31-33] 和中心对称单轴铁磁材料 [34,35] 中都被实验观测到。在二维体系中，斯格明子–斯格明子的相互作用主要是排斥的，而手性螺旋材料中特殊的厚度调制性会导致斯格明子–斯格明子相互吸引现象 [36]。丰富的三维拓扑磁结构表明了构造三维磁功能性器件的潜力。

# 7.2 拓扑磁结构的磁场、温度调控

### 7.2.1 布洛赫型斯格明子的磁场、温度调控

支撑斯格明子稳定的一个重要的磁相互作用是 DM 相互作用，它与交换相互作用的竞争会导致非共线的周期性自旋结构——螺旋畴，如图 7-2 所示[1,2]。斯格明子是中心极化方向与背景磁化方向相反的涡旋状磁结构。依据斯格明子的自旋分布特征：外部的自旋数目多于内部中心的自旋数目，因此斯格明子的平均磁化强度一般并不为 0。而外磁场是调控净磁化强度的最有效手段之一，因此斯格明子的磁场操控是最直接也是最早开展的研究内容。

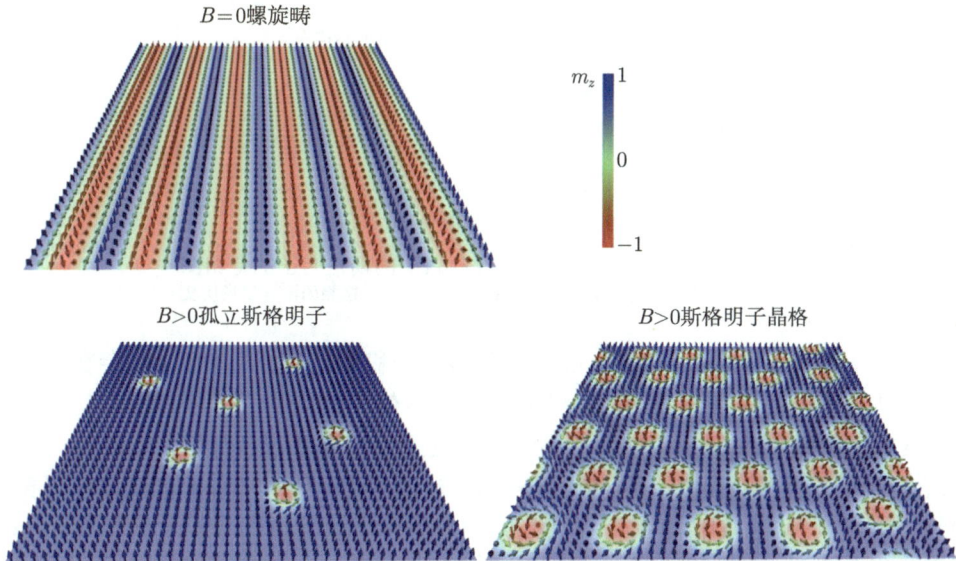

图 7-2 零磁场螺旋畴磁基态，磁场下的孤立斯格明子和斯格明子晶格

在塞曼能的作用下，施加外磁场后，与磁场方向相同的磁化区域增大，与磁场方向相反的磁化区域减小。在手性磁体中，磁矩变化的连续性使得磁基态螺旋畴在磁场作用下更倾向于发生收缩行为。一般而言，一条螺旋畴在磁场作用下最终能收缩成一个斯格明子，并不能形成大面积的斯格明子。在早期研究中，Mühlbauer 等[2]使用的研究方式是中子衍射。中子衍射是依据周期性磁结构的倒空间格点来反推磁畴分布。在大多数温度的测量中，研究人员并不能观测到手性螺旋磁体 MnSi 中的斯格明子相。然而，在接近居里温度的小范围温度区间内，研究人员观测到了符合六角密堆的周期性斯格明子晶格的衍射斑点。在接近居里温度的小范围温度区间内，磁相互作用减弱，热涨落效应能够辅助单根螺旋畴在收缩的过程中同时发生断裂，形成多个螺旋畴，进而收缩成多个斯格明子，形成致密的六角

密排斯格明子晶格分布。图 7-3 给出了斯格明子稳定的经典温度磁场相图。如图所示，斯格明子的稳定所需的磁场温度区间非常窄。随后，研究人员在其他螺旋磁材料如 FeCoSi、FeGe 和 Co-Zn-Mn 等中验证了体材料中窄斯格明子稳定磁场温度相区 [37−40]。

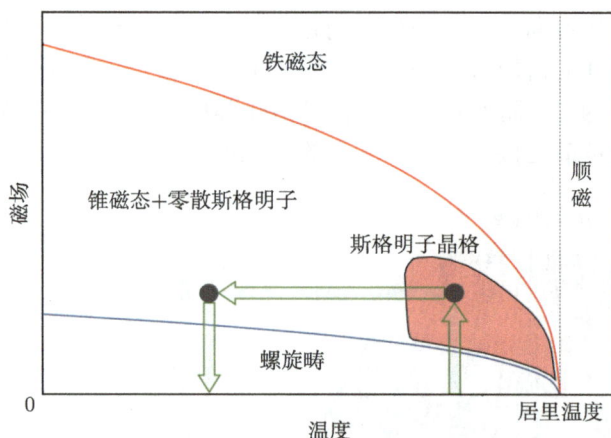

图 7-3　　布洛赫型斯格明子体材料中的斯格明子稳定相图
箭头显示低温零磁场条件下得到稳定斯格明子晶格相的温度磁场历史

　　Yu 等 [38] 和 Huang 等 [4] 揭示出斯格明子稳定的磁场/温度区间会在薄膜材料中大大拓宽。使用洛伦兹透射电镜和拓扑霍尔效应输运研究方法，研究人员发现，在 FeGe 薄膜材料中材料越薄，斯格明子稳定区间拓展效应越明显。Seki 等 [39] 也发现，相对于 $Cu_2OSeO_3$ 体材料，$Cu_2OSeO_3$ 薄膜中的斯格明子也能够在更宽的磁场温度区间稳定。Du 等利用洛伦兹透射电镜和电输运研究 MnSi 纳米线、FeGe 受限纳米条带和 FeGe 纳米盘中斯格明子的稳定性时，也验证了低维受限结构中斯格明子稳定的磁场和温度区间被极大地拓宽了 [42−44]。除了维度减小外，也有研究表明，适当地增加磁场的倾斜角度，也能够实现在更宽的磁场和温度区间内稳定斯格明子 [45]。

　　值得注意的是，图 7-3 所示的相图是依据不同温度下零磁场螺旋磁基态升磁场过程绘制的。该相图并不意味着斯格明子一定不能在其他区间内稳定存在。在磁性材料中，复杂的磁相互作用竞争下，磁化的稳定状态往往不止一个。具体的磁化状态决定于材料的磁场和温度，即磁滞行为 [46]。在接近居里温度的窄温区间内，热涨落会导致确定的磁状态，没有明显的磁滞行为。而在远离居里温度的低温区间，磁滞也广泛发生在螺旋磁性材料中。利用磁滞行为，研究人员能够在低温下实现零磁场下斯格明子晶格态 [28,47−49]，具体实现的磁场温度变化条件如下，如图 7-3 中箭头所示：① 在高温区间内，增加磁场可以实现斯格明子晶格；② 固定磁场大小，降低温度到低温，此时，斯格明子晶格能够保持到低温；③ 固定低温，减小磁场到零磁场。另外要强调的是，低温下的斯格明子晶格在施加磁场达到铁磁态或锥磁态，然后退磁场之后的稳定态也是螺旋磁畴态。低温下斯格明子晶格作为亚稳相，需要经历图 7-3 所示的复杂磁场、热场过程才能实现。低温下螺旋磁材料的磁滞行为意味着孤立的斯格明子能够很好地稳定在均匀的铁磁 (锥磁) 磁化背景中，稳定的磁场和温度空间很大，这也是单个斯格明子动力学 (产生、湮灭和运动) 可靠性电学操控的重要前提。

### 7.2.2　奈尔型斯格明子的磁场、温度调控

奈尔型斯格明子存在于具有极化磁性体材料 $GaV_4S_8$[4]、$VOSe_2O_5$[50] 以及 PtMnGa 合金中 [51]。在 $C_{3v}$ 对称的 $GaV_4S_8$ 和 $VOSe_2O_5$ 体材料中，奈尔型斯格明子晶格只能稳定在接近居里温度的磁场和温度区间。奈尔型斯格明子与布洛赫型斯格明子稳定磁场条件不同。对于布洛赫型斯格明子，DM 相互作用是各向同性的，在具有弱磁晶各向异性的手性磁体中，布洛赫型斯格明子的中心极化方向总是与外磁场方向相反。而在奈尔型斯格明子体材料中，各向异性 DM 相互作用促使周期自旋调制的 $q$ 矢量始终垂直于磁体的极化方向，这种稳定的零磁场磁基态称为磁摆线 (cycloidal)。施加磁场后，稳定的奈尔型斯格明子晶格的中心极化方向始终与晶体极化轴平行。因此，如果沿着其他非极化轴晶面观测，奈尔型斯格明子晶格是扭曲变形的。Srivastava 等 [51] 在 PtMnGa 合金中发现，奈尔型斯格明子的尺寸与材料厚度相关，材料厚度越薄，斯格明子尺寸越小，变化范围为 90 ~ 800 nm，并且其中的奈尔型斯格明子能够在高达 1 T 的面内磁场下稳定。

在金属/重金属多层膜中，界面的反演对称性破缺以及强的自旋轨道耦合诱导界面型 DM 相互作用能够稳定奈尔型斯格明子 [3,52-54]。在薄膜材料中，稳定斯格明子的另一个重要的磁相互作用是界面诱导的垂直磁各向异性。多种磁相互作用的竞争也会导致薄膜材料中斯格明子稳定的复杂性。Woo 等 [55] 的计算结果表明，薄膜中的纯奈尔型斯格明子需要合适的饱和磁化强度和强的 DM 相互作用。体材料中的布洛赫型斯格明子的尺寸是特征参数，而薄膜中奈尔型斯格明子尺寸并不固定，受到材料厚度、环境温度等调制，甚至在同一磁场下，能够观测到直径变化范围很大的斯格明子，薄膜中的规则斯格明子晶格形成的报道也较少 [55-57]。薄膜中奈尔型斯格明子的稳定磁场范围变化也很大，CoFeB/Ta 薄膜中的 0.4 ~ 0.6 mT 到 Fe/Ir 薄膜中的 2 T 都有报道 [58,59]。铁磁/重金属多层膜结构中，铁磁层可以是 Fe、Co、CoFeB 等具有高居里温度的金属薄膜，因此薄膜中的奈尔型斯格明子大都具有优异的室温稳定性。

### 7.2.3  反斯格明子的磁场、温度调控

反斯格明子主要存在于具有 $D_{2d}$ 对称的 $Mn_{1.4}Pt_{1-x}Pd_xSn^{[7]}$、$Mn_2Rh_{0.95}$ $Ir_{0.05}Sn^{[60]}$，以及 $S_4$ 对称的 $(FeNi)_{3-x}Pd_xP^{[61]}$ 合金块体材料中，它们的居里温度分别是约 400 K、约 250 K 和约 400 K。与布洛赫型斯格明子体材料不同，在这些反斯格明子体材料中，反斯格明子 (晶格) 在整个测量温区范围内都广泛稳定，并不只局限于接近居里温度温区。此外，材料中各向异性 DM 相互作用使得自旋周期调制的 $q$ 矢量只能沿着面内两个垂直的晶轴方向，一般是 $ab$ 面内的 [100] 和 [010] 晶轴，因此稳定反斯格明子的磁场要求沿着晶体的 [001] 方向 [7]。这些反斯格明子体材料中往往还具有垂直磁晶各向异性，其易磁化方向也沿着晶体 [001] 轴。如果不考虑 DM 相互作用，材料的垂直磁晶各向异性、偶极相互作用的竞争也能够稳定传统磁泡畴 [62,63]。依据磁泡畴壁的类型，磁泡可分为类型 I 磁泡和类型 II 磁泡 [35,64-67]。在反斯格明子体材料中，垂直磁晶各向异性和各向异性 DM 相互作用共存，因此两类磁泡和反斯格明子也能够同时共存，这也在实验上被大量观察到 [68-70]。需要指出的是，类型 I 磁泡与手性布洛赫型斯格明子结构相似，拓扑荷相同。因此，在反斯格明子体材料中，类型 I 磁泡也更普遍地称为布洛赫型斯格明子，而类型 II 磁泡称为拓扑平庸磁泡。由于反斯格明子体材料中各向异性 DM 相互作用的调制效应，类型 I 磁泡并不是圆形结构，而是椭圆形的，也称为椭圆形斯格明子。椭圆形斯格明子的长轴一直垂直于基态条纹畴 $q$ 矢量的两种取向，且椭圆形斯格明子的螺旋性与长轴方向锁定。由于反斯格明子的涡旋性与布洛赫型和奈尔型斯格明子的涡旋性反号，斯格明子的中心极化方向受外磁场选择，始终与外磁场方向相反。因此，在同一磁场条件下，布洛赫型斯格明子与反斯格明子的拓扑荷符号相反。这也意味着在反斯格明子体材料中，研究人员能够同时得到拓扑荷等于 +1 和 −1 的拓扑斯格明子结构。多种共存的拓扑磁结构也带来了新的器件设计可行性，譬如斯格明子–反斯格明子存储器 [71]。

在磁泡材料中，两类磁泡的区分是畴壁上一对布洛赫线的出现。畴壁布洛赫线更容易在面内磁场条件下稳定，因此面内磁场是调节两类磁泡转变的重要途径。与传统磁泡材料相比，反斯格明子体材料虽然多了各向异性 DM 相互作用，但也发现面内磁场能够调制其中的局域磁结构。例如，适当地施加倾斜磁场再转正外磁场，能够增加反斯格明子密度 [7]，面内磁场能够调控反斯格明子、椭圆形斯格明子和磁泡之间的拓扑转变 [69]。另外，研究显示，椭圆形斯格明子和磁泡比反斯格明子具有更好的磁场稳定性，在磁场增强的过程中，能够发生反斯格明子到椭圆形斯格明子或磁泡的拓扑转变 [68]。Jena 等在 170 nm 厚的 $Mn_{1.4}Pt_{0.9}Pd_{0.1}Sn$ 材料中发现，相对于反斯格明子，椭圆形斯格明子具有更宽的温度稳定区间 [68]。研究也发现，随

着材料厚度的减小，反斯格明子尺寸也随之减小，表明磁偶极–偶极相互作用在这些材料中对于局域磁结构的稳定起着非常重要的作用 [72,73]。

### 7.2.4  磁束子的产生

斯格明子是局域磁涡旋结构，其拓扑不变量可用拓扑磁荷 ($Q$) 来描述。$Q$ 表征磁矩分布状态映射到一个序参量空间 (通常为一个布洛赫球) 时，其环绕序参量空间的次数。斯格明子所具有的丰富的拓扑相关磁学与电学特性，为科学研究开辟了新的领域——拓扑磁电子学。2009 年，实验首次发现布洛赫型斯格明子以来 [2]，已经有多类磁结构加入拓扑磁类粒子家族，如图 7-1 所示。它们的 $Q$ 为特征参数，大多等于 1。在以往的拓扑磁电子学器件构筑中，信息编码方式为 $Q$ 为 “1” 的拓扑磁结构和 $Q$ 为 “0” 的其他拓扑平庸磁畴 (如铁磁态)，信息操控是通过电调控 $Q$ 在 “1” 和 “0” 之间转变来完成的。类比元素原子核的电荷自由度，拓扑磁学领域的一个自然疑问：拓扑磁荷 $Q$ 是否可以为自由序参量？2019 年，研究人员理论预言了一类新型拓扑磁结构——斯格明子袋 (skyrmion bag 或 skyrmion sack)[26,27]，即数个斯格明子被一个拓扑荷翻转的斯格明子包围的袋子状磁结构。如果斯格明子袋内部的斯格明子数目为 $n$，则斯格明子袋 $Q = n - 1$。特别地，由于斯格明子袋内部斯格明子数目理论上为任意整数，因此它们的拓扑荷可以为包括 0 在内的任意整数。并且，斯格明子袋能够呈现出更为复杂的磁构型。例如，在一个斯格明子袋中再嵌套一个斯格明子袋，形成双嵌套斯格明子袋等。因此，具有任意整数拓扑荷和复杂磁构型的斯格明子袋能够极大地丰富和拓宽传统拓扑磁结构的研究，也能够用来构建独特的拓扑自旋功能器件。例如，Foster 等 [26] 指出，不同拓扑荷和构型的斯格明子袋能够使用 ASCII 美国信息交换标准码二进制编码来作信息存储；当斯格明子袋内部的斯格明子数目为 1 时 (也称为类斯格明子 (skyrmionium))，由于其零拓扑荷的本质，更适合用来构建赛道存储器 [74]；最近的理论模拟研究也揭示出斯格明子袋的丰富有趣的拓扑荷相关的电流驱动磁动力学，应用于数据分箱器件 [75,76]。虽然斯格明子袋丰富独特的拓扑磁性有望应用在未来的磁功能器件中，但关于斯格明子袋的研究尚且停留在理论模拟层面 [26,27,77,78]。在磁性模拟研究中，可以通过弛豫初始化特殊的袋状磁构型来得到斯格明子袋。但在实验上，这种模拟研究中纳米尺度下灵活地操控自旋的集体行为难以实现，因此需要开发出更易于实验实现的斯格明子袋可控产生的办法。斯格明子袋磁构型表明，内部斯格明子的极化方向和旋转方向均与外部环形螺磁态的极化方向和旋转方向相反。而在给定垂直磁场下，只有中心极化方向与磁场方向相反的斯格明子才能够稳定存在。因此，通过施加磁场无法同时得到内部斯格明子和外部环状螺磁态，即不能实现斯格明子袋。

上述的斯格明子袋为二维尺度计算模拟结果。在实际材料中，还需要考虑第三个维度厚度。在一定厚度的螺旋磁性材料中，DM 相互作用下的磁化背景并不是均匀铁磁态，而是锥磁态。在锥磁磁化背景下，Tang 等 [28] 发现斯格明子袋状结果不能始终稳定在三维体系中，如图 7-1 所示。虽然在中间层中，磁构型仍保留为斯格明子袋，但在表面处，斯格明子袋会转变成多拓扑荷高阶斯格明子结构。这种三维的多拓扑荷磁结构被研究人员命名为 "磁束子" (skyrmion bundle)。

如图 7-4 所示，研究人员进一步发展了两步法来实现磁场诱导磁束子的产生 [28,79,80]：① 首先通过施加磁场实现内部斯格明子，再退磁场到零得到零磁场斯格明子和螺磁共存态，该零磁场共存态可以通过场冷的方式得到；② 在零磁场斯格明子和螺磁共存态的基础上反向施加磁场，在一定的磁场下，斯格明子仍能稳定存在并且螺磁态收缩并完全包裹住斯格明子，最终形成磁束子。利用该方法，研究人员已经能够实现拓扑荷最大为 55 的磁束子。反转磁场的方式随后也用来发现其他新颖的拓扑磁学现象，例如，Zheng 等 [81] 利用反转磁场方法实现了斯格明子–反斯格明子对；Ukleev 等 [82] 利用反转磁场方法观测到了斯格明子晶格拓扑融化的现象。

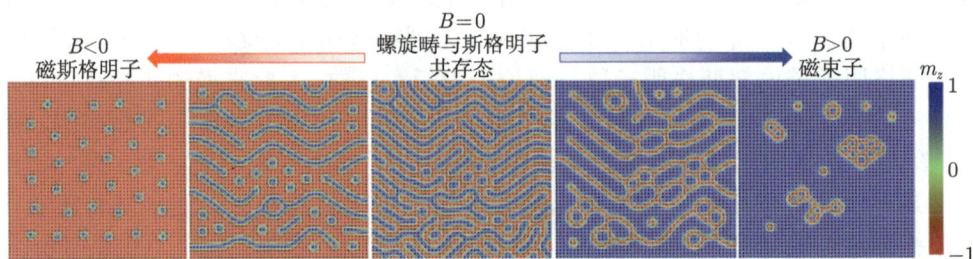

图 7-4    反转磁场实现磁束子

## 7.3    电流诱导的斯格明子产生、湮灭和运动

### 7.3.1    电流诱导的斯格明子产生及湮灭

在斯格明子自旋电子学器件中，信息的写入和删除主要依赖于电学控制的斯格明子产生和湮灭。2013 年，Romming 等 [4] 率先利用原子针尖的隧穿电流实现了 4 K 温度下 PdFe/Ir 薄膜中斯格明子的产生和湮灭。能与斯格明子产生相互作用的电流效应主要有焦耳热效应、奥斯特场效应和自旋力矩效应 (包括自旋转移力矩和自旋轨道力矩)。

磁性材料的主要磁性参数，包括交换相互作用、磁晶各向异性和饱和磁化强度等，一般都是与温度相关的函数。在焦耳热作用下，磁性材料的斯格明子稳定有效磁场也随之变化，进而能够实现在固定磁场下用焦耳热操控斯格明子的产生，其中最典型的是焦耳热诱导的条纹畴/螺旋畴到斯格明子晶格/团簇的转变, 比如 Zhao 等报道的 FeGe[83], Lemesh 等报道的 $[Pt/CoFeB/MgO]_{15}$ 磁性多层膜。焦耳热效应与脉冲电流的大小、脉冲持续时间呈正相关, 而与电流的方向无关。因此, 研究人员可以通过改变脉冲电流参数来判断斯格明子相关效应是否源于电流诱导的焦耳热效应。

奥斯特磁场效应是电流的一个经典效应。依据毕奥–萨伐尔 (Biot-Savart) 定律, 电流产生的磁场大小与电流大小成正比, 并且与电流方向相关。Je 等 [84] 依据电流的奥斯特磁场效应, 通过改变电流的方向来实现斯格明子的定向产生和消除操作。Woo 等 [55] 通过构造微纳圆环线圈, 利用奥斯特场实现了受限圆盘结构中斯格明子的产生。因为奥斯特磁场方向是与电流相关的, 改变电流的方向, 奥斯特磁场方向也会相应改变。因此, 研究人员可以通过电流方向来判断斯格明子相关效应是否源于奥斯特磁场效应。

自旋极化电流通入磁性材料中后, 电子的自旋角动量作用于磁矩, 进而实现对磁矩取向的改变, 该效应称为自旋力矩效应 [85]。自旋力矩效应是目前操控自旋的主要方式之一, 具有高速度和低能耗的优势, 在当前自旋电子学器件的发展中具有重要的地位。电流通过磁性材料本身或者具有强自旋轨道耦合的非磁性材料都能够发生自旋极化, 前者称为自旋力矩效应 [86], 后者称为自旋轨道力矩 [87]。

研究人员理论上提出了多种自旋流控制斯格明子产生和湮灭的方式: Sampaio 等 [88] 提出多层膜结构, 改变邻近层的磁化方向, 通过垂直方向的自旋流实现受限圆盘中斯格明子的产生和消失; Zhou 等 [89] 和 Heinonen 等 [90] 提出在宽窄几何结构中, 电流能够推动畴壁形成斯格明子, 该方法在实验中被验证 [58]; De Lucia 等 [91] 通过计算模拟, 展示了单个钉扎斯格明子在不同脉冲自旋极化电流参数下的湮灭过程; Iwasaki 等 [92,93] 提出构造边缘矩形人工缺陷, 利用缺陷边缘的非均匀磁化来实现电流诱导斯格明子的产生; Büttner 等 [94] 和 Wang 等 [95] 在实验上也分别在 $(Pt/CoFeB/MgO)_{15}$ 薄膜和 FeGe 上验证了该方法。利用材料自然杂质缺陷等诱导的不均匀磁化, 自旋力矩也被发现能够用来产生斯格明子 [56,94]。

同时实现电流操控单个斯格明子产生和湮灭是器件单数据比特写入/删除操作的基本需求。由表 7-1 所示, 电流同时操控斯格明子的产生和湮灭仅在少数体系中被实现: Wang 等 [95] 通过改变电流方向驱动斯格明子远离和接近矩形人工缺陷实现; Woo 等 [96] 基于自然杂质对不同电流的动力学响应实现; Yang 等 [97] 利用接触电流处强的焦耳热和反向电流自旋转移力矩效应实现; Wei 等利用不同大小电流的焦耳热和自旋转移力矩效应实现斯格明子–磁泡的相互转变; Jiang 等 [98] 基于复杂电流诱导焦耳热效应实现单斯格明子链中拓扑荷的可逆性操控; Zhao 等 [49] 基于螺旋畴的边界失稳性和自旋力矩效应, 通过改变电流方向实现不同极化斯格明子的产生和湮灭等。斯格明子器件的可靠性写入/删除需要可靠的可逆产生/湮灭操作。

表 7-1　　电流操控斯格明子 (磁泡) 产生/湮灭的实验参数

| 材料 | 电流密度/(A/m²) | 脉冲宽度/ns | 操作 | 物理机制 | 文献 |
|---|---|---|---|---|---|
| Ta/CoFeB/TaO$_x$ | $5 \times 10^9$ | 1000 (单脉冲) | 产生 | 自旋力矩 | [58] |
| Ta/Co/(Pt/Ir/Co)$_{10}$/Pt | $2.38 \times 10^{11}$ | 200 (约 1000 脉冲) | 产生 | 焦耳热 | [56] |
| Ta/Co/(Pt/Ir/Co)$_{10}$/Pt | $2.38 \times 10^{10}$ | 100000 | 产生 | 自旋力矩 | [99] |
| (Pt/CoFeB/MgO)$_{20}$ | $1.6 \times 10^9$ | 20 ns (双极性脉冲) | 产生 | 自旋力矩 | [100] |
| (Pt/CoFeB/MgO)$_{15}$ | $3 \times 10^{11}$ | 7.5 (约 10000 脉冲) | 产生 | 焦耳热 | [101] |
| Pt/Co$_2$FeAl | $6 \times 10^{11}$ | 30 | 产生 | 自旋力矩 | [102] |
| Pt/Ni/Co/Ni/Au/Ni/Co/Ni/Pt | $2.6 \times 10^{11}$ | 7 (单脉冲) | 产生 | 热 + 自旋力矩 | [103] |
| (Pt/CoFeB/MgO)$_{15}$ | $2.6 \times 10^{11}$ | 12 (单脉冲) | 产生 | 自旋力矩 | [95] |
| (Pt/Co/Ta)$_{15}$ | $6 \times 10^{11}$ | 6 (143 MHz, 30 s) | 产生 | 奥斯特场 | [55] |
| (Pt/Co/Ir)$_{15}$ | $1.6 \times 10^9$ | 50000 | 产生 | 自旋力矩 | [104] |
| W/CoFeB/Ta | 1.3 V (电压) | $3 \times 10^7$ (单脉冲) | 产生 | 焦耳热 | [98] |
| W/CoFeB/Ta | 1.0 V (电压) | $3 \times 10^7$ | 湮灭 | 自旋力矩 | [98] |
| (Pt/GdFeCo/MgO)$_{20}$ | $2.5 \times 10^{10}$ | 10 (单脉冲) | 产生 | 自旋力矩 | [97] |
| (Pt/GdFeCo/MgO)$_{20}$ | $2.5 \times 10^{10}$ | 10 (单脉冲) | 湮灭 | 自旋力矩 | [97] |
| (Pt/Co/MgO)$_{15}$ | $6.8 \times 10^{11}$ | 30 (单脉冲) | 产生 | 焦耳热 | [85] |
| (Pt/Co/MgO)$_{15}$ | $6.8 \times 10^{11}$ | 30 (单脉冲) | 湮灭 | 奥斯特场 | [85] |
| Co$_8$Zn$_{10}$Mn$_2$ | $4.26 \times 10^{10}$ | 20 | 产生 | 自旋力矩 | [96] |
| Co$_8$Zn$_{10}$Mn$_2$ | $4.06 \times 10^{11}$ | 20 | 湮灭 | 自旋力矩 | [96] |
| Fe$_3$Sn$_2$ | $3.79 \times 10^{10}$ | 80 | 产生 | 自旋力矩 | [65] |
| Fe$_3$Sn$_2$ | $4.43 \times 10^{10}$ | 80 | 湮灭 | 焦耳热 | [65] |
| FeGe | $8 \times 10^8$ | 10 | 产生 | 自旋力矩 | [49] |
| FeGe | $8 \times 10^{10}$ | 10 | 湮灭 | 自旋力矩 | [49] |
| FeGe | $1.7 \times 10^{11}$ | 20 (单脉冲) | 产生 | 焦耳热 | [84] |

### 7.3.2　电流驱动斯格明子运动

　　斯格明子动力学可以用 Thiele 集体坐标近似来描述 [75,91,104−106]。假设斯格明子运动过程是刚性的没有变形,斯格明子的中心位置为 $(X, Y)$,斯格明子动力学方程如下:

$$\frac{\partial \boldsymbol{m}}{\partial t} \approx \frac{\mathrm{d}X}{\mathrm{d}t} \cdot \frac{\partial \boldsymbol{m}}{\partial X} + \frac{\mathrm{d}Y}{\mathrm{d}t} \cdot \frac{\partial \boldsymbol{m}}{\partial Y} = -(\boldsymbol{v} \cdot \nabla)\boldsymbol{m} \tag{7-1}$$

这里,$\boldsymbol{m}$ 是磁化单位矢量;$\boldsymbol{v}$ 是斯格明子运动速度;$t$ 是时间。自旋力矩主要包含自旋转移力矩的朗道–利弗西兹–吉尔伯特 (Laudau-Lifshiz-Gilbert,LLG) 方程,可以写成

$$\gamma \boldsymbol{m} \times \boldsymbol{H}_{\mathrm{eff}} = [(\boldsymbol{u} + \boldsymbol{v}) \cdot \nabla]\boldsymbol{m} - \boldsymbol{m} \times [(\beta\boldsymbol{u} + \alpha\boldsymbol{v}) \cdot \nabla]\boldsymbol{m} - \gamma \boldsymbol{m} \times \boldsymbol{H}_{\mathrm{pin}} \tag{7-2}$$

这里,$\gamma$ 是旋磁比;$\boldsymbol{H}_{\mathrm{eff}}$ 是整体有效场;$\alpha$ 是吉尔伯特阻尼因子;$\beta$ 是非绝热参数。式 (7-2) 右项中的前两项代表自旋转移力矩的贡献,第三项代表材料无序 (包括杂质和人工缺陷等) 所引入的钉扎力矩。自旋转移力矩的大小用 $\boldsymbol{u} = \dfrac{gP\mu_{\mathrm{B}}}{2eM_{\mathrm{s}}}\boldsymbol{j}$ 来表示,

其中参数 $g$ 是朗德因子；$\mu_B$ 是玻尔磁矩；$e$ 是电子电荷；$M_s$ 是饱和磁化强度；$P$ 是自旋极化率。通过引入拓扑荷 $Q$，式 (7-2) 可以展开为著名的 Thiele 运动公式：

$$\boldsymbol{G} \times (\boldsymbol{u} + \boldsymbol{v}) + D(\beta\boldsymbol{u} + \alpha\boldsymbol{v}) = 0 \tag{7-3}$$

注意，式 (7-3) 不考虑钉扎力矩，即 $\boldsymbol{H}_{\text{pin}} = 0$；$\boldsymbol{G} = Ge_z = 4\pi Qe_z$ 代表马格努斯 (Magnus) 力，这里 $\boldsymbol{e}_z$ 是沿着 $z$ 轴的单位矢量；$D$ 是 $2 \times 2$ 矩阵，$D_{i,j} = 4\pi\eta_{ij}$。形状因子 $\eta$ 可以通过下式计算：

$$\eta_{i,j} = (1/4\pi)\int (\partial_i \boldsymbol{m} \cdot \partial_j \boldsymbol{m})\mathrm{d}x\mathrm{d}y \tag{7-4}$$

假设电流的方向沿着 $x$ 轴，即 $\boldsymbol{u} = (u_{xy}, 0)$，我们可以得到 Thiele 公式的速度求解形式：

$$v_x = -\frac{G^2 + (D_{xx}D_{yy} - D_{xy}D_{yx})\alpha\beta - D_{xy}G(\alpha - \beta)}{G^2 + \alpha^2(D_{xx}D_{yy} - D_{xy}D_{yx})}u_x \tag{7-5}$$

$$v_y = -\frac{(\alpha - \beta)D_{xx}G}{G^2 + \alpha^2(D_{xx}D_{yy} - D_{xy}D_{yx})}u_x \tag{7-6}$$

由上式可以看出，当只在 $x$ 轴方向施加自旋极化电流时，斯格明子不仅在 $x$ 轴方向具有运动速度，在 $y$ 轴方向也具有运动速度。这种偏离于电流方向运动的效应也称为斯格明子霍尔效应。其中斯格明子霍尔角可以表达为

$$\theta_{\text{H}} = \arctan\frac{v_y}{v_x} = \arctan\left[\frac{(\alpha - \beta)\eta_{xx}Q}{Q^2 + (\eta_{xx}\eta_{yy} - \eta_{xy}\eta_{yx})\alpha\beta - \eta_{xy}Q(\alpha - \beta)}\right] \tag{7-7}$$

对于轴对称的连续变化斯格明子构型，它的直径为 $d$，畴壁宽度为 $\gamma_{\text{DW}}$，那么它的形状因子可以表示为

$$\eta_{xx} = \eta_{yy} = \pi^2 d/(8\gamma_{\text{DW}}) \tag{7-8}$$

$$\eta_{xx} = \eta_{yy} = 0 \tag{7-9}$$

对于自旋转移力矩主导的斯格明子运动，其霍尔角公式 (7-7) 可以简化为

$$\theta_{\text{H}} = \arctan\left[\frac{(\alpha - \beta)\eta_{xx}Q}{Q^2 + \eta_{xx}^2\alpha\beta}\right] \tag{7-10}$$

对于磁性材料，一般有 $\alpha \ll 1$，$\beta \ll 1$，在此近似下，自旋转移力矩主导的斯格明子运动方程式 (7-5) ～ 式 (7-7) 还可以作进一步简化

$$v_x \approx -u_x \tag{7-11}$$

$$v_y \approx -\frac{(\alpha - \beta)\eta_{xx}}{Q}u_x \tag{7-12}$$

$$\theta_{\mathrm{H}} = \arctan\left[\frac{(\alpha - \beta)\eta_{xx}}{Q}\right] \tag{7-13}$$

注意，式 (7-2)～式 (7-6) 关于斯格明子运动的方程的描述全是基于自旋转移力矩效应。基于自旋轨道力矩，相应的 Thiele 方程推论的速度表达形式为

$$v_x = -\frac{\alpha D_{xx}}{G^2 + \alpha^2(D_{xx}D_{yy} - D_{xy}D_{yx})}\zeta_0 u_x \tag{7-14}$$

$$v_y = -\frac{G}{G^2 + \alpha^2(D_{xx}D_{yy} - D_{xy}D_{yx})}\zeta_0 u_x \tag{7-15}$$

式中，$\zeta_0$ 是与拓扑磁结构自旋构型相关的常数。自旋轨道力矩主导下的斯格明子运动的霍尔角为

$$\theta_{\mathrm{H}} = \arctan\frac{v_y}{v_x} = \arctan\left(\frac{Q}{\alpha\eta_{xx}}\right) \tag{7-16}$$

在 $\alpha \ll 1$，$\beta \ll 1$ 近似下，自旋轨道力矩主导的斯格明子运动方程式 (7-14) 和式 (7-15) 可以作进一步简化

$$v_x \approx -\frac{\alpha\eta_{xx}}{Q^2}\zeta_0 u_x \tag{7-17}$$

$$v_y \approx -\frac{1}{Q}\zeta_0 u_x \tag{7-18}$$

在薄膜材料中，斯格明子的尺寸可大到微米尺度，它们的磁矩从中心到外围的 180° 自旋反转不是连续反转，而是主要发生于畴壁处。因此，薄膜中的斯格明子也可以称为斯格明子磁泡[57,58]。对于斯格明子磁泡，$d > \gamma_{\mathrm{DW}}$。对于特定的磁性材料，其阻尼因子 $\alpha$ 和非绝热参数 $\beta$ 是内禀参数。因此，斯格明子磁泡的霍尔角主要决定于 $d/\gamma_{\mathrm{DW}}$，虽然畴壁宽度 $\gamma_{\mathrm{DW}}$ 决定于磁性材料的主要磁性参数，但斯格明子磁泡的直径 $d$ 能够被调控。例如，磁场增大时，$d$ 减小，进而斯格明子磁泡的形状因子 $\eta_{xx}$ 减小。由此可以看出，斯格明子磁泡的霍尔角能够被磁场调控。但是自旋转移力矩和自旋轨道力矩作用下的霍尔角变化不同。由式 (7-13) 可知，磁场增大时，自旋转移力矩主导下的斯格明子霍尔角减小；由式 (7-16) 可知，磁场增大时，自旋轨道力矩主导下的斯格明子霍尔角增大。磁场影响的斯格明子霍尔角的研究已由实验观察到，例如，Jiang 等[107] 和 Litzius 等[108] 在 CoFeB/Pt 薄膜中分别独立地观测到，磁场越大，斯格明子磁泡霍尔角越大，这符合自旋轨道力矩主导的斯格明子霍尔角表达关系。对于体

材料 (例如 MnSi、FeGe 和 CoZnMn 等) 中的斯格明子结构, 自旋的 180° 反转连续从中心到外围, 因此 $d = \gamma_{DW}$。由此, 标准的斯格明子构型的斯格明子霍尔角应该是一个内禀的数值, 与斯格明子直径等无关。另外, 斯格明子霍尔角公式是一个与电流密度无关的函数。而在斯格明子霍尔角的实验研究中, 斯格明子霍尔角在薄膜材料和体材料中均体现了强的电流相关性。例如, Jiang 等 [107] 和 Litzius 等 [108] 在 CoFeB/Pt 薄膜中发现, 电流越大, 斯格明子磁泡的霍尔角越大; Juge 等 [109] 在 Co/Pt 薄膜中也观察到了斯格明子霍尔角随电流增大而增大的现象; Wang 等 [95] 和 Peng 等 [110] 在体材料 CoZnMn 系列材料中观察到斯格明子霍尔角随电流增大而减小的现象。这是因为式 (7-5)~ 式 (7-14) 并没有考虑杂质钉扎力矩的影响 [105]。Zeissler 等 [111] 发现, 由于多层膜中具有复杂的局域杂质, 所以斯格明子磁泡的霍尔偏转行为与直径大小没有关系。

在实际材料中, 杂质钉扎是难以避免的。杂质钉扎效应首先会引入一个临界驱动电流密度 $j_c$。当电流密度低于 $j_c$ 时, 斯格明子保持静止状态 [111]。临界电流密度 $j_c$ 受材料杂质类型和大小等影响。Jonietz 等 [112] 研究了斯格明子晶格在电流驱动下的转动动力学, 发现 MnSi 材料中斯格明子动力学相应的临界电流密度在 $10^6$ A/m$^2$, 比驱动一般畴壁的临界电流密度 ($10^{11} \sim 10^{12}$ A/m$^2$) 小 $5 \sim 6$ 个数量级。如此低的临界电流密度使得斯格明子成为低功耗信息载体的优选载体。值得注意的是, 如表 7-2 所示, 在后续实空间运动动力学观测实验中, 孤立斯格明子运动的临界电流密度在 $10^9 \sim 10^{11}$ A/m$^2$ 数量级。也有研究发现, 脉冲电流的持续时间越长, 斯格明子运动的临界电流越小 [95]。

**表 7-2 电流驱动斯格明子 (磁泡) 运动的实验参数**

| 材料 | 临界电流密度/(A/m$^2$) | 霍尔角/(°) | 速度 @ 电流密度/(m/s)@(A/m$^2$) | 文献 |
|---|---|---|---|---|
| MnSi | $10^6$ | — | — | [113] |
| Ta/CoFeB/TaO$_x$ | $3 \times 10^{10}$ | $0\sim30$ | 0.75@$6 \times 10^{10}$ | [108] |
| (Pt/CoFeB/MgO)$_{15}$ | $5 \times 10^{10}$ | $10\sim35$ | 100@$5 \times 10^{11}$ | [109] |
| Ta/Co/(Pt/Ir/Co)$_{10}$/Pt | — | — | 0.5@$3 \times 10^{11}$ | [56] |
| (Pt/CoFeB/MgO)$_{15}$ | $2 \times 10^{11}$ | $0\sim25$ | 90@$6 \times 10^{11}$ | [109] |
| Ta/CoFeB/TaO$_x$ | $1 \times 10^{10}$ | — | 0.45@$3 \times 10^{10}$ | [99] |
| (Pt/CoFeB/MgO)$_{15}$ | $2 \times 10^{11}$ | — | 100@$5.2 \times 10^{11}$ | [55] |
| (Pt/Co/Ta)$_{15}$ | $2 \times 10^{11}$ | — | 50@$3.5 \times 10^{11}$ | [55] |
| FeGe | $2.5 \times 10^{10}$ | 62 | 1@$4.2 \times 10^{10}$ | [28] |
| Co$_8$Zn$_{10}$Mn$_2$ | $5 \times 10^9$ | $15\sim50$ | 4@$3.5 \times 10^{10}$ | [96] |
| Co$_9$Zn$_9$Mn$_2$ | $2 \times 10^{10}$ | $25\sim80$ | 3.3@$7.6 \times 10^{10}$ | [111] |
| Co/Pt | $3 \times 10^{11}$ | $20\sim50$ | 100@$7 \times 10^{11}$ | [109] |
| YIG/TmIG/Pt | $1 \times 10^{10}$ | $35\sim42$ | 10@$6 \times 10^{11}$ | [57] |
| (Pt/CoB/Ir)$_5$ | — | 9 | 6@$1.2 \times 10^{12}$ | [112] |
| W/CoFeB/Ta | — | 10.6 | — | [98] |
| (Co/Pd)$_2$/Co/Ir/Pt/(Co/Pd)$_3$/Co | $3 \times 10^{10}$ | $2\sim15$ | 0.5@$2.3 \times 10^{11}$ | [119] |

| 材料 | 临界电流密度/(A/m²) | 霍尔角/(°) | 速度 @ 电流密度 /(m/s)@(A/m²) | 文献 |
|---|---|---|---|---|
| Pt/GdFeCo | $4.9 \times 10^{10}$ | $3\sim20$ | $50@3.55 \times 10^{11}$ | [118] |
| Co/CoFeB/Ir/Co/CoFeB | $5 \times 10^{10}$ | 0 | $5@1.2 \times 10^{11}$ | [11] |
| Pt/Co/CoFeB/Ir | $3 \times 10^{11}$ | $0\sim20$ | $1@5 \times 10^{11}$ | [11] |
| (Pt/Co/MgO)₁₅ | $3 \times 10^{11}$ | $0\sim22$ | $24@5.8 \times 10^{11}$ | [120] |
| Fe₃GeTe₂ | — | — | $1@1.4 \times 10^{11}$ | [121] |

Iwasaki 等 [105] 推导出，斯格明子沿着电流垂直方向的横向运动速度受到杂质的影响较小，垂直偏转的运动速度受影响较大，考虑杂质钉扎后的霍尔角可以写成

$$
\theta_{\mathrm{H}} = \arctan\left[\frac{\left(\alpha D + \dfrac{A}{v_{\mathrm{d}}}\right)G - \beta D G}{\left(\alpha D + \dfrac{A}{v_{\mathrm{d}}}\right)\beta D + G^2}\right] \tag{7-19}
$$

其中，$A$ 是唯象的等效钉扎速度；$v_{\mathrm{d}}$ 是总运动速度：

$$
v_{\mathrm{d}} = \frac{\sqrt{(\alpha DA)^2 + (\alpha^2 D^2 + G^2)[(\beta^2 D^2 + G^2)u_x^2 - A^2]}}{\left(\alpha D + \dfrac{A}{v_{\mathrm{d}}}\right)\beta D + G^2} \tag{7-20}
$$

由式 (7-17) 可知，霍尔角也是关于电流密度的复杂函数。计算模拟结果显示，在不同的 $\alpha$ 和 $\beta$ 参数下，斯格明子霍尔角可能随着电流密度的增大而增大，也可能随着电流密度的增大而减小，甚至发生符号的转变 [105]。

斯格明子电子学器件的运算速度决定于斯格明子的运动速度，因此高速斯格明子也是研究人员关注的重点。根据式 (7-14)，在 $\alpha \ll 1$，$\beta \ll 1$ 近似下，自旋转移力矩主导的斯格明子的横向运动速度与电流的大小成正比，且不受杂质、阻尼因子、非绝热参数和斯格明子几何尺寸等的影响，这种现象被 Iwasaki 等总结为通用电流–速度公式 [105]。在固定电流大小下实现更高的斯格明子运动速度，要求磁性材料具有更大的自旋极化率 $P$ 和更小的饱和磁化强度 $M_{\mathrm{s}}$，由电流–速度斜率，我们也可以从实验上得到材料的自旋极化率参数。根据式 (7-17)，在 $\alpha \ll 1$，$\beta \ll 1$ 近似下，自旋轨道力矩主导的斯格明子的横向运动速度相对复杂，不仅与电流的大小成正比，还与材料阻尼因子和斯格明子几何尺寸等有关。根据表 7-1，斯格明子在 $10^{10}$ A/m² 电流密度量级下的最大运动速度大约是 4 m/s，在 $10^{11}$ A/m² 电流密度量级下的最大运动速度能达到大约 100 m/s。

斯格明子霍尔效应不仅体现出复杂的动力学行为，斯格明子往边界的霍尔偏转也会造成斯格明子的失稳。因此，实现无霍尔偏转的斯格明子动力学操控，是拓扑

自旋电子学器件的发展方向之一。依据霍尔角公式 (7-7) 和 (7-16)，无霍尔效应意味着需要实现 $Q = 0$。而拓扑荷 $Q = 1$ 是斯格明子的基本属性，也是斯格明子拓扑磁性的起源[113]。构建无霍尔偏转的拓扑自旋电子学器件的基本思路是将两个拓扑荷分别是 1 和 $-1$ 的斯格明子嵌套成一个整体作为信息载体。如今，研究人员已经提出多种嵌套斯格明子的形式：合成反铁磁斯格明子[9]、反铁磁斯格明子 (图 7-1)[8]、耦合斯格明子–反斯格明子[114]、$Q = 0$ 磁束子[74,115]、三维斯格明子–反斯格明子管[116]。计算模拟研究都显示，这些嵌套 $Q = 0$ 斯格明子集体在运动过程中实现了零霍尔偏转。最近有实验显示，部分补偿的亚铁磁材料 GdFeCo 中斯格明子的霍尔效应大大减小[117]，合成反铁磁薄膜的斯格明子霍尔角明显小于铁磁薄膜斯格明子霍尔角[11]，Tang 等[28] 在实验上观察到了零霍尔偏转的 $Q = 0$ 磁束子的运动动力学。

## 7.4 磁浮子与磁束子的动力学特性

### 7.4.1 磁浮子动力学

在斯格明子被发现以后，长时间里单一磁性材料被认为只能稳定一种拓扑磁结构。在斯格明子电子学器件的概念设计中，主要是利用斯格明子与铁磁空隙来作为数据比特 "1" 和 "0"[106]。考虑材料的第三维度厚度之后，斯格明子在磁性材料中为管状结构。随后，Rybakov 等[18,19] 理论报道了一种新的拓扑磁结构形式：在螺磁体材料中，斯格明子管状结构的穿透深度可以小于厚度而生成手性 "磁浮子"(chiral bobber)，并在随后的实验中被 Zheng 等[20] 所观测到。磁浮子的发现意味着单一斯格明子材料中可以稳定多类拓扑磁结构，给拓扑自旋电子学器件的设计带来了新的可能性，譬如斯格明子–磁浮子存储器。在斯格明子–磁浮子存储器中，二进制数据比特 "1" 和 "0" 可以分别用斯格明子管和磁浮子来表示。

磁浮子是由大小连续变化的斯格明子锥形管和一个体内终结处的布洛赫奇异点组成的，在电流驱动下也展现出了新颖的动力学行为。Zhu 等[121] 提出了一种可控诱导磁浮子产生的方式：电流驱动斯格明子管在台阶型结构中运动时，薄区的斯格明子管被驱动到台阶型结构的厚区时会转变成磁浮子结构，并且当改变电流方向，驱动磁浮子到薄区运动时，磁浮子能够转变回斯格明子管。基于这种转变机制，研究人员提出了台阶型纳米结构写头构型，并在模拟研究中验证了斯格明子–磁浮子存储器的可行性。

利用微磁学模拟手段，Gong 等[122] 系统研究了自旋转移力矩驱动的磁浮子的动力学行为，研究发现布洛赫点会受到材料晶格势的钉扎作用，因此磁浮子整体也会具有内禀钉扎效应。在这种内禀钉扎效应作用下，研究人员发现，即使在无杂质材料中，磁浮子也具有临界的驱动电流密度，并且磁浮子的霍尔效应也体现出强的电流密度相关效应。在合适的材料参数下，磁浮子的霍尔偏转方向可以随电流幅度的不同而转向。

磁浮子也呈现了其他动力学现象，例如，Kagawa 等 [123] 计算模拟研究发现电流能够控制磁浮子的穿透深度。目前，磁浮子的动力学研究还主要聚焦于理论模拟层面，实验上还需要克服磁浮子稳定性较差和钉扎较强等难题。

### 7.4.2　磁束子动力学

7.3.1 节中描述斯格明子动力学的速度方程也适用于其他拓扑磁结构。与斯格明子的拓扑荷 $Q = 1$ 不同，磁束子的拓扑荷可以为包括 0 在内的任意整数。值得注意的是，由于磁束子的非中心对称性，形状因子 $\eta_{ij}$ 不能用式 (7-8) 和式 (7-9) 表达，而要基于式 (7-4) 来计算。根据对称性，大多数情况下磁束子 $\eta_{xy} = \eta_{yx} \neq 0$ 且 $\eta_{xx} \neq \eta_{yy}$。并且，由于磁束子的厚度调制特性，磁束子每一层的形状因子并不完全相同。磁束子的形状因子也与拓扑荷 $Q$ 相关，随着拓扑荷的增大而线性增大，但 $Q/\eta_{ij}$ 并不是常数，因此磁束子霍尔角与拓扑荷 $Q$ 呈现复杂的相关性，与具体材料的阻尼系数和非绝热参数有关，并没有通用的规则性。多个数值模拟研究也体现了这一点，例如，Zeng 等 [78] 发现，自旋轨道力矩驱动下，二维斯格明子袋的霍尔角随着拓扑荷的增加而增大；Kind 和 Foster[75] 发现，自旋轨道力矩驱动的二维斯格明子袋霍尔角随着拓扑荷的增加而增大，自旋转移力矩驱动的二维斯格明子袋霍尔角随着拓扑荷的增加先轻微增加后又降低。但在拓扑荷比较大的情况下，$Q/\eta_{ij}$ 趋近于常数，因此磁束子的霍尔角随着拓扑荷的增大而逐渐趋近于一个常数，在大拓扑荷时变化很小。Tang 等 [28] 在实验上研究了拓扑荷相关的磁束子运动动力学。研究发现，在 FeGe 材料中，拓扑荷大于等于 1 的磁束子的霍尔角在 62° 左右，与拓扑荷并没有强的相关性，与微磁计算得到的结果相符合。

特殊地，当磁束子内部只有一个斯格明子时，其拓扑荷等于 0，因此没有霍尔效应，其在自旋转移力矩作用下的横向运动速度为

$$v_x = -\frac{\beta}{\alpha} u_x \tag{7-21}$$

自旋轨道力矩作用下的横向运动速度为

$$v_x = -\frac{D_{xx}}{\alpha(D_{xx}D_{yy} - D_{xy}D_{yx})} \zeta_0 u_x \tag{7-22}$$

因此，当材料阻尼系数比较小时，$\frac{\beta}{\alpha}$ 或 $\frac{1}{\alpha}$ 很大。相较于斯格明子，$Q = 0$ 磁束子有望实现更高速度的运动。磁束子拓扑荷相关的动力学特性可以用来构建特殊的自旋电子学器件。例如，基于这种分叉霍尔偏转动力学，可以构造数据分箱器件，如图 7-5 所示。

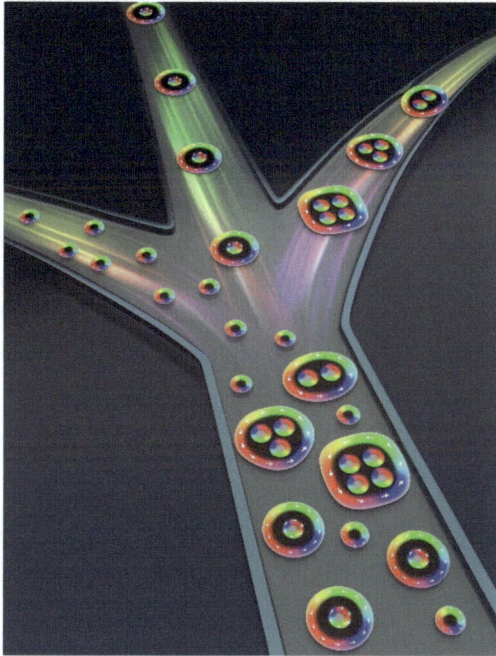

图 7-5　基于磁束子霍尔动力学的数据分箱概念器件

# 参 考 文 献

[1] Bogdanov A, Hubert A. Thermo dynamically stable magnetic vortex states in magnetic crystals. Journal of Magnetism and Magnetic Materials, 1994, 138: 255-269.

[2] Mühlbauer S, Binz B, Jonietz F, et al. Skyrmion lattice in a chiral magnet. Science, 2009, 323: 915-919.

[3] Kézsmárki I, Bordács S, Milde P, et al. Néel-type skyrmion lattice with confined orientation in the polar magnetic semiconductor $GaV_4S_8$. Nature Materials, 2015, 14: 1116-1122.

[4] Romming N, Hanneken C, Menzel M, et al. Writing and deleting single magnetic skyrmions. Science, 2013, 341: 636-639.

[5] Nagaosa N, Tokura Y. Topological properties and dynamics of magnetic skyrmions. Nature Nanotechnology, 2013, 8: 899-911.

[6] Koshibae W, Nagaosa N. Theory of antiskyrmions in magnets. Nature Communications, 2016, 7: 10542.

[7] Nayak A K, Kumar V, Ma T, et al. Magnetic antiskyrmions above room temperature in tetragonal Heusler materials. Nature, 2017, 548: 561-566.

[8] Barker J, Tretiakov O A. Static and dynamical properties of antiferromagnetic skyrmions in the presence of applied current and temperature. Physical Review Letters, 2016, 116: 147203.

[9] Zhang X, Zhou Y, Ezawa M. Magnetic bilayer-skyrmions without skyrmion Hall effect. Nature Communications, 2016, 7: 10293.

[10] Legrand W, Maccariello D, Ajejas F, et al. Room-temperature stabilization of antiferromagnetic skyrmions in synthetic antiferromagnets. Nature Materials, 2020, 19: 34-42.

[11] Dohi T, DuttaGupta S, Fukami S, et al. Formation and current-induced motion of synthetic antiferromagnetic skyrmion bubbles. Nature Communications, 2019, 10: 5153.

[12] Gao S, Rosales H D, Gomez Albarracin F A, et al. Fractional antiferromagnetic skyrmion lattice induced by anisotropic couplings. Nature, 2020 ,586: 37-41.

[13] Lin S Z, Saxena A, Batista C D. Skyrmion fractionalization and merons in chiral magnets with easy-plane anisotropy. Physical Review B, 2015, 91: 224407.

[14] Yu X Z, Koshibae W, Tokunaga Y, et al. Transformation between meron and skyrmion topological spin textures in a chiral magnet. Nature, 2018, 564: 95-98.

[15] Wolf D, Schneider S, RÖBler U K, et al. Unveiling the three-dimensional magnetic texture of skyrmion tubes. Nature Nanotechnology, 2021,17: 250-255.

[16] Buhrandt S, Fritz L. Skyrmion lattice phase in three-dimensional chiral magnets from Monte Carlo simulations. Physical Review B, 2013, 88: 195137.

[17] Milde P, Köhler D, Seidel J, et al. Unwinding of a skyrmion lattice by magnetic monopoles. Science, 2013, 340: 1076-1080.

[18] Rybakov F N, Borisov A B, Blügel S, et al. New type of stable particle-like states in chiral magnets. Physical Review Letters, 2015, 115: 117201.

[19] Rybakov F N, Borisov A B, Blügel S, et al. New spiral state and skyrmion lattice in 3d model of chiral magnets. New Journal of Physics, 2016, 18: 045002.

[20] Zheng F, Rybakov F N, Borisov A B, et al. Experimental observation of chiral magnetic bobbers in $B_{20}$-type fege. Nature Nanotechnology, 2018, 13: 451-455.

[21] Müller G P, Rybakov F N, Jónsson H, et al. Coupled quasimonopoles in chiral magnets. Physical Review B, 2020, 101: 184405.

[22] Grelier M, Godel F, Vecchiola A, et al. Three-dimensional skyrmionic cocoons in magnetic multilayers. Nature Communications, 2022, 13: 6843.

[23] Samoilenka A, Shnir Y. Magnetic Hopfions in the Faddeev-Skyrme-Maxwell model. Physical Review D, 2018, 97: 125014.

[24] Liu Y, Lake R K, Zang J. Binding a Hopfion in a chiral magnet nanodisk. Physical Review B, 2018, 98: 174437.

[25] Kent N, Reynolds N, Raftrey D, et al. Creation and observation of Hopfions in magnetic multilayer systems. Nature Communications, 2021, 12: 1562.

[26] Foster D, Kind C, Ackerman P J, et al. Two-dimensional skyrmion bags in liquid crystals and ferromagnets. Nature Physics, 2019, 15: 655-659.

[27] Rybakov F N, Kiselev N S. Chiral magnetic skyrmions with arbitrary topological charge. Physical Review B, 2019, 99: 064437.

[28] Tang J, Wu Y, Wang W, et al. Magnetic skyrmion bundles and their current-driven dynamics. Nature Nanotechnology, 2021, 16: 1086-1091.

[29] Zhang S, van der Laan G, Müller J, et al. Reciprocal space tomography of 3d skyrmion lattice order in a chiral magnet. Proceedings of the National Academy of Sciences, 2018, 115: 6386-6391.

[30] Zhang S L, van der Laan G, Wang W W, et al. Direct observation of twisted surface skyrmions in bulk crystals. Physical Review Letters, 2018, 120: 227202.

[31] Legrand W, Chauleau J Y, Maccariello D, et al. Hybrid chiral domain walls and skyrmions in magnetic multilayers. Science Advances, 2018, 4: eaat0415.

[32] Li W, Bykova I, Zhang S, et al. Anatomy of skyrmionic textures in magnetic multilayers. Advanced Materials, 2019, 31: e1807683.

[33] Dovzhenko Y, Casola F, Schlotter S, et al. Magnetostatic twists in room-temperature skyrmions explored by nitrogen-vacancy center spin texture reconstruction. Nature Communications, 2018, 9: 2712.

[34] Tang J, Kong L, Wu Y, et al. Target bubbles in $Fe_3Sn_2$ nanodisks at zero magnetic field. ACS Nano, 2020, 14: 10986-10992.

[35] Tang J, Wu Y, Kong L, et al. Two-dimensional characterization of three-dimensional nanostructures of magnetic bubbles in $Fe_3Sn_2$. National Science Review, 2021, 8: nwaa200.

[36] Du H, Zhao X, Rybakov F N, et al. Interaction of individual skyrmions in a nanostructured cubic chiral magnet. Physical Review Letters, 2018, 120: 197203.

[37] Yu X Z, Onose Y, Kanazawa N, et al. Real-space observation of a two-dimensional skyrmion crystal. Nature, 2010, 465: 901-904.

[38] Yu X Z, Kanazawa N, Onose Y, et al. Near room-temperature formation of a skyrmion crystal in thin-films of the helimagnet FeGe. Nature Materials, 2011, 10: 106-109.

[39] Seki S, Yu X Z, Ishiwata S, et al. Observation of skyrmions in a multiferroic material. Science, 2012, 336: 198-201.

[40] Tokunaga Y, Yu X Z, White J S, et al. A new class of chiral materials hosting magnetic skyrmions beyond room temperature. Nature Communications, 2015, 6: 7638.

[41] Huang S X, Chien C L. Extended skyrmion phase in epitaxial FeGe(111) thin films. Physical Review Letters, 2012, 108: 267201.

[42] Du H, DeGrave J P, Xue F, et al. Highly stable skyrmion state in helimagnetic mnsi nanowires. Nano Letters, 2014, 14: 2026-2032.

[43] Du H, Che R, Kong L, et al. Edge-mediated skyrmion chain and its collective dynamics in a confined geometry. Nature Communications, 2015, 6: 8504.

[44] Zhao X, Jin C, Wang C, et al. Direct imaging of magnetic field-driven transitions of skyrmion cluster states in FeGe nanodisks. Proceedings of the National Academy of Sciences, 2016, 113: 4918.

[45] Wang C, Du H, Zhao X, et al. Enhanced stability of the magnetic skyrmion lattice phase under a tilted magnetic field in a two-dimensional chiral magnet. Nano Letters,

2017, 17: 2921.

[46] Stoner E C, Wohlfarth E P. A mechanism of magnetic hysteresis in heterogeneous alloys. Philosophical Transactions of the Royal Society A: Mathematical, Physical and Engineering Sciences, 1948, 240: 599-642.

[47] Yu X, Morikawa D, Yokouchi T, et al. Aggregation and collapse dynamics of skyrmions in a non-equilibrium state. Nature Physics, 2018, 14: 832-836.

[48] Peng L, Zhang Y, Ke L, et al. Relaxation dynamics of zero-field skyrmions over a wide temperature range. Nano Letters, 201818: 7777-7783.

[49] Zhao X, Tang J, Pei K, et al. Current-induced magnetic skyrmions with controllable polarities in the helical phase. Nano Letters, 2022, 22: 8793-8800.

[50] Kurumaji T, Nakajima T, Ukleev V, et al. Néel-type skyrmion lattice in the tetragonal polar magnet $VOSe_2O_5$. Physical Review Letters, 2017, 119: 237201.

[51] Srivastava A K, Devi P, Sharma A K, et al. Observation of robust Néel skyrmions in metallic PtMnGa. Advanced Materials, 2020, 32: e1904327.

[52] Wiesendanger R. Nanoscale magnetic skyrmions in metallic films and multilayers: a new twist for spintronics. Nature Reviews Materials, 2016,1: 16044.

[53] Pollard S D, Garlow J A, Yu J, et al. Observation of stable Néel skyrmions in cobalt/ palladium multilayers with Lorentz transmission electron microscopy. Nature Communications, 2017, 8: 14761.

[54] Tacchi S, Troncoso R E, Ahlberg M, et al. Interfacial Dzyaloshinskii-Moriya interaction in Pt/CoFeB films: effect of the heavy-metal thickness. Physical Review Letters, 2017, 118: 147201.

[55] Woo S, Litzius K, Kruger B, et al. Observation of room-temperature magnetic skyrmions and their current-driven dynamics in ultrathin metallic ferromagnets. Nature Materials, 2016, 15: 501-506.

[56] Legrand W, Maccariello D, Reyren N, et al. Room-temperature current-induced generation and motion of sub-100 nm skyrmions. Nano Letters, 2017, 17: 2703-2712.

[57] Velez S, Ruiz-Gomez S, Schaab J, et al. Current-driven dynamics and ratchet effect of skyrmion bubbles in a ferrimagnetic insulator. Nature Nanotechnology, 2022,17: 834-841.

[58] Jiang W, Upadhyaya P, Zhang W, et al. Blowing magnetic skyrmion bubbles. Science, 2015, 349: 283-286.

[59] Heinze S, von Bergmann K, Menzel M, et al. Spontaneous atomic-scale magnetic skyrmion lattice in two dimensions. Nature Physics, 2011, 7: 713-718.

[60] Jena J, Stinshoff R, Saha R, et al. Observation of magnetic antiskyrmions in the low magnetization ferrimagnet $Mn_2Rh_{0.95}Ir_{0.05}Sn$. Nano Letters, 2020, 20: 59-65.

[61] Karube K, Peng L, Masell J, et al. Room-temperature antiskyrmions and sawtooth surface textures in a non-centrosymmetric magnet with $S_4$ symmetry. Nature Materials, 2021, 20: 335-340.

[62] Craik D, Cooper P. Criteria for uniaxial magnetostatic behaviour in thin platelets.

Physics Letters A, 1972, 41: 255-256.

[63]  Suzuki R. Recent development in magnetic-bubble memory. Proceedings of the IEEE, 1986, 74: 1582-1590.

[64]  Loudon J C, Twitchett-Harrison A C, Cortés-Ortuño D, et al. Do images of biskyrmions show type-II bubbles? Advanced Materials, 2019, 31: 1806598.

[65]  Wei W, Tang J, Wu Y, et al. Current-controlled topological magnetic transformations in a nanostructured kagome magnet. Advanced Materials, 2021, 33: 2101610.

[66]  Wu Y, Kong L, Wang Y, et al. A strategy for the design of magnetic memories in bubble-hosting magnets. Applied Physics Letters, 2021, 118: 122406.

[67]  Wu Y, Tang J, Lyu B, et al. Stabilization and topological transformation of magnetic bubbles in disks of a kagome magnet. Applied Physics Letters, 2021, 119: 012402.

[68]  Jena J, Gobel B, Ma T, et al. Elliptical Bloch skyrmion chiral twins in an antiskyrmion system. Nature Communications, 2020, 11: 1115.

[69]  Peng L, Takagi R, Koshibae W, et al. Controlled transformation of skyrmions and antiskyrmions in a non-centrosymmetric magnet. Nature Nanotechnology, 2020, 15: 181-186.

[70]  Karube K, Peng L, Masell J, et al. Doping control of magnetic anisotropy for stable antiskyrmion formation in schreibersite $(Fe,Ni)_3P$ with $S_4$ symmetry. Advanced Materials, 2022, 34: 2108770.

[71]  Jena J, Göbel B, Kumar V, et al. Evolution and competition between chiral spin textures in nanostripes with $D_{2d}$ symmetry. Science Advances, 2020, 6: eabc0723.

[72]  Ma T, Sharma A K, Saha R, et al. Tunable magnetic antiskyrmion size and helical period from nanometers to micrometers in a $D_{2d}$ Heusler compound. Advanced Materials, 2020, 32: 2002043.

[73]  Zuniga Cespedes B E, Vir P, Milde P, et al. Critical sample aspect ratio and magnetic field dependence for antiskyrmion formation in $Mn_{1.4}PtSn$ single crystals. Physical Review B, 2021, 103: 184411.

[74]  Gobel B, Schaffer A F, Berakdar J, et al. Electrical writing, deleting, reading, and moving of magnetic skyrmioniums in a racetrack device. Scientific Reports, 2019, 9: 12119.

[75]  Kind C, Foster D. Magnetic skyrmion binning. Physical Review B, 2021, 103: L100413.

[76]  Chen R, Li Y, Pavlidis V F, et al. Skyrmionic interconnect device. Physical Review Research, 2020, 2: 043312.

[77]  Kind C, Friedemann S, Read D. Existence and stability of skyrmion bags in thin magnetic films. Applied Physics Letters, 2020, 116: 022413.

[78]  Zeng Z, Zhang C, Jin C, et al. Dynamics of skyrmion bags driven by the spin-orbit torque. Applied Physics Letters, 2020, 117: 172404.

[79]  Tang J, Wu Y, Jiang J, et al. Skyrmion-bubble bundles in an X-type $Sr_2Co_2Fe_{28}O_{46}$ hexaferrite above room temperature. Advanced Materials, 2023, 35: 2306117.

[80] Zhang Y, Tang J, Wu Y, et al. Stable skyrmion bundles at room temperature and zero magnetic field in a chiral magnet. Nat. Commun., 2024, 15 (1): 3391.

[81] Zheng F, Kiselev N S, Yang L, et al. Skyrmion-antiskyrmion pair creation and annihilation in a cubic chiral magnet. Nature Physics, 2022, 18: 863-868.

[82] Ukleev V, Morikawa D, Karube K, et al. Topological melting of the metastable skyrmion lattice in the chiral magnet $Co_9Zn_9Mn_2$. Advanced Quantum Technologies, 2022, 5: 2200066.

[83] Zhao X, Wang S, Wang C, et al. Thermal effects on current-related skyrmion formation in a nanobelt. Applied Physics Letters, 2018, 112: 212403.

[84] Je S G, Thian D, Chen X, et al. Targeted writing and deleting of magnetic skyrmions in two-terminal nanowire devices. Nano Letters, 2021, 21: 1253-1259.

[85] Zhang S, Li Z. Roles of nonequilibrium conduction electrons on the magnetization dynamics of ferromagnets. Physical Review Letters, 2004, 93: 127204.

[86] Ralph D C, Stiles M D. Spin transfer torques. Journal of Magnetism and Magnetic Materials, 2008, 320: 1190-1216.

[87] Ramaswamy R, Lee J M, Cai K, et al. Recent advances in spin-orbit torques: moving towards device applications. Applied Physics Reviews, 2018, 5: 031107.

[88] Sampaio J, Cros V, Rohart S, et al. Nucleation, stability and current-induced motion of isolated magnetic skyrmions in nanostructures. Nature Nanotechnology, 2013, 8: 839-844.

[89] Zhou Y, Ezawa M. A reversible conversion between a skyrmion and a domain-wall pair in a junction geometry. Nature Communications, 2014, 5: 4652.

[90] Heinonen O, Jiang W, Somaily H, et al. Generation of magnetic skyrmion bubbles by inhomogeneous spin Hall currents. Physical Review B, 2016, 93: 094407.

[91] De Lucia A, Litzius K, Krüger B, et al. Multiscale simulations of topological transformations in magnetic-skyrmion spin structures. Physical Review B, 2017, 96: 020405(R).

[92] Iwasaki J, Mochizuki M, Nagaosa N. Current-induced skyrmion dynamics in constricted geometries. Nature Nanotechnology, 2013, 8: 742-747.

[93] Heinrich B. Skyrmion birth at the notch. Nature Nanotechnology, 2021, 16: 1051.

[94] Büttner F, Lemesh I, Schneider M, et al. Field-free deterministic ultrafast creation of magnetic skyrmions by spin-orbit torques. Nature Nanotechnology, 2017, 12: 1040-1044.

[95] Wang W, Song D, Wei W, et al. Electrical manipulation of skyrmions in a chiral magnet. Nature Communications, 2022, 13: 1593.

[96] Woo S, Song K M, Zhang X, et al. Deterministic creation and deletion of a single magnetic skyrmion observed by direct time-resolved X-ray microscopy. Nature Electronics, 2018, 1: 288-296.

[97] Yang S, Moon K W, Ju T S, et al. Electrical generation and deletion of magnetic skyrmion-bubbles via vertical current injection. Advanced Materials, 2021, 33: 2104406.

[98] Jiang J, Tang J, Wu Y, et al. Current-controlled skyrmion number in confined ferromagnetic nanostripes. Advanced Functional Materials, 2023, 33: 2304044.

[99] Woo S, Song K M, Han H S, et al. Spin-orbit torque-driven skyrmion dynamics revealed by time-resolved X-ray microscopy. Nature Communications, 2017, 8: 15573.

[100] Lemesh I, Litzius K, Bottcher M, et al. Current-induced skyrmion generation through morphological thermal transitions in chiral ferromagnetic heterostructures. Advanced Materials, 2018, 30: e1805461.

[101] Akhtar W, Hrabec A, Chouaieb S, et al. Current-induced nucleation and dynamics of skyrmions in a Co-based heusler alloy. Physical Review Applied, 2019, 11: 034066.

[102] Hrabec A, Sampaio J, Belmeguenai M, et al. Current-induced skyrmion generation and dynamics in symmetric bilayers. Nature Communications, 2017, 8: 15765.

[103] Liu J, Wang Z, Xu T, et al. The 20-nm skyrmion generated at room temperature by spin-orbit torques. Chinese Physics Letters, 2022, 39: 017501.

[104] Zang J, Mostovoy M, Han J H, et al. Dynamics of skyrmion crystals in metallic thin films. Physical Review Letters, 2011, 107: 136804.

[105] Iwasaki J, Mochizuki M, Nagaosa N. Universal current-velocity relation of skyrmion motion in chiral magnets. Nature Communications, 2013, 4: 1463.

[106] Tomasello R, Martinez E, Zivieri R, T et al. A strategy for the design of skyrmion racetrack memories. Scientific Reports, 2014, 4: 6784.

[107] Jiang W, Zhang X, Yu G, et al. Direct observation of the skyrmion Hall effect. Nature Physics, 2017, 13: 162-169.

[108] Litzius K, Lemesh I, Krüger B, et al. Skyrmion Hall effect revealed by direct time-resolved X-ray microscopy. Nature Physics, 2017, 13: 170-175.

[109] Juge R, Je S G, de Souza Chaves D, et al. Current-driven skyrmion dynamics and drive-dependent skyrmion Hall effect in an ultrathin film. Physical Review Applied, 2019, 12: 044007.

[110] Peng L, Karube K, Taguchi Y, et al. Dynamic transition of current-driven single-skyrmion motion in a room-temperature chiral-lattice magnet. Nature Communications, 2021, 12: 6797.

[111] Zeissler K, Finizio S, Barton C, et al. Diameter-independent skyrmion Hall angle observed in chiral magnetic multilayers. Nature Communications, 2020, 11: 428.

[112] Jonietz F, Mühlbauer S, Pfleiderer C, et al. Spin transfer torques in MnSi at ultralow current densities. Science, 2010, 330: 1648-1651.

[113] Schulz T, Ritz R, Bauer A, et al. Emergent electrodynamics of skyrmions in a chiral magnet. Nature Physics, 2012, 8: 301-304.

[114] Huang S, Zhou C, Chen G, et al. Stabilization and current-induced motion of anti-skyrmion in the presence of anisotropic Dzyaloshinskii-Moriya interaction. Physical Review B, 2017, 96: 144412.

[115] Zhang X, Xia J, Zhou Y, et al. Control and manipulation of a magnetic skyrmionium in nanostructures. Physical Review B, 2016, 94: 094420.

[116] Tang J, Wu Y, Jiang J, et al. Sewing skyrmion and antiskyrmion by quadrupole of Bloch points. Science Bulletin, 2023, 68: 2919-2923.

[117] Woo S, Song K M, Zhang X, et al. Current-driven dynamics and inhibition of the skyrmion Hall effect of ferrimagnetic skyrmions in GdFeCo films. Nature Communications, 2018, 9: 959.

[118] Chen R, Cui Q, Han L, et al. Controllable generation of antiferromagnetic skyrmions in synthetic antiferromagnets with thermal effect. Advanced Functional Materials, 2022, 32: 2111906.

[119] Tan A K C, Ho P, Lourembam J, et al. Visualizing the strongly reshaped skyrmion Hall effect in multilayer wire devices. Nature Communications, 2021, 12: 4252.

[120] Park T E, Peng L, Liang J, et al. Néel-type skyrmions and their current-induced motion in van der Waals ferromagnet-based heterostructures. Physical Review B, 2021, 103: 104410.

[121] Zhu J, Wu Y D, Hu Q Y, et al. Current-driven transformations of a skyrmion tube and a bobber in stepped nanostructures of chiral magnets. Science China-Physics Mechanics & Astronomy, 2021, 64: 227511.

[122] Gong Z, Tang J, Pershoguba S S, et al. Current-induced dynamics and tunable spectra of a magnetic chiral bobber. Physical Review B, 2021, 104: L100412.

[123] Kagawa F, Oike H, Koshibae W, et al. Current-induced viscoelastic topological unwinding of metastable skyrmion strings. Nature Communications, 2017, 8: 1332.

# 第 8 章　拓扑磁性材料中的输运性质

磁性材料具有丰富的输运现象，如磁电阻和反常霍尔效应等，相关研究已有较长的历史。近年来，拓扑序与磁有序的结合催生了拓扑磁性材料这一新兴研究领域。其中，拓扑磁结构既具有实空间拓扑特性，展现出诸如拓扑霍尔效应之类的新奇输运特性，还能同倒空间中电子态的几何与拓扑性相结合，为电输运中拓扑与磁性的关联效应提供研究平台。

本章将主要介绍拓扑磁性材料中与拓扑磁结构相关的一系列电输运现象。在引入拓扑磁性相关概念之前，首先在 8.1 节中介绍磁性材料的一些基本输运性质，从而方便引入拓扑磁结构对输运的贡献；随后在 8.2 节中进一步介绍电输运中的重要概念——贝里相位 (Berry phase)，并在此基础上讨论磁结构对传导电子运动产生的演生电磁场及其对电输运特性的调制；8.3 节将着重介绍近年来发现的一系列与拓扑磁结构相关的输运现象。

## 8.1　磁性材料的基本输运性质

霍尔 (E. H. Hall) 于 1881 年在铁磁金属中发现了反常霍尔效应 (anomalous Hall effect，AHE)[1]，它是磁性材料中最早被研究的输运现象之一。时至今日，反常霍尔效应仍然是表征磁性材料最常用的实验手段，由于与磁性材料的内禀性质紧密相连，反常霍尔效应的研究对理解磁性材料的物理特性具有重要意义[2]。另一方面，随着拓扑磁性材料和自旋电子学等领域的迅速发展，人们也在积极探索基于反常霍尔效应的新型器件应用，比如通过反常霍尔效应产生的自旋流来对磁矩进行调控等[3]，因此反常霍尔效应相关的研究受到人们广泛关注。

如图 8-1(a) 所示，当对一铁磁金属材料 (在一面外磁场 $H$ 中) 施加一个外电场 $E$ 时，会在垂直于电场 $E$ (假设沿 $x$ 方向) 和磁场 $H$ (假设沿 $z$ 方向) 的方向产生一个额外的电学响应信号，对应的电阻率可表示为

$$\rho_{xy} = \rho^H + \rho^A = R_O H + R_A M \tag{8-1}$$

其中，第一项是与磁场大小相关的物理量，是为人们所熟知的霍尔效应 ($R_O$ 为霍尔电阻系数)；而第二项是与样品 (沿磁场方向) 磁矩 $M$ 相关的物理量，即反常霍尔效应 ($R_A$ 为反常霍尔电阻系数)；$\rho^H$ 和 $\rho^A$ 则为对应的霍尔电阻率与反常霍尔电阻率，它们对应电阻的外磁场依赖关系分别如图 8-1(b) 和 (c) 所示。

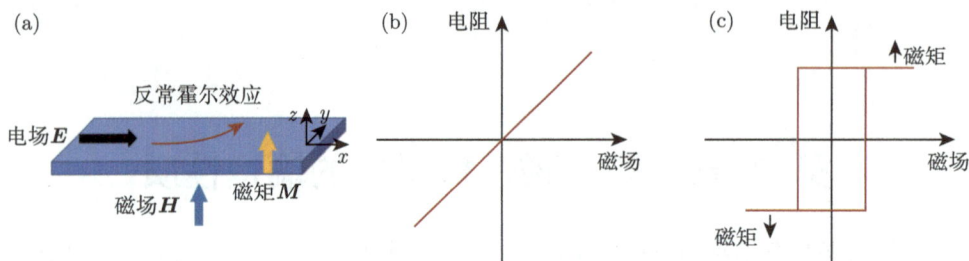

图 8-1　(a) 反常霍尔效应示意图；(b) 霍尔效应与 (c) 反常霍尔效应的磁场依赖关系，(c) 中
箭头指代对应磁矩方向

　　自反常霍尔效应被发现之后，已有理论模型尝试对其微观机制进行解释[4]，但直到近些年才建立了完善的物理图像。这主要得益于对贝里相位、自旋轨道耦合，以及固体材料中电子的几何与拓扑性质等相关概念的研究发展[3]。通常来说，反常霍尔效应起源于自旋轨道耦合及时间反演对称性破缺，因此主要存在于铁磁性材料中。反常霍尔效应可以唯象地理解为，电子在横向施加的外电场 $E$ 作用下，其在运动过程中受到了一纵向 (即垂直于电场方向) 自旋相关的"反常速度"(anomalous velocity) 的作用，由于磁性材料中费米面附近自旋向上和向下的电子数目不同，所以产生了非零的反常霍尔电压/电阻。当反常速度的来源为材料内禀特性所决定的贝里曲率 (Berry curvature) 时，对应的反常霍尔效应称为内禀 (intrinsic) 反常霍尔效应。除此之外，反常速度还可能来源于材料中的偏斜散射 (skew scattering) 和侧跳 (side jump) 机制，这两种效应与材料中杂质和自旋轨道耦合密切相关，因此对应外禀的反常霍尔效应。

　　除了反常霍尔效应外，各向异性磁电阻 (anisotropic magnetoresistance，AMR) 也是磁性材料中一种常见的输运特性。各向异性磁电阻是由开尔文勋爵于 1857 年发现的[5]，也是表征磁性材料的一种常用手段。各向异性磁电阻表现为，材料中磁矩与电流方向平行时其电阻会比垂直于电流时的电阻略有增大 (图 8-2(a))，其起源也可以归结为自旋相关散射及自旋轨道耦合。同时其出现还伴随着一个纵向电学信号/电阻，称为平面霍尔效应 (planar Hall effect，PHE)。各向异性磁电阻和平面

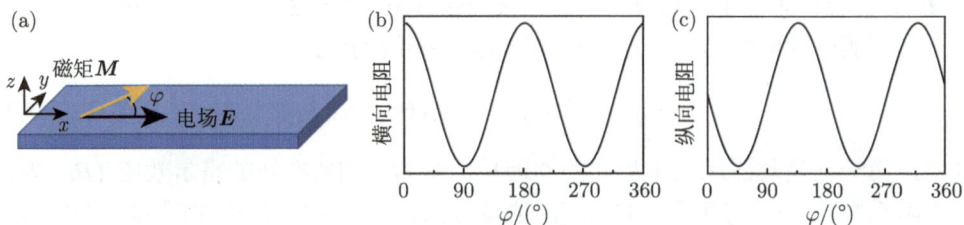

图 8-2　(a) 各向异性磁电阻及平面霍尔效应示意图；(b) 横向电阻与 (c) 纵向电阻随磁矩在面
内转动的变化，其分别对应各向异性磁电阻与平面霍尔电阻

霍尔效应随磁矩和电流方向夹角 $\varphi$ 的变化周期一般表现为 $180°$，分别如图 8-2(b) 和 (c) 所示。与反常霍尔效应不同的是，各向异性磁电阻的符号不随磁场的反向而发生翻转，因此是一类偶对称磁输运现象。

## 8.2 演生电磁场与拓扑磁结构

固体材料中，倒空间电子态的几何与拓扑特性是现代输运理论的基石。相关理论的发展有助于理解如整数霍尔效应、反常霍尔效应及拓扑磁性材料中的输运等一系列现象。本节将介绍实空间拓扑磁结构与电输运性质的关联。

### 8.2.1 贝里相位与贝里曲率

贝里 (M. Berry) 于 1983 年注意到，当量子系统的波函数在其对应哈密顿量的参数发生缓慢 (绝热) 变化时，会产生一个额外的相位，该相位即贝里相位 [6]。贝里相位的提出对于现代物理学的发展具有重要意义，极大地改变了人们理解电输运现象的方式，在理解拓扑磁结构相关的电输运中也起到了至关重要的作用。

首先考虑一个量子系统，其对应的哈密顿量 $H(X(t))$ 包含了一系列含时参数 $X(t) \equiv (x_1(t), x_2(t), \cdots) \in \lambda$，其中 $\lambda$ 为系统对应的相空间。对于初始固定参数 $\boldsymbol{X}$，该哈密顿量对应的本征能量为 $E_n(X)$ 和归一化本征态为 $|\Phi_n\rangle$。假设在某一初始时刻 $t_0$，系统的初始波函数为某能量态 $n$ 对应的本征态 $|\psi(t_0)\rangle \propto |\phi_n(X(t_0))\rangle$，其随时间的演变可以由薛定谔方程来描述：

$$i\hbar \frac{\partial}{\partial t} |\Psi(t)\rangle = H(X(t)) |\Psi(t)\rangle \tag{8-2}$$

如果参数 $X(t)$ 变化得足够缓慢，系统满足绝热近似，则可以得到

$$|\psi(t)\rangle = e^{i\phi(t)} |\Phi_n(X(t))\rangle \tag{8-3}$$

相位 $\phi$ 可由薛定谔方程解出

$$\phi(t) = -\frac{1}{\hbar} \int_{t_0}^{t_1} E_n(X(t)) \mathrm{d}t + \gamma_n \tag{8-4}$$

其由两部分组成，第一部分对时间的积分项即人们所熟知的动力学相位 (dynamical phase)，而第二部分 $\gamma_n$ 即为贝里相位，可写为

$$\gamma_n = \int_C \mathrm{d}\boldsymbol{X} \cdot \boldsymbol{A}_n \tag{8-5}$$

其中，$C$ 为相空间中参数变化的路径 (图 8-3)。

$$A_{n,i}(X) = \mathrm{i}\langle\Phi_n(X)|\frac{\partial}{\partial X_i}|\Phi_n(X)\rangle \tag{8-6}$$

这里，$A_{n,i}$ 表示 $n$ 能级下贝里联络 (Berry connection) 的 $i$ 分量，以下讨论中，为方便起见，将不再在公式中标注 $n$。由式 (8-5) 可知，贝里相位仅依赖于系统参数变化的路径 $C$，而与参数变化的速率无关，因此贝里相位也称为几何相位 (geometric phase)。

贝里联络的定义表明，其具体形式依赖于对态 $|\Phi(X)\rangle$ 中相位的选取 (偏微分项)，其具有规范自由度，因此并非一个可观测的物理量。然而注意到，当贝里相位的积分路径 $C$ 为一个闭合路径时 (图 8-3)，其可以转变为一个规范不变量。利用斯托克斯定理 (Stokes' theorem)，可以进一步把式 (8-5) 中的贝里相位表达式写为

$$\gamma = \int_C \mathrm{d}\boldsymbol{X}\cdot\boldsymbol{A} = \frac{1}{\hbar}\int_S \boldsymbol{\Omega}\cdot\mathrm{d}\boldsymbol{S} \tag{8-7}$$

其中，$\boldsymbol{\Omega}$ 为贝里曲率 (Berry curvature)，其相空间张量形式表达式为

$$\Omega_{ij}(X) = \frac{\partial A_j}{\partial\lambda_i} - \frac{\partial A_i}{\partial\lambda_j} \tag{8-8}$$

这里贝里曲率为一个反对称张量 $\Omega_{ij} = -\Omega_{ji}$。可以注意到贝里曲率为一规范不变量，因此其相关的物理量可以通过实验观测到。仔细观察以上关系还可以发现，贝里曲率与贝里联络的关系可以类比于磁场与矢量势 (vector potential) 的关系，因此贝里曲率和贝里联络可以被视为有效的场及其对应的有效矢量势，而贝里相位则可以被视为一种广义的 Aharonov-Bohm 相位 [7]。

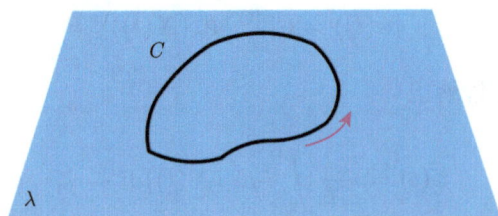

图 8-3    在相空间 $\lambda$ 中参数变化的路径 $C$ 示意图

对应具体的物理模型，参数空间 $X$ 则可以选取如空间坐标、动量和时间等对应的参数。比如对于固体材料晶体中的电子态，可以选取晶格动量 $k$，得到对应的动量空间贝里曲率 $\boldsymbol{\Omega}^{kk}$。在电子输运中，贝里曲率可以用半经典的方式加入电子的

运动方程中 [8,9]，针对动量空间贝里曲率可以得到如下的关系：

$$\dot{\boldsymbol{R}} = \frac{\partial_{\boldsymbol{k}} H(\boldsymbol{k})}{\hbar \partial \boldsymbol{k}} - \boldsymbol{k} \times \boldsymbol{\Omega}^{kk} \tag{8-9}$$

其中，$\dot{\boldsymbol{R}}$ 为电子位置，其时间导数为电子群速度；$H$ 包含电子的能带能量 (和另外一项电子波包的轨道磁矩修正项 [9])。式 (8-9) 右边第一项为固体中电子的群速度，而第二项是动量空间中贝里曲率相关的速度修正项，正是前文提到过的反常速度，在铁磁材料中，该贝里曲率所引起的反常速度即是内禀反常霍尔效应的来源。从对称性的角度看，与晶格动量相关的贝里曲率 $\boldsymbol{\Omega}^{kk}$ 在时间反演对称操作下满足 $\boldsymbol{\Omega}^{kk}(-\boldsymbol{k}) = -\boldsymbol{\Omega}^{kk}(\boldsymbol{k})$，在空间反演对称操作下满足 $\boldsymbol{\Omega}^{kk}(-\boldsymbol{k}) = \boldsymbol{\Omega}^{kk}(\boldsymbol{k})$，因此若想在动量空间得到非零的贝里曲率，就必须确保时间反演或空间反演对称性不能同时在系统中存在。在铁磁材料中由于磁有序本身破坏了时间反演对称性，因此可以具有非零的动量空间贝里曲率。近些年来，人们发现，虽然在时间反演对称体系的动量空间中净贝里曲率为零 ($\boldsymbol{\Omega}^{kk}(-\boldsymbol{k}) = \boldsymbol{\Omega}^{kk}(\boldsymbol{k})$)，但是在某些空间反演对称破缺的非磁性材料中，贝里曲率的偶极矩 (Berry curvature dipole moment) 可以产生一类非线性霍尔效应 [10,11]，我们将在 8.3 节讨论拓扑磁结构中类似的贝里曲率偶极矩效应。

### 8.2.2 演生电磁场与标量自旋手性

对于拓扑磁性材料，人们主要关注的参数空间为实空间坐标 $\boldsymbol{R}$、晶格动量 $\boldsymbol{k}$ 和时间 $t$，其分别对应实空间磁结构、材料中电子态及系统时间演变，据此可以得到一系列贝里曲率张量，其对应的电子半经典运动方程为 [9]

$$\begin{pmatrix} \partial_t \boldsymbol{R} \\ \partial_t \boldsymbol{k} \end{pmatrix} = \frac{1}{\hbar} \begin{pmatrix} \partial_{\boldsymbol{k}} H \\ -\partial_{\boldsymbol{R}} H \end{pmatrix} + \begin{pmatrix} \boldsymbol{\Omega}^{tk} \\ -\boldsymbol{\Omega}^{tR} \end{pmatrix} + \begin{pmatrix} -\boldsymbol{\Omega}^{kR} \partial_t \boldsymbol{R} & -\boldsymbol{\Omega}^{kk} \partial_t \boldsymbol{k} \\ \boldsymbol{\Omega}^{Rk} \partial_t \boldsymbol{k} & \boldsymbol{\Omega}^{RR} \partial_t \boldsymbol{R} \end{pmatrix} \tag{8-10}$$

其中，$H$ 为系统的哈密顿量。当贝里曲率项全部为零时，该组方程即为我们所熟悉的固体中电子的半经典运动方程，其中电子速度是由其能带对应的群速度决定的，而外力则通常为外加电场。当考虑全部可能的贝里曲率时，这一组方程中除了实空间与动量空间的贝里曲率 $\boldsymbol{\Omega}^{RR}$ 和 $\boldsymbol{\Omega}^{kk}$ 外，还包含了不同参数间的混合贝里曲率，总共具有 7 个维度 (三维实空间、三维动量空间和时间维度) 和 21 个独立分量，这些贝里曲率的不同分量对电子运动的调制效果各异，其分别具有不同的物理意义。

上面已经讨论过，动量空间贝里曲率可以对电子速度进行修正，其为内禀反常霍尔效应的起源。当只考虑实空间贝里曲率时，式 (8-10) 可以简化为

$$\begin{pmatrix} \partial_t \boldsymbol{R} \\ \partial_t \boldsymbol{k} \end{pmatrix} = \begin{pmatrix} \partial_{\boldsymbol{k}} H \\ -\partial_{\boldsymbol{R}} H \end{pmatrix} + \begin{pmatrix} 0 \\ \partial_t \boldsymbol{R} \times \boldsymbol{\Omega}^{RR} \end{pmatrix} \tag{8-11}$$

其中,第二行方程为电子的受力方程。人们发现,实空间贝里曲率不改变电子运动速率的大小,只改变其运动方向,其作用类似于我们所熟知的洛伦兹力,因此实空间贝里曲率恰好扮演了磁场的角色,因此也称为演生磁场 (emergent magnetic field)[12]。由于该演生磁场只在电子运动方程中出现,因此只作用于相对应的电子输运,不能与通常的磁场作用混淆。

下面考虑不同参数间的混合贝里曲率,其中时间与空间的混合贝里曲率 $\boldsymbol{\Omega}^{tR}$ 在电子运动方程中扮演了类似电场的角色,因此其也称为演生电场 (emergent electric field)[12]。而实空间与动量空间的混合贝里曲率 $\boldsymbol{\Omega}^{Rk}$ 则有可能与手性磁体中 DM 相互作用的起源以及拓扑霍尔效应的大小有关 [13]。通过上述讨论发现,实空间贝里曲率与时间实空间在电子输运中扮演着演生 (有效) 电磁场的作用,其可以对材料中的电子输运性质进行调控,而这些贝里曲率的来源之一便是实空间中的磁结构。

为了进一步揭示演生电磁场的作用,首先可以考虑一个简单的 s-d 交换模型 [14-16],其中的磁结构包含三个不共面的磁矩 $\boldsymbol{S}$,如图 8-4(a) 所示。电子在该磁结构中运动时,电子会与局域磁矩通过 s-d 交换相互作用耦合,从而改变其自身的自旋方向。当电子与磁矩间的交换作用很大时,电子的自旋方向总是立即与其所在的局域磁矩方向 $\boldsymbol{S}$ 重合,此时,任意两个局域磁矩之间电子的有效跃迁矩阵元可以写为

$$t_{ij}^{\mathrm{eff}} = t \langle S_i \mid S_j \rangle = t \cos(\theta_{ij}/2) \mathrm{e}^{\mathrm{i}\Omega_{ijk}/2} \tag{8-12}$$

其中,$t$ 为原始跃迁矩阵元;$\boldsymbol{S}_i$ 为位置 $i$ 上表示磁矩方向的单位矢量;$\theta_{ij}$ 为位置 $i$ 与位置 $j$ 上磁矩方向的夹角;$\Omega_{ijk}$ 为位置 $i$、$j$、$k$ 上三个磁矩方向所构成的立体角。因此,当电子在这三个磁矩形成的闭合回路中 (如图 8-4(a) 中的三角形) 移动时,便会获得一个贝里 (几何) 相位,其大小与三个磁矩形成的立体角有关。在连续极限下,该立体角与标量自旋手性 (scalar spin chirality) 相关 [14-16],其表达式为

$$\chi_{(ijk)} = \boldsymbol{S}_i \cdot (\boldsymbol{S}_j \times \boldsymbol{S}_k) \tag{8-13}$$

从中可以看出,只有当三个磁矩方向不共面时,才有可能对其中运动的电子产生一个有限的贝里相位。因为该贝里相位的存在,电子感受到一个有效的磁场,即演生磁场。值得注意的是,该模型中只考虑了 s-d 交换相互作用及电子的跃迁,因此演生磁场对电子输运的调制并不依赖于自旋轨道耦合等其他因素。

基于以上模型,可以考虑更广义的情况,从一个双交换 (double exchange) 模型出发 [17,18]

$$H(\boldsymbol{R}) = \frac{\boldsymbol{p}^2}{2m} - J_{\mathrm{sd}}\boldsymbol{S}(\boldsymbol{R}) \cdot \boldsymbol{\sigma} \tag{8-14}$$

其中，$\boldsymbol{p}$ 和 $m$ 分别为电子的动量与质量；$J_{\mathrm{sd}}$ 为电子与局域磁矩之间的交换相互作用；$\boldsymbol{\sigma}$ 为泡利矩阵矢量；$\boldsymbol{S}$ 则为系统中的磁矩分布，即磁结构。通过幺正变换 (unitary transformation)，可以把每一个位置电子自旋的 $z$ 分量旋转到局域磁矩的方向，从而得到

$$H^*(\boldsymbol{R}) = \frac{[\boldsymbol{p} - \boldsymbol{A}^{\mathrm{e}}(\boldsymbol{R})]^2}{2m} - \phi^{\mathrm{e}}(\boldsymbol{R}) - J_{\mathrm{sd}}\sigma_z \tag{8-15}$$

其中，$\boldsymbol{A}^{\mathrm{e}}$ 和 $\phi^{\mathrm{e}}$ 为演生电磁场对应的矢量势和标量势。因此，当有磁结构出现时，便有可能产生一个等效电磁场，即演生电磁场，其具体形式及与矢量势和标量势的关系可以表示为

$$\boldsymbol{B}^{\mathrm{e}} = \nabla \times \boldsymbol{A}^{\mathrm{e}} \tag{8-16}$$

$$\boldsymbol{E}^{\mathrm{e}} = -\nabla\phi^{\mathrm{e}} - \partial_t \boldsymbol{A}^{\mathrm{e}} \tag{8-17}$$

$$B_i^{\mathrm{e}} = \frac{h}{2e}\varepsilon_{ijk}\boldsymbol{S} \cdot (\partial_j \boldsymbol{S} \times \partial_k \boldsymbol{S}) \tag{8-18}$$

$$E_i^{\mathrm{e}} = \frac{h}{2e}\boldsymbol{S} \cdot (\partial_i \boldsymbol{S} \times \partial_t \boldsymbol{S}) \tag{8-19}$$

由此可见，当传导电子在磁结构中运动时，会受到与磁结构相关的演生电磁场的影响，从而改变材料中电子的输运性质。其中演生磁场始终伴随着磁结构出现，而演生电场则只出现在磁结构的动力学中 (式 (8-19) 最后一项时间微分不为零时)。

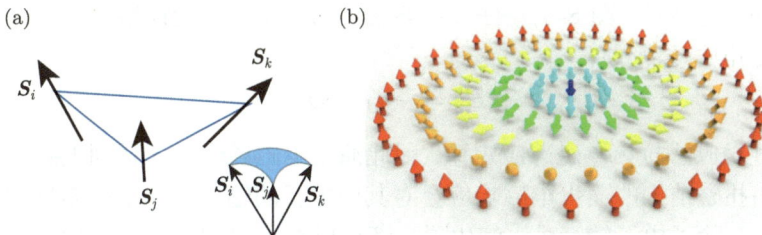

图 8-4　(a) 标量自旋手性示意图，右下角小图为三个磁矩所构成的立体角示意图；(b) 斯格明子磁结构示意图

以一个斯格明子为例，可以利用式 (8-18) 计算一个斯格明子所产生的总演生磁场 [19]：

$$B_{\mathrm{tot}}^{\mathrm{e}} = \int B_z^{\mathrm{e}}\mathrm{d}r^2 = \frac{\Phi_0}{S}Q \tag{8-20}$$

因为斯格明子为二维拓扑磁结构，如图 8-4(b) 所示，假设其存在于 $xy$ 面内，产生的演生磁场则只存在于 $z$ 方向，因此只需对其 $z$ 分量进行积分。式 (8-20) 中，$Q$

为斯格明子数，其为描述斯格明子拓扑特性的整数拓扑不变量；$\Phi_0 = \dfrac{h}{2e}$ 为磁通量量子；$S$ 为斯格明子的面积。因此每个斯格明子都携带着等同于其拓扑荷的量子磁通量，当传导电子在斯格明子磁结构中运动时，其运动方向便会受到该演生磁场的影响而偏转 (图 8-5)。另一方面，传导电子也会给予斯格明子一个反作用力，促使斯格明子的移动发生偏转。值得注意的是，演生磁场是直接由局域磁矩与传导电子间相互作用得到的，因此当斯格明子尺寸很小时 (例如直径在 10 nm 以下)，其可以产生极强的演生磁场 (几十特斯拉甚至上百特斯拉)。

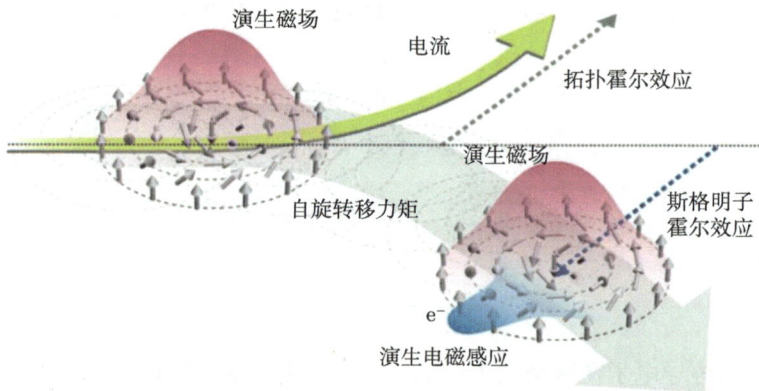

图 8-5  拓扑霍尔效应、演生磁场、演生电磁感应及斯格明子霍尔效应的相互关联示意图 [19]

当斯格明子移动时，由式 (8-19) 可知，其还会产生一个演生电场，该电场亦会影响电子的输运特性 (图 8-5)。仔细观察还可以发现，假设斯格明子的运动速度为 $\boldsymbol{v}_\mathrm{d}$，其演生电磁场满足：

$$\boldsymbol{E}^\mathrm{e} = -\boldsymbol{v}_\mathrm{d} \times \boldsymbol{B}^\mathrm{e} \tag{8-21}$$

该关系恰好对应法拉第电磁感应定律，因此演生电磁场满足一系列电磁场之间的普适关系，拓扑磁结构的演生电磁响应会对其中电子的输运产生多种多样的影响。值得一提的是，除了电子输运外，演生磁场还可以在一定程度上拓展到其他准粒子比如磁振子的输运中，对相关输运产生影响，并产生如磁振子霍尔效应等新奇的输运现象 [20,21]。

## 8.3  拓扑磁结构相关的输运现象

### 8.3.1  拓扑霍尔效应与拓扑自旋霍尔效应

8.2 节中，大家已经注意到磁结构的演生电磁场可以产生丰富的输运现象。对于具有斯格明子相的拓扑磁性材料而言，假设在斯格明子相内对其施加一个横向外电场，斯格明子的演生磁场会对其中运动的电子施加一个有效的洛伦兹力，从而偏转电子的运动方向，产生一个纵向的电学信号，由于该演生磁场与斯格明子的拓扑特性直接相关，因此其对应的电学响应称为拓扑霍尔效应 (topological Hall effect，THE)。拓扑霍尔效应是表征拓扑磁性材料中斯格明子相的重要手段。比如手性磁体材料 MnSi 中，最早是由中子散射实验发现其中存在斯格明子相 [22]，人们随即对其开展了电输运测量 [23]，其纵向电阻如图 8-6(a) 所示。8.1 节已经介绍过磁性体系中具有霍尔效应及反常霍尔效应：

$$\rho_{xy} = \rho^{\mathrm{H}} + \rho^{\mathrm{A}} + \rho^{\mathrm{T}} \tag{8-22}$$

根据外磁场和磁矩的依赖关系，扣除这些贡献后，额外的纵向电信号便与拓扑霍尔电阻率 $\rho^{\mathrm{T}}$ 相关 (图 8-6(b))，其对应的温度与磁场区间恰好是 MnSi 中斯格明子相的所在。该实验中得到的拓扑霍尔电阻率大约为 4.5 nΩ·cm，基于该测量及 MnSi 的基本材料参数，可以估算出演生磁场大小约为 2.5 T。

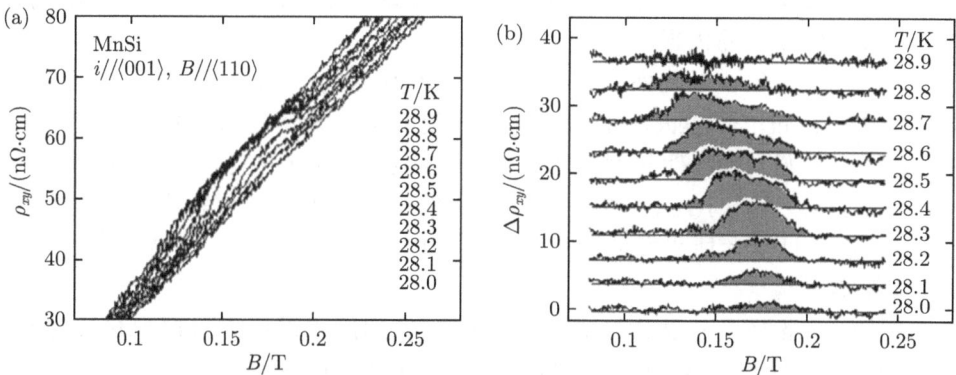

图 8-6　(a) MnSi 中纵向电阻 $\rho_{xy}$ 随磁场和温度的变化；(b) 纵向电阻中扣除霍尔电阻和反常霍尔电阻后的额外贡献 [23]

　　根据式 (8-20) 可知拓扑霍尔效应的大小与材料中斯格明子的密度有关。斯格明子的密度越大，对应的拓扑霍尔效应也越大。MnSi 中斯格明子的尺寸约为 18 nm，而近些年来人们在一类 RKKY 相互作用主导的中心对称磁性材料中发现了尺寸仅为 2.5 nm 左右的斯格明子晶体，并在其中发现了巨大的拓扑霍尔效应，其电阻率可达 2.6 μΩ·cm [24]。除了上述材料体系，磁性多层膜异质结构中虽然不易形成斯格明子晶体，但当其中斯格明子的密度达到一定程度时，也可以测量到显著的拓扑霍尔效应 [25]。反斯格明子中也可以出现类似的拓扑霍尔效应 [26]。因此，拓扑霍尔效应作为一种探测斯格明子的手段，能应用于器件中 [27]。

　　值得一提的是，从贝里相位和贝里曲率出发推导得到的演生电磁场的图像在绝热近似下 (即传导电子与局域磁矩交换相互作用较强以及斯格明子磁结构在空间变化较为缓慢) 更为适用。而在弱耦合体系中，比如稀磁半导体中，则需要利用非绝热的方法对电子由磁结构存在而产生的散射进行处理 [28]，本节主要对绝热近似下的输运现象进行讨论。

虽然斯格明子可以产生拓扑霍尔效应，但类似的电学响应并不能作为斯格明子存在的充分必要条件。8.2 节中介绍了演生磁场，任何具有非共面排列的磁结构都可能具有演生磁场并对其中的电输运产生调制，从而贡献额外的纵向电信号。除静态磁结构外，热涨落也有可能引发磁性材料中的标量自旋手性涨落 [29]，在某些条件下该自旋手性涨落具有非零的平均值，其起源通常为材料中的 DM 相互作用与外磁场间的相互竞争，并有可能存在于磁转变温度之上，从而对电子的输运产生调制。在铁磁超薄膜 $SrRuO_3$ 的输运测量中，在磁性转变温度以上，人们仍然发现其具有类拓扑霍尔效应的输运现象 [30]，而其来源正是自旋手性涨落。此外，在一些材料中，当存在去耦合或多通道载流子输运时，不同输运通道及载流子的贡献叠加起来也可能产生类似拓扑霍尔效应的纵向电阻 [31]。因此，拓扑霍尔效应现象本身可以作为斯格明子存在的佐证，但并不能完全作为判断新材料中斯格明子相存在的依据。

除了纯电学测量手段外，由于演生磁场与传导电子的耦合，热电效应 (比如能斯特效应 (Nernst effect)) 中由热梯度驱使的电子输运也可以被其调制。而当演生磁场的来源为斯格明子时，便可以产生拓扑能斯特效应 (topological Nernst effect)，这类效应在 RKKY 相互作用主导的中心对称磁性材料中已被发现 [32]。类似的自旋手性涨落所引发的演生磁场也可以在热电效应中发挥调制作用，并已被实验证实 [33]。

除了演生磁场，磁结构动力学过程中产生的演生电场也可以对拓扑磁性材料的电学输运产生影响。以斯格明子为例，通常的电学测量中所施加的电流较小，因此所测量的拓扑霍尔效应来源为静态斯格明子产生的演生磁场。在金属磁体中施加电流时，自旋转移力矩效应可以驱动磁结构的运动。在手性磁体中，当电流密度大于某一临界值，能克服如杂质等对斯格明子产生的钉扎效应时，自旋转移力矩效应也能驱动斯格明子的移动。当斯格明子移动时，便会产生演生电场 (式 (8-19) 和式 (8-21))。实验中这类现象也已在 MnSi 中被观测到 [34]，如图 8-7 所示。当材料处于斯格明子相时，对其施加外激励电流并同时测量纵向电阻，观察其数值随外加电流密度的变化。可以发现，当电流密度较小时，斯格明子并未发生移动，此时纵向信号并不随电流密度大小显著变化；当电流密度大于临界电流密度时，纵向电阻开始减小。这正是由于斯格明子运动后，所产生的演生电场与其静态磁结构贡献的拓扑霍尔电信号符号相反，抵消了其中一部分纵向电阻的贡献。同时由于斯格明子在运动过程中受到马格努斯力的影响，本身运动方向也会发生偏转，表现出斯格明子霍尔效应 (图 8-5)，因此其产生的演生电场也并非严格沿着横向或纵向。有理论预言该演生电场具有可扩展性，可以在斯格明子器件中增强斯格明子的移动性[35]。除斯格明子外，类似的演生电场在磁畴壁和磁涡旋的运动中也可以探测到[36,37]。

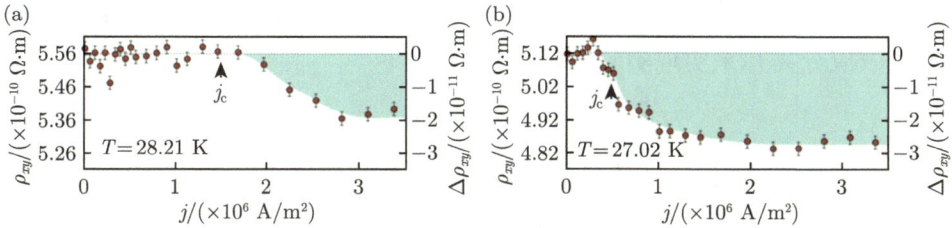

图 8-7    MnSi 中斯格明子产生的演生电场信号在两个不同温度下的测量[34]
$j_c$ 为驱动斯格明子运动所需的临界电流密度

除了拓扑霍尔效应，理论上还预言了斯格明子中可以存在拓扑自旋霍尔效应 (topological spin Hall effect)[38]，其存在不依赖于自旋轨道耦合及电子能带拓扑性，是一种新型的霍尔效应。自旋霍尔效应也是霍尔效应家族中的一员，其中自旋方向相反的电子会向相反的方向移动，产生纯自旋流，但由于电荷有效净移动为零，因此其净电荷流为零[39]。而对于一个斯格明子所产生的演生磁场来说，其中具有相反自旋方向的电子所感受到的有效洛伦兹力也相反，因此表现出相反方向的移动，正好可以类比于自旋霍尔效应，因此称为拓扑自旋霍尔效应。与自旋霍尔效应不同的是，拓扑自旋霍尔效应既不要求材料具有时间反演对称性，也不依赖于自旋轨道耦合。

首先可以考虑一个简单的双交换模型，在铁磁背景下，对应电子能带中电子的有效质量在带边缘为正，而在带顶为负。假设一个十字形的结构中，一个拓扑荷为 1 的斯格明子正好坐落在十字中央，当一个自旋向上且具有正有效质量的电子由左向右通过斯格明子时，由于斯格明子演生磁场的作用，其将会向"右手"方向偏转，如图 8-8(e) 中 I 所示。而当电子的有效质量为负时，可以将其运动等效为一个自旋向下的空穴从相反方向入射 (从右向左)，即图 8-8(e) 中 II 情况，由于斯格明子产生的演生电场对载流子的散射作用是反对称的，因此该空穴会向"左手"方向偏转。而对于自旋向下的电子，其偏转的情况正好相反，如图 8-8(e) 中 III 和 IV 所示。当入射电子态密度对应以上四种情况时，图 8-8(b) 和 (c) 中分别展示了由斯格明子引起的拓扑霍尔角和拓扑自旋霍尔角的大小。对应的计算结果显示，当自旋向上且具有正有效质量的电子入射时，其对应的拓扑霍尔角和拓扑自旋霍尔角均为负，对应情况 I；自旋向上且具有负有效质量的电子入射时，其对应的拓扑霍尔角和拓扑自旋霍尔角均为正，对应情况 II；自旋向下且具有正有效质量的电子入射时，其对应的拓扑霍尔角为正而拓扑自旋霍尔角为负，对应

情况 Ⅲ；自旋向下且具有负有效质量的电子入射时，其对应的拓扑霍尔角为负而拓扑自旋霍尔角为正，对应情况 Ⅳ。而当入射电子混合有两种自旋方向 (自旋向上和向下电子混合在一起) 时，便有可能对拓扑霍尔效应和拓扑自旋霍尔效应进行调控，比如情况 Ⅰ 和 Ⅲ 结合或情况 Ⅱ 和 Ⅳ 结合时，其中的拓扑霍尔角因为符号相反而有可能相互抵消，而拓扑自旋霍尔角则因方向相同而相互叠加，从而将两种效应分离开来实现实验测量。

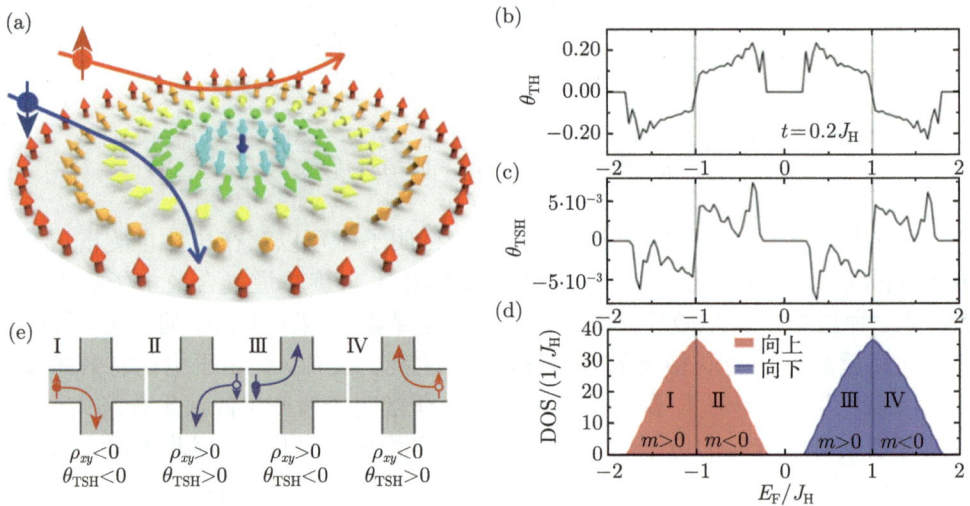

图 8-8　(a) 拓扑自旋霍尔效应示意图；(b) 拓扑霍尔角、(c) 拓扑自旋霍尔角及 (d) 电子态密度随费米能级的变化；(e) 为四种不同载流子类型与自旋方向排列组合的输运图像，以及对应的拓扑霍尔电阻 ($\rho_{xy}$) 和拓扑自旋霍尔角 ($\theta_{\mathrm{TSH}}$)[38]

除了斯格明子，其他一些具有非整数拓扑荷的磁结构也可能产生类似的拓扑霍尔效应，如磁半子等。另外一些三维拓扑磁结构如磁浮子和磁霍普夫子等，其具有三维的演生磁场，有可能对拓扑磁性材料中的输运在三维空间中进行调制并可能产生高阶输运响应 [40]。

在反铁磁拓扑磁结构如反铁磁斯格明子中，假如简单地将反铁磁的两组子晶格分开，并单独考虑其中斯格明子的演生磁场，则容易得出其中净演生磁场为零的结论。然而反铁磁中子晶格间也具有相互作用，因此反铁磁斯格明子也可以产生有效的演生电磁场，从而对电子的输运进行调制，理论预言也可以产生类似的拓扑霍尔效应与拓扑自旋霍尔效应 [41]，但尚未在实验上观测到。

### 8.3.2　非共线磁电阻、非共线霍尔效应与手性霍尔效应

8.3.1 节主要介绍了与斯格明子相关的输运现象，事实上，除了斯格明子，非共线及非共面磁结构均有可能对材料中的电子输运进行调制。此外，当在输运中考虑

自旋轨道耦合时，电子与非共线及非共面磁结构的散射相互作用则会贡献更加丰富新奇的输运现象。

隧穿磁电阻在磁性材料输运及自旋电子学中有着广泛的研究和应用。在尺寸较小的斯格明子中，假如相邻自旋之间的变化较大，则有可能引起一种隧穿非共线磁电阻 (tunneling noncollinear magnetoresistance，TNMR)[42]，如图 8-9 所示。当材料体系中所有磁矩共线时，其 TNMR 较小，而当其中磁矩呈某种非共线排列时，比如形成一个斯格明子结构，其对应的 TNMR 则较大。该效应已经通过扫描隧道显微镜得到验证，如图 8-9(b) 所示。对磁性单层膜样品 PdFe/Ir(111) 进行扫描，其对应的微分隧穿电导随针尖偏压的变化在铁磁态下和在斯格明子中心时具有不同的曲线。该微分隧穿电导与样品的局域态密度有关，并与其中的电子能带结构紧密相连。图 8-9(b) 表明，斯格明子中心的局域电子特性与其在铁磁背景下的不同。铁磁背景曲线在 0.7 V 时具有一个峰值，而斯格明子曲线在 0.5 V 和 0.9 V 时分别具有两个峰，这些区别是由斯格明子的非线性磁结构导致的。

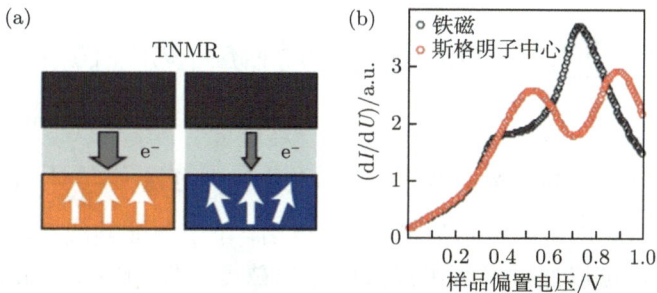

图 8-9  (a) TNMR 示意图，系统中磁矩排列共线与否决定了其中的电阻大小；(b) 斯格明子中心处 (红色) 和铁磁背景下 (黑色) 的电流电压变化率 (d$I$/d$U$) 随样品偏压的变化 [42]

TNMR 为非共线及非共面磁结构贡献的沿外电场方向输运现象 (沿外磁场方向)，它们贡献的垂直外电场方向 (霍尔) 的输运现象也值得进一步讨论。人们可以将磁结构视为一个散射势垒，通过求解散射截面得到非共线及非共面磁结构对电子输运的影响。从一个二维自由电子模型出发，其哈密顿量为

$$H = \frac{h^2 \boldsymbol{k}^2}{2m} \tag{8-23}$$

对应的入射波函数可写为

$$\Phi_{k,\sigma}^{\text{in}}(R) = \mathrm{e}^{\mathrm{i}\boldsymbol{k}\cdot\boldsymbol{R}} |\sigma\rangle \tag{8-24}$$

人们可以通过李普曼–施温格 (Lippmann-Schwinger) 方程对散射后的波函数进行

求解，假设电子在远场近似下沿 $x$ 方向入射，散射角为 $\theta$，其形式可写为

$$\Phi_k(\boldsymbol{R}) = \mathrm{e}^{\mathrm{i}\boldsymbol{k}\cdot\boldsymbol{R}}|\sigma\rangle + \sum_{\sigma'}\frac{\mathrm{e}^{\mathrm{i}\boldsymbol{k}\cdot\boldsymbol{R}}}{\sqrt{R}}f_{k,\sigma'\sigma}(\theta)|\sigma'\rangle \tag{8-25}$$

其中，$f_k$ 为散射强度。通过入射和散射波函数，我们可以进一步计算其对应的入射电流

$$j^{\mathrm{in}}(R) = -\frac{\mathrm{i}\hbar}{2m}\left[\Phi^{\mathrm{in}^*}(R)\nabla\Phi^{\mathrm{in}}(R) - \nabla\Phi^{\mathrm{in}^*}(R)\Phi^{\mathrm{in}}(R)\right] = \frac{\hbar k}{m}\hat{x} \tag{8-26}$$

和出射电流

$$j^{\mathrm{out}}_{\sigma'\sigma} \approx |f_{k,\sigma'\sigma}(\theta)|^2\frac{\hbar k}{m}\frac{1}{\boldsymbol{R}} \tag{8-27}$$

得到对应的包含所有自旋通道的总微分截面 (differential cross-section) 为

$$\frac{\mathrm{d}\Sigma}{\mathrm{d}\theta} = \sum_{\sigma'\sigma}\boldsymbol{R}\frac{j^{\mathrm{out}}}{j^{\mathrm{in}}} = \sum_{\sigma'\sigma}|f_{k,\sigma'\sigma}(\theta)|^2 = |f_{k,\uparrow\uparrow}(\theta)|^2 + |f_{k,\uparrow\downarrow}(\theta)|^2 + |f_{k,\downarrow\uparrow}(\theta)|^2 + |f_{k,\downarrow\downarrow}(\theta)|^2 \tag{8-28}$$

将微分截面分解为横向和纵向两个分量，其中纵向分量 $\dfrac{\mathrm{d}\Sigma_{NM}^H}{\mathrm{d}\theta}$ 便对应非共线及非共面磁结构可能产生的霍尔信号贡献。随后，电子与非共线及非共面磁结构散射贡献的电阻便可以通过求解半经典的玻尔兹曼方程 (Boltzmann equation) 而得到：

$$E\frac{\mathrm{d}f(\boldsymbol{p})}{\mathrm{d}\boldsymbol{p}} = \int\mathrm{d}\theta'\left[w_{\boldsymbol{p}\boldsymbol{p}'}f(\boldsymbol{p}') - w_{\boldsymbol{p}'\boldsymbol{p}}f(\boldsymbol{p})\right] \tag{8-29}$$

其中，$E$ 为电场强度；$\boldsymbol{p}$ 为电子动量；$f$ 为电子的分布函数，方程右手边的碰撞项则可以利用纵向散射截面求得

$$w_{pp'} = \frac{\hbar k}{m}\left(\frac{\mathrm{d}\Sigma_{NM}^H}{\mathrm{d}\theta} + \frac{\mathrm{d}\Sigma^H}{\mathrm{d}\theta}\right) \tag{8-30}$$

这里还加入了非磁性杂质散射的贡献 $\Sigma_{NM}^H$，其通常决定了系统中电子的弛豫时间 (relaxation time) $\tau$。

考虑玻尔兹曼方程对外电场的线性解，人们得到对应的霍尔电阻率可以写为两部分的和：

$$\rho_{xy} = -\frac{m}{ne^2\tau}\Sigma^H = \rho^{\mathrm{THE}} + \rho^{\mathrm{NHE}} \tag{8-31}$$

其中，$n$ 为电子浓度；右边第一项可写为

$$\rho^{\text{THE}} = \sum_{ijk} \rho^{\text{THE}}_{ijk} \boldsymbol{s}_i \cdot (\boldsymbol{s}_j \times \boldsymbol{s}_k) \tag{8-32}$$

而第二项可写为

$$\rho^{\text{NHE}} = \sum_{ijk} \rho^{\text{NHE}}_{ijk} [(\boldsymbol{D}_{ij} \cdot \boldsymbol{s}_i)(\boldsymbol{s}_j \cdot \boldsymbol{s}_k) + (\boldsymbol{D}_{ij} \cdot \boldsymbol{s}_j)(\boldsymbol{s}_i \cdot \boldsymbol{s}_k) - (\boldsymbol{D}_{ij} \cdot \boldsymbol{s}_k)(\boldsymbol{s}_i \cdot \boldsymbol{s}_j)] \tag{8-33}$$

这里，$\boldsymbol{D}_{ij}$ 为一单位矢量，其方向由系统中 DM 相互作用决定。求解以上电阻率时，我们需要提前得到散射强度 $f$ 的形式，其可以利用二阶玻恩近似同时在斯格明子散射势垒中考虑自旋轨道耦合而得到 [43]。

式 (8-32) 和式 (8-33) 是非共线及非共面磁结构对电输运的额外贡献。式 (8-32) 的形式与上文提到的标量自旋手性类似，其表示了拓扑霍尔效应，来源不依赖于自旋轨道耦合。而式 (8-33) 则是一项新的输运贡献——非共线霍尔效应 (noncolinear Hall effect，NHE)，其本身依赖于磁结构与系统中自旋轨道耦合的关联效应 [43]。

假设系统中的磁结构在空间中缓慢变化 (长波长近似)，相邻位置上磁矩之间的联系可以写为

$$\boldsymbol{s}_j = \boldsymbol{s}_i + \sum_{\alpha} \boldsymbol{R}_{ij,\alpha} \partial_{\alpha} \boldsymbol{s}_i + \frac{1}{2} \sum_{\alpha\beta} \boldsymbol{R}_{ij,\alpha} \boldsymbol{R}_{ij,\beta} \partial_{\alpha} \partial_{\beta} \boldsymbol{s}_i + \cdots \tag{8-34}$$

这里，$\boldsymbol{R}$ 为从 $i$ 指向 $j$ 的单位矢量；$\alpha, \beta \in \{x, y, z\}$。在该近似下，式 (8-32) 可重新写为

$$\rho^{\text{THE}} = \sum_{\alpha \neq \beta} \rho^{\text{THE}}_{\alpha\beta} \boldsymbol{s} \cdot (\partial_{\alpha} \boldsymbol{s} \times \partial_{\beta} \boldsymbol{s}) \tag{8-35}$$

该形式正是前文提到的演生磁场。而式 (8-33) 则可以重新写为

$$\rho^{\text{NHE}} = \sum_{ijk} \rho^{\text{NHE}}_{ijk} \boldsymbol{s} \cdot \boldsymbol{D}_{ij} + \sum_{\alpha\beta} \rho^{\text{NHE}}_{1,\alpha\beta} \partial_{\alpha} \boldsymbol{s}^{\beta} + \sum_{\alpha\beta\gamma} \rho^{\text{NHE}}_{2,\alpha\beta\gamma} \partial_{\alpha} \partial_{\beta} \boldsymbol{s}^{\gamma} + \sum_{\alpha\beta\gamma} \rho^{\text{NHE}}_{3,\alpha\beta\gamma} (\partial_{\alpha} \boldsymbol{s})(\partial_{\beta} \boldsymbol{s}) \boldsymbol{s}^{\gamma} \tag{8-36}$$

式 (8-36) 中非共线霍尔效应的贡献可以分为四部分。其中第一部分来源为电子与三角磁矩结构的散射，其会贡献一个反对称平面霍尔效应，比如在 $Fe_3Si$ 中便测得此类效应 [44]；第二部分与磁矩梯度线性相关，因此其与磁结构中非共线的手性联系在一起，被命名为手性霍尔效应 (chiral Hall effect)[45]，由于该线性关系，手性霍尔效应也可以在一维磁结构如磁畴壁和自旋螺旋态中出现；第三部分

与磁矩的曲率相关，主要出现于如曲面结构中的磁矩排列；最后一部分则是一个类似于拓扑霍尔效应的三磁矩乘积项，其具体形式取决于系统中的 DM 相互作用形式。

　　非共线及非共面磁结构与自旋轨道耦合的结合可以产生丰富的输运现象。虽然拓扑霍尔效应本身不依赖于自旋轨道耦合，但在一些材料体系如手性磁体中，DM 相互作用的本质来源于自旋轨道耦合，是斯格明子等磁结构形成的先决条件，因此上述非共线霍尔效应的讨论对理解这类材料中的输运具有重要意义。而对于另外一些材料如 RKKY 相互作用主导的中心对称磁性材料，其中的磁结构形成则主要依赖于 RKKY 主导的磁相互作用及几何阻挫，而并不依赖于 DM 相互作用和自旋轨道耦合，因此相关的非共线霍尔效应则可能较弱。

　　基于最简单的三角磁矩结构，图 8-10 进一步展示了自旋轨道耦合作用和非共线/共面磁结构对拓扑霍尔效应及非共线霍尔效应的影响。可以发现，拓扑霍尔效应在张开角为 60° 和 120° 时达到最大值，而在 0°、180° 和 90° 时为零，后面这两种情况分别对应于铁磁态 (共线) 和共面磁结构，这是因为拓扑霍尔效应与标量自旋手性和演生磁场相关。另一方面，非共线霍尔效应在张开角为 90° 时达到最大值。此外，非共线霍尔效应的强度随着自旋轨道耦合的增大而增大，当自旋轨道耦合消失时，非共线霍尔效应也为零，说明了其为自旋轨道耦合与磁结构共同作用的结果。由于非共线霍尔效应与拓扑霍尔效应关于张开角在 90° 时具有不同的对称性 (前者为反对称，后者为对称)，两者的总霍尔效应贡献如图 8-10(c) 所示，该效应可以在实验上区分它们对输运的贡献。

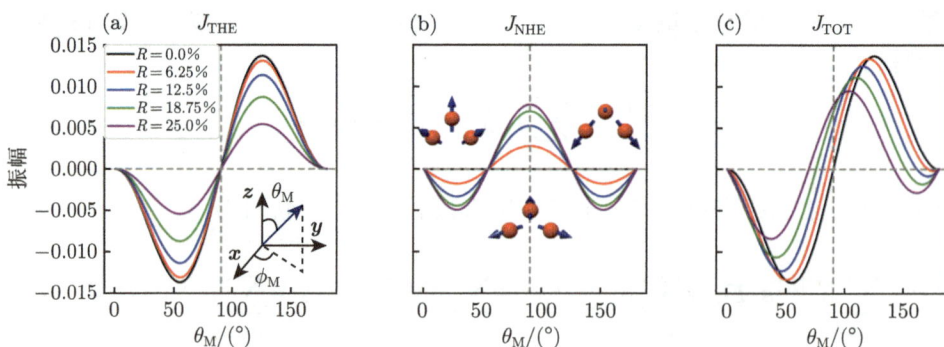

图 8-10　三角磁矩结构中散射电流随张开角 $\theta_M$ 和自旋轨道耦合强度 $R$ 的变化 [43]

(a) 拓扑霍尔电流的变化；(b) 非共线霍尔电流的变化；(c) 总霍尔电流的变化

　　为了进一步展示拓扑霍尔效应与非共线霍尔效应的区别，图 8-11 展示了一个二维手性磁体模型中手性霍尔电导率和斯格明子数随垂直于二维平面外磁场大小的变化。拓扑霍尔效应与系统中的总斯格明子数相关，因此其大小应该严格对应斯格明子数，而手性霍尔效应则只与磁矩梯度线性相关。从图 8-11 中可以看出，手性霍尔电导率和斯格明子数并无严格的依赖关系，更有趣的是，在斯格明子相下 (磁场为 2.5 T 左右)，系统中的斯格明子数达到最大值，而手性霍尔电导率则早在螺旋态便已经达到最大值 (磁场为 1 T 左右)，进一步说明了两者之间的区别。因此拓扑磁性材料具有丰富的输运现象，但同时不同输运现象的贡献也需要用对称性等手段对其进行仔细的甄别。

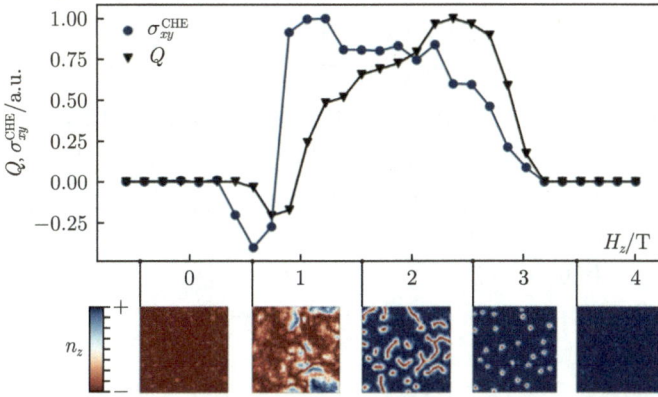

图 8-11　手性磁体模型中斯格明子数 $Q$ 和手性霍尔电导率 $\sigma_{xy}^{\mathrm{CHE}}$ 随磁场 $H_z$ 的变化 [45]

下排图片为对应磁场下的具体磁结构

### 8.3.3　磁结构的高阶输运响应

前文讨论了拓扑磁性系统中的线性响应 (linear response)。近年来，人们对材料中的各类非线性响应 (nonlinear response) 产生了浓厚兴趣，并逐渐认为其是构筑新型电子元器件的物理基础。

而在拓扑磁性材料中，最近人们则较为关注自旋螺旋态中的磁结构动力学与电学响应，结构如图 8-12(a) 所示，其波矢量方向沿 $x$ 轴，螺旋旋转面为 $yz$ 平面，周期为 $\lambda$。自旋螺旋的动力学模式可以用位移 $x$ 和倾斜角 $\phi$ 来描述，这两个参数为一对正则共轭物理量，两者的变化是相关的，比如螺旋的位移 $X$ 总会伴随着自旋倾斜到螺旋旋转面外 (即倾斜角 $\phi$) 的变化。当沿着自旋螺旋波矢量方向施加一个电流时，由于自旋转移力矩效应，电流可以驱动自旋螺旋的移动，由对应的式 (8-19) 可以得到自旋螺旋在该动力学模式下产生的演生电场 [46,47]

$$E_x^{\mathrm{e}} = \frac{ph}{e\lambda}\partial_t\phi \tag{8-37}$$

其中，$p$ 为材料的自旋极化率。因此，自旋螺旋在沿自身波矢量方向的电流作用下会产生一个相同方向的演生电场。同时，由于倾斜角在电流作用下可以表达为

$$\phi = A_1 j_x + A_3 j_x^3 + \cdots \tag{8-38}$$

这里 $j_x$ 为外加电流密度，其中包含超越线性响应的动力学模式。同时，自旋螺旋的演生电场与电流对时间的导数成正比，会产生一个感应电压，人们将其命名为演生电感 (emergent inductance)，对应的演生感应电压可以写为

$$V = E_x^e d \propto \frac{d}{S}(A_1 + A_3 I_x^2 + \cdots)\frac{\mathrm{d}I}{\mathrm{d}t} \tag{8-39}$$

其中，$d$ 为电极距离；$S$ 为器件的横截面积；$I$ 为电流强度。

类似的演生电感已在实验中被证实 [47]。如图 8-12 所示，在一个 RKKY 相互作用主导的拓扑磁性材料 $Gd_3Ru_4Al_{12}$ 中，其自旋螺旋的周期约为 2.8 nm。通过对其中不同相进行电学测量，其对应相图的电感如图 8-12(b) 所示，可以发现，在螺旋相和扇相中其电感最大 (扇相与自旋螺旋具有类似的动力学模式)。值得关注的

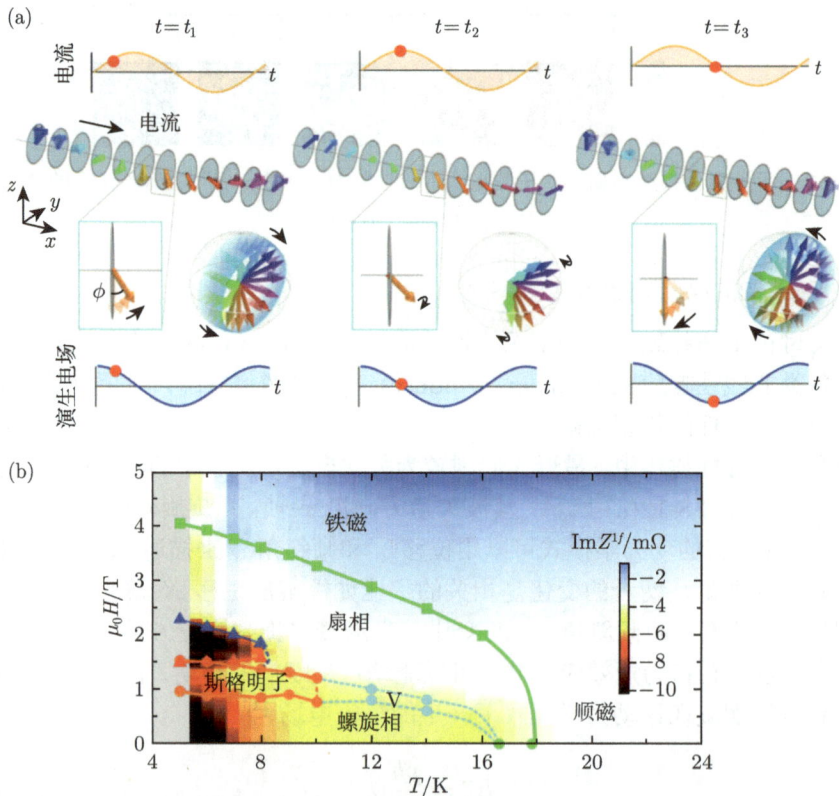

图 8-12　(a) 交流电流驱动下的自旋螺旋运动模式，第一排为电流–时间关系，第二排为自旋螺旋的动力学模式，第三排为螺旋旋转面内的倾斜角和相空间内的自旋动力学模式，第四排为自旋螺旋动力学产生的演生电场；(b) 为测量样品相图对应的电感 [47]

一点是，结合式 (8-37) 与式 (8-39)，该演生电感与自旋螺旋的周期和器件的横截面积成反比，因此当螺旋周期更短、器件尺寸更小时，对应的演生电感更大。而在传统电感器件中，电感与器件线圈数等参数正相关，因此若要增大电感，则需要更大的器件尺寸，这阻碍了电感类器件的微型化。从这个角度来讲，基于自旋螺旋及其演生电感的相关器件有潜力助力电子器件的进一步小型化。不过目前实验中得到的演生电感的品质因子仍然较小，并且只能在 10 kHz 以下存在，由于磁动力学的特征时间尺度在兆赫兹左右，因此当外加交流电流的频率接近该频段时，容易引发磁矩的额外响应，因此，若要将这类器件应用在通信等领域，则如何进一步提高对应的品质因子和频域范围是必须要解决的问题。

在三维体系中，斯格明子可以拓展形成斯格明子弦 (skyrmion string)，其也具有高阶的电学响应。这是由于在电流作用下，斯格明子弦会发生形变，其会产生一个次阶的演生电场，从而出现一个二阶霍尔效应，即非线性霍尔效应[48]。

另外一类三维拓扑磁结构——磁霍普夫子 (magnetic hopfion) 也具有非线性的电学响应。磁霍普夫子的拓扑特性由霍普夫数 (Hopf number) 来描述，最简单的霍普夫子可以被视为一个扭曲 360° 头尾相接的斯格明子弦，其形状类似一个轮胎面，在胎面的每一个截面上都具有一个斯格明子–反斯格明子对 (图 8-13(a))[49]。霍普夫数的几何意义则是系统中不同方向磁矩之间形成的等磁矩面 (环) 的链接次数，是一类三维拓扑不变量。

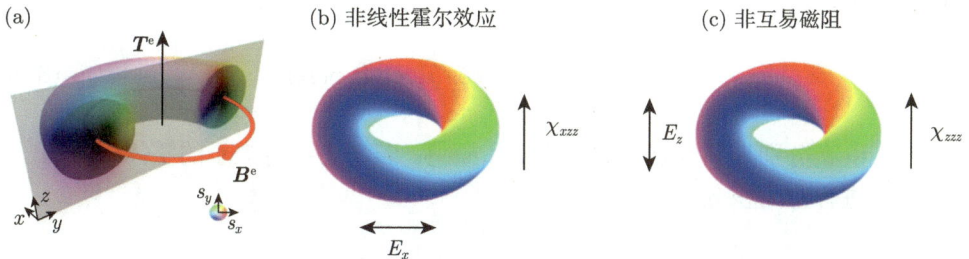

图 8-13　(a) 磁霍普夫子与其演生磁场和演生环矩[53]；(b) 磁霍普夫子的非线性霍尔效应；(c) 磁霍普夫子的非互易磁阻响应

在斯格明子等二维拓扑磁结构中，演生磁场只具有垂直其所在二维平面的分量。与它们不同的是，霍普夫子的三维磁结构赋予了其演生磁场三维的空间分布。如图 8-13(a) 所示，霍普夫子的演生磁场为一个环形磁场，由于霍普夫子的每一个截面上都具有一个斯格明子–反斯格明子对，该对称性导致其净演生磁场为零，因此对应外电场的线性电学特征响应为零。与之相对的是，该三维演生磁场可以通过类似电磁场中多极展开的方法加以分解，其最低阶的非零分量为一个演生环矩 (emergent toroidal moment)，可以写为

$$T^{\mathrm{e}} = \int \mathrm{d}R^3 (\boldsymbol{R} \times \boldsymbol{B}^{\mathrm{e}}) \tag{8-40}$$

因此虽然霍普夫子的净演生磁场为零，但其具有演生磁多极子 (emergent magnetomultipoles) 分量。

　　由于环矩破坏了时间反演及空间反演对称性，其出现通常可以引发系统中的非互易响应 (nonreciprocal response)。为了分析其可能伴随的输运贡献，可以用类似于 8.2 节中的方法，从一个双交换模型出发，系统的哈密顿量为

$$H(\boldsymbol{R}) = \frac{\boldsymbol{p}^2}{2m} - J_{\mathrm{H}} \boldsymbol{S}(\boldsymbol{R}) \cdot \boldsymbol{\sigma} \tag{8-41}$$

这里，$\boldsymbol{S}$ 为霍普夫子的磁结构；$J_{\mathrm{H}}$ 为电子自旋与局域磁矩的交换相互作用。通过幺正变换将电子的自旋转到局域磁矩的方向，该哈密顿量可以重新写为

$$H^*(\boldsymbol{R}) = \frac{[\boldsymbol{p} - \boldsymbol{A}^{\mathrm{e}}(\boldsymbol{R})]^2}{2m} - J_{\mathrm{H}} \sigma_z \tag{8-42}$$

其中，$\boldsymbol{A}^{\mathrm{e}}$ 为演生磁场的矢量势 ($\boldsymbol{B}^{\mathrm{e}} = \nabla \times \boldsymbol{A}^{\mathrm{e}}$)。8.2 节已经讨论过，磁结构与电子的交换相互作用可以转换为一个有效的矢量势和演生磁场，因此可以从 $\boldsymbol{A}^{\mathrm{e}}$ 入手分析磁霍普夫子的磁结构对输运的贡献。$\boldsymbol{A}^{\mathrm{e}}$ 本身对应磁结构的自旋贝里联络 [50]，可以由以下公式来表达：

$$A_i^{\mathrm{e}}(R) = \frac{1}{2} [1 - \cos\theta(R)] \partial_i \phi(R) \tag{8-43}$$

其中，$\phi$ 和 $\theta$ 分别为局域磁矩的方位角和极角。若考虑霍普夫子的整体磁结构，则可以对其进行空间积分：

$$\int A_i^{\mathrm{e}}(R) \mathrm{d}^3 r = \int [\partial_j (A_i^{\mathrm{e}}(R) R_j) - R_j \partial_j A_i^{\mathrm{e}}(R)] \mathrm{d}^3 R$$

$$= \frac{1}{2} \int [R_j (\partial_j \phi \partial_i \theta - \partial_i \phi \partial_j \theta) \sin\theta + \delta_{ij} (1 - \cos\theta) \partial_j \phi] \mathrm{d}^3 R \tag{8-44}$$

当 $i = j$ 时，该等式为恒等式；而当 $i \neq j$ 时，其可以进一步简化为

$$\int A_i^{\mathrm{e}}(R) \mathrm{d}^3 R = \frac{1}{2} \int R_j \varepsilon_{ijk} B_k^{\mathrm{e}}(R) \mathrm{d}^3 R = \frac{1}{2} \int (\boldsymbol{R} \times \boldsymbol{B}^{\mathrm{e}})_i \mathrm{d}^3 R = T_i^{\mathrm{e}} \tag{8-45}$$

因此 $\boldsymbol{A}^{\mathrm{e}}$ 的空间积分正是一个演生环矩，类比于电子与电磁场的最小耦合，霍普夫子的演生环矩可以与电流耦合，从而对电子输运产生调制。

得到以上关系后，人们可以进一步分析霍普夫子磁结构对电子的散射作用。考虑电子从 $|k\rangle$ 态到 $|k'\rangle$ 态的散射，对应的电子散射率可以通过一阶玻恩近似得到

$$W_{kk'} \approx 2\pi n_i [V_0^2 - 2n_i V_0 T^{\mathrm{e}} \cdot (k' + k) + (T^{\mathrm{e}})^2 (k' + k)^2] \delta(\varepsilon_k - \varepsilon_{k'}) \qquad (8\text{-}46)$$

其中，还引入了随机非磁性杂质的散射贡献 $V'(R) = V_0 \sum_i \delta(R - R_i)$，$V_0$ 为散射强度；$n_i$ 为 $i$ 处的杂质密度。该散射率表明 $W_{kk'} \neq W_{-k-k'}$，因此非互易电子输运现象可以在该系统中出现。人们可以进一步把以上散射率拆分组合为对称和反对称两部分 [51,52]

$$W_{kk'}^+ = \frac{1}{2}(W_{kk'} + W_{-k-k'}) = 2\pi \left[ n_i V_0^2 + (T^{\mathrm{e}})^2 (k' + k)^2 \right] \delta (\varepsilon_k - \varepsilon_{k'}) \qquad (8\text{-}47)$$

$$W_{kk'}^- = \frac{1}{2}(W_{kk'} - W_{-k-k'}) = -2\pi n_i V_o T^{\mathrm{e}} \cdot (k' + k) \delta (\varepsilon_k - \varepsilon_{k'}) \qquad (8\text{-}48)$$

其中，假设杂质的散射强度远大于霍普夫子演生环矩的贡献，因此在对称散射率中可以忽略不计。

基于以上散射率，人们试图求解系统对外电场激励 $E$ 的二阶电导率：

$$j_{2,a} = \chi_{abc} E_b E_c \qquad (8\text{-}49)$$

这里，$j_2$ 为二阶电流密度响应；$\chi$ 为二阶电导率张量，可以通过半经典玻尔兹曼方程求解

$$\frac{\partial f}{\partial t} + e\boldsymbol{E} \cdot \nabla_{\boldsymbol{k}} f = -\frac{f - f_0}{\tau} + \int \frac{\mathrm{d}^3 k'}{(2\pi)^3} W_{kk'}^- [f(k') - f(k)] \qquad (8\text{-}50)$$

其中，$f$ 为电子的分布函数；$f_0$ 为系统在平衡态下的分布，其中 $e$ 为基本电荷；弛豫时间则由对称散射率 $W_{kk'}^+$ 给出。

玻尔兹曼方程可以通过扩展分布函数逐步自洽求解，为了得到二阶电导率，需要将其扩展到电场 $E$ 的二阶项。假设霍普夫子的演生环矩指向 $z$ 方向 $T^{\mathrm{e}} = T_z^{\mathrm{e}}\hat{z}$，则可以得到以下非零的二阶电导率张量分量：

$$\chi_{zzz}/2 = \chi_{zxx} = \chi_{xzx} = \chi_{xxz} = \chi_{zyy} = \chi_{yzy} = \chi_{yyz} = \chi \propto T_z^{\mathrm{e}} \qquad (8\text{-}51)$$

它们均与演生环矩相关。这些二阶电导率分别对应两种非线性输运现象，其中 $\chi_{zzz}$ 对应的是一种非互易磁电阻 (图 8-13(c))，当电场平行或反平行于演生环矩方向施加时，其对应的电阻大小不同，而如果外加电场为交流场，则会出现一个直流或二倍频的电阻。$\chi_{zxx}$ 和 $\chi_{zyy}$ 则对应一类非线性霍尔效应 (图 8-13(b))。当垂直于演生

环矩方向施加一交流磁场时，沿着演生环矩的方向会出现一个二倍频的霍尔电阻。这两种现象均与外电场强度的平方相关，其也对应着霍普夫子的非线性自旋动力学响应 [53]。

演生多极子的概念并不仅限于霍普夫子，只要磁结构对应的演生磁场满足一定的分布，便可以产生演生多极子。比如在磁半子–反磁半子或者斯格明子–反斯格明子对中 [40]，由于它们的演生磁场方向相反，便可以产生一个演生环矩，其定义类似于一些反铁磁材料中的环矩定义方式 [54]。因此其中也有可能存在非互易磁阻及非线性霍尔效应等电学输运现象。

# 8.4　本章小结

本章首先介绍了常见的磁输运性质，包括反常霍尔效应、各向异性磁电阻及平面霍尔效应，这些输运性质是理解磁结构相关电输运性质的基础。随后，为了理清磁结构对电输运的贡献，从贝里相位出发，讨论了由磁结构与电子间交换相互作用引起的演生磁场与演生电场，并针对性地讨论了静态和动态磁结构对电子运动的影响。基于演生电磁场，着重介绍了拓扑磁性材料中的典型电输运现象。以受到最广泛研究的拓扑霍尔效应为例，它的存在与斯格明子相及标量自旋手性密切相关。此外，磁结构运动所产生的演生电场也是当下研究前沿，有望用来构建新型的自旋电子学器件。非共线和非共面磁结构与自旋轨道作用的耦合在一些拓扑磁性材料中产生出更新奇的输运现象。此外，具有特定空间分布的磁结构，尤其是三维拓扑磁结构，还可以展现演生磁多极子，从而产生非线性输运。这些输运现象很多仍未在实验上被观测到，比如拓扑自旋霍尔效应、非共线霍尔效应及演生环矩相关的非线性霍尔效应等。如何找到合适的材料体系，针对性地研究这些现象，有望进一步推进拓扑磁性材料领域的发展。

## 参 考 文 献

[1] Hall E D. On the "rotational coefficient" in nickel and cobalt. Proceedings of the Physical Society of London, 1880, 12: 157-172.

[2] Nagaosa N, Sinova J, Onoda S, et al. Anomalous Hall effect. Reviews of Modern Physics, 2010, 82: 1539-1592.

[3] Taniguchi T, Grollier J, Stiles M D. Spin-transfer torques generated by the anomalous Hall effect and anisotropic magnetoresistance. Physical Review Applied, 2015, 3: 044001.

[4] Karplus R, Luttinger J M. Hall effect in ferromagnetics. Physical Review, 1954, 95: 1154-1160.

[5] Thomson W. On the electro-dynamic qualities of metals: effects of magnetization on the electric conductivity of nickel and of iron. Proceedings of the Royal Society of London, 1857, 8: 546-550.

[6] Berry M. Quantal phase factors accompanying adiabatic changes. Proceedings of the Royal Society of London A, 1997, 392 : 45-57.

[7] Aharonov Y, Bohm D. Significance of electromagnetic potentials in the quantum theory. Physical Review, 1959, 115: 485-491.

[8] Chang M C, Niu Q. Berry phase, hyperorbits, and the hofstadter spectrum: semiclassical dynamics in magnetic Bloch bands. Physical Review B, 1996, 53 :7010-7023.

[9] Sundaram G, Niu Q. Wave-packet dynamics in slowly perturbed crystals: gradient corrections and Berry-phase effects. Physical Review B, 1999, 59: 14915-14925.

[10] Sodemann I, Fu L. Quantum nonlinear Hall effect induced by Berry curvature dipole in time-reversal invariant materials. Physical Review Letters, 2015, 115: 216806.

[11] Du Z Z, Lu H Z, Xie X C. Nonlinear Hall effects. Nature Reviews Physics, 2021, 3: 744-752.

[12] Volovik G E. Linear momentum in ferromagnets. Journal of Physics C: Solid State Physics, 1987, 20: L83-L87.

[13] Freimuth F, Bamler R, Mokrousov Y, et al. Phase-space Berry phases in chiral magnets: Dzyaloshinskii-Moriya interaction and the charge of skyrmions. Physical Review B, 2013, 88: 214409.

[14] Wen X G, Wilczek F, Zee A. Chiral spin states and superconductivity. Physical Review B, 1989, 39: 11413-11423.

[15] Nagaosa N, Lee P A. Normal-state properties of the uniform resonating-valence-bond state. Physical Review Letters, 1990, 64: 2450-2453.

[16] Lee P A, Nagaosa N. Gauge theory of the normal state of high-$T_C$ superconductors. Physical Review B, 1992, 46: 5621-5639.

[17] Ye J, Kim Y, Mills A, et al. Berry phase theory of the anomalous Hall effect: application to colossal magnetoresistance manganites. Physical Review Letters, 1999, 83: 3737-3740.

[18] Bruno P, Dugaev V K, Taillefumier M. Topological Hall effect and Berry phase in magnetic nanostructures. Physical Review Letters, 2004, 93: 097806.

[19] Nagaosa N, Tokura Y. Topological properties and dynamics of magnetic skyrmions. Nature Nanotechnology, 2013, 8: 899-911.

[20] Iwasaki J, Beekman A J, Nagaosa N. Theory of magnon-skyrmion scattering in chiral magnets. Physical Review B, 2014, 89: 064412.

[21] Schütte C, Garst M. Magnon-skyrmion scattering in chiral magnets. Physical Review B, 2014, 90: 094423.

[22] Muhlbauer S, Binz B, Jonietz F, et al. Skyrmion lattice in a chiral magnet. Science, 2009, 323: 915-919.

[23]　Neubauer A, Pfleiderer C, Binz B, et al. Topological Hall effect in the A-phase of MnSi. Physical Review Letters, 2009, 102: 186602.

[24]　Kurumaji T, Nakajima T, Hirschberger M, et al. Skyrmion lattice with a giant topological Hall effect in a frustrated triangular-lattice magnet. Science, 2019, 365: 914-918.

[25]　Raju M, Yagil A, Soumyanrayanan A, et al. The evolution of skyrmions in Ir/Fe/Co/Pt multilayers and their topological Hall signature. Nature Communications, 2019, 10: 696.

[26]　Kumar V, Kumar N, Reehuis M, et al. Detection of antiskyrmions by topological Hall effect in Heusler compounds. Physical Review B, 2020, 101: 014424.

[27]　Fert A, Reyren N, Cros V. Magnetic skyrmions: advances in physics and potential applications. Nature Reviews Materials, 2017, 2: 1-15.

[28]　Denisov K, Rozhansky I, Averkiev N, et al. Electron scattering on a magnetic skyrmion in the nonadiabatic approximation. Physical Review Letters, 2016, 117: 027202.

[29]　Hou W, Yu J, Daly M, et al. Thermally driven topology in chiral magnets. Physical Review B, 2017, 96: 140403.

[30]　Wang W, Daniels M, Liao Z, et al. Spin chirality fluctuation in two-dimensional ferromagnets with perpendicular magnetic anisotropy. Nature Materials, 2019, 18 : 1054-1059.

[31]　Chen P, Zhang Y, Yao Q, et al. Tailoring the hybrid anomalous Hall response in engineered magnetic topological insulator heterostructures. Nano Letters, 2020, 20: 1731-1737.

[32]　Hirschberger M, Spitz L, Nomoto T, et al. Topological Nernst effect of the two-dimensional skyrmion lattice. Physical Review Letters, 2020, 125: 076602.

[33]　Kolincio K, Hirschberger M, Masell J, et al. Large Hall and Nernst responses from thermally induced spin chirality in a spin-trimer ferromagnet. Proceedings of the National Academy of Sciences of the United States of America, 2021, 118: e2023588118.

[34]　Schulz T, Ritz R, Bauer A, et al. Emergent electrodynamics of skyrmions in a chiral magnet. Nature Physics, 2012, 8: 301-304.

[35]　Abbout A, Weston J, Waintal X, et al. Cooperative charge pumping and enhanced skyrmion mobility. Physical Review Letters, 2018, 121: 257203.

[36]　Yang S A, Beach G, Knutson C, et al. Universal electromotive force induced by domain wall motion. Physical Review Letters, 2009, 102: 067201.

[37]　Tanabe K, Chiba D, Ohe J, et al. Spin-motive force due to a gyrating magnetic vortex. Nature Communications, 2012, 3: 845.

[38]　Yin G, Liu Y, Barlas Y, et al. Topological spin Hall effect resulting from magnetic skyrmions. Physical Review B, 2015, 92: 024411.

[39]　Sinova J, Valenzuela S O, Wunderlich J, et al. Spin Hall effects. Reviews of Modern Physics, 2015, 87: 1213-1260.

[40]　Göbel B, Mertig I, Tretiakov O. Beyond skyrmions: review and perspectives of alternative magnetic quasiparticles. Physics Reports, 2021, 895: 1-28.

[41]　Akosa C, Tretiakov O, Tatara G, et al. Theory of the topological spin Hall effect

in antiferromagnetic skyrmions: impact on current-induced motion. Physical Review Letters, 2018, 121: 097204.

[42] Hanneken C, Otte F, Kubetzka A, et al. Electrical detection of magnetic skyrmions by tunnelling non-collinear magnetoresistance. Nature Nanotechnology, 2015, 10: 1039-1042.

[43] Bouaziz J, Ishida H, Lounis S, et al. Transverse transport in two-dimensional relativistic systems with nontrivial spin textures. Physical Review Letters, 2021, 126: 147203.

[44] Muduli P, Friedland J, Herfort J, et al. Antisymmetric contribution to the planar Hall effect of $Fe_3Si$ films grown on GaAs (113) A substrates. Physical Review B, 2005, 72: 104430.

[45] Lux F, Freimuth F, Blügel S, et al. Chiral Hall effect in noncollinear magnets from a cyclic cohomology approach. Physical Review Letters, 2020, 124: 096602.

[46] Nagaosa N. Emergent inductor by spiral magnets. Japanese Journal of Applied Physics, 2019, 58: 120909.

[47] Yokouchi T, Kagawa F, Hirschberger M, et al. Emergent electromagnetic induction in a helical-spin magnet. Nature, 2020, 586: 232-236.

[48] Yokouchi T, Hoshino S, Kanazawa N, et al. Current-induced dynamics of skyrmion strings. Science Advances, 2018, 4: eaat1115.

[49] Liu Y, Lake R, Zang J. Binding a hopfion in a chiral magnet nanodisk. Physical Review B, 2018, 98: 174437.

[50] Tatara G. Effective gauge field theory of spintronics. Physica E: Low-dimensional Systems and Nanostructures, 2019, 106: 208-238.

[51] Isobe H, Xu S, Fu L. High-frequency rectification via chiral Bloch electrons. Science Advances, 2020, 6. DOI: 10.1126/sciadv.aay2497.

[52] Ishizuka H, Nagaosa N. Anomalous electrical magnetochiral effect by chiral spin-cluster scattering. Nature Communications, 2020, 11: 2986.

[53] Liu Y, Watanabe H, Nagaosa N. Emergent magnetomultipoles and nonlinear responses of a magnetic hopfion. Physical Review Letters, 2022, 129: 267201.

[54] Spaldin N, Fiebig M, Mostovoy M. The toroidal moment in condensed-matter physics and its relation to the magnetoelectric effect. Journal of Physics: Condensed Matter, 2008, 20: 434203.

# 第 9 章　拓扑磁学计算与模拟

## 9.1　二维拓扑磁性材料

1935 年，Landau 和 Lifshitz [1] 构建了铁磁性的磁畴理论，并推导了磁矩的运动方程。随后 20 世纪 60 年代，Frei[2]、Aharoni[3] 和 Muller[4] 对铁磁体的成核场进行了计算。1963 年，Brown 在 *Micromagntics*[5] 一书中系统地阐述了微磁学基本理论。

微磁学是磁学的一个分支，是一种适用于长度尺度为 1 ∼ 1000 nm 的经典磁性连续性理论。表 9-1 为适用于不同长度尺度的磁性理论模型，这些模型在一些特定的假设下可以用来解释适用范围内的磁学现象。

表 9-1　不同长度尺度下描述磁性现象的模型及适用范围 [6]

| 模型 | 适用范围 | 长度尺度 |
| --- | --- | --- |
| 海森伯模型 (Heisenberg model) | 量子力学计算 | < 1 nm |
| 微磁学模型 (micromagnetic model) | 经典磁性的连续性理论 | 1 ∼ 1000 nm |
| 磁畴理论 (domain theory) | 磁微结构与磁畴 | 1 ∼ 1000 μm |
| 相变理论 (phase theory) | 磁化方向 | > 0.1 mm |
| 磁滞回线模型 (hyteresis model) | 样品的平均磁化 | 任何长度 |

对于大多数处于几纳米到微米范围内的磁学体系，微磁学能够采用连续可微的磁化强度矢量场来描述磁体的磁化状态，其不仅可以得到磁体宏观磁性的变化过程，还可以清楚地描述其微观磁结构。

本节分为 5 个部分来介绍，包括微磁学的相关理论，数值模拟方法和编程，模拟计算软件，特殊材料处理，原子尺度模拟和有限温度微磁学。

在微磁学体系中，不同的能量对磁矩的作用不同，由能量之间的相互竞争会得到不同的磁化状态。微磁学的问题主要可以通过三种方法进行求解，主要框架如图 9-1 所示，分别为变分法 (解析求解和数值求解相结合)、数值求解 LLG 方程以及解析求解 Thiele 方程等。变分法是一种通过确定能量方程，并对其进行变分处理以求解的方法，变分的过程中又涉及含时变分和不含时变分，前者称为欧拉–拉格朗日法，后者是更为常用的方法，即通过变分得到平衡态。关于变分法，我们往往是先进行解析求解，当无法进一步解析求解，即无法得到方程确切的解时，则会通过数值求解的方式使用相关软件继续对其进行模拟求解，因此它被认为是解析求解和数值求解相结合的方法。关于第二种方法，我们常使用市面上已开发的相关软件进行模拟求解，可使用的软件有 OOMMF、MUMAX3 等，关于具体有哪些软件、它们之间的异同以及使用时的注意事项，9.1.3 节将详细地介绍。此外，对一些特殊材料进行求解时常会涉及一些更为复杂的能量项或表达方式，此时市面上开发的相关软件不能满足我们的需求，采用自主编程的方式无疑能够更好地解决这个问题。第三种方法则是完全的解析求解，通过求解 Thiele 方程得到磁矩的空间以及时间分布。

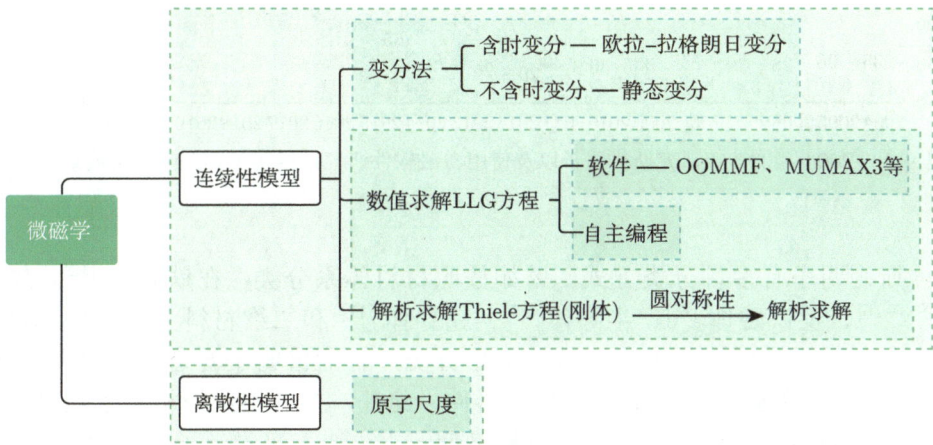

图 9-1　微磁学框架图
其中微磁学侧重于研究连续性模型

以上介绍的三种求解方法主要适用于连续性模型，在这种情况下我们忽略了温度效应的影响。如今也有部分微磁学软件开始考虑温度效应的影响，比如 VAM-PIRE，此时则会涉及一些原子尺度下的离散性模型。

微磁学适用于很多领域，新兴的拓扑磁结构例如斯格明子刚好在尺度上与微磁学相符，因此微磁学也可以用来研究拓扑磁性材料。拓扑磁性材料的微磁学研究主要集中在斯格明子和其他拓扑磁结构的平衡态相图和动力学行为，包括产生、驱动、钉扎和调控，涉及的外加负载主要有自旋流、磁场和各向异性梯度。拓扑磁结构的形成机理有 DM 相互作用 [7,8]、阻挫交换相互作用 [9]、四自旋交换相互作用 [10] 和偶极相互作用 (DDI)[11]，其中主要研究的是前面两种形成机理，多形成斯格明子。近年来，与斯格明子相关的文献呈指数级增长，从 2020 年后平均每年发表的相关论文有 400 多篇，其统计数据由 Web of Science 给出，如图 9-2 所示。使用微磁软件研究斯格明子相关的论文数量，也呈现出了相同的增长趋势，这些数据说明斯格明子正在逐渐成为一个新的研究热点。

数量

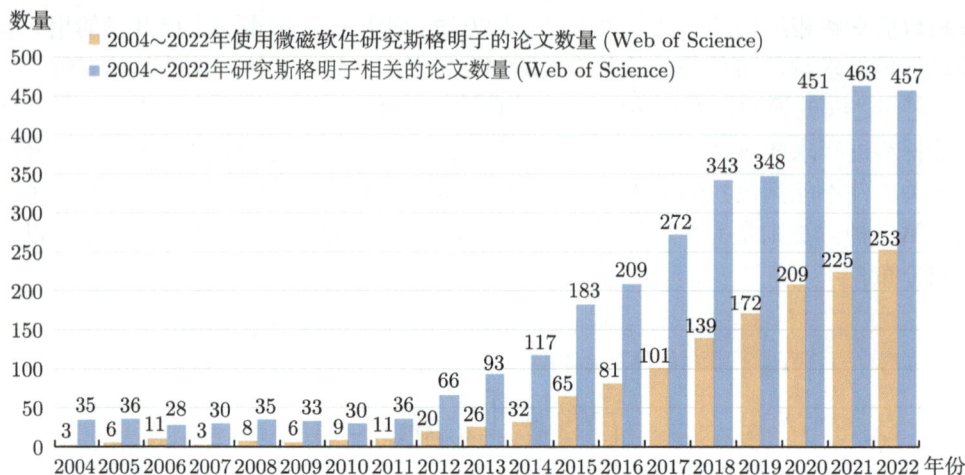

图 9-2　2004～2022 年研究斯格明子以及使用微磁软件研究斯格明子相关的论文数量统计图

斯格明子有多种分类方式。譬如按照材料体系分类，在铁磁体[12]、铁电体[13-15]、反铁磁体[16]、半导体[15]、超导体[17]和二维材料[18-20]中都可以观察到各种类型的斯格明子。按照应用分类，有斯格明子赛道存储器[21]、逻辑门[22]、振荡器[23]、二极管[24]等器件。此外，按照不同斯格明子数又可以分为不同的拓扑自旋结构，比如反斯格明子[25-28]、双磁半子[29]、2π-斯格明子[30]、涡旋[31,32]、半斯格明子[33]、霍普夫子[34]、磁束子[35]、奈尔型斯格明子及布洛赫型斯格明子等，具体可见图 9-3。如果按照磁结构分类，则又可以分为反铁磁斯格明子、亚铁磁斯格明子、铁磁斯格明子、合成反铁磁斯格明子、合成亚铁磁斯格明子等。

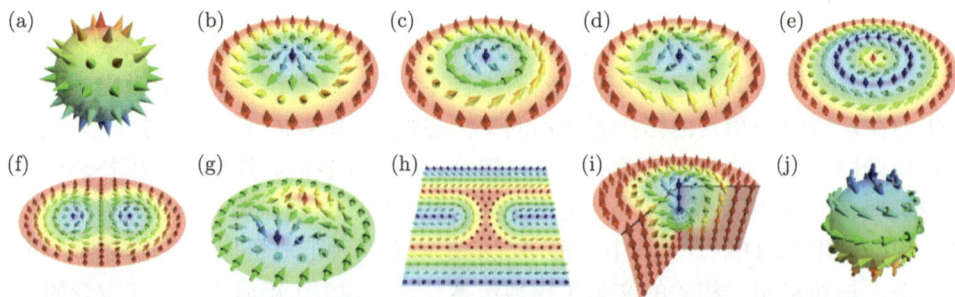

图 9-3　不同斯格明子数对应的自旋拓扑结构[36]
(a) "刺猬"（hedgehog）；(b) 奈尔型斯格明子（Néel skyrmion）；(c) 布洛赫型斯格明子（Bloch skyrmion）；(d) 反斯格明子（antiskyrmion）；(e) 2π-斯格明子（2π-skyrmionium）；(f) 双斯格明子（biskyrmion）；(g) 双磁半子（bimeron）；(h) 半斯格明子（half-skyrmion）；(i) 手性浮子（chiral bobber）；(j) 反 "刺猬"（anti-hedgehog）

微磁学的重难点为特殊材料处理中的反/亚铁磁、阻挫部分，以及原子尺度模拟和有限温度微磁学部分。不同于磁矩平行排列的铁磁，反铁磁和亚铁磁为反平行排列，而目前的微磁学软件基本只能用于计算铁磁，因此对其用于计算反铁磁材料仍有一定的争议。要想更好地计算反铁磁和亚铁磁，就只能采用一些其他的特殊方法，比如使用奈尔矢量 (Néel vector) 来描述磁矩，或者通过原子尺度模拟的方法。

阻挫材料也是微磁学研究中的一个重难点。对于一般的微磁学软件来说，并不包含次近邻、次次近邻磁矩之间交换相互作用的计算。而阻挫材料则需要考虑这些。目前没有现成的微磁软件满足该需求，想要解决这类问题，就需要独立编写携带次近邻、次次近邻磁矩交换相互作用模块的程序。

相对于微磁学，原子尺度模拟突破了微磁学真实建模的界限，因此两者之间会存在磁学参量相互转换的问题。除此之外，对于更复杂的晶体结构，不仅在解决参数转换问题上面临更多困难，而且在晶体建模方面也会更加棘手。

在微磁学软件中常常使用随机场来模拟温度变化带来的影响，比如 OOMMF、MUMAX3 和 VAMPIRE 等软件就是通过高斯分布来表示随机场的热波动，它们最大区别在于具体表达形式和模拟精确度不同。但在很多情况下这种做法不能较好地模拟温度效应带来的影响，如何更准确地模拟其带来的影响，仍待研究。

### 9.1.1　微磁学基本理论

上文中提到，利用微磁学研究物质磁性的方法有很多，主要包括解析推导和软件模拟，这些方法都建立在一些基本的磁学理论之上。这里对微磁学中的基本理论做一个简单的介绍，其中包括磁学基本能量、LLG 方程、Thiele 方程和变分法。这些基本理论可用于研究磁性物质的内部磁化问题，如磁矩的变化和分布等。

#### 1. 两个基本假设

首先假设从一个格点到另一个格点，磁化强度矢量的方向只发生很小的角度变化。因此磁化强度矢量 $M(r)$ 可表示为

$$\int_V M(r)\,dr \approx \hbar\gamma \sum_{i\in V} S_i(r_i) \tag{9-1}$$

其中，$S$ 表示自旋；$\gamma$ 为磁比；$\hbar$ 为约化普朗克常量。除此之外，还需要假设温度远低于居里温度时，饱和磁化 $M_s$ 保持不变，其可以表示为

$$M = M_s m \tag{9-2}$$

其中，$m$ 为归一化磁化强度矢量。上式表明，在微磁学模型中磁化强度矢量的大小 $M_s$ 是不变的，磁化强度矢量的方向在改变，与 $m$ 的方向一致。

## 2. 各项基本能量

基于这样的假设，该体系的能量主要包括交换能 ($E_{ex}$)、磁晶各向异性能 ($E_k$)、外磁场能 ($E_H$)、退磁能 ($E_d$) 以及 DM 相互作用能 ($E_{DMI}$)。系统的总能量 $E$ 为

$$E = E_{ex} + E_k + E_H + E_d + E_{DMI} \tag{9-3}$$

### 1) 交换能

交换能驱使相邻磁矩平行排列，是自发磁化的起源。在实际运用中，为了计算方便，常采用积分形式为

$$E_{ex} = A \int [(\nabla m_x)^2 + (\nabla m_y)^2 + (\nabla m_z)^2] dV \tag{9-4}$$

其中，$A$ 为交换常数；$m_x$、$m_y$、$m_z$ 分别为自旋在直角坐标 $x$、$y$、$z$ 轴上的分量。

### 2) 磁晶各向异性能

磁晶各向异性能使得磁矩趋向于沿易轴方向排列，在这里主要给出两种不同结构磁性材料的磁晶各向异性，分别为单轴各向异性和立方各向异性。

单轴各向异性主要存在于六方晶体或者四方晶体中，能量可表示为

$$E_k = \int \left[ K_0 + K_{u_1} \sin^2(\theta) + K_{u_2} \sin^4(\theta) + \cdots \right] dV \tag{9-5}$$

其中，$K_{u_1}$ 和 $K_{u_2}$ 是磁晶各向异性常数；$\theta$ 为磁化强度矢量方向与易轴方向的夹角。在大部分计算中取最低阶项，即 $K_{u_2} = 0$。薄膜和多层膜体系常主要考虑此类各向异性。

立方各向异性主要存在于立方材料中，其能量可表示为

$$E_k = \int \left[ K_{u_1} \left( m_x^2 m_y^2 + m_y^2 m_z^2 + m_x^2 m_z^2 \right) + K_{u_2} m_x^2 m_y^2 m_z^2 \right] dV \tag{9-6}$$

同样在处理过程中常只取最低阶的各向异性能。

### 3) 外磁场能

外磁场能又称塞曼能，是磁体在外磁场中被磁化时，磁体与外磁场间的相互作用能。其一般表示为

$$E_H = -\mu_0 \int \boldsymbol{M} \cdot \boldsymbol{H} dV \tag{9-7}$$

其中，$\mu_0$ 代表真空磁导率；$\boldsymbol{H}$ 为外磁场的大小。

4) 退磁能

退磁能是磁体与其自身所产生的退磁场之间的相互作用能, 其表达形式为

$$E_{\mathrm{d}} = -\frac{1}{2}\mu_0 \int \boldsymbol{H}_{\mathrm{d}} \cdot \boldsymbol{M}\, \mathrm{d}V \tag{9-8}$$

其中, $\boldsymbol{H}_{\mathrm{d}}$ 为退磁场。在解析计算中, 退磁能通常近似处理成 $-\mu_0 M_{\mathrm{s}}^2/2$。

5) DM 相互作用能

DM 相互作用是一种反对称的交换相互作用, 一般分为面 DM 相互作用 (i-DMI) 和体 DM 相互作用 (b-DMI), 其表达形式分别为

$$E_{\mathrm{i\text{-}DMI}} = -D_{\mathrm{MI}} \int [(\boldsymbol{m} \cdot \nabla)\, m_z - (\nabla \cdot \boldsymbol{m})\, m_z]\mathrm{d}V \tag{9-9a}$$

$$E_{\mathrm{b\text{-}DMI}} = -D_{\mathrm{MI}} \int [\boldsymbol{m} \cdot (\nabla \times \boldsymbol{m})]\mathrm{d}V \tag{9-9b}$$

其中, $D_{\mathrm{MI}}$ 表示 DM 相互作用系数。

以上的这些能量并不是在所有的磁系统中必须考虑的, 可以根据研究需要适当删减, 在特殊的体系中还可以考虑其他的能量。

3. LLG 方程

LLG 方程最早是基于唯象理论推导得出的 [37,38], 是从微磁学中的有效场方程出发, 考虑因激发声子和传导电子而产生能量损耗的阻尼项的动力学方程。它描述了磁矩受外界作用的变化历程, 在微磁学领域具有重要的意义。这种具有阻尼项的磁化强度矢量运动方程是由 Landau 和 Lifshitz 首次提出, Gilbert 首次引入的。下面给出 LLG 方程的简单推导。

先从能量出发, 微磁学中磁性体在有效场 $\boldsymbol{H}_{\mathrm{eff}}$ 中的能量为 [39]

$$E = -\int \mu_0 \boldsymbol{M} \cdot \boldsymbol{H}_{\mathrm{eff}}\mathrm{d}V, \quad \boldsymbol{H}_{\mathrm{eff}} = -\frac{1}{\mu_0 M_S}\frac{\delta\varepsilon}{\delta\boldsymbol{m}} \tag{9-10}$$

其中, $\varepsilon$ 为能量密度, 包括交换能、磁晶各向异性能、DM 相互作用能、外磁场能和退磁能等。将能量密度 $\varepsilon$ 的哈密顿量代入量子力学自旋算符的运动方程与相应的哈密顿量代入自旋算符的运动方程, 并应用埃伦菲斯特定理, 去掉高阶项后可导出 [40]

$$\frac{\partial\boldsymbol{m}}{\partial t} = -\gamma\boldsymbol{m} \times \boldsymbol{H}_{\mathrm{eff}} \tag{9-11}$$

从该方程可知, 当系统的能量不变时, 磁矩将绕着外场做进动, 且与外场的夹角保持不变。

随后，Landau 和 Lifshitz 在研究铁磁共振时根据唯象理论首先提出了具有阻尼项的 Landau-Lifshitz 方程 (LL 方程)[38]，而后 Gilbert 首次在 LL 方程的基础上改写了阻尼项，被称为 LLG 方程：

$$\frac{\partial \boldsymbol{m}}{\partial t} = -\gamma \boldsymbol{m} \times \boldsymbol{H}_{\text{eff}} + \alpha \left( \boldsymbol{m} \times \frac{\partial \boldsymbol{m}}{\partial t} \right) \tag{9-12}$$

其中，$\alpha$ 为阻尼系数；右边第一项为有效场项；第二项为阻尼项，它使磁矩向外场靠近。这意味着，阻尼会消耗系统的能量，磁矩与有效场间的夹角将会逐渐变小，使磁矩绕着外场做进动，最后两者趋于平行，如图 9-4 所示。

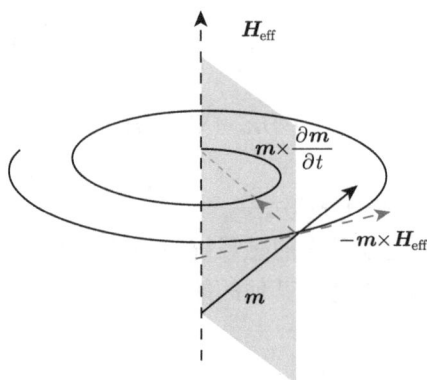

图 9-4　磁化矢量旋进示意图

螺旋线为磁化矢量的运动轨迹；灰色部分为磁化矢量 (黑色实箭头) 与外场 (黑色虚箭头) 的交面；蓝色长虚箭头表示有效场的作用，其垂直于交面，蓝色短虚箭头表示阻尼作用平行于交面且指向外场

LLG 方程与 LL 方程能相互转化，将"$\boldsymbol{m}\times$"作用到式 (9-12) 两边，合并化简后可得 LL 方程：

$$\frac{\partial \boldsymbol{m}}{\partial t} = -\frac{\gamma}{1+\alpha^2} \left[ (\boldsymbol{m} \times \boldsymbol{H}_{\text{eff}}) + \alpha \boldsymbol{m} \times (\boldsymbol{m} \times \boldsymbol{H}_{\text{eff}}) \right] \tag{9-13}$$

1) 自旋流下的 LLG 方程

对于一些特殊的磁结构 (畴壁)，特别是拓扑磁结构，如斯格明子、双磁半子和 $2\pi$-斯格明子等，通常可以用外加作用去驱动它们，对应的 LLG 方程将进一步拓展为

$$\frac{\partial \boldsymbol{m}}{\partial t} = -\gamma \boldsymbol{m} \times \boldsymbol{H}_{\text{eff}} + \alpha \left( \boldsymbol{m} \times \frac{\partial \boldsymbol{m}}{\partial t} \right) + \boldsymbol{\tau} \tag{9-14}$$

其中，$\boldsymbol{\tau}$ 为外加作用项。根据外加作用的方式不同，如自旋流、外加磁场、磁晶各向异性梯度和自旋波等 [41-44]，其表达形式各有不同，其中对拓扑磁结构较为常见的外加作用有自旋流下的自旋轨道力矩 [45-47] 或自旋转移力矩 [48-50]。

2) 自旋轨道力矩下的 LLG 方程

当电流注入重金属材料中时，由于自旋霍尔效应的存在 [50]，电荷流转化为横向纯自旋流，并在重金属表面产生自旋堆积，如图 9-5 所示。这些堆积的自旋扩散进入邻近铁磁层，影响铁磁层的磁矩，进一步影响整个拓扑磁性结构。这种通过轨道耦合所产生的力矩称为自旋轨道力矩。通常用 $\boldsymbol{p} = -\boldsymbol{j}_c \times \boldsymbol{e}_n$ 表示堆积的自旋方向 (自旋极化方向)[48,50]，其中 $\boldsymbol{j}_c$ 为电荷流流向；$\boldsymbol{e}_n$ 为重金属表面的法向向量 (假设沿 $z$ 轴方向)。进而自旋轨道力矩下的 LLG 方程将被写为

$$\frac{\partial \boldsymbol{m}}{\partial t} = -\gamma \boldsymbol{m} \times \boldsymbol{H}_{\text{eff}} + \alpha \left( \boldsymbol{m} \times \frac{\partial \boldsymbol{m}}{\partial t} \right) - \tau_1 \boldsymbol{m} \times (\boldsymbol{m} \times \boldsymbol{p}) - \tau_2 (\boldsymbol{m} \times \boldsymbol{p})$$

$$\tau_2 = \xi \tau_1 = \xi \left| \frac{\gamma \hbar}{2\mu_0 e} \right| \frac{J_c \Phi_{\text{SH}}}{M_s t_n}, \quad \Phi_{\text{SH}} = \left| \frac{J_s}{J_c} \right| \tag{9-15}$$

其中，$\tau$ 为自旋轨道力矩系数；$\xi$ 是类场转矩 $(\boldsymbol{m} \times \boldsymbol{p})$ 与类阻尼转矩 $(\boldsymbol{m} \times \boldsymbol{m} \times \boldsymbol{p})$ 的强度比；$e$ 为电荷量；$J_c$ 为电荷流密度；$t_n$ 为铁磁层厚度；$\Phi_{\text{SH}}$ 为自旋霍尔角；$J_s$ 为自旋流密度。

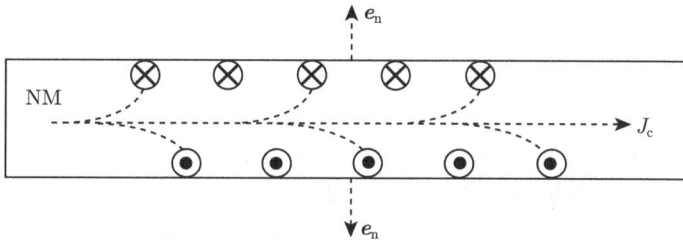

图 9-5 自旋霍尔效应

$J_c$ 为面内注入重金属材料的电荷流；$\boldsymbol{e}_n$ 为重金属表面法向向量；圆表示自旋极化电荷，圆内叉、点表示自旋方向，自旋 (沿纸面) 向内的电荷在上表面堆积，自旋 (沿纸面) 向外的电荷在下表面堆积

3) 自旋转移力矩下的 LLG 方程

电流注入到铁磁层中，运动的电子自旋与铁磁层内的磁矩通过交换相互作用发生角动量的转移，改变磁矩的方向，进而影响整个拓扑磁结构，这种通过角动量的转移而产生的力矩称为自旋转移力矩。这里简单地将其分为两类：一类是普通电荷电流直接注入具有非均匀磁化的铁磁层中 (Zhang-Li 形式 [47])；另一类是普通电荷电流先通过自旋阀转化为具有固定极化方向的自旋极化电流，该自旋极化电流再进入均匀磁化的铁磁层中 (Slonczewski 形式 [45,46])。这里的非均匀磁化和均匀磁化指的是沿着电流方向，铁磁层中相邻的磁矩方向是否一致：不一致则为非均匀，如图 9-6(a) 中的磁矩形式；一致则为均匀。

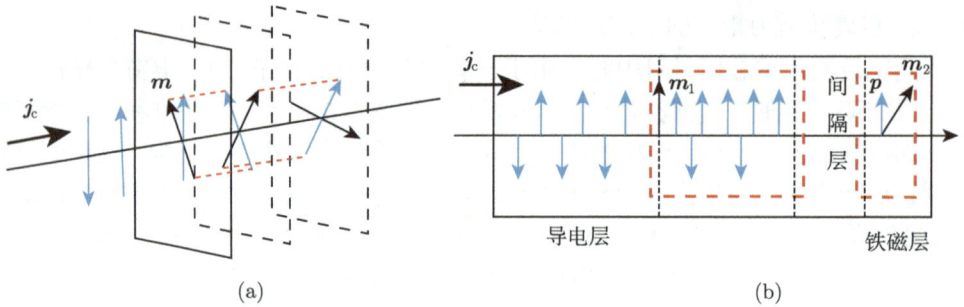

(a)　　　　　　　　　　　　　　　　　(b)

图 9-6　自旋转移力矩

(a) Zhang-Li 形式；(b) Slonczewski 形式；图中 $j_c$ 为自旋流的方向 (电荷的运动方向)，$p$ 为极化方向
(电荷的自旋方向)，$m$ 为局域磁矩的方向

首先是第一类，如图 9-6(a) 所示，当普通电流注入非均匀磁化的铁磁层后，电子会产生沿着局域磁矩方向的自旋极化，该自旋极化电流运动到非均匀磁化的后面磁矩时，与局域磁矩存在一定夹角，从而产生自旋转移力矩，施加在该处磁矩上。同时自旋也受到该处磁矩的影响，有了新的极化方向，进一步作用到更后面的磁矩。对应的 LLG 方程通常用 Zhang-Li 形式表示。

$$\frac{\partial \boldsymbol{m}}{\partial t} = -\gamma \boldsymbol{m} \times \boldsymbol{H}_{\mathrm{eff}} + \alpha\left(\boldsymbol{m} \times \frac{\partial \boldsymbol{m}}{\partial t}\right) + b_{\mathrm{J}}(\boldsymbol{j}_{\mathrm{c}} \cdot \nabla)\boldsymbol{m} - c_{\mathrm{J}}\boldsymbol{m} \times (\boldsymbol{j}_{\mathrm{c}} \cdot \nabla)\boldsymbol{m}$$

$$c_{\mathrm{J}} = \beta b_{\mathrm{J}} = \beta \left|\frac{\gamma \hbar}{2\mu_0 e}\right| \frac{J_{\mathrm{c}} P}{M_{\mathrm{s}}} \tag{9-16}$$

其中，$b_{\mathrm{J}}$ 为自旋转移力矩 (绝热) 系数；$c_{\mathrm{J}}$ 为自旋转移力矩 (非绝热) 系数；$j_{\mathrm{c}}$ 为电流流向；$\beta$ 为绝热项相对于非绝热项的强度；$P$ 为极化率。

其次是第二类，如图 9-6(b) 所示，当自旋极化电流通过自旋阀后会产生净的极化电流，该极化电流具有明确的极化方向，再通过非磁性隔离层注入均匀磁化的铁磁层中，由于极化方向与磁矩方向不同，从而产生自旋转移力矩，作用于磁矩，其 LLG 方程与自旋轨道力矩类似，通常用 Slonczewski 形式表示：

$$\frac{\partial \boldsymbol{m}}{\partial t} = -\gamma \boldsymbol{m} \times \boldsymbol{H}_{\mathrm{eff}} + \alpha\left(\boldsymbol{m} \times \frac{\partial \boldsymbol{m}}{\partial t}\right) - \tau_1 \boldsymbol{m} \times (\boldsymbol{m} \times \boldsymbol{p}) - \tau_2 (\boldsymbol{m} \times \boldsymbol{p}) \tag{9-17a}$$

$$\tau_2 = \xi \tau_1 = \frac{\xi \Lambda^2}{(\Lambda^2 + 1) + (\Lambda^2 - 1)\,\boldsymbol{m} \cdot \boldsymbol{p}} \left|\frac{\gamma \hbar}{\mu_0 e}\right| \frac{J_{\mathrm{c}} \Phi_{\mathrm{SH}}}{M_{\mathrm{s}} t_{\mathrm{J}}}, \quad \Phi_{\mathrm{SH}} = \left|\frac{J_{\mathrm{s}}}{J_{\mathrm{c}}}\right| \tag{9-17b}$$

其中，$\Lambda$ 为 Slonczewski 系数；$t_{\mathrm{J}}$ 为铁磁层厚度。使用时需要根据不同的磁结构或注入方式而选择不同的力矩表达形式，一般在拓扑磁性材料中对这两种自旋力矩的应用都较为广泛。但对于磁矩方向不一致的磁结构，如拓扑磁结构，LLG 方程并不能给出相应的解析解，所以需要从 LLG 方程出发得到 Thiele 方程。

#### 4. Thiele 方程

Thiele 方程是稳定运动下的非共线刚性自旋结构的动力学方程，这里的非共线指的是磁矩的非一致排列。上文提到的 LLG 方程是磁化强度矢量受有效场影响下的动力学方程，而对于拓扑磁结构，其内部磁化强度矢量是非一致排列的，这导致 LLG 方程无法给出相应的解析解。为了更好地研究拓扑磁结构的动力学行为，需要找到一种描述拓扑磁结构整体的、有解析解的动力学方程，为此将从 LLG 方程出发得到 Thiele 方程 [51,52]。由于拓扑磁结构具有拓扑保护性 [53]，在一定程度上可以看作是刚体，故后面的讨论都会将拓扑磁结构视作刚体。

1) 刚性自旋结构的力学方程

设非共线刚性自旋结构的受力为

$$F_j = \int -\mu_0 M_{\rm s} \left( \boldsymbol{H}_i \cdot \frac{\partial \boldsymbol{m}_i}{\partial \boldsymbol{r}_j} \right) {\rm d}V \tag{9-18}$$

其中，$\boldsymbol{H}_i$ 为等效场；$\boldsymbol{r}_j$ 为位置坐标系下的位移矢量。该体系包含两套坐标系，与矢量场类似，一套描述方向 $(i)$，另一套描述位置 $(j)$。将 "$(1+\gamma)\,\boldsymbol{m} \times$" 同时作用到自旋流下的 LLG 方程两端，使其转化为等效场方程：

$$\boldsymbol{H}_i^{\rm g} + \boldsymbol{H}_i^{\rm e} + \boldsymbol{H}_i^{\rm d} + \boldsymbol{H}_i^{\rm a} = 0 \tag{9-19}$$

再将其转化为对应的力学方程：

$$\boldsymbol{F}_j^{\rm g} + \boldsymbol{F}_j^{\rm e} + \boldsymbol{F}_j^{\rm d} + \boldsymbol{F}_j^{\rm a} = 0 \tag{9-20a}$$

$$\boldsymbol{F}_j^{\rm g} = -\frac{\mu_0 M_{\rm s}}{\gamma} \int \left[ \left( \boldsymbol{m}_i \times \frac{\partial \boldsymbol{m}_i}{\partial t} \right) \cdot \frac{\partial \boldsymbol{m}_i}{\partial \boldsymbol{r}_j} \right] {\rm d}V \quad (\text{马格努斯力}) \tag{9-20b}$$

$$\boldsymbol{F}_j^{\rm e} = \mu_0 M_{\rm s} \int \left( \boldsymbol{H}_{{\rm eff}\perp} \cdot \frac{\partial \boldsymbol{m}_i}{\partial \boldsymbol{r}_j} \right) {\rm d}V \quad (\text{有效场力}) \tag{9-20c}$$

$$\boldsymbol{F}_j^{\rm d} = -\frac{\alpha \mu_0 M_{\rm s}}{\gamma} \int \left( \frac{\partial \boldsymbol{m}_i}{\partial t} \cdot \frac{\partial \boldsymbol{m}_i}{\partial \boldsymbol{r}_j} \right) {\rm d}V \quad (\text{耗散力}) \tag{9-20d}$$

$$\boldsymbol{F}_j^{\rm a} = \frac{\mu_0 M_{\rm s}}{\gamma} \left[ \int (\boldsymbol{m}_i \times \boldsymbol{\tau}_i) \cdot \frac{\partial \boldsymbol{m}_i}{\partial \boldsymbol{r}_j} \right] {\rm d}V \quad (\text{驱动力}) \tag{9-20e}$$

可以看出该力学方程是一个张量的形式，严格来讲，当体系处于平衡态时，这几个力的矢量和为 0，但为了体现该方程在拓扑磁结构中的特点，可以将方程进一步化简。

2) 拓扑磁结构下的 Thiele 方程

对于目前常见的拓扑磁结构如斯格明子、双磁半子、$2\pi$-斯格明子、反斯格明子等 [54−57]，大多可以看作是二维的，当然也有少部分自旋结构是三维的，如霍普夫子等 [58,59]，这里主要对二维拓扑磁结构的 Thiele 方程展开讨论。

假设二维拓扑磁结构的磁矩分布图在 $xOy$ 平面，即 $\partial m_i/\partial z_j = 0$。对于稳定运动的体系有 $\partial m_i/\partial t = -v_j \partial m_i/\partial r_j$，通过转换后可得对应的马格努斯力为

$$\boldsymbol{F}_j^{\mathrm{g}} = \frac{\mu_0 M_{\mathrm{s}} t_z}{\gamma} \boldsymbol{G} \times \boldsymbol{v}, \quad \boldsymbol{G} = (0, 0, -4\pi Q), \quad Q = \frac{1}{4\pi} \iint \boldsymbol{m}_i \cdot \left( \frac{\partial \boldsymbol{m}_i}{\partial x} \times \frac{\partial \boldsymbol{m}_i}{\partial y} \right) \mathrm{d}x\mathrm{d}y$$

(9-21)

其中，$\boldsymbol{G}$ 为回旋矢量；$Q$ 为拓扑荷。由式 (9-21) 不难看出具有拓扑保护的二维拓扑磁结构，其马格努斯力在垂直于速度的方向上，这将导致磁结构偏离初始运动方向。在斯格明子体系中，这种偏移现象称为斯格明子霍尔效应，如图 9-7 所示。

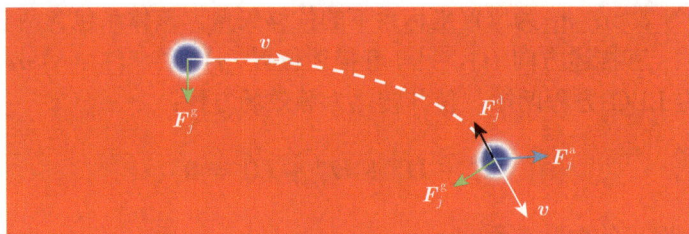

图 9-7　斯格明子霍尔效应
蓝色圆圈处表示斯格明子；绿色、蓝色和黑色箭头分别表示马格努斯力、驱动力和耗散力；白色箭头表示斯格明子的运动方向，白色虚线表示斯格明子稳定前的运动轨迹

同理，耗散力可被写为

$$\boldsymbol{F}_j^{\mathrm{d}} = -\alpha \frac{\mu_0 M_{\mathrm{s}} t_z}{\gamma} \boldsymbol{D} \cdot \boldsymbol{v}, \quad \boldsymbol{D} = \begin{pmatrix} D_{xx} & D_{xy} \\ D_{yx} & D_{yy} \end{pmatrix}$$

$$D_{kl} = \iint \frac{\partial \boldsymbol{m}_i}{\partial k_j} \cdot \frac{\partial \boldsymbol{m}_i}{\partial l_j} \mathrm{d}x\mathrm{d}y, \quad k, l \in \{x, y\}$$

(9-22)

其中，$\boldsymbol{D}$ 为耗散张量，由式 (9-22) 可以看出，耗散力与运动方向相反，主要作用是阻碍自旋结构的运动，如图 9-7 所示。

对于有效场力，在稳定运动时，拓扑磁结构的有效场能不变，导致有效场力为零。这时对应的二维自旋结构的 Thiele 方程可被写为

$$\boldsymbol{G} \times \boldsymbol{v} - \alpha \boldsymbol{D} \cdot \boldsymbol{v} + \frac{\gamma}{\mu_0 M_{\mathrm{s}} t_z} \boldsymbol{F}_j^{\mathrm{a}} = 0$$

(9-23)

其中，第一项为由马格努斯力造成的偏移项；第二项为由阻尼造成的耗散项；第三项则是由外加作用引起的驱动项。当自旋结构达到稳定运动后，这三项达到平衡，最终将以恒定的偏角运动下去，如图 9-7 所示。在斯格明子霍尔效应中，该偏角称为斯格明子霍尔角 [60]。

式 (9-23) 中的驱动力 $F_j^a$ 主要是由外加作用引起的，对于不同的作用方式，其表达形式也有所不同。我们以常见的自旋流驱动二维自旋结构为例，其表达形式可分为两大类。一类为垂直于膜面注入极化电流的 Slonczewski 形式，另一类为面内注入自旋流的 Zhang-Li 形式。

3) Thiele 方程中电流驱动力的 Slonczewski 形式

对于自旋轨道力矩，虽然其自旋流是在重金属面内注入的，但由于重金属中的自旋霍尔效应，其产生的自旋极化电流可以看作是在垂直于薄膜表面的，这就与自旋转移力矩的自旋阀类似，都可用 Slonczewski 形式统一 (见前文 LLG 方程部分)，所以为了方便将其归并在一起。又因为非绝热系数 $\xi$ 在 $10^{-2}$ 量级 [46]，与另一项相比非常小且对非共线自旋结构的运动没有质的影响，可忽略，所以自旋轨道力矩与自旋转移力矩的 Slonczewski 形式最终可被统一为

$$\tau = \tau_1 \boldsymbol{m} \times (\boldsymbol{m} \times \boldsymbol{p}) \tag{9-24}$$

对应的 Thiele 方程驱动力项则为

$$\boldsymbol{F}_j^a = -\left| \frac{\hbar}{2e} \right| J_c \Phi_{\mathrm{SH}} \boldsymbol{I} \cdot (\boldsymbol{e}_n \times \boldsymbol{p}), \quad \boldsymbol{I} = \begin{pmatrix} -I_{xy} & I_{xx} \\ -I_{yy} & I_{yx} \end{pmatrix}$$
$$I_{kl} = \left( \iint \frac{\partial \boldsymbol{m}_i}{\partial k_j} \times \boldsymbol{m}_i \right)_{l_j} \mathrm{d}x\mathrm{d}y \tag{9-25}$$

其中，$\boldsymbol{I}$ 为驱动张量 ($I_{xx} = I_{yy} = 0$)。

4) Thiele 方程中电流驱动力的 Zhang-Li 形式

对于自旋转移力矩的 Zhang-Li 形式则有

$$\boldsymbol{\tau} = b_{\mathrm{J}}(\boldsymbol{j}_c \cdot \nabla)\boldsymbol{m} - \beta b_{\mathrm{J}} \boldsymbol{m} \times (\boldsymbol{j}_c \cdot \nabla)\boldsymbol{m} \tag{9-26}$$

对应的 Thiele 方程驱动力项为

$$\boldsymbol{F}_j^a = -\frac{\mu_0 M_s t_z}{\gamma} (\boldsymbol{G} \times \boldsymbol{v}^s - \beta \boldsymbol{D} \cdot \boldsymbol{v}^s), \quad \boldsymbol{v}^s = \left| \frac{\gamma \hbar}{2\mu_0 e} \right| \frac{P}{M_s} \boldsymbol{J}_c \tag{9-27}$$

其中，$\boldsymbol{G}$ 和 $\boldsymbol{D}$ 与前面一致，分别为回旋矢量和耗散张量；$\boldsymbol{v}^s$ 为受电流 $\boldsymbol{J}_c$ (大小、方向) 影响的传导速度。

　　需要注意的是，前文给出的拓扑磁结构的 Thiele 方程虽然形式上是一致的，但对于不同的拓扑磁结构，如斯格明子、双磁半子、2π-斯格明子、反斯格明子等，其 Thiele 方程的回旋矢量、耗散张量和驱动力的具体参数都存在不同，根据各自的磁结构需要分别求解。再进一步代入 Thiele 方程并化简，便可得到二维拓扑磁结构的速度解析解。这里还需要注意的是，以上均未考虑边界势，若有边界效应，则还可加上额外的边界排斥力 $F = -\nabla U$。求解 Thiele 方程可以得出电流驱动下的斯格明子速度，并能用模拟软件验证其正确性 [23,54,55,61,62]。可以看出，对于具有一定对称性的拓扑磁性结构，我们能很好地通过求解 Thiele 方程去推导其运动速度。但对于一些非对称的、无序的拓扑磁性结构等，求解其 Thiele 方程还是存在许多困难。这时就需要借助变分法、微磁学模拟软件或自编程序等方法去研究其动力学性质。

### 5. 变分法

　　变分法主要用于研究体系的稳态问题，在微磁学中有着重要作用，特别是对于拓扑磁性材料中的研究。对于动态平衡的研究，往往是求解体系的欧拉–拉格朗日方程，称为含时变分法；而对于静态平衡的研究，则是求解体系的能量变分方程，称为不含时变分法。

### 1) (含时变分) 欧拉–拉格朗日变分

　　欧拉–拉格朗日方程又可称为变分欧拉–拉格朗日方程，它是微磁学中研究磁学系统动力学性质的方程，其作用与 LLG 方程和 Thiele 方程类似，但从方法上又独立于两者。通过求解欧拉–拉格朗日方程，可以分析磁学系统随时间或空间的变化情况，为研究磁学系统的动力学问题提供了新颖的解决方式，在微磁学中起着重要的作用。

　　含阻尼项的欧拉–拉格朗日方程，适用于非保守力系统下的动态问题，在微磁学中占据着重要部分。非保守力系统下的欧拉–拉格朗日方程可写为 [63,64]

$$\frac{\mathrm{d}}{\mathrm{d}t}\frac{\delta L}{\delta \dot{q}} - \frac{\delta L}{\delta q} = -\frac{\delta R}{\delta \dot{q}} \tag{9-28}$$

其中，$L$ 为拉格朗日量，是研究对象的动能与势能之差；$R$ 为非保守力所对应的阻尼函数；$q$ 是广义坐标。通过求解系统的欧拉–拉格朗日方程，便可得到运动方程。

　　若考虑体系为单个自旋，假设该自旋处于有效场下，且存在因激发声子等造成的能量损耗，那么通过求解该体系下的拉格朗日方程便可得到该体系下局域自旋的动力学，其结果理应与现象学导出的 LLG 方程一致。与在经典力学中引入耗散函数类似，使用瑞利方法将阻尼的影响纳入拉格朗日形式中 [63]，最终求解欧拉–拉格朗日方程便得到了局域自旋在该体系下的解[65]：

$$\dot{s} = -\gamma s \times H_{\text{eff}} + \alpha \dot{s} \times s \tag{9-29}$$

其中，$s$ 为归一化自旋磁矩。不难看出，该结果与归一化磁化强度矢量的 LLG 方程确实一致，体现了自旋矢量在有效场下的旋进情况。

若考虑的体系囊括了拓扑磁结构整体，那么对应的欧拉–拉格朗日方程的解将描述拓扑磁结构整体的动力学性质。相关研究通过求解欧拉–拉格朗日方程，分析了高速运动下的反铁磁斯格明子的形变问题[66]。科学家们发现，高速运动下的反铁磁斯格明子，在其运动方向和垂直于运动方向存在形变。将其位移矢量和不同方向上的形变量分别作为广义坐标，代入欧拉–拉格朗日方程求解，进而得到其形变量与速度的关系。

Thiele 方程求解法与欧拉–拉格朗日方程求解法都能得到自旋结构的动力学方程，其中 Thiele 方程求解法是先从局域的 LLG 方程出发，再考虑整体的力矩，进而得到自旋结构的运动方程；而欧拉–拉格朗日方程求解法则可从整体的能量出发，得到整体的运动方程。两者在方法上的差异，为研究拓扑磁性结构的动力学提供了不同的解决方案，根据具体情况可择优选择。

2) (不含时变分) 静态变分

前文介绍了含时的变分法，接下来介绍不含时的变分方法——静态变分。现在以存在 DM 相互作用的一维磁链、二维斯格明子和三维霍普夫子为例进行简述。

(1) 一维磁链。

设磁链只沿 $x$ 方向分布，如图 9-8 所示。DM 相互作用会使相邻磁矩倾向于垂直排列，同时体系内的交换相互作用会使磁矩倾向于一致排列，两者相互竞争，导致相邻磁矩产生偏角。对于面 DM 相互作用而言，磁矩都在同一个面内翻转，则此时还需要一个角度 $\theta$ 来描述磁矩的变化，如图 9-8 所示。

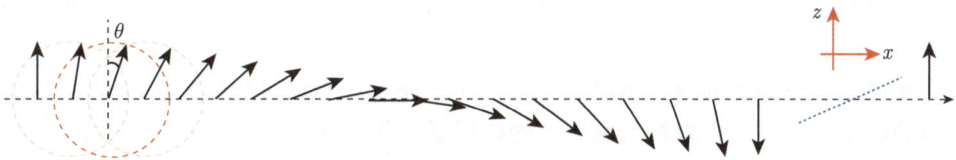

图 9-8 一维磁链 (磁畴)

黑色箭头为归一化磁化矢量，红色箭头为坐标轴方向，$\theta$ 为磁矩与 $z$ 轴的夹角，红色圆圈为单位圆

该体系的能量主要包括交换相互作用能 ($E_{\text{ex}}$)、DM 相互作用能 ($E_{\text{DMI}}$) 和磁晶各向异性能 ($E_{\text{k}}$)，由于该磁链是一维的，所以并未考虑退磁能。对于该自旋结构的静态平衡，需要通过对体系的能量使用静态变分，从而找到该体系的能量极小态。由于该体系的静磁能只与磁矩的分布有关，所以该一维磁链的能量可

以由 $\theta(x)$ 表示 [67]：

$$E(\theta(x)) = \int_{x_A}^{x_B} \left[ A\left(\frac{d\theta}{dx}\right)^2 - D_{MI}\frac{d\theta}{dx} - K\cos^2\theta \right] dx \tag{9-30}$$

其中，$K$ 是单轴磁各向异性能；$x_A$ 和 $x_B$ 为 $x$ 方向上的上下边界。随后将能量泛函代入静态变分方程：

$$\frac{\partial E}{\partial \theta} = \frac{d}{dx}\left(\frac{\partial E}{\partial \frac{d\theta}{dx}}\right) \tag{9-31}$$

找到能量极小值条件的诸多态 (磁矩分布)：

$$\frac{d^2\theta}{dx^2} = \frac{\sin\theta\cos\theta}{\Delta^2}, \quad x_A < x < x_B \tag{9-32a}$$

$$\frac{d\theta}{dx} = \frac{D_{MI}}{2A}, \quad x = x_A, \quad x = x_B \tag{9-32b}$$

其中，$\Delta = \sqrt{A/K}$ 为磁晶交换长度。最后再通过边界条件筛选出满足条件的能量极小态，得到一维磁链中磁矩的空间分布。

(2) 二维斯格明子。

目前斯格明子的理论研究集中在单相材料，在存在 DM 相互作用的单相材料中，其能量泛函虽与一维磁链不同，但处理方法一致，此处不再赘述 [67,68]。对于交换耦合的复相材料，由于材料中不同区域的参数和性质存在差异，结构比单相材料也更复杂，从而在复相材料中产生和操控拓扑磁性结构的理论研究较少，相关理论体系有待建立。最近一些研究给出了一个硬软复合的核壳模型，如图 9-9 所示。

在该复合模型下研究了斯格明子的产生。通过对不同区域使用静态变分，找到各自的能量极小态，再将材料交界处的边界条件作为连接不同区域的桥梁，使整个体系达到稳定状态。由此将复相纳米材料局域化，分割成了多个单相纳米圆盘或圆环的耦合，这与硬软磁多层薄膜的处理方法有着异曲同工之妙 [69,70]。

(3) 三维霍普夫子。

目前对三维拓扑磁性结构的研究还不是特别完善，如霍普夫子，不过总体方法与一维和二维情形类似，通过求解静态变分方程，再代入对应边界条件，便可得到拓扑磁性结构中磁化矢量的空间分布。

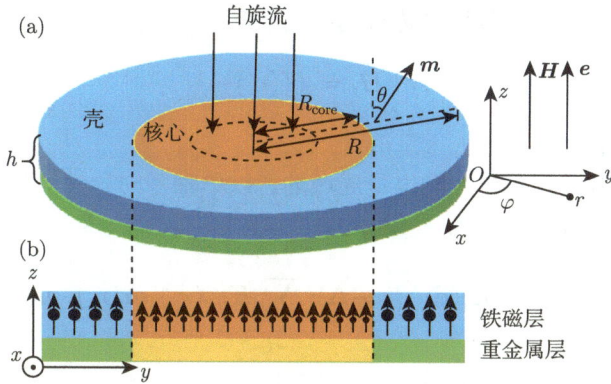

图 9-9 硬软磁复合纳米圆盘

中间核心部分为软磁材料，边缘部分为软磁材料，上层为铁磁层，下层为重金属层

### 9.1.2 数值模拟方法和编程

微磁学的基本任务是研究不同条件下磁化矢量 $\boldsymbol{M}(\boldsymbol{r})$ 的稳定分布及其动力学演化，而磁化矢量是连续的，因此数值上需要对连续的磁化矢量进行离散化处理。通常有两种离散化方式，即有限差分和有限元方法。这里首先介绍有限差分方法。

#### 1. 有限差分

有限差分法是数值求解偏微分方程的一种常用方法，其核心思想是使用有限差分对导数进行近似，进而把微分方程转化为线性方程组。有限差分使用等间距的网格，具体到微磁学而言，待研究的磁性样品被离散成一系列规则排列的立方体，每个立方体的体积为 $\Delta V = \Delta x \Delta y \Delta z$，即连续的磁化矢量 $\boldsymbol{m}(\boldsymbol{r})$ 被离散的 $\boldsymbol{m}(\boldsymbol{r}_i)$ 来替代，其中 $\boldsymbol{r}_i = (x_0 + i_x \Delta x, y_0 + i_y \Delta y, z_0 + i_z \Delta z)$。事实上，这种离散方法有明确的物理图像：可以把离散后的体系看成每个立方体的中心位置处有一个等效磁矩，这样可以与原子模型进行直接的等效。基于离散的磁化矢量 $\boldsymbol{m}(\boldsymbol{r}_i)$，有两种计算有效场的方法 [71]。第一种是基于有效场的离散方法，即根据离散的磁化矢量对有效场直接进行计算。第二种是基于能量的离散方法，即通过离散的磁化矢量计算体系的总能量，进而得到相应的有效场。用这种方式得到的有效场可以看作是每一个剖分单元的平均有效场，与其中心位置处的等效磁矩相呼应。

#### 1) 塞曼能的离散

塞曼能是由给定磁化状态与外场相互作用产生的静磁能，可以表示为

$$E_{\mathrm{H}} = -\mu_0 \int_V \boldsymbol{M} \cdot \boldsymbol{H} \mathrm{d}V \approx -\mu_0 M_{\mathrm{s}} \Delta V \sum_i \boldsymbol{m}(\boldsymbol{r}_i) \cdot \boldsymbol{H}(\boldsymbol{r}_i) \tag{9-33}$$

其中，序号 $i$ 遍布模拟中所有的剖分单元；$\boldsymbol{r}_i$ 代表第 $i$ 个剖分单元的中心坐标，由

这个能量近似推导出的离散场表达式为

$$H_i = H(r_i) \tag{9-34}$$

2) 各向异性能的离散

与塞曼能类似，各向异性能也是局域的，以单轴各向异性能为例，各向异性能的离散和对应的有效场分别为

$$E_k = -\int_V K_{u1}(m \cdot u)^2 dV \approx -\Delta V \sum_i K_{u1}(r_i)[m(r_i) \cdot u(r_i)]^2 \tag{9-35a}$$

$$H_k = \frac{2}{\mu_0 M_s} K_{u1}(r_i)\,[m(r_i) \cdot u_k(r_i)]\,u_k(r_i) \tag{9-35b}$$

其中，$u_k$ 为易轴方向。

3) 交换能的离散

这里以一维为例展示如何对交换能进行离散。采用向前有限差分，即 $\partial_x m \approx (m_{i+1} - m_i)/\Delta x$，有

$$E_{ex} \approx A\Delta V \sum_{i=1}^{N-1} \left(\frac{m_{i+1} - m_i}{\Delta x}\right)^2 = -\frac{2A\Delta V}{(\Delta x)^2} \sum_{i=1}^{N-1} m_i \cdot (m_{i+1} - m_i) \tag{9-36}$$

其中，$|m_i| = 1$。注意求和范围是从 1 到 $N-1$，这里有两种理解方式。第一种是把 $i$ 理解成第 $i$ 个剖分单元的交换能，即第 $N$ 个剖分单元的交换能为零，这是因为对其计算需要第 $N+1$ 个剖分单元的信息，此时可以引入一个影子磁矩 $m_{N+1} = m_N$，这种引入满足自然边界条件。第二种理解是把 $i$ 理解成与第 $i$ 个磁矩对之间的交换能，这是因为交换能反映的是磁矩和磁矩之间的相互作用，这里采用第二种理解方式。通过对 $m_i$ 求偏导，得到离散后的交换场为

$$H_{ex,i} = \frac{2A}{\mu_0 M_s} \frac{m_{i+1} + m_{i-1} - 2m_i}{(\Delta x)^2} \tag{9-37}$$

可以看出，这种离散方法与直接使用中心差分公式对有效场的离散结果是一致的。扩展到三维，有

$$H_{ex,i} = \frac{2A}{\mu_0 M_s} \sum_j \frac{m(r_i + \Delta r_j) - m(r_i)}{|\Delta r_i|^2} \tag{9-38}$$

其中，$j$ 遍历距离最近的 6 个剖分单元。此时，系统的交换能可以写为

$$E_{ex} = -\frac{1}{2}\Delta V \sum_i m_i \cdot H_{ex,i} \tag{9-39}$$

得到有效场后，通过式 (9-39) 可以很方便地计算出每个剖分单元的交换能。

4) DM 相互作用能的离散

这里依然以一维体系为例，类似地，采用向前有限差分可以得到

$$E_{\mathrm{DMI}} \approx D_{\mathrm{MI}} \Delta V \sum_{i=1}^{N-1} \boldsymbol{m}_i \cdot \left( \boldsymbol{e}_x \times \frac{\boldsymbol{m}_{i+1} - \boldsymbol{m}_i}{\Delta x} \right) = \frac{D_{\mathrm{MI}} \Delta V}{\Delta x} \sum_{i=1}^{N-1} \boldsymbol{m}_i \cdot (\boldsymbol{e}_x \times \boldsymbol{m}_{i+1})$$

$$(9\text{-}40)$$

同交换能的离散一样，这里求和是从 1 到 $N-1$，可以按照第二种方式去理解，即有 $N-1$ 对磁矩之间的相互作用。通过对 $\boldsymbol{m}_i$ 求偏导，得到离散后的 DM 相互作用有效场为

$$\boldsymbol{H}_{\mathrm{DMI},i} = \frac{D_{\mathrm{MI}}}{\mu_0 M_{\mathrm{s}}} \frac{\boldsymbol{e}_x \times (\boldsymbol{m}_{i+1} - \boldsymbol{m}_{i-1})}{\Delta x} \tag{9-41}$$

同样，得到的离散结果与直接使用中心差分公式对有效场的离散结果是一致的。事实上，扩展到三维有

$$\boldsymbol{H}_{\mathrm{DMI},i} = \frac{D_{\mathrm{MI}}}{\mu_0 M_{\mathrm{s}}} \sum_j \frac{\Delta \boldsymbol{r}_j \times \boldsymbol{m}(\boldsymbol{r}_i + \Delta \boldsymbol{r}_j)}{|\Delta \boldsymbol{r}_j|^2} \tag{9-42}$$

其中，$j$ 遍历距离最近的 6 个剖分单元。此时，系统的 DM 相互作用能可以写为

$$E_{\mathrm{DMI}} = -\frac{1}{2} \Delta V \sum_i \boldsymbol{m}_i \cdot \boldsymbol{H}_{\mathrm{DMI},i} \tag{9-43}$$

类似地，对于界面类型的 DMI 而言，有

$$\boldsymbol{H}_{\mathrm{DMI},i} = \frac{D_{\mathrm{MI}}}{\mu_0 M_{\mathrm{s}}} \sum_j \frac{(\Delta \boldsymbol{r}_j \times \boldsymbol{e}_z) \times \boldsymbol{m}(\boldsymbol{r}_i + \Delta \boldsymbol{r}_j)}{|\Delta \boldsymbol{r}_j|^2} \tag{9-44}$$

5) 退磁能的离散

在规则网格下，退磁能可以改写为

$$E_{\mathrm{d}} \approx -\frac{\mu_0}{2} \Delta V \sum_i \boldsymbol{M}(\boldsymbol{r}_i) \cdot \boldsymbol{H}_{\mathrm{d},i} \approx \frac{\mu_0}{2} \Delta V \sum_{i,j} \boldsymbol{M}(\boldsymbol{r}_i) \cdot \mathcal{N}(\boldsymbol{r}_i, \boldsymbol{r}_j) \boldsymbol{M}(\boldsymbol{r}_j) \quad (9\text{-}45)$$

其中，$\mathcal{N}(\boldsymbol{r}_i, \boldsymbol{r}_j)$ 是一个 $3 \times 3$ 的矩阵。根据定义可以知道 $\mathcal{N}$ 只与 $\boldsymbol{r}_i - \boldsymbol{r}_j$ 有关，所以有

$$\mathcal{N}(i,j) = \mathcal{N}(\boldsymbol{r}_i - \boldsymbol{r}_j) = \mathcal{N}(\boldsymbol{r}_i, \boldsymbol{r}_j) \tag{9-46}$$

与之对应的退磁场为

$$\boldsymbol{H}_{\mathrm{d}} = -\sum_j \mathcal{N}_{i-j} \boldsymbol{M}_j \tag{9-47}$$

可以看出，计算第 $i$ 处的退磁场需要遍历整个样品。因此，直接对退磁场计算的复杂度为 $O(N^2)$。幸运的是，对于有限差分剖分，退磁场的计算可以使用快速傅里叶变换进行加速，其计算复杂度为 $O(N\log(N))$。

### 2. 有限元

有限差分方法有许多优点，但是对于非规则的磁性样品而言，有限元方法更为适合 [72]。这是因为有限元方法中可以使用不规则的剖分单元，例如在三维微磁学中常用四面体进行剖分，可以有效应对非规则磁性样品。

有限元方法的基本思想是用一个个小的简单的结构来构建复杂的物体。通过整体创建网格剖分，把整个物体分成三角形、四面体或者六面体并且根据剖分情况重新构建偏微分方程，这一过程就是有限元离散。

在有限元的框架中，任意一个势函数 $u(\boldsymbol{r})$ 可以展开成基元函数 $\varphi_i(\boldsymbol{r})$ 的叠加

$$u(\boldsymbol{r}) = \sum_{i=1}^{N} u_i \varphi_i(\boldsymbol{r}) \tag{9-48}$$

基元函数是局域的，如果 $\boldsymbol{r}_i$ 代表从原点指向节点 $i$ 的矢量，那么基元函数有如下性质：

$$\varphi_i(\boldsymbol{r}_i) = \boldsymbol{\delta}_{ij} \tag{9-49}$$

所以势函数 $u$ 在节点 $i$ 的取值为

$$u(\boldsymbol{r}_i) = u_i \tag{9-50}$$

假设把整个样品根据四面体有限元方法进行剖分。四面体的顶点用局域编号 $\alpha$ 代表，并且 $\alpha$ 的取值范围为 $1\sim 4$。这样就可以把势函数 $u$ 进行局域化展开，即

$$u(\boldsymbol{r}) = \sum_{\alpha=1}^{4} u_\alpha \varphi_\alpha(\boldsymbol{r}) \tag{9-51}$$

其中，函数 $\varphi_\alpha(r)$ 称为形状函数。为了简单起见，只使用线性函数：

$$\varphi_\alpha(r_\beta) = \delta_{\alpha\beta}, \quad \sum_{\alpha=1}^{4} u_\alpha \varphi_\alpha(r) = 1 \tag{9-52}$$

$$\varphi_\alpha(x, y, z) = a_\alpha + b_\alpha x + c_\alpha y + d_\alpha z, \quad \alpha = 1, 2, 3, 4 \tag{9-53}$$

其中，系数 $a_\alpha$、$b_\alpha$、$c_\alpha$ 和 $d_\alpha$ 可以由四面体的四个坐标唯一确定。可以得到势函数 $u$ 的梯度为

$$\nabla u = \sum_{\alpha=4}^{4} u_\alpha \nabla \varphi_\alpha(r) \tag{9-54}$$

对于线性基元函数 $\varphi_\alpha$，可以得到

$$\frac{\partial \varphi_\alpha}{\partial x} = b_\alpha, \quad \frac{\partial \varphi_\alpha}{\partial y} = c_\alpha, \quad \frac{\partial \varphi_\alpha}{\partial z} = d_\alpha \tag{9-55}$$

有限元方法的缺点是代码实现起来比较复杂，这是因为有限元一般采用非规则的四面体离散，物理图像不如有限差分清晰，需要记录每个离散单元的局域和全局编号，把有效场的计算转化为稀疏矩阵的运算。幸运的是，这一套流程可以通过计算机自动化实现，例如刚度矩阵 (stiffness matrix) 的定义为

$$K_{ij} = \int_\Omega \nabla \phi_i \cdot \nabla \phi_j \mathrm{d}x \tag{9-56}$$

使用 FEniCS 包 [73]，可以这样计算刚度矩阵：

```python
import dolfin as df
def stiffness_matrix(mesh):
    V = df.FunctionSpace(mesh, 'Lagrange', 1)
    u = df.TrialFunction(V)
    v = df.TestFunction(V)
    K = df.assemble(df.inner(df.grad(u), df.grad(v))*df.dx)
    return K
```

在 FinMag[74] 中，交换场和 DM 相互作用有效场的计算均可以通过矩阵计算实现：

$$\boldsymbol{H} = \boldsymbol{L}^{-1}\boldsymbol{K}\boldsymbol{m} \tag{9-57}$$

其中，相关矩阵具体实现如下：

```python
import numpy as np
import dolfin as df

def build_matrix_exch(mesh, A, Ms):
    V3 = df.VectorFunctionSpace(mesh, 'Lagrange', 1, dim=3)
    f3 = df.Function(V3)
    v3 = df.TestFunction(V3)

    factor = -1/(4*np.pi*1e-7*Ms)
    dE_dm = df.derivative(A*df.inner(df.grad(f3), df.grad(f3))*df
        .dx, f3)
    K = df.assemble(df.derivative(factor*dE_dm, f3))
    L = df.assemble(df.dot(v3, df.Constant([1, 1, 1]))) * df.dx)
```

```
    return K,  L

def build_matrix_dmi(mesh,  D,  Ms):
    Vv = df.VectorFunctionSpace(mesh,  'Lagrange',  1,  dim=3)
    f3 = df.Function(Vv)
    v3 = df.TestFunction(Vv)

    factor = -1/(4*np.pi*1e-7*Ms)
    dE_dm = df.derivative(D*df.inner(f3,  df.curl(f3))*df.dx,  f3)
    K = df.assemble(df.derivative(factor*dE_dm,  f3))
    L = df.assemble(df.dot(v3,  df.Constant([1,  1,  1])) * df.dx)
    return K,  L
```

### 9.1.3　模拟计算软件

1. 微磁学模拟软件介绍概述

微磁学的模拟计算是指基于 LLG 方程, 利用高速计算机对材料上的各个网格的磁矩进行静态和动力学的求解, 目前国际上已经开发研究出许多微磁学模拟软件。其中既含有商业收费软件也含有开源软件, 而按照计算方法的不同可以分为有限差分和有限元计算的微磁学软件。目前市面上较为成熟的微磁学模拟软件如表 9-2 所示, 并对其名称、开源/收费、计算方法等进行了简要的罗列 [75]。

表 9-2　常用的微磁学模拟软件

| 软件名 | 开源/收费 | 年份 | 计算方法 | GPU/CPU | 参考文献 |
|---|---|---|---|---|---|
| LLG Micromagnetics Simulator | 收费 | 1997 | 有限差分 | CPU | [76] |
| OOMMF | 开源 | 1998 | 有限差分 | CPU | [77] |
| MicroMagus | 收费 | 2003 | 有限差分 | CPU | [78] |
| Magpar | 开源 | 2003 | 有限元 | CPU | [79] |
| Nmag | 开源 | 2007 | 有限元 | CPU | [80] |
| GPMagnet | 收费 | 2010 | 有限差分 | GPU | [81] |
| FEMME | 收费 | 2010 | 有限元 | CPU | [82] |
| Tetramag | 收费 | 2010 | 有限元 | GPU | [83] |
| FinMag | 开源 | 2011 | 有限元 | CPU | [73] |
| FastMag | 收费 | 2011 | 有限元 | GPU | [84] |
| MicroMagnum | 开源 | 2012 | 有限差分 | GPU | [85] |
| Magnum.fd | 开源 | 2014 | 有限差分 | GPU | [86] |
| Magnum.fe | 收费 | 2013 | 有限元 | CPU | [87] |
| MUMAX3 | 开源 | 2014 | 有限差分 | GPU | [88] |
| Fidimag | 开源 | 2018 | 有限差分 | CPU | [89] |
| Commics | 开源 | 2018 | 有限元 | CPU | [90] |

结合计算需求, 根据模拟计算方法、运算效率以及计算结果准确性的不同, 通常采用的微磁学模拟软件也不尽相同, 图 9-10 给出了市面上较为成熟的微磁学模拟

软件相关文献的引用频次，可以看出，最为常用的开源软件主要是 Object Oriented MicroMagnetic Framework (OOMMF) 和 MUMAX3，两者均为开源的微磁学模拟软件，计算方式均采取有限差分法，通过简单的一阶向前欧拉法或者龙格–库塔法来模拟磁性材料系统中磁矩的变化过程。这里主要介绍 OOMMF 和 MUMAX3 在微磁学领域中的应用及相关注意事项。

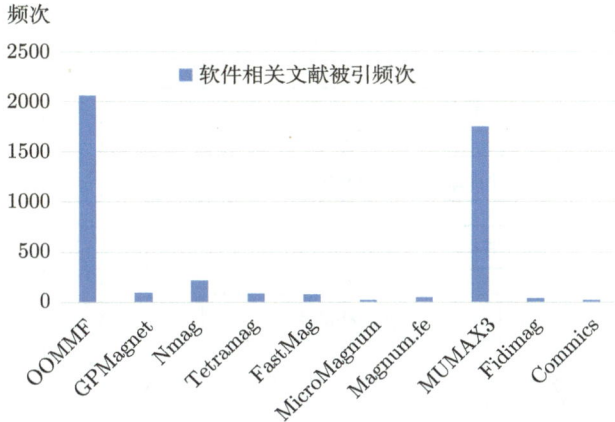

图 9-10 不同微磁模拟软件相关文献被引频次 (Web of Science)

### 2. OOMMF 介绍

OOMMF 是一款当前使用较为广泛的开源微磁学模拟软件。该软件是 1998 年由美国国家标准与技术研究院 (NIST) 的科研人员共同开发的，其主要创始人为 Don Peter 和 Michael Donahue。OOMMF 软件属于面向对象的软件，功能性较为人性化，代码编写十分灵活，可用于 Windows、Linux、Unix、Mac 等操作系统。OOMMF 的源代码是由 C++ 和 Tcl/Tk 组成的，C++ 负责底层的核心运算以保证速度，而 Tcl/Tk 负责界面以及用户交互，用户可根据自身需求而随意增添所需代码模块以解决问题，如温度插件、DM 相互作用能模块、周期性边界条件模块等，具有很好的可扩展性，不仅可以模拟二维磁学问题，也同样适用于模拟三维模型，此外还可以模拟薄膜、多层膜及线状结构，并能从不同方向观察材料的磁化状态。

OOMMF 的配置文件为 Tcl 脚本，通常后缀为.mif，该软件基于两种模拟方式，一种是利用 LLG 方程实现磁矩随时间的演化，另一种是直接利用最小化技术找到能量最小时的磁化状态。该软件的模拟方法为：根据研究对象在.mif 文件中设置合适的模型大小，针对研究对象的能量增添相应的模块代码，输入相应材料参数 (如交换常数、垂直磁晶各向异性常数等)，并在文件中对输出项进行设置，再将该.mif

文件导入 OOMMF 的计算模块中，最终通过结果输出的.OMF 文件进行数据处理，利用 mmdisplay 可以观察到每个网格中投影在所观察平面的磁化状态。该软件计算流程如图 9-11 所示。

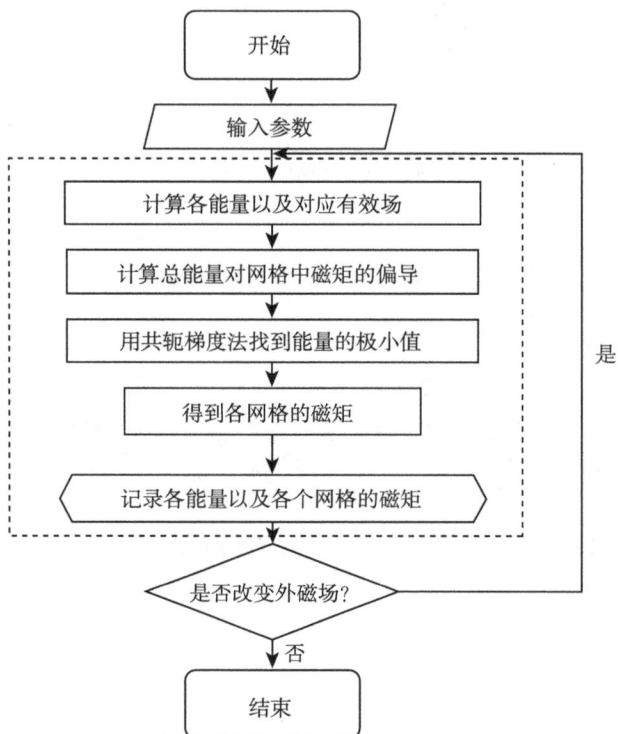

```
                            ┌─────────┐
                            │  开始   │
                            └────┬────┘
                            ╱────┴────╲
                            ╲ 输入参数 ╱
                            ╲────┬────╱
        ┌ ─ ─ ─ ─ ─ ─ ─ ─ ─ ─ ─ ─ ─ ─ ─ ─ ─ ─ ─ ┐
        │   ┌─────────────────────────┐           │
        │   │  计算各能量以及对应有效场  │           │
        │   └───────────┬─────────────┘           │
        │   ┌───────────┴─────────────┐           │
        │   │ 计算总能量对网格中磁矩的偏导 │           │
        │   └───────────┬─────────────┘           │    是
        │   ┌───────────┴─────────────┐           │
        │   │  用共轭梯度法找到能量的极小值 │           │
        │   └───────────┬─────────────┘           │
        │   ┌───────────┴─────────────┐           │
        │   │     得到各网格的磁矩      │           │
        │   └───────────┬─────────────┘           │
        │   ╱───────────┴─────────────╲           │
        │   ╲ 记录各能量以及各个网格的磁矩 ╱          │
        └ ─ ─ ─ ─ ─ ─ ─┬─ ─ ─ ─ ─ ─ ─ ─ ─ ─ ─ ─ ┘
                   ╱────┴────╲
                  ╱ 是否改变外磁场?╲
                   ╲────┬────╱
                        │否
                   ┌────┴────┐
                   │  结束   │
                   └─────────┘
```

图 9-11　OOMMF 仿真步骤

### 3. MUMAX3 介绍

MUMAX3 是一款新型微磁模拟软件，是由比利时根特大学 van Waeyenberge 教授的 DyNaMat 小组开发的。该软件是以图形处理单元 (graphics processing unit, GPU) 为载体进行计算的，通过有限差分法计算纳米到微米尺度下磁矩在时间和空间上的演化过程。MUMAX3 是利用 Go 语言和计算统一设备体系结构 (CUDA) 编写的开源软件，代码包可以在开元社区 Github 免费获取，可以在源代码的基础上根据自己的需求任意修改或扩展其程序模块。相比于更偏向控制性的 CPU，其运算能力提升许多。该软件可以在 Linux、Windows 和 Mac 等多平台上运行，该软件对计算系统要求安装有 NVIDIA 公司专有的图形驱动程序，相比于 CPU 运算的 OOMMF，其运行速度伴随着 GPU 性能的快速增加而增加，极大地提升了计算速度。

该软件的模拟方法为：首先确立研究的内容，然后根据所研究的磁学问题建立模型，并编写相应的 MUMAX3 代码，其中还包含系统的模型构建、材料参数以及计算时所使用的数值方法，同时还包含了输出的内容，比如磁矩的变化以及系统总能量的变化等。紧接着打开软件提交任务代码，直至程序结束，最后通过 OVF 文件进行数据处理即可。

4. 模拟计算软件的异同

以上介绍的两种软件可用于计算磁性材料中的磁结构，例如计算铁磁材料，反铁磁材料 [91−94]、合成反铁磁材料 [95]、亚铁磁 [96] 和阻挫材料 [97] 中的斯格明子、涡旋等拓扑磁结构 [56,98]；此外，两种软件均是基于有限差分法，在模型划分网格大小时，网格长度需同时小于磁晶交换长度 $\Delta = \sqrt{\dfrac{A}{K}}$ 和静磁交换长度 $l_{\mathrm{ex}} = \sqrt{\dfrac{2A}{\mu_0 M_{\mathrm{s}}^2}}$，并且在材料中磁矩变化较为剧烈处 (例如在图 9-12(a) 中磁滞回线的圆圈所指成核到钉扎过程中)，对网格的划分要求更精细。OOMMF 和 MUMAX3 的不同点主要有：① 在输入命令方式上，OOMMF 仅支持代码文件导入的方式，而 MUMAX3 既支持代码文件发送命令也支持在网页直接修改相应参数的方式；② 在计算载体上，OOMMF 利用 CPU 展开计算，而 MUMAX3 利用 GPU 展开计算；③ OOMMF 自带根据计算结果绘制图像的功能，而 MUMAX3 需要结合其他软件对结果进行处理。而对于各种不同的微磁模拟软件，其区别主要在于计算方法，即有限差分法与有限元方法的不同。图 9-12(b) 和 (c) 分别为有限差分和有限元的基本单元结构，有限差分的好处是退磁场的计算可以很有效率，但缺点是，对于非立方形状的样品来说，相对光滑的边界被不连续的立方边界代替，会引起较大误差。有限元是把样品分成数个小的四面体，这种方法的好处是弯曲的几何形状可以更利于计算，对于薄膜来说，退磁场的计算比不上有限差分法，而且这种方法需要计算边界矩阵密度，

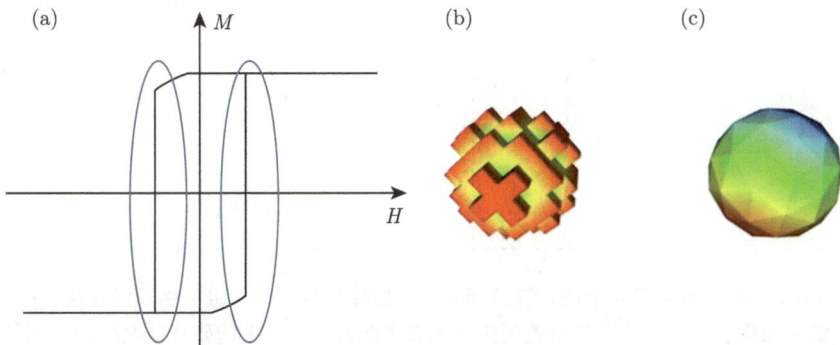

图 9-12　(a) 磁性材料磁滞回线 (蓝色圆圈范围内磁矩变化剧烈，计算时对该处网格划分要求较高)；(b) 有限差分基本单元结构；(c) 有限元方法的基本单元结构

需要的内存很大。另外，在有限差分计算中，磁化强度矢量的信息是通过相应的单元中心位置的信息反映的，而有限元中的这些信息是反映在单元格的顶点上的。

### 9.1.4　特殊材料处理

1. 反/亚铁磁材料

对于反铁磁和亚铁磁这类特殊材料，它们与铁磁材料之间存在着一些差异，在微磁学中处理起来稍有不同。在微磁学的六邻近似中，这三类材料的主要差异可参考表 9-3。

表 9-3　材料主要特点

| 材料性质 | 最近邻交换作用 | 相邻磁矩的饱和磁化和旋磁比 |
| --- | --- | --- |
| 铁磁 | 正 | 相同 |
| 反铁磁 | 负 | 相同 |
| 亚铁磁 | 负 | 不同 |

常见铁磁材料晶格如图 9-13(a) 所示，其最近邻磁矩间的交换相互作用为正，邻近磁矩趋向于同向排列，在微磁学中可将磁矩看作是连续变化的，处理起来较为方便。但对于反铁磁和亚铁磁这些特殊材料而言，如图 9-13(b) 所示，其最近邻磁矩间的交换相互作用为负，邻近磁矩趋向于反向排列，这种磁矩的交替排列将导致有效场的跳变。在微磁学中，磁矩不能被看作是连续的，尤其是亚铁磁材料，其不同亚晶格内的饱和磁化等磁性参数也存在不同。铁磁材料的模型将无法适用于反铁

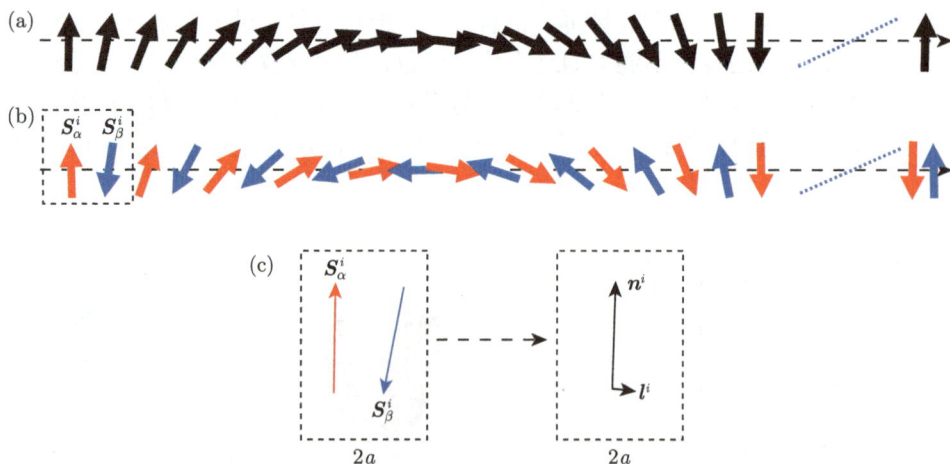

图 9-13　(a) 一维铁磁磁畴示意图，黑色箭头表示磁化矢量，相邻磁矩趋于同向排列；(b) 一维亚 (反) 铁磁磁畴示意图，红色和蓝色箭头分别表示两套亚晶格中的磁化强度矢量，相邻磁矩趋于反向排列；(c) 磁化矢量与奈尔矢量变换示意图，虚线方框为两个晶格的整合，左边红色和蓝色箭头对应图 (b) 的一对磁化矢量，右边黑色箭头为变换后的奈尔矢量和交错矢量

磁和亚铁磁材料。关于上述问题，在解析推导和数值模拟上都存在一定的解决办法。解析推导上，通常会建立一种新的奈尔矢量，用奈尔矢量代替原有的磁化强度矢量，从而解决上述问题；而在数值模拟上，则可以通过改变交换系数或建立两套参数区域的方法解决。

1) 解析求解中的奈尔矢量法

在解析推导上，可以引入奈尔矢量，将两套亚晶格中的磁化强度矢量映射到奈尔矢量中，进而将磁矩的离散问题转变为奈尔矢量的连续问题[99−101]。由于反铁磁可以看作是特殊的亚铁磁，所以下面将以亚铁磁的奈尔矢量为例进行介绍。

如图 9-13(b) 所示，假设两套亚晶格自旋磁矩分别为 $\boldsymbol{S}_\alpha$ 和 $\boldsymbol{S}_\beta$，将每套亚晶格的第 $i$ 个磁矩两两组合，分别定义为奈尔矢量 $\boldsymbol{n}$ 和交错矢量 $\boldsymbol{l}$

$$\boldsymbol{n}_i = \frac{s_\beta^i - s_\beta^i}{2}, \quad \boldsymbol{l}_i = \frac{s_\alpha^i + s_\beta^i}{2}, \quad \boldsymbol{s}_{\alpha,\beta}^i = \frac{\boldsymbol{S}_{\alpha,\beta}^i}{S_{\alpha,\beta}} \tag{9-58}$$

其中，$\boldsymbol{s}$ 为归一化自旋磁矩；$S$ 为自旋磁矩的模。如图 9-13(c) 所示，交替的磁矩可被分解为相互垂直的 $\boldsymbol{n}$ 和 $\boldsymbol{l}$ 矢量，则连续近似中单个晶格内的能量泛函可用奈尔矢表示为[99−101]

$$\mathcal{E}(\boldsymbol{n},\boldsymbol{l}) = \frac{\lambda}{2}\boldsymbol{l}^2 + \frac{A}{2}\sum_i (\nabla\boldsymbol{n})^2 + \frac{A}{4}\sum_{i\neq j}(\partial_i\boldsymbol{n}\cdot\partial_j\boldsymbol{n}) + L\sum_i (\boldsymbol{l}\cdot\partial_i\boldsymbol{n}) + \mathcal{E}(\boldsymbol{n}) \tag{9-59}$$

其中，$\lambda = 4N_\mathrm{D}JS_\alpha S_\beta/V_\Delta$，$\lambda = N_\mathrm{D}\Delta^2 JS_\alpha S_\beta/2V_\Delta$，$L = N_\mathrm{D}\Delta JS_\alpha S_\beta/V_\Delta$ 分别为齐次交换常数、非齐次交换常数、破偶交换常数 (其中 $N_\mathrm{D}$ 表示考虑的最近邻原子数，如一维时 $N_\mathrm{D} = 2$，$J$ 为交换系数，$\Delta$ 为奈尔矢间距，$V_\Delta$ 表示晶胞体积)；$\mathcal{E}$ 表示除交换能以外的能量密度项，是关于奈尔矢量 $\boldsymbol{n}$ 的泛函。如磁晶各向异性能和面/体 DM 相互作用能等。

由于每套亚晶格上的磁矩都满足各自的 LLG 方程，则

$$\dot{\boldsymbol{s}}_\alpha = -\gamma_\alpha\boldsymbol{s}_\alpha\times\boldsymbol{H}_\alpha + \alpha\dot{\boldsymbol{s}}_\alpha\times\boldsymbol{s}_\alpha, \quad \boldsymbol{H}_\alpha = -\frac{\delta\mathcal{E}}{\mu_0 M_{\mathrm{s}\alpha}\delta\boldsymbol{s}_\alpha} \tag{9-60a}$$

$$\dot{\boldsymbol{s}}_\beta = -\gamma_\beta\boldsymbol{s}_\beta\times\boldsymbol{H}_\beta + \alpha\dot{\boldsymbol{s}}_\beta\times\boldsymbol{s}_\beta, \quad \boldsymbol{H}_\beta = -\frac{\delta\mathcal{E}}{\mu_0 M_{\mathrm{s}\beta}\delta\boldsymbol{s}_\beta} \tag{9-60b}$$

其中，$\boldsymbol{H}_{\alpha,\beta}$ 为各自的有效场。将式 (9-60a) 乘以 $M_{\mathrm{s}\alpha}/\gamma_\alpha$ 且式 (9-60b) 乘以 $M_{\mathrm{s}\beta}/\gamma_\beta$ 后进行加减，化简后忽略高阶项可得奈尔矢量下的含时方程[96]：

$$\frac{\mu_0\rho^2}{\lambda}\boldsymbol{n}\times(\boldsymbol{n}\times\ddot{\boldsymbol{n}}) = \sigma\boldsymbol{n}\times\dot{\boldsymbol{n}} + \alpha\rho\dot{\boldsymbol{n}} - \boldsymbol{n}\times(\boldsymbol{f}_\mathrm{n}^*\times\boldsymbol{n})$$

$$\rho = \frac{M_{s\alpha}}{\gamma_\alpha} + \frac{M_{s\beta}}{\gamma_\beta} \tag{9-61}$$

$$\boldsymbol{f}_{n}^{*} = \frac{A}{2\mu_0}\nabla^2\boldsymbol{n} + \frac{K}{\mu_0}n_z\boldsymbol{e}_z + \frac{D_{DM}}{\mu_0}\left(\partial_x n_z\boldsymbol{e}_x + \partial_y n_z\boldsymbol{e}_y - (\partial_x\boldsymbol{n}_x + \partial_y\boldsymbol{n}_y)\boldsymbol{e}_z\right)$$

其中 $\boldsymbol{f}_{n}^{*}$ 为奈尔矢量下的类有效场 (是 $\boldsymbol{M}_s^2$ 的物理量)。得到奈尔矢量的动态方程后，便可用前面处理铁磁材料的方法处理亚/反铁磁材料了。许多研究通过引入奈尔矢量的方法推导了反/亚铁磁斯格明子等拓扑磁结构的动力学方程，并与软件模拟的结果进行了对比，两者相互吻合 [96,98,102]。

2) 数值模拟中的参量变换法

在数值模拟中，不管是软件模拟，如 OOMMF 和 MUMAX3[77,88]，还是自主编程，都存在模拟的最小单元，从本质上看并不是连续的，故可以通过直接改变交换系数或设立多套区域的方法去构建反/亚铁磁磁性结构。下文将以构建简单的 G-type 结构为例，阐述这两种方法的具体细节。

图 9-14(a) 和 (b) 为 G-type 模型下的反铁磁斯格明子示意图。构建 G-type 可以直接将最近邻交换系数转换为负数，实现相邻磁矩的反铁磁耦合。还可以通过设置两套晶格区域构建 G-type 自旋结构，如图 9-14(c) 所示，将棋盘中的 "黑色" 和 "白色" 部分设置为不同的区域，再将两个区域间交换系数设置为负数即可。这两种构建方法各有优点，对于前者，在模拟反铁磁材料时，模型的构建更方便；后者则较为复杂。但在模拟亚铁磁材料时，由于前者没有设置不同的区域，所以无法分别设置两套材料参数；后者则可以实现。研究表明，在 MUMAX3 中建立 G-type 结构去处理反铁磁材料的做法是合理的 [103]。对于一些原子尺度的模拟软件，如 VAMPIRE，其做法也是类似的，不同点在于它需要考虑晶胞内部结构，所以需要将对应原子间交换相互作用和各个参数一一设置。

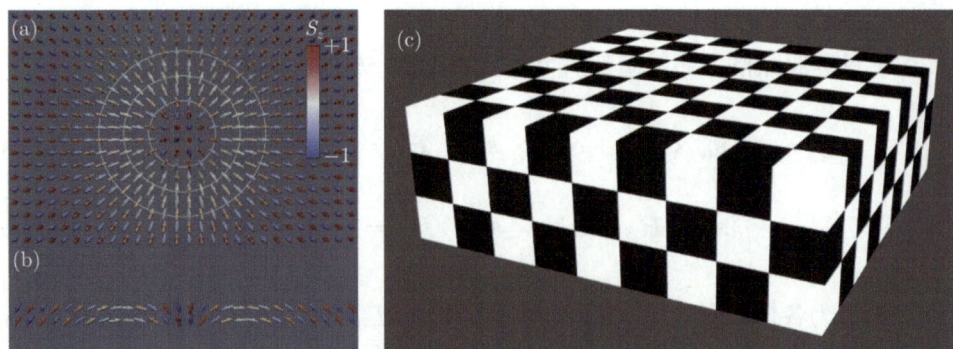

图 9-14　(a)G-type 下的反铁磁斯格明子俯视图；(b) 沿 G-type 反铁磁斯格明子直径上的切片图；(c) 三维棋盘示意图

## 2. 阻挫材料

迄今为止，形成稳定斯格明子的材料通常不具有反演对称性，其中 DM 相互作用稳定了斯格明子相 [104]。最近，Okubo 等从数值上研究了阻挫体系中的各向同性海森伯模型。该模型基于具有竞争交换相互作用的三角晶格，并且在其中发现了斯格明子 [9]。相比之下，在阻挫体系中，斯格明子是通过竞争的最近邻 (NN)、次近邻 (NNN) 相互作用 (甚至次次近邻) 以及有限温度 ($T$) 下的热波动来稳定的 [105]。此外，在零温时也能通过单轴磁晶各向异性的帮助稳定斯格明子 [106,107]。值得注意的是，相比于 DM 相互作用体系中的斯格明子，在阻挫磁体中，斯格明子的存在并不依赖于 DM 相互作用，其手性并没有特别的取向，因此阻挫磁体中的斯格明子可以展现出多种能量简并的不同手性磁构型 [9]。此外，阻挫体系中的斯格明子晶格尺寸通常比手性磁体中的小一个数量级，这使得更高存储密度的硬盘成为可能 [108]。阻挫体系中的这些特征引起了人们的广泛关注，目前华南师范大学 [30,109−115]、日本信州大学 [30,116,117]、中国科学院物理研究所 [30,111,112,117] 及东北大学 [118,119] 等课题组都已在该领域展开了深入研究，香港中文大学、四川师范大学等机构的科研团队 [30,113,116,117,120,121] 也对该课题有一定研究。

阻挫这一概念最早是用于描述经典系统中的自旋排列，自旋无法找到一个确定的指向使得系统处于能量最低态。如图 9-15 所示，在具有三角或者笼目格子的磁性材料中，其中任意一个三角格子的不同格点上的反铁磁交换相互作用不能被同时满足，我们则称这样的系统存在阻挫。

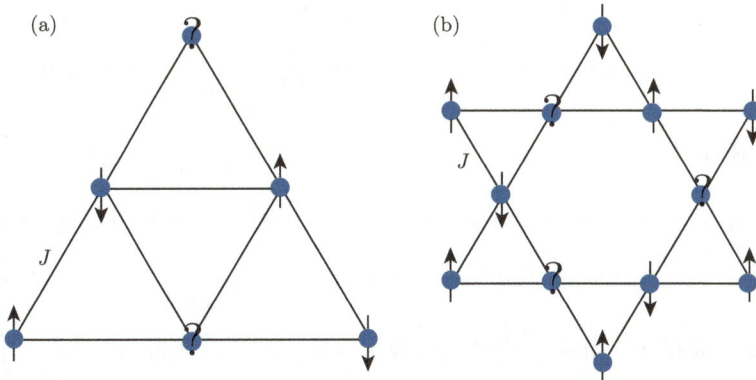

图 9-15    (a) 二维三角格子和 (b) 笼目格子示意图 [111,115,122,123]
箭头和问号分别代表自旋的方向和几何阻挫

形成斯格明子的阻挫材料类型非常丰富，目前已经在三角晶格的 $Gd_2PdSi_3$、四方晶格的 $GdRu_2Si_2$，以及笼目晶格的 $CoZnMn$ 和 $Fe_3Sn_2$ 中发现了斯格明子 [109,124−126]。在此基础上，研究人员从理论和实验上广泛研究了其中的拓扑磁结构相关的静力学和动力学性质, 这些拓扑磁结构包括磁涡旋、双磁半子、$2\pi$-斯格明子、斯格明子管、三维斯格明子以及霍普夫子等 [29,30,110,113,117,127−131]。

在微磁学模拟中, 相比于铁磁材料, 阻挫体系不仅需要更小的网格, 还需要额外计算次近邻和次次近邻交换相互作用, 而一般的微磁学模拟软件没有这两个模块, 需要自编程, 这也是模拟中的难点所在。为了简便起见, 这里将只基于三角晶格 $J_1$-$J_3$ (图 9-16(a)) 和简立方晶格 $J_1$-$J_2$-$J_3$ (图 9-16(b)) 的经典海森伯模型, 探索具有竞争交换相互作用的二维阻挫铁磁系统中的斯格明子和反斯格明子。通常来说, 阻挫磁系统的哈密顿量可以写作 [108]

$$\hat{H} = -J_{ij} \sum_{\langle i,j \rangle} \boldsymbol{s}_i \cdot \boldsymbol{s}_j - H_{\mathrm{a}} \sum_i \boldsymbol{s}_i \tag{9-62}$$

其中, $J_{ij} = J_1$ 是最近邻交换相互作用; $J_{ij} = J_2$ 是次近邻交换相互作用; $J_{ij} = J_3$ 是次次近邻交换相互作用。在傅里叶空间中, 哈密顿量可以改写为

$$\hat{H} = -\frac{N}{2} \int \mathrm{d}q^3 J(q) \boldsymbol{S}(q) \cdot \boldsymbol{S}(-q) \tag{9-63}$$

其中, $N$ 为格点的数目。对于三角晶格 (假定晶格常数为 1, 以下同), 相互作用 $J(q)$ 为

$$
\begin{aligned}
J_{\mathrm{triangle}}(q) = {}& 2J_1 \left[ \cos\left( \frac{q_x}{2} + \frac{\sqrt{3}q_y}{2} \right) + \cos\left( \frac{q_x}{2} - \frac{\sqrt{3}q_y}{2} \right) + \cos q_x \right] \\
& + 2J_3 \left[ \cos\left( q_x + \sqrt{3}q_y \right) + \cos\left( q_x - \sqrt{3}q_y \right) + \cos\left( 2q_x \right) \right]
\end{aligned} \tag{9-64}
$$

对于四方晶格, 有

$$
\begin{aligned}
J_{\mathrm{square}}(q) = {}& 2J_1 \left[ \cos(q_x) + \cos(q_y) \right] + 2J_2 \left[ \cos(q_x - q_y) + \cos(q_x + q_y) \right] \\
& + 2J_3 \left[ \cos(2q_x) + \cos(2q_y) \right]
\end{aligned} \tag{9-65}
$$

在微磁学模拟中, 当考虑其中的偶极相互作用时, 简立方晶格中的 $J_1$-$J_2$-$J_3$ 经典海森伯模型的哈密顿量可以表示为 [121]

$$
\begin{aligned}
\hat{H} = {}& -J_1 \sum_{\langle i,j \rangle} \boldsymbol{s}_i \cdot \boldsymbol{s}_j - J_2 \sum_{\langle\langle i,j \rangle\rangle} \boldsymbol{s}_i \cdot \boldsymbol{s}_j - J_3 \sum_{\langle\langle\langle i,j \rangle\rangle\rangle} \boldsymbol{s}_i \cdot \boldsymbol{s}_j \\
& - H_z \sum_i m_i^z - K \sum_i \left( m_i^z \right)^2 + H_{\mathrm{DDI}}
\end{aligned} \tag{9-66}
$$

其中，$s_i$ 表示在 $i$ 点上的归一化自旋磁矩；$\langle i,j \rangle$、$\langle\langle i,j \rangle\rangle$ 和 $\langle\langle\langle i,j \rangle\rangle\rangle$ 分别表示单层膜中所有的最近邻、次近邻和次次近邻交换；$H_z$ 是沿 $+z$ 方向施加的磁场；$K$ 是垂直的磁各向异性 (PMA) 常数；$H_{\mathrm{DDI}}$ 表示偶极场，即退磁场。给定系统的总能量包括最近邻交换能、次近邻交换能、次次近邻交换能、各向异性能、塞曼能和退磁能。也就是说，相比于普通的手性铁磁体，在程序中只需要额外定义次近邻和次次近邻交换相互作用即可。请注意，在简立方晶格模型中，最近邻、次近邻和次次近邻交换常数 $A_1$、$A_2$ 和 $A_3$ 通常被定义为 $J_1/a$、$J_2/\sqrt{2}a$ 和 $J_3/2a$，其中 $a$ 为晶格常数 [30]。

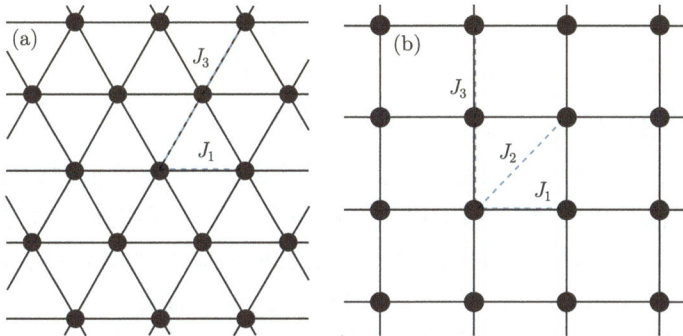

图 9-16　(a) 三角晶格上的 $J_1$-$J_3$ 经典海森伯模型；(b) 简单立方晶格上的 $J_1$-$J_2$-$J_3$ 经典海森伯模型 [108]

图 9-17 显示了由 OOMMF 的 CG 最小化求解器在不同的磁晶各向异性 $K$ 和

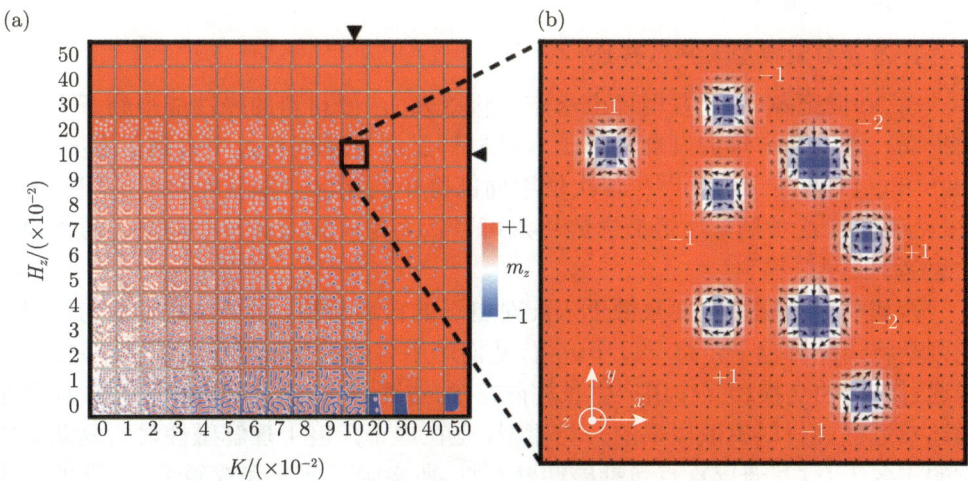

图 9-17　阻挫铁磁薄膜中的斯格明子和反斯格明子

(a) 通过弛豫具有随机初始态的磁性薄膜获得典型亚稳态；(b) $K = H_z = 0.1J_1$ 时弛豫样品获得的自旋分布，其中表明了自旋结构的拓扑荷

外磁场 $H_z$ 下弛豫样品获得的典型的亚稳态，其中 $J_1 = 3$ eV，$J_2 = -0.8J_1$，$J_3 = -1.2J_1$。图 9-17(a) 中，在较宽的 $K$ 和 $H_z$ 范围内，可以看出斯格明子和反斯格明子能够自发形成。更重要的是，它们能够在同一个样品中共存，如图 9-17(b) 所示。这一结果与 DM 相互作用体系中的斯格明子形成了鲜明的对比，其中通常只能存在一种类型的斯格明子。

此外，阻挫磁体中的拓扑磁结构表现出非平庸的拓扑和奇异动力学 [121]。例如，阻挫系统中的斯格明子和双磁半子的运动与其自身的螺旋度耦合，即对于斯格明子和双磁半子而言螺旋度是可控的，可以利用螺旋度锁定–解锁转换机制来调节拓扑磁结构的简并态，从而操控斯格明子和双磁半子的运动 [29,121]。这些新发现可能会促进基于斯格明子和反斯格明子的新颖的自旋电子和拓扑应用，包括逻辑门、晶体管、磁性隧道结、纳米振荡器、神经元和量子计算等。

### 9.1.5　原子尺度模拟及有限温度微磁学

如前所述，当今大多数的磁性模拟是利用基于有限差分或有限元的微磁学来预测和理解零温下磁性材料的磁化行为，但由温度效应和晶体结构引起的亚纳米空间的磁性变化是无法忽略的，因此这也是目前凝聚态物理的热点之一。原子尺度模拟通过在自然原子尺度上处理磁性材料，弥合了微磁学和电子结构之间的差距，同时温度变化也影响着磁性材料的磁化动力学，温度效应过强则会引起磁性材料的相变。这里主要介绍原子自旋模型的理论及其单位转换，分析加入随机热场的原子 LLG 方程和模拟计算居里温度，并列举出原子尺度模拟与微磁学模拟的差异，进一步呈现出斯格明子和双磁半子的动力学及温度效应，最后给出原子尺度模拟的重难点。

#### 1. 原子自旋模型及单位转换

自 20 世纪 60 年代发现稀土永磁材料以来，永磁材料的磁性能得到了大幅度的提高。经过几十年的发展，稀土永磁材料已经在现代科技中占据了重要地位。1925 年，伊辛 (E. Ising)[132] 首次使用局部磁矩的概念对铁磁性材料的相变过程进行了研究，这种局部磁矩概念的引入可以认为是研究人员早期对原子磁矩模型的思考。

金属材料的磁性主要来源于未配对电子的自旋磁矩，原子自旋模型的物理基础则是将未配对电子定位于原子位置，从而产生有效的局部原子自旋，这些原子自旋通过海森伯交换相互作用产生长程磁有序，进而导致宏观磁性。原子自旋模型是描述接近磁性材料离散极限的一类模型，是在原子尺度上理解磁性材料复杂动力学的重要工具，其研究重点包括磁畴壁 [133]、斯格明子 [134] 和双磁半子 [98] 的产生和驱动，以及在温度效应下的热稳定性。此外，在核壳纳米粒子 [135] 和多层膜 [136] 中的交换偏置、磁性纳米颗粒的温度效应和性能 [137]，以

及磁记录介质 [138] 方面也有重大研究。与以连续近似形式为核心的微磁学模型不同，作为伊辛模型扩展而来的原子自旋模型是以离散极限形式为核心。在原子中，对于轨道角动量"冻结"的金属磁性纳米材料系统而言，电子的自旋磁矩 $\boldsymbol{S}$ 与自旋角动量 $\boldsymbol{L}^\mathrm{s}$ 有关，其关系为

$$S = -g\mu_\mathrm{B}\boldsymbol{L}^\mathrm{s} \tag{9-67}$$

在连续介质理论中，孤立的磁矩被连续的磁化强度所取代，将自旋磁矩 $\boldsymbol{S}$ 视为经典变量 [139]，其与磁化强度的关系为

$$M = -\frac{\hbar\gamma}{V}S \tag{9-68}$$

其中，$g = 2$ 为朗德因子；$\mu_\mathrm{B} = |e|\hbar/(2m)$ 为玻尔磁子；$V = a^3/n_\mathrm{at}$ 为单位原子体积。结合式 (9-67) 和式 (9-68) 可以得到原子的自旋磁矩与磁化强度矢量的关系为

$$\boldsymbol{\mu}_\mathrm{s} = MV \tag{9-69}$$

对式 (9-69) 进一步化简并考虑对于原子数 $n_\mathrm{at} = 1$ 的简单立方晶格结构，得到原子自旋磁矩的大小 $\mu_\mathrm{s}$ 与 0 K 时的饱和磁化强度 $M_\mathrm{s}$ 的关系为

$$\mu_\mathrm{s} = M_\mathrm{s}a^3 \tag{9-70}$$

上述关系以简单立方晶格为例，给出了原子自旋模型中的原子磁矩 $\mu_\mathrm{s}$ 与连续模型中的饱和磁化强度 $M_\mathrm{s}$ 的相互转换。对于其他不同的晶体结构则存在着不同的原子数和原子间距，故会得到不同的转换关系。

基于原子自旋磁矩的概念，扩展的海森伯自旋模型在原子层面概述了磁性材料的基本物理性质。原子自旋体系的能量分别由交换相互作用能、磁晶各向异性能、DM 相互作用能、偶极相互作用能 (退磁场能) 和外加磁场能组成，而在连续介质模型中 (如 MUMAX3 软件)，忽略温度对系统自由能的影响，磁性材料的自由能可近似等于其内能，系统的能量项与原子自旋模型中的能量项可一一对应，但具体能量的有效场定义存在差异。

交换相互作用能、磁晶各向异性能和 DM 相互作用能三者相互竞争，使相邻磁矩呈现螺旋式旋转分布，结果与二维拓扑自旋结构的磁矩分布相对应。同时，这三种能量的基本参数 ($A$、$K$、$D_\mathrm{MI}$) 决定了该自旋拓扑结构的一些重要性质，如尺寸大小等。下面主要介绍这几种相互作用能在原子自旋模型 [140] (VAMPIRE 软件) 与连续介质模型 [141] (MUMAX3 软件) 中的微小差异与参数转换。

海森伯交换相互作用使相邻自旋磁矩趋于平行或者反平行排列，也是作用效果最强和理论上最难处理的磁相互作用。在微磁学模拟中使用的交换常数 $A$ 是通过

第一性原理计算或实验测量的数值，而在原子自旋模型中 $J_{ij}$ 描述了相邻原子之间的交换相互作用。由于自旋原子磁矩周围通常会有多个邻近原子，故对具有最近邻相互作用的原子模型，交换相互作用通过平均场表达式给出

$$J_{ij} = \frac{3k_{\mathrm{B}}T_{\mathrm{C}}}{\varepsilon Z} \tag{9-71}$$

其中，$k_{\mathrm{B}}$ 为玻尔兹曼常量；$T_{\mathrm{C}}$ 为居里温度；$Z$ 是最近邻数 (配位数)；$\varepsilon$ 是三维海森伯模型 [142] 中自旋波引起的平均场表达式的修正因子。在磁动力学中，能量最低的状态通常是磁性系统最稳定的状态：对于相邻自旋倾向于平行排列的铁磁材料，$J_{ij} > 0$；而对于相邻自旋倾向于反平行排列的反铁磁材料，$J_{ij} < 0$。对于简单的材料，在大多数微磁学软件 (例如 OOMMF 和 MUMAX3) 中，经常使用的是各向同性的交换常数，这意味着两个磁矩 (自旋) 的交换能只取决于它们的相对方向。在晶体结构更复杂的材料中是各向异性交换相互作用，如双离子各向异性 [143] 和 DM 相互作用 (交换张量的非对角分量)，需要复杂的建模和参数转化，在 VAMPIRE 软件中较易实现，其张量形式为

$$J_{ij}^{\mathrm{M}} = \begin{pmatrix} J_{xx} & J_{xy} & J_{xz} \\ J_{yx} & J_{yy} & J_{yz} \\ J_{zx} & J_{zy} & J_{zz} \end{pmatrix} \tag{9-72}$$

使自旋磁矩趋向于与特定晶体轴一致排列的磁晶各向异性来源于晶体场对电子轨道运动和电子自旋轨道耦合的影响。对于铁磁晶体，沿易轴方向的磁晶各向异性能最小，沿难轴方向的磁晶各向异性能最大。通常利用单轴或立方各向异性能的表达式来模拟磁性材料的各向异性能，其表达式在离散模型和连续介质模型中基本一致，但有效场的定义略微不同，存在转换关系。图 9-18 为两种能量的景观图，方便大家理解。

DM 相互作用是一种反对称的交换相互作用，可以由自旋轨道相互作用产生，一般出现于具有对称性破缺并且强自旋轨道耦合的体系中。相邻自旋磁矩在交换能和 DM 相互作用能的共同作用下呈现出一定夹角的排列方式，呈螺旋式旋转。不同的 $D_{\mathrm{MI},ij}$ 方向也会产生不同的旋转效果，从而形成不同的拓扑自旋构型，通常分为简单的界面和复杂的体 DM 相互作用。对于后者，在微磁学模拟软件中通常需要使用者去自定义模块然后放入软件进行计算，有一定的难度。而在原子自旋模型中计算，则需要在完全熟悉软件的情况下根据原子的位置来自行排列不同 $D_{\mathrm{MI},ij}$ 的大小和方向，从而构建完整的框架。以 VAMPIRE 软件为例，交换能与 DM 相互作用能可以结合在一起，以张量形式表示。系统总的交换张量 $E_{\mathrm{ex}}^{\mathrm{M}}$ 由乘积给出，其中矩阵的非对角部分表示 DM 向量分量：

$$E_{\mathrm{ex}}^{\mathrm{M}} = \sum_{i<j} \begin{pmatrix} S_x^i & S_y^i & S_z^i \end{pmatrix} \begin{pmatrix} J_{xx} & J_{xy} + D_{\mathrm{MI},ij}^z & J_{xz} - D_{\mathrm{MI},ij}^y \\ J_{yx} - D_{\mathrm{MI},ij}^z & J_{yy} & J_{yz} + D_{\mathrm{MI},ij}^x \\ J_{zx} + D_{\mathrm{MI},ij}^y & J_{zy} - D_{\mathrm{MI},ij}^x & J_{zz} \end{pmatrix} \begin{pmatrix} S_x^i \\ S_y^i \\ S_z^i \end{pmatrix}$$

$$(9\text{-}73)$$

至于其他的相互作用，如偶极相互作用和外磁场，与微磁学模拟中的退磁能和塞曼能在来源和表达式上基本一致。

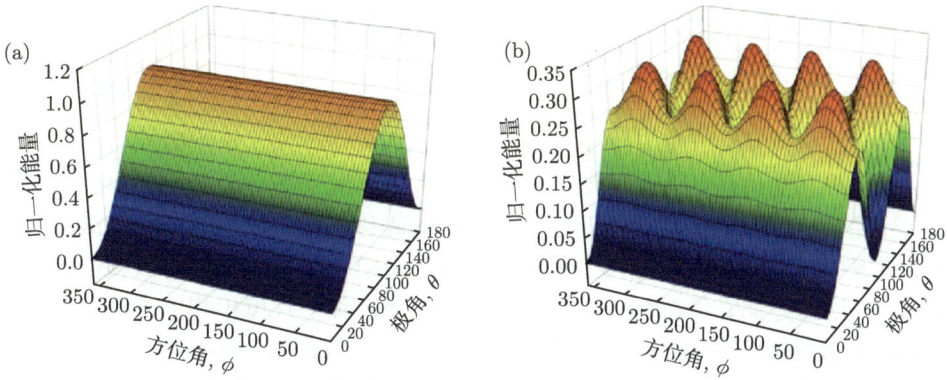

图 9-18 能量景观图
(a) 单轴各向异性；(b) 立方各向异性

根据有效场的定义，原子 (离散) 尺度参数与连续尺度参数存在着转换关系，以每个单胞存在一个原子的简单立方晶体结构为例，连续微磁学模型被离散成一系列大小为 $a \times a \times a$ 的小立方体，考虑主要磁学量在 MUMAX3 和 VAMPIRE 模拟软件中的转换，如表 9-4 所示。

**表 9-4 主要磁学量在 MUMAX3 和 VAMPIRE 软件中的换算** (以简单立方为例)

| 磁学量 | MUMAX3(连续模型) | | VAMPIRE(离散模型) | | 单位转换 |
|---|---|---|---|---|---|
| | 符号 | 单位 | 符号 | 单位 | |
| 交换常数 | $A$ | J/m | $J_{ij}$ | J | $A = J_{ij}/2a$ |
| DM 相互作用常数 | $D_{\mathrm{MI}}$ | J/m$^2$ | $d_{ij}$ | J | $D_{\mathrm{MI}} = d_{ij}/a^2$ |
| 各向异性常数 | $K$ | J/m$^3$ | $K_a$ | J | $K = K_a/a^3$ |
| 磁矩 | $M_s$ | A/m | $\mu_s$ | $\mu_B$ | $M_s = \mu_s/a^3$ |

#### 2. 原子 LL 方程

对于原子模型下的磁性系统问题，原子自旋磁矩对时间的演化运动由自旋磁矩下的 LL 方程描述，其形式为

$$\frac{\partial \boldsymbol{S}_i}{\partial t} = -\frac{\gamma}{1+\alpha^2} \left[ \boldsymbol{S}_i \times \boldsymbol{H}_{\mathrm{eff}}^i + \alpha \boldsymbol{S}_i \times \left( \boldsymbol{S}_i \times \boldsymbol{H}_{\mathrm{eff}}^i \right) \right] \qquad (9\text{-}74)$$

通过对自旋总哈密顿量求负一阶偏导运算得到

$$H_{\text{eff}}^i = -\frac{1}{\mu_{\text{s}}} \frac{\partial \hat{H}}{\partial S_i} \tag{9-75}$$

通过归一化磁化强度与归一化原子自旋磁矩的相互转换，LL 方程等效形成原子 LL 方程。其中也有两个不同的部分，$S_i \times H_{\text{eff}}^i$ 为旋进项，$S_i \times (S_i \times H_{\text{eff}}^i)$ 为阻尼项，阻尼系数 $\alpha$ 则决定了原子磁矩向有效磁场方向靠拢的速率，其物理根源非常复杂，晶格的振动及电子自旋之间的相互作用都会影响其数值。

### 3. 温度效应及居里温度

目前，第一性原理计算有助于在电子层面上理解磁性能，预测磁性材料在零温下的磁矩大小和晶体场等本征参数。然而，在有限温度下第一性原理计算变得非常具有挑战性，特别是在接近居里温度时，磁矩的磁化强度矢量不只是方向改变，其幅度也将发生很大变化，因此，了解微磁学模拟中宏观参数与温度的依赖性是非常重要的。在这一方面，最近有人通过设计先进的永磁体多尺度模型的方法，尝试通过原子自旋模型来研究 $Nd_2Fe_{14}B$ 中与温度相关的有效磁晶各向异性、饱和磁化强度和反转过程 [144]。一般来说，原子自旋模型能够计算在不同温度下材料的磁性能，其中可以通过朗之万自旋动力学来考虑温度效应。

在朗之万自旋动力学中，将自旋视为经典变量，其基本思想是假设热波动可以用一个高斯白噪声项来表示。高斯分布的宽度随着温度的升高而增加，这代表着更强的热波动。标准的 LLG 方程未考虑温度效应，仅适用于零温下的模拟，但当温度升高时，体系开始出现热涨落现象，因而不同磁化状态之间的变迁具有一定的不确定性。换言之，即使所加电流低于零温时的临界值，体系仍存在一定的概率发生磁状态的跃变，其大小取决于体系的温度以及不同磁状态间能量势垒的高度。因此，可以通过在原子 LLG 方程的有效场上添加一个随机场来产生温度效应，即引入有效的热场来模拟热效应，每个空间维度中的热涨落 [145] 用平均值为零的三维高斯分布 $\delta(t)$ 表示。在每个时间步长中，原子自旋位点 $i$ 上的瞬时热场为

$$H_{\text{th}}^i = \delta(t) \sqrt{\frac{2\alpha k_{\text{B}} T}{\gamma \mu_{\text{s}} \Delta t}} \tag{9-76}$$

其中，$T$ 是材料当前所处的系统温度；$\Delta t$ 是时间的积分步长。因为在朗之万动力学中，具有随机热场的 LLG 方程的有效场如下：

$$H_{\text{eff}}^i = -\frac{1}{\mu_{\text{s}}} \frac{\partial H}{\partial S_i} + H_{\text{th}}^i \tag{9-77}$$

磁性材料的居里温度主要是由原子间交换相互作用的强度来定义的，所以它是最基本的性质之一。交换相互作用是磁性中最强的力，因此它决定了原子自旋的排列，使材料在宏观尺度上具有铁磁性，经典模型下的求解磁性材料居里温度的公式描述为

$$m\left(T\right) = \left(1 - \frac{T}{T_{\mathrm{C}}}\right)^{\beta} \tag{9-78}$$

其中，$\beta$ 是磁化临界指数；$T_{\mathrm{C}}$ 是材料的居里温度；$m$ 为归一化磁化强度。考虑到在模拟温度下获得的宏观磁化强度应在较高的实际温度下获得，所以在模拟温度 $T_{\mathrm{sim}}$ 和实验温度 $T_{\mathrm{exp}}$ 之间应该有一个映射。这里采用温度重整化 [146] 的方法对 (内部) 模拟温度 $T_{\mathrm{sim}}$ 进行了调整，使输入实验 (外部) 温度 $T_{\mathrm{exp}}$ 下的平衡磁化强度与实验结果一致，即

$$\frac{T_{\mathrm{sim}}}{T_{\mathrm{C}}} = \left(\frac{T_{\mathrm{exp}}}{T_{\mathrm{C}}}\right)^{\alpha_1} \tag{9-79}$$

其中，$\alpha_1$ 是可拟合的重新缩放参数，其物理解释是：在低温下，经典极限中允许的自旋波动被高估，因此对应的有效温度比模拟温度更高 ($T_{\mathrm{exp}} > T_{\mathrm{sim}}$)。经过这些操作后，求解居里温度的公式可以用居里–布洛赫方程来描述：

$$m\left(T\right) = \left[1 - \left(\frac{T}{T_{\mathrm{C}}}\right)^{\alpha_1}\right]^{\beta} \tag{9-80}$$

VAMPIRE 包含一个预定义的函数，通过执行温度扫描和计算平均磁化率的操作来计算材料的居里温度 $T_{\mathrm{C}}$。以磁性材料 $Nd_2Fe_{14}B$ 的居里温度为例，通过取 $\alpha_1 = 1.802$ 和 $\beta = 0.339$ 得到居里温度 $T_{\mathrm{C}} \approx 602$ K。由图 9-19 可以看出，在未修正前只有在居里温度附近的模拟结果与实验测量结果一致，用式 (9-78) 直接拟合仿真数据得到的磁化曲线与实验数据 [147] 吻合较好。修正后，通过式 (9-80) 得到的模拟数据与实验数据非常吻合，更符合实际情况。

### 4. 基于原子尺度模拟的 VAMPIRE 软件与二维拓扑磁性结构

在微磁学中，磁性材料被离散成数个完全有序的磁畴，但对于小于 1 nm 的微磁单元，磁化就不再是一个真正的连续体，而是一个考虑单个原子上的局域磁矩的离散实体。原子模型相对于微磁学模拟软件 MUMAX3 的优势在于，它自然地处理了真实材料中原子顺序和局部特性的变化，如界面、缺陷、粗糙度等。除此之外，其离散公式还允许模拟超过居里温度的高温，通常的连续微磁方法在这种情况下失效，但这种温度效应却是自旋电子学材料、热辅助磁记录和超快材料工艺等磁学问题的核心。基于原子自旋模型的 VAMPIRE 是最先进的磁性纳米材料原子模拟器之一，该软件是经过数年持续开发的成果，旨在

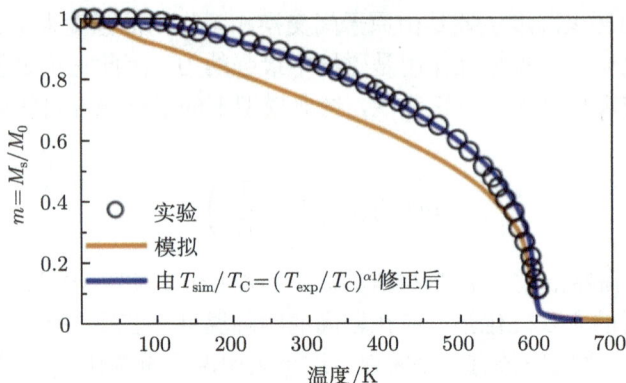

图 9-19　温度相关性磁化曲线 [122]
修正后的曲线用 $\alpha_1 = 1.802$ 绘制

提供给非专业研究人员使用，这使得他们既可以不用理解深度的理论方法，也可以不用学习复杂的计算机编程，更不用进行复杂的软件调试。使用原子模型来模拟磁系统，其代码的设计通过纯文本输入文件即可控制模拟，这样一个易于使用、快速、开源和可扩展的软件包能够对几乎任何具有原子分辨率的磁性材料进行建模。

　　以二维拓扑磁性结构为例，在原子自旋模型的基础上，Wang 等 [148] 通过对 Ir/Co/Pt 系统的磁相研究发现，随着温度的升高，斯格明子的寿命降低，并且自发地热产生 (或湮灭) 的可能性更大，此结果对基于斯格明子的热效应随机数生成器很重要。除此之外，Li 等 [98] 考虑到反铁磁磁半子具有高电流驱动速率的优点，通过 MUMAX3 和 VAMPIRE 软件的相互验证，进一步揭示了其在同一材料系统中具有多位数据创建、传输、存储和拓扑计算的潜力。

　　5. 原子尺度模拟的重难点

　　重点一：以原子分辨率 ($\text{Å} \sim \text{μm}$) 模拟磁性材料。磁性材料原子模拟软件包 VAMPIRE 可用于构建模型、开展模拟和分析磁系统。同时，可以高度灵活地使用各种模拟工具和方法来处理各种各样的问题，计算各种磁性材料的动态磁特性和平衡现象，包括铁磁体、反铁磁体、核–壳纳米粒子、超快自旋动力学、热辅助磁记录、交换偏置和磁性多层膜。对于磁性材料来说，可以模拟居里温度和磁滞回线等。对于拓扑自旋结构，可以通过场冷却的方法来产生大量的铁磁斯格明子和反铁磁双磁半子。

　　重点二：相比于其他软件能更好地模拟温度效应的影响。几乎所有的微磁学模拟软件是通过添加一个随机场来模拟环境温度的影响，它们的最大区别在于具体实施方法和模拟效果的不同。对于从事微磁学模拟的研究者来讲，软件远未达到完美模拟实际温度的影响。毕竟在磁性纳米材料的模拟计算方面，温度效应本身就是一个重点，同时也是一个难点。

难点一：磁性材料晶体结构的不同。以 MUMAX3 为例，在传统的微磁学模拟中基本上不考虑磁性材料的晶体结构，或者都按简单立方晶体结构来计算。在原子自旋模型中，需要考虑磁性材料除简单立方以外的其他晶体结构。晶体结构可分为基本晶体结构和复杂晶体结构，前者包括 sc (简单立方)、bcc (体心立方)、fcc (面心立方) 或 hcp (密排六方)，后者包括岩盐 (NiO)、尖晶石 (磁铁矿 $Fe_3O_4$) 和哈斯勒合金 ($Co_2FeSi$) 等晶体结构，其中这些由不止一种材料 (或元素) 组成的晶体更为复杂。不同的晶格结构有不同的晶格常数、原子数和配位数，必须考虑由材料的实际晶格结构不同而导致交换常数不同[149] 所带来的影响，这样得到的交换能比传统微磁学近似得到的结果更能反映真实的物理实质。表 9-5 给出了不同晶体结构的主要参数。Evans 等[150] 结合分子动力学和原子自旋模型研究了晶格结构和形状对纳米材料 Co 和 Fe 磁性能的影响，模拟的微观结构显示立方形和球形颗粒在磁性能方面有很大的差异性。

表 9-5　不同晶格结构的参数比较

| 晶体结构 | 基本晶体结构 | | | | 复杂晶体结构 | | |
|---|---|---|---|---|---|---|---|
| | sc | bcc | fcc | hcp | 岩盐 | 尖晶石 | 哈斯勒合金 |
| 原子数 $n_{at}$ | 1 | 2 | 4 | 4 | 8 | 2 | 4 |
| 配位数 | 6 | 8 | 12 | 12 | 12 | 8 | 12 |
| 晶体取向 | [001] | [001] | [001] | [0001] | [001] | [001] | [001] |
| 晶格常数 $a$/Å | 2.400 | 2.887 | 3.540 | 4.335 | 4.260 | 8.391 | 3.540 |

难点二：复杂磁性材料单胞 (单元文件) 的建立。在原子尺度上模拟纳米材料的一个重要部分是生成具有不同形状和晶体结构的模型。部分复杂的材料呈现出多种晶格结构和不同原子的交叉组合，需要用户自定义原子具体的位置和间距来对应原子结构，进而计算出不同原子之间的交换相互作用。以构建 $Nd_2Fe_{14}B$ 的单元文件为例，$Nd_2Fe_{14}B$ 晶体[151] 属四方晶系，点阵常数 $a = b = 0.88$ nm，$c = 1.22$ nm。在一个晶胞内有 4 个 $Nd_2Fe_{14}B$ 分子，共 68 个原子。每个原子在空间的坐标为 $(x_i, y_i, z_i)$，共 42 种原子间距和交换能，从 1 开始依次有序地排列出来，形成具有原子列表的单元文件。

难点三：复杂晶格结构的退磁场计算。由于长程相互作用，退磁场的计算通常主导计算时间，因此对于考虑使用简立方结构建立材料模型的微磁学模拟软件 MU-MAX3 来说，发展了快速傅里叶变换[152] 的方法来加速计算。对于考虑在原子尺度下不同晶体结构的情况，退磁场的计算变得复杂了，特别是对于快速动力学，需要频繁地修正和更新退磁场来获得良好的精度和正确的结果。

## 9.2　第一性原理计算磁相互作用

### 9.2.1　引言

　　磁性系统中复杂的磁相互作用使材料中涌现出丰富的磁现象，例如巨磁阻效应 [153,154] 和斯格明子 [155−157] 等。为了能精确地研究这些磁现象，我们需要确定出不同磁相互作用参量。在磁性薄膜体系中，如磁性多层膜、异质结和二维磁性材料，材料的磁相互作用通常是由海森伯交换耦合作用、DM 相互作用和磁各向异性等磁相互作用所决定的。虽然目前能通过霍尔效应和磁光效应等多种实验手段 [158−162] 对这些磁相互作用进行测量，但是因为这些技术通常只针对材料特定的性质并且对样品质量要求很高，所以实验上研究不同磁相互作用的参量强度仍是一项非常困难的任务。另一方面，基于密度泛函理论的第一性原理计算方法的发展使人们可以从理论计算角度探究各种磁相互作用。通过第一性原理方法，研究者们不仅直接计算出磁相互作用的大小，还能揭示它们的物理起源，为后续的实验研究提供有力的理论支持。为此本节将详细介绍 DM 相互作用、磁各向异性和交换耦合作用等磁性薄膜中常见的磁相互作用的第一性原理计算方法，并讨论一些典型磁性薄膜材料的计算结果。

### 9.2.2　DM 相互作用

　　斯格明子或双磁半子 (图 9-20) 作为受拓扑保护并具有准粒子性质的非共线磁结构，具有尺寸小、结构稳定、易调控、驱动阈值电流小等诸多优点，有望成为下一代高容量、高速读写、低功耗、非易失性信息存储及逻辑运算的信息载体，并为信息技术的发展提供全新的物理机制 [155−157]。在拓扑磁结构中，DM 相互作用 [163−165] 是决定其产生、湮灭、尺寸大小及电流驱动下的移动速度等性质的一个至关重要的磁性参量。因此，探索 DM 相互作用的产生机制与计算方法，对斯格明子等拓扑磁结构的研究是至关重要的。

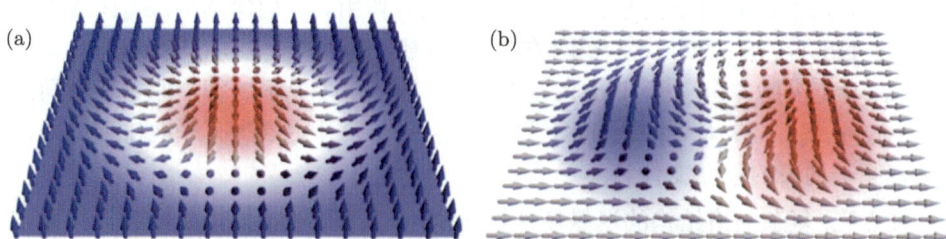

图 9-20　(a) 斯格明子和 (b) 双磁半子的结构示意图

　　DM 相互作用最早是由 Dzyaloshinskii 在 1958 年 [163] 为解释 $\alpha\text{-}Fe_2O_3$、$MnCO_3$ 和 $CoCO_3$ 等反铁磁晶体中的弱磁性来源而提出的。Dzyaloshinskii 在分析了这些

材料的对称性的基础上唯象地提出,这些材料的磁相关自由能中应该包含如下的自旋反对称项:

$$E_{\mathrm{DMI}} = \boldsymbol{D}_{ij} \cdot (\boldsymbol{S}_i \times \boldsymbol{S}_j) \tag{9-81}$$

其中,$\boldsymbol{D}_{ij}$ 是表征该相互作用手性和强度的矢量参数。在海森伯交换耦合作用中自旋是相互点乘 $\boldsymbol{S}_i \cdot \boldsymbol{S}_j$,因而使自旋趋向于共线排列;而在式 (9-81) 中自旋是相互叉乘 $\boldsymbol{S}_i \times \boldsymbol{S}_j$,因此该相互作用会使自旋趋于垂直排列。正是由于海森伯交换耦合作用与该相互作用的竞争,最终自旋从共线方向发生倾斜,从而使反铁磁晶体产生弱铁磁性。1960 年,Moriya[164,165] 进一步基于磁性绝缘体的超交换作用机制证明,这一相互作用是在中心反演对称性破缺条件下由自旋轨道耦合作用一阶效应导致的自旋间相互作用,并明确给出了 $\boldsymbol{D}_{ij}$ 矢量与晶体对称性之间的关系,称为 Moriya 规则。从此人们也把该相互作用称为 Dzyaloshinskii-Moriya (DM) 相互作用。1980 年,Fert 和 Levy[166,167] 在 CuMn 合金中指出,两个磁性原子之间的 DM 相互作用可以由传导电子被非磁杂质的自旋轨道散射而产生,并且 DM 矢量表示为

$$\boldsymbol{D}_{ijl}(\boldsymbol{R}_{li}, \boldsymbol{R}_{lj}, \boldsymbol{R}_{ij}) = -V_1 \frac{(\boldsymbol{R}_{li} \cdot \boldsymbol{R}_{lj})(\boldsymbol{R}_{li} \times \boldsymbol{R}_{lj})}{|\boldsymbol{R}_{li}|^3 |\boldsymbol{R}_{lj}|^3 |\boldsymbol{R}_{ij}|} \tag{9-82}$$

其中,$\boldsymbol{R}_{li}$、$\boldsymbol{R}_{lj}$、$\boldsymbol{R}_{ij}$ 为磁性原子 $i$ 和 $j$ 与非磁杂质原子 $l$ 间的距离矢量;$V_1$ 是与杂质原子的自旋轨道耦合效应强度成正相关的系数。由 Fert-Levy 模型 (式 (9-82)) 可以看出,DM 相互作用依赖于磁性原子和非磁性原子的相对位置,并且当非磁性原子具有较强的自旋轨道耦合效应时 DM 相互作用显著。后来人们把 Fert-Levy 模型推广到了磁性异质结,并成功解释了这些材料中的界面 DM 相互作用来源 [168−172]。图 9-21 是铁磁金属/重金属异质结的 Fert-Levy 型界面 DM 相互作用产生机制示意图 [169,172]。值得注意的是,在异质结界面处由于不同材料存在电势差导致能带劈裂,产生一对自旋–动量锁定、自旋手性相反的能带结构,即 Rashba 自旋轨道耦合效应。传导电子通过 Rashba 自旋轨道耦合效应的散射也能传导 DM 相互作用,这称为 Rashba 型 DM 相互作用 [173−177]。

以上介绍了不同材料中的 DM 相互作用产生机制模型,但是为了定量研究 DM 相互作用,就需要利用第一性原理计算来提取 DM 相互作用 $\boldsymbol{D}_{ij}$ 矢量,从而确定 DM 相互作用的手性与大小。利用 DM 相互作用具有手性的特点,通过考虑不同手性的周期性的自旋螺旋态的能量,可以推导出 $\boldsymbol{D}_{ij}$ 矢量。当体系中不存在 DM 相互作用时,自旋螺旋态的能量是手性简并的;当体系中存在 DM 相互作用时,不同手性的自旋螺旋态能量就不再相同。因此可以通过求解相反手性的两个自旋螺旋态的能量差来提取 DM 相互作用参量。目前,在第一性原理方法中计算自旋螺旋态能量的方式主要有两种:一是通过直接在超胞中构造自旋螺

旋构型，采用约束磁矩的密度泛函理论方法[178−184]来直接计算与超胞周期性相容的自旋螺旋态的总能，这称为实空间自旋螺旋态法[168]；二是在倒空间应用广义布洛赫定理处理自旋螺旋态，并根据一阶微扰理论考虑自旋轨道耦合的影响，从而计算出自旋螺旋态的总能，这也称为倒空间自旋螺旋态法[185−189]。下面对这些方法作详细的介绍。

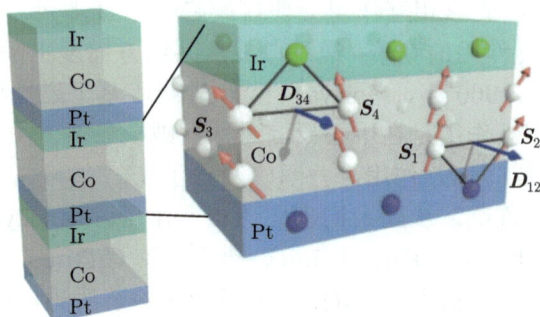

图 9-21　[Ir/Co/Pt]$_n$ 多层膜中的 Fert-Levy 型界面 DM 相互作用产生机制示意图[169,172]

界面 Co 层通过重金属层 Ir 和 Pt 产生强的界面 DM 相互作用

### 1. 实空间自旋螺旋态法

为求解空间反演对称性破缺的磁性界面体系中 DM 相互作用，Yang 等[168]发展了实空间自旋螺旋态法，通过计算相反手性的两个周期性自旋螺旋态的能量差来得到 DM 相互作用的大小与方向。下面以图 9-22 所示 hcp(0001)Co/fcc(111)Pt 界面为例说明该计算方法。图 9-22(a)~(c) 给出 Co/Pt 异质结的原子配位。这里沿 $x$ 方向把原胞扩展了 4 倍，从而包含了 4 个磁性原子以设置波长为 4 倍晶格常数的自旋螺旋态。界面原子结构的俯视图如图 9-22(a) 所示，侧视图如图 9-22 (b) 和 (c) 所示。由于界面 DM 相互作用主要存在于同一层原子间，所以这里只考虑层内 DM 相互作用。为了求出界面处最近邻两个 Co 原子间的 DM 相互作用参量，在计算中可以把界面处 Co 磁矩分别设为如图 9-22 (b) 和 (c) 所示的两种手性的自旋螺旋态，而其他的原子磁矩则沿 $y$ 方向。下面将推导出 DM 相互作用参量与这两个态总能的关系表达式。

以图 9-22 中 2 号原子为例，与其自旋相关的总能为

$$E_2 = \frac{1}{2}[\boldsymbol{D}_{23} \cdot (\boldsymbol{S}_2 \times \boldsymbol{S}_3) + \boldsymbol{D}_{21} \cdot (\boldsymbol{S}_2 \times \boldsymbol{S}_1) + \boldsymbol{D}_{23'} \cdot (\boldsymbol{S}_2 \times \boldsymbol{S}_{3'})$$
$$+ \boldsymbol{D}_{21''} \cdot (\boldsymbol{S}_2 \times \boldsymbol{S}_{1''}) + \boldsymbol{D}_{22'} \cdot (\boldsymbol{S}_2 \times \boldsymbol{S}_{2'}) + \boldsymbol{D}_{22''} \cdot (\boldsymbol{S}_2 \times \boldsymbol{S}_{2''})] + E_{\text{other}}$$

$$(9\text{-}83)$$

其中，系数 $\frac{1}{2}$ 来源于两个位点间共享 DM 相互作用能量；$E_{\text{other}}$ 表示包含海森伯

交换能量、磁各向异性以及自旋无关能量等对总能的贡献。考虑到 $S_2$ 平行于 $S_{2'}$ 和 $S_{2''}$，以及其他原子的磁矩排布，可以进一步从公式 (9-83) 得到

$$E_2 = \frac{1}{2}[d_{23}^y - d_{21}^y + d_{23'}^y - d_{21''}^y] + E_{\text{other}} \tag{9-84}$$

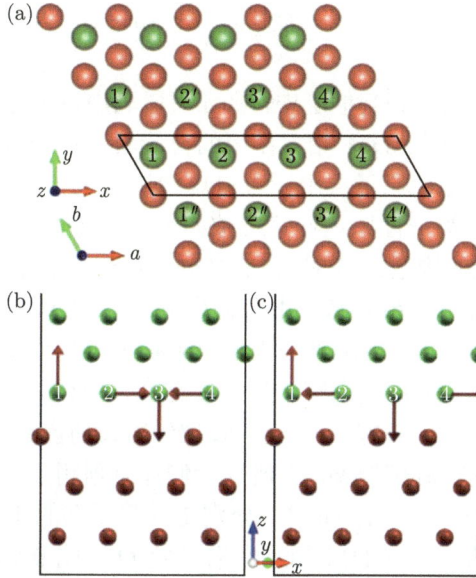

图 9-22 计算 Co/Pt 异质结中界面 Co 层的 DM 相互作用时所采用的超胞结构和自旋构型[168]

(a)Co/Pt 界面俯视图；(b) 顺时针和 (c) 逆时针自旋螺旋态侧视图

另外，考虑到 Moriya 对称规则，Co/Pt 异质结界面处的 DM 相互作用参量可以表示为 $\boldsymbol{D}_{ij} = d\hat{\boldsymbol{z}} \times \hat{\boldsymbol{u}}_{ij}$，其中 $\hat{\boldsymbol{u}}_{ij}$ 为 Co 原子 $i$ 和 $j$ 间的单位矢量，$\hat{\boldsymbol{z}}$ 为从 Pt 层指向 Co 层的薄膜法线方向。因此，对于 2 号原子，其在顺时针手性和逆时针手性自旋螺旋态的能量分别为

$$E_{2,\text{CW}} = \frac{3}{2}D_{12}^y + E_{\text{other}} \tag{9-85}$$

$$E_{2,\text{ACW}} = -\frac{3}{2}D_{12}^y + E_{\text{other}} \tag{9-86}$$

对于 1、3 和 4 号原子的能量可以作类似的推导。从式 (9-85) 和式 (9-86) 可以得到，体系总 DM 相互作用能量与 DM 相互作用参量的关系为

$$\Delta E_{\text{DMI}} = (E_{\text{CW}} - E_{\text{ACW}}) = 12D_{12}^y \tag{9-87}$$

由此，Co/Pt 界面中的 DM 相互作用强度可以表示为

$$D_{12}^y = (E_{\text{CW}} - E_{\text{ACW}})/12 \tag{9-88}$$

$D_{12}^y$ 的正负分别表示逆时针手性和顺时针手性。我们可以很容易把上述推导过程推广到沿 $x$ 方向扩展 $n$ 倍的情形，此时得到的 DM 相互作用 $D$ 为

$$D = (E_{\text{CW}} - E_{\text{ACW}}) \Big/ \left( 3n \sin \frac{2\pi}{n} \right) \tag{9-89}$$

如果把自旋螺旋态设置到其他层中，则还可以利用以上方法提取其他层的 DM 相互作用 $D$，以及分析每层 DM 相互作用的自旋轨道耦合效应能量来源 $\Delta E_{\text{SOC}}$。我们也可以通过在所有磁性原子层中设置自旋螺旋态来计算总的 DM 相互作用系数。DM 相互作用参量第一性原理计算可按如下的步骤进行：① 对材料结构进行优化，得到最稳定的几何构型；② 对得到的结构进行扩胞，然后在不考虑自旋轨道耦合效应的情况下求解出体系的基态电荷密度分布；③ 读取上一步求得的电荷密度，在考虑自旋轨道耦合效应情况下分别自洽求解出顺时针手性和逆时针手性的自旋螺旋态总能。考虑到通常直接求解自旋螺旋态能量的计算过程难以收敛，可以利用约束磁矩的第一性原理计算方法 [178] 来收敛到所设的自旋螺旋态。

利用以上的实空间自旋螺旋态法，研究者们计算预测了一系列具有强界面 DM 相互作用的新材料。图 9-23 (a) 和 (b) 分别是计算得到的 Pt(3)/Co(3) 异质结和 Co(3)/石墨烯异质结的层分辨 DM 相互作用参量 $D^k$，图 9-23 (c) 和 (d) 是对应的自旋轨道耦合能量来源 $\Delta E_{\text{SOC}}^{k,k'}$。这里括号内数值为对应的原子层数。图 9-23 (a) 结果表明，Pt(3)/Co(3) 异质结的 DM 相互作用主要集中在界面 Co 原子层，而在其他原子层则迅速减少。另一方面，从图 9-23 (b) 可以看到，对应于该 DM 相互作用的自旋轨道耦合能量 $\Delta E_{\text{SOC}}^{k,k'}$ 主要来源于界面重金属 Pt 层，这表明 Pt(3)/Co(3) 异质结的界面 DM 相互作用是通过重金属 Pt 层来传递的，第一性原理计算结果说明了 Pt(3)/Co(3) 界面 DM 相互作用源于 Fert-Levy 机制。对于 Co(3)/石墨烯异质结，图 9-23 (c) 计算结果表明，其 DM 相互作用主要集中在界面 Co 原子层；但与 Pt(3)/Co(3) 异质结不同，图 9-23 (d) 表明，Co(3)/石墨烯异质结的 DM 相互作用的自旋轨道耦合能量 $\Delta E_{\text{SOC}}^{k,k'}$ 仍主要是由界面 Co 原子层贡献。这表明 Pt/Co 异质结和 Co/石墨烯异质结的界面 DM 相互作用的产生机制是不一样的，而 Co/石墨烯异质结的自旋轨道耦合能量来源分布正是 Rashba 效应诱导的 DM 相互作用的一个显著特征。进一步的能带计算和 DM 相互作用参量拟合可以确认，Co/石墨烯的界面 DM 相互作用是通过 Rashba 效应诱导产生的。除了以上结果，研究者们基于实空间自旋螺旋态法还研究了其他的薄膜异质结 [169–172] 以及二维磁性材料 [190–192]，并在其中发现了可以实现室温稳定斯格明子态的材料体系。

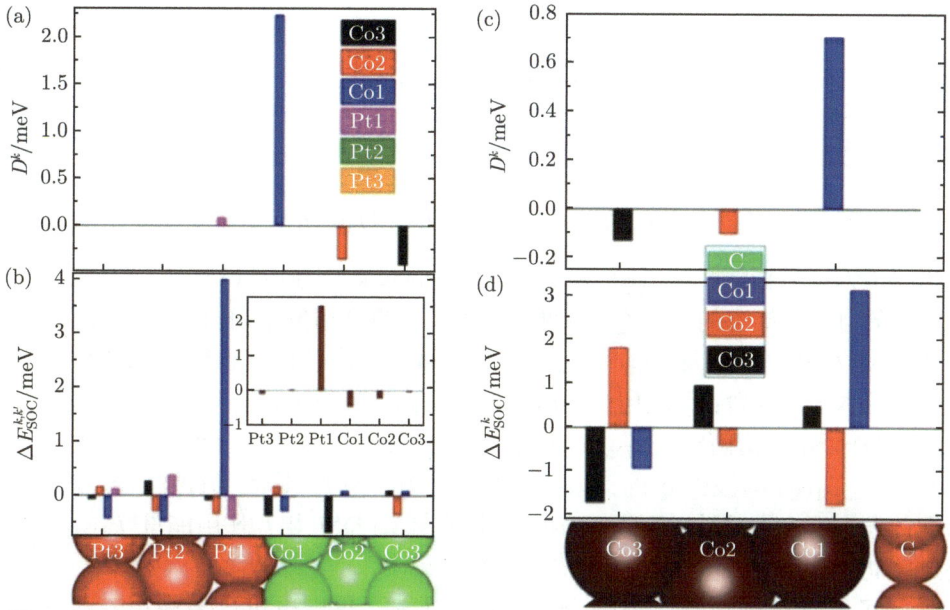

图 9-23 利用实空间自旋螺旋态法计算出的 (a)Pt/Co 异质结[168] 和 (c)Co/石墨烯异质结[177] 的层分辨界面 DM 相互作用；(b) 和 (d) 是对应的自旋轨道耦合效应能量来源 $\Delta E_{\text{SOC}}^{k,k'}$

### 2. 倒空间自旋螺旋态法

对于自旋螺旋态的计算，除了上述在实空间进行计算，还可以通过广义布洛赫定理在倒空间进行计算[185−189]。对于转轴为 $\hat{z}$ 轴的自旋螺旋态，位于 $r_i$ 位置的原子的自旋为 $S_i = [\cos(q \cdot r_i), \sin(q \cdot r_i), 0]$，其中 $q$ 为自旋螺旋态的波矢。这一自旋螺旋态，可以通过求解满足如下广义布洛赫定理[193,194] 的科恩–沈 (Kohn-Sham) 方程来模拟：

$$
\begin{pmatrix} \psi_k^{\uparrow}(r) \\ \psi_k^{\downarrow}(r) \end{pmatrix} = \begin{pmatrix} \mathrm{e}^{-\mathrm{i}q\cdot r/2} & 0 \\ 0 & \mathrm{e}^{\mathrm{i}q\cdot r/2} \end{pmatrix} \begin{pmatrix} \psi_k^{\uparrow}(r-R) \\ \psi_k^{\downarrow}(r-R) \end{pmatrix} \tag{9-90}
$$

其中，$R$ 为材料晶格常数。式 (9-90) 表明，仅需对原胞进行计算即可求得自旋螺旋态的能量，不需要额外扩胞。然而广义布洛赫定理仅在不考虑自旋轨道耦合效应情况下有效。为了计算出自旋轨道耦合效应情况下的自旋螺旋态能量，进行第一性原理计算时，需要合理地处理自旋轨道耦合效应的影响。考虑到 DM 相互作用是自旋轨道耦合效应的一阶效应，可以利用一阶微扰理论计算自旋轨道耦合效应对总能的贡献。结合安德森 (Anderson) 理论[195,196]，可以把自旋螺旋态的 DM 相互作用能量近似为对所有占据态 (occ.) 的自旋轨道耦合效应微扰项 $H_{\text{SOC}}$

的求和：

$$E_{\text{DMI}}(\boldsymbol{q}) = \sum_{\boldsymbol{k}v}^{\text{occ}} n_{\boldsymbol{k}v}(\boldsymbol{q})\delta\epsilon_{\boldsymbol{k}v}(\boldsymbol{q}) \tag{9-91}$$

其中，

$$\delta\epsilon_{\boldsymbol{k}v}(\boldsymbol{q}) = \langle\psi_{\boldsymbol{k}v}(\boldsymbol{q})|H_{\text{SOC}}|\psi_{\boldsymbol{k}v}(\boldsymbol{q})\rangle \tag{9-92}$$

这里，$v$ 为能带指标；$\psi_{\boldsymbol{k}v}(\boldsymbol{q})$ 为不考虑自旋轨道耦合效应时利用广义布洛赫定理求解出的自旋螺旋态的本征态。因此可按如下步骤利用倒空间自旋螺旋态法求解体系的 DM 相互作用参量：① 在无自旋轨道耦合效应条件下求解出波矢为 $\boldsymbol{q}$ 的旋螺旋态的本征波函数；② 利用一阶微扰理论得到自旋轨道耦合效应对体系总能的贡献，即 DM 相互作用能量 $E_{\text{DMI}}(\boldsymbol{q})$；③ 求出一系列的 DM 相互作用能量 $E_{\text{DMI}}(\boldsymbol{q})$，并利用 $E_{\text{DMI}}(\boldsymbol{q})$ 与波矢 $\boldsymbol{q}$ 的关系拟合出 DM 相互作用参量。值得注意的是，如果考虑的自旋螺旋态的转轴不为 $\hat{\boldsymbol{z}}$ 轴，可以在计算 DM 相互作用能量 $E_{\text{DMI}}(\boldsymbol{q})$ 前，通过转动矩阵 $\boldsymbol{U}$ 把态 $\psi_{\boldsymbol{k}v}(\boldsymbol{q})$ 转到相应轴上。

除了以上处理自旋轨道耦合效应项的方法，我们也可以考虑由不包含自旋轨道耦合效应项的哈密顿量 $H_0$ 与转轴方向的自旋轨道耦合效应项 $H_{\text{SOC}}^z$ 组成的近似哈密顿量 [188,189]。由于这个近似哈密顿量仍能满足广义布洛赫定理，可以对这个哈密顿量进行自洽求解来获得自旋螺旋态的总能 $E(\boldsymbol{q})$。接着可以利用相反手性的两个自旋螺旋态的能量差来提取 DM 相互作用能，$E_{\text{DMI}}(\boldsymbol{q}) = \dfrac{E(\boldsymbol{q}) - E(-\boldsymbol{q})}{2}$。相较于前面的处理方法，这一方法部分考虑了自旋轨道耦合效应对电子态的影响。

利用倒空间自旋螺旋态法，人们研究了不同材料体系，如 B20 合金、铁磁金属/重金属异质结 [185−188] 和二维材料 [189,197] 的 DM 相互作用性质。研究者们预言了在二维多铁 CrN 薄膜中可实现斯格明子的电控四态转变 [189]。二维 CrN 薄膜具有与石墨烯类似的蜂窝状晶体结构，每个原胞包含一个 Cr 原子和 N 原子。但与石墨烯具有平面结构不同，CrN 薄膜中的 Cr 原子和 N 原子不在同一平面内，存在自发的电极化，具有铁电性 [198]，如图 9-24(a) 和 (b) 所示。因为 CrN 薄膜的空间反演对称中心是破缺的，Cr 原子间会出现 DM 相互作用。图 9-24 (c) 是利用倒空间自旋螺旋态法计算得到二维多铁 CrN 薄膜的自旋螺旋态能量随波矢 $\boldsymbol{q}$ 的变化关系。从图中可以看到，当不考虑自旋轨道耦合效应时，$+q$ 和 $-q$ 相反手性的自旋螺旋态简并；当考虑自旋轨道耦合效应时，不再简并，导致出现图中红色圆点所示的 DM 相互作用能。根据 DM 相互作用能与波矢长度的关系，研究者们计算出了 CrN 薄膜的 DM 相互作用参量，并发现其强度足以使得 CrN 薄膜中出现稳定的斯格明子态。另外，利用二维 CrN 薄膜的多铁特性，研究者们进一步预言了可以通过电场实现 Cr 原子和 N 原子位置的翻转，从而实现 DM 相互作用手性的翻转。基于以上结果，研究者们提出在二维 CrN 薄膜中实现如图 9-24 (d) 所示的四个可以相互转换的具有不同极性或手性的斯格明子态。因此有望利用二维 CrN 薄膜实现多态存储器件。

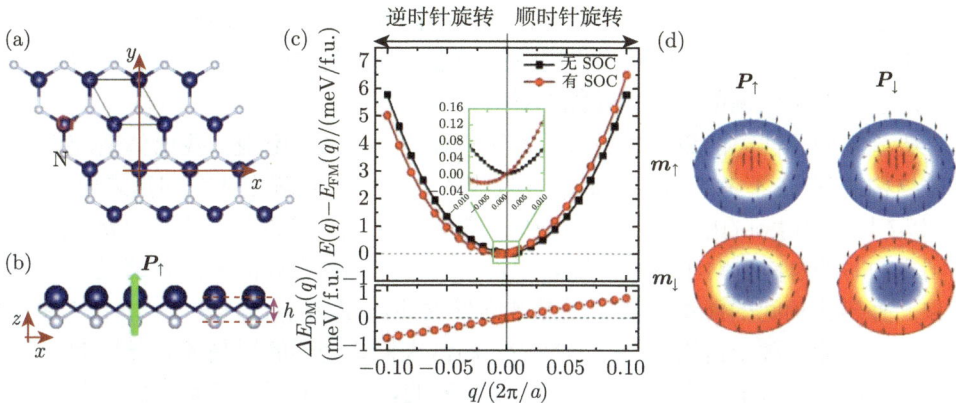

**图 9-24　利用倒空间自旋螺旋态法计算二维 CrN 薄膜的 DM 相互作用参量**
(a) 和 (b) 分别为二维 CrN 薄膜晶体结构俯视图和侧视图；(c) 为计算出的 CrN 薄膜的自旋螺旋态能量及 DM 相互作用能量随波矢变化的关系；(d) 为二维 CrN 薄膜中实现的四个可以相互转换的具有不同极性或手性的斯格明子态

### 3. 其他计算方法

除了上述基于自旋螺旋态的计算方法，人们还发展了许多其他方法来计算 DM 相互作用参量，例如基于原子对自旋结构的四态法[199,200]、基于线性响应理论的转矩方法[201,202] 和 DM 相互作用的贝里相位理论[203,204] 等。在实际计算中，这些方法各有利弊。例如，实空间自旋螺旋态法可以精确考虑自旋轨道耦合效应的影响，但由于需要通过超胞进行计算，所需计算资源会随超胞的增大而迅速增加。倒空间自旋螺旋态法则仅需对一个原胞进行计算，可以节省大量的计算资源，但是这一方法仅能在一阶微扰理论框架内考虑自旋轨道耦合效应的影响。文献 [205] 对这些方法作了详细总结和对比。因此实际计算中需要根据所研究体系的特点考虑合适的方法。

### 9.2.3　磁各向异性能

磁矩在自发磁化时会沿着一个或多个特定方向排列，但磁矩沿不同方向自发磁化的难易程度是不同的，从而使得磁性材料出现难易磁化轴，这种现象称为磁各向异性。磁矩分别沿难易磁化轴方向排列时会有显著的能量差异。将易磁化轴偏转到难磁化轴需要克服一定的势垒，该能量称为磁各向异性能 (magnetic anisotropy energy，MAE)。磁各向异性主要有两个来源。① 磁偶极相互作用。磁偶极相互作用与海森伯交换耦合作用不同，它是一种长程相互作用，并且其导致的磁各向异性与材料形状有关，也称为形状各向异性。② 自旋轨道耦合效应。由于自旋轨道耦合的影响，晶体场劈裂出的电子轨道的能量与其轨道和自旋朝向相关。由自旋轨道耦合效应导致的磁各向异性能也称为磁晶各向异性。对于磁性薄膜，当薄膜厚度仅为几个原子层时，磁各向异性能主要是由磁晶各向异性决定，磁偶极相互作用可以忽略，随着厚度增加，磁偶极相互作用逐渐增强，并在超过一定临界厚度后占主导作用。这里主要讨论磁晶各向异性能的计算。

　　磁晶各向异性能的第一性原理计算过程如下：① 结构优化，找出体系最稳定的晶体结构；② 在不考虑自旋轨道耦合效应的情况下，求解出体系的基态电荷密度；③ 读取上一步得到的电荷密度，在考虑自旋轨道耦合效应的情况下，计算出磁矩为不同方向时的总能。对于磁性薄膜，通常考虑磁矩朝面内和面外两种情况，那么面内和面外磁化轴间的能量差就是磁晶各向异性能，即 $E_{\mathrm{MAE}} = E_{//} - E_{\perp}$。由于磁晶各向异性能来源于自旋轨道耦合效应，通常人们认为强的磁晶各向异性能需要材料具有强的自旋轨道耦合效应。例如，实验表明，Co/Pt 界面的垂直磁各向异性能达到了 $1.4~\mathrm{mJ/m^2}$[206−208]。但实验发现，在一些不含重金属的铁磁金属/氧化物界面中，如 Fe/MgO 异质结 [209,210]，也能获得类似强度的垂直磁各向异性能。研究者们通过第一性原理计算，对 Fe/MgO 界面巨大的垂直磁各向异性能给出了合理的解释 [211]。

　　图 9-25 是 Fe/MgO 界面的晶体结构示意图和计算的总能 $E$ 随磁矩与界面法线夹角 $\theta$ 的变化关系。结果表明，总能可以由方程 $E = K_0 + K_2 \sin^2 \theta$ 拟合。磁各向异性能常数 $K_2$ 的拟合值达到了 $1.36~\mathrm{mJ/m^2}$。如果进一步对 Fe/MgO 界面进行结构优化，则计算发现垂直磁各向异性能增强到了 $2.93~\mathrm{mJ/m^2}$。为了探讨 Fe/MgO 界面巨大的垂直磁各向异性能起源，需要分析自旋轨道耦合作用对界面电子态的影响。图 9-26 给出了计算所得倒空间 $\bar{\Gamma}$ 点处费米能附近的能带投影到界面原子轨道的分布图。对于每一个轨道，图中给出了考虑了自旋轨道耦合作用时磁矩朝面外 (左边子列) 或面内 (右边子列) 的情况，以及不考虑自旋轨道耦合作用时 (中间子列) 的情况。从图 9-26 可以看出，当不考虑自旋轨道耦合作用时，在费米能附近有 $\mathrm{d}_{xz}$ 和 $\mathrm{d}_{yz}$ 轨道成分的两重简并能带。另外还有一条由 Fe 的 $\mathrm{d}_{z^2}$ 轨道和 O 的 $\mathrm{p}_z$ 轨道杂化形成的能带。然而一旦考虑了自旋轨道耦合作用，费米能附近的能带分布就会发生巨大的变化。首先，可以看到原本简并的有 $\mathrm{d}_{xz}$ 和 $\mathrm{d}_{yz}$ 成分的能带发生了劈裂。其次，也发现分裂的能带与 Fe 的 $\mathrm{d}_{z^2}$ 轨道发生了杂化，导致出现了新的同时具有 $\mathrm{d}_{z^2}$ 和 $\mathrm{d}_{xz}, \mathrm{d}_{yz}$ 成分的能带。此外由于 Fe 的 $\mathrm{d}_{z^2}$ 轨道与 O 的 $\mathrm{p}_z$ 轨道的杂化，当自旋轨道耦合作用打开时，同时出现了新的具有 O 的 $\mathrm{p}_z$ 轨道成分的能带。因此自旋轨道耦合效应会导致 $\mathrm{d}_{z^2}$、$\mathrm{d}_{xz}$、

$d_{yz}$ 和 $p_z$ 轨道之间的杂化。最后，还要注意到这些新的杂化轨道的能量在磁矩为面外时比磁矩为面内时低。

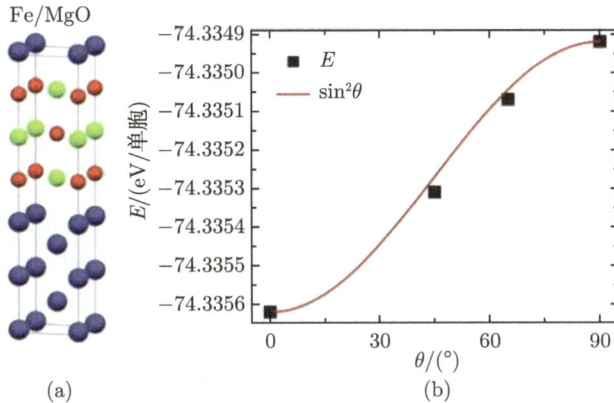

图 9-25 (a) Fe/MgO 界面的晶体结构示意图和 (b) 计算的总能 $E$ 随磁矩与界面法线夹角 $\theta$ 的变化关系[211]

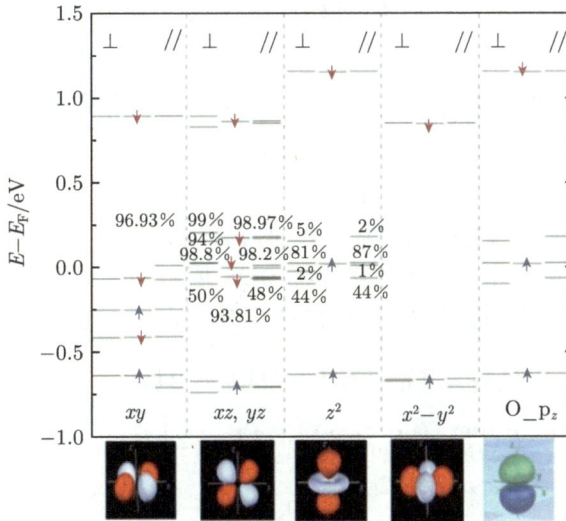

图 9-26 自旋轨道耦合对 Fe/MgO 界面的倒空间 $\bar{\Gamma}$ 点处费米能附近 Fe-d 和 O-p 电子波函数的影响[211]
每一子图的三列能带分别表示考虑了自旋轨道耦合作用时磁矩朝面外 (左边子列) 或面内 (右边子列) 的情况，以及不考虑自旋轨道耦合作用时 (中间子列) 的情况

综上所述，Fe/MgO 界面的巨大的垂直磁各向异性源于自旋轨道耦合引起的 $d_{xz}$ 和 $d_{yz}$ 轨道分裂，$d_{z^2}$ 和 $d_{xz}$、$d_{yz}$，以及 $d_{z^2}$ 和 $p_z$ 的轨道杂化等。以上分析表明，$d_{xz}$、$d_{yz}$ 轨道的面外成分对 Fe/MgO 界面的垂直磁各向异性有很重要的影响。除了以上的理想界面，计算表明，在过氧化和欠氧化时，Fe/MgO 界面的垂直磁各

向异性能都会减弱，与在磁性隧道结中实验测量结果一致 [212]。通过磁各向异性的轨道分析，研究者们发现这都来源于由过氧化和欠氧化条件引起的 O-$p_z$ 和 Fe-$d_{z^2}$ 轨道杂化的变化。

### 9.2.4　交换相互作用能

　　海森伯交换相互作用是最常见的磁相互作用之一。材料的铁磁性或反铁磁性即来源于磁矩的交换相互作用。磁性原子的交换相互作用可以通过电子波函数的直接交叠而产生，也能通过媒介原子的传导而产生超交换相互作用。交换相互作用能通常表示为 $E_{ex} = -J S_i \cdot S_j$，其中当 $J > 0$ 时表示铁磁耦合，当 $J < 0$ 时表示反铁磁耦合。交换相互作用耦合常数 $J$ 的符号既与磁性原子本身的性质相关，也与磁性原子间的几何关系有关。通过第一性原理计算，可以直接求出磁性原子间的交换耦合常数。

　　应变是一种非常有效的调控磁性的方法。这里以二维磁性 MnSeTe 薄膜为例介绍交换耦合常数的计算方法，说明应变可以诱导铁磁性和反铁磁性之间的转化 [213]。二维磁性 MnSeTe 薄膜 [190] 是一种具有 Janus 结构的二维磁性材料，上下面分别为不等价的 Se 原子和 Te 原子，如图 9-27(a) 所示。Mn 原子的交换相互作用哈密顿量为

$$H^{ex} = -J_1 \sum_{\langle i,j \rangle} S_i \cdot S_j - J_2 \sum_{\langle\langle i,j \rangle\rangle} S_i \cdot S_j - J_3 \sum_{\langle\langle\langle i,j \rangle\rangle\rangle} S_i \cdot S_j. \tag{9-93}$$

其中，求和号下的 $\langle i,j \rangle$、$\langle\langle i,j \rangle\rangle$ 和 $\langle\langle\langle i,j \rangle\rangle\rangle$ 分别表示对最近邻、次近邻和第三近邻原子进行求和，对应的交换耦合常数分别为 $J_1$、$J_2$ 和 $J_3$，如图 9-27(b) 所示。为了计算出这些交换耦合常数，可以考虑图 9-28 所示的四种磁构型。根据式 (9-93) 及图 9-28 的自旋结构，可以得到这些磁结构对应的总能为

$$E_{FM} = E_0 - 24J_1 - 24J_2 - 24J_3 \tag{9-94}$$

$$E_{AFM}^{stripy} = E_0 + 8J_1 + 8J_2 - 24J_3 \tag{9-95}$$

$$E_{AFM}^{zigzag1/zigzag2} = E_0 \mp 8J_1 \pm 8J_2 + 8J_3 \tag{9-96}$$

把以上四个方程联立，可以求解出三个交换耦合常数为

$$J_1 = \frac{E_{FM} - E_{AFM}^{stripy} + 2(E_{AFM}^{zigzag1} - E_{AFM}^{zigzag2})}{-64} \tag{9-97}$$

$$J_2 = \frac{E_{FM} - E_{AFM}^{stripy} - 2(E_{AFM}^{zigzag1} - E_{AFM}^{zigzag2})}{-64} \tag{9-98}$$

$$J_3 = \frac{2(E_{AFM}^{zigzag1} + E_{AFM}^{zigzag2}) - (E_{FM} + 3E_{AFM}^{stripy})}{128} \tag{9-99}$$

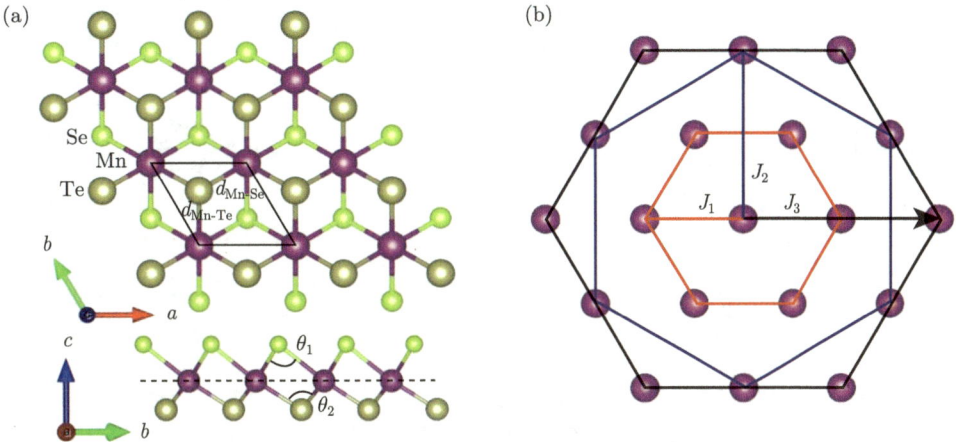

图 9-27 (a) 为二维磁性薄膜 MnSeTe 晶体结构的俯视图和侧视图；(b) 为二维磁性薄膜 MnSeTe 中具有最近邻 $J_1$、次近邻 $J_2$ 和第三近邻 $J_3$ 交换耦合的 Mn 原子结构示意图，这里只显示了 Mn 原子 [213]

因此，把计算出的图 9-28 所示磁结构总能代入以上方程即可得到三个近邻的交换耦合常数。

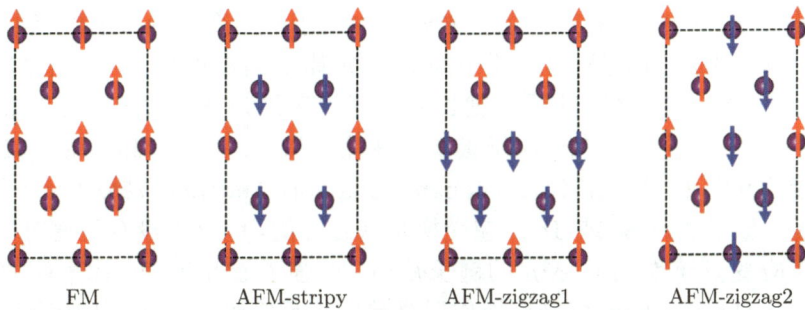

图 9-28 计算二维磁性薄膜 MnSeTe 的交换耦合所采用的磁构型 [213]
这里只显示了 Mn 原子的自旋构型

我们对二维 MnSeTe 薄膜施加双轴应变。应变量定义为 $\varepsilon = \dfrac{a - a_0}{a_0}$，其中 $a_0$ 和 $a$ 分别表示应变前后的晶格常数，那么 $\varepsilon > 0$ 表示拉应变，$\varepsilon < 0$ 表示压应变。图 9-29(a) 给出了计算出的二维 MnSeTe 薄膜的交换耦合常数随应变 $\varepsilon$ 的变化关系。从图中可以看，三个交换耦合常数中随应变变化最明显的是 $J_1$，其次是 $J_3$，变化最小的是 $J_2$。应注意到，随着拉应变的增大，$J_1$ 是增加的；而对于压应变，随着应变大小 $|\varepsilon|$ 的增加，$J_1$ 先减小，然后在 $-3\%$ 应变时从铁磁性 ($J_1 > 0$) 转变成反铁磁性 ($J_1 < 0$)。$J_3$ 则是施加压应变可使其增加，而施加拉应变会使其从铁磁性 ($J_3 > 0$) 转变成反铁磁性 ($J_3 < 0$)。$J_2$ 在施加的应变范围内都为铁磁性。

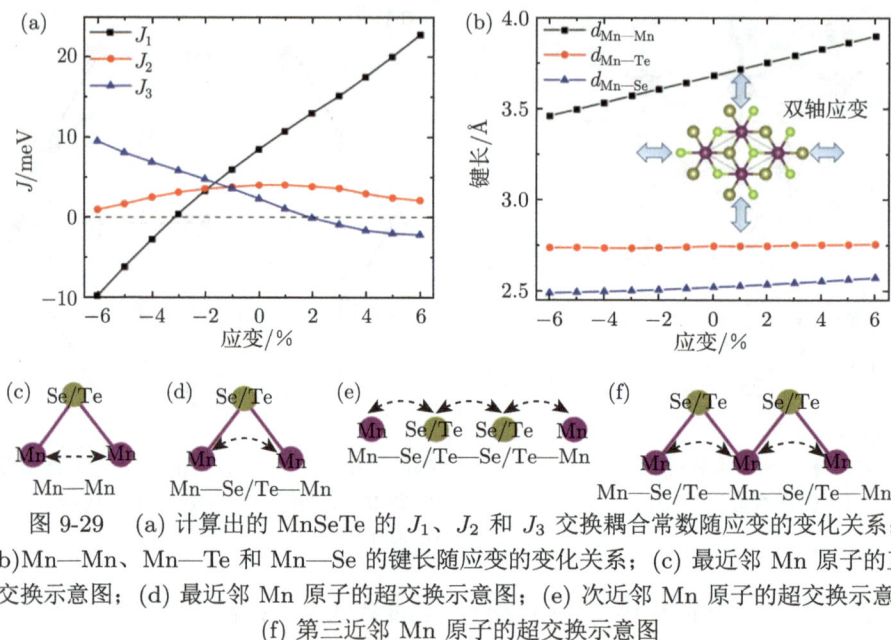

图 9-29　(a) 计算出的 MnSeTe 的 $J_1$、$J_2$ 和 $J_3$ 交换耦合常数随应变的变化关系；
(b)Mn—Mn、Mn—Te 和 Mn—Se 的键长随应变的变化关系；(c) 最近邻 Mn 原子的直接
交换示意图；(d) 最近邻 Mn 原子的超交换示意图；(e) 次近邻 Mn 原子的超交换示意图；
(f) 第三近邻 Mn 原子的超交换示意图

　　因此交换耦合常数的变化主要来源于由原子间距变化导致的波函数交叠变化，所以这里考虑的都是 Mn 原子间的交换耦合。图 9-29(b) 给出 Mn—Mn、Mn—Te 和 Mn—Se 之间的原子键长随应变的变化关系。从图中可以看到，施加应变主要是引起 Mn—Mn 原子键长的变化。另外，由于 Mn—Se 和 Mn—Te 的键角接近 90°，因此根据 Goodenough-Kanamori-Anderson 法则 [214−216]，两个最近邻 Mn 原子通过 Se 或 Te 的超交换是铁磁性的。因此当没有应变时，$J_1 > 0$。但施加压应变会导致 Mn—Mn 的键长减小，增强了最近邻 Mn 原子间的直接交换作用。而 Mn 原子间的直接交换作用是趋向于反铁磁性，因此压应变使得最近邻 Mn 原子键长减小，增强了它们之间的直接交换作用，使得 $J_1$ 逐渐减小，并从铁磁性变成了反铁磁性。相应地，施加拉应变可以减弱最近邻 Mn 原子的直接交换作用，从而使得 $J_1$ 随拉应变的增加而增加，如图 9-29(c) 和 (d) 所示。对于次近邻 Mn 原子间交换耦合 $J_2$，由于需要通过多个 Se 或 Te 原子进行耦合，如图 9-29 (e) 所示，因此其本身较弱，且随应变的变化较小。对第三近邻 Mn 原子间耦合 $J_3$，由于其可以通过两次最近邻 Mn 原子间的超交换作用路径进行作用，如图 9-29 (f) 所示，因此压应变有利于增加 $J_3$ 的铁磁性。从以上的讨论中可以看到，应变引起了原子键长的变化，从而改变了 Mn 原子间的直接交换作用和超交换作用，最终导致不同近邻 Mn 原子的交换耦合常数变化，甚至是其铁磁性和反铁磁性的转变。计算表明，在一些二维材料 [191] 中也会出现应变诱

导的铁磁到反铁磁的相变。

## 9.2.5 小结与展望

本章详细讨论了磁性薄膜中最常见的三种磁相互作用：DM 相互作用、磁各向异性和交换相互作用的第一性原理计算；给出了这些磁相互作用参量的第一性原理计算方法；还讨论了一些典型磁性异质结或磁性二维材料的计算结果，并在此基础上探讨了这些磁相互作用的作用机制。从这些例子中可以看到，第一性原理计算不仅能够精确得到磁相互作用参量强度，为实验测量提供理论参考，还能帮助解释这些磁相互作用的物理起源，预言新的物理现象。由此可见，第一性原理计算是研究系统磁相互作用的强有力工具。可以预期，第一性原理计算能够帮助研究者们发掘出更多具有新奇磁学性质的材料，例如理论预测新的拓扑磁性材料。

## 参 考 文 献

[1] Landau L, Lifshitz E. On the theory of the dispersion of magnetic permeability in ferromagnetic bodies. Phys. Z. Sowjet, 1935, 8: 153-164.

[2] Frei E H, Shtrikman S, Treves D. Critical size and nucleation field of ideal ferromagnetic particles. Physical Review, 1957, 106: 446-455.

[3] Aharoni A. Reduction in coercive force caused by a certain type of imperfection. Physical Review, 1960, 119: 127-131.

[4] Muller M W. Distribution of the magnetization in a ferromagnet. Physical Review, 1961, 122: 1485-1489.

[5] Brown W F. Micromagnetics. New York: Interscience Publisher, 1963.

[6] Gerhardt T. Micromagnetic Simulations of Ferromagnetic Domain Walls in Nanowires. Hamburg: Universität Hamburg, 2015.

[7] Mühlbauer S, Binz B, Jonietz F, et al. Skyrmion lattice in a chiral magnet. Science, 2009, 323: 915-919.

[8] Yu X Z, Onose Y, Kanazawa N, et al. Real-space observation of a two-dimensional skyrmion crystal. Nature, 2010, 465: 901-904.

[9] Okubo T, Chung S, Kawamura H. Multiple-$q$ states and the skyrmion lattice of the triangular-lattice Heisenberg antiferromagnet under magnetic fields. Physical Review Letters, 2012, 108: 017206.

[10] Heinze S, von Bergmann K, Menzel M, et al. Spontaneous atomic-scale magnetic skyrmion lattice in two dimensions. Nature Physics, 2011, 7: 713-718.

[11] Yu X, Mostovoy M, Tokunaga Y, et al. Magnetic stripes and skyrmions with helicity reversals. Proceedings of the National Academy of Sciences, 2012, 109: 8856-8860.

[12] Woo S, Song K M, Zhang X, et al. Current-driven dynamics and inhibition of the skyrmion Hall effect of ferrimagnetic skyrmions in GdFeCo films. Nature Communications, 2018, 9: 959.

[13] Zhang H M, Chen J, Barone P, et al. Possible emergence of a skyrmion phase in ferroelectric $GaMo_4S_8$. Physical Review B, 2019, 99: 214427.

[14] Das S, Tang Y L, Hong Z, et al. Observation of room-temperature polar skyrmions. Nature, 2019, 568: 368-372.

[15] Kézsmárki I, Bordács S, Milde P, et al. Néel-type skyrmion lattice with confined orientation in the polar magnetic semiconductor $GaV_4S_8$. Nature Materials, 2015, 14: 1116-1122.

[16] Shen L, Xia J, Zhang X, et al. Current-induced dynamics and chaos of antiferromagnetic bimerons. Physical Review Letters, 2020, 124: 037202.

[17] Zhou Y, Wei W, Zhang B, et al. Effect of pressure on structural and electronic properties of the noncentrosymmetric superconductor $Rh_2Mo_3N$. Physical Review B, 2009, 100: 174516.

[18] Ding B, Li Z, Xu G, et al. Observation of magnetic skyrmion bubbles in a van der Waals ferromagnet $Fe_3GeTe_2$. Nano Letters, 2019, 20: 868-873.

[19] Wu Y, Zhang S, Zhang J, et al. Néel-type skyrmion in $WTe_2/Fe_3GeTe_2$ van der Waals heterostructure. Nature Communications, 2020, 11: 3860.

[20] Sun W, Wang W, Li H, et al. Controlling bimerons as skyrmion analogues by ferroelectric polarization in 2D van der Waals multiferroic heterostructures. Nature Communications, 2020, 11: 5930.

[21] Tomasello R, Martinez E, Zivieri R, et al. A strategy for the design of skyrmion racetrack memories. Scientific Reports, 2014, 4: 6784.

[22] Zhang X, Ezawa M, Zhou Y. Magnetic skyrmion logic gates: conversion, duplication and merging of skyrmions. Scientific Reports, 2015, 5: 9400.

[23] Shen L, Xia J, Zhao G, et al. Spin torque nano-oscillators based on antiferromagnetic skyrmions. Applied Physics Letters, 2019, 114: 042402.

[24] Jung D H, Han H S, Kim N, et al. Magnetic skyrmion diode: unidirectional skyrmion motion via symmetry breaking of potential energy barriers. Physical Review B, 2021, 104: L060408.

[25] Nayak A K, Kumar V, Ma T, et al. Magnetic antiskyrmions above room temperature in tetragonal Heusler materials. Nature, 2017, 548: 561-566.

[26] Jena J, Stinshoff R, Saha R, et al. Observation of magnetic antiskyrmions in the low magnetization ferrimagnet $Mn_2Rh_{0.95}Ir_{0.05}Sn$. Nano Letters, 2020, 20: 59-65.

[27] Heigl M, Koraltan S, Vaňatka M, et al. Dipolar-stabilized first and second-order antiskyrmions in ferrimagnetic multilayers. Nature Communications, 2021, 12: 2611.

[28] Zhang S, Petford-Long A K, Phatak C. Creation of artificial skyrmions and antiskyrmions by anisotropy engineering. Scientific Reports, 2016, 6: 31248.

[29] Zhang X, Xia J, Shen L, et al. Static and dynamic properties of bimerons in a frustrated ferromagnetic monolayer. Physical Review B, 2020, 101: 144435.

[30] Xia J, Zhang X, Ezawa M, et al. Current-driven skyrmionium in a frustrated magnetic system. Applied Physics Letters, 2020, 117: 012403.

[31] Yuan X H, Zhao G P, Yue M, et al. 3D and 1D calculation of hysteresis loops and energy products for anisotropic nanocomposite films with perpendicular anisotropy. Journal of Magnetism and Magnetic Materials, 2013, 343: 245-250.

[32] 彭懿, 赵国平, 吴绍全, 等. 不同易轴取向下对 $Nd_2Fe_{14}B/Fe_{65}Co_{35}$ 磁性双层膜的微磁学模拟. 物理学报, 2014, 16: 167505.

[33] Jani H, Lin J C, Chen J, et al. Antiferromagnetic half-skyrmions and bimerons at room temperature. Nature, 2021, 590: 74-79.

[34] Kent N, Reynolds N, Raftrey D, et al. Creation and observation of hopfions in magnetic multilayer systems. Nature Communications, 2021, 12: 1562.

[35] Tang J, Wu Y, Wang W, et al. Magnetic skyrmion bundles and their current-driven dynamics. Nature Nanotechnology, 2021, 16: 1086-1091.

[36] Everschor-Sitte K, Masell J, Reeve R M, et al. Perspective: magnetic skyrmions—overview of recent progress in an active research field. Journal of Applied Physics, 2018, 124: 240901.

[37] Gilbert T L. A Lagrangian formulation of the gyromagnetic equation of the magnetization field. Physical Review, 1955, 100: 1243.

[38] Landau L, Lifshitz E. On the theory of the dispersion of magnetic permeability in ferromagnetic bodies. Physik Zeitschrift der Sowjetunion, 1935, 51-65.

[39] Miltat J E, Donahue M J. Numerical micromagnetics: finite difference methods//Kronmüller H, Parkin S. Handbook of Magnetism and Advanced Magnetic Materials. New York: John Wiley & Sons, Ltd, 2007.

[40] Gerhardt T. Micromagnetic simulations of ferromagnetic domain walls in nanowires Hamberg: Vniversität Hamberg, PhD thesis, 2014.

[41] Song L, Yang H, Liu B, et al. A spin-wave driven skyrmion diode under transverse magnetic fields. Journal of Magnetism and Magnetic Materials, 2021, 532: 167975.

[42] Kim S K. Dynamics of bimeron skyrmions in easy-plane magnets induced by a spin supercurrent. Physical Review B, 2019, 99: 224406.

[43] Zhang X, Ezawa M, Xiao D, et al. All-magnetic control of skyrmions in nanowires by a spin wave. Nanotechnology, 2015, 26: 225701.

[44] Zhang X, Müller J, Xia J, et al. Motion of skyrmions in nanowires driven by magnonic momentum-transfer forces. New Journal of Physics, 2017, 19: 065001.

[45] Slonczewski J C. Current-driven excitation of magnetic multilayers. Journal of Magnetism and Magnetic Materials, 1996, 159: L1-L7.

[46] Xiao J, Zangwill A, Stiles M D. Boltzmann test of Slonczewski's theory of spin-transfer torque. Physical Review B, 2004, 70: 172405.

[47] Zhang S, Li Z. Roles of nonequilibrium conduction electrons on the magnetization dynamics of ferromagnets. Physical Review Letters, 2004, 93: 127204.

[48] Khvalkovskiy A V, Cros V, Apalkov D, et al. Matching domain-wall configuration and spin-orbit torques for efficient domain-wall motion. Physical Review B, 2013, 87: 020402(R).

[49] Gambardella P, Miron I M. Current-induced spin-orbit torques. Philosophical Transactions of the Royal Society A: Mathematical, Physical and Engineering Sciences, 2011, 369: 3175-3197.

[50] Sinova J, Valenzuela S O, Wunderlich J, et al. Spin Hall effects. Reviews of Modern Physics, 2015, 87: 1213-1260.

[51] Büttner F, Moutafis C, Schneider M, et al. Dynamics and inertia of skyrmionic spin structures. Nature Physics, 2015, 11: 225-228.

[52] Thiele A A. Steady-state motion of magnetic domains. Physical Review Letters, 1973, 30: 230-233.

[53] Nagaosa N, Tokura Y. Topological properties and dynamics of magnetic skyrmions. Nature Nanotechnology, 2013, 8: 899-911.

[54] Liang X, Zhang X C, Shen L C, et al. Dynamics of ferrimagnetic skyrmionium driven by spin-orbit torque. Physical Review B, 2021, 104: 174421.

[55] Ohara K, Zhang X C, Chen Y L, et al. Reversible transformation between isolated skyrmions and bimerons. Nano Letters, 2022, 22: 8559-8566.

[56] Shen L C, Xia J, Zhang X C, et al. Current-induced dynamics and chaos of antiferromagnetic bimerons. Physical Review Letters, 2020, 124: 037202.

[57] Zhang X C, Zhou Y, Song K M, et al. Skyrmion-electronics: writing, deleting, reading and processing magnetic skyrmions toward spintronic applications. Journal of Physics: Condensed Matter, 2020, 32: 143001.

[58] Castillo-Sepulveda S, Cacilhas R, Carvalho-Santos V L, et al. Magnetic hopfions in toroidal nanostructures driven by an Oersted magnetic field. Physical Review B, 2021, 104: 184406.

[59] Liu Y Z, Lake R K, Zang J D. Binding a hopfion in a chiral magnet nanodisk. Physical Review B, 2018, 98: 174437.

[60] Wang Z, Zhang X C, Xia J, et al. Generation and Hall effect of skyrmions enabled using nonmagnetic point contacts. Physical Review B, 2019, 100: 184426.

[61] Göbel B, Mook A, Henk J, et al. Overcoming the speed limit in skyrmion racetrack devices by suppressing the skyrmion Hall effect. Physical Review B, 2019, 99: 020405.

[62] Jin J C D, Zhang C L, Song C K, et al. Current-induced motion of twisted skyrmions. Applied Physics Letters, 2019, 114: 192401.

[63] Goldstein H, Poole C, Safko J. Classical Mechanics. 3rd ed. Reading, MA: Addison Wesley, 2002.

[64] Auerbach A. Electron Interactions in Solids Interacting Electrons and Quantum Magnetism. New York: Springer, 1994.

[65] Tatara G, Kohno H, Shibata J. Microscopic approach to current-driven domain wall dynamics. Physics Reports-Review Section of Physics Letters, 2008, 468: 213-301.

[66] Salimath A, Zhuo F J, Tomasello R, et al. Controlling the deformation of antiferromagnetic skyrmions in the high-velocity regime. Physical Review B, 2020, 101: 024429.

[67] Rohart S, Thiaville A. Skyrmion confinement in ultrathin film nanostructures in the presence of Dzyaloshinskii-Moriya interaction. Physical Review B, 2013, 88: 184422.

[68] Mulkers J, Miloevi M V, van Waeyenberge B. Cycloidal versus skyrmionic states in mesoscopic chiral magnets. Physical Review B, 2016, 93: 214405.

[69] 赵国平, 万秀琳. 纳米硬/软磁复合永磁薄膜磁滞回线的微磁学理论综述. 四川师范大学学报 (自然科学版), 2016, 1: 136-150.

[70] Zhao G P, Wang X L. Nucleation, pinning, and coercivity in magnetic nanosystems: an analytical micromagnetic approach. Physical Review B, 2006, 74: 012409.

[71] Schrefl T, Hrkac G, Bance S, et al. Numerical methods in micromagnetics (finite element method)//Kronmüller H, Parkin S. Handbook of Magnetism and Advanced Magnetic. New York: John Wiley & Sons, Ltd, 2007.

[72] Miltat J E, Donahue M J. Numerical micromagnetics: finite difference methods//Kronmüller H, Parkin S. Handbook of Magnetism and Advanced Magnetic Materials. New York: John Wiley & Sons, Ltd, 2007.

[73] Bisotti M A, Beg M, Wang W, et al. FinMag: Finite-element micromagnetic simulation tool. Zenodo, 2018. https://zenodo.org/records/1216011.

[74] Alnaes M, Blechta J, Hake J, et al. The FEniCS Project Version 1.5. Archive of Numerical Software, 2015, 3: 9-23.

[75] Leliaert J, Mulkers J. Tomorrow's micromagnetic simulations. Journal of Applied Physics, 2019, 125: 180901.

[76] LLG Micromagnetics Simulator.[2025-5-31].https://www.twnfi.com.tw/psychology-482. html.

[77] Donahue M J. OOMMF User's Guide. Gaithersburg, MD: National Institute of Standards and Technology, 1999.

[78] MicroMagus: Software package for micromagnetic simulations. [2024-6-21]. http://www. micromagus.de.

[79] Scholz W, Fidler J, Schrefl T, et al. Scalable parallel micromagnetic solvers for magnetic nanostructures. Computational Materials Science, 2003, 28: 366-383.

[80] Fischbacher T, Franchin M, Bordignon G, et al. A systematic approach to multiphysics extensions of finite-element-based micromagnetic simulations: Nmag. IEEE Transactions on Magnetics, 2007, 43: 2896-2898.

[81] Lopez-Diaz L, Aurelio D, Torres L, et al. Micromagnetic simulations using graphics processing units. Journal of Physics D: Applied Physics, 2012, 45: 323001.

[82] Word leading software for micromagnetic simulation.[2025-5-20]. http://www.suessco-simulations.com

[83] Kakay A, Westphal E, Hertel R. Speedup of FEM micromagnetic simulations mith maphical processing units. IEEE Transactions on Magnetics, 2010, 46: 2303-2306.

[84] Chang R, Li S, Lubarda M V, et al. FastMag: fast micromagnetic simulator for complex magnetic structures. Journal of Applied Physics, 2011, 109: 07D358.

[85] Abert C, Selke G, Kruger B, et al. A fast finite-difference method for micromagnetics

using the magnetic scalar potential. IEEE Transactions on Magnetics, 2012, 48: 1105-1109.

[86] Magnum. fd.[2025-5-21]. http://micromagnetics.org/magnum.fd

[87] Abert C, Exl L, Bruckner F, et al. Magnum.fe: A micromagnetic finite-element simulation code based on FEniCS. Journal of Magnetism and Magnetic Materials, 2013, 345: 29-35.

[88] Leliaert J, Dvornik M, Mulkers J, et al. Fast micromagnetic simulations on GPU—recent advances made with MUMAX3. Journal of Physics D: Applied Physics, 2018, 51: 123002.

[89] Bisotti M A, Cortés-Ortuño D, Pepper R A, et al. Fidimag—a finite difference atomistic and micromagnetic simulation package. Journal of Open Research Software, 2018, 6:22.

[90] Pfeiler C M, Ruggeri M, Stiftner B, et al. Computational micromagnetics with Commics. Computer Physics Communications, 2020, 248: 106965.

[91] Liang X, Zhao G, Shen L, et al. Dynamics of an antiferromagnetic skyrmion in a racetrack with a defect. Physical Review B, 2019, 100: 144439.

[92] Silva R L, Silva R C, Pereira A R, et al. Antiferromagnetic skyrmions overcoming obstacles in a racetrack. Journal of Physics: Condensed Matter, 2019, 31: 225802.

[93] Shen L, Xia J, Zhao G, et al. Spin torque nano-oscillators based on antiferromagnetic skyrmions. Applied Physics Letters, 2019, 114: 042402.

[94] Shen L, Xia J, Zhao G, et al. Dynamics of the antiferromagnetic skyrmion induced by a magnetic anisotropy gradient. Physical Review B, 2018, 98: 134448.

[95] Zhang X, Zhou Y, Ezawa M, et al. Magnetic bilayer-skyrmions without skyrmion Hall effect. Nature Communications, 2016, 7: 10293.

[96] Liang X, Zhang X, Shen L, et al. Dynamics of ferrimagnetic skyrmionium driven by spin-orbit torque. Physical Review B, 2021, 104: 174421.

[97] Xia J, Zhang X, Ezawa M, et al. Current-driven dynamics of frustrated skyrmions in a synthetic antiferromagnetic bilayer. Physical Review Applied, 2019, 11: 044046.

[98] Li X, Shen L, Bai Y, et al. Bimeron clusters in chiral antiferromagnets. Npj Computational Materials, 2020, 6: 169.

[99] Tveten E G, Müller T, Linder J, et al. Intrinsic magnetization of antiferromagnetic textures. Physical Review B, 2016, 93: 104408.

[100] Hals K M D, Tserkovnyak Y, Brataas A. Phenomenology of current-induced dynamics in antiferromagnets. Physical Review Letters, 2011, 106: 107206.

[101] Kurichenko V L, Karpenkov D Y, Degtyarenko A Y. Experimental and micromagnetic investigation of texture influence on magnetic properties of anisotropic $Co/Co_3O_4$ exchange-bias composites. Journal of Magnetism and Magnetic Materials, 2023, 565: 170232.

[102] Shen L, Li X, Zhao Y, et al. Current-induced dynamics of the antiferromagnetic skyrmion and skyrmionium. Physical Review Applied, 2019, 12: 064033.

[103] Barker J, Tretiakov O A. Static and dynamical properties of antiferromagnetic skyrmions

in the presence of applied current and temperature. Physical Review Letters, 2016, 116: 147203.

[104] Moriya T. Anisotropic superexchange interaction and weak ferromagnetism. Physical Review, 1960, 120: 91-98.

[105] Liang J J, Yu J H, Chen J, et al. Magnetic field gradient driven dynamics of isolated skyrmions and antiskyrmions in frustrated magnets. New Journal of Physics, 2018, 20: 053037.

[106] Leonov A O, Mostovoy M. Multiply periodic states and isolated skyrmions in an anisotropic frustrated magnet. Nature Communications, 2015, 6: 8275.

[107] Hayami S, Lin S Z, Batista C D. Bubble and skyrmion crystals in frustrated magnets with easy-axis anisotropy. Physical Review B, 2016, 93: 184413.

[108] Lin S Z, Hayami S. Ginzburg-Landau theory for skyrmions in inversion-symmetric magnets with competing interactions. Physical Review B, 2016, 93: 064430.

[109] Hou Z P, Zhang Q, Xu G Z, et al. Creation of single chain of nanoscale skyrmion bubbles with record-high temperature stability in a geometrically confined nanostripe. Nano Letters, 2018, 18: 1274-1279.

[110] Jin Z, Liu T T, Liu Y, et al. Magnon-driven dynamics of frustrated skyrmion in synthetic antiferromagnets: effect of skyrmion helicity oscillation. New Journal of Physics, 2022, 24: 73047.

[111] Hou Z P, Zhang Q, Xu G Z, et al. Manipulating the topology of nanoscale skyrmion bubbles by spatially geometric confinement. ACS Nano, 2019, 13: 922-929.

[112] Li L H, Ding B, Chen J, et al. Large topological Hall effect in a geometrically frustrated kagome magnet $Fe_3Sn_2$. Applied Physics Letters, 2019, 114: 192408.

[113] Xia J, Zhang X C, Ezawa M, et al. Current-driven dynamics of frustrated skyrmions in a synthetic antiferromagnetic bilayer. Physical Review Applied, 2019, 11: 044046.

[114] Yu J H, Li W H, Huang Z P, et al. Skyrmion crystals in frustrated Shastry-Sutherland magnets. Physica Status Solidi: Rapid Research Letters, 2019, 13: 1900161.

[115] 侯志鹏, 丁贝, 李航, 等. 宽温域跨室温磁斯格明子材料的发现及器件研究. 物理学报, 2018, 67: 137509.

[116] Xia J, Zhang X C, Tretiakov O A, et al. Bifurcation of a topological skyrmion string. Physical Review B, 2022, 105: 214402.

[117] Zhang X, Xia J, Tretiakov O A, et al. Dynamic transformation between a skyrmion string and a bimeron string in a layered frustrated system. Physical Review B, 2021, 104: 220406.

[118] Hu Y, Chi X D, Li X S, et al. Creation and annihilation of skyrmions in the frustrated magnets with competing exchange interactions. Scientific Reports, 2017, 7: 16079.

[119] 迟晓丹, 胡勇. 中心对称的阻挫磁体中斯格明子直径的调节. 物理学报, 2018, 67: 137502.

[120] Zhang X C, Zhou Y, Mee S K, et al. Skyrmion-electronics: writing, deleting, reading and processing magnetic skyrmions toward spintronic applications. Journal of Physics Condensed Matter, 2020, 32: 143001.

[121] Zhang X C, Xia J, Zhou Y, et al. Skyrmion dynamics in a frustrated ferromagnetic film and current-induced helicity locking-unlocking transition. Nature Communications, 2017, 8: 1717.

[122] Hayami S, Lin S Z, Kamiya Y, et al. Vortices, skyrmions, and chirality waves in frustrated Mott insulators with a quenched periodic array of impurities. Physical Review B, 2016, 94: 174420.

[123] Utesov O I. Thermodynamically stable skyrmion lattice in a tetragonal frustrated antiferromagnet with dipolar interaction. Physical Review B, 2021, 103: 064414.

[124] Kurumaji T, Nakajima T, Hirschberger M, et al. Skyrmion lattice with a giant topological Hall effect in a frustrated triangular-lattice magnet. Science, 2019, 365: 914-918.

[125] Khanh N D, Nakajima T, Yu X, et al. Nanometric square skyrmion lattice in a centrosymmetric tetragonal magnet. Nature Nanotechnology, 2020, 15: 444-449.

[126] Karube K, White J S, Morikawa D, et al. Disordered skyrmion phase stabilized by magnetic frustration in a chiral magnet. Science Advance, 2018, 4: 7043.

[127] Sutcliffe P. Skyrmion knots in frustrated magnets. Physical Review Letters, 2017, 118: 247203.

[128] Zarzuela R, Ochoa H, Tserkovnyak Y. Hydrodynamics of three-dimensional skyrmions in frustrated magnets. Physical Review B, 2019, 100: 054426.

[129] Hayami S. In-plane magnetic field-induced skyrmion crystal in frustrated magnets with easy-plane anisotropy. Physical Review B, 2021, 103: 224418.

[130] Utesov O I. Mean-field description of skyrmion lattice in hexagonal frustrated antiferromagnets. Physical Review B, 2022, 105: 054435.

[131] Kamiya Y, Batista C D. Magnetic vortex crystals in frustrated Mott insulator. Physical Review B, 2014, 4: 011023.

[132] Ising E. Beitrag zur theorie des ferromagnetismus. Zeitschrift für Physik, 1925, 31: 253-258.

[133] Hinzke D, Nowak U. Domain wall motion by the magnonic spin Seebeck effect. Physical Review Letters, 2011, 107: 027205.

[134] Büttner F, Lemesh I, Schneider M, et al. Field-free deterministic ultrafast creation of magnetic skyrmions by spin-orbit torques. Nature Nanotechnology, 2017, 12: 1040-1044.

[135] Evans R F L, Bate D, Chantrell R W, et al. Influence of interfacial roughness on exchange bias in core-shell nanoparticles. Physical Review B, 2011, 84: 092404.

[136] Ali M, Marrows C, Al-Jawad M, et al. Antiferromagnetic layer thickness dependence of the IrMn/Co exchange-bias system. Physical Review B, 2003, 68: 214420.

[137] Barker J, Evans R F L, Chantrell R W, et al. Atomistic spin model simulation of magnetic reversal modes near the Curie point. Applied Physics Letters, 2010, 97: 192504.

[138] Fal T J, Plumer M L, Whitehead J P, et al. Simulations of magnetic hysteresis loops for dual layer recording media. Applied Physics Letters, 2013, 102: 202404.

[139] Tatara G, Kohno H, Shibata J. Microscopic approach to current-driven domain wall dynamics. Physics Reports, 2008, 468: 213-301.

[140] Evans R F L, Fan W J, Chureemart P, et al. Atomistic spin model simulations of magnetic nanomaterials. Journal of Physics: Condensed Matter, 2014, 26: 103202.

[141] Vansteenkiste A, Leliaert J, Dvornik M, et al. The design and verification of MuMax3. AIP Advances, 2014, 4: 107133.

[142] Garanin D A. Self-consistent Gaussian approximation for classical spin systems: thermodynamics. Physical Review B, 1996, 53: 11593-11605.

[143] Mryasov O N, Nowak U, Guslienko K Y, et al. Temperature-dependent magnetic properties of FePt: effective spin Hamiltonian model. Europhysics Letters, 2005, 69: 805.

[144] Toga Y, Matsumoto M, Miyashita S, et al. Monte Carlo analysis for finite-temperature magnetism of $Nd_2Fe_{14}B$ permanent magnet. Physical Review B, 2016, 94: 174433.

[145] Lázaro F J, García-Palacios J L. Langevin-dynamics study of the dynamical properties of small magnetic particles. Physical Review B, 1998, 58: 14937-14958.

[146] Evans R F L, Atxitia U, Chantrell R W. Quantitative simulation of temperature-dependent magnetization dynamics and equilibrium properties of elemental ferromagnets. Physical Review B, 2015, 91: 144425.

[147] Hirosawa S, Matsuura Y, Yamamoto H, et al. Magnetization and magnetic anisotropy of $R_2Fe_{14}B$ measured on single crystals. Journal of Applied Physics, 1986, 59: 873-879.

[148] Wang J, Strungaru M, Ruta S, et al. Spontaneous creation and annihilation dynamics of magnetic skyrmions at elevated temperature. Physical Review B, 2021, 104: 054420.

[149] Atxitia U, Hinzke D, Chubykalo-Fesenko O, et al. Multiscale modeling of magnetic materials: temperature dependence of the exchange stiffness. Physical Review B, 2010, 82: 134440.

[150] Evans R, Nowak U, Dorfbauer F, et al. The influence of shape and structure on the Curie temperature of Fe and Co nanoparticles. Journal of Applied Physics, 2006, 99: 08G703.

[151] Croat J J, Pinkerton F E, Yelon W B, et al. Relationships between crystal structure and magnetic properties in $Nd_2Fe_{14}B$. Physical Review B, 1984, 29: 4176-4178.

[152] Berkov D V, Ramstöcck K, Hubert A. Solving micromagnetic problems. Towards an optimal numerical method. Physica Status Solidi (a), 1993, 137: 207-225.

[153] Baibich M N, Broto J M, Fert A, et al. Giant magnetoresistance of (001)Fe/(001)Cr magnetic superlattices. Physical Review Letters, 1988, 61: 2472-2475.

[154] Binasch G, Grünberg P, Saurenbach F, et al. Enhanced magnetoresistance in layered magnetic structures with antiferromagnetic interlayer exchange. Physical Review B, 1989, 39: 4828-4830.

[155] Rößler U K, Bogdanov A N, Pfleiderer C. Spontaneous skyrmion ground states in magnetic metals. Nature, 2006, 442: 797-801.

[156] Muhlbauer S, Binz B, Jonietz F, et al. Skyrmion lattice in a chiral magnet. Science, 2009, 323: 915-919.

[157] Yu X Z, Onose Y, Kanazawa N, et al. Real-space observation of a two-dimensional skyrmion crystal. Nature, 2010, 465: 901-904.

[158] Chen G, Zhu J, Quesada A, et al. Novel chiral magnetic domain wall structure in Fe/Ni/Cu (001) films. Physical Review Letters, 2013, 110: 177204.

[159] Chen G, Ma T, N'Diaye T A, et al. Tailoring the chirality of magnetic domain walls by interface engineering. Nature Communications, 2013, 4: 2671.

[160] Jué E, Safeer C K, Drouard M, et al. Chiral damping of magnetic domain walls. Nature Materials, 2016, 15: 272-277 .

[161] Di K, Zhang V L, Lim H S, et al. Direct observation of the Dzyaloshinskii-Moriya interaction in a Pt/Co/Ni film. Physical Review Letters, 2015, 114: 047201.

[162] Belmeguenai M, Roussigné Y, Bouloussa H, et al. Thickness dependence of the Dzyaloshinskii-Moriya interaction in $Co_2FeAl$ ultrathin films: effects of annealing temperature and heavy-metal material. Physical Review Applied, 2018, 9: 044044.

[163] Dzyaloshinskii I. A thermodynamic theory of "weak" ferromagnetism of antiferromagnetics. Journal of Physics and Chemistry of Solids, 1958, 4: 241-255.

[164] Moriya T. New mechanism of anisotropic superexchange interaction. Physical Review Letters, 1960, 4: 228-230.

[165] Moriya T. Anisotropic superexchange interaction and weak ferromagnetism. Physical Review, 1960, 120: 91-98.

[166] Fert A, Levy P M. Role of anisotropic exchange interactions in determining the properties of spin-glasses. Physical Review Letters, 1980, 44: 1538-1541.

[167] Levy P M, Fert A. Anisotropy induced by nonmagnetic impurities in CuMn spin-glass alloys. Physical Review B, 1981, 23: 4667-4690.

[168] Yang H, Thiaville A, Rohart S, et al. Anatomy of Dzyaloshinskii-Moriya interaction at Co/Pt interfaces. Physical Review Letters, 2015, 115: 267210.

[169] Soumyanarayanan A, Reyren N, Fert A, et al. Emergent phenomena induced by spin-orbit coupling at surfaces and interfaces. Nature, 2016, 539: 509-517.

[170] Yang H, Boulle O, Cros V, et al. Controlling Dzyaloshinskii-Moriya interaction via chirality dependent atomic-layer stacking, insulator capping and electric field. Scientific Reports, 2018, 8: 12356.

[171] Boulle O, Vogel J, Yang H, et al. Room-temperature chiral magnetic skyrmions in ultrathin magnetic nanostructures. Nature Nanotechnology, 2016, 11: 449-454.

[172] Moreau-Luchaire C, Moutafis C, Reyren N, et al. Additive interfacial chiral interaction in multilayers for stabilization of small individual skyrmions at room temperature. Nature Nanotechnology, 2016, 11: 444-448.

[173] Kim K W, Lee H W, Lee K J, et al. Chirality from interfacial spin-orbit coupling effects in magnetic bilayers. Physical Review Letters, 2013, 111: 216601.

[174] Kundu A, Zhang S. Dzyaloshinskii-Moriya interaction mediated by spin-polarized band with Rashba spin-orbit coupling. Physical Review B, 2015, 92: 094434.

[175] Ado I A, Qaiumzadeh A, Duine R A, et al. Asymmetric and symmetric exchange in a generalized 2D Rashba ferromagnet. Physical Review Letters, 2018, 121: 086802.

[176] Qaiumzadeh A, Ado I A, Duine R A, et al. Theory of the interfacial Dzyaloshinskii-

Moriya interaction in Rashba antiferromagnets. Physical Review Letters, 2018, 120: 197202.

[177] Yang H, Chen G, Cotta A A C, et al. Significant Dzyaloshinskii-Moriya interaction at graphene-ferromagnet interfaces due to the Rashba effect. Nature Materials, 2018, 17: 605-609.

[178] Újfalussy B, Wang X D, Nicholson D M C, et al. Constrained density functional theory for first principles spin dynamics. Journal of Applied Physics, 1999, 85: 4824-4826.

[179] Stocks G M, Ujfalussy B, Wang X, et al. Towards a constrained local moment model for first principles spin dynamics. Philosophical Magazine Part B, 2022, 78: 665-673.

[180] Dederichs P H, Blügel S, Zeller R, et al. Ground states of constrained systems: application to cerium impurities. Physical Review Letters, 1984, 53: 2512-2515.

[181] Kurz P, FFörster, Nordström L, et al. Ab initio treatment of noncollinear magnets with the full-potential linearized augmented plane wave method. Physical Review B, 2004, 69: 024415.

[182] Singer R, Fähnle M, Bihlmayer G. Constrained spin-density functional theory for excited magnetic configurations in an adiabatic approximation. Physical Review B, 2005, 71: 214435.

[183] Ma P W, Dudarev S L. Constrained density functional for noncollinear magnetism. Physical Review B, 2015, 91: 054420.

[184] I_CONSTRAINED_M. [2025-5-21]. https://www.vasp.at/wiki/index.php/I\_CON STRAINED\_M.

[185] Heide M, Bihlmayer G, Blügel S, et al. Dzyaloshinskii-Moriya interaction accounting for the orientation of magnetic domains in ultrathin films: Fe/W(110). Physical Review B, 2008, 78: 140403.

[186] Heide M. Magnetic domain walls in ultrathin films: contribution of the Dzyaloshinskii-Moriya interaction. Aachen: PhD Thesis, RWTH-Aachen, 2006.

[187] Heide M, Bihlmayer G, Blügel S. Describing Dzyaloshinskii-Moriya spirals from first principles. Physica B: Condensed Matter, 2009, 404: 2678-2683.

[188] Sandratskii L M. Insight into the Dzyaloshinskii-Moriya interaction through first-principles study of chiral magnetic structures. Physical Review B, 2017, 96: 024450.

[189] Liang J, Cui Q, Yang H. Electrically switchable Rashba-type Dzyaloshinskii-Moriya interaction and skyrmion in two-dimensional magnetoelectric multiferroics. Physical Review B, 2020, 102: 220409.

[190] Liang J, Wang W, Du H, et al. Very large Dzyaloshinskii-Moriya interaction in two-dimensional Janus manganese dichalcogenides and its application to realize skyrmion states. Physical Review B, 2020, 101: 184401.

[191] Cui Q, Liang J, Shao Z, et al. Strain-tunable ferromagnetism and chiral spin textures in two-dimensional Janus chromium dichalcogenides. Physical Review B, 2020, 102: 094425.

[192] Cui Q, Zhu Y, Jiang J, et al. Ferroelectrically controlled topological magnetic phase in

a Janus-magnet-based multiferroic heterostructure. Physical Review Research, 2021, 3: 043011.

[193] Sandratskii L M. Symmetry analysis of electronic states for crystals with spiral magnetic order. I. General properties. Journal of Physics: Condensed Matter, 1991, 3: 8565-8585.

[194] Sandratskii L M. Noncollinear magnetism in itinerant-electron systems: theory and applications. Advances in Physics, 1998, 47: 91-160.

[195] Mackintosh A R, Andersen O K. The electronic structure of transition metals//Springford M. Electrons at the Fermi Surface. London: Cambridge University Press, 1980.

[196] Methfessel M, Kubler J. Bond analysis of heats of formation: application to some group VIII and IB hydrides. Journal of Physics F: Metal Physics, 1982, 12: 141-161.

[197] Cui Q, Zhu Y, Ga Y, et al. Anisotropic Dzyaloshinskii-Moriya interaction and topological magnetism in two-dimensional magnets protected by $P\bar{4}m2$ crystal symmetry. Nano Letters, 2022, 22: 2334-2341.

[198] Luo W, Xu K, Xiang H. Two-dimensional hyperferroelectric metals: a different route to ferromagnetic-ferroelectric multiferroics. Physical Review B, 2017, 96: 235415.

[199] Xiang H J, Kan E J, Wei S H, et al. Predicting the spin-lattice order of frustrated systems from first principles. Physical Review B, 2011, 84: 224429.

[200] Xiang H, Lee C, Koo H J, et al. Magnetic properties and energy-mapping analysis. Dalton Transactions, 2013, 42: 823-853.

[201] Liechtenstein A I, Katsnelson M I, Antropov V P, et al. Local spin density functional approach to the theory of exchange interactions in ferromagnetic metals and alloys. Journal of Magnetism and Magnetic Materials, 1987, 67: 65-74.

[202] Ebert H, Mankovsky S. Anisotropic exchange coupling in diluted magnetic semiconductors: ab initio spin-density functional theory. Physical Review B, 2009, 79: 045209.

[203] Freimuth F, Bamler R, Mokrousov Y, et al. Phase-space Berry phases in chiral magnets: Dzyaloshinskii-Moriya interaction and the charge of skyrmions. Physical Review B, 2013, 88: 214409.

[204] Freimuth F, Blügel S, Mokrousov Y. Berry phase theory of Dzyaloshinskii-Moriya interaction and spin-orbit torques. Journal of Physics: Condensed Matter, 2014, 26: 104202.

[205] Yang H, Liang J, Cui Q. First-principles calculations for Dzyaloshinskii-Moriya interaction. Nature Reviews Physics, 2023, 5: 43-61.

[206] Guo V W, Lu B, Wu X, et al. A survey of anisotropy measurement techniques and study of thickness effect on interfacial and volume anisotropies in Co/Pt multilayer media. Journal of Applied Physics, 2006, 99: 08E918.

[207] Yakushiji K, Saruya T, Kubota H, et al. Ultrathin Co/Pt and Co/Pd superlattice films for MgO-based perpendicular magnetic tunnel junctions. Applied Physics Letters, 2010, 97: 232508.

[208] Dieny B, Chshiev M. Perpendicular magnetic anisotropy at transition metal/oxide interfaces and applications. Reviews of Modern Physics, 2017, 89: 025008.

[209] Monso S, Rodmacq B, Auffret S, et al. Crossover from in-plane to perpendicular anisotropy in Pt/CoFe/AlO$_x$ sandwiches as a function of Al oxidation: a very accurate control of the oxidation of tunnel barriers. Applied Physics Letters, 2002, 80: 4157-4159.

[210] Rodmacq B, Auffret S, Dieny B, et al. Crossovers from in-plane to perpendicular anisotropy in magnetic tunnel junctions as a function of the barrier degree of oxidation. Journal of Applied Physics, 2003, 93: 7513-7515.

[211] Yang H X, Chshiev M, Dieny B, et al. First-principles investigation of the very large perpendicular magnetic anisotropy at Fe|MgO and Co|MgO interfaces. Physical Review B, 2011, 84: 054401.

[212] Nistor L E, Rodmacq B, Ducruet C, et al. Correlation between perpendicular anisotropy and magnetoresistance in magnetic tunnel junctions. IEEE Transactions on Magnetics, 2010, 46: 1412-1415.

[213] Wang Z, Liang J, Yang H. Strain-enabled control of chiral magnetic structures in MnSeTe monolayer. Chinese Physics Letters, 2022, 40: 017501.

[214] Goodenough J B. Theory of the role of covalence in the perovskite-type manganites [La, M(II)]MnO$_3$. Physical Review, 1955, 100: 564-573.

[215] Kanamori J. Superexchange interaction and symmetry properties of electron orbitals. Journal of Physics and Chemistry of Solids, 1959, 10: 87-98.

[216] Anderson P W. New approach to the theory of superexchange interactions. Physical Review, 1959, 115: 2-13.

# 第 10 章  器件设计与工作原理

前面的章节中介绍了各类拓扑磁结构，如一维的磁畴壁和二维的斯格明子。这些微纳尺度拓扑磁结构在具有较高的稳定性的同时，也具有极高的密度，因此可应用于下一代自旋电子学元器件，如赛道存储器、微波器件、神经形态器件等。本章先分别介绍基于畴壁和磁斯格明子的赛道存储器件，进而介绍基于斯格明子的逻辑器件、微波器件和非传统计算器件。

## 10.1  畴壁赛道存储器

赛道存储器[1-7] 的概念最早是由 S. Parkin 教授提出的，其原理如图 10-1 所示。在赛道存储器中，数字化的信息以手性磁畴壁的形式存储在磁性纳米结构中。赛道存储器同时具有普通硬盘驱动器 (hard disk drive，HDD) 价格低廉以及随机存储器 (random access memory，RAM) 读写速度快的优势，是极具潜力的下一代存储器。

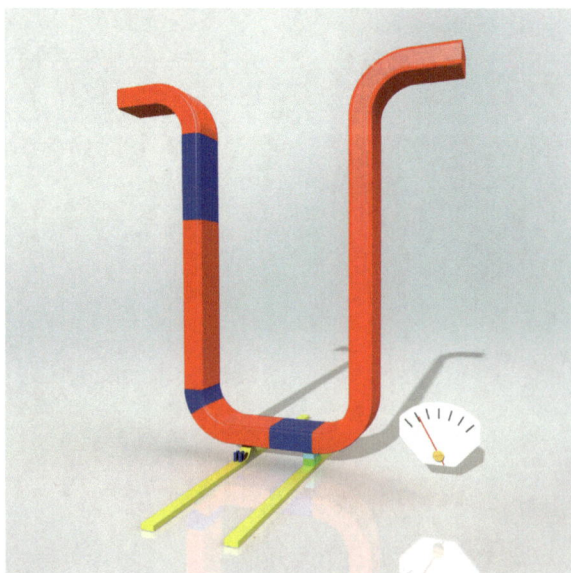

图 10-1  畴壁赛道存储器示意图

图 10-1 中，U 形部分为由纳米尺度磁性材料构成的 "赛道"。红色和蓝色部分分别对应磁矩指向方向不同的磁畴区域：红色部分对应了磁矩指向上方，而蓝色对应磁矩指向下方。在磁畴内部，磁矩的指向基本一致。两个磁畴间的过渡区域称为磁畴壁。磁畴壁是赛道存储器的基本单元，例如，"上 | 下" 的磁畴壁对应 "0"，而 "下 | 上" 的畴壁对应 "1"。畴壁的性质，例如形状、尺寸以及手性等可通过所使用的磁性材料进行调控，其大小可低至 5 nm 左右[9]，因而保障了高存储密度。而手性磁畴壁具有高稳定度。在每一个 "赛道" 中，可以储存数十，乃至上百个磁畴壁。而三维的 U 形结构，通过将 "赛道" 的大部分置于厚度方向，大大降低了单个赛道存储器所占用的面积，进一步提高了信息存储的密度。

在赛道存储器中，当外加电流时，磁畴壁可以沿着 "赛道" 发生移动。通过施加快速的纳秒电流脉冲，磁畴壁可以实现快速移动。在 U 形 "赛道" 的下方具有读写两个接口。左边的接口用于写入磁畴壁，而右边的接口利用磁性隧道结 (magnetic tunnel junction，MTJ) 的隧穿磁电阻效应 (tunneling magneto-resistance，TMR) 读取磁畴壁信息。这一过程不涉及机械运动，因而保障了快速读写。而且，移动磁畴壁所需电流密度小于完全翻转磁畴所需要的电流密度，从而有效地降低了能耗。

自 2002 年赛道存储器的概念提出至今，赛道存储器有了长足的发展，经历了四个主要阶段。本节将首先介绍畴壁赛道存储器的发展历程，而后介绍其他赛道存储器件，其他基于磁畴壁的自旋电子学器件，最后给出对畴壁赛道存储器发展的展望。

### 10.1.1 畴壁赛道存储器简介

#### 1. 研究背景

信息化是当今社会发展的主流趋势，例如，网页上瞬间打开的高清图片，4K 分辨率的在线影视，高速上传和下载的云端服务。相比于 "卡脖子" 的芯片技术、动画/人工智能 (AI) 等技术相关的 GPU 技术、高速通信的 5G 技术，信息存储技术在社会舆论中所受关注较小，但其在信息技术时代却起着至关重要的作用。

理想的存储器件应该具有哪些特征？设想在购买一块硬盘时，我们希望这块硬盘应该具有如下特征：价格便宜、容量大、传输文件快、保存时间长久。也就是说，理想的存储技术应当具有：① 极低的单位信息存储成本；② 极高的信息存储密度；③ 极快的信息读写速度；④ 极高的信息保存稳定度。对于现有的信息存储技术来说，其各有各的长处和短板，总结如表 10-1 所示[7]。这些优缺点决定了不同存储介质具有不同的使用场景，具体介绍如下。

表 10-1　赛道存储技术与其他存储技术的对比[7]

| | SRAM | DRAM | STT-RAM | RRAM | PCM | MRAM | V-NAND | RTM | HDD |
|---|---|---|---|---|---|---|---|---|---|
| 尺寸 $F^2/\mathrm{nm}^2$ | 120~200 | 4~8 | 6~50 | 4~10 | 4~12 | 10~60 | 1~5 | $\leqslant 2$ | 0.5 |
| 写入寿命/次 | $\geqslant 10^{16}$ | $\geqslant 10^{16}$ | $4\times10^{12}$ | $10^{11}$ | $10^9$ | $> 10^{12}$ | $10^3\sim10^5$ | $\geqslant 10^{16}$ | $\geqslant 10^{16}$ |
| 读时间/ns | 1~100 | 30 | 3~15 | 10~20 | 5~20 | 3~20 | $2.5\times10^4$ | 3~250* | $2\times10^6$ |
| 写入/删除时间/ns | 1~100 | 50 | 3~15 | 20 | > 30 | 10~20 | $(0.1\sim1)\times10^6$ | 3~250* | $2\times10^6$ |
| 读取能量 | 低 | 中 | 低 | 低 | 中 | 低 | 中 | 低 | 中 |
| 写入能量 | 低 | 中 | 高 | 高 | 高 | 高 | 高 | 低 | 中 |
| 耗散功率 | 高 | 中 | 低 | 低 | 低 | 低 | 低 | 低 | 低 |
| 保存期 | 直到撤去电压 | 64~512 ms | 可变 | 年 | 年 | 年 | 年 | 年 | 年 |

\* 包括移位延迟。

(1) 静态随机存储器 (static random access memory，SRAM)：基本单元由 6 个场效应管组成，其中 4 个完成存储，其余两个完成控制功能。由于场效应管个数较多，所以其单元较大，为百平方纳米量级。单元大小，也称特征大小 (feature size) 使用 $F$ 表示特征的长度尺度，以 nm 为单位。使用 $F^2$ 表示面积尺度，以 $\mathrm{nm}^2$ 为单位。因为由晶体管构成，其具有很高的读写次数，读写所需能量较低，读写速度极快，可达纳秒时间尺度。但因为存在漏电，数据存储时需要保持电压施加。由于成本昂贵，通常容量较小，常被用作 CPU 与内存之间的缓存。

(2) 动态随机存储器 (dynamic random access memory，DRAM)：基本单元是由一个电容和一个晶体管组成。电容存储的电荷量代表一个二进制比特，所以需要每间隔一段时间进行刷新。因为只需一个晶体管，所以单元大小比 SRAM 小得多，可达若干平方纳米量级。由于为电容和晶体管组成，所以具有很高的读写次数。其成本虽然低于 SRAM，但仍然较高，主要用于内存。

(3) 硬盘驱动器：为碟状存储磁盘。磁碟被分为不同区域，其磁性记录单元的磁矩方向 (上/下) 代表了一个比特信息。存储密度取决于磁记录单元的大小，所以密度可以极高。因为使用磁性记录，所以读写次数极高，保存时间极长。但数据读写需要将机械读写头移动到磁记录单元的相应位置，所以需要毫秒的时间量级，速度慢。主要用于外部大量的信息存储。

(4) 固态硬盘 (solid-state drive，SSD)：现主流为 NAND (NOT-AND 逻辑门) 闪存，其逻辑记忆单元为电荷捕捉存储单元 (charge trap flash)。在单个电荷捕捉单元中，目前可以实现 3~4 比特信息的存储。为了减少漏电，从而增强数据信息保留时间尺度至年的量级，在电荷捕捉存储单元周围使用了绝缘的介电层。但这也导致数据的写入/擦除操作需要依赖量子隧穿效应，大大降低了读写的速度与次数。因为不存在机械部分，读写速度远高于机械硬盘，但仍远低于 SRAM 和

DRAM。在 NAND 中，电荷捕捉存储单元可以在垂直方向进行累积，从而利用第三个维度提高存储密度，长江存储科技有限责任公司已经通过 Xtacking 技术实现了 232 层 NAND 的堆叠。SSD 目前的价格与 HDD 已没有量级的差距，正在逐步占领外部信息存储的市场份额，但由于读写速度以及次数的限制，仍无法替代 SRAM 和 DRAM。

(5) 磁性随机存储器 (magnetic random access memory，MRAM)：基本存储单元为自旋阀或磁性隧道结。该单元为三层膜结构，上下两个铁磁层被中间层隔开，而上下两层磁矩方向平行或反平行时，体系分别具有低、高的磁电阻状态，对应一个比特的信息存储。在这一结构中，信息的存储介质不再是电荷，而替换为磁性层磁矩的相对取向，由于磁矩方向在没有外场 (如磁场、电场、极化电流、光场等) 时不会发生改变，从而在本质上实现了 MRAM 的非易失性。目前，基于自旋转移力矩的 MRAM 是工业界开发的热点，而近期发现的自旋轨道力矩也有望进一步提升 MRAM 的性能。这些保证了 MRAM 具有密度高、读写快、读写次数多且长期稳定的特性，这些特性使得 MRAM 具有替代 SRAM 和 DRAM 的可能性。目前，商用的 MRAM 产品已投入市场，例如由三星公司生产的 eMRAM 被应用于索尼公司的 CXD5605 GPS 芯片内，进而用于华为公司的 GT-2 智能手表中。目前对于 MRAM 的研发已经进入了 14 nm 的节点，具有广阔的应用前景。

上述传统的以磁性隧道结为核心单元的存储原理，体系仅仅能提供上下层磁矩平行和反平行排列时的低、高两个状态，无法区分上下层磁矩平行和反平行排列时的状态。近期霍尔天平 (Hall balance) 的概念被提出，并从实验上在垂直各向异性磁性自旋阀结构中，成功地将磁矩正向平行态和反向平行态的磁电阻比值区分开，实现了反常霍尔电压的三组态甚至多组态，突破了传统磁性隧道结仅能提供两组态的瓶颈；进一步利用表面和界面效应来调控体系性能，将霍尔电阻比值从 830% 提高到 69900%[8]，有望大幅度提高磁信息存储密度。

经分析发现，目前的各类存储技术都有短板。对于 SRAM 和 DRAM，其成本过高且具有易失性；对于 HDD 和 SSD，其读写速度过慢。而赛道存储器技术有望同时兼具这两大类存储器的优势。在赛道存储器中，信息以磁畴壁的形式连续地存储在磁性材料纳米线中，最小的信息存储密度决定于磁畴壁自身的大小以及相邻磁畴壁之间的相互作用。通过对磁性材料的调控，在高垂直各向异性的磁性材料中，磁畴壁的大小可减小至 5 nm。使用了人工反铁磁结构后，长程的磁偶极相互作用被抵消，磁畴壁的间距也可进一步缩小至若干纳米。同时，通过将赛道存储器的大部分通过 U 形结构排布在第三个维度，赛道存储器的数据存储密度从原理上有望轻松地超过其他存储技术。在赛道存储器中，信息的写入通过自旋转移力矩或自旋轨道力矩完成，信息的读取则通过测量隧穿磁电阻比值来完成，从而保证了高可读写次数和长保存时间。在读写速度方面，直接读写可达 SRAM

和 DRAM 同等量级，但需要考虑磁畴壁通过电流驱动移动至指定位置的时间，即移动延迟 (shift latency)。即使考虑了移动延迟，畴壁赛道存储器的读写速度也远高于 NAND 固态硬盘。相较于 MRAM，畴壁赛道存储器一方面具有更高的信息存储密度，另一方面其驱动磁畴壁移动而非翻转磁矩取向，所以具有更小的能耗。综上，三维畴壁赛道存储器高密度、快读写、低能耗的特性，使其成为极具潜力的下一代，乃至使用在各个架构层级的"通用"存储器。

**2. 畴壁赛道存储器的主要性能指标**

在讨论了畴壁赛道存储器的广阔前景后，这里介绍畴壁赛道存储器的几个主要的性能指标。

**1) 畴壁宽度 $(\Delta)$**

在垂直各向异性体系中，畴壁的宽度是由交换相互作用与垂直各向异性竞争决定的。铁磁的交换相互作用倾向于邻近的自旋同向排列，对应于畴壁宽度趋向于无限宽；而垂直各向异性倾向于自旋沿垂直方向排列，对应于畴壁宽度趋向于零。在两者的竞争下，形成了有限宽度的畴壁。使用变分法[10] 可以解析求得，畴壁的位形为 $\theta = \pm 2\arctan \mathrm{e}^{\frac{x}{\Delta}}$，如图 10-2 所示。其中，$\theta$ 为自旋与 $z$ 轴的夹角，$\Delta = \sqrt{A/K}$ 为畴壁宽度参量，$A$ 为刚度系数，$K$ 为磁各向异性常数。通过以上公式可以发现，当物体的交换相互作用越小、各向异性越大时，畴壁宽度越窄。一个典型的例子是，在重金属/铁磁双层膜体系中[9]，畴壁宽度可达约 5 nm，已接近目前光刻工艺的极限值。

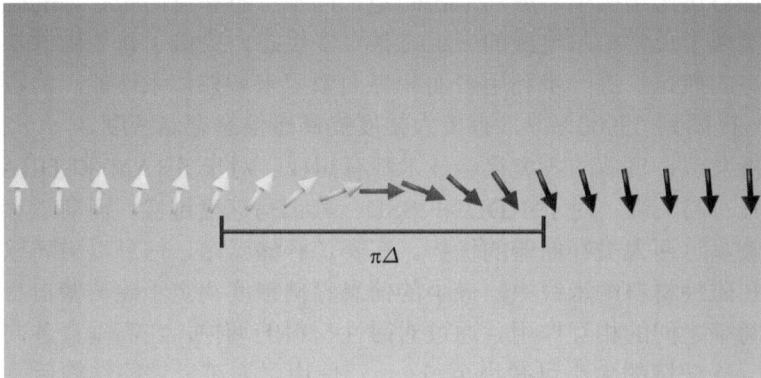

图 10-2　畴壁结构和宽度示意图

**2) 畴壁间距 $(d)$**

除了畴壁自身的宽度，赛道存储器密度的极限也取决于相邻磁畴壁间的最小间距，如图 10-3 所示。在单层磁性材料的赛道存储器中，由于长程的磁偶极相互作用，相邻的畴壁能在较长的空间尺度上产生影响。当缺陷钉扎效应很小时，经历反复移动或较长时间弛豫后，邻近的畴壁易形成等间距排列，这会导致存储信息的丢失，也是在实际应用中需要解决的重要问题。采用人工反铁磁的设计结构，有效磁矩基本为零，长程的磁偶极相互作用的影响可以被抑制。所以相邻的畴壁间距可以基本缩小至极限值，从而实现更高的存储密度。

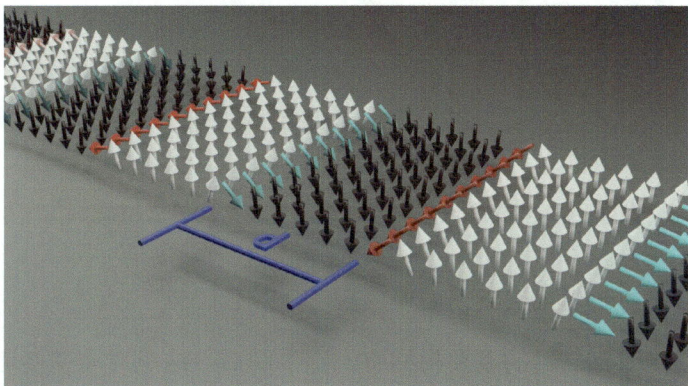

图 10-3　畴壁间距示意图

3) 畴壁移动的阈值电流 ($J_c$)

在实际器件中，畴壁移动需要将电流密度施加到一定阈值，如图 10-4 所示。更低的阈值电流代表着更低的赛道存储器能耗，因而，降低 $J_c$ 是目前赛道存储器研究的主要目标之一。在自旋轨道力矩驱动下的畴壁移动模型中，内禀的阈值电流为零。实验上测量到阈值电流的主要来源是由材料缺陷引起的钉扎效应等。通过对材料和器件进行优化[11]，可以极大地降低阈值电流。但抑制外部钉扎效应也可能增加畴壁位置的不稳定性，在存储器设计中，需要仔细权衡取舍。

4) 畴壁移动的最高速度 ($v_{max}$)

畴壁移动的速度决定了赛道存储器的读写速度。畴壁移动速度越快，所产生的移动延迟也就越小。对于现今的赛道存储器，一般来说，随着电流密度的提升，畴壁移动的速度也会相应升高，但这一提升并非没有上限，如图 10-4 所示。对于重金属/铁磁双层膜体系来说[12]，随着电流密度的提升，畴壁速度的提升逐渐变慢。另一方面，随着电流密度的提升，自旋相关效应也会显著提升，同时磁畴壁内部自旋进动频率增加，导致畴壁失稳。电流产生的焦耳热效应则以平方的关系提升，当样品的温度升高至居里温度以上时，畴壁的磁结构就被破坏了。如何提高畴壁移动的速度也是赛道存储器研究的重要目标。

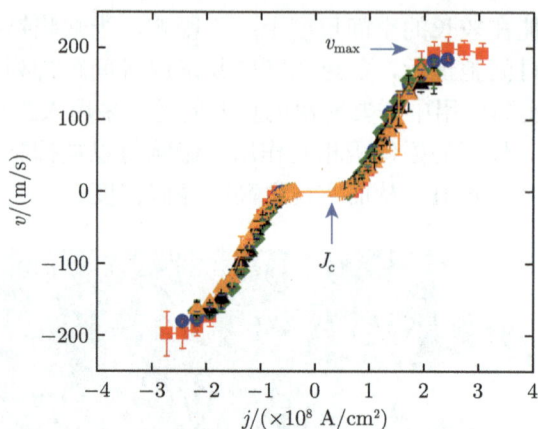

图 10-4　畴壁移动速度与所施加电流密度的依赖关系[9]

### 3. 畴壁赛道存储器的发展历程

在对畴壁赛道存储器的重要指标有一定了解后，这里对畴壁赛道存储器的发展历程进行简要介绍。随着自旋电子学材料、物理和器件研究的突飞猛进，自 2002 年畴壁赛道存储器的概念被提出至今仅 20 余年，其运作机理便已经经历了 4 代的演化[4]，如图 10-5 所示。

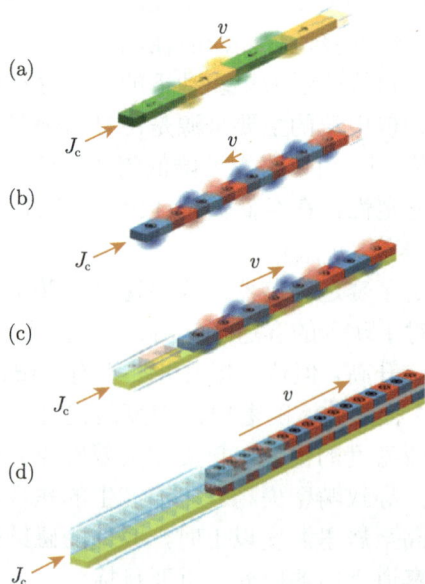

图 10-5　畴壁赛道存储器的历代演化[4]

(a) 第一代；(b) 第二代；(c) 第三代；(d) 第四代

1) 第一代畴壁赛道存储器

第一代畴壁赛道存储器在 2008 年首先被报道[2]，其所使用的材料是软磁的坡莫 ($Ni_{80}Fe_{20}$) 合金。这一材料具有高达 70% 的自旋极化率，以及较弱的面内各向异性。当施加的电流密度达到 $10^8$ A/cm$^2$ 时，自旋转移力矩所引起的磁畴壁移动速度可达 100 m/s，且畴壁沿着电子流动的方向移动。

2) 第二代畴壁赛道存储器

相较于垂直各向异性体系，第一代畴壁赛道存储器的材料由于具有面内各向异性，从而信息存储密度很低；较弱的各向异性也导致磁畴壁形状容易受到器件形状 (如宽度) 的影响；在外加电流的驱动下，力矩可能导致磁畴壁位形的形变，展宽若干倍。在具有高垂直各向异性材料中，磁畴壁的位形更小，也更稳固。所以在第二代畴壁赛道存储器中，使用了具有垂直各向异性的 Co/Ni 多层膜材料。实验结果表明，在磁畴壁移动的方向和速率与第一代基本保持一致的同时，畴壁性能也得到了明显的改善[13]。

3) 第三代畴壁赛道存储器

2011 年，随着对自旋轨道耦合效应的深入理解，畴壁赛道存储器的性能也得到了极大提升。原有的单一磁性多层膜结构被重金属/铁磁双层膜体系替代[9,14]。这些物理机制分别为：① 界面导致的强垂直各向异性；② 重金属 (如 Pt) 中的自旋霍尔效应，其可将重金属层中的电荷流转化为自旋流，进而注入铁磁层中，其中电荷流、自旋流和自旋流注入的方向两两正交；③ 由界面处的对称性破缺导致的 DM 相互作用使得磁畴壁具有了固定手性，这一部分详见第 3 章的讨论。固定的奈尔手性磁畴壁中的磁矩方向与自旋流中自旋极化方向正交，因而可以产生高效的自旋轨道力矩，驱动磁畴壁发生位移。在施加电荷密度达到 $10^8$ A/cm$^2$ 时，由自旋轨道力矩引起的磁畴壁的移动速度可达 350 m/s，其方向也变为沿着电流的方向，这是与自旋轨道力矩驱动的第一、二代的主要差别。

4) 第四代畴壁赛道存储器

在磁畴壁内部，净磁矩的退磁场限制了畴壁赛道存储器的性能。由于退磁场的存在，近邻磁畴壁仍存在较强的相互作用，因此限制了存储密度。在第四代的畴壁赛道存储器中，该限制因素将通过使用人工反铁磁结构得以解决[15]。人工反铁磁结构是由上下两个铁磁层与中间 Ru 层组成的。通过调节中间 Ru 层的厚度，上下磁性层具有高垂直各向异性，且磁矩具有镜像关系，表现出反铁磁的排列状态。通过调节铁磁层的厚度和中间 Ru 层的厚度，人工反铁磁多层膜的净磁矩可被调控至零。在这一条件下，电流驱动下的磁畴壁的移动速度可达近 1000 m/s。相较于第三代畴壁赛道存储器，在相同的电流密度驱动下，第四代赛道存储器中的畴壁移动速度提升了四倍以上。

对于畴壁赛道存储器的研究仍在继续。目前研究的焦点问题包括：如何找到性能更优异的材料,以实现更高效的电荷流到自旋流的转换?如何降低畴壁移动的阈值电流?如何提高畴壁的稳定度以及运动速度?如何实现磁纳米线的三维排布?如何将磁性隧道结整合到畴壁赛道存储器中,实现更高的磁电阻信号以完成信息的高效读取?我们有理由相信,这些物理机理、材料和技术上的难点有望在接下来的几年中被突破,也将极大地推动赛道存储器存储技术的发展。

### 10.1.2　畴壁赛道存储器的主要体系

这里详细介绍畴壁赛道存储器的主要体系。

#### 1. 自旋转移力矩驱动的畴壁移动

在面内各向异性的坡莫合金薄膜中,Hayashi 等首先观测到由自旋转移力矩驱动的磁畴壁移动[2]。其中,磁畴壁以 "头对头" (head-to-head,HH)、"尾对尾" (tail-to-tail,TT) 或 "旋涡" 三种形式存在。当外加磁场时,相邻的 HH 和 TT 磁畴壁相向运动,最终相遇并湮灭。而自旋极化电流驱动 HH 和 TT 的磁畴壁同向运动,从而在畴壁移动的同时保存了信息。在铁磁材料中,传导电子由于 s-d 交换相互作用而形成了与电流同向的自旋流。此时,自旋流与相邻的铁磁磁矩进一步发生相互作用,自旋角动量转移到铁磁磁矩中,使得近邻的铁磁磁矩受到了力矩的作用,因此,这一力矩被命名为自旋转移力矩。如图 10-6 所示,Thiaville 等[16] 给出了理论计算,表明自旋转移力矩可引起磁畴壁的高效移动。

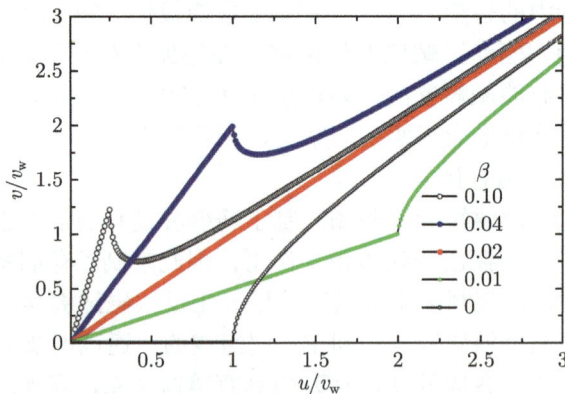

图 10-6　磁畴壁移动速度 $v$ 与自旋极化电流密度 $u$ 关系的模拟计算结果[16]

图 10-7 展示了基于自旋转移力矩效应的磁畴壁移位存储器件[2]。图 10-7(a) 为器件示意图,器件被分为 B1、B2 和 B3 三个部分,其中磁矩的方向左/右代表了 0/1 的信息。当 B1 磁矩为左,B2 磁矩为右时,B1/B2 间形成了一个 TT 类型

的磁畴壁，以白色方框表示。图 10-7(b)、(c) 分别为信息的写入和移位过程，即步骤 a~f 重复两遍。在步骤 a 中，其在 B1 写入 0 比特并将 B1~B3 的信息整体向右移一个单位。在 B1 处写入 0 比特后，将原本的 111 比特变为了 011 比特，在 B1/B2 间形成了一个 TT 磁畴壁，施加下一个电流脉冲后，电流所产生的自旋转移力矩导致磁畴壁向右移动了一个单位而形成了 001 比特。在步骤 b 中，在 B1 处写入 1 比特，从而在 B1~B3 处形成了相邻的 HH 磁畴壁与 TT 磁畴壁。而后的移位操作进一步完成了磁畴壁的移动。通过测量 B1~B3 的电阻，可以得到器件中的磁信息，发现电阻值与磁状态一一对应。这有力地证明了自旋转移力矩效应对磁畴的有效驱动，并可以基于此制备存储器件。

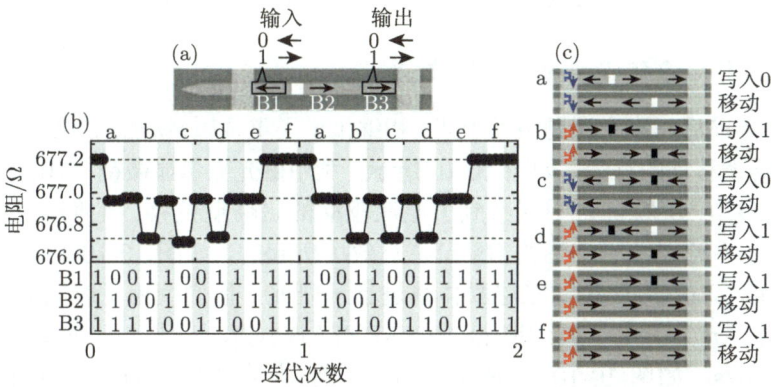

图 10-7 基于自旋转移力矩畴壁移动的 3 比特磁畴壁移位寄存器[2]

图 10-8 展示了强垂直各向异性纳米线中的磁畴壁结构[13]。高空间分辨率的磁力显微镜观察发现，磁畴壁间距可低至 100 nm 左右。在垂直各向异性的畴壁赛道存储器件中也能实现磁畴壁的注入与移动，如图 10-9 所示[13]。纳米线器件中的磁畴壁个数从 0 增至 5，再减至零，如此循环。以上的这些结果实现了基于自旋转移力矩的畴壁赛道存储器，并表征了其基本性能。

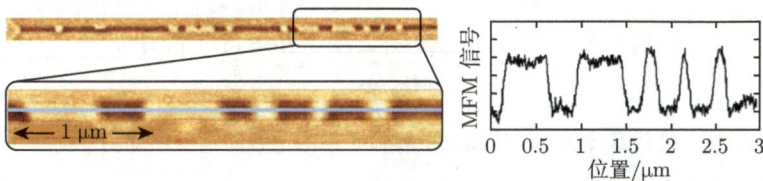

图 10-8 强垂直各向异性纳米线中磁畴结构的磁力显微镜测量结果[13]

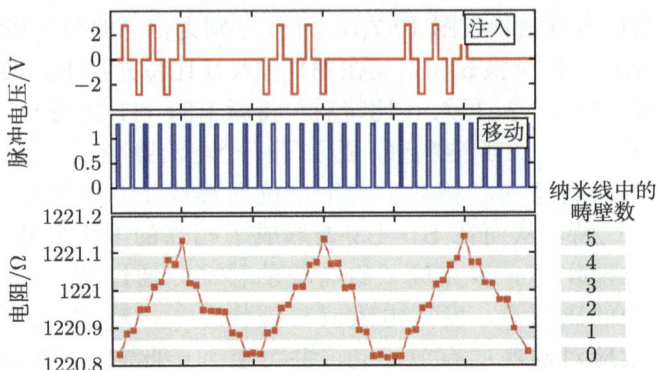

图 10-9　强垂直各向异性纳米线中磁畴壁的注入和移动[13]

### 2. 自旋轨道力矩驱动的畴壁移动

2011 年前后，多个课题组[12,17-19] 相继报道了重金属/铁磁/氧化物三层膜中电流驱动磁畴壁移动的行为，如图 10-10 所示。利用磁光克尔显微镜，Miron 等[17] 在 Pt/Co/AlO$_x$ 三层膜体系中观察到了电流驱动的磁畴壁位移；他们认为这种运动是由结构的不对称性所产生的 Rashba 有效场引起的，如图 10-10(a) 所示。Vogel 等[18] 同样对 Pt/Co/AlO$_x$ 三层膜体系进行了研究，他们使用了时间分辨的 X 射线磁圆二色–光发射电子显微镜 (XMCD-PEEM) 技术，观测到磁畴壁的移动速度为 $(7\pm1)$ m/s，如图 10-10(b) 所示。Emori 等[19] 在 Pt/CoFe/MgO 体系中同样观测到电流驱动的磁畴壁移动，如图 10-10(c) 所示。随着后续实验的开展和理论研究的深入，这些体系中的电流驱动畴壁移动可归结于自旋霍尔力矩与手性磁畴壁共同作用的结果。

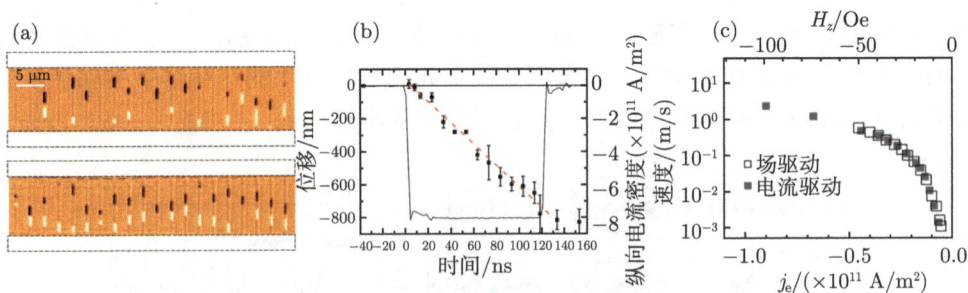

图 10-10　重金属/铁磁/氧化物三层膜体系中的电致磁畴壁移动测量结果[17-19]

自旋轨道力矩驱动的畴壁移动体系[9,14] 通常是由双层异质结组成的，如图 10-11(a) 所示[9]。底层为重金属材料，如 Pt、Pd 和 Ir 等，由于它们具有较强的自旋轨道耦合，这些材料中具有较大的自旋霍尔效应，可以将电荷流转变为自旋流，并向邻近层注入，从而产生了等效磁场 $H_{\mathrm{SHE}} = \dfrac{\hbar \theta_{\mathrm{SH}} j}{2 e M_{\mathrm{s}} t_{\mathrm{FM}}}$。其中，$\hbar$ 为约化普朗克常量，$j$ 为电流密度，$e$ 为电子电荷，$M_{\mathrm{s}}$ 为饱和磁化强度，$t_{\mathrm{FM}}$ 为铁磁层的厚度，$\theta_{\mathrm{SH}}$ 为自旋霍尔角，即自旋流与电荷流之比。上层则由金属多层膜构成，典型的为 Co/Ni/Co 三层膜，具有良好的垂直各向异性。上下两层的界面提供了 DM 相互作用以稳定奈尔型磁畴壁，详见第 3 章。需要注意的是，由于以上物理性质的界面特性，铁磁层不宜过厚，否则有效的 DM 相互作用与自旋霍尔等效场将明显减小。在自旋轨道力矩驱动的畴壁移动过程中，磁畴壁的位置 $q$ 与角度 $\Psi$ 符合如下运动方程：

$$\begin{cases} \alpha \dot{q} + \Delta \dot{\Psi} = -\beta u - \dfrac{\pi}{2} \gamma \Delta H_{\mathrm{SHE}} \sin \Psi \\[2mm] \alpha \dot{q} - \Delta \dot{\Psi} = \dfrac{\gamma \Delta H_{\mathrm{k}}}{2} \sin 2\Psi - u + \dfrac{\pi}{2} \gamma \Delta H_{\mathrm{p}} \sin(\Psi - \Psi_{\mathrm{h}}) \end{cases} \tag{10-1}$$

其中，$\alpha$ 为吉尔伯特阻尼项；$H_{\mathrm{k}}$ 为各向异性场；$H_{\mathrm{p}}$ 为施加的面内磁场；$\Psi_{\mathrm{h}}$ 为其方向。

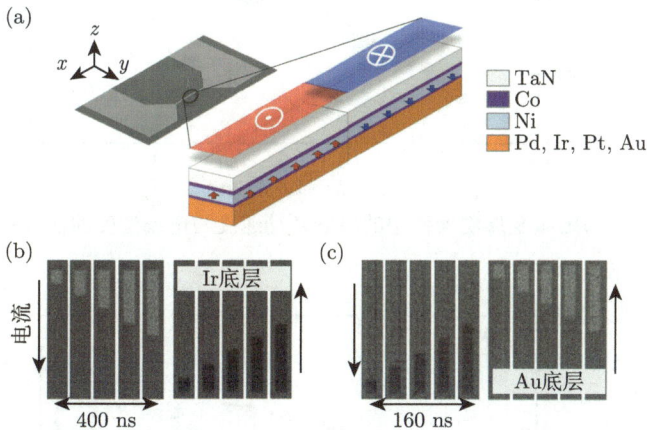

图 10-11　自旋轨道力矩驱动的畴壁移动[9]

通过光刻手段制备出微米尺度的线状结构，进而利用磁光克尔显微镜可以实现对磁畴动力学成像。通过对于克尔图像的分析，得出磁畴壁的位置。由于磁畴壁仅在高速电流脉冲施加的纳秒时间尺度内运动，可将磁畴壁的位置信息与累计施加的脉冲时间进行线性拟合，得出畴壁的运动速度与其误差。如图 10-11(b) 所示，人们观测到 Ir 重金属层情况下明显的磁畴移动，其移动方向沿着电荷流方向，是自旋霍尔效应驱动磁畴壁移动的特征。图 10-11(c) 为 Au 重金属层中的实验结果，其移动方向与电荷流方向相反，这是自旋转移力矩驱动磁畴壁移动的特征，也是 Au 中的自旋霍尔角很小导致的。

典型的自旋轨道力矩如图 10-12 所示[14]。可以发现，磁畴壁移动的阈值电流小于 $10^8$ A/cm$^2$。随着电流密度的增大，磁畴壁移动速度近线性增大，最高移动速度可达约 350 m/s。磁畴壁在不同电流密度下，移动速度与面内磁场的依赖关系如图 10-13 所示[14]。其中一个明显的特征是，在一个特定的磁场强度下，磁畴壁的速度为零，称为 $H_{CR}$。这是由于，外加磁场会与 DM 相互作用在磁畴壁处产生一个横向有效场竞争，当外磁场抵消了 DM 相互作用产生的有效场时，磁畴壁从奈尔构型转变为布洛赫构型，与所注入的自旋流的自旋极化方向共线，导致自旋流在磁畴壁处不产生力矩，无法驱动磁畴壁移动。更为确切地说，$H_{CR}$ 也与自旋转移力矩和畴壁处的钉扎势垒相关，但其主要对应了重金属/铁磁双层膜结构中的手性 DM 效应。

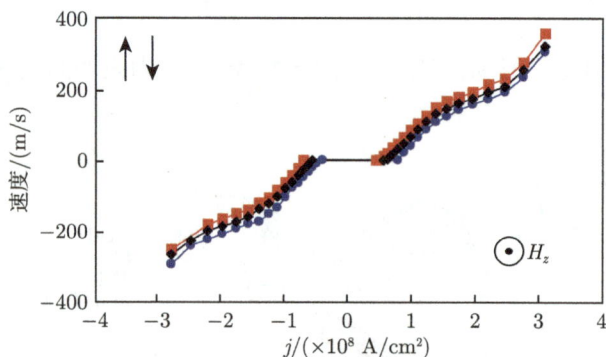

图 10-12　Pt 重金属层器件中的畴壁移动速度与电流密度的依赖关系[14]

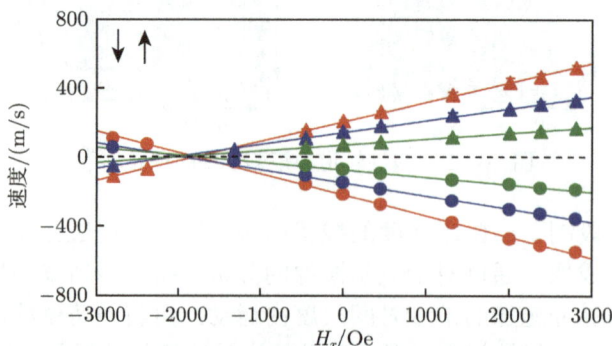

图 10-13　Pt 重金属层器件中的畴壁移动速度在 $x$ 轴方向不同电流密度下与 $x$ 方向磁场的依赖关系[14]

图中不同颜色表示不同的电流密度

对于以上测量结果，可以将其与方程 (10-1) 进行拟合。表 10-2 给出了 Pd、Ir、Pt 与 Au 不同重金属情况下的拟合结果，分别具有 4.5%、0.8%、9.8% 与 0% 的自旋霍尔角，可见在众多重金属材料中，Pt 更适合作为自旋流的转变材料。它们对应的磁畴壁宽度分别为 12 nm、6.9 nm、4.3 nm 和 8.5 nm，都能够实现较高密度的存储。使用 Pt 时，磁性异质结构具有的各向异性场达到 1400 Oe，也表现出更高的稳定性。

表 10-2 不同金属底层磁畴壁移动数据的模型拟合结果[9]

| | 变量 | Pd | Ir | Pt | Au |
|---|---|---|---|---|---|
| 实验数据 | $M_\mathrm{s}/(\mathrm{emu/cm^3})$ | 540 | 520 | 590 | 400 |
| | $\delta M_\mathrm{s}/(\mathrm{emu/cm^3})$ | 120 | 100 | 170 | 0 |
| | $(\delta M_\mathrm{s}/M_\mathrm{s})/\%$ | 22 | 19 | 29 | 0 |
| | $K/(\times 10^6\ \mathrm{erg/cm^3})$ | 2.5 | 3.0 | 5.4 | 1.9 |
| | $K_\mathrm{eff}/(\times 10^6\ \mathrm{erg/cm^3})$ | 0.7 | 1.3 | 3.2 | 0.9 |
| | $H_\mathrm{CR}/\mathrm{Oe}$ | 120 | 180 | 1400 | NA |
| | $H_\mathrm{fl}/\mathrm{Oe}$ | 210 | 110 | 270 | NA |
| 一维模型参数 | $\Delta/\mathrm{nm}$ | 12 | 6.9 | 4.3 | 8.5 |
| | $\alpha$ | 0.04 | 0.07 | 0.10 | 0.10 |
| | $\beta$ | 0 | 0 | 0 | 0.08 |
| | $H_\mathrm{SHE}/\mathrm{Oe}$ | 550 | 100 | 1000 | 0 |
| | $\theta_\mathrm{SHE}$ | 0.045 | 0.008 | 0.098 | 0 |
| | $H_\mathrm{k}/\mathrm{Oe}$ | 540 | 830 | 1400 | 800 |
| | $H_\mathrm{CR}/\mathrm{Oe}$ | 260 | 420 | 1800 | 0 |

在上面介绍的许多工作中，一维模型已经能够较好地解释电致磁畴壁移动的行为。Boulle 等[12] 进一步将模型拓展至二维，也就是考虑了磁畴壁在高速运动过程中会产生倾斜，如图 10-14 所示。计算结果表明，随着赛道存储器件宽度的提升，磁畴壁倾斜到达稳定的时间尺度将以平方关系增加。在实际样品测量和应用中，使用一维或二维模型的场景需要具体分析。例如二维模型没有考虑缺陷/钉轧效应，所以对于钉轧严重的样品，一维模型可能更符合实际情况。

### 3. 人工反铁磁体系中的畴壁移动

在第四代畴壁赛道存储器件中，原本的单一铁磁层被铁磁/Ru/铁磁三层膜结构所替代[15]，其中，底层铁磁层 (总厚度为 $t_\mathrm{L}$) 和顶层铁磁层 (总厚度为 $t_\mathrm{U}$) 被 Ru 中间层隔开。由于层间耦合相互作用的存在，Ru 中间层的厚度 $t_\mathrm{Ru}$ 能显著影响顶层和底层铁磁层之间的耦合。例如，当 $t_\mathrm{Ru} = 2$ Å 时，为铁磁性耦合；而当 $t_\mathrm{Ru} = 8$ Å 时，为反铁磁性耦合，分别如图 10-15(c)、(d) 所示。图 10-15(a)、(b)

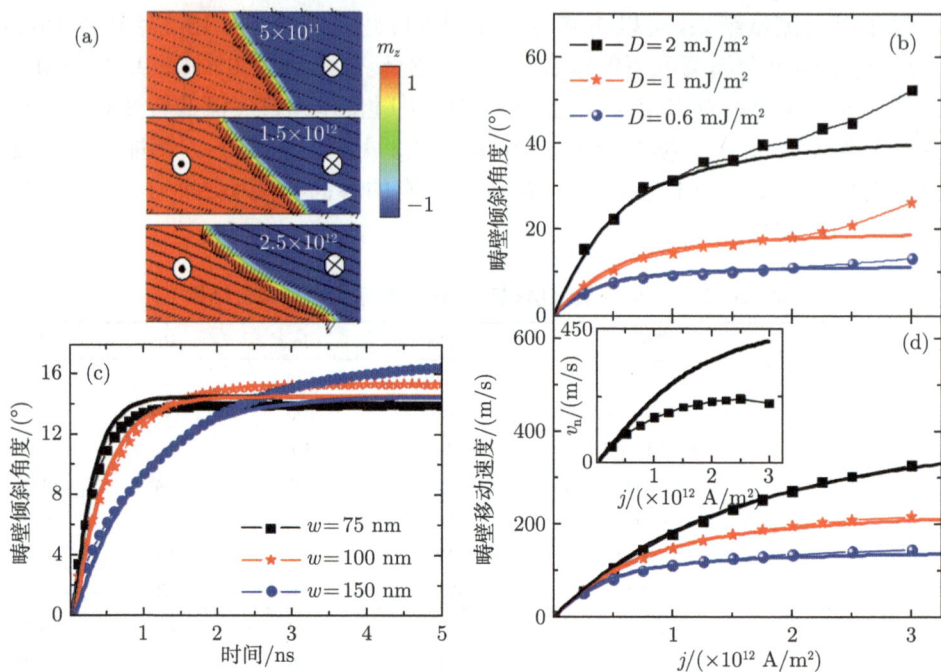

图 10-14 电流驱动畴壁移动中畴壁倾斜情况的理论计算[12]

分别展示了 Ru 中间层厚度为 2 Å 和 8 Å 时，电流驱动磁畴壁移动的克尔显微镜测量结果。其中，磁信号的对比度在铁磁耦合时会明显强于反铁磁耦合时，对应了两者总磁矩的不同。在反铁磁耦合的情况下，总磁矩为零，其对应的克尔信号对比度也理应为零，但由于探测光强度随着样品深度而剧烈地衰减，顶层的铁磁层相较于底层的铁磁层贡献了更强的对比度，这也使得总克尔效应并非为零，使得净磁矩为零的反铁磁样品的磁光测量成为可能。图 10-15(e)、(f) 展示了施加电流时的磁矩变化情况，其中紫色的箭头表示自旋流极化方向。

图 10-16(a)、(b) 给出了不同样品厚度 ($t_L$、$t_U$、$t_{Ru}$) 对应的畴壁移动速度与电流密度的依赖关系，以及磁滞回线测量结果。可以观察到，当零场下的剩余磁矩越小时，顶层和底层的磁矩越倾向于反铁磁排列，其磁畴壁移动速度越快，可以达到约 750 m/s。图 10-16(c)、(d) 展示了同一系列样品中，对于中间层厚度 $t_{Ru}$ 的控制变量测量结果。可以发现，随着 $t_{Ru}$ 的增加，剩余磁矩具有振荡行为，这与振荡的层间耦合一一对应。而磁畴壁的移动速度也存在相应的振荡行为。图 10-16(e)、(f) 给出了磁畴壁移动速度与剩余磁矩的依赖关系，可以发现实验测量结果和理论计算结果非常吻合，且剩余磁矩越小，其磁畴壁的移动速度越快。图 10-16(f) 为具有 Ru 中间层的一维模型，它包含了顶/低两层中的畴壁位置角度的信息，以及层间交换耦合所导致的力矩项等，能对磁畴壁移动速度与电流密

度和外磁场的依赖关系进行良好的拟合。

在人工反铁磁结构的畴壁赛道存储器件中，实现了约 km/s 量级的磁畴壁移动速度，这是畴壁赛道存储器发展中的一个重要里程碑。

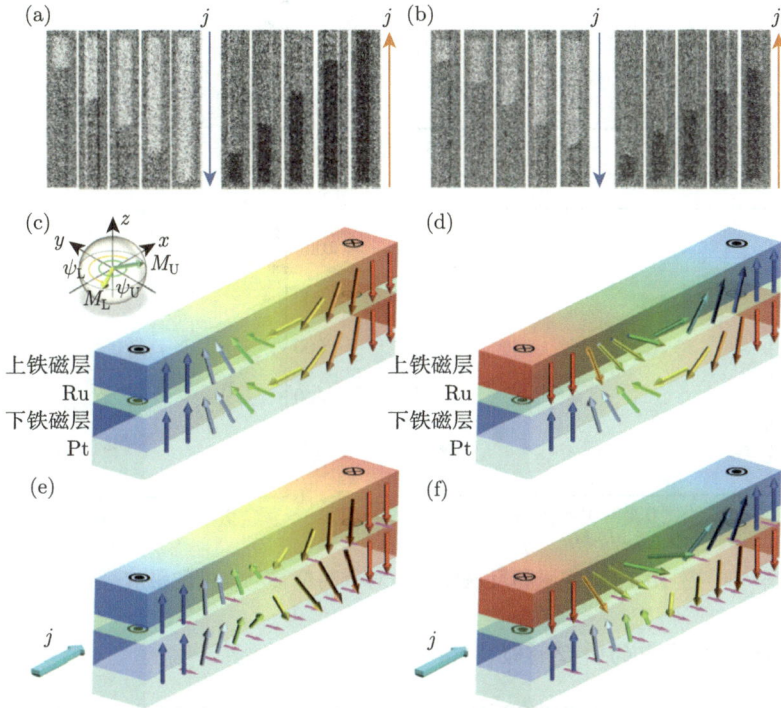

图 10-15　人工铁磁和人工反铁磁结构中的电流驱动磁畴壁移动[15]

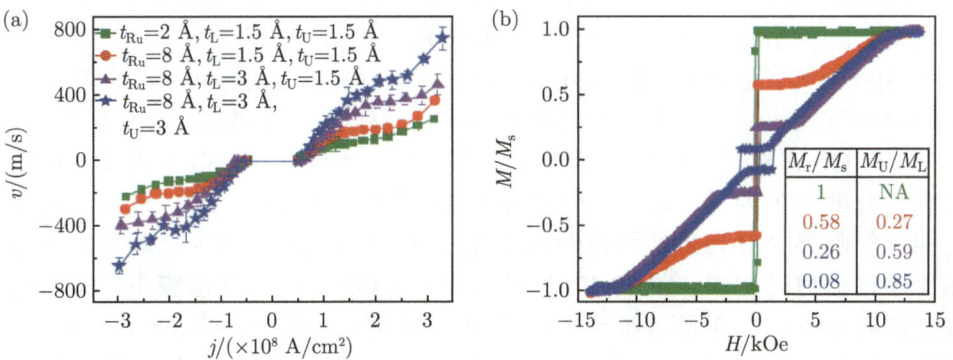

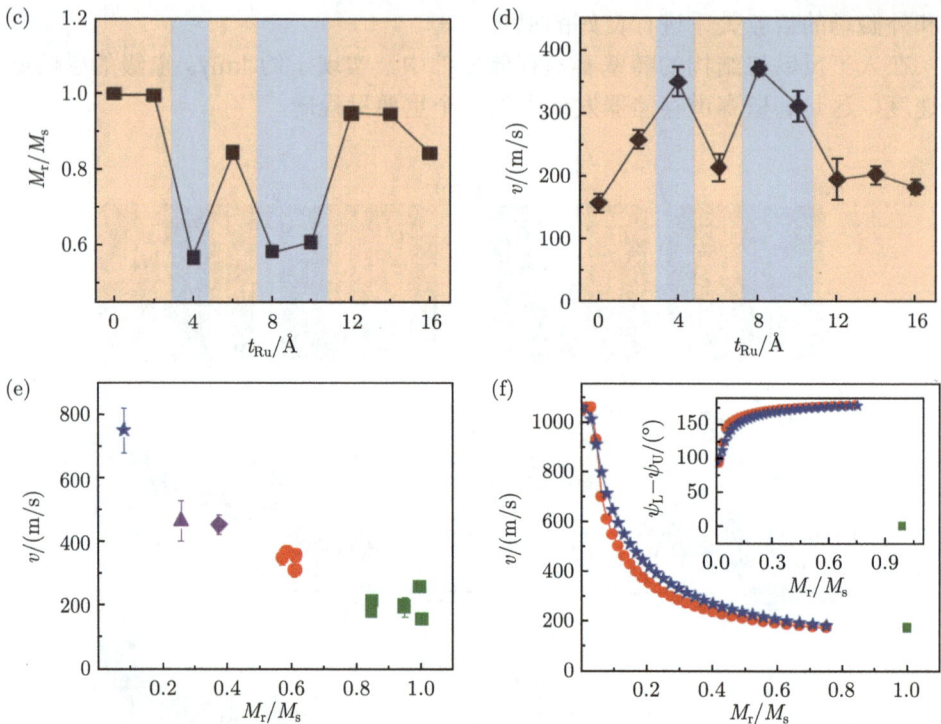

图 10-16　铁磁和反铁磁结构对于畴壁移动速度的影响[15]

### 4. 亚铁磁体系中的畴壁移动

从人工反铁磁体系中可以发现，净磁矩的大小决定了磁畴壁的运动速度。所以，减小净磁矩是提高畴壁赛道存储器性能的一个有效途径。除人工反铁磁体系外，亚铁磁材料也受到极大关注[20]。

Bläsing 等[20] 报道了 Co/Gd 双层膜体系中的实验结果，如图 10-17 所示。随着温度变化，Co 元素和 Gd 元素的磁矩表现出不同的变化关系。利用元素分辨的 X 射线磁圆二色技术，图 10-17(a) 给出了双层膜中不同元素磁矩的测量结果。Gd 的磁矩相较于 Co 对于温度更敏感，在某一温度时 Co 和 Gd 的磁矩相等，由于 Co 和 Gd 在双层膜中的磁矩呈反铁磁排列，所以在这一临界温度，整体双层膜的有效磁矩为零，这一温度称为亚铁磁的磁补偿温度 $T_M$。另一与动力学更相关的临界温度为角动量补偿温度 $T_A$，其大小决定于相应元素的磁矩与旋磁比的比值何时相同。图 10-17(d) 给出了 Co/Gd 亚铁磁双层膜中，在不同温度时磁畴壁磁矩分布示意图。在 Co/Gd 亚铁磁双层膜体系中，$T_M$ 与 $T_A$ 都受到 Co 和 Gd 层厚度的明显影响。当温度在 $T_M$ 附近时，由于体系的总体有效磁矩趋近于零，所以对外磁场不敏感，表现出增大的矫顽场 $H_c$，也意味着畴壁移动所需临界磁场增大。图 10-17(a)、(c) 中的测量结果表明，这一样品中的 $T_M$ 约为 207.5 K。

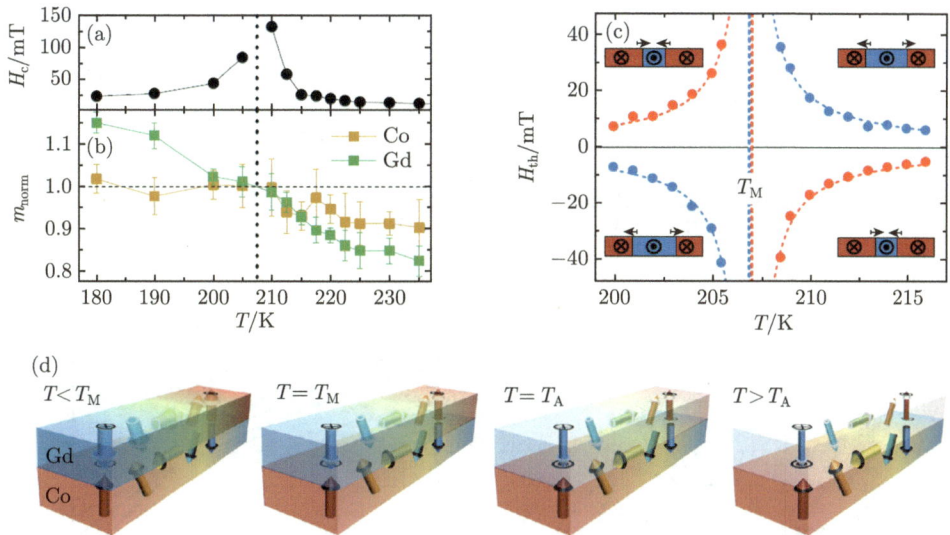

图 10-17　Co/Gd 亚铁磁双层膜的磁性性质[20]

对于角动量补偿温度 $T_A$ 的确定更为复杂。根据亚铁磁双层膜的一维模型[20]，当器件的温度处于 $T_A$ 时，其磁畴壁移动的速度不受横向外磁场的影响。为了确定 $T_A$，可以在不同温度下对样品进行磁畴壁速度与横向外磁场的依赖关系测量，实验结果和模型拟合如图 10-18 所示。然而实验测量结果表明，不受横向外磁场影响的温度为 175 K，甚至低于 $T_M$，这可能源于脉冲电流所产生的瞬间加热效应。在前文讨论的磁畴壁移动中，对于脉冲电流的加热效应没有深入讨论，这是因为材料的居里温度相对较高，磁矩随温度的变化很小，不会影响磁畴壁移动的主要行为。但在 Co/Gd 亚铁磁多层膜体系中，一方面由于 Gd 的磁矩对温度较为敏感，另一方面在 $T_M$ 和 $T_A$ 附近，即使很小的磁矩变化也会引起总有效磁矩相较于零磁矩的较大变化，故这一温度效应不可忽略。图 10-18(c)、(d) 给出了不同电流密度下的畴壁移动速度相较于横向磁场线性系数的测量结果与模型拟合结果，表明电流密度越高，将样品加热到 $T_A$ 所需的样品温度越低。通过改变电流脉冲长度和密度的实验结果，拟合差值可以得到材料的 $T_A$ 约为 219 K。依据 X 射线磁圆二色测量的磁矩与 Co 和 Gd 的 $g$ 因子进行计算，同样可以得到 $T_A$ 为 219 K，与实验结果很好地吻合。

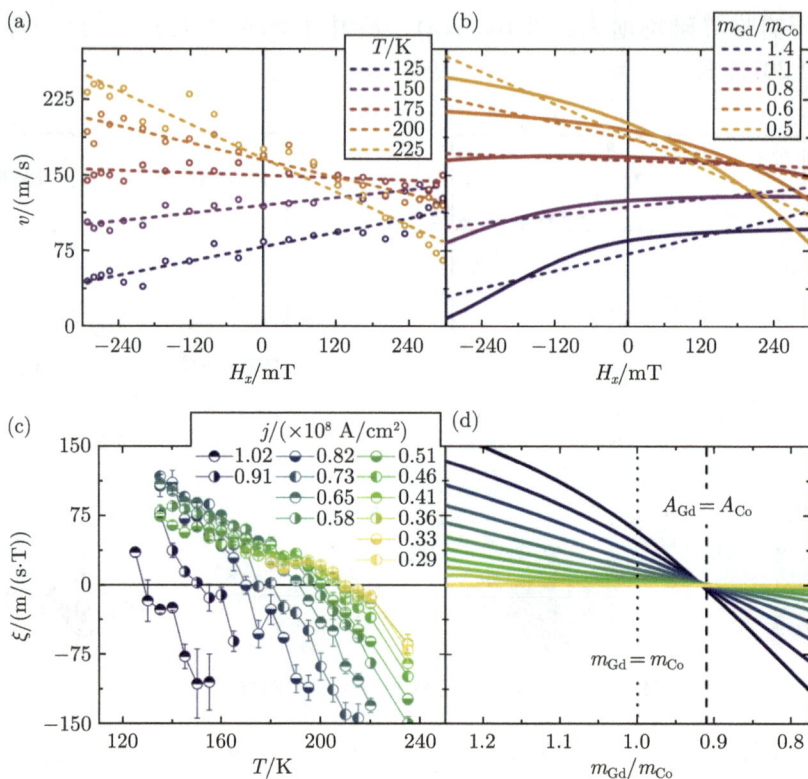

图 10-18　Co/Gd 亚铁磁双层膜的实验结果和模型拟合结果[20]

　　基于温度矫正，图 10-19(a)、(b) 分别给出了磁畴壁移动速度随电流密度和温度变化的实验结果与理论模型计算。在模型中，可以分离出 Co 层和 Gd 层中不同力矩项，即 DM 相互作用力矩项与交换耦合力矩 (exchange coupling torque，ECT) 对于总速度的贡献，分别如图 10-19(c)、(d) 所示。对于较大的电流密度，磁畴壁移动速度的主要贡献来源于交换耦合力矩，而其效率在 $T_A$ 处达到极大值。

　　在 GdFeCo 亚铁磁合金体系中，Kim 等[21] 报道了磁场导致的磁畴壁移动。如图 10-20 所示，当处于 $T_A$ 温度时，磁畴壁移动速度高达 2 km/s，他们将此归结于 $T_A$ 温度附近的反铁磁自旋动力学行为。对于亚铁磁体系，目前电流驱动畴壁移动的上限瓶颈受到所能施加最大密度的限制。当电流密度过大时，同样会将样品加热到居里温度附近，破坏了原有磁结构，产生了多畴。

　　相较于人工反铁磁体系，在亚铁磁双层膜体系中 $T_M$ 和 $T_A$ 不再相同，从而可以实验分析得出磁畴壁移动的最大效率发生在 $T_A$ 处。其也在另一个材料体系中表明交换耦合力矩对于高效磁畴壁移动的关键作用。亚铁磁材料具有更多的可调节性，例如不同元素具有不同磁矩和不同 $g$ 因子等，这为高效的畴壁赛道存储器的调控提供了更多可能性。

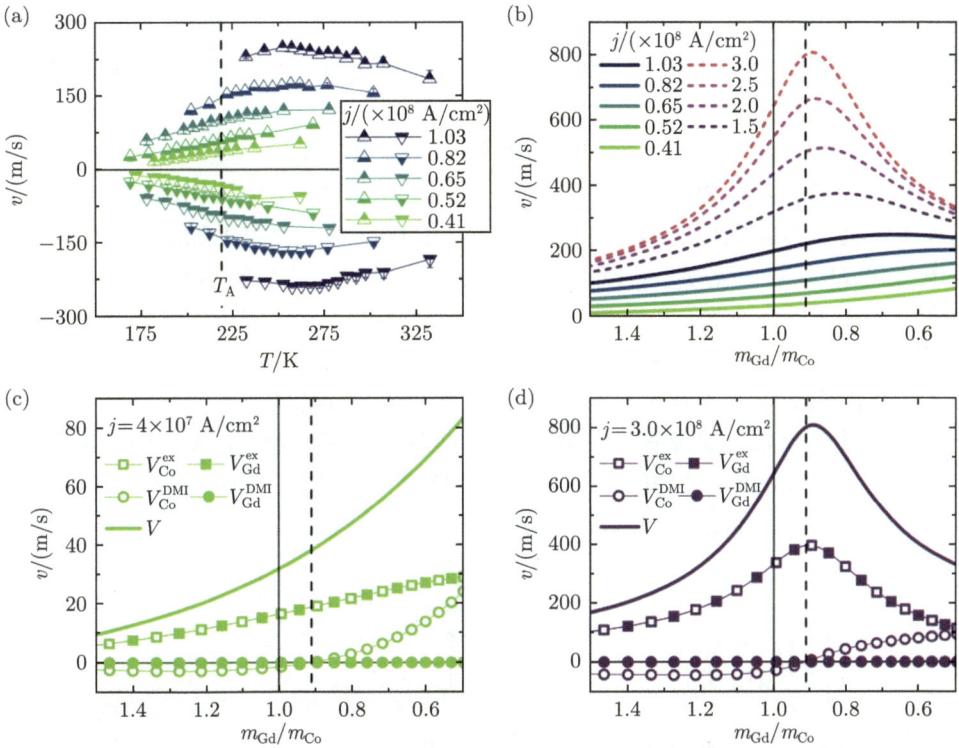

图 10-19　Co/Gd 亚铁磁体系磁畴壁移动速度的测量和分析[20]

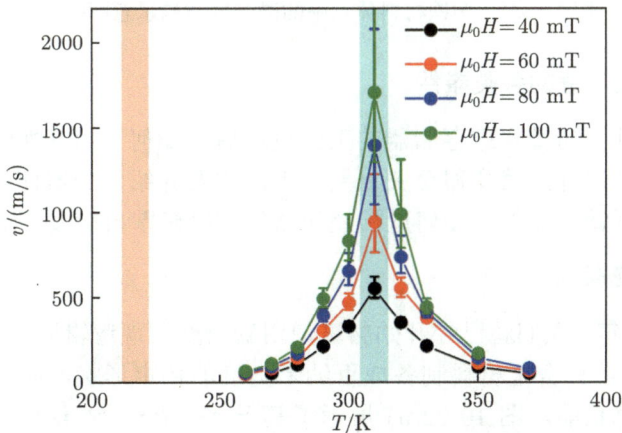

图 10-20　GdFeCo 亚铁磁合金体系中磁场导致磁畴壁移动速度的测量[21]

5. 其他畴壁体系

目前，畴壁赛道存储器的研究主要聚焦于手性磁畴壁。但更为广义畴壁的概念亦可以被应用到更多功能性的赛道存储器中，如多铁材料体系中的磁畴壁。在多铁材料体系中，可以利用外加电场控制磁矩的行为，从而实现更低耗能的存储器，甚至具有更多的功能。

Tokunaga 等[22] 报道了 $GdFeO_3$ 材料中的复合型多铁畴壁，如图 10-21(a) 所示。其中，蓝色、红色以及黑色的连接线分别表示序参量为电极化、Fe 元素自旋极化和 Gd 元素自旋极化的畴壁。尽管这一实验仅展示了使用电磁 $E$ 和磁场 $H$ 控制电极化 $P$ 和磁极化 $M$ 畴壁，但极大地启发了后续的畴壁移动机理以及电/磁互调控的相关研究。Kagawa 等[23] 报道了 $DyMnO_3$ 材料中的多铁畴壁，并研究了其动力学行为。如图 10-21(b) 所示，蓝色箭头代表了 Mn 自旋，而红色箭头代表了局域的电极化。相较于传统的铁电畴壁，这一材料体系中的多铁畴壁甚至在低温时仍具有极高的弛豫率，约 $10^7 \, s^{-1}$。这些实验现象表明，多铁畴壁的宽度并非如铁电畴一般的原子尺度，而具有更宽的磁畴壁结构。对多铁畴壁的相关研究，或将为畴壁赛道存储器的未来发展提供更多的可能性。

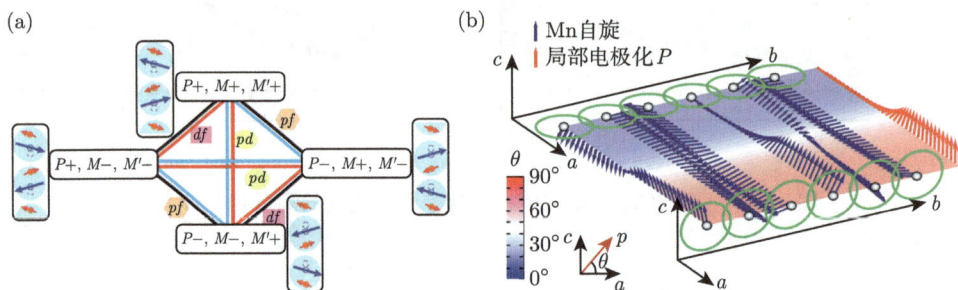

图 10-21　多铁材料体系中的磁畴壁结构示意图[22,23]

### 10.1.3　基于磁畴壁的各类器件

在了解了几代畴壁赛道存储器的工作机理后，如何利用其性能进一步形成实用的自旋电子学器件，就变得至关重要。下面主要介绍四类器件：磁畴壁逻辑器件、磁畴壁偏压调控器件、磁畴壁神经元器件和磁畴壁自旋波管道器件。

1. 磁畴壁逻辑器件

早在 2002 年，人们就已经开始尝试使用磁畴壁实现逻辑运算，例如 Allwood 等[24,25] 通过将坡莫合金材料制备成百纳米宽度的特定形状，演示了磁场驱动下的多种逻辑运算功能。图 10-22(a) 展示了基于"V 形分叉"结构中对于磁畴壁的"非"逻辑运算原理。随着外磁场方向的变化，左半支的"右 | 左"型磁畴壁首先

在磁场的作用下移动到分叉处，当外磁场沿着垂直方向时磁场翻转了垂直部分的磁畴，磁畴壁由左半支分叉处转变为右半支分叉处。当外磁场继续旋转时，右半支分叉的磁畴壁变为"左 | 右"型，即完成了逻辑"非"的操作。基于旋转外磁场驱动的磁畴壁，在不同的器件形状下，同样可以完成多样化的逻辑操作，如图 10-22(b) 所示。通过变化交变磁场的时序，组合不同的逻辑操作，还能完成更为复杂的逻辑运算。

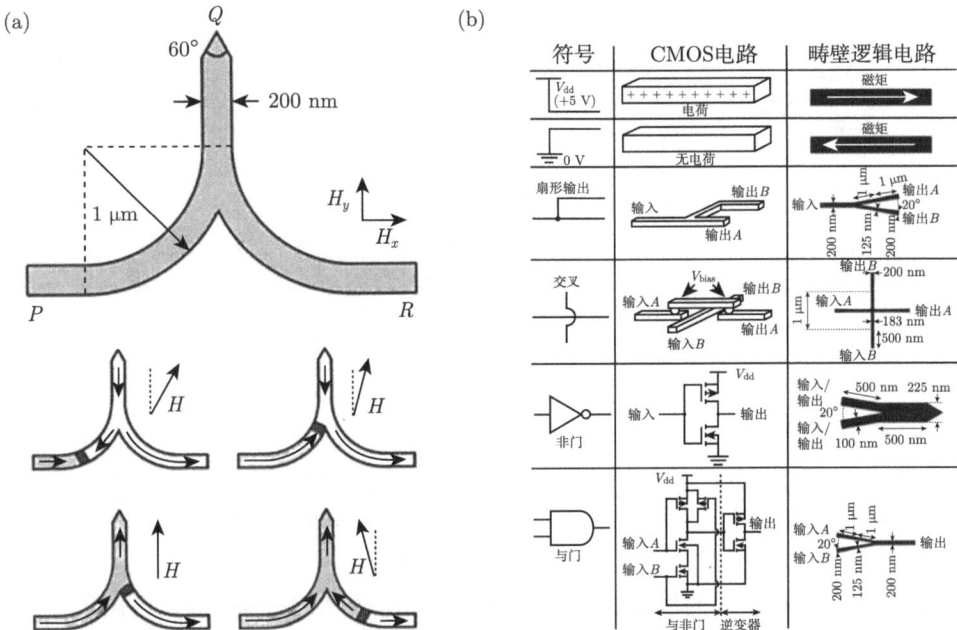

图 10-22　使用坡莫合金与交变磁场实现的磁畴壁逻辑器件[24,25]

在面内各向异性的坡莫合金中，磁畴壁逻辑器件展示了逻辑运算的可行性。但其磁畴壁较宽，受器件形状影响较大，同时外磁场很难仅在局域器件处施加等，这些缺点制约了其在高集成度的芯片中大规模应用的前景。2020 年，Luo 等[26] 报道了在垂直磁各向异性体系中电流驱动的磁畴壁逻辑器件。如图 10-23(a) 所示，通过局域氧化，可以实现淡红色区域为垂直磁各向异性，而淡蓝色区域为面内各向异性。由于 DM 相互作用具有手性的特点，为了降低总能量，这一体系中最低能量状态为淡蓝色区域两侧的磁矩反向排列。当一个磁畴壁通过这一区域时，由于两侧倾向于反向排列，"上 | 下"型磁畴壁就转换为了"下 | 上"型磁畴壁，即实现了逻辑"非"门的操作。对于这一重金属/铁磁双层膜体系，正如前文所述，在电流驱动下磁畴壁将沿着电流方向运动，这一运动的方向和速度对于"上 | 下"和"下 | 上"型磁畴壁是相同的，保证了磁畴壁经过这一逻辑运算后运动的连续性。基于这一特性，可以实现更为复杂的逻辑运算。如图 10-23(b) 所示，为与非

门 (NAND gate) 的器件结构。这些结构可以进一步层叠级联，形成更为复杂的逻辑运算操作。

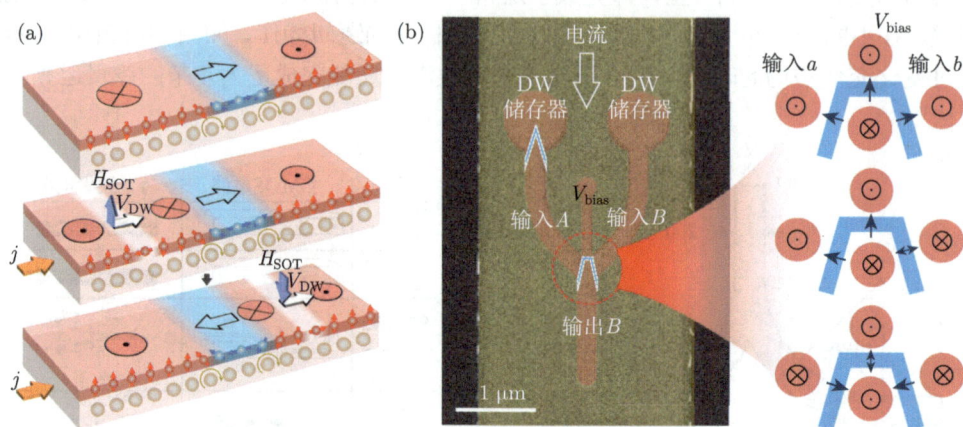

图 10-23　电流驱动的磁畴壁逻辑器件[26]

(a) 近邻纳米磁矩的手性耦合；(b) 可重新编程的 NAND/NOR 逻辑门器件

## 2. 磁畴壁偏压调控器件

外加电场同样可以对磁畴壁进行有效调控，也能进一步提升赛道存储器的效能。在铁磁纳米线中，Bauer 等[27] 展示了电场能可逆地产生畴壁运动的势阱。如图 10-24 所示，通过对 Au/GdO$_x$ 表层电极施加电压，可以在纳米线的特定位置对铁磁/重金属双层膜的性质进行有效调控。未加压时，磁畴壁可以自由地在纳米线中移动，即畴壁移动所需磁场在纳米线各处基本一致。当外加 $-5$ V 电压 60 s 后，在所加压区域，磁畴壁移动所需磁场明显增大。进而通过 $+6$ V 电压施加后，畴壁移动所需磁场又回复到原有值，表明了这一过程的可逆性。

Guan 等[28] 也展示了离子液体偏压调控的畴壁赛道存储器，如图 10-25 所示。样品结构为典型的人工反铁磁膜堆结构，而测量结构中，除基本的畴壁赛道存储器件之外，在近邻的部分制备了金电极。离子液体覆盖了畴壁赛道存储器和部分金电极，这使得偏压可以通过金电极施加在离子液体和畴壁赛道存储器件上。图 10-25(c) 展示了典型的电流驱动畴壁移动测量结果。

图 10-26 展示了不同偏压下磁畴壁移动的速度[28]。随着偏压从 0 V 升至 4 V，磁畴壁移动的速度有了明显的上升。随着偏压降至 $-3$ V，磁畴壁移动的速度有了明显的下降，甚至相较于未施加偏压时更低。进一步的实验表明，离子液体偏压效应对于磁畴壁移动速度的调控表现出非破坏性。如图 10-26(c) 所示，当外加偏压在 $-3$ V 和 $+4$ V 反复施加时，磁畴壁移动速度具有高度的可回复性。离子液体偏压调控的机理为可回复性氧化。当正/负电压施加时，顶层的人工反铁磁结

构被还原/氧化。这对应了施加正向/反向偏压时，畴壁移动器件中磁滞回线测量
结果，具有了人工反铁磁和铁磁的特征，从而对应迥然不同的畴壁移动速度。在
X 射线光电子能谱 (X-ray photoelectron spectroscopy，XPS) 测量结果中，对应
氧化的峰位出现和消失与这一模型解释吻合得很好。

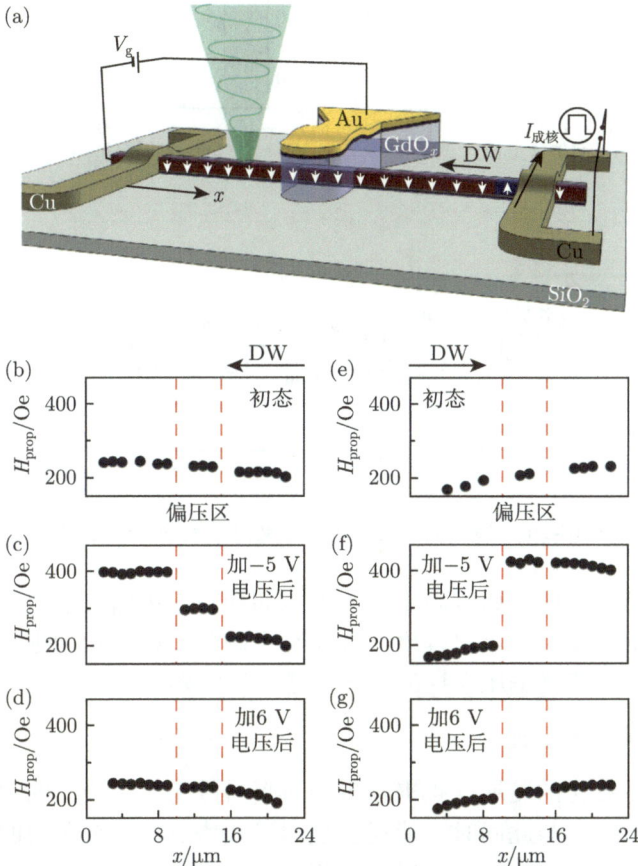

图 10-24　通过偏压调控磁纳米线中磁畴移动的势阱[27]

(a) 实验示意图；(b)~(g) 不同偏压下的磁畴壁移动

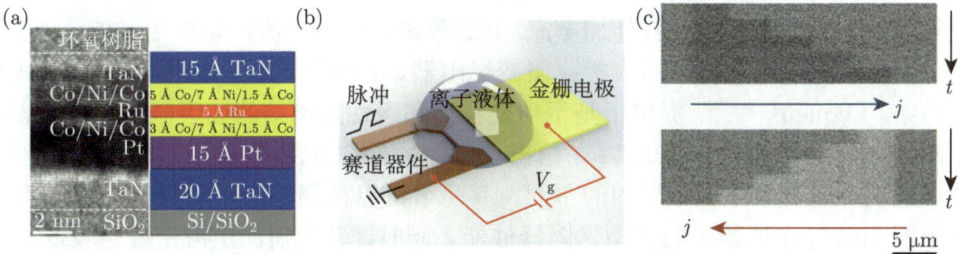

图 10-25　离子液体偏压的畴壁赛道存储器[28]

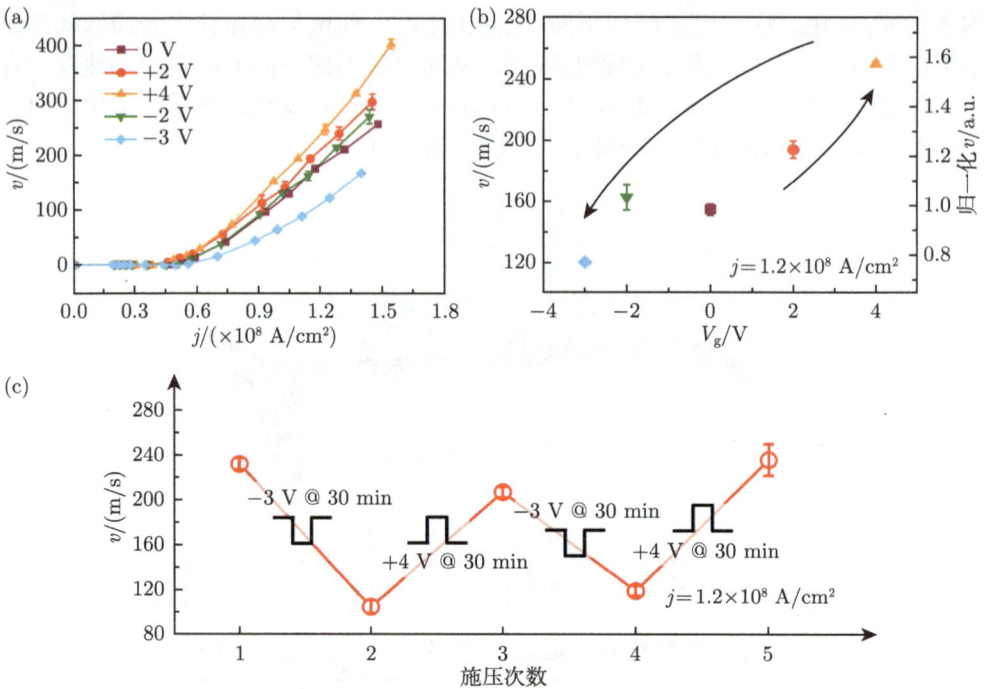

图 10-26　离子液体的偏压对磁畴壁移动速度的影响[28]

这一实验结果表明，通过离子液体偏压的调控，可以有效地控制人工反铁磁结构样品中顶部铁磁层的氧化程度，进而对于磁畴壁移动行为进行调控。这一效应可用于制备离子液体偏压调控的磁畴壁逻辑运算器件。

### 3. 磁畴壁神经元器件

随着社会信息化的发展，越来越多的新兴科技得到了极大的关注，例如人工智能和深度学习等。与此同时，能耗也呈爆发式增长。一个典型的对比是在围棋比赛中战胜人类的 AlphaGo，相较于人类大脑约 20 W 的耗能，其耗能约高 5 个数量级 (达到兆瓦 ($10^6$ W))。类脑/模仿神经元网络的计算架构可以针对性地解决这一功耗问题。在这类架构中，关键的组成元件为忆阻器。忆阻器为非线性的电阻元件，其电阻值可以被外加电流/电压等调控至多个值，如图 10-27(a) 所示。忆阻器可以大致分为以下四大类：阻变忆阻器、相变忆阻器、铁电隧道结和磁性隧道结。Lequeux 等[29] 提出了基于畴壁移动和磁性隧道结的忆阻器器件，其结构如图 10-27(b) 所示。图 10-27(c) 给出了这一器件在直流电流驱动下的电阻变化。可以发现，随着电流施加历程的不同，其阻值可以被调控至不同数值，表现出类似于图 10-27(a) 所给出的典型忆阻器性能。同时，其所需的电流密度也较低，具有更低的能耗。图 10-27(d) 给出了这一器件中的微磁学模拟结果，表明忆阻器不同的电阻值与磁畴壁的不同位置具有一一对应关系。基于磁畴壁的赛道存储器器件同样在神经元网络和类脑计算等领域具有广阔的前景。

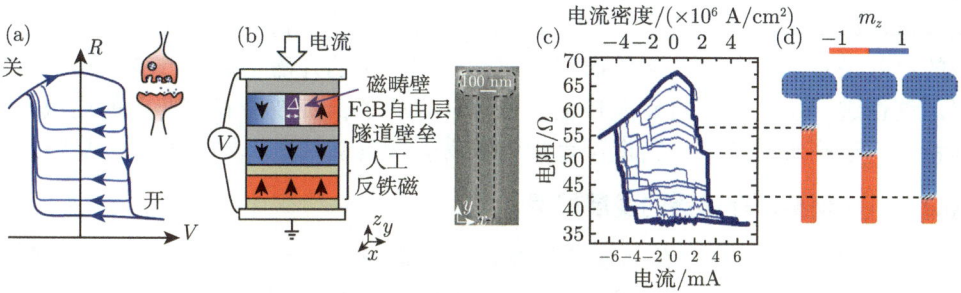

图 10-27 基于磁畴壁的忆阻器器件[29]

### 4. 磁畴壁自旋波管道器件

另一种基于磁介质的信息载体是自旋波,其不仅可以用于信息的传播,亦可用于逻辑运算。传统自旋波是依靠空间上变化的波导进行传输的,这种方法存在一定的不足。一旦波导制作完成,其形状就确定了,因此无法进行重新更改。为了解决这一问题,Wagner 等[30] 探究了利用磁畴壁作为自旋波传输通道的可能性,在特定形状的坡莫合金薄膜器件中,他们首先产生了稳定的奈尔封闭型磁畴结构。通过器件末端的微波天线,在器件中产生自旋波。结合聚焦的布里渊光散射成像测量,在磁畴中和磁畴壁上分别观测到了截然不同的自旋波频谱响应,如图 10-28 所示。图 10-28(a) 展示了磁矩在面内方向的分量,显示为 180° 的封闭型磁畴壁。图 10-28(b) 展示了对应的有效场在 $x$ 方向的分量,可见有效场在磁畴壁处明显

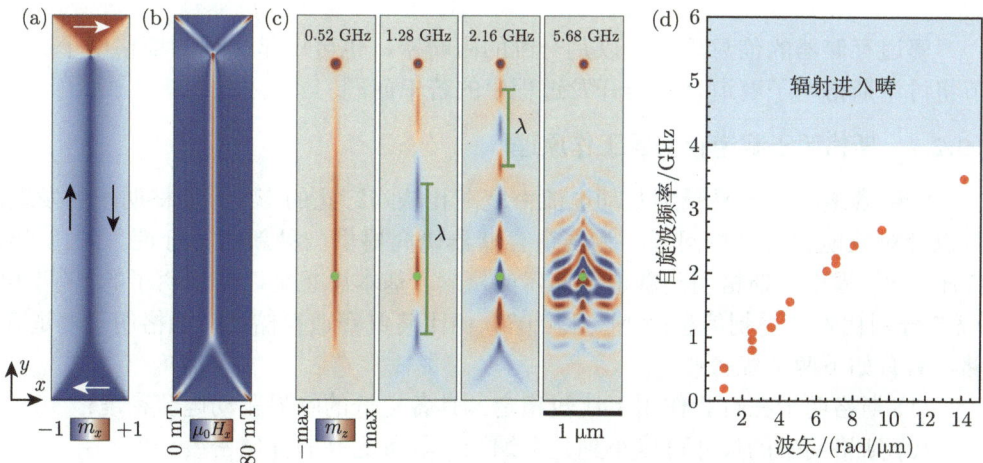

图 10-28 使用磁畴壁传输自旋波的微磁学模拟结果[30]

更强。在图 10-28(c) 中，通过在绿色点处激发自旋波，计算得到了自旋波振幅在空间上的分布。可以明显看出，当自旋波频率较低时，自旋波仅在磁畴壁中有效传播，而一旦远离磁畴壁，就明显消散。这表明，磁畴壁对于具有特定频率的自旋波可以起到传播通道的作用。图 10-28(d) 进一步分析得到了磁畴壁中传播自旋波的色散关系。进一步的实验研究表明，施加较小的外磁场可以改变磁畴壁的位置，这也进一步改变了自旋波传输的位置，表明了自旋波沿着磁畴壁的局域性传播特性。这些研究结果为实现可重构的非易失性自旋波逻辑器件奠定了基础。

### 10.1.4　畴壁赛道存储器的发展展望

2002 年，畴壁赛道存储器的概念被首次提出，至今的 20 余年中，历经了四代的发展。畴壁赛道存储器的优化也催生出许多重要的物理现象。例如 DM 相互作用、自旋转移力矩、自旋霍尔效应、垂直各向异性、层间交换耦合、巨磁电阻、磁性隧道结等物理概念，它们已在畴壁赛道存储器的发展和设计中起到了重要的作用。畴壁赛道存储器在已有成就的基础上，未来可能的主要发展方向如下所述。① 三维的畴壁赛道存储器[31]。例如依托于 3D 打印和各向同性薄膜生长技术 (如原子层沉积 (atomic layer deposition，ALD)) 的器件制备方式。② 对于畴壁稳定性、尺寸、最小间距等物理量的实空间直接观测。这需要更高空间、时间分辨率的观测手段。③ 在架构层面的算法研究。例如在储存处理相同的信息量时，如何优化畴壁的排列或算法，以实现最小的总畴壁移动次数[32,33] 等。综上，基于磁畴壁的赛道存储技术不但取得了较大的进步，而且表现出较好的发展潜力。

## 10.2　斯格明子赛道存储器

赛道存储器的信息单元可以是一维的磁畴壁，也可以是二维的斯格明子。本节将讨论斯格明子赛道存储器开发过程中的若干问题。

### 10.2.1　斯格明子赛道存储器工作原理

畴壁赛道存储器易受到驱动电流密度高和缺陷钉扎的影响。斯格明子的发现，可以针对性地解决这些问题，为赛道存储器研究提供一种新的可行性。2013 年，Fert 等[34] 提出了斯格明子赛道存储器的概念，基本思想是以斯格明子的 "有" 和 "无" 分别代表二进制信息的 "1" 和 "0"。相比畴壁赛道存储器，斯格明子赛道存储器具有如下两个优势：

(1) 斯格明子在钉扎作用下比较稳定，具备更低的临界驱动电流密度；

(2) 斯格明子的尺寸可以小到几个纳米，具备更高的存储密度。

如图 10-29 所示，斯格明子赛道存储器的工作原理包含三部分。首先是信息的写入，可以通过电流等方式在赛道中注入一个斯格明子。其次是信息的传输，通过施加一个水平驱动，实现斯格明子在赛道中的移动。最后是信息的读取，当斯格明子运动到读头区域时，局域磁电阻大小会改变，这种变化会转变成电压信号从而实现信息的读取。在器件的集成和应用方面，通常利用磁性隧道结来实现信息的写入和读取功能。

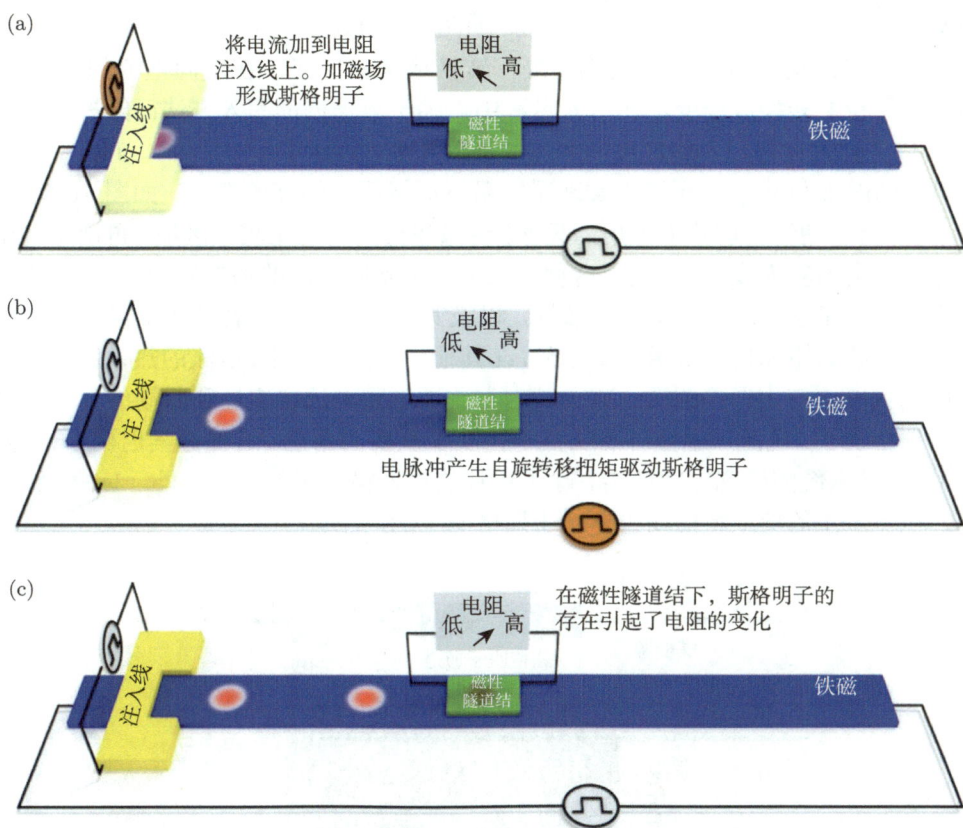

图 10-29　斯格明子赛道存储器，包括 (a) 写入、(b) 传输和 (c) 读取[35]

构建斯格明子赛道存储器需要同时实现上述三个操作，但是受限于斯格明子材料以及技术工艺难度，当前绝大部分的研究局限于实现部分功能。在斯格明子的产生和驱动方面，尽管已有多种方案，包括电流、电压、磁场、温度等多场调控方式，但是仍有一系列的问题需要解决，例如，如何实现局域、高效的斯格明子写入；如何在实现斯格明子高速运动的同时，确保信息稳定等。在信息读取方面，如何集成磁性隧道结和斯格明子赛道器件也是一个亟待解决的问题。针对这些挑战，研究人员提出了多种解决方案。这里将聚焦写入、驱动、读取三个方面，分别简述斯格明子赛道存储器应用中的重要问题。

### 1. 斯格明子的写入

在器件应用中，最有效的方式是利用电流驱动磁化翻转，实现斯格明子写入。利用磁畴壁和斯格明子之间相互转换，Zhou 等[36] 提出了一种实现斯格明子产生的方法。如图 10-30(a) 所示，在赛道存储器结构中引入宽度不同的区域，在较窄部分的磁结构为畴壁，而在较宽部分的磁结构为斯格明子。在正向电流的作用下，畴壁运动至宽窄区域的连接处，转换成斯格明子。在反向电流的作用下，斯格明子也会转换成畴壁。在写入过程中，关于磁畴壁的写入方法已经被广泛研究[26,37-39]，因此可以利用畴壁写入方式而间接实现斯格明子的写入。Jiang 等[40] 在 $Ta/CoFeB/TaO_x$ 三层膜中实现了室温下斯格明子的高效产生。如图 10-30(b) 和 (c) 所示，通过自旋轨道力矩，驱动手性条纹磁畴运动至较窄区域，再次运动至较宽区域会被转换成斯格明子。这种方式类似于吹肥皂泡的物理机制，后续的模拟工作也验证了这种产生方案的有效性，以及其在未来应用中的器件兼容性[41]。除了自旋转移力矩和自旋轨道力矩之外，在其他的作用机制下，电流的热效应和奥斯特磁场也能够产生斯格明子。Woo 等[42] 通过实验方法在室温和零场的条件下产生了斯格明子，电流产生焦耳热在其中扮演了重要的角色。这种方案也被 Lemesh 等[43] 通过系统的研究方案证实。除了焦耳热对斯格明子的作用之外，Je 等[44] 发现，电流产生的奥斯特磁场也有助于斯格明子的产生。

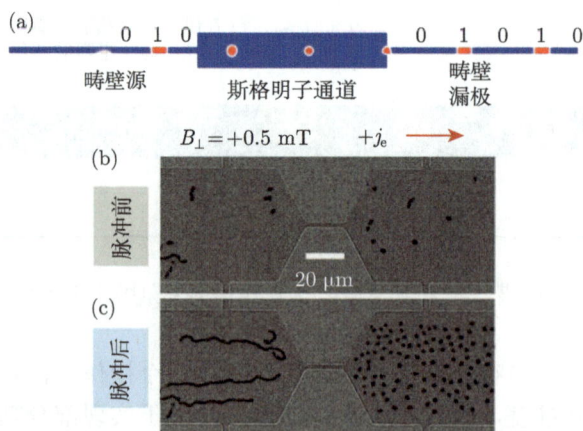

图 10-30　(a) 斯格明子和畴壁之间的可逆转换[36]；(b)、(c) 实验发现手性条纹磁畴可以被"吹"成斯格明子[40]

除电流的作用之外，外加磁场或者局域磁场也可以产生斯格明子。在早期斯格明子相图的研究工作中，磁场和温度可以调控材料中斯格明子和迷宫畴状态之间的转变[45-48]。这也表明，利用外加垂直磁场引入的塞曼能，与材料中的 DM 相互作用能、各向异性能、交换能等能量项竞争，能够可控地产生斯格明子。Müller 等[49] 通过模拟和理论计算表明，施加脉冲磁场可以在磁性材料中接近样品边缘的部分产生斯格明子。这是由于，体系中存在手性 DM 相互作用，导致在磁性体系的边缘磁矩不是完全垂直，而是具有一个面内分量。利用同样的思路，Mochizuki 等[50] 发现，外加磁场能够在薄膜中的缺陷部分可控地产生单个斯格明子。Zhang 等[51] 通过利用磁力显微镜探针产生的局域磁场，在薄膜中实现了纳米尺度斯格明子 "写入"。这为磁场控制斯格明子的局域产生提供了可行的解决方案。实际上，磁场强度大于保持斯格明子稳定的临界磁场时，斯格明子会湮灭。因此，磁场也可以作为一种简单的调控方案，用于删除斯格明子。

上述两个方案中，电流难免会产生焦耳热，而利用磁场产生单个斯格明子也具有较大的难度。研究人员也在探索更加可靠、低功耗的斯格明子产生方案。其中一种方案是利用环境中的热，或者局域加热器件来产生斯格明子。通过制备片上局域的加热器件，Wang 等[52] 实现了斯格明子通过加热途径进行产生的方法，且通过调控加热器件中的脉冲电压的强度，能够可控地改变斯格明子的产生数量。纯电压也被视为一种低功耗的产生方式。Mochizuki 和 Watanabe[53] 通过理论模拟的方法发现，通过磁电耦合效应，利用局域电场可以在多铁薄膜材料中可控地写入单个斯格明子。Hsu 等[54] 实验发现，利用自旋极化扫描隧道显微镜施加局域电场可以实现单个斯格明子的写入和擦除。Ma 等[55] 设计了具有厚度梯度的赛道存储器结构，在此结构中斯格明子可以被电场写入；当电场被移除时，斯格明子同时也会湮灭。另外，通过光与磁矩相互作用，激光也能用于产生斯格明子。Finazzi 等[56] 报道了单个脉冲激光可被用于产生手性磁结构，在外加磁场的辅助下，超短的单个脉冲激光作用在非晶的 $Tb_{22}Fe_{69}Co_9$ 薄膜中，可以产生尺寸约为 150 nm 的斯格明子。在铁磁薄膜中，Je 等[57] 也报道了室温下脉冲激光可以产生斯格明子晶格，且利用激光强度的变化可以调控斯格明子的数量。利用氢的化学吸附/解吸附，在 Co/Ni 多层膜中，Chen 等[58] 实现了斯格明子的可逆可控产生和湮灭。在斯格明子的精确产生方面，研究人员提出了降低局域能量阈值的方案产生斯格明子，例如，Guang 等[59] 利用电子束辐照，以及 Kern 等[60] 利用聚焦氦离子束辐照来确定性地产生斯格明子。

研究人员同时也发现，可以在没有 DM 相互作用下，利用纳米印刷 (nanoimprinting) 的方式来产生斯格明子。这也极大地扩展了斯格明子的产生方案和应用体系。Sun 等[61] 提出，结合垂直磁化的 CoPt 薄膜和在 Co 纳米岛中的磁涡旋阵列，Co 纳米岛中的磁涡旋阵列会被印刷到垂直的 CoPt 薄膜中，从而形成斯格明子阵列。这些斯格明子阵列在室温和零场下均可稳定存在。利用类似的设计思路, Gilbert 等[62] 通过实验的方法实现了将 Co 纳米点中的涡旋态印刷到具有垂直各向异性的 Co/Pd 中形成斯格明子。相比于具有 DM 相互作用材料中的斯格明子, 这里印刷形成的斯格明子手性和极性可以被人为调控, 以实现不同类型斯格明子、不同拓扑荷磁结构的产生和调控。

### 2. 斯格明子的驱动

由于斯格明子具有较高的稳定性和传输速度, 因此在驱动力的作用下, 斯格明子可以在写头和读头之间快速移动。这也使得斯格明子赛道存储区具有高的访问速度和读写的耐久性。随着斯格明子研究的发展, 研究人员也提出了多种方案来驱动斯格明子运动, 包括电流、磁场梯度、各向异性梯度、温度梯度等。这里将从斯格明子的驱动机制、斯格明子的运动速度和稳定性等角度来阐述斯格明子的输运行为。

在驱动机制方面, 利用电流驱动斯格明子是最常用的方案。最早 Jonietz 等[63] 发现电流可以驱动 MnSi 中的斯格明子晶格旋转。随后 Yu 等[64] 直接观测到 FeGe 中斯格明子在电流作用下的动力学行为。Fert 等[34] 首次通过微磁学模拟的方法提出了利用电流驱动斯格明子运动的赛道存储器, 其中驱动电流密度低至 $10^6$ A/m$^2$, 这个电流密度相比于驱动其他磁结构的电流密度小了 5 个数量级, 说明基于斯格明子赛道存储器的能耗更低[63]。Woo 等[65] 研究了 Pt/CoFeB/MgO 薄膜中室温斯格明子在电流作用下的动力学行为, 并发现斯格明子链在电流密度为 $5 \times 10^{11}$ A/m$^2$ 的驱动力作用下, 运动速度超过 100 m/s。Legrand 等[66] 也研究了在 Pt/Co/Ir 构成的多层膜中尺寸为 100 nm 左右的斯格明子电流驱动动力学。Juge 等[67] 也发现自旋轨道力矩驱动下斯格明子的运动速度能够超过 100 m/s。

根据自旋极化电流的作用原理, 电流驱动斯格明子运动分为自旋转移力矩和自旋轨道力矩两种作用类型。自旋转移力矩驱动斯格明子的动力学可以利用 Thiele 方程来描述[68-71]。

通过对 Thiele 方程求解, 可得在电流驱动下, 斯格明子运动速度在 $x$ 和 $y$ 方向均有分量。也就是说, 斯格明子的运动方向与电流驱动力的方向呈现出一定的夹角, 这种现象称为斯格明子霍尔效应。斯格明子霍尔效应由 Zang 等[73] 通过理论计算发现, 并由 Jiang 等[74] 和 Litzius 等[75] 分别独立通过实验得到证实。与理论计算结果不同, Jiang 等[74] 发现, 在驱动电流较小时, 斯格明子霍尔角与驱动电流密度呈线性依赖关系, 这主要源于实际材料中的钉扎与斯格明子之间的相互作用。当驱动电流较大时, 斯格明子进入流体运动区间, 斯格明子霍尔角达到饱和。

在赛道存储器的应用场景中, 需要尽量避免斯格明子霍尔效应的影响。一方面, 斯格明子霍尔效应会使得其偏转到器件边缘, 导致斯格明子不稳定。另一方面，由于斯格明子的运动速度与驱动电流密度成正比，提升斯格明子的运动速度也就意味着斯格明子与器件边缘的相互作用增强，进一步降低了斯格明子的稳定性。Iwasaki 等[76] 通过数值模拟，研究了在边界受限体系中斯格明子的动力学，发现减小赛道宽度可使斯格明子在通道中稳定运动，并且速度与电流密度成正比。Tomasello 等[70] 提出了四种不同的斯格明子赛道存储器设计方案，如图 10-31 所示。根据斯格明子的构型，分别为奈尔型 (图 10-31(a)、(b)) 和布洛赫型 (图 10-31(c)、(d))；根据驱动电流方式，分别为自旋转移力矩 (图 10-31(a)、(c)) 和自旋轨道力矩 (图 10-31(b)、(d))。研究发现，两种类型的斯格明子都可以被自旋转移力矩和自旋轨道力矩驱动。其中，基于自旋轨道力矩驱动的奈尔型斯格明子赛道存储器，在运动速度、稳定性等方面都具有更好的性能。因此，在未来斯格明子赛道存储器的应用中，结合薄膜材料在工艺制备方面的优势，具有奈尔型斯格明子的铁磁/重金属体系能表现出更广泛的应用前景。

针对斯格明子霍尔效应导致的斯格明子在赛道边缘不稳定性问题，研究人员也提出了多种优化方案。一方面，可以通过调控赛道存储器的边界来限制斯格明子运动。例如，在赛道的边缘引入边界势垒、通过电压控制各向异性效应，控制局域势能，从而调控斯格明子的运动行为[77-84]。另一方面，可以利用人工合成反铁磁、亚铁磁以及反铁磁等新材料体系中的斯格明子来实现零霍尔偏转下的高速运动[85-88]。

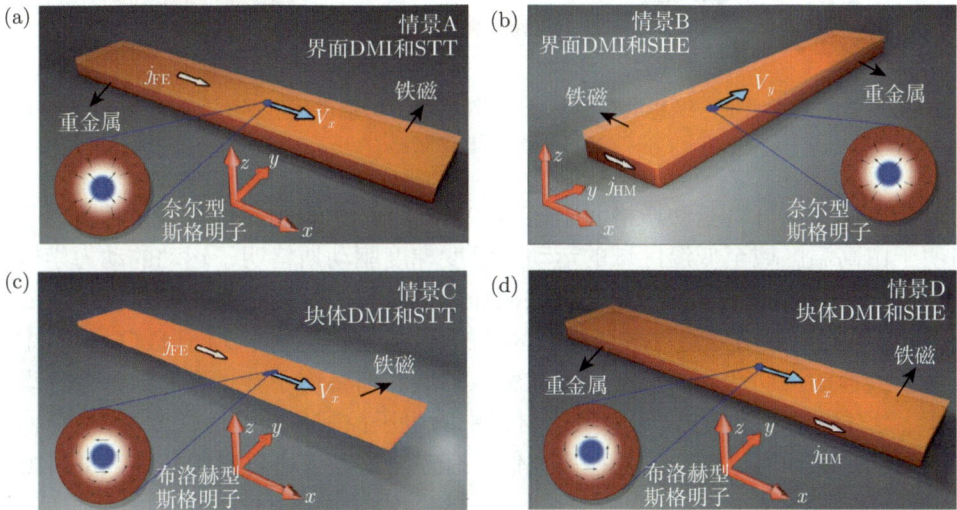

图 10-31　斯格明子赛道存储器的四种设计方案[70]

其中斯格明子类型分别为奈尔型 ((a)、(b)) 和布洛赫型 ((c)、(d))，驱动电流方式分别为自旋转移力矩 ((a)、(c)) 和自旋轨道力矩 ((b)、(d))

在实际器件中，电流不可避免地会产生焦耳热，因此高效能的驱动方案在斯格明子赛道存储器的研究中也越发重要，Wang 等[89] 首先通过模拟发现，磁场梯度在斯格明子两边产生的能量差可以用来驱动斯格明子。Zhang 等[90] 从实验上在 $Cu_2OSeO_3$ 体系中实现了磁场梯度驱动斯格明子，并以此提出了环形斯格明子赛道存储器的设计方案。图 10-32(a) 为常规的一维斯格明子赛道存储器，斯格明子在磁场梯度的作用下沿着赛道运动。然而，磁场梯度驱动斯格明子在赛道存储器中的运动会引入另外一个问题，即斯格明子在赛道中的尺寸会随着局域磁场大小的变化而变化。因此，磁场梯度驱动方式不适用于长距离的斯格明子赛道存储器，需要在未来器件设计中进一步优化。图 10-32(b) 和 (c) 为二维环形赛道存储器结构，斯格明子在梯度的作用下在圆环中运动。这种方案可以解决磁场导致的斯格明子尺寸变化问题。类似于畴壁赛道存储器的发展思路，这种二维的斯格明子赛道存储器结构极大地扩展了器件集成密度，未来也可以发展基于斯格明子的三维赛道存储器。

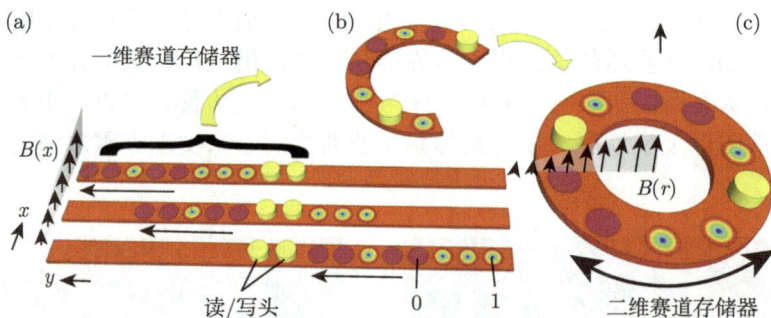

图 10-32　　(a) 斯格明子一维赛道存储器；(b) 斯格明子二维半环形赛道存储器；(c) 斯格明子二维环形赛道存储器[90]

温度梯度也可以驱动斯格明子运动。Wang 等[52] 利用原位加热技术实现了斯格明子由高温区域至低温区域的运动。温度梯度驱动斯格明子运动的动力学较为复杂，是熵流、热电流、热磁子流等共同作用的结果[91]。斯格明子在温度梯度的影响下，也可能出现由低温区域至高温区域的运动，Yu 等[92] 报道了 FeGe 材料中斯格明子类似的运动现象。温度梯度的引入扩展了斯格明子赛道存储器的器件设计方案。也有研究方案指出，可以利用材料中的电压控制各向异性梯度，驱动斯格明子的运动。其作用原理与磁场梯度类似，有需要的读者可以参阅文献 [93]~[100]。

### 3. 斯格明子的读取

当前对于斯格明子的读取主要包括光学方法和电学方法。其中光学方法包括利用洛伦兹透射电子显微镜[47,101-105]、磁力显微镜[106-110]、磁光克尔显微镜[40,74,111-114]等，可以直观地观察、表征斯格明子结构。电学方法包括拓扑霍尔磁电阻测量和磁性隧道结磁电阻测量两种间接方式[115-118]。在斯格明子器件的集成化应用中，需要将斯格明子的磁性信号转化成电学信号，因此这里主要关注利用电学方法读取斯格明子。

一种读取斯格明子的有效方式是利用斯格明子的拓扑霍尔效应[115]。拓扑霍尔效应起源于磁性材料中具有连续磁化状态变化的贝里相位[119-122]。拓扑霍尔效应可以理解为：在绝热状态下，当一个传导电子穿过斯格明子时，由于斯格明子的自旋拓扑构型，传导电子在离开时和入射时的自旋方向是平行的。然而，在通过斯格明子的过程中，传导电子的自旋方向是不断翻转的，这是由于斯格明子会产生一个演生磁场，作用于电子自身。当斯格明子以一定的速度运动时，运动的演生磁场会产生一个电场，传导电子在这些磁场的共同作用下将产生一个偏转，也就是拓扑霍尔效应。例如，对于 Fe/Ir(111) 材料，斯格明子的尺寸约为 1 nm，对应的磁场大小约为 4000 T[123]。所以斯格明子也提供了强磁场环境下，研究电荷、自旋输运的绝佳平台。

起初对于斯格明子拓扑霍尔效应的研究主要集中在单晶材料中，这主要是因为单晶材料中斯格明子晶格对霍尔电阻的集体贡献放大了电信号。Neubauer 等[115] 研究了 MnSi 材料中的拓扑霍尔效应后发现，拓扑霍尔效应对霍尔电阻的贡献与正常霍尔效应的符号相反，且系数定量地与斯格明子密度保持一致。Schulz 等[121] 通过改变外加电流的大小，研究了相同体系中霍尔电阻与温度的依赖关系，并通过直接观测斯格明子的电磁场来判定斯格明子的钉扎与运动状态。利用外延生长技术，Yokouchi 等[124] 制备出厚度和组分变化的薄膜材料 $Mn_{1-x}Fe_xSi$，并进一步发现仅在具有斯格明子相的温度和外加磁场条件下，才能观察到明显的拓扑霍尔电阻。在 Mn 掺杂的 $Bi_2Te_3$ 拓扑绝缘体薄膜中，Liu 等[125] 通过测量拓扑霍尔效应，研究了斯格明子的产生和湮灭。

大部分拓扑霍尔效应的研究集中在单晶材料中，但是单晶材料中的斯格明子大多稳定温度区间较低，因此也限制了其器件的应用前景。相比而言，室温、弱磁场下具有斯格明子相的薄膜体系具有更大的应用前景。针对这些体系，部分研究也报道了斯格明子的拓扑霍尔效应。Maccariello 等[126] 在室温条件下，在 Pt/Co/Ir 多层膜体系中实现了电学方法探测单个斯格明子，通过分析单个斯格明子的霍尔信号，他们发现其中的贡献来源于反常霍尔效应和拓扑霍尔效应。Zeissler 等[127] 也研究了 Pt/Co/Ir 多层膜体系的圆盘结构中的斯格明子对霍尔电阻的贡献，且斯格明子的大小、数量和符号均会影响电学信号。

虽然拓扑霍尔效应能够直观地反映斯格明子存在与否，但是在单个斯格明子的探测方面具有很大的局限性。这主要是由于拓扑霍尔效应的贡献较弱。因此，在确定磁结构为斯格明子的前提下，观测斯格明子对器件整体霍尔电阻的影响是一种更加直接的方案。Hamamoto 等[116] 利用电学探测方法测量了受限器件中斯格明子的位置，主要原理是依据斯格明子的存在与否对电阻的影响不同。当斯格明子经过探测区域时，对应的电压信号会出现一个峰值；而当斯格明子远离探测区域时，对应的电压信号减弱。另外，Wang 等[52] 提出通过反常能斯特效应 (ANE) 的电压信号来探测单个斯格明子的信号，如图 10-33 所示，斯格明子的产生或者湮灭会导致 $\Delta V_{\mathrm{ANE}} = (90 \pm 10)$ nV 的变化。Scarioni 等[128] 也利用反常能斯特效应观察到斯格明子导致的电压信号变化。研究表明，减小斯格明子尺寸和增大斯格明子密度会更有利于其电学探测。

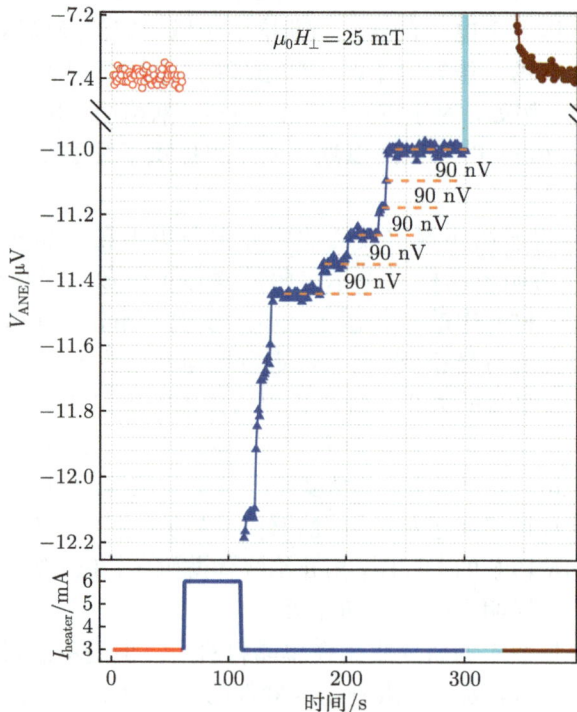

图 10-33　反常能斯特电压信号随斯格明子数目的变化[52]

相比于探测霍尔电阻的变化，磁性隧道结与赛道存储器结合在材料选择、样品制备、器件集成和探测效率等方面具有更大的应用前景。Tomasello 等[129] 通过理论研究提出，在一个三终端器件中，通过探测一个集成的磁性隧道结中隧穿磁电阻的信号变化来读取斯格明子。随后 Hamamoto 和 Nagaosa[130]，以及 Zhang 等[131] 通过理论计算和数值模拟研究了电学方法探测磁性隧道结中的单个斯格明子，并且提出结合磁性隧道结实现多比特的斯格明子存储器件。在实验上，Penthorn 等[132] 发现尺寸约为 100 nm 的单个斯格明子会导致隧穿磁电阻约 10% 的变化，这个发现使得隧道结探测斯格明子在器件中的应用成为可能。Kasai 等[133] 也实现了电学探测隧道结自由层中的斯格明子。最近，Li 等[118] 发现，基于斯格明子的隧道结中，斯格明子的拓扑物性和密度的变化会导致非线性和多层级的隧穿磁电阻变化。Guang 等[117] 发现，隧道结中单个斯格明子的产生或者湮灭会导致在 38~66 Ω 范围内的隧穿磁电阻变化。

　　上述研究中，斯格明子自由层集成到磁性隧道结顶端中，如何利用隧道结探测运动的斯格明子仍然是一个挑战。目前在赛道存储器和隧道结的集成方面仍有较大的技术难度。未来，如何利用隧道结分别写入和探测斯格明子，不仅在赛道存储器应用方面，而且在斯格明子器件的其他应用场景都是研究重点。

### 10.2.2　合成反铁磁、亚铁磁和反铁磁斯格明子赛道存储器

　　斯格明子在赛道存储器中的输运会受到斯格明子霍尔效应的影响。一种解决方案是改变赛道存储器的边界势垒来抵消斯格明子的霍尔偏转。然而，当前的方案局限于理论计算和模拟方面，相关器件的实验实现仍具有很大的挑战性。探索新型拓扑自旋结构也成为当下的研究趋势。研究人员发现，人工合成反铁磁体系、亚铁磁材料以及反铁磁材料能够满足拓扑稳定性和高运动速度的需求。

　　类似于基于人工合成反铁磁结构的第四代畴壁赛道存储器，人工合成反铁磁斯格明子也可以用于构建赛道存储器。Zhang 等[85] 发现，这种结构中的斯格明子具备更快的运动速度，且斯格明子霍尔效应为零；如图 10-34 所示，人工合成反铁磁耦合材料中，上下两个磁性层中的斯格明子拓扑荷相反，因此体系的总拓扑荷为零；在电流驱动过程中，人工合成反铁磁斯格明子不会受到马格努斯力的影响，能够沿着赛道直线运动；同时，上下两层斯格明子之间的反铁磁耦合极大地提升了斯格明子的运动速度；因此，这种人工结构在斯格明子的超快输运方面具有极大的应用前景。Dohi 等[134] 的实验研究发现，在室温条件下 Ta/Pt/Co/CoFeB/Ir/Co/CoFeB/W/Ru 体系中可以实现人工合成反铁磁斯格明子，表现出基本为零的斯格明子霍尔角；在同等电流密度驱动下，人工合成反铁磁斯格明子的运动速度远大于铁磁材料中斯格明子的运动速度。随后，Legrand 等[135] 在 Pt/Co/Ru 体系中也发现了合成反铁磁斯格明子。

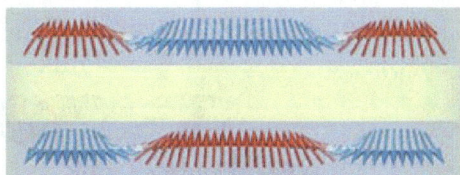

图 10-34　合成反铁磁斯格明子结构[85]

　　研究人员也探索了反铁磁体系中的斯格明子。Zhang 等[86] 以及 Barker 和 Tretiakov[87] 分别通过理论计算，研究了反铁磁体系中斯格明子的成核和动力学行为[87]，研究发现，反铁磁斯格明子的霍尔角为零，且运动速度能够达到 1700 m/s。这表明，反铁磁斯格明子在赛道存储器方面具有巨大的应用前景。然而，受限于反铁磁材料的磁探测难度，目前反铁磁斯格明子的研究主要是理论和计算方面。最近，亚铁磁体系引起了研究人员的关注。亚铁磁体系中的净磁矩不为零，两套次晶格通过反铁磁交换相互作用耦合，因此亚铁磁体系兼具铁磁材料和反铁磁材料的优点。通过外加磁场可以操控亚铁磁的净磁矩，同时次晶格间的反铁磁耦合也提供了快速的动力学响应，因此亚铁磁斯格明子在赛道存储器的应用中具有极大的优势。Woo 等[136] 实验报道了 GdFeCo 亚铁磁材料中斯格明子的产生和输运现象，通过元素分辨的 X 射线磁圆二色成像手段，他们发现 Gd 和 FeCo 两套次晶格通过反铁磁耦合在一起，且斯格明子的运动速度可以达到 50 m/s，对应的斯格明子霍尔角约为 20°。Hirata 等[137] 研究了 GdFeCo 中电流作用和钉扎的亚铁磁斯格明子横向扩张之间的关系，类似于斯格明子霍尔角的定义，这里定义亚铁磁磁畴横向扩张的方向和电流方向之间的夹角为霍尔角；研究发现，当温度达到材料本身的角动量补偿温度时，斯格明子霍尔效应为零。Quessab 等[138] 研究发现，CoGd 材料中的斯格明子速度能够达到 600 m/s，这也是目前实验研究中斯格明子能够达到的最快输运速度，而且表现出小于 3° 的斯格明子霍尔角。这些研究揭示了亚铁磁材料在构建高速信息存储和写入斯格明子赛道存储器方面的优势。

### 10.2.3　其他类型斯格明子赛道存储器

　　斯格明子赛道存储器的设计是利用斯格明子的“有”和“无”来代表“1”和“0”。随着对斯格明子的深入研究，研究人员提出了斯格明子赛道存储器中不同的信息存储方案。方案之一是利用斯格明子相反的拓扑荷来表示信息的“1”和“0”。如图 10-35 所示，Hoffmann 等[139] 提出利用拓扑荷为 1 的斯格明子和拓扑荷为 −1 的反斯格明子来构建赛道存储器。他们通过理论研究发现，在具备秩 1 类型 DM 相互作用 (rank-one DMI) 材料中，斯格明子和反斯格明子的能量是简并的，因此可以同时存在。在材料探索方面，Jena 等[140] 实验发现在具有 $D_{2d}$ 对称性的哈斯勒合金 MnPtPdSn 材料中，可以同时具有两个相反拓扑荷的斯格明子。相关

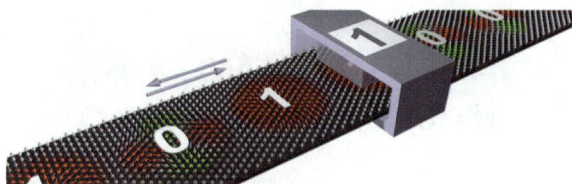

图 10-35　基于斯格明子和反斯格明子的新型赛道存储器[139]

研究目前局限于斯格明子的形成，对于其动力学响应还有待探索。

关于斯格明子赛道存储器的研究，研究人员更加关注能否同时实现写、传、读这三个功能，以及基于赛道结构，构建全电操控器件。Yang 等[141] 利用垂直通入的局域电流实现了斯格明子的写入和删除，同时水平电流也能够驱动斯格明子运动，该研究为斯格明子的应用提供了一个全新的设计概念。

## 10.3　斯格明子逻辑器件

如前所述，斯格明子独特的拓扑性质和动力学行为，使得其可以作为信息的优良载体，并应用于赛道存储器。在信息存储以外，研究人员也尝试将斯格明子应用于信息处理，实现存算一体功能的斯格明子器件。传统计算机中的信息处理是基于经典的布尔逻辑，即利用电子元件实现特定的逻辑功能。斯格明子逻辑器件构建的思路是利用斯格明子代替传统半导体器件中的载流子，实现逻辑功能。因此，本节主要介绍斯格明子在逻辑器件方面的应用，包括斯格明子晶体管、二极管以及逻辑门。

### 10.3.1　斯格明子晶体管

传统半导体中的晶体管作为一种可变电流开关，能够基于输入电压控制输出电流。利用同样的思路，Zhang 等[142] 提出了一种基于斯格明子的晶体管器件，对应的器件结构如图 10-36 所示。该器件主要包括重金属和铁磁层构成的赛道。斯格明子处于赛道中，能够被自旋轨道力矩驱动，从而在赛道中左右移动；赛道的左右两端是两个磁性隧道结，其中一个负责写入斯格明子，类似于传统晶体管中的"源" (source)，另外一个负责读取斯格明子，类似于传统晶体管中的"漏" (drain)；赛道的中间是一个电压栅极，施加电压可以产生一个局域势垒或者势阱。这种现象通常是利用电压控制各向异性效应来实现，其中局域各向异性 $K_{ul}$ 的变化范围在 $(0.9{\sim}1.1)K_u$，这里 $K_u$ 为薄膜本身的各向异性大小。

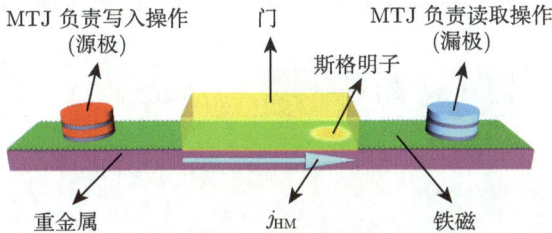

图 10-36　基于斯格明子的晶体管[142]

如图 10-37 所示，当栅极电压为零时，局域各向异性 $K_{ul} = K_u$。在电流作用下，斯格明子可以不受阻碍地在赛道中自由运动。左侧产生的斯格明子可以运动到右侧区域，且被磁性隧道结探测到。此时，晶体管器件处于"开启"状态。当栅极电压不为零时，即局域各向异性 $K_{ul} \neq K_u$。此时，根据栅极电压的正负分为两种状态。当栅极电压为负时，即 $K_{ul} = 0.9K_u$，电压栅极下方区域形成一个势阱，向右运动的斯格明子可以通过势阱的左侧边界，但是会被势阱区域的右侧边界挡住，因此斯格明子不能够抵达右侧探测区域。此时，晶体管器件处于"关闭"状态。当栅极电压为正时，即 $K_{ul} = 1.1K_u$，电压栅极下方区域形成一个势垒，向右运动的斯格明子会被该区域的左侧部分挡住。此时，斯格明子也不能够到达右侧的探测区域，晶体管也处于"关闭"状态。

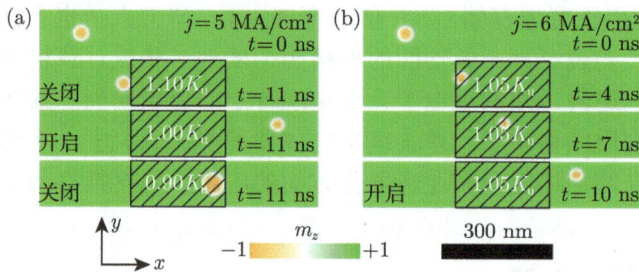

图 10-37　不同驱动电流和栅极电压区域各向异性作用下斯格明子晶体管的工作状态[142]

研究发现，改变电压栅极区域的各向异性和驱动电流密度的大小可以方便地调控器件的工作状态。如图 10-37(b) 所示，当调控电压栅极区域的各向异性 $K_{ul} = 1.05K_u$ 时，增大电流密度到 $j = 6\,\mathrm{MA/m^2}$，斯格明子可以通过电压栅极区域，被右侧的磁性隧道结读取到。

除了自旋轨道力矩驱动斯格明子之外，该器件也可以利用微波磁场等手段控制斯格明子的移动，实现相同的功能[143]。在栅极部分的调控机制方面，Hong 和 Lee[144] 也提出利用局域 DM 相互作用的变化实现斯格明子的"通过"与"不通过"两种状态。器件原理如图 10-38 所示，左侧和右侧分别为"源极"和"漏极"，中间部分为栅极。栅极主要通过 DM 相互作用的变化来实现。这个器件实现的思

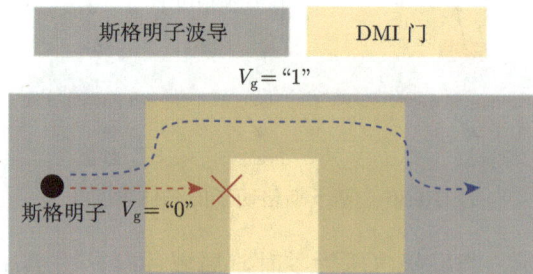

图 10-38　DM 相互作用控制的斯格明子晶体管[144]

路类似于电压栅极控制各向异性，不同的是，这里考虑到 DM 相互作用变化对斯格明子霍尔效应的影响。如图所示，当栅极电压区域不施加电压，即 $V_g$ = "0" 时，斯格明子会被驱动到缺陷区域并且消失，此时右侧部分的磁性隧道结无法探测到斯格明子，因此器件处于"关闭"状态；当栅极电压区域施加电压，即 $V_g$ = "1" 时，由于 DM 相互作用空间的不均匀性，斯格明子的运动轨迹发生变化且可以绕过缺陷到达右侧的探测区域，此时器件处于"开启"状态。

利用在赛道边界引入钉扎效应，Fook 等[145] 提出了斯格明子晶体管的概念，如图 10-39 所示。与图 10-37 方案不同的是，该方案中栅极电压区域之下，在赛道的两侧具有三角形的缺陷区域，用于在器件中产生一个局域势垒，从而调控斯格明子的运动。在电压为零时，斯格明子会被缺陷的钉扎效应阻挡，因此在右侧作为漏极的磁性隧道结无法探测到信号，晶体管为"关闭"状态。当电压不为零时，电压调控磁性参数的变化会导致斯格明子尺寸的变化。当斯格明子运动至栅极电压区域，电压导致斯格明子的尺寸变小，从而能够顺利通过钉扎区域至右侧漏极磁性隧道结，此时晶体管处于"开启"状态。

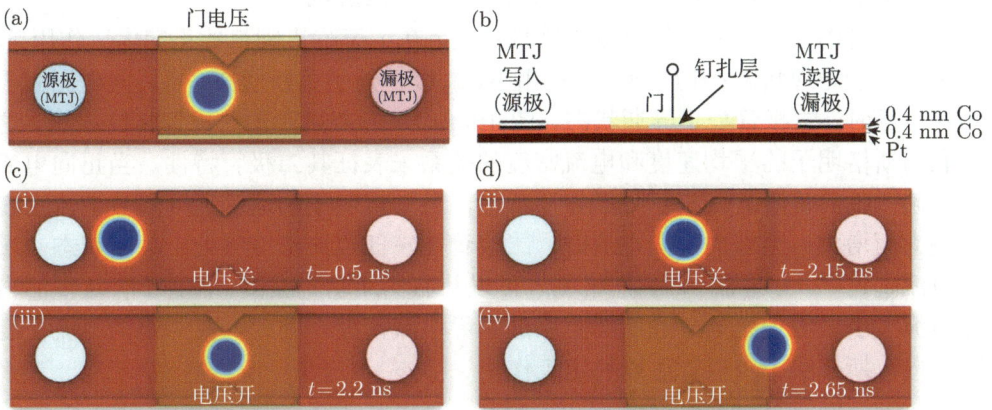

图 10-39　电压控制的斯格明子晶体管[145]

除了上述调控机制之外，Zhao 等提出通过应力调控的反铁磁斯格明子晶体管[146]。应力的作用类似于栅极电压，通过栅极区域的斯格明子的数量受到应力大小和电流密度大小的调控。在特定的条件下，"源极"部分的斯格明子能够逐个地按顺序通过栅极到达"漏极"区域的磁性隧道结，实现"开启"状态。

## 10.3.2 斯格明子二极管

二极管是一种具有不对称电导的两端电子元件，仅允许电流作单方向传导，即电流可以从阳极流向阴极。二极管在一个方向为低电阻状态，而在另一个方向为高电阻状态。在半导体二极管中，利用 p 型和 n 型两种半导体接合面的 pn 结效应来实现相应的功能。二极管的特性，常用于逻辑电路的逻辑闸。在将斯格明子应用于逻辑器件时，构建斯格明子二极管等基本元件至关重要。

　　Jung 等[147] 提出了斯格明子二极管构建方案，即利用赛道结构的对称性破缺，构建局域势垒，斯格明子在两个相反方向电流的作用下会出现单向输运行为，从而表现出类似二极管的特性。如图 10-40 所示，在具有缺陷的斯格明子纳米条带上，斯格明子从左向右运动是处于 "开启" 状态；而斯格明子从右至左运动则是处于 "关闭" 状态。这两种状态背后的物理机制是：斯格明子在驱动力的作用下会受到斯格明子霍尔效应的影响，相反的驱动电流下，斯格明子的偏转方向相反。当电流反向时，斯格明子在 $x$ 方向的运动速度反向。这是由于马格努斯力为斯格明子的拓扑荷与速度的叉乘 (参考式 (10.2) 和式 (10.4))，使得对应 $y$ 方向的速度也会反向。因此，在斯格明子从左往右和从右至左运动过程中，斯格明子在 $y$ 方向上的偏转方向是相反的。结合缺陷部分引入局域势垒的作用，斯格明子从左至右运动的过程中，与缺陷部分的相互作用较弱，因此能够通过缺陷区域到达右侧；而从右至左运动过程中，斯格明子处于高能状态，缺陷区域类似于排斥力的效果阻挡斯格明子运动，因此斯格明子无法运动至左侧区域。

　　二极管的一个重要特征是伏安特性曲线。在大于临界阈值的正向电压作用下，二极管处于导通状态；在反向电压作用下，二极管处于关断状态。当反向电压大于击穿电压时，二极管处于导通状态。图 10-40(b) 为斯格明子二极管特性曲线，这里利用斯格明子的平均速度和电流密度的关系来表征其二极管特性。当正向电流大于某个临界值时，二极管处于导通状态，且斯格明子的运动速度随着电流密度的增大而增大；当施加反向电流时，二极管在较低电流密度下处于关断状态。增大电流超过 "击穿电流" 时，斯格明子可以从右侧运动到左侧。注意到，这里的击穿电流大小远大于正向导通所需克服的临界电流密度，因此，在一定的电流密度范围内，斯格明子二极管可以稳定工作。

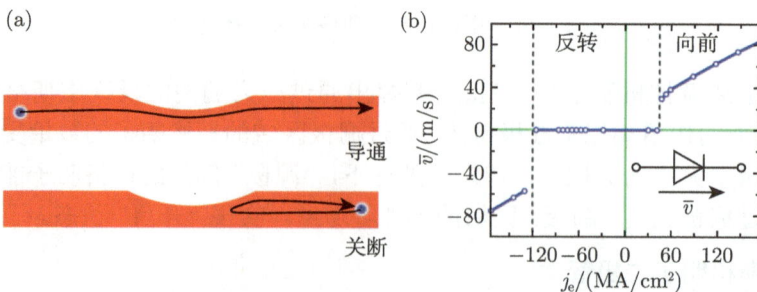

图 10-40　(a) 斯格明子二极管；(b) 斯格明子二极管的特性曲线[147]

利用斯格明子霍尔效应，研究人员也提出了斯格明子二极管的其他设计方案。

Zhao 等[148] 利用电压控制磁各向异性构建不对称的局域势垒，调控斯格明子的单向输运，构建二极管。Feng 等[149] 构建了 T 型二极管器件。与上述 Zhao 和 Feng 两种方案引入缺陷或者局域各向异性势垒不同，这里斯格明子在其中一个方向的运动会被 T 形凸出的区域捕获，以此实现单向输运。Souza 等[150] 利用分子动力学的方法模拟了斯格明子在多个非对称钉扎作用下的动力学行为，发现同样存在斯格明子的单向输运现象。除了调控器件的结构之外，Song 等[151] 提出了自旋波驱动的斯格明子二极管，即利用外加磁场引起的自旋波耗散关系的偏移来实现斯格明子的非对称输运。这些设计方案在斯格明子逻辑器件应用中具有一定的指导作用。

### 10.3.3 斯格明子逻辑门

逻辑门是集成电路中的基本组件，传统的逻辑器件是由多个晶体管构成的。通过控制高、低电平 (分别表示 "真" 和 "假")，这些晶体管的组合可以执行 "或" (OR)、"与" (AND)、"非" (NOT)、"或非" (NOR)、"与非" (NAND) 等逻辑运算，这些逻辑门也构成了现代计算机中复杂的逻辑电路。同样，在基于斯格明子的自旋电子学器件中，实现逻辑门功能是将斯格明子应用于信息处理器件的基础。在信息存储中，以斯格明子的有和无分别表示二进制当中的 "1" 和 "0"；在信息处理中，斯格明子的有和无分别表示 "真" 和 "假"。

Zhang 等[152] 利用斯格明子和磁畴壁的相互转换来构建逻辑门。器件结构以及对应的 "或" 门和 "与" 门逻辑如图 10-41 所示，Y 型结构包含两个输入 (A，B) 和一个输出端，中间通过较窄的条带连接。其中 "1" 和 "0" 分别表示 "真" 和 "假"，利用斯格明子的存在与否表示。"或" 门可以执行的操作如下："0" + "0" = "0"，"1" + "0" = "1"，"0" + "1" = "1"，"1" + "1" = "1"。其中，"0" + "0" = "0" 是表示两个输入端都没有斯格明子，此时输出端必然为 "0"；"1" + "0" = "1" 表示斯格明子只存在于左侧输入 A 端口，而 B 端口没有斯格明子。A 端口的斯格明子在电流驱动下进入器件的中间部分变成一个 360° 磁畴壁，到达输出端口时磁畴壁又转换成斯格明子，因此输出端口为 "1"。同理，"0" + "1" = "1" 表示 A 端口没有斯格明子，而 B 端口有斯格明子，且在电流驱动下能够到达右侧输出端口。对于 "1" + "1" = "1" 过程，两个输入端口都有斯格明子，电流驱动斯格明子进入器件中间部分，会融合成一个 360° 磁畴壁，最终进入输出端形成斯格明子。

斯格明子的 "与" 门相比 "或" 门的操作区别在于，器件中心部分的赛道宽度增大，这使得进入中心区域的斯格明子被转换成半斯格明子。如图 10-41(b) 所示，"0" + "0" = "0" 和 "1" + "1" = "1" 中斯格明子的动力学过程与 "或" 门中斯格明子行为相同，不同在于 "1" + "0" = "0" 和 "0" + "1" = "0" 两个逻辑操作，需要进入中心部分的斯格明子不能够到达右侧的输出端。因此，增大中间部分条带的宽度使得斯格明子变成半斯格明子，在电流驱动下，半斯格明子会在中间条带的边缘湮灭。

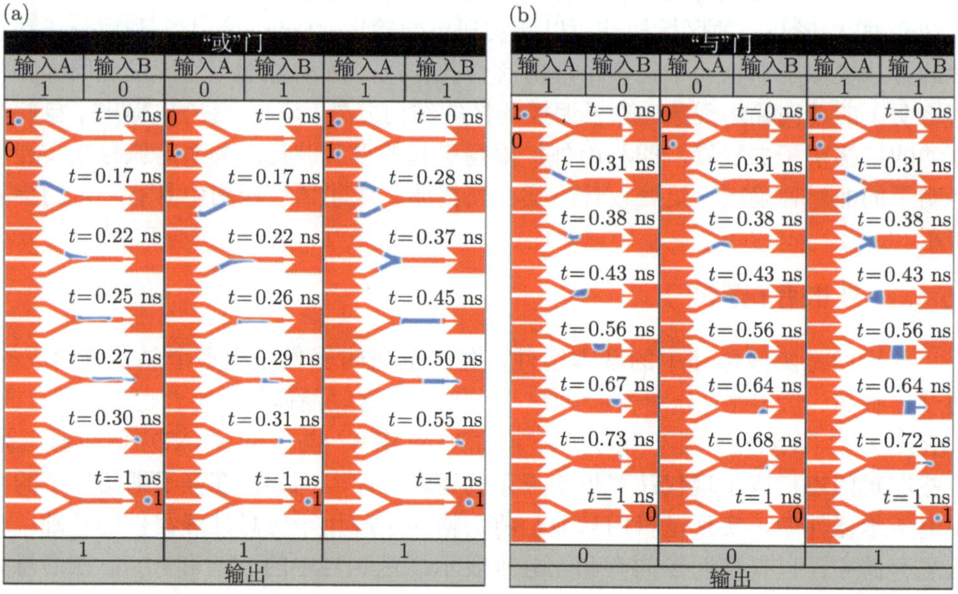

图 10-41　(a) 斯格明子"或"门；(b) 斯格明子"与"门[152]

多个研究工作提出利用磁畴壁和斯格明子之间的相互作用来实现逻辑门。Xing 等[153] 提出了利用赛道中钉扎的磁畴壁和斯格明子之间的相互作用构建逻辑门。在不同的驱动电流密度下，利用斯格明子和磁畴壁之间的相互作用对磁畴壁动力学的影响来实现逻辑操作；研究发现，通过连接两个"非"门可以构建"与非"门和"或非"门。He 等[154] 进一步提出了利用多个斯格明子和钉扎磁畴壁之间的相互作用实现逻辑门；结果表明，磁畴壁的钉扎和退钉扎依赖于斯格明子的数量和电流密度大小；通过调控电流密度和斯格明子数量，可以实现最基本的"非"门、"与"门和"或"门。

利用斯格明子与磁畴壁的相互作用和相互转换，构建逻辑门具有一定的复杂性。因此，研究人员也提出单纯利用斯格明子来实现逻辑门。Luo 等[155] 提出通过调控磁性薄膜的形状实现逻辑操作，"与"门和"或"门逻辑如图 10-42 所示。"与"和"或"的逻辑是利用斯格明子霍尔效应、斯格明子和边界之间的相互作用、斯格明子之间的相互作用，以及 H 形状的器件结构设计来实现的。这个器件的优势在于，"与"门和"或"门可以在同一个器件中实现。当斯格明子到达输出区域时，输出为"1"；否则，输出为"0"。因此，对于"与"门而言，探测区域在右侧输出端的下半部分；对于"或"门而言，探测区域在右侧输出端的上半部分。"非"

门的操作则更加简单，通过调控探测磁性隧道结中钉扎层的方向来调控输出，即当斯格明子到达输出探测区域表示 "0"，反之表示 "1"。通过这些基本的逻辑门也可以构建 "与非" 门、"或非" 门等。在调控器件形状方面，Chauwin 等[156] 提出，通过额外的控制输入和输出端口，可以实现 "非" 门、逻辑的 "复制" (copy) 和 "扇出" (fan-out) 等功能。Yan 等[157] 发现，斯格明子会被钉扎在局域交换偏置磁场区域，调控输入电流大小和斯格明子的钉扎位置，实现了 16 种不同的逻辑门。Yu 等[158] 发现，在具有不同方向 DM 相互作用构成的体系中，通过调控 DM 相互作用形成手性势垒的区域，可以实现斯格明子逻辑门。

　　实现更为复杂的逻辑操作需要将多个逻辑门级联。Chauwin 等[156] 实现了基于斯格明子的全加器和弗雷德金门 (Fredkin gate)，并且发现利用缺陷结构的时钟同步机制可以确保信号的完整性。Walker 等[159] 也通过级联的方式实现了基于斯格明子的全加器。Sisodia 等[160] 通过调控电压控制各向异性大小，实现了可编程的逻辑门。取决于斯格明子之间的相互作用和能量势垒的大小，斯格明子可以在不同的通道中运动。这种机制可用于构建 "解复用器" (demultiplexer)，即恢复复用信号中的合成信号，并将这些信号在各自独立的信道中还原。通过级联，可以实现可编程的逻辑门。这个器件的优势在于，不需要额外复杂的电磁转换器件。这些器件的设计也为斯格明子的存内计算奠定了一定的基础。

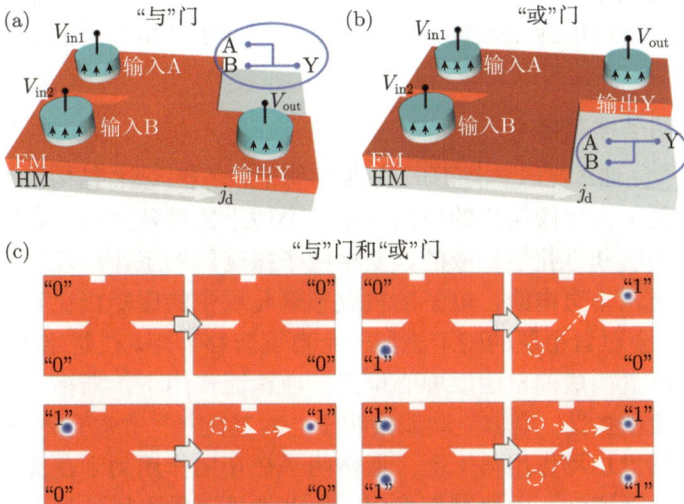

图 10-42　(a) 斯格明子 "与" 门；(b) 斯格明子 "或" 门；(c) "与" 门和 "或" 门中斯格明子的
运动状态[155]

　　斯格明子逻辑门的一个重要性能指标是逻辑的翻转延迟 (logic switching delay) 和输入输出之间的间距。翻转延迟依赖于斯格明子的运动速度，当速度为 100 m/s 时，延迟可以达到几百纳秒。速度大小是依赖于电流密度大小的，因此在器件设计中应该考虑到速度和功耗之间的平衡。输入和输出之间的间距依赖于斯格明子尺寸，可以通过调整磁性参数，例如各向异性、DM 相互作用等来实现。另外，级联多个斯格明子逻辑门可以简化传统 CMOS 逻辑操作的复杂性，因此斯格明子逻辑门在未来电路设计中具有潜在的应用前景。

# 10.4　斯格明子微波器件

磁性材料在微波领域已经有了广泛的应用，当施加高频交流磁场时，磁导率表现为张量特征，由此可以设计一系列的微波铁氧体器件，如环形器、隔离器等。随着自旋电子学的发展，研究人员也提出一些利用自旋电子学中的新奇物理现象和磁结构来构建器件。在自旋力矩作用下，根据电流密度大小，磁化强度会出现翻转或者周期性振荡。自旋转移力矩驱动的进动为设计新型的纳米尺度微波振荡器提供了新的思路，即自旋转移力矩纳米振荡器 (spin-transfer-torque nano-oscillator, STTNO)[161-163]。自旋转移力矩振荡器的优势在于变化电流和磁场强度，可以在很宽的频率范围内输出微波信号。在垂直自旋极化电流的作用下，研究人员也提出了基于磁性隧道结的振荡器。隧道结自由层中磁化状态可以为单畴态、磁涡旋等[164]。除自旋极化电流驱动之外，也可以利用自旋轨道力矩设计自旋纳米振荡器[165-167]。斯格明子的小尺寸、拓扑稳定性等特性也可以被应用于振荡器，并拓展其在微波器件方面的应用场景。以下主要介绍基于斯格明子的振荡器、微波探测器、混频器等。

## 10.4.1　斯格明子振荡器

Zhang 等[168] 通过微磁学模拟研究了斯格明子振荡器。器件结构如图 10-43(a) 所示，斯格明子处于自旋阀结构的自由层中。类似于磁性隧道结，自旋阀是由圆形的自由层、中间层和钉扎层构成的。斯格明子振荡器的工作原理如下：在器件的中心区域局域通入垂直电流，电子的自旋被钉扎层中的磁矩极化到相同方向，运动至自由层时，会对自由层的磁矩施加一个自旋转移力矩。在初始状态下，斯格明子处于由纳米圆盘构成的自由层中心位置。在电流作用下，斯格明子逐渐偏离中心并在纳米圆盘中振荡。电流驱动斯格明子会对其施加一个径向和切向的作用力，径向力与纳米圆盘边界作用势平衡，斯格明子在切向作用力下在圆盘中做周期性振荡。利用磁性隧道结可以探测斯格明子周期性振荡的电压信号，可以通过调控垂直电流大小来调控振荡频率。同时，可以在自由层中放置多个斯格明子，进一步提升振荡频率的工作范围到 0~1.07 GHz。相比于基于自由层为单畴态或磁涡旋的自旋纳米振荡器，斯格明子振荡器的线宽可以小于 1 MHz。Garcia-Sanchez 等[169] 也提出了另外一种振荡器设计方案，如图 10-43(b) 所示。不同于前者钉扎层磁化状态沿着同一方向，其钉扎层磁化状态为类似磁涡旋的非均匀态，$\varphi$ 表示涡旋态的旋性的极化角。研究发现，斯格明子在该结构中也能产生微波信号，而且不需要电流局域通入。斯格明子的振荡频率也是随着电流的增大而增大，且当 $\varphi$ 约为 20° 时，振荡频率达到最大值。基于上述设计，研究人员也提出了多种方式来提高振荡频率，例如增加纳米圆盘的边界势垒，将斯格明子限制在圆盘凹槽中，利用反铁磁斯格明子或合成反铁磁斯格明子等[170-173]。

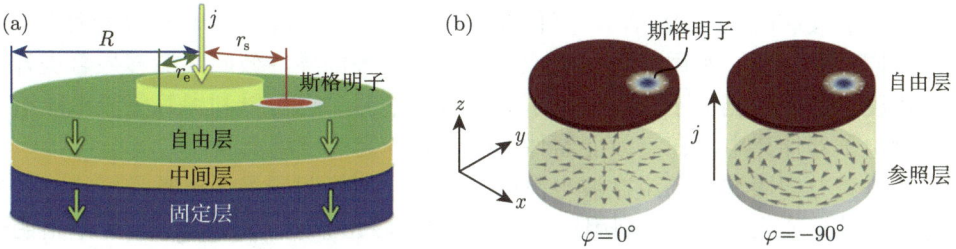

图 10-43　(a) 斯格明子振荡器[168]；(b) 非均匀极化层的斯格明子振荡器[169]

　　除了利用斯格明子位置在空间的周期性变化来构建振荡器之外，研究人员也探索了斯格明子自旋结构本身的周期性变化在振荡器中的应用。Zhou 等[174] 利用微磁学模拟发现，在不考虑 DM 相互作用和偶极相互作用的体系中，外加局域电流作用下会形成动态稳定的斯格明子。在无外加电流的情况下，斯格明子会消失。当电流密度大于临界成核电流密度时，动态斯格明子在薄膜中周期性振动，因此可以用于设计斯格明子振荡器。在 Pt/[Co/Ni]$_n$ 磁性多层膜中，Liu 等[175] 实验验证了动态斯格明子的振荡模式，如图 10-44 所示，斯格明子形态在奈尔型斯格明子和布洛赫型斯格明子之间连续变换的同时，斯格明子手性也在连续变化；此类型器件的优势在于，振荡模式可以在很大的频率范围内稳定工作，不依赖于斯格明子的稳定，以及具有较好的抗干扰能力。Carpentieri 等[176] 也探索了电流作用下的动态拓扑自旋结构的振荡模式，研究发现，在特定电流密度下，自旋阀结构中的磁化状态在不同拓扑构型和拓扑平庸构型间连续变换，即拓扑荷可以在 −1 和 0 之间转换。

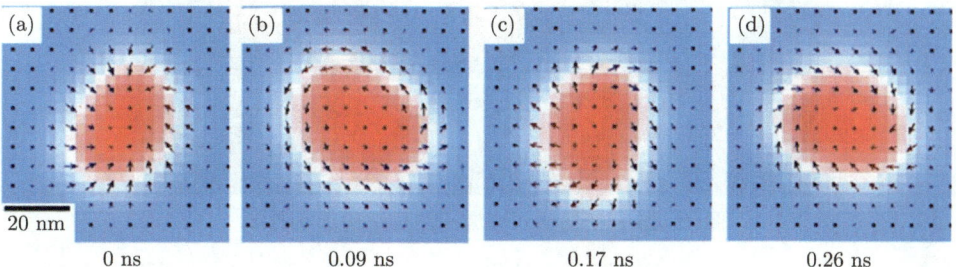

图 10-44　动态斯格明子随时间的形态变化[175]

### 10.4.2　斯格明子微波探测器

微波探测主要是利用自旋转移力矩二极管效应将微波电流激励转换成直流电压测量信号，其物理本质是铁磁共振。对于固定频率的微波电流 $I_{ac}$，探测电压值 $V_{dc}$ 正比于微波电流的幅值、随时间变化的磁电阻 $\Delta R_s$，以及 $I_{ac}$ 和 $\Delta R_s$ 之间的相差 $\Phi_s$，即 $V_{dc} = \dfrac{1}{2} I_{ac} \Delta R_s \cos \Phi_s$。2005 年，首次发现自旋转移力矩二极管效应，由于较低的灵敏度 (1.4 V/W)，其仅能被用于探测磁性隧道结中的力矩大小。研究人员同时也发现，利用偏置电流或者电压控制各向异性效应，能够显著提升探测灵敏度。微波探测器不仅可以用于探测微波信号，也可以利用其整流电压给其他小型电子器件充电，在高效能器件方面具有一定的应用前景。

在垂直方向微波磁场或微波电流的作用下，斯格明子呈现出呼吸模式，对应尺寸周期性地变大或变小。利用这一特性，Finocchio 等[177] 提出了基于斯格明子的微波探测器。如图 10-45 所示，器件是由磁性隧道结构成的，自由层中的磁化状态为斯格明子。由于钉扎层尺寸小于自由层，能确保电流局域注入隧道结；在微波电流的作用下，自由层中斯格明子呈现呼吸模式，导致斯格明子尺寸的变化并转化为隧穿磁电阻信号，进而输出一个直流电压；研究发现，通过优化点接触电极的直径，斯格明子微波探测器的灵敏度可以达到 2000 V/W，这远大于目前报道自由层为均匀态的探测器灵敏度 (900 V/W)。基于同样的设计思路，Wang 等[178] 利用环形的电极替代圆形电极，实现了 100000 V/W 的探测灵敏度。另外，Jin 等[179] 发现，通过将两个自由层为斯格明子的振荡器连接起来，斯格明子振荡会带动中间部分畴壁振荡。利用畴壁振荡的特性，Wang 等[180] 发现探测器最高灵敏度可以达到 280000 V/W。

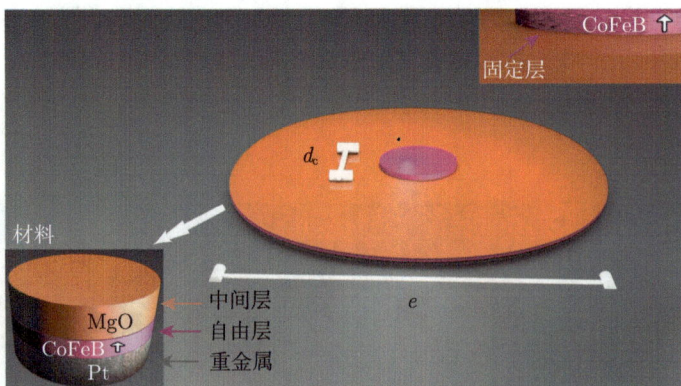

图 10-45　斯格明子微波探测器结构示意图[177]

### 10.4.3　斯格明子混频器

混频器是一种非线性的电子元件,可以将两个输入信号的频率累加或相乘,转变成新的信号频率。例如, 两个频率分别为 $f_1$ 和 $f_2$ 的信号输入混频器时, 会产生部分频率叠加 $(f_1 + f_2)$ 或者频率相减 $(f_1 - f_2)$ 的信号。这种作用也称为外差作用, 将信号从一个频率外差到另外一个频率, 可以用于信号传输或进一步的信号处理。在半导体器件中, 混频器的实现是使用一个或者多个二极管, 利用电压和电流之间的非线性关系实现乘法计算。

斯格明子具有丰富的共振模式, 表明其具有很强的非线性, 可以构建基于斯格明子的混频器。Song 等[181] 率先开展了斯格明子混频器的研究, 并实现了类半导体混频器的功能。如图 10-46 所示, 混频器符号表明有两个输入频率信号, 一个输出频率信号。其中, 斯格明子振荡器产生频率为 $f_1$ 的输入信号 1, 频率为 $f_2$ 的外加垂直微波磁场输入信号 2。经过混频操作之后, 可以得到频率为 $f_1 \pm nf_2$ 的输出信号。在斯格明子振荡器中, 斯格明子的大小是保持不变的, 因此输出的信号为单一频率信号。通过改变斯格明子的大小可以调控振荡频率。通入周期性微波磁场, 会导致斯格明子大小的周期性变化。这种非线性动力学行为也将使得斯格明子具有非线性的周期振荡。输入信号表示为 $v_i(t) = A_i \cos(\omega t)$, 其中 $i = 1, 2$ 分别表示输入信号 1 和 2, $\omega = 2\pi f_i t$, $A_i$ 表示输入信号的幅值。根据混频器的定义, 将两个信号相乘可以得到

$$v_{\text{out}} = \frac{A_1 A_2}{4}(e^{i(\omega_1+\omega_2)t} + e^{i(-\omega_1+\omega_2)t} + e^{i(\omega_1-\omega_2)t} + e^{-i(\omega_1+\omega_2)t}) \tag{10-2}$$

可以看到, 输出了四个不同频率的信号。除去频率为负值的信号之外, 利用上式分析得到的结果完全与模拟研究相符合。因此, 利用斯格明子振荡器可以将输入微波频率调控到更高或者更低的频率。

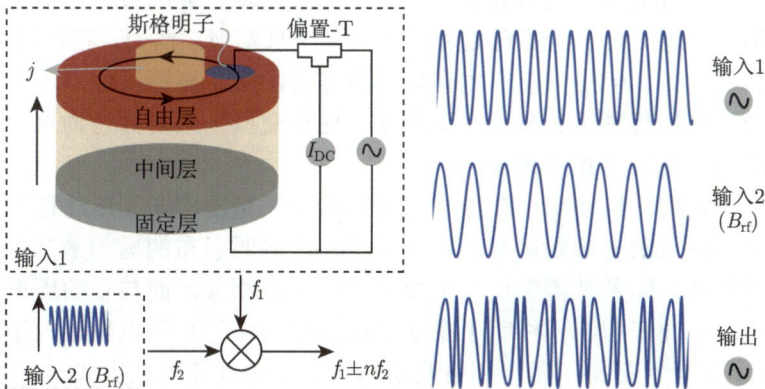

图 10-46　斯格明子混频器原理图[181]

利用斯格明子的非线性动力学性质类似混频器，Wang 等[182] 也提出了基于斯格明子的频率梳 (frequency comb)。当斯格明子处于呼吸模式时，利用斯格明子和自旋波之间的非线性散射过程，可以将输入自旋波频率外差到其他的值，不同频率之间的间隔等于斯格明子呼吸频率。Sun 等[183] 也提出类似的方案，发现应力可以有效调控输出频率的范围。

# 10.5　基于斯格明子的非传统计算器件

在过去几十年，随着集成电路的发展，晶体管的特征尺寸不断缩小，传统计算构架的局限性也逐渐显露。一方面，随着晶体管尺寸逼近物理极限，特征尺寸缩小很难显著提升芯片的性能。另一方面，对于复杂的非线性问题，传统计算电路设计冗余，产生了巨大的能耗。为解决这些问题，人们在两个方向上开展了探索：一是探索可以代替 CMOS 的存储器件，如阻变存储器、相变存储器、铁电存储器等；二是设计更加高效的非冯·诺依曼结构，在处理复杂的非线性问题的同时，显著降低器件数量、电路复杂度和功耗等；如神经形态计算和绝热量子计算等。然而，上述两种方案仍旧面临许多问题。

自旋电子学为解决传统计算的局限提供了新思路。自旋器件本身具有存算一体的特性和随机性，因此在非传统计算中具有天然优势。斯格明子具有布朗运动行为和非线性共振模式，在非传统计算中具有极大的应用优势[184,185]。本节将从以下三个方面来阐述斯格明子在非传统计算中的应用。

## 10.5.1　斯格明子随机数生成器

随机数可以分为三类：伪随机数、密码学安全的伪随机数和真随机数。在实际应用中基本使用伪随机数就足够了，伪随机数是通过固定、可重复的计算方法产生的，它们具有类似随机数的统计特征，但不是真正的随机，在穷举后可以被计算和预测。因此，对于伪随机数可以利用算法来实现。然而，在密码学应用中，一般需要真随机数。但是目前产生真随机数非常困难。真随机数是可以利用物理现象产生的，包括掷硬币、骰子、噪声等。这种随机生成器称为物理随机数生成器，它们的缺点是技术要求比较高。

研究人员发现，斯格明子在热噪声的作用下，呈现出布朗运动行为，即斯格明子在做永不停息的无规则运动。这也表明，斯格明子布朗运动是具备马尔可夫性质的随机过程，即条件概率仅与系统的当前状态相关，而与它的历史或未来状态都不相关。由此表明，斯格明子布朗运动可以用作为真随机数生成器。基于这个理念，Yao 等[186] 提出了基于斯格明子布朗运动的真随机数生成器。如图 10-47 所示，该受限器件的形状是由一个矩形和两个半圆形结合构成的。在器件上表面的左右两端，分别放置一个磁性隧道结，探测斯格明子的位置。在热噪声下，斯格明子在器件中做布朗运动，其在器件中 $x$ 方向的位置呈现出随机分布，左右分布的概率均约为 50%。通过两端隧道结探测得到的电压信号，可以得到对应的输出为真随机分布的 "1" 和 "0" 所构成的比特流。研究表明，产生的比特流能够通过美国国家标准与技术研究院的随机数测试。利用电压控制的各向异性效应，Yao 等还发现可以改变随机数产生的概率，同时也验证了斯格明子随机数生成器的概率可调控性。

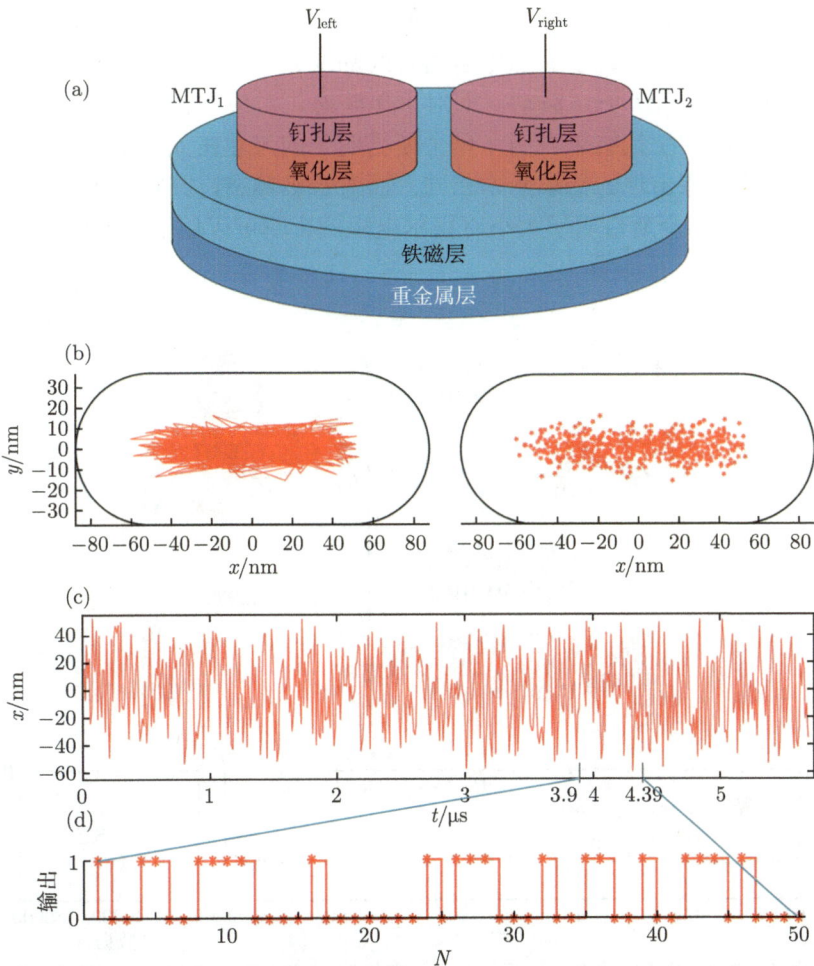

图 10-47　(a) 基于斯格明子布朗运动的随机数产生器模型；(b) 斯格明子在空间的轨迹及位置离散分布；(c) 斯格明子在 $x$ 方向的位置随时间的变化关系；(d) 特定时间范围内的随机比特流理论结果[186]

　　斯格明子是一个具有一定尺寸大小和空间分布的磁结构。斯格明子的大小与多种参数相关，包括材料本身的磁性参量，如饱和磁化强度、各向异性、DM 相互作用等，以及外加激励，如磁场、电压、热等。热噪声可以调控这些内部的磁性参数。因此，热噪声除了会导致斯格明子的布朗运动外，也会导致斯格明子尺寸的变化。这种尺寸变化与热噪声的物理随机性具有很强的关联，因此斯格明子尺寸的变化同样也是一种物理的随机行为。基于此，Wang 等[187] 在实验上实现了基于单个斯格明子局域动力学的随机数生成器，如图 10-48 所示。在热噪声的作用下，斯格明子的畴壁区域受到不同局域钉扎的影响，从而导致其尺寸在热噪声下的随机变化。分别用 L 和 S 态表示斯格明子尺寸的变大和变小两种状态，对应的单个斯格明子磁光克尔显微镜图像如图 10-48(b) 所示。在特定的磁场和电流作用下，研究人员也测量了霍尔电阻随时间的变化，发现单个斯格明子对应的霍尔电阻在 $0\sim0.008\ \mu\Omega\cdot cm$ 波动。而对于单畴态，对应的霍尔电阻变化幅度非常微弱。霍尔电阻的统计结果表明，单个斯格明子的尺寸在大、小尺寸间波动，并且两种斯格明子态出现的概率基本相同。而对于单畴态，其霍尔电阻只呈现出一种状态。因此，单个斯格明子大小对霍尔电阻的影响可以用于真实的随机数产生。

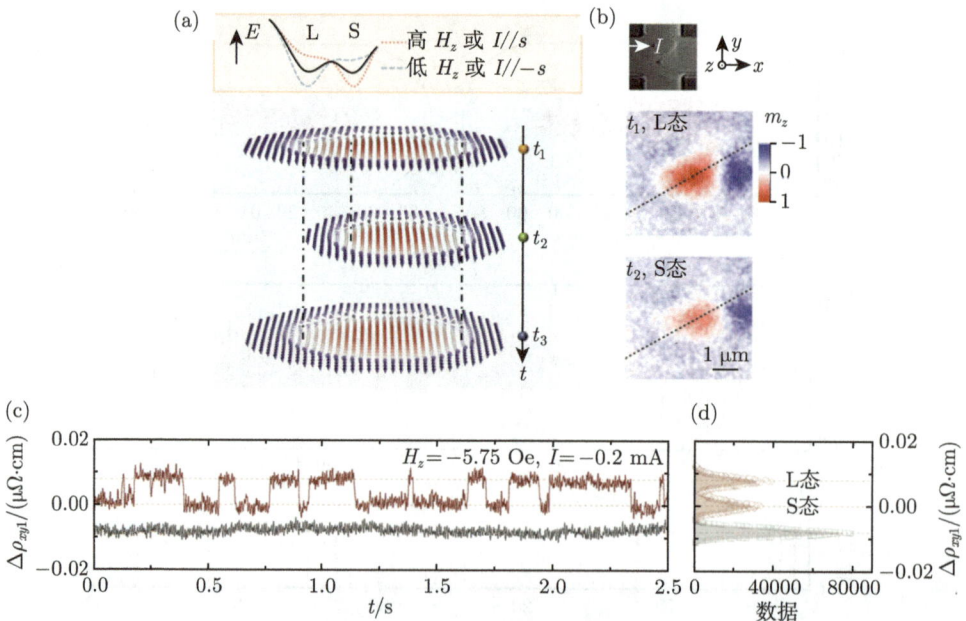

图 10-48　(a) 斯格明子尺寸变化图像；(b) 大斯格明子 (L) 和小斯格明子 (S) 态的磁光克尔显微镜的图像；(c) 斯格明子 (红色) 和单畴态 (黑色) 霍尔电阻随时间的变化关系；(d) 两种磁性状态的霍尔电阻值分布[187]

### 10.5.2　斯格明子重洗牌器

在重洗牌器中，输入的比特流会被重组，输出一组与输入信号 $p$ 值相同但相关度降低的比特流，因此对随机计算非常重要。随机计算的特征之一是使用标准逻辑元件完成低能耗运算，即将两个比特的 $p$ 值进行标准逻辑运算，且对比特流相关度要求不高。当运算的比特流相关度过高时，需要 "重新洗牌"，将其中一个比特流在不改变 $p$ 值的前提下重新洗牌，即打乱 "0" 和 "1" 的顺序，从而保证概率计算的准确性。在概率计算中，编码为一组由 "1" 和 "0" 构成的序列。比特流中 "1" 所占的概率称为 $p$ 值，也可以被认为是随机噪声信号中正常运行时间与信号长度的统计比率。如图 10-49(a) 所示，考虑将两个 $p$ 值分别为 $p_A$ 和 $p_B$ 的比特流执行 "与" 操作，得到输出信号的 $p$ 值为 $p_C = p_A p_B$，这表明逻辑的 AND 和随机计算等价。然而，标准的逻辑单元并不是总能得到希望的结果。如图 10-49(b) 所示，两个完全相同的比特流作为输入，输出信号的 $p$ 值 $p_C$ 并非等于输入信号 $p$ 值的乘积 $p_A \cdot p_B$。这主要是因为两个比特流之间的关联性过高，因此，关键在于需要一个器件定期重组信号而使其保持不相关性。

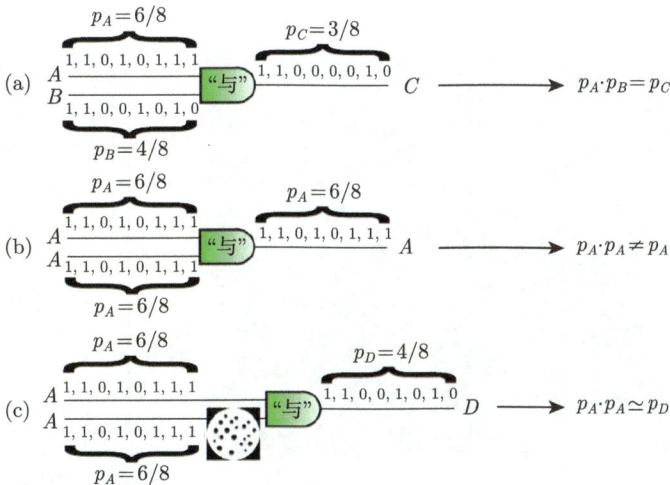

图 10-49　(a) "与" 逻辑实现概率计算中的乘法操作，输出信号的 $p$ 值等于输入信号 $p$ 值的乘积；(b) 对两个相关度过高的输入信号执行相同操作，无法得到预计的 $p$ 值；(c) 强制对输入信号重洗牌，得到输出信号的 $p$ 值与预计值接近[188]

基于上述问题，Pinna 等[188] 利用斯格明子能耗低、尺寸小等应用优势，提出了基于斯格明子的重洗牌器件，并由 Zázvorka 等[189] 在实验上得到了验证。器件构型如图 10-50 所示，器件包括两个圆形的腔室和分别作为输入和输出的通道。通道的两端是电极，在自旋轨道力矩的作用下，斯格明子可以在电极与通道接触的部分产生，进入和退出圆形的腔室。圆形腔室的作用在于，利用斯格明子在温度影响下的布朗运动行为，将斯格明子的顺序打乱。蓝色和黄色分别表示输入与输出斯格明子的探测位置。两个平行的器件结构分别表示 0 比特和 1 比特通道，蓝色区域所探测到的斯格明子信号通过组合即为一个信息比特流。假设进入腔室的斯格明子总数量为 $N$，则上腔室和下腔室中斯格明子的数量分别为 $Np$ 和 $N(1-p)$，这里 $p$ 表示输入斯格明子比特流的 $p$ 值，在驱动电流和布朗运动的共同作用下，黄色区域探测到的斯格明子比特流 $p$ 值接近于输入比特流的 $p$ 值，$p_{\text{input}} = 0.51 \pm 0.08$，且 $p$ 值的变化为 $\Delta p = 0.01 \pm 0.08$，与输入信号的概率差值基本可以忽略，实现了一个斯格明子重洗牌器。相关度是洗牌器的一个重要性能参数，因此人们也使用皮尔逊 (Pearson) 相关系数比较了输入信号和输出信号的相关度：

$$\rho = \frac{\text{cov(in,out)}}{\sigma_{\text{in}}\sigma_{\text{out}}} \tag{10-3}$$

其中，cov 表示两个信号的协方差；$\sigma_{\text{in}}$ 和 $\sigma_{\text{out}}$ 分别为输入和输出信号的标准差。经过计算得到皮尔逊相关系数为 $\rho = 0.11 \pm 0.14$，这表明经过重洗牌后的输出信号和输入信号具有高度的不相关性。

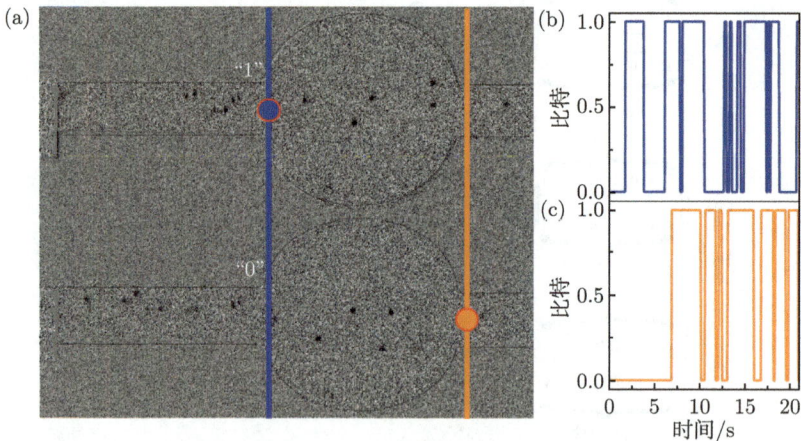

图 10-50　(a) 斯格明子重组器件；(b) 输入信号；(c) 重洗牌后的输出信号[189]

## 10.5.3　斯格明子神经计算器件

神经计算 (neuromorphic computing) 是指通过数学模型和器件架构，在计算机制、连接模式、认知功能等方面模拟人脑实现计算功能。传统的 CMOS 硬件架构和神经网络模型之间存在巨大的差异。随着智能产业的发展，这种差异导致在速度及功耗方面已经不能够满足大规模神经网络计算的需求。神经元件的构建需要满足以下需求：小尺寸、低功耗、超快翻转速度、较长的擦写寿命和信息存储时间等。斯格明子具有小尺寸、低驱动电流密度和拓扑保护稳定性，研究人员也尝试了利用斯格明子构建神经计算系统，并且发现能够很好地模拟人脑的核心功能。这里从模拟和实验方面，介绍基于斯格明子神经计算器件，包括利用斯格明子模拟神经元和突触器件等。

### 1. 基于斯格明子的神经元器件

神经元是参与神经系统功能的微小细胞，每个神经元随着接收到的多个激励信号而出现兴奋和抑制状态。人工神经元的功能是首先对每个输入的激励信号进行处理得到加权值，而后确定所有输入信号的求和值，最后根据电位阈值确定其输出。为了描述神经元的电位变化，研究人员也提出了多种模型，包括霍奇金–赫胥黎模型 (Hodgkin-Huxley model)、带泄漏整合发放模型 (leaky integrate-and-fire model，LIF 模型) 等。其中 LIF 模型相对简单，能够很好地模拟生物学特性，因此也被应用于斯格明子神经元的构建。对于 LIF 模型，leaky 表示泄漏，即输入信号只有一个时，不足以让膜电位超过阈值，随着时间变化，膜电位会自动泄漏回落到静息状态；integrate 表示积分，即神经元会接收所有与该神经元相连的上一个神经元的脉冲信号；fire 表示激发，即当膜电位超过阈值时，神经元会发送脉冲信号。它的非线性微分方程表述如下：

$$\tau_\mathrm{m} \frac{\mathrm{d}V}{\mathrm{d}t} = \frac{I}{g_\mathrm{L}} - (V - E_\mathrm{L}) \tag{10-4}$$

其中，$\tau_\mathrm{m}$ 是时间常数；$V$ 为膜电位；$I$ 为外部输入电流；$g_\mathrm{L}$ 表示泄漏电导；$E_\mathrm{L}$ 为静息电位。这个方程表明，只有当积累的膜电位达到临界值时，神经元才会输出一个脉冲信号，然后重置。斯格明子所具有的非线性动力学特性能够很好地模拟神经元 LIF 模型，并应用于器件构建。

利用自旋轨道力矩驱动的斯格明子动力学，Li 等提出了构建人工神经元器件的方案[190,191]。研究发现，通过控制电流大小，斯格明子在纳米条带中的动力学可以很好地模拟并实现 LIF 模型的功能。图 10-51 所示为一个斯格明子神经元器件结构，它由具有梯度的磁性薄膜和重金属层构成，这种结构在梯度方向引入一个各向异性梯度。在各向异性梯度的作用下，斯格明子会回到成核位置。在电流的作用下，斯格明子沿着纳米条带向右运动。在足够大的电流下，斯格明子能到达探测位置。该器件利用脉冲电流来模拟生物神经元中的脉冲信号，如图 10-51(b) 和 (c) 所示。基于这些设计，该器件利用斯格明子在纳米条带中的位置来模拟生物神经元中的膜电位，方程形式表述如下：

$$Y(t) = f\left(\sum w_i(t) I_i(t) + l_0\right) \tag{10-5}$$

其中，$Y(t)$ 表示斯格明子神经元中时间依赖的脉冲事件，与电流驱动斯格明子运动的位置相关；$l_0$ 表示斯格明子的成核位置，即生物神经元中的静息电位。在多个电流脉冲 $I_i$ 的作用下，斯格明子最终到达探测单元的位置，得到一个输出电压信号，以此来模拟生物神经元发射出的脉冲信号。也就是说，斯格明子在纳米条带中的位置代表了膜电位的大小。最后，在反向重置电流的作用下，斯格明子会回到初始的成核位置，由此模拟了生物神经元的重置操作。Chen 等[192] 尝试研究了斯格明子神经元器件。在由楔形纳米条带构成的器件中，器件宽度的变化导致斯格明子感受到的势能大小不同。因此，楔形纳米条带对斯格明子施加一个排斥力的效果，在未施加输入电流的情况下，斯格明子会处于初始成核位置。当施加多个电流脉冲时，电流对斯格明子的驱动力，与楔形纳米条带引入的排斥力相互竞争，最终导致斯格明子运动到探测位置且输出一个电压信号。

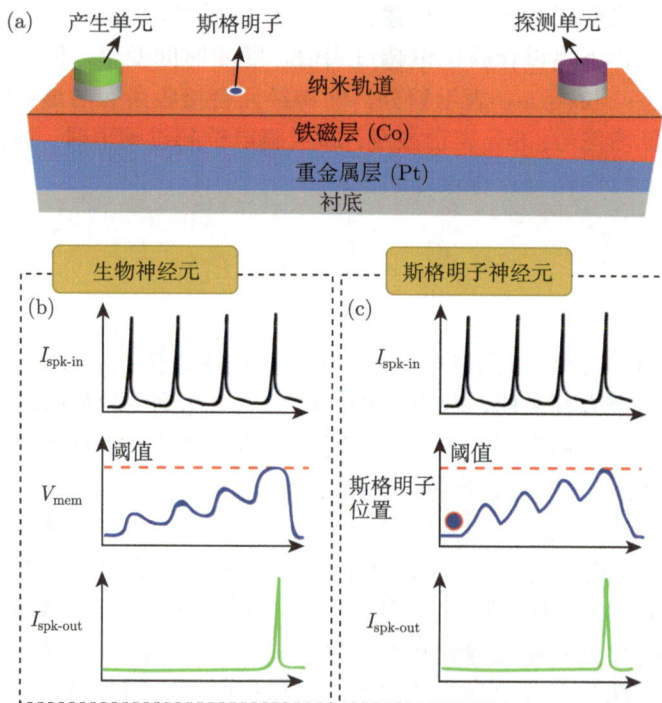

图 10-51　　(a) 基于斯格明子的梯度纳米条带神经元器件模型；(b) 生物神经元 LIF 模型；(c) 斯格明子神经元 LIF 模型[190]

利用斯格明子的呼吸共振模式，Azam 等[193] 提出了基于斯格明子的"共振和激发" (resonate-and-fire) 神经元。该器件设计的思路是：大脑中的许多神经元是亚阈值的阻尼共振，当上一个神经元传入的信号频率接近它们的本征频率时，该神经元会输出一个电压信号。对于斯格明子而言，其具有面内回旋模式和面外呼吸模式。这两种本征共振模式都具有非线性，因此可以用来模拟"共振和激发"神经元。如图 10-52 所示，磁性隧道结中自由层磁化状态为单个斯格明子。由于周期性各向异性的变化，斯格明子尺寸出现周期性变化。该呼吸模式可以用来模拟"共振和激发"生物神经元的亚阈值阻尼振荡模式。同时，隧穿磁电阻的变化依赖于自由层和钉扎层中磁化状态的相对取向。假设斯格明子中心的磁矩取向与钉扎层中的磁化方向相反，当斯格明子尺寸增大时，自由层中与钉扎层相反的自旋增多，这种变化导致隧穿磁电阻 ($R_2$) 增大。选取 $R_1$ 和 $R_2$ 的比值作为一个给定的阈值大小，当斯格明子扩张导致的电阻变化超过这个阈值时，对应的电压降会导致晶体管 $T_1$ 处于打开状态，从而产生一个输出的激发信号。由于神经元中的输入信号频率并非是固定的，这种频率的变化对应了前面提到的输入信号的加权值。研究发现，当电压控制各向异性变化的频率接近斯格明子的本征呼吸频率 2.86 GHz 时，同等电压大小下斯格明子的呼吸幅值最大，此时能够得到输出的激励信号，从而模拟实现"共振和激发"神经元。

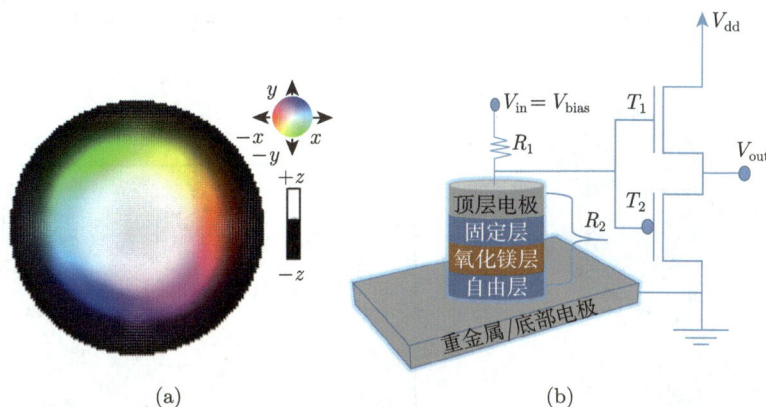

图 10-52    (a) 自由层中的斯格明子；(b) 利用电压控制各向异性实现斯格明子神经元的器件构型[193]

Liang 等[194] 发现，利用斯格明子在隧道结中的周期性振荡，同样可以模拟神经元的功能。不同于振荡器中利用直流电流驱动斯格明子振荡，该器件主要是利用脉冲电流来模拟神经元的输入脉冲。在稳定状态下，斯格明子处于自由层纳米圆盘的中心位置；当施加垂直的电流时，斯格明子会偏离中心，利用偏离中心的距离模拟膜电位；当输入电流再次变为零时，偏离中心的斯格明子在一段时间后重新回到中心位置。与上述基于 LIF 模型的斯格明子神经元器件类似，在纳米圆盘的边缘设置探测单元，当积累的输入电流导致斯格明子运动至探测位置时，探测到斯格明子从而输出一个激励信号。

　　除此之外，众多基于反铁磁斯格明子、人工合成反铁磁斯格明子等新型自旋结构的斯格明子神经元器件也得到了系统研究，并充分展示了自旋电子神经计算器件的优势。

### 2. 基于斯格明子的突触器件

　　突触是神经元之间传递信息的关键部位，这种信息交流是通过释放颗粒状的神经递质来实现的，它在增强或者抑制脉冲中扮演着重要作用。斯格明子的粒子特征，恰好类比于神经递质，可以用来构建基于斯格明子的神经突触。Huang 等[195] 提出了一种基于斯格明子的人工突触器件。利用斯格明子的数量表示突触的权重，权重在正向和反向的激励下分别增强和减弱，这种变化能模拟生物突触的增强和抑制过程。突触的主要特点是能够在获得新信息后更新状态，即学习过程；也能够存储模拟信息，即记忆过程。斯格明子突触表现出的短期可塑性 (更新状态) 和长期增强 (记忆过程) 功能完整地模拟了生物突触。Song 等[196] 的研究表明，可以在 Pt/GdFeCo/MgO 中构建室温下基于斯格明子的人工突触，并且实现模拟生物突触的功能。图 10-53(a) 为斯格明子突触的器件示意图，其中二维薄膜体系中的斯格明子在三维空间被映射为一个球体。在该器件中，突触的权重正比于斯格明子

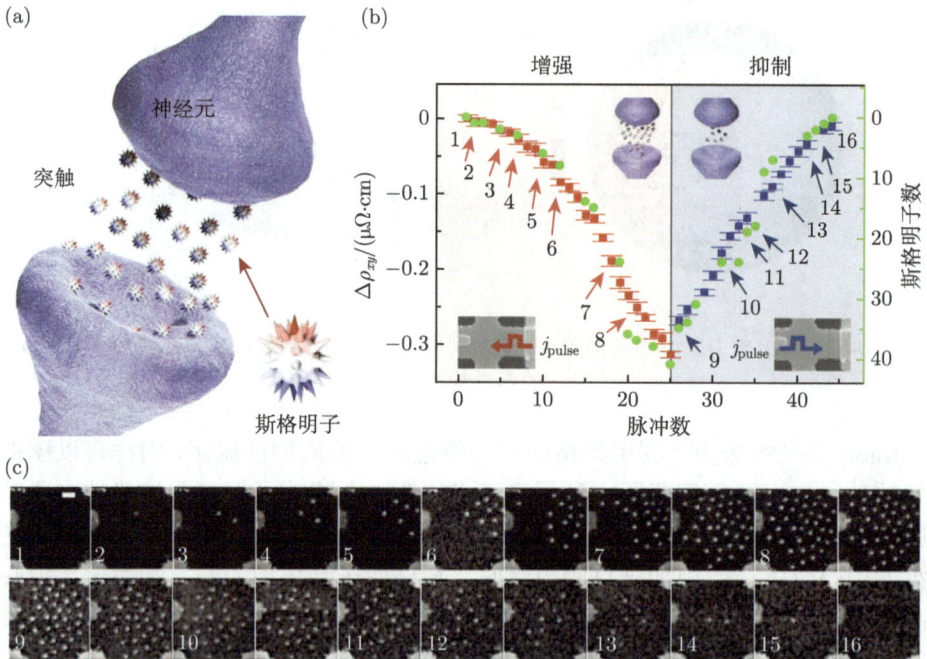

图 10-53　(a) 基于斯格明子的突触器件模型；(b) 霍尔电阻表示斯格明子突触的增强和抑制过程；(c) 增强和抑制过程中斯格明子数量的变化[196]

的数量。因此，电流诱导的斯格明子的积累过程和消散过程，能够分别模拟生物突触增强和抑制过程中突触权重的线性变化关系。图 10-53(b) 中霍尔电阻的变化反映了脉冲数量对器件区域中斯格明子数量的影响，图中的数字与图 10-53(c) 中磁化状态的变化一一对应。可以发现，斯格明子数量及霍尔电阻随电流脉冲的变化呈线性关系。因此利用斯格明子的产生、运动、探测以及湮灭，能够很好地模拟生物突触的行为。另外，利用霍尔电阻和脉冲数量之间的线性变化关系，斯格明子突触也能够应用于图案识别，并且在硬件层面达到与软件层面相比拟的功能。研究发现，斯格明子突触手写字符数据集识别准确率高达 89%，与基于软件的识别准确率 93% 基本接近。

总之，斯格明子在自旋电子学器件构建方面有广泛的前景，并且研究人员也提出了多种斯格明子器件的概念。然而，在实际器件构建中存在产生、操控和探测等方面的诸多挑战。因此，为了将斯格明子应用于未来计算和存储器件中，研究人员需要在新材料、技术和集成化等方面进一步探索。

## 参 考 文 献

[1] Hayashi M, Thomas L, Rettner C, et al. Current driven domain wall velocities exceeding the spin angular momentum transfer rate in permalloy nanowires. Physical Review Letters, 2007, 98: 037204.

[2] Hayashi M, Thomas L, Moriya R, et al. Current-controlled magnetic domain-wall nanowire shift register. Science, 2008, 320: 209-211.

[3] Parkin S, Hayashi M, Thomas L. Magnetic domain-wall racetrack memory. Science, 2008, 320: 190-194.

[4] Parkin S, Yang S. Memory on the racetrack. Nature Nanotechnology, 2015, 10: 195-198.

[5] Parkin S. Data in the fast lanes of racetrack memory. Scientific American, 2009, 300: 76-81.

[6] Yang S, Parkin S. Novel domain wall dynamics in synthetic antiferromagnets. Journal of Physics: Condensed Matter, 2017, 29: 303001.

[7] Bläsing R, Khan A, Filippou P, et al. Magnetic racetrack memory: from physics to the cusp of applications within a decade. Proceedings of the IEEE, 2020, 108: 1303.

[8] Zhang J Y, Yang G, Wang S G，et al. Tuning giant anomalous Hall resistance ratio in perpendicular Hall balance. Appl. Phys. Lett., 2015, 106(15): 152401.

[9] Ryu K S, Yang S H, Thomas L, et al. Chiral spin torque arising from proximity-induced magnetization. Nature Communications, 2014, 5: 3910.

[10] Malozemoff A P, Slonczewski J C. Magnetic Domain Walls in Bubble Materials: Advances in Materials and Device Research[M]. New York: Academic Press, 2013.

[11] Guan Y, Zhou X, Ma T, et al. Increased efficiency of current-induced motion of chiral domain walls by interface engineering. Advanced Materials, 2021, 33: 2007991.

[12] Boulle O, Rohart S, Buda-Prejbeanu L D, et al. Domain wall tilting in the presence of the Dzyaloshinskii-Moriya interaction in out-of-plane magnetized magnetic nanotracks. Physical Review Letters, 2013, 111: 217203.

[13] Thomas L, Yang S H, Ryu K S, et al. Racetrack memory: a high-performance, low-cost, non-volatile memory based on magnetic domain walls//2011 International Electron Devices Meeting, IEEE, 2011: 24.2.1-24.2.4.

[14] Ryu K S, Thomas L, Yang S H, et al. Chiral spin torque at magnetic domain walls. Nature Nanotechnology, 2013, 8: 527-533.

[15] Yang S, Ryu K, Parkin S. Domain-wall velocities of up to 750 m·s$^{-1}$ driven by exchange-coupling torque in synthetic antiferromagnets. Nature Nanotechnology, 2015, 10: 221-226.

[16] Thiaville A, Nakatani Y, Miltat J, et al. Micromagnetic understanding of current-driven domain wall motion in patterned nanowires. Europhysics Letters, 2005, 69: 990.

[17] Miron I M, Moore T, Szambolics H, et al. Fast current-induced domain-wall motion controlled by the Rashba effect. Nature Materials, 2011, 10: 419-423.

[18] Vogel J, Bonfim M, Rougemaille N, et al. Direct observation of massless domain wall dynamics in nanostripes with perpendicular magnetic anisotropy. Physical Review Letters, 2012, 108: 247202.

[19] Emori S, Bauer U, Ahn S, et al. Current-driven dynamics of chiral ferromagnetic domain walls. Nature Materials, 2013, 12: 611-616.

[20] Bläsing R, Ma T, Yang S H, et al. Exchange coupling torque in ferrimagnetic Co/Gd bilayer maximized near angular momentum compensation temperature. Nature Communications, 2018, 9: 4984.

[21] Kim K J, Kim S K, Hirata Y, et al. Fast domain wall motion in the vicinity of the angular momentum compensation temperature of ferrimagnets. Nature Materials, 2017, 16: 1187-1192.

[22] Tokunaga Y, Furukawa N, Sakai H, et al. Composite domain walls in a multiferroic perovskite ferrite. Nature Materials, 2009, 8: 558-562.

[23] Kagawa F, Mochizuki M, Onose Y, et al. Dynamics of multiferroic domain wall in spin-cycloidal ferroelectric DyMnO$_3$. Physical Review Letters, 2009, 102: 057604.

[24] Allwood D A, Xiong G, Cooke M D, et al. Submicrometer ferromagnetic NOT gate and shift register. Science, 2002, 296: 2003-2006.

[25] Allwood D A, Xiong G, Faulkner C C, et al. Magnetic domain-wall logic. Science, 2005, 309: 1688-1692.

[26] Luo Z, Hrabec A, Dao T P, et al. Current-driven magnetic domain-wall logic. Nature, 2020, 579: 214-218.

[27] Bauer U, Emori S, Beach G S D. Voltage-controlled domain wall traps in ferromagnetic nanowires. Nature Nanotechnology, 2013, 8: 411-416.

[28] Guan Y C, Zhou X L, Li F, et al. Ionitronic manipulation of current-induced domain wall motion in synthetic antiferromagnets. Nature Communications, 2021, 12: 5002.

[29] Lequeux S, Sampaio J, Cros V, et al. A magnetic synapse: multilevel spin-torque memristor with perpendicular anisotropy. Scientific Reports, 2016, 6: 31510.

[30] Wagner K, Kákay A, Schultheiss K, et al. Magnetic domain walls as reconfigurable spin-wave nanochannels. Nature Nanotechnology, 2016, 11: 432-436.

[31] Gu K, Guan Y, Hazra B K, et al. Three-dimensional racetrack memory devices designed from freestanding magnetic heterostructures. Nature Nanotechnology, 2022, 17: 1065-1071.

[32] Khan A A, Hameed F, Bläsing R, et al. Shiftsreduce: minimizing shifts in racetrack memory 4.0. ACM Transactions on Architecture and Code Optimization, 2019, 16: 1-23.

[33] Khan A A, Hameed F, Bläsing R, et al. RTSim: a cycle-accurate simulator for racetrack memories. IEEE Computer Architecture Letters, 2019, 18: 43-46.

[34] Fert A, Cros V, Sampaio J. Skyrmions on the track. Nature Nanotechnology, 2013, 8: 152-156.

[35] Gan W L. Skyrmion Dynamics in Magnetic Thin Films. Singapore: Nanyang Technological University, 2019.

[36] Zhou Y, Ezawa M. A reversible conversion between a skyrmion and a domain-wall pair in a junction geometry. Nature Communications, 2014, 5: 4652.

[37] Kumar D, Jin T, Sbiaa R, et al. Domain wall memory: physics, materials, and devices. Physics Reports, 2022, 958: 1-35.

[38] Luo Z, Schären S, Hrabec A, et al. Field-and current-driven magnetic domain-wall inverter and diode. Physical Review Applied, 2021, 15: 034077.

[39] Vélez S, Schaab J, Wörnle M, et al. High-speed domain wall racetracks in a magnetic insulator. Nature Communications, 2019, 10: 4750.

[40] Jiang W, Upadhyaya P, Zhang W, et al. Blowing magnetic skyrmion bubbles. Science, 2015, 349: 283-286.

[41] Liu Y, Lei N, Zhao W, et al. Chopping skyrmions from magnetic chiral domains with uniaxial stress in magnetic nanowire. Applied Physics Letters, 2017, 111: 022406.

[42] Woo S, Song K M, Han H S, et al. Spin-orbit torque-driven skyrmion dynamics revealed by time-resolved X-ray microscopy. Nature Communications, 2017, 8: 15573.

[43] Lemesh I, Litzius K, Böttcher M, et al. Current-induced skyrmion generation through morphological thermal transitions in chiral ferromagnetic heterostructures. Advanced Materials, 2018, 30: 1805461.

[44] Je S G, Thian D, Chen X, et al. Targeted writing and deleting of magnetic skyrmions in two-terminal nanowire devices. Nano Letters, 2021, 21: 1253-1259.

[45] Muhlbauer S, Binz B, Jonietz F, et al. Skyrmion lattice in a chiral magnet. Science, 2009, 323: 915-919.

[46] Münzer W, Neubauer A, Adams T, et al. Skyrmion lattice in the doped semiconductor $Fe_{1-x}Co_xSi$. Physical Review B, 2010, 81: 041203.

[47] Yu X Z, Onose Y, Kanazawa N, et al. Real-space observation of a two-dimensional skyrmion crystal. Nature, 2010, 465: 901-904.

[48] Adams T, Chacon A, Wagner M, et al. Long-wavelength helimagnetic order and skyrmion lattice phase in $Cu_2OSeO_3$. Physical Review Letters, 2012, 108: 237204.

[49] Müller J, Rosch A, Garst M. Edge instabilities and skyrmion creation in magnetic layers. New Journal of Physics, 2016, 18: 065006.

[50] Nakajima H, Kotani A, Mochizuki M, et al. Formation process of skyrmion lattice domain boundaries: the role of grain boundaries. Applied Physics Letters, 2017, 111: 192401.

[51] Zhang S F, Zhang J W, Zhang Q, et al. Direct writing of room temperature and zero field skyrmion lattices by a scanning local magnetic field. Applied Physics Letters, 2018, 112: 132405.

[52] Wang Z, Guo M, Zhou H A, et al. Thermal generation, manipulation and thermoelectric detection of skyrmions. Nature Electronics, 2020, 3: 672-679.

[53] Mochizuki M, Watanabe Y. Writing a skyrmion on multiferroic materials. Applied Physics Letters, 2015, 107: 082409-1-082409-5.

[54] Hsu P J, Kubetzka A, Finco A, et al. Electric-field-driven switching of individual magnetic skyrmions. Nature Nanotechnology, 2017, 12: 123-126.

[55] Ma C, Zhang X, Xia J, et al. Electric field-induced creation and directional motion of domain walls and skyrmion bubbles. Nano Letters, 2018, 19: 353-361.

[56] Finazzi M, Savoini M, Khorsand A R, et al. Laser-induced magnetic nanostructures with tunable topological properties. Physical Review Letters, 2013, 110: 177205.

[57] Je S G, Vallobra P, Srivastava T, et al. Creation of magnetic skyrmion bubble lattices by ultrafast laser in ultrathin films. Nano Letters, 2018, 18: 7362-7371.

[58] Chen G, Ophus C, Quintana A, et al. Reversible writing/deleting of magnetic skyrmions through hydrogen adsorption/desorption. Nature Communications, 2022, 13: 1350.

[59] Guang Y, Peng Y, Yan Z, et al. Electron beam lithography of magnetic skyrmions. Advanced Materials, 2020, 32: 2003003.

[60] Kern L M, Pfau B, Deinhart V, et al. Deterministic generation and guided motion of magnetic skyrmions by focused $He^+$-ion irradiation. Nano Letters, 2022, 22: 4028.

[61] Sun L, Cao R X, Miao B F, et al. Creating an artificial two-dimensional skyrmion crystal by nanopatterning. Physical Review Letters, 2013, 110: 167201.

[62] Gilbert D A, Maranville B B, Balk A L, et al. Realization of ground-state artificial skyrmion lattices at room temperature. Nature Communications, 2015, 6: 8462.

[63] Jonietz F, Mühlbauer S, Pfleiderer C, et al. Spin transfer torques in MnSi at ultralow current densities. Science, 2010, 330: 1648-1651.

[64] Yu X Z, Kanazawa N, Zhang W Z, et al. Skyrmion flow near room temperature in an ultralow current density. Nature Communications, 2012, 3: 988.

[65] Woo S, Litzius K, Krüger B, et al. Observation of room-temperature magnetic skyrmions and their current-driven dynamics in ultrathin metallic ferromagnets. Nature Materials, 2016, 15: 501-506.

[66] Legrand W, Maccariello D, Reyren N, et al. Room-temperature current-induced gene-

ration and motion of sub-100 nm skyrmions. Nano Letters, 2017, 17: 2703-2712.

[67] Juge R, Je S J, De Souza Chaves D, et al. Current-driven skyrmion dynamics and drive-dependent skyrmion Hall effect in an ultrathin film. Physical Review Applied, 2019, 12: 044007.

[68] Iwasaki J, Koshibae W, Nagaosa N. Colossal spin transfer torque effect on skyrmion along the edge. Nano Letters, 2014, 14: 4432-4437.

[69] Sampaio J, Cros V, Rohart S, et al. Nucleation, stability and current-induced motion of isolated magnetic skyrmions in nanostructures. Nature Nanotechnology, 2013, 8: 839-844.

[70] Tomasello R, Martinez E, Zivieri R, et al. A strategy for the design of skyrmion racetrack memories. Scientific Reports, 2014, 4: 6784.

[71] Iwasaki J, Mochizuki M, Nagaosa N. Universal current-velocity relation of skyrmion motion in chiral magnets. Nature Communications, 2013, 4: 1463.

[72] Wang Z, Zhang X, Xia J, et al. Generation and Hall effect of skyrmions enabled using nonmagnetic point contacts. Physical Review B, 2019, 100: 184426.

[73] Zang J, Mostovoy M, Han J H, et al. Dynamics of skyrmion crystals in metallic thin films. Physical Review Letters, 2011, 107: 136804.

[74] Jiang W, Zhang X, Yu G, et al. Direct observation of the skyrmion Hall effect. Nature Physics, 2016, 13: 162-169.

[75] Litzius K, Lemesh I, Krüger B, et al. Skyrmion Hall effect revealed by direct time-resolved X-ray microscopy. Nature Physics, 2017, 13: 170-175.

[76] Iwasaki J, Mochizuki M, Nagaosa N. Current-induced skyrmion dynamics in constricted geometries. Nature Nanotechnology, 2013, 8: 742-747.

[77] Song C, Jin C, Wang J, et al. Skyrmion-based multi-channel racetrack. Applied Physics Letters, 2017, 111: 192413.

[78] Toscano D, Mendonça J P A, Miranda A L S, et al. Suppression of the skyrmion Hall effect in planar nanomagnets by the magnetic properties engineering: skyrmion transport on nanotracks with magnetic strips. Journal of Magnetism and Magnetic Materials, 2020, 504: 166655.

[79] Müller J. Magnetic skyrmions on a two-lane racetrack. New Journal of Physics, 2017, 19: 025002.

[80] Fattouhi M, García-Sánchez F, Yanes R, et al. Electric field control of the skyrmion Hall effect in piezoelectric-magnetic devices. Physical Review Applied, 2021, 16: 044035.

[81] Yang S, Wu K, Zhao Y, et al. Inhibition of skyrmion Hall effect by a stripe domain wall. Physical Review Applied, 2022, 18: 024030.

[82] Göbel B, Mook A, Henk J, et al. Magnetic bimerons as skyrmion analogues in in-plane magnets. Physical Review B, 2019, 99: 060407.

[83] Upadhyaya P, Yu G, Amiri P K, et al. Electric-field guiding of magnetic skyrmions. Physical Review B, 2015, 92: 134411.

[84] Lai P, Zhao G P, Tang H, et al. An improved racetrack structure for transporting a

skyrmion. Scientific Reports, 2017, 7: 1-8.

[85] Zhang X, Zhou Y, Ezawa M. Magnetic bilayer-skyrmions without skyrmion Hall effect. Nature Communications, 2016, 7: 10293.

[86] Zhang X, Zhou Y, Ezawa M. Antiferromagnetic skyrmion: stability, creation and manipulation. Scientific Reports, 2016, 6: 24795.

[87] Barker J, Tretiakov O A. Static and dynamical properties of antiferromagnetic skyrmions in the presence of applied current and temperature. Physical Review Letters, 2016, 116: 147203.

[88] Jin C, Song C, Wang J, et al. Dynamics of antiferromagnetic skyrmion driven by the spin Hall effect. Applied Physics Letters, 2016, 109: 182404.

[89] Wang C, Xiao D, Chen X, et al. Manipulating and trapping skyrmions by magnetic field gradients. New Journal of Physics, 2017, 19: 083008.

[90] Zhang S L, Wang W W, Burn D M, et al. Manipulation of skyrmion motion by magnetic field gradients. Nature Communications, 2018, 9: 2115.

[91] Gong C, Zhou Y, Zhao G. Dynamics of magnetic skyrmions under temperature gradients. Applied Physics Letters, 2022, 120: 052402-1-052402-6.

[92] Yu X, Kagawa F, Seki S, et al. Real-space observations of 60-nm skyrmion dynamics in an insulating magnet under low heat flow. Nature Communications, 2021, 12: 5079.

[93] Shen L, Xia J, Zhao G, et al. Dynamics of the antiferromagnetic skyrmion induced by a magnetic anisotropy gradient. Physical Review B, 2018, 98: 134448.

[94] Tomasello R, Komineas S, Siracusano G, et al. Chiral skyrmions in an anisotropy gradient. Physical Review B, 2018, 98: 024421.

[95] Wang X, Gan W L, Martinez J C, et al. Efficient skyrmion transport mediated by a voltage controlled magnetic anisotropy gradient. Nanoscale, 2018, 10: 733-740.

[96] Xia H, Song C, Jin C, et al. Skyrmion motion driven by the gradient of voltage-controlled magnetic anisotropy. Journal of Magnetism and Magnetic Materials, 2018, 458: 57-61.

[97] Ang C C, Gan W, Lew W S. Bilayer skyrmion dynamics on a magnetic anisotropy gradient. New Journal of Physics, 2019, 21: 043006.

[98] Chen L, Ma Q, Jing H B, et al. Space-energy digital-coding metasurface based on an active amplifier. Physical Review Applied, 2019, 11: 054051.

[99] Yan Z, Gao R, Chang M, et al. Dramatically enhanced carrier mobility and Curie temperature in np codoped ZnO by proximity effect. Journal of Magnetism and Magnetic Materials, 2020, 496: 165966.

[100] Song C, Jin C, Wang J, et al. Dynamics of a magnetic skyrmionium in an anisotropy gradient. Applied Physics Express, 2019, 12: 083003.

[101] Yu X, DeGrave J P, Hara Y, et al. Observation of the magnetic skyrmion lattice in a MnSi nanowire by Lorentz TEM. Nano Letters, 2013, 13: 3755-3759.

[102] Yu X Z, Kanazawa N, Onose Y, et al. Near room-temperature formation of a skyrmion crystal in thin-films of the helimagnet FeGe. Nature Materials, 2011, 10: 106-109.

[103] Du H, Che R, Kong L, et al. Edge-mediated skyrmion chain and its collective dynamics

in a confined geometry. Nature Communications, 2015, 6: 8504.

[104] Pollard S D, Garlow J A, Yu J, et al. Observation of stable Néel skyrmions in cobalt/palladium multilayers with Lorentz transmission electron microscopy. Nature Communications, 2017, 8: 14761.

[105] Yu X, Mostovoy M, Tokunaga Y, et al. Magnetic stripes and skyrmions with helicity reversals. Proceedings of the National Academy of Sciences, 2012, 109: 8856-8860.

[106] Miao B F, Sun L, Wu Y W, et al. Experimental realization of two-dimensional artificial skyrmion crystals at room temperature. Physical Review B, 2014, 90: 174411.

[107] Milde P, Köhler D, Seidel J, et al. Unwinding of a skyrmion lattice by magnetic monopoles. Science, 2013, 340(6136): 1076-1080.

[108] Grenz J, Köhler A, Schwarz A, et al. Probing the nano-skyrmion lattice on Fe/Ir (111) with magnetic exchange force microscopy. Physical Review Letters, 2017, 119: 047205.

[109] Casiraghi A, Corte-León H, Vafaee M, et al. Individual skyrmion manipulation by local magnetic field gradients. Communications Physics, 2019, 2: 145.

[110] Wang Y, Wang L, Xia J, et al. Electric-field-driven non-volatile multi-state switching of individual skyrmions in a multiferroic heterostructure. Nature Communications, 2020, 11: 3577.

[111] Caretta L, Mann M, Büttner F, et al. Fast current-driven domain walls and small skyrmions in a compensated ferrimagnet. Nature Nanotechnology, 2018, 13: 1154-1160.

[112] Jiang W, Chen G, Liu K, et al. Skyrmions in magnetic multilayers. Physics Reports, 2017, 704: 1-49.

[113] Zázvorka J, Dittrich F, Ge Y, et al. Skyrmion lattice phases in thin film multilayer. Advanced Functional Materials, 2020, 30: 2004037.

[114] Vélez S, Ruiz-Gómez S, Schaab J, et al. Current-driven dynamics and ratchet effect of skyrmion bubbles in a ferrimagnetic insulator. Nature Nanotechnology, 2022, 17: 834-841.

[115] Neubauer A, Pfleiderer C, Binz B, et al. Topological Hall effect in the A phase of MnSi. Physical Review Letters, 2009, 102: 186602.

[116] Hamamoto K, Ezawa M, Nagaosa N. Purely electrical detection of a skyrmion in constricted geometry. Applied Physics Letters, 2016, 108: 112401.

[117] Guang Y, Zhang L, Zhang J, et al. Electrical detection of magnetic skyrmions in a magnetic tunnel junction. Advanced Electronic Materials, 2023, 9: 2200570.

[118] Li S, Du A, Wang Y, et al. Experimental demonstration of skyrmionic magnetic tunnel junction at room temperature. Science Bulletin, 2022, 67: 691-699.

[119] Nagaosa N, Tokura Y. Topological properties and dynamics of magnetic skyrmions. Nature Nanotechnology, 2013, 8: 899-911.

[120] Everschor-Sitte K, Sitte M. Real-space Berry phases: skyrmion soccer. Journal of Applied Physics, 2014, 115: 172602.

[121] Schulz T, Ritz R, Bauer A, et al. Emergent electrodynamics of skyrmions in a chiral magnet. Nature Physics, 2012, 8: 301-304.

[122] Kong L. Research progress on topological properties and micro-magnetic simulation study in dynamics of magnetic skyrmions. Acta Physica Sinica, 2018, 67: 137506.

[123] Heinze S, von Bergmann K, Menzel M, et al. Spontaneous atomic-scale magnetic skyrmion lattice in two dimensions. Nature Physics, 2011, 7: 713-718.

[124] Yokouchi T, Kanazawa N, Tsukazaki A, et al. Stability of two-dimensional skyrmions in thin films of $Mn_{1-x}$ $Fe_x$Si investigated by the topological Hall effect. Physical Review B, 2014, 89: 064416.

[125] Liu C, Zang Y, Ruan W, et al. Dimensional crossover-induced topological Hall effect in a magnetic topological insulator. Physical Review Letters, 2017, 119: 176809.

[126] Maccariello D, Legrand W, Reyren N, et al. Electrical detection of single magnetic skyrmions in metallic multilayers at room temperature. Nature Nanotechnology, 2018, 13: 233-237.

[127] Zeissler K, Finizio S, Shahbazi K, et al. Discrete Hall resistivity contribution from Néel skyrmions in multilayer nanodiscs. Nature Nanotechnology, 2018, 13: 1161-1166.

[128] Scarioni A F, Barton C, Corte-León H, et al. Thermoelectric signature of individual skyrmions. Physical Review Letters, 2021, 126: 077202.

[129] Tomasello R, Ricci M, Burrascano P, et al. Electrical detection of single magnetic skyrmion at room temperature. AIP Advances, 2017, 7: 056022.

[130] Hamamoto K, Nagaosa N. Electrical detection of a skyrmion in a magnetic tunneling junction. 2018. arXiv:1803.04588.

[131] Zhang X, Cai W, Zhang X, et al. Skyrmions in magnetic tunnel junctions. ACS Applied Materials & Interfaces, 2018, 10: 16887-16892.

[132] Penthorn N E, Hao X, Wang Z, et al. Experimental observation of single skyrmion signatures in a magnetic tunnel junction. Physical Review Letters, 2019, 122: 257201.

[133] Kasai S, Sugimoto S, Nakatani Y, et al. Voltage-controlled magnetic skyrmions in magnetic tunnel junctions. Applied Physics Express, 2019, 12: 083001.

[134] Dohi T, DuttaGupta S, Fukami S, et al. Formation and current-induced motion of synthetic antiferromagnetic skyrmion bubbles. Nature Communications, 2019, 10: 5153.

[135] Legrand W, Maccariello D, Ajejas F, et al. Room-temperature stabilization of antiferromagnetic skyrmions in synthetic antiferromagnets. Nature Materials, 2020, 19: 34-42.

[136] Woo S, Song K M, Zhang X, et al. Current-driven dynamics and inhibition of the skyrmion Hall effect of ferrimagnetic skyrmions in GdFeCo films. Nature Communications, 2018, 9: 959.

[137] Hirata Y, Kim D H, Kim S K, et al. Vanishing skyrmion Hall effect at the angular momentum compensation temperature of a ferrimagnet. Nature Nanotechnology, 2019, 14: 232-236.

[138] Quessab Y, Xu J W, Cogulu E, et al. Zero-field nucleation and fast motion of skyrmions induced by nanosecond current pulses in a ferrimagnetic thin film. Nano Letters, 2022, 22: 6091-6097.

[139] Hoffmann M, Müller G P, Melcher C, et al. Skyrmion-antiskyrmion racetrack memory

in rank-one DMI materials. Frontiers in Physics, 2021, 9: 769873.

[140] Jena J, Göbel B, Ma T, et al. Elliptical Bloch skyrmion chiral twins in an antiskyrmion system. Nature Communications, 2020, 11: 1115.

[141] Yang S, Moon K W, Ju T S, et al. Electrical generation and deletion of magnetic skyrmion-bubbles via vertical current injection. Advanced Materials, 2021, 33: 2104406.

[142] Zhang X, Zhou Y, Ezawa M, et al. Magnetic skyrmion transistor: skyrmion motion in a voltage-gated nanotrack. Scientific Reports, 2015, 5: 11369.

[143] Qian J, Xia J, Sun H, et al. Broadband acoustic focusing by cavity structures with phase manipulations. Journal of Applied Physics, 2017, 122: 244501.

[144] Hong I S, Lee K J. Magnetic skyrmion field-effect transistors. Applied Physics Letters, 2019, 115: 072406.

[145] Fook H T, Gan W L, Lew W S. Gateable skyrmion transport via field-induced potential barrier modulation. Scientific Reports, 2016, 6: 21099.

[146] Zhao X, Ren R, Xie G, et al. Single antiferromagnetic skyrmion transistor based on strain manipulation. Applied Physics Letters, 2018, 112: 252402.

[147] Jung D H, Han H S, Kim N, et al. Magnetic skyrmion diode: unidirectional skyrmion motion via symmetry breaking of potential energy barriers. Physical Review B, 2021, 104: L060408.

[148] Zhao L, Liang X, Xia J, et al. A ferromagnetic skyrmion-based diode with a voltage-controlled potential barrier. Nanoscale, 2020, 12: 9507-9516.

[149] Feng Y, Zhang X, Zhao G, et al. A skyrmion diode based on skyrmion Hall effect. IEEE Transactions on Electron Devices, 2022, 69: 1293-1297.

[150] Souza J C B, Vizarim N P, Reichhardt C J O, et al. Magnus induced diode effect for skyrmions in channels with periodic potentials. Journal of Physics: Condensed Matter, 2022, 51: 015804.

[151] Song L, Yang H, Liu B, et al. A spin-wave driven skyrmion diode under transverse magnetic fields. Journal of Magnetism and Magnetic Materials, 2021, 532: 167975.

[152] Zhang X, Ezawa M, Zhou Y. Magnetic skyrmion logic gates: conversion, duplication and merging of skyrmions. Scientific Reports, 2015, 5: 9400.

[153] Xing X, Pong P W T, Zhou Y. Skyrmion domain wall collision and domain wall-gated skyrmion logic. Physical Review B, 2016, 94: 054408.

[154] He Z, Angizi S, Fan D. Current-induced dynamics of multiple skyrmions with domain-wall pair and skyrmion-based majority gate design. IEEE Magnetics Letters, 2017, 8: 1-5.

[155] Luo S, Song M, Li X, et al. Reconfigurable skyrmion logic gates. Nano Letters, 2018, 18: 1180-1184.

[156] Chauwin M, Hu X, Garcia-Sanchez F, et al. Skyrmion logic system for large-scale reversible computation. Physical Review Applied, 2019, 12: 064053.

[157] Yan Z R, Liu Y Z, Guang Y, et al. Skyrmion-based programmable logic device with complete boolean logic functions. Physical Review Applied, 2021, 15: 064004.

[158] Yu D, Yang H, Chshiev M, et al. Skyrmions-based logic gates in one single nano-track completely reconstructed via chirality barrier. National Science Review, 2022, 9: nwac021.

[159] Walker B W, Cui C, Garcia-Sanchez F, et al. Skyrmion logic clocked via voltage-controlled magnetic anisotropy. Applied Physics Letters, 2021, 118: 192404.

[160] Sisodia N, Pelloux-Prayer J, Buda-Prejbeanu L D, et al. Programmable skyrmion logic gates based on skyrmion tunneling. Physical Review Applied, 2022, 17: 064035.

[161] Chen T, Dumas R K, Eklund A, et al. Spin-torque and spin-Hall nano-oscillators. Proceedings of the IEEE, 2016, 104: 1919-1945.

[162] Rippard W H, Pufall M R, Kaka S, et al. Injection locking and phase control of spin transfer nano-oscillators. Physical Review Letters, 2005, 95: 067203.

[163] Zeng Z, Finocchio G, Jiang H. Spin transfer nano-oscillators. Nanoscale, 2013, 5: 2219-2231.

[164] Dussaux A, Georges B, Grollier J, et al. Large microwave generation from current-driven magnetic vortex oscillators in magnetic tunnel junctions. Nature Communications, 2010, 1: 1-6.

[165] Sato N, Schultheiss K, Körber L, et al. Domain wall based spin-Hall nano-oscillators. Physical Review Letters, 2019, 123: 057204.

[166] Demidov V E, Urazhdin S, Zholud A, et al. Nanoconstriction-based spin-Hall nano-oscillator. Applied Physics Letters, 2014, 105: 172410.

[167] Giordano A, Carpentieri M, Laudani A, et al. Spin-Hall nano-oscillator: a micromagnetic study. Applied Physics Letters, 2014, 105: 042412.

[168] Wang Y T, Luan P G, Zhang S. Coriolis force induced topological order for classical mechanical vibrations. New Journal of Physics, 2015, 17: 073031.

[169] Garcia-Sanchez F, Sampaio J, Reyren N, et al. A skyrmion-based spin-torque nano-oscillator. New Journal of Physics, 2016, 18: 075011.

[170] Feng Y, Xia J, Qiu L, et al. A skyrmion-based spin-torque nano-oscillator with enhanced edge. Journal of Magnetism and Magnetic Materials, 2019, 491: 165610.

[171] Zhou Y, Chen W. Hybrid organic-inorganic halide perovskites. Journal of Applied Physics, 2020, 128: 200401.

[172] Jin C, Ma Y, Song C, et al. High-frequency spin transfer nano-oscillator based on the motion of skyrmions in an annular groove. New Journal of Physics, 2020, 22: 033001.

[173] Shen L, Li X, Zhao Y, et al. Current-induced dynamics of the antiferromagnetic skyrmion and skyrmionium. Physical Review Applied, 2019, 12: 064033.

[174] Zhou Y, Iacocca E, Awad A A, et al. Dynamically stabilized magnetic skyrmions. Nature Communications, 2015, 6: 8193.

[175] Liu R H, Lim W L, Urazhdin S. Dynamical skyrmion state in a spin current nano-oscillator with perpendicular magnetic anisotropy. Physical Review Letters, 2015, 114: 137201.

[176] Carpentieri M, Tomasello R, Zivieri R, et al. Topological, non-topological and instan-

ton droplets driven by spin-transfer torque in materials with perpendicular magnetic anisotropy and Dzyaloshinskii-Moriya interaction. Scientific Reports, 2015, 5: 16184.

[177] Finocchio G, Ricci M, Tomasello R, et al. Skyrmion based microwave detectors and harvesting. Applied Physics Letters, 2015, 107: 262401.

[178] Wang J, Wang J, Zhang C, et al. Dynamics properties of skyrmion based microwave detectors under external field. Applied Physics Express, 2020, 13: 053001.

[179] Jin C, Wang J, Wang W, et al. Array of synchronized nano-oscillators based on repulsion between domain wall and skyrmion. Physical Review Applied, 2018, 9: 044007.

[180] Wang J, Zhang C, Jin C, et al. Bridge-connected microwave detector based on magnetic skyrmion. Journal of Magnetism and Magnetic Materials, 2022, 541: 168560.

[181] Song C, Ma Y, Jin C, et al. Radio frequency mixer based on magnetic skyrmion. Physica Status Solidi-Rapid Research Letters, 2020, 14: 2000249.

[182] Wang Z, Yuan H Y, Cao Y, et al. Magnonic frequency comb through nonlinear magnon-skyrmion scattering. Physical Review Letters, 2021, 127: 037202.

[183] Sun J, Shi S, Wang J. Strain modulation of magnonic frequency comb by magnon-skyrmion interaction in ferromagnetic materials. Advanced Engineering Materials, 2022, 24: 2101245.

[184] Li S, Kang W, Chen X, et al. Emerging neuromorphic computing paradigms exploring magnetic skyrmions//2018 IEEE Computer Society Annual Symposium on VLSI (ISVLSI). IEEE, 2018: 539-544.

[185] Yokouchi T, Sugimoto S, Rana B, et al. Pattern recognition with neuromorphic computing using magnetic field-induced dynamics of skyrmions. Science Advances, 2022, 8: eabq5652.

[186] Yao Y, Chen X, Kang W, et al. Thermal Brownian motion of skyrmion for true random number generation. IEEE Transactions on Electron Devices, 2020, 67: 2553-2558.

[187] Wang K, Zhang Y, Bheemarasetty V, et al. Single skyrmion true random number generator using local dynamics and interaction between skyrmions. Nature Communications, 2022, 13, 722.

[188] Pinna D, Araujo F A, Kim J V, et al. Skyrmion gas manipulation for probabilistic computing. Physical Review Applied, 2018, 9: 064018.

[189] Zázvorka J, Jakobs F, Heinze D, et al. Thermal skyrmion diffusion used in a reshuffler device. Nature nanotechnology, 2019, 14: 658-661.

[190] Li S, Kang W, Huang Y, et al. Magnetic skyrmion-based artificial neuron device. Nanotechnology, 2017, 28: 31LT01.

[191] Li S, Kang W, Zhang X, et al. Magnetic skyrmions for unconventional computing. Materials Horizons, 2021, 8: 854-868.

[192] Chen X, Kang W, Zhu D, et al. A compact skyrmionic leaky-integrate-fire spiking neuron device. Nanoscale, 2018, 10: 6139-6146.

[193] Azam M A, Bhattacharya D, Querlioz D, et al. Resonate and fire neuron with fixed magnetic skyrmions. Journal of Applied Physics, 2018, 124: 152122.

[194] Liang X, Zhang X, Xia J, et al. A spiking neuron constructed by the skyrmion-based spin torque nano-oscillator. Applied Physics Letters, 2020, 116: 122402.

[195] Huang Y, Kang W, Zhang X, et al. Magnetic skyrmion-based synaptic devices. Nanotechnology, 2017, 28: 08LT02.

[196] Song K M, Jeong J S, Pan B, et al. Skyrmion-based artificial synapses for neuromorphic computing. Nature Electronics, 2020, 3: 148-155.

# 第 11 章　磁性拓扑体系中的拓扑电子与磁结构

正如前文所述，拓扑磁畴中磁矩在实空间的排列具有拓扑特征。与拓扑磁畴的实空间拓扑性不同，拓扑电子材料 (后简称为拓扑材料) 的拓扑性表现在动量空间，也就是能带结构具有交叉、翻转等特点，形成表面态、外尔点等具有拓扑特性的电子态。

拓扑磁畴和拓扑材料都是比较新兴的研究领域。目前，拓扑磁畴对载流子输运的影响主要表现为拓扑霍尔效应。磁性拓扑电子材料本征的输运行为，比如大反常霍尔效应、大反常能斯特效应等得到了广泛的关注。然而，磁畴以及拓扑磁畴在拓扑电子材料中的行为还有待探索。目前已经有一些理论研究讨论了磁畴对拓扑电子输运的影响，另有一些实验工作发现磁性拓扑材料中的磁畴运动与一般材料相比有所不同。本章将针对拓扑输运研究较多的磁性拓扑材料，从拓扑电子、材料物性、磁结构和磁畴对拓扑物性的影响等方面介绍磁畴与拓扑物性的关联。

## 11.1　磁性拓扑电子与物性

### 11.1.1　磁性外尔费米子

在凝聚态物质中，有一类特殊的电子，其低能激发可以由两分量的外尔方程描述，它们被称为外尔费米子。外尔费米子可以看作由四重简并的狄拉克费米子退简并为两个手性相反的二重简并费米子[1,2]。外尔体系分为打破时间反演和空间反演对称，前者为磁性体系，而后者通常是非中心对称的无磁体系。

外尔费米子的能量和波矢呈线性色散关系，因而通常具有较高的迁移率，这使得体系具有高效的输运行为。同时，受到很强的自旋轨道耦合作用，外尔费米子在输运上的运动规律相比于平庸电子多了贝里 (Berry) 曲率的影响。外尔点以手性正、负区分且成对出现，因此外尔费米子也携带着正、负手性的信息，相反手性的电子有着相反的自旋–动量锁定关系。

因运动规律受到贝里曲率的影响，外尔费米子表现出一些特殊的输运物性。对外尔半金属施加平行的磁场与电场，将使不同手性的两类外尔费米子产生不同的数目，差别正比于 $E \cdot B$，即所谓的 Adler-Bell-Jackiw 反常[3,4]。由于外尔费米子在一对外尔点之间迁移，体系的纵向电导随着磁场增加而增大，表现为负磁电阻效应[5-7]。磁性外尔费米子的特点是在输运过程中"协同作用"，其所受贝里曲率的影响总体是同向叠加的，存在净剩值。在零磁场下也可能表现出宏观的横向输运行为, 如反常霍尔效应和反常能斯特效应。与此相对, 非磁性体系中, 贝里曲率引起的外尔费米子的横向输运宏观抵消。外尔点的存在比较稳定, 一般的外界微扰只能移动外尔点的位置而不能使其消失; 除非一对手性相反的外尔点相遇, 才会成对湮灭[8,9]。因此, 外尔费米子的运动规律也不容易受到外界的干扰, 由外尔费米子主导输运行为的体系将表现出显著且稳定的物性。在磁性外尔体系中, 稳定的静态磁结构背景下的外尔费米子不仅可以主导体系的载流子, 也能够产生拓扑增强的横向输运行为。

### 11.1.2　磁性拓扑半金属

具有外尔费米子的半金属体系叫做外尔半金属。首个实验上验证的外尔半金属是空间反演对称性破缺的 TaAs[10-12], 其中存在成对出现的外尔点, 并在表面存在连接不同手性外尔点的表面态, 即费米弧。相比之下, 寻找时间反演对称性破缺的磁性外尔半金属经历了更长的研究过程。2011 年, Wan 等[13,14] 率先预测了具有烧绿石结构的 $Y_2Ir_2O_7$ 可能是磁性外尔半金属。同年, Xu 等[15] 理论预言了 $HgCr_2Se_4$ 也是磁性外尔半金属, 该材料中能带在沿 $z$ 轴的两个互为反演的点上交叉, 在自旋轨道耦合作用下形成外尔点, 并在其侧面观测到不连续的费米弧。由于这两个材料中存在复杂的磁畴等, 很难通过谱学手段来直接观察其中的外尔点和费米弧等外尔半金属的指纹性特征。因此, 磁性外尔半金属的探索进展缓慢, 但这些理论预言和实验探索为该领域的发展提供了重要指导。

直到 2018 年, 时间反演对称性破缺的磁性外尔半金属迎来了突破性进展, Liu 等[16-19] 结合实验和理论, 提出了首个磁性外尔半金属 $Co_3Sn_2S_2$, 该材料属于硫铅镍矿 (shandite) 矿物化合物家族中的一员, 其居里温度为 175 K, 具有准二维 Co-Sn 组成的笼目层。能带计算表明, 体系具有单自旋半金属 (half metal) 特征, 且在自旋向上的能带中存在能带反转和线性交叉, 具备存在外尔费米子的重要条件。深入的理论计算发现, $Co_3Sn_2S_2$ 具有 3 条能带交叉而产生的大节线环, 在自旋轨道耦合作用下节线环被打开, 但在节线环上始终有两个点不能被打开, 这两个点形成了一对手性相反的外尔点, 且位于费米能级 ($E_F$) 之上仅 60 meV 处, 如图 11-1 所示。

为了确认该外尔半金属的指纹特征, 即外尔点和拓扑表面态费米弧, 研究者们利用角分辨光电子能谱 (ARPES) 和扫描隧道显微镜 (STM) 对电子结构进行了谱学表征。角分辨光电子能谱结果获得了完整、清晰、可靠的证据, 得到了与理论计算高度一致的体态能带结构, 并观察到连接外尔节点的拓扑表面态费米弧。由于外尔节点在费米能级之上, 在晶体表面原位沉积了一层 K 原子, 将化学势抬升, 清晰地观察到了外尔节点的线性色散关系, 如图 11-2 所示。扫描隧道显微镜的结果显示, 在 $Co_3Sn_2S_2$ 单晶中获得了 Co、Sn、S 三种原子终端解理面, 并观察到了由 Co 原子所构成的笼目晶格, 分析了电子在不同原子终端晶体表面发生弹性散射时的准粒子干涉花样，获得了不同的表面态费米弧的色散关系。

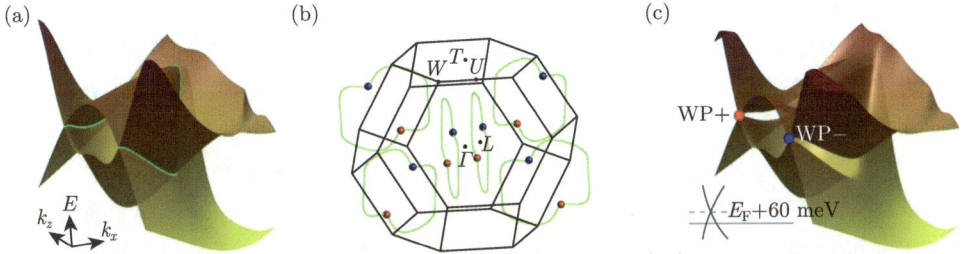

图 11-1 Co$_3$Sn$_2$S$_2$ 的节线环和外尔点

(a) 线性能带交叉在镜面对称面上形成一个节线环；(b) 节线环以及布里渊区中外尔点的分布；(c) 自旋轨道耦合作用下节线环打开的能隙和外尔点，外尔点位于费米能级以上 60 meV 处

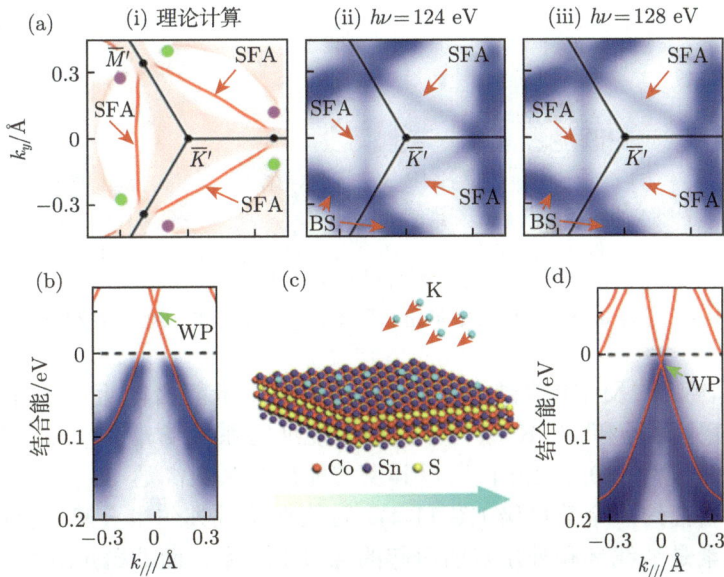

图 11-2 Co$_3$Sn$_2$S$_2$ 拓扑表面态费米弧和体态外尔节点

(a) 理论和实验得到的表面态费米弧；(b) 外尔点下方的能带线性色散；(c) 使用碱性金属 (K) 进行原位电子掺杂的示意图；(d) 电子掺杂后测量得到的能带显示在外尔点处的能带线性色散

　　至此，首个磁性外尔半金属在实验和理论上得到了证实，获得了拓扑与磁性的耦合，补齐了空间反演和时间反演对称破缺的外尔费米子的物理分类。除磁性外尔半金属 Co$_3$Sn$_2$S$_2$，研究者们相继发现铁磁性节线环半金属 Fe$_3$GeTe$_2$[20]、磁性外尔体系 Co$_2$MnGa 和 Co$_2$MnAl[21]、拓扑磁体 Fe$_3$Sn$_2$[22]、非共线反铁磁 Mn$_3$Sn 和 Mn$_3$Ge[23] 以及磁场诱发的磁性外尔半金属候选材料半哈斯勒 (half-Heusler) 合金等一系列磁性拓扑材料。这些材料的发现为利用磁性拓扑半金属开展基础物理和器件应用的研究提供了合适的平台。

### 11.1.3　磁性外尔半金属的物性

磁性拓扑材料中，费米能级附近的拓扑能带结构 (外尔点和有能隙的节线环)，在自旋轨道耦合作用下能够产生拓扑增强的贝里曲率，进而产生巨大的内禀反常霍尔电导。$Co_3Sn_2S_2$ 在实验上获得了零场巨反常霍尔电导 (AHC，约为 $1130\ \Omega^{-1}\cdot cm^{-1}$) 和巨反常霍尔角 (AHA，约为 20%)，均比常规磁性材料高一个数量级，如图 11-3 所示。理论计算显示，体系中外尔节点和节线环处的强贝里曲率产生 $1180\ \Omega^{-1}\cdot cm^{-1}$ 的反常霍尔电导，与实验值高度吻合。同时发现，反常霍尔电导对温度和纵向电导均无明显的依赖关系，在反常霍尔效应的统一模型中居于内禀的"贝里相位"区，也表明该体系中的反常霍尔效应来源于贝里曲率，而非杂质散射。

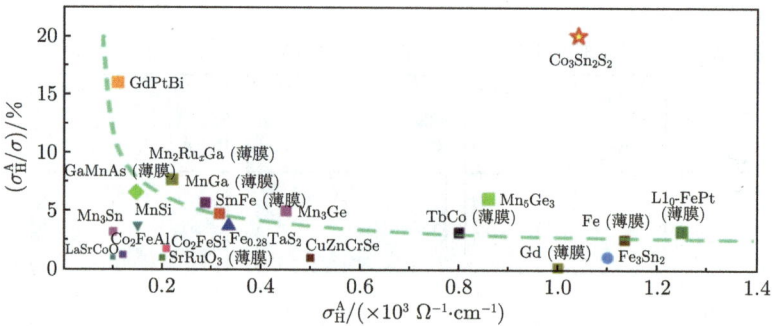

图 11-3　$Co_3Sn_2S_2$ 中反常霍尔角和反常霍尔电导率与其他磁性材料的对比

此外，内禀的反常能斯特效应主要取决于费米能级附近的贝里曲率分布。$Co_3Sn_2S_2$ 在零磁场和 80 K 条件下测得的能斯特系数 $S_{xy} = 3\ \mu V/K$。由于其饱和分子磁矩仅为 $0.9\mu_B/f.u.$，所以其反常能斯特系数高达 $35\ \mu V/(K\cdot T)$，比常规铁磁性材料高约一个数量级 (图 11-4)。这表明磁性外尔半金属的反常能斯特效应的主导因素是节线环和外尔点所引起的强贝里曲率，而非磁矩本身。

Hasan 等[21] 通过第一性原理计算、角分辨光电子能谱技术、电输运测量等证明了传统哈斯勒合金 $Co_2MnGa$ 为磁性外尔体系，且其居里温度高达 690 K。能带计算结果显示，$Co_2MnGa$ 在 $E_F$ 附近存在多条具有小能隙 (小于 1 meV) 的节线环，角分辨光电子能谱观测结果与理论计算的结果基本一致。节线环带来了很强的贝里曲率，从而使得该材料也展示出大的内禀反常霍尔电导 (图 11-5)。在 2 K 时最大的反常霍尔电导为 $1530\ \Omega^{-1}\cdot cm^{-1}$，通过采用 Jin 等提出的反常霍尔分离模型[24]，对其反常霍尔电导的内外禀贡献进行分离，其结果显示内禀的贡献为 $870\ \Omega^{-1}\cdot cm^{-1}$。这一内禀的反常霍尔电导与基于贝里曲率理论计算的结果基本一致，这表明在 $Co_2MnGa$ 中拓扑节线环给反常霍尔电导带来了巨大的贡献。此外值得注意的是，该体系中也存在巨大的外禀反常霍尔电导，其贡献基本与内禀相当。

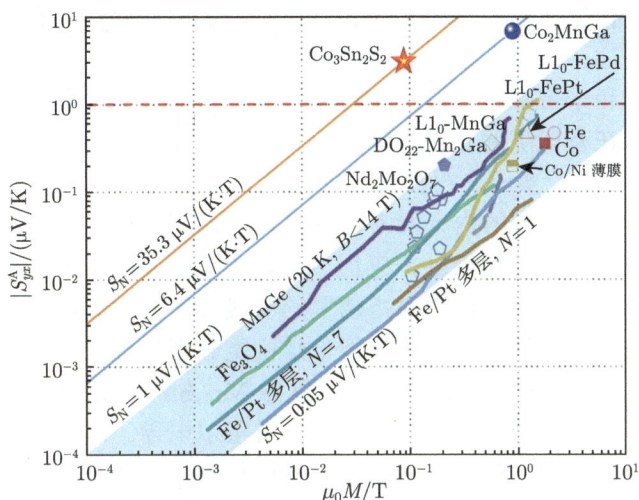

图 11-4　反常能斯特系数与饱和磁化强度的对比图

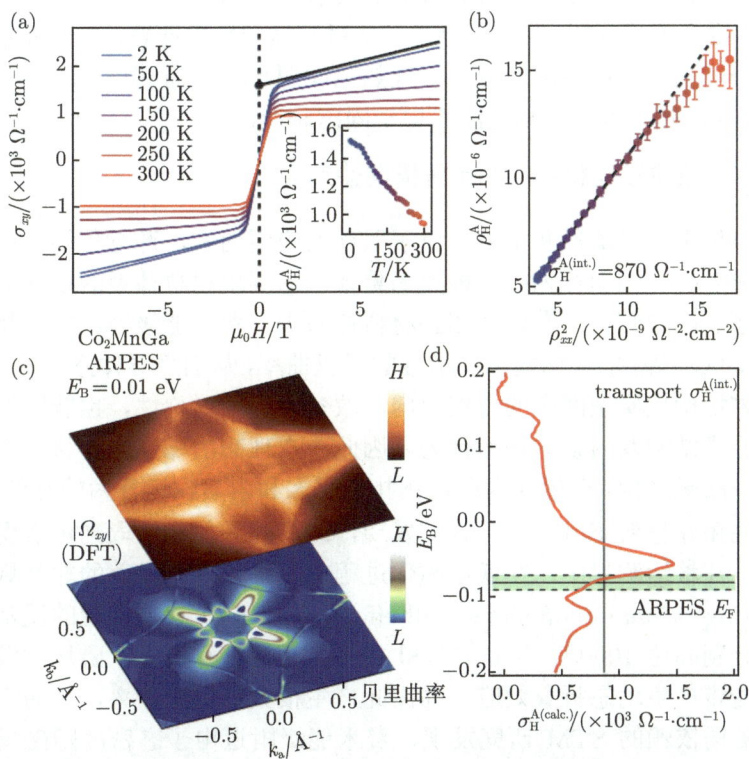

图 11-5　$Co_2MnGa$ 的反常霍尔电导和贝里曲率在布里渊区内的分布

(a) 不同温度下磁场依赖的霍尔电导率。插图为温度依赖的反常霍尔电导率；(b) 纵向电阻率的平方与横向霍尔电阻率之间的拟合关系；(c) 贝里曲率的 $z$ 分量与 ARPES 常数能量面的对应关系；(d) 理论计算的霍尔电导率随能量的依赖关系

在准二维笼目磁性拓扑材料 $Fe_3Sn_2$ 中,特有的阻挫磁结构和拓扑能带受到研究者们的广泛关注。结合扫描隧道显微镜和理论计算,科学家首次报道了有质量的狄拉克费米子和平带磁矩等特性。此外,角分辨光电子能谱结果显示,在 $Fe_3Sn_2$ 的笼目晶格中存在有能隙的狄拉克点,而这些狄拉克点也会带来强的贝里曲率从而产生反常霍尔效应。实验测得在 2 K 时最大的反常霍尔电导为 $1100\ \Omega^{-1} \cdot cm^{-1}$ 左右,而由贝里曲率带来的内禀反常霍尔电导仅为 $156\ \Omega^{-1} \cdot cm^{-1}$ 左右。

除上述这些磁性拓扑体系外,磁性节线环半金属 $Fe_3GeTe_2$ 作为二维材料的典型代表,其电子结构具有轨道磁矩诱发的节线环。在自旋耦合作用下节线环可以被看作是一维的磁力线,这一拓扑能带结构能够产生很强的贝里曲率,使得材料展现出大的反常霍尔电导。在非共线反铁磁 $Mn_3Sn$ 和 $Mn_3Ge$ 中,同样由于其体系中非零的贝里曲率而展现出大的内禀反常霍尔电导。对于反铁磁半哈斯勒合金 GdPtBi 而言,其中大的反常霍尔电导是由外磁场所诱发的外尔点产生的贝里曲率导致的。在这些磁性拓扑材料中所发现的巨反常霍尔电导、巨反常霍尔角和巨反常能斯特效应也预示着磁性拓扑材料为先进自旋电子学应用 (如高自旋极化霍尔电流、霍尔磁传感等) 带来了新希望。对于横向热电而言,磁性外尔半金属有望产生拓扑增强的横向热电效应,实现热电能源转换,而其逆过程——埃廷斯豪森 (Ettingshausen) 效应,则可能应用于固态制冷。

## 11.1.4　非共线磁结构相关的非传统横向输运

对于自旋电子学器件和未来的量子器件的应用而言,通过外场对电子结构的调控而实现对横向输运行为的调控尤为重要。这要求材料体系的横向输运行为高度依赖于电子能带结构。在磁性拓扑材料体系中,费米能级附近的拓扑电子结构 (外尔点、节线环等) 能够诱发拓扑增强的贝里曲率,从而主导体系的输运行为。此外,通过磁场操控实空间中的自旋取向,改变其镜面对称性,也能够调控动量空间的电子能带结构及内禀的输运行为。因此,在理想的磁性拓扑材料中,利用外场调控体系的磁结构,有望成为调控拓扑电子态和内禀输运行为的有效手段之一。

在磁性拓扑材料 $EuB_6$ 中,人们发现,改变体系的磁矩取向可实现多种拓扑半金属态。在输运测量中,在低场磁化过程中发现了一个显著的非常规反常霍尔效应 (unconventional anomalous Hall effect, UAHE),其非常规的反常霍尔电导和霍尔角分别高达 $1000\ \Omega^{-1} \cdot cm^{-1}$ 和 10%。理论计算表明,磁场诱发自旋倾斜导致拓扑能带产生动态折叠效应,并由此产生很大的贝里曲率,从而产生巨大的 UAHE。磁场依赖的 STM 研究发现,费米能级附近电子态密度随磁场增强而展现出一个峰值,这与拓扑能带的动态演化而诱导 UAHE 高度相关,如图 11-6 所示。在反铁磁 $EuCd_2As_2$ 中,理论计算显示其动量空间的电子能带结构对实空间的自旋结构十分敏感。在奈尔温度附近,由于磁场诱发的自旋结构转变,体系的电子结构发生变化，产生更多的具有拓扑特性的线性交叉能带，从而给体系带来很大的贝里曲率，在这一体系中观测到巨大的内禀非线性反常霍尔效应。其中霍尔效应的 97% 来自非线性反常霍尔效应贡献，而场诱发的反常霍尔角高达 21%。在具有烧绿石结构的铁磁材料 $Nd_2Mo_2O_7$ 中，基于磁场诱发的自旋倾斜效应，在自旋轨道耦合作用下，自旋相等或相反的电子能带之间产生相互杂化，也能够产生非线性反常霍尔效应。此外，近年来以 GdPtBi 为代表的稀土基半哈斯勒合金的拓扑性质和输运性质受到人们的广泛关注。在磁场作用下，由于塞曼劈裂效应，能带退简并发生劈裂，该材料体系在费米能级附近形成一系列外尔点。这些磁场诱导的外尔点使得其在磁化过程中展现出巨大的非线性反常霍尔效应。

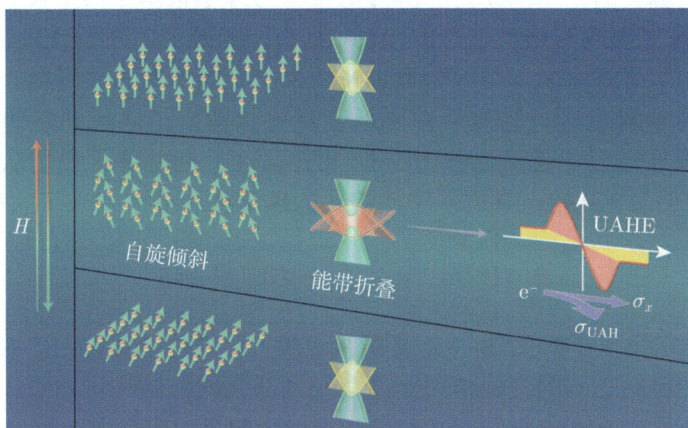

图 11-6　$EuB_6$ 中拓扑电子态磁场调控和非常规反常霍尔效应

一直以来，人们普遍将带有鼓包状的霍尔效应看作是由实空间的拓扑磁结构(如斯格明子) 引起的拓扑霍尔效应。随着研究的深入，在一些磁性拓扑材料中，人们发现，磁场诱发的能带结构演化同样能导致贝里曲率的改变，进而产生鼓包状霍尔效应。这些发现建立了实空间非共线磁结构与倒空间拓扑电子态之间的联系，并提供了一种新的方法来设计拓扑电子的输运行为。

## 11.2　拓扑电子与非共线磁的相互调制

### 11.2.1　外尔电子诱导的等效磁场与电导

由于巡游电子的自旋和局域磁矩之间存在交换作用，当电子在空间演化的磁矩分布中运动时，其受到的作用存在空间依赖性。在此情景下，电子的运动规律将持续地因磁矩分布的演化而发生变化。

在斯格明子材料中存在具有实空间拓扑特性的磁畴，其中的局域磁矩与输运电子的自旋之间存在交换作用，这将影响电子的运动规律[25-29]，典型表现为电输运上的拓扑霍尔效应。具体而言，当磁矩取向在空间中有一个分布时，取相邻的三个自旋为 $S_i$、$S_j$ 和 $S_k$，电子经过该磁结构时所受到的等效磁场正比于标量自旋手性 (scalar spin chirality) $S_i \cdot (S_j \times S_k)$[30]。由此可知，磁矩共面演化的磁结构，比如布洛赫或奈尔型磁畴壁将不会引起拓扑霍尔效应。

　　类比于斯格明子材料，理论工作者已经预言，磁性外尔费米子在输运过程中也将受到非共线磁结构的影响。但是外尔费米子独特的拓扑特质，使得其与磁矩的相互作用与能带拓扑平庸材料中的情况有所不同。当外尔费米子运动到空间演化的磁结构附近时，其受到等效手性磁场 $b_c(r) \propto \pm \nabla \times M(r)$ 的作用[31-34]，其中 $M(r)$ 表示磁矩的空间演化，正负号的选取与外尔费米子的手性有关。可以看出，$M(r)$ 的旋度不为零则产生等效磁场，且不要求磁矩之间形成立体角。比如磁矩共面演化的布洛赫或奈尔型磁畴壁也将产生一个等效的手性磁场。

　　接下来简单阐述这一等效手性磁场会对外尔费米子的运动规律产生何种影响。详细的推导过程读者可以参考文献 [31]～[33]，[35] 等。我们从外尔费米子的 "最小哈密顿量" 开始，并加入空间演化的磁结构和外尔费米子的相互作用项：

$$\hat{H}(r) = \tau v_{\mathrm{F}} \sigma \cdot \hat{p} - JM(r) \cdot \sigma \tag{11-1}$$

其中，$\tau$ 是外尔费米子的手性；$v_{\mathrm{F}}$ 是费米速度；$\hat{p}$ 是动量算符；$J$ 表示局域磁矩与外尔费米子自旋之间的交换作用强度。空间演化的磁结构可以看作提供了一个手性磁矢势，记为 $a(r) = \tau(J/v_{\mathrm{F}})M(r)$，则式 (11-1) 变为

$$\hat{H}(r) = \tau v_{\mathrm{F}} \sigma \cdot [\hat{p} - a(r)] \tag{11-2}$$

　　等效手性磁场的形式为 $b(r) = \tau(J/v_{\mathrm{F}})\nabla \times M(r)$。这一手性磁场与普通磁场，以及能带平庸材料中斯格明子产生的等效磁场的区别在于，不同手性的外尔费米子感受到的等效磁场大小相等而方向相反。

　　有了等效磁场的形式，后续的理论处理可以类似于普通磁场，只是需要注意，不同手性的外尔费米子将受到相反的作用。理论研究者们发现，在此手性磁场的影响下，外尔体系将在空间演化的磁结构附近产生局域的、类似朗道能级的色散。图 11-7(a) 为外尔体系在普通磁场下形成的朗道能级，其中第零朗道能级 (朗道能级量子数 $N = 0$) 沿着磁场方向线性色散，且对于手性相反的外尔费米子其色散方向相反 (以虚线和实线区分)。而图 11-7(b) 为外尔体系在等效手性磁场下形成的朗道能级，其中第零朗道能级沿着手性磁场方向线性色散，且不同手性的外尔费米子其色散相同。这样的结果不难理解，其源于等效手性磁场对于不同手性的外尔费米子作用相反。

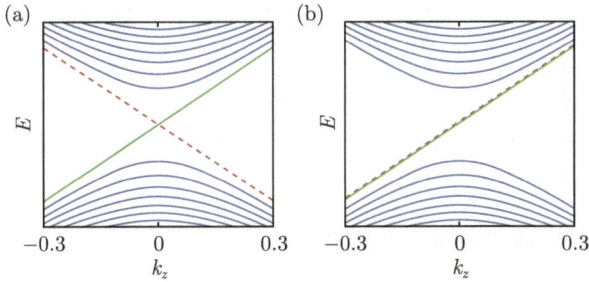

图 11-7　外尔体系在 (a) 普通磁场、(b) 等效手性磁场下形成的朗道能级[31]

　　等效手性磁场中色散的另一特点是，强烈地局域在空间演化的磁结构周围。图 11-8 以 $yz$ 面内的布洛赫磁畴壁作为例子。对比图 11-8(a) 和 (b) 可知，离开畴壁进入均匀磁化的基体时，相应的分布概率将迅速衰减。相较于均匀磁化的基体，磁畴壁周围的局域色散提供了"额外的"导电通道。因此当体系处于电场中时，磁畴壁附近将产生电流，见图 11-8(c)，这一导电通道由局域色散提供，形成的电流也强烈地集中在局域磁结构附近。另外，从图 11-8(a) 的分布概率可以看出，$N=0$ 的朗道能级在局域输运中起到最为关键的作用。前面已经提到，第零朗道能级沿着磁场方向线性色散。因此，由局域磁结构的旋度得到等效手性磁场的方向后即可大致判断伴随产生的电流方向。

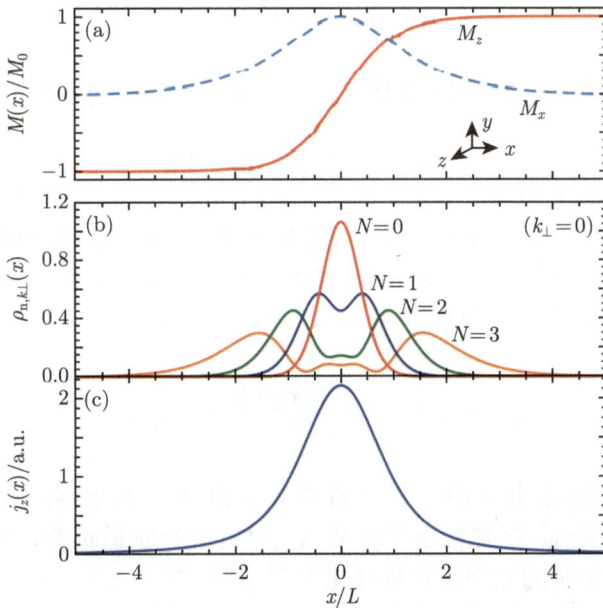

图 11-8　布洛赫型磁畴壁附近磁矩的 (a) 空间分布及相应的 (b) 电子分布概率和
(c) 电流密度分布[35]

目前，外尔费米子与局域磁结构的相互作用主要集中在理论研究，这里讨论的是磁结构对外尔费米子输运的影响。在 $Co_3Sn_2S_2$ 体系中，实验上已经观察到一些行为，其中纵向电阻和霍尔电阻在反磁化过程中的非单调变化可能来源于非共线磁矩对外尔费米子的作用[36]。同时，运动的外尔费米子也将对局域的磁结构产生影响，下面将介绍相关内容。

### 11.2.2　磁性外尔体系中的高效磁畴翻转

电流有效操控磁畴壁运动是构建赛道存储器件和逻辑器件的核心[37-41]。当自旋极化电流通过磁矩取向空间变化的磁结构时，对于不同的器件结构，磁矩会受到自旋转移力矩或自旋轨道力矩的影响。局部磁矩的动力学由 LLG 方程描述：

$$\frac{\mathrm{d}M}{\mathrm{d}t} = -\gamma M \times B + \frac{\alpha}{M_s} M \times \frac{\mathrm{d}M}{\mathrm{d}t} + \gamma T \tag{11-3}$$

其中，$M(r)$ 为局部磁矩；$B$ 为包含外磁场和各向异性场的有效场；$\gamma$ 为旋磁比；$\alpha$ 为吉尔伯特阻尼系数；$M_s$ 为饱和磁化强度；$T$ 为由电流引起的自旋力矩。极化的巡游电子与局部磁矩之间的相互作用引起自旋力矩。相互作用的一般哈密顿量可以表示为：$H = JM(r) \cdot s(r)$，其中 $J$ 是巡游电子与局域磁矩之间的交换耦合强度，$s(r)$ 是巡游电子的非平衡自旋极化。那么，自旋力矩为

$$T = JM(r) \times \langle s(r) \rangle \tag{11-4}$$

磁性外尔半金属 (MWSM) 的低能电子结构可由外尔哈密顿量描述：

$$H_{\mathrm{MWSM}} = \lambda \hbar v_{\mathrm{F}} \sigma \cdot k + JM \cdot s \tag{11-5}$$

其中，$\lambda = \pm 1$ 是外尔节点的手性；$v_{\mathrm{F}}$ 是费米速度；$\sigma$ 是泡利矩阵。上述体系中，非平衡的自旋极化会导致一个轴电流 $\langle j_5 \rangle \equiv \langle j_+ \rangle - \langle j_- \rangle$（下标 "+" 和 "−" 代表外尔电子的手性），两者之间的关系为

$$\langle j_5 \rangle = -e \left\langle \lambda \frac{\partial H_{\mathrm{MWSM}}}{\hbar \partial k} \right\rangle = -\frac{e}{\hbar} v_{\mathrm{F}} \langle s \rangle \tag{11-6}$$

该模型给出的结果可用于建立直观物理现象。对于现实的情形，如考虑 $Co_3Sn_2S_2$ 的 Rashba 自旋轨道耦合或 $s_z$ 守恒自旋轨道耦合，数值计算可以给出类似存在外磁场时的非平衡自旋极化[42,43]。

由于电子无法区分能量 $JM \cdot s$ 和 $A_5 \cdot j_5$（其中 $A_5 \equiv \lambda A$ 为轴向矢量势），因此可以等效为磁结构感受到了一个类似外磁场的轴向磁场：

$$B_5 = \nabla \times A_5 = -\frac{J\hbar}{ev_{\mathrm{F}}}\nabla \times M \tag{11-7}$$

由式 (11-6) 和式 (11-7)，可以通过轴向磁场下的感应轴向电流来计算磁性结构下的感应自旋极化。进而再从半经典玻尔兹曼方程出发，考虑具有 $\lambda$ 手性的外尔点的贡献，最终可得轴向电流 $\langle j_5 \rangle$ 为

$$j_{5,\alpha} = -\frac{e^3\tau^2 v_{\mathrm{F}} E_{\mathrm{F}}}{3\pi^2\hbar^3(1+\omega_c^2\tau^2)}\varepsilon_{\alpha\beta\gamma}B_{5,\gamma}E_\beta \tag{11-8}$$

其中，$\omega_c = \left|\dfrac{ev_{\mathrm{F}}^2 B_5}{E_{\mathrm{F}}}\right|$ 是回旋频率；$E_{\mathrm{F}}$ 为费米能级，代表只有费米能级附近的电子参与输运行为。存在反演对称性的情况下，平衡分布函数的贡献因为对所有外尔节点求和而抵消，这符合 $\mathrm{Co_3Sn_2S_2}$ 的情况。

结合式 (11-4) 以及式 (11-6)~ 式 (11-8)，可知磁性外尔半金属中电流诱导的自旋力矩具有以下形式[43]：

$$T = \chi M \times [(\nabla \times M) \times E] = \chi[M \times (E \cdot \nabla)M - M \times \nabla(M \cdot E)] \tag{11-9}$$

其中，$\chi = \dfrac{eJ^2\tau^2 E_{\mathrm{F}}}{3\pi^2\hbar(1+\omega_c^2\tau^2)v_{\mathrm{F}}}$。式 (11-9) 中的第一项与非绝热自旋转移力矩的形式一致。与 $(E \cdot \nabla)M$ 成比例的绝热自旋转移力矩消失，表明在磁性外尔半金属中驱动磁畴壁的效率非常高。式 (11-9) 中的第二项仅在数值上影响磁畴壁速度，但不会像绝热自旋转移力矩那样导致固有的钉扎效应。对于没有外部钉扎的一维情况，磁畴壁速度 $v_{\mathrm{DW}} \propto \chi E$。$\mathrm{Co_3Sn_2S_2}$ 中的外尔点比费米能级高约 50 meV（$E_{\mathrm{F}} < 0$），因此 $\chi < 0$ 且 $v_{\mathrm{DW}} \propto -E$。这意味着在磁畴壁上的电流感应力应该与电流的方向相反。

当注入超过某一阈值的直流电流时，$\mathrm{Co_3Sn_2S_2}$ 的矫顽场发生显著变化，仅需 $10^5 \sim 10^7$ A/cm$^2$ 的电流密度就能够将矫顽场从 20.0 kOe 降低至 0.1 kOe[42]。通过设计不同电极形状的样品，发现该电流调制效应的对称性与常见的热效应、自旋轨道力矩、奥斯特场等均不相同，但是与电流产生自旋转移力矩辅助畴壁运动进而改变矫顽场的模型定性相符 (图 11-9)。

基于特殊设计和制备的 $\mathrm{Co_3Sn_2S_2}$ 纳米线器件，通过测量电流和外场依赖的畴壁迁移率，获得的自旋转移力矩效率与电流注入直接调制矫顽场的效率定量相符，表明 $\mathrm{Co_3Sn_2S_2}$ 在 150 K 具有高达 2.4~5.6 kOe·MA$^{-1}$·cm$^2$ 的自旋转移力矩效率，是目前所有材料体系中最高的。实验发现，在 160 K 零场下 $\mathrm{Co_3Sn_2S_2}$ 的磁畴壁驱动电流密度阈值小于 $5.1\times10^5$ A/cm$^2$，在 0.2 kOe 外场下小于 $1.5\times10^5$ A/cm$^2$，均是已知铁磁金属材料中最小的 (图 11-10)。

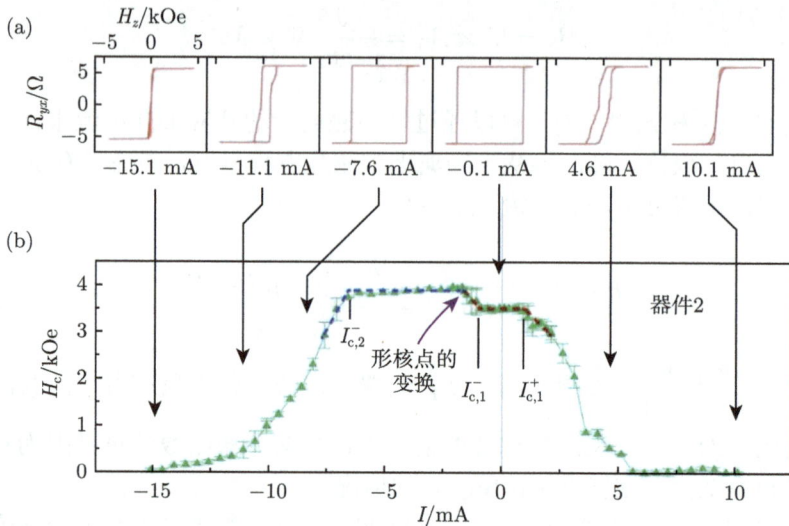

图 11-9　(a) 在不同直流电流下的滞回曲线；(b) 器件 2 矫顽场随电流的变化关系

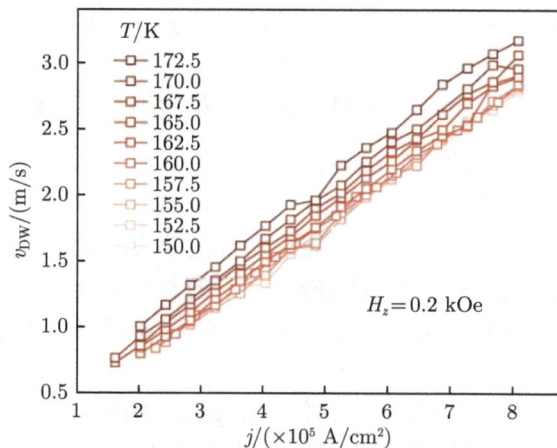

图 11-10　临界电流密度与磁畴壁运动速度之间的关系[42]

　　基于外尔电子态的理论可知，磁性外尔半金属中具有大的非绝热自旋转移力矩[43,44]。在 $Co_3Sn_2S_2$ 中所观察到的高自旋转移力矩效率和低电流阈值，依然可以采用电流和场驱动的磁畴壁经典运动模型来解释。结合材料的磁学参数，根据在流动区域的磁畴壁运动模式，自旋转移力矩效率可以表达为

$$\frac{\Delta H}{\Delta J} \equiv \frac{\eta}{\mu} = \frac{g\mu_B}{2e\gamma} \cdot \frac{P}{M_s} \cdot \sqrt{\frac{K_u}{A}} \cdot \left(\beta + \frac{1}{\alpha}\right) \tag{11-10}$$

其中，$\mu$ 和 $\eta$ 分别为场和电流相关的磁畴壁迁移率；$\alpha$ 为吉尔伯特阻尼因子；$\beta$

为非绝热自旋转移力矩系数；$g$ 为电子的朗德因子；$\gamma$ 为旋磁比；$\mu_B$ 为玻尔磁子；$e$ 为自由电荷电量；$P$ 是自旋极化率；$M_s$ 为饱和磁化强度；$K_u$ 为磁晶各向异性；$A$ 为交换刚度系数。

式 (11-10) 给出了在磁性磁畴壁上产生大自旋转移力矩效率的基本要素：

(1) 大的单轴磁晶各向异性 $K_u$；

(2) 低的饱和磁化强度 $M_s$；

(3) 高的输运自旋极化率 $P$；

(4) 小的吉尔伯特阻尼因子 $\alpha$；

(5) 小的交换刚度系数 $A$。

磁性外尔半金属 $Co_3Sn_2S_2$ 具备以上所有优点。注意到，$\beta$ 值不会显著改变自旋转移力矩效率，因为在通常情况下 $\alpha \ll 1$。这意味着，实验观察到的高自旋转移力矩效率以及 $H_c$ 的高效调制尚不能直接归因于外尔物理。但重要的是，外尔费米子对磁畴壁动力学的直接影响意味着非绝热自旋转移力矩系数 $\beta$ 的增强，这是磁性外尔半金属中低能电子激发的独特性质。同时，上述讨论中引起 $Co_3Sn_2S_2$ 中高自旋转移力矩效率的磁性和输运参数，与磁性外尔半金属特殊的电子能带结构之间具有一定的关联。

磁晶各向异性 $K_u$ 和能带的拓扑特征都与强自旋轨道耦合作用相关。因此，强自旋轨道耦合的磁性拓扑体系具备出现大磁晶各向异性的可能性。低的饱和磁化强度 $M_s$ 在金属铁磁体中不容易获得，通常在 $1000\ \mathrm{emu/cm^3}$ 左右。相比之下，$Co_3Sn_2S_2$ 中的 $M_s$ 在 150 K 时仅为 $48.8\ \mathrm{emu/cm^3}$，在 4 K 时仅为 $72.4\ \mathrm{emu/cm^3}$。根据斯托纳准则，当 $g(E_F)U > 1$ 时，巡游铁磁性是稳定的，其中 $g(E_F)$ 是非磁性状态下的态密度，$U$ 是在位库仑相互作用。因此，传统上，$g(E_F)$ 必须很高才能实现铁磁性。以 Fe、Co、Ni 为例，高 $g(E_F)$ 导致大量未补偿的 3d 电子，因此 $M_s$ 很大。磁性外尔半金属是一种非常特殊的巡游铁磁体，具有较小的 $g(E_F)$，使得小的 $M_s$ 成为可能。这种低态密度铁磁性的起源详见文献 [45]。另外，$Co_3Sn_2S_2$ 是半金属铁磁体，体系中只有一个自旋能带穿过费米能级，另一个自旋能带在费米能级附近形成能隙，因此体系的自旋极化率 $P$ 较高。

尽管 $\alpha$ 和 $A$ 的值与外尔半金属没有很强的相关性，但是关于 $K_u$、$M_s$ 和 $P$ 的讨论阐明了选择磁性外尔半金属作为节能自旋电子学器件候选者的好处。另一种铁磁外尔半金属 $SrRuO_3$ 也具有大的自旋转移力矩效率[46]。尽管比 $Co_3Sn_2S_2$ 的值小 1~2 个数量级，但已经比传统金属体系大几个数量级。因此，高自旋转移力矩效率可能是垂直磁各向异性磁性外尔半金属的普遍特性。

$Co_3Sn_2S_2$ 的另一个特征是驱动磁畴壁运动的低电流密度阈值。与阈值电流密度为 $10^7 \sim 10^8\ \mathrm{A/cm^2}$ (基于纯自旋转移力矩) 的传统铁磁金属相比，磁性外尔半金属 $Co_3Sn_2S_2$ 和 $SrRuO_3$ 是已知仅有的两种具有明显更小的驱动电流密度的金属系统。在 $SrRuO_3$ 中[46]，驱动磁畴壁所需的电流密度在 $T = 140$ K 时为 $5.3 \times 10^5$ A/cm$^2$，在 $T = 40$ K 时为 $5.8 \times 10^6$ A/cm$^2$。在绝热极限下，本征电流密度阈值随着 $M_s$ 的减小而急剧减小。结合 $Co_3Sn_2S_2$ 的磁参数，在 150 K 时 $j_c^{in} \approx 1.6 \times 10^3$ A/cm$^2$，比实验中可以达到的电流密度小两个数量级。在非绝热极限下和非本征钉扎情况下，小 $M_s$、大 $K_u$ 和大 $\beta$ 仍然有助于将驱动电流密度降低到至少比传统金属小两个数量级。

通过畴壁运动的经典模型分析，这些优异性能来自于 $Co_3Sn_2S_2$ 的低饱和磁化强度、强单轴各向异性以及高自旋极化率等特征参数，从而为磁性外尔半金属应用于下一代自旋电子学器件提供了有力的实验和理论支持。

# 11.3　本章小结与展望

磁性与拓扑的结合将成为拓扑物理的一个重要出口，也是磁学的一个新兴方向。磁性外尔半金属的实现，从实验上补齐了空间反演破缺和时间反演破缺产生外尔费米子的两大物理方式，也是继量子反常霍尔效应的实验发现之后，磁序和拓扑相互作用的又一个突破性进展，拉开了磁性和能带拓扑相结合的量子物态研究新序幕。

磁性拓扑材料和物理的研究目前已经成为凝聚态物理的一个国际热潮，磁性拓扑物态已引起拓扑物理、自旋电子学、量子输运、高压物理、光物理、关联物理、热电换能、电化学催化、电池储能等领域的关注，逐渐形成了交叉研究领域。磁性外尔物理有望促进拓扑自旋电子学的快速发展。由体态拓扑能带的贝里曲率所主导的大反常霍尔、大反常能斯特等效应，也为白旋电子学、热电转换等方向提供了新的原理。值得期待的是，内禀长程铁磁序在拓扑半金属中的出现有望加快二维极限下高温量子反常霍尔效应的到来。

在时间反演对称破缺下，磁序产生的拓扑电子态反过来会对磁性材料的磁结构、磁畴、磁畴壁等产生调制和作用。以外尔电子为代表的拓扑态与非共线磁结构、手性磁结构和拓扑磁结构的相互作用，有望实现拓扑电子驱动的高能效、高灵敏自旋电子学应用，也会成为拓扑自旋电子学的重要研究内容。

## 参 考 文 献

[1] Lu L, Wang Z, Ye D, et al. Experimental observation of Weyl points. Science, 2015, 349: 622.

[2] Soluyanov A A, Gresch D, Wang Z, et al. Type-II Weyl semimetals. Nature, 2015, 527: 495.

[3] Adler S L. Axial-vector vertex in spinor electrodynamics. Physical Review, 1969, 177: 2426.

[4] Aji V. Adler-Bell-Jackiw anomaly in Weyl semimetals: application to pyrochlore iridates. Physical Review B, 2012, 85: 241101(R).

[5] Xiong J, Kushwaha S K, Liang T, et al. Evidence for the chiral anomaly in the Dirac semimetal $Na_3Bi$. Science, 2015, 350: 413.

[6] Li Q, Kharzeev D E, Zhang C, et al. Chiral magnetic effect in $ZrTe_5$. Nature Physics, 2016, 12: 550.

[7] Liu E K, Sun Y, Kumar N, et al. Giant anomalous Hall effect in a ferromagnetic kagome-lattice semimetal. Nature Physics, 2018, 14: 1125.

[8] Burkov A A. Topological semimetals. Nature Materials, 2016, 15: 1145.

[9] 邓韬, 杨海峰, 张敬, 等. 拓扑半金属材料角分辨光电子能谱研究进展. 物理学报, 2019, 68: 227102.

[10] Lv B Q, Weng H M, Fu B B, et al. Experimental discovery of Weyl semimetal TaAs. Physical Review X, 2015, 5: 031013.

[11] Lv B Q, Xu N, Weng H M, et al. Observation of Weyl nodes in TaAs. Nature Physics, 2015, 11: 724.

[12] Xu S Y, Belopolski I, Alidoust N, et al. Discovery of a Weyl fermion semimetal and topological Fermi arcs. Science, 2015, 349: 613-617.

[13] Wan X, Turner A M, Vishwanath A, et al. Topological semimetal and Fermi-arc surface states in the electronic structure of pyrochlore iridates. Physical Review B, 2011, 83: 205101.

[14] Hosur P, Parameswaran S A, Vishwanath A. Charge transport in Weyl semimetals. Physical Review Letters, 2012, 108: 046602.

[15] Xu G, Weng H, Wang Z, et al. Chern semimetal and the quantized anomalous Hall effect in $HgCr_2Se_4$. Physical Review Letters, 2011, 107: 186806.

[16] Wang Q, Xu Y, Lou R, et al. Large intrinsic anomalous Hall effect in half-metallic ferromagnet $Co_3Sn_2S_2$ with magnetic Weyl fermions. Nature Communications, 2018, 9: 3681.

[17] Liu E, Sun Y, Kumar N, et al. Giant anomalous Hall effect in a ferromagnetic kagome-lattice semimetal. Nature Physics, 2018, 14: 1125.

[18] Morali N, Batabyal R, Nag P K, et al. Fermi-arc diversity on surface terminations of the magnetic Weyl semimetal $Co_3Sn_2S_2$. Science, 2019, 365: 1286.

[19] Liu D F, Liang A J, Liu E K, et al. Magnetic Weyl semimetal phase in a kagome crystal. Science, 2019, 365: 1282.

[20] Kim K, Seo J, Lee E, et al. Large anomalous Hall current induced by topological nodal lines in a ferromagnetic van der Waals semimetal. Nature Materials, 2018, 17: 794.

[21] Belopolski I, Manna K, Sanchez D S, et al. Discovery of topological Weyl fermion lines and drumhead surface states in a room temperature magnet. Science, 2019, 365: 1278.

[22] Ye L, Kang M, Liu J, et al. Massive Dirac fermions in a ferromagnetic kagome metal. Nature, 2018, 555: 638.

[23] Kuroda K., Tomita T, Suzuki M T, et al. Evidence for magnetic Weyl fermions in a correlated metal. Nature Materials, 2017, 16: 1090.

[24] Tian Y, Ye L, Jin X. Proper scaling of the anomalous Hall effect. Physical Review Letters, 2009, 103: 087206.

[25] Rößler U K, Bogdanov A N, Pfleiderer C. Spontaneous skyrmion ground states in magnetic metals. Nature, 2006, 442: 797.

[26] Mühlbauer S, Binz B, Jonietz F, et al. Skyrmion lattice in a chiral magnet. Science, 2009, 323: 915.

[27] Neubauer A, Pfleiderer C, Binz B, et al. Topological Hall effect in the A phase of MnSi. Physical Review Letters, 2009, 102: 186602.

[28] Yu X Z, Onose Y, Kanazawa N, et al. Real-space observation of a two-dimensional skyrmion crystal. Nature, 2010, 465: 901.

[29] Nagaosa N, Tokura Y. Topological properties and dynamics of magnetic skyrmions. Nature Nanotechnology, 2013, 8: 899.

[30] Taguchi Y, Oohara Y, Yoshizawa H, et al. Spin chirality, Berry phase, and anomalous Hall effect in a frustrated ferromagnet. Science, 2001, 291: 2573.

[31] Liu C X, Ye P, Qi X L. Chiral gauge field and axial anomaly in a Weyl semimetal. Physical Review B, 2013, 87: 235306.

[32] Araki Y, Nomura K. Spin textures and spin-wave excitations in doped Dirac-Weyl semimetals. Physical Review B, 2016, 93: 094438.

[33] Grushin A G, Venderbos J W F, Vishwanath A, et al. Inhomogeneous Weyl and Dirac semimetals: transport in axial magnetic fields and Fermi arc surface states from pseudo-Landau levels. Physical Review X, 2016, 6: 041046.

[34] Kurebayashi D, Nomura K. Theory for spin torque in Weyl semimetal with magnetic texture. Scientific Reports, 2019, 9: 5365.

[35] Araki Y, Yoshida A, Nomura K. Universal charge and current on magnetic domain walls in Weyl semimetals. Physical Review B, 2016, 94: 115312.

[36] Zeng Q, Gu G, Shi G, et al. On the anomalous low-resistance state and exceptional Hall component in hard-magnetic Weyl nanoflakes. Science China Physics, Mechanics & Astronomy, 2021, 64: 287512.

[37] Parkin S S P, Hayashi M, Thomas L. Magnetic domain-wall racetrack memory. Science, 2008, 320: 190.

[38] Kim S, Kurebayashi D, Nomura K. Electrically-driven domain wall motion in quantum anomalous Hall States. Journal of the Physical Society of Japan, 2019, 88: 083704.

[39] Kurebayashi D, Nomura K. Theory for spin torque in Weyl semimetal with magnetic texture. Scientific Reports, 2019, 9: 5365.

[40] Luo Z, Hrabec A, Dao T P, et al. Current-driven magnetic domain-wall logic. Nature, 2020, 579: 214.

[41] Raymenants E, Bultynck O, Wan D, et al. Nanoscale domain wall devices with magnetic tunnel junction read and write. Nature Electronics, 2021, 4: 392.

[42] Kurebayashi D, Araki Y, Nomura K. Microscopic theory of electrically induced spin torques in magnetic Weyl semimetals. Journal of the Physical Society of Japan, 2021, 90: 084702.

[43] Wang Q, Zeng Y, Yuan K, et al. Magnetism modulation in $Co_3Sn_2S_2$ by current-assisted domain wall motion. Nature Electronics, 2023, 6: 119.

[44] Ghimire M P, Facio J I, You J S, et al. Creating Weyl nodes and controlling their energy by magnetization rotation. Physical Review Research, 2019, 1: 032044.

[45] Yamanouchi M, Araki Y, Sakai T, et al. Observation of topological Hall torque exerted on a domain wall in the ferromagnetic oxide $SrRuO_3$. Science Advances, 2022, 8: eabl6192.

[46] Feigenson M, Reiner J W, Klein L. Efficient current-induced domain-wall displacement in $SrRuO_3$. Physical Review Letters, 2007, 98: 247204.

# 第 12 章　总结与展望

拓扑磁性材料在过去不到二十年的时间里，从首次理论预言到实验验证，迅速发展成为材料科学、凝聚态物理学等学科中最为活跃的研究领域之一，足以可见其丰富的物性、独特的功能及潜在的应用。本书在各章节中，始终将磁性与拓扑相互结合，有别于其他具有拓扑保护性质的材料，如拓扑绝缘体。需要指出的是，近期的研究表明，拓扑性质既包括实空间拓扑，也包括 K 空间 (又称倒易空间) 拓扑。第 11 章中，主要讨论磁性拓扑体系中的 K 空间拓扑电子，其他章节主要是实空间拓扑。

拓扑磁性的早期研究对象主要集中在斯格明子，其材料体系为非中心对称结构的体材料 MnSi 和 FeGe，其居里温度通常低于室温，极大地限制了其器件的研发。随着在 Pt/Co/MgO 和 Ta/CoFeB/MgO 等磁性薄膜 (多层膜) 体系中发现拓扑磁性，并且由于该体系的居里温度远高于室温，可以用磁控溅射等方法制备大面积样品，拓扑磁性器件的研发更加吸引了人们的注意。近期，随着二维本征拓扑磁性材料 (如 $CrI_3$、$Cr_2Ge_2Te_6$ 和 $Fe_3GeTe_2$) 的快速发展，拓扑磁性的物理起源也逐渐清晰。拓扑磁性器件的工作原理主要包括赛道存储及逻辑运算，但其中的拓扑特性 (如拓扑保护和拓扑霍尔效应) 并没有得到充分的发挥。科学家们为了调控拓扑霍尔效应，设计并制备出拓扑反铁磁/亚铁磁材料体系及人工反铁磁/亚铁磁多层膜体系，有望进一步促进其应用。材料、物理与器件这三者之间存在着相互耦合的关联作用，优化三者之间的关系是最终实现拓扑器件产业化的关键。

材料的拓扑属性与一般 DM 相互作用密切相关。但在本书第 5 章 "非 DM 相互作用的拓扑磁结构" 中，也详细介绍了由其他机制导致的拓扑磁结构，这将成为进一步理解拓扑磁性及发展相关器件的重要补充。尤其值得指出的是，国内科学家在人工拓扑磁结构的研究方面在国际上处于领先地位。该类人工结构可以采用超高真空磁控溅射镀膜系统进行大面积制备，为器件的产业化奠定了良好的基础。但是人工拓扑磁结构向实用化迈进的过程中，受到了相对复杂的微纳米加工工艺及缺陷钉扎等的限制，还需要继续探索。

拓扑磁结构，例如斯格明子，与传统磁泡有着类似的自旋结构，容易发生混淆，尤其是受早期磁结构表征及输运性质测量的限制，有一些研究成果出现 "斯格明子磁泡" 的说法，不够严谨。严格意义上说，传统的磁泡结构不具有拓扑保护性，也不具有拓扑霍尔效应。因此，从拓扑磁性材料的发现之日开始，如何精准地对磁结构进行表征，从而判断该体系是否具有拓扑性，是十分迫切和重要的。国际上，德国慕尼黑大学 Pfleiderer 教授，率先采用中子散射技术给出了拓扑磁性材料 (MnSi 手性体系) 的磁结构相图，从而准确地标定了样品的拓扑磁性。但是，中子散射技术只能在国际上仅有的少数大科学装置上进行，机时的申请十分困难。因此，如何表征斯格明子的磁有序结构并进行实空间磁成像，是开展拓扑磁性研究的重要方向。拓扑磁性材料在过去十多年取得了快速的发展，这得益于可以进行实空间磁成像的洛伦兹透射电镜技术的巨大进步。例如，日本东京大学 Tokura 教授的团队，成功地将洛伦兹透射电镜技术用于材料的实空间磁成像及其动力学研究，首次清晰地给出了 $Fe_{0.5}Co_{0.5}Si$ 晶体的实空间二维拓扑磁结构。从磁成像技术的角度看，除了洛伦兹透射电镜以外，光发射电子/低能电子显微镜、扫描透射 X 射线显微镜、磁力显微镜、磁光克尔显微镜、自旋极化扫描隧道显微镜以及近期发展起来的金刚石-氮空位色心技术等均可以用于拓扑磁结构表征，但对样品的需求各不相同，要根据实验特点选择合适的表征手段。值得指出的是，洛伦兹透射电镜所获得的磁结构，是磁矩在面内的投影，且需要通过强度传输方程来解析其磁结构，一旦在图像处理中不当使用该方程，处理后的图像中将会出现反常的涡旋磁结构假象。因此，如何发展三维磁结构的精准表征技术是未来亟须解决的问题之一。

如上所述，目前我们对拓扑磁性的认知仅局限在二维，是不完善的。实际的拓扑磁性材料 (无论是块体还是薄膜材料) 具有一定的厚度，因此从物理的角度上说属于三维关联体系，尤其是近期被发现的磁浮子、磁束子，以及理论预测具有高阶拓扑特性的磁霍普夫子都具有三维结构。三维拓扑磁结构表现出独特的物性，科学家们逐渐意识到这一新方向带来的重大物理意义和应用价值。首先，维度的提升将带来全新的物理效应，例如，拓扑性质导致了巡游电子在经过斯格明子时积累出额外的几何相位而发生路径的偏转，这等效于二维的拓扑序演生出了介观尺度的电磁场并作用于传导电子，此现象被称为演生电磁效应。理论计算表明，三维拓扑属性将诱导出更加丰富的演生电磁效应，如量子化的磁电和磁光效应。此外，三维空间内连续演化的自旋也将获得高阶的拓扑缺陷，从而带来新奇的磁动力学过程，如拓扑相变和非平庸自旋波的激发。

目前，对于三维拓扑磁结构的实验研究正处于起步阶段，主要存在以下挑战。首先，无法直接获取三维拓扑磁结构中自旋的精确排列。用于表征斯格明子的主要手段 (如洛伦兹透射电镜、电子全息技术、X 射线磁成像等) 在获取二维自旋结构信息方面已经被普遍应用，但对于三维磁性的分辨和解析，在方法学上仍然面临挑战。例如，磁力显微镜只能获得样品表面的杂散场分布；而洛伦兹透射电镜虽然具有较高的空间分辨率，但获取的是样品沿电子束方向的平均信息，且只对面内磁矩敏感。现在对磁浮子和磁束子的研究都是通过微磁学模拟结合二维平均磁成像手段证明的。第二，对于三维拓扑磁结构的形成与稳定机制缺乏统一理解，三维属性所衍生的物理现象也还没有得到进一步的探索。例如，磁浮子和磁束子是近年来理论预测并已经被实验证实的新型三维拓扑磁结构，但如何有效可控地形成和稳定这一类磁结构，还没有明确的实验手段。第三，对于理论预测的部分三维拓扑磁结构，到目前为止，在实验上也还没有被观察到，例如，磁霍普夫子所展现的丰富新奇物理特性，仍然没有获得实验上的证明。最后，三维拓扑磁结构的最终应用将取决于它是否能够作为信息存储载体，并且高效电操控和探测拓扑磁结构是实现数据存储的前提条件。